교통의 지리

교통의 지리

초판 1쇄 발행 2018년 6월 23일

지은이 허우긍

펴낸이 김선기
펴낸곳 (주)푸른길
출판등록 1996년 4월 12일 제16-1292호
주소 (08377) 서울특별시 구로구 디지털로 33길 48 대륭포스트타워 7차 1008호
전화 02-523-2907, 6942-9570~2
팩스 02-523-2951
이메일 purungilbook@naver.com
홈페이지 www.purungil.co.kr

ISBN 978-89-6291-458-0 93980

■이 도서의 국립중앙도서관 출판예정도서목록(CIP)은 서지정보유통지원시스템 홈페이지
(http://seoji.nl.go.kr)와 국가자료공동목록시스템(http://www.nl.go.kr/kolisnet)에서 이용
하실 수 있습니다.(CIP제어번호: CIP2018018196)

교통의 지리

허우긍 지음

Geographies of Transportation

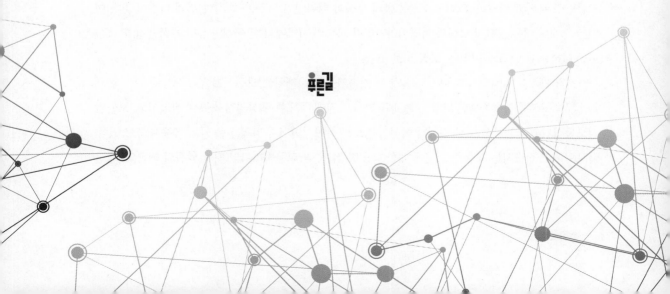

푸른길

　교통은 우리가 사는 지역을 받치는 기둥과 같은 것으로, 지역을 만들고 바꾸는 힘이 있다. 철도가 놓이면서 나라의 틀이 바뀌고 도시철도역이 들어서자 시가지가 놀랍게 달라지는 것이 그런 보기이며, 교통이 환경에 미치는 영향 역시 중요한 간섭의 하나이다. 또한 교통 시설과 흐름은 지역의 사정에 조응하므로, 교통이란 지역의 모습과 작동방식을 들여다볼 수 있는 수정구슬이나 거울에 비유될 수 있다. 우리는 공항과 운항노선에서 공중 세상이, 사람과 화물의 이동에서는 땅의 세상이 꾸려져 나가는 모습을 엿보게 되는 것이다.

　『교통의 지리』는 이처럼 지역의 기둥이자 거울인 교통의 지리적 속성과 의미를 다루었다. 이 책에는 모두 17장이 실려 있으며, 1장 4부로 나뉘어 있다. 제1장 '서론'에서는 먼저 교통의 특성과 기능을 다룬 다음, 몇몇 주요 개념들을 살펴본다. 이들은 교통현상을 이해하는 기본요소일 뿐 아니라, 다른 여러 활동들의 지리에 대한 이해에도 바탕을 이룬다.

　제1부와 제2부에서는 교통과 공간의 관계를 생각해 본다. 제1부 '교통과 지역'에서는 우리의 시야를 국가, 대륙, 세계로 넓혀 거시적으로 교통의 지리를 살펴보고, 제2부 '교통과 도시'에서는 초점을 도시에 맞추어 교통과 도시의 관계, 그리고 도시 사람들의 통행 특성을 다룬다. 교통과 공간의 관계란 국가–대륙적 범위인지 도시–개인 수준인지에 따라 접근하는 길과 방법도 다를 수밖에 없을 것이다.

　제3부 '네트워크와 흐름'은 교통의 지리를 살피는 데 필요한 수리적 모형과 분석법들을 담고 있다. 교통망의 분석과 디자인, 그리고 교통흐름의 분석과 디자인이 모두 다섯 장에 걸쳐 다루어졌다. 여기서 소개된 내용은 단지 모형과 기법이라기보다 교통의 지리에 대한 이해와 통찰의 폭을 넓히고 깊이를 더하는 데 큰 도움이 되는 성질의 것이다.

　마지막 제4부 '미래의 교통'에서는 교통의 지속가능성 문제와 정보통신기술이 교통에 갖는 함의를 생각해 본다. 지속가능한 교통은 현재와 가까운 장래에 대한 핵심의제 가운데 하나이고, 오늘날 정보통신기술과 교통은 구분 자체가 어려울 정도로 융합되면서 우리의 삶을 날로 바꾸어 놓고 있다. 끝으로 제17장에서는 교통의 지리에 대한 학술적 접근, 곧 교통지리학의 지난 역사와 최근의 새 동향들을 살펴보고, 그동안 우리가 교통에 대해 가져왔던 생각과 태도를 되돌아본다.

　이 책의 내용 가운데 상당 부분은 필자가 대학교에서 가르쳤던 것을 바탕으로 하고 있다. 그러나 교통을 다루는 책이란 대학생뿐 아니라 누구나 읽을 만한 것이어야 한다고 생각하였으며, 이 책의 이름을 '교통지리학' 대신에 『교통의 지리』라 지은 것도 그런 생각에서 비롯되었다. 교통이란 학술적 대상일 뿐 아니라, 보통 사람이 자기 고장과 그 안의 삶을 이해하는 열쇠의 하나로 보았기 때문이다. 책에는 학술용어와 수식이 불가피하게 등장하지만, 가능한 쉽게 읽힐 수 있도록 쓰려는 것이 이 책 전체의 기조였다. 많은 내용을 담기보다는 핵심내용을 골라 그 뜻을 음미하는 데 주안점을 두었으며, 외국의 문헌을 인용하는 경우라도 가급적 한국의 사례를 통해 다시 보려고 노력하였다. 독자들이 내용을 이해하는 데 도움이 되도록 예제와 그림을 많이 활용하였으며, 경우에 따라서는 글상자를 따로 마련하여 이해를 꾀하였다. 표현 역시 중요한 요소이므로, 쉽고 알맞은 단어와 표현을 찾기 위해 노력하였고, 되도록 우리말을 쓰도록 힘썼다. 책의 서론과 제1~4부의 구성도 내용에 따라 칸막이를 한 것일 뿐, 읽어 나가는 순서를 지정하는 것은 아니다. 어느 부분이던 독자의 관심사에 따라 눈길이 먼저 머물어도 무방할 것이다.

　이 책을 집필하는 동안 여러 도움이 있었다. 미국 테네시대학교의 김현 교수가 제7장에서 인용된 한 모형 그림의 원본을 구해 주었다. 필자가 가지고 있던 그림이 낡고 흐릿해져 난감했는데, 김현 교수가 문제를 거뜬히 해결해 준 것이다. 한국교통연구원의 이지선 박사는 도시교통과 환경문제에 관한 국내 통계와 정부출연 연구소들의 보고서를 챙겨 주어, 이 책의 여러 곳에 반영할 수 있었다. 푸른 길 사람들은 책의 출판을 선뜻 맡아, 필자가 지나쳤던 점들을 바로잡고 많은 그림을 다듬어 주느라 고생하였다. 이런 여러 도움에도 불구하고 이 책에서 드러나는 흠은 오로지 필자의 탓이다.

2018년 봄
필자 삼가 씀

차 례

제1장

서론

1. 교통의 특성과 기능

1) 교통의 뜻과 특성

사전에서는 교통(交通, transport 또는 transportation)을 사람이나 물자가 한 장소에서 다른 장소로 움직이는 것이라고 풀이한다. 그러나 사람과 물자의 움직임 뒤에는 교통하부구조(transport infrastructure)인 도로와 항만 등 교통기반시설, 자동차와 선박 등 탈것, 이를 관리하는 조직과 인력, 관리를 뒷받침하는 제도와 정보통신 설비 및 소프트웨어가 있으며, 이 모든 것이 한데 어우러져 시스템을 구성하고 있다. 따라서 교통이라고 표현할 때 실은 교통시스템(transportation systems)을 가리키는 것이 일반적이며, 단지 '교통'이라고 줄여 쓸 뿐이다. 교통시스템은 여러 하위 시스템(subsystems)으로 구성되어 있으므로 이용하는 교통수단에 따라 철도교통, 버스교통 등으로, 지리적 범위에 따라 지역교통, 도시교통 등으로 나누어 부르기도 한다.

교통은 이동성 수요를 달성하기 위한 수단이며, 교통 그 자체가 목적이 되는 경우는 드물다. 우리가 어떤 교통수단을 이용할 때, 가끔은 이동 자체를 즐기기 위한 경우도 있겠지만, 대부분은 통행 목적지에서 어떤 일을 이루기 위해 그리하는 것이다. 이런 연유로 교통수요는 파생수요(派生需要, derived demand)라는 특성을 지니고 있다. 사람과 물자가 한 장소에서 다른 장소로 옮겨져 파생수요가 충족되면 사람 활동에 대한 만족도와 물자의 가치가 향상되며, 거기에 교통의 효용이 있는 것이다. 교통수요가 파생수요라는 것을 달리 표현하자면, 교통은 한 장소와 거기서 사는 사람들의 생활을 반영하는 것이라고 말할 수 있다. 결국 교통은 지역을 보는 창(窓)인 셈이다.

교통이란 전형적인 지리(地理) 현상이다. 앞서 밝혔듯이 교통은 사람이나 물자를 한 장소에서 다른 장소로 옮기는 것이므로 지리적 현상이며, 교통시설의 분포 역시 지리적 현상 그 자체이다. 이러한 '교통의 지리'는 공간의 지리적 여건에 따라 결정된다. 공간은 지형, 인구와 산업의 구성과 분포, 정치 등 여러 조건에 의해 다양한 모습을 띠고 있으므로, 이러한 다양한 모습의 공간을 바탕으로 이루어지는 교통 역시 지리적일 수밖에 없다. 따라서 지리가 없다면 교통이 발생할 리 없고, 교통 없이는 공간의 다양성, 곧 지리도 생겨날 수 없는 것이다.

교통시스템은 다른 시스템들보다 기반시설과 설비가 많이 개재되어 있으므로, 그 측정이 상대적으로 더 쉽다는 특징을 띠고 있다. 교통시설에 투자된 자본과 설비의 규모는 화폐단위, 차량 수, 면적 등으로 나타낼 수 있고, 교통흐름도 이용자의 수나 화물의 무게, 또는 움직인 거리까지 함께 고려한 인-km, 톤-km 등으로 나타내는 것이 가능하다. 학문적으로는 교통시스템의 이런 특성이 교통연구를 다른 연구분야보다 분석적 접근에 더 기울도록 이끌었다고도 말할 수 있다.

2) 교통의 기능과 의의

교통은 여러 기능을 가지고 있다(Bamford and Robinson, 1978). 경제적으로 교통은 시장을 확대시키며, 분업을 가능하게 하고, 생산단위들의 입지를 최적화시키는 것을 돕는다. 교통은 생산자가 시장을 확대하는 수단으로 쓰인다. 생산자는 교통이 있음으로 판매되는 재화의 양과 다양성을 늘리고, 판매지역의 범위를 넓힐 수 있게 된다. 경제가 성장하는 데에는 자급자족하기보다는 분업(分業)이 더 효과적이며, 분업은 결국 한 장소가 어떤 활동으로 특화(特化, 또는 전문화)되는 지역특화를 낳는다. 지역특화란 지역 간 교류가 더 심화되는 것을 의미하는데, 지역 간 교류는 교통에 의해 비로소 가능해진다. 교통은 공간적으로 떨어져 있는 여러 생산단위를 연결해 주므로, 생산단위들의 입지를 최적화하여 생산비를 줄이도록 도우며, 결과적으로 교통은 규모의 경제를 구현하도록 이끈다.

교통은 서비스의 발달도 촉진시킨다. 대부분의 서비스는 그것이 이루어지는 장소에서 바로 소멸되는 속성이 있다. 따라서 소비자는 서비스가 이루어지는 곳까지 이동하거나 또는 서비스가 소비자에게로 이동되어야 하며, 교통이 여기에 다리 구실을 하게 되는 것이다. 서비스가 전문화되고 규모가 커지려면 서비스지역의 범위도 넓어져야 하는데, 교통이 이를 가능하도록 만든다.

교통은 사회적 기능도 가지고 있다. 현대인의 생활모습에서 가장 중요한 특징 가운데 하나는 직주분리(職住分離), 곧 일터와 사는 곳이 서로 떨어져 있다는 점이다. 과거 경제활동이 덜 분화되었던 시절에는 사는 곳이 곧 일터였으나, 산업혁명 이후 분업이 보편화되면서 일터와 사는 장소가 점점 더 멀리 떨어지게 되었다. 교통이 사람들로 하여금 일터 부근에서 벗어나 더 나은 환경을 갖춘 곳에서 살 수 있도록 돕는 동시에, 일터에까지 손쉽게 갈 수 있도록 만들어 주었던 것이다. 교통은 또한 복지, 예술활동에 대한 접근을 촉진시키고 여가활동 목적의 통행도 가능하게 만들어, 사람들로 하여금 여러 가지 문화적 혜택을 누리고 사회적 교류를 가능하게 한다.

　거시적으로 보면 교통은 지역을 통합시키고, 지역의 공간적 틀을 만드는 데 중요한 전략적 기능을 가지고 있다. 역사적으로 보면 교통은 군사적으로 가장 알맞은 곳에 군대를 배치하는 것을 가능하게 하는 등 국방에 긴요하였고, 국가의 형성과 통합에 영향을 준 동시에 정치적 도구 역할도 하였다. 19세기에 철도와 철선(鐵船) 등 근대교통이 등장한 데에는 나라를 통합하고 해외시장과 식민지를 더 확대하려는 목적도 주요 배경의 하나였다.

　교통의 이러한 기능들은 과거에도 긴요했지만, 요즈음 그 중요성이 더욱 커지고 있다. 인구가 늘고 경제가 성장하며 소득이 높아지면, 이는 재화와 서비스 수요의 증대로 이어져 보다 많은 사람과 물자를 더 멀리 더 빠르게 수송하는 것이 절실하게 된다. 또한 교통기술이 발달하면 단위당 수송비는 현저히 줄어들고 거리를 더 잘 극복할 수 있게 되며, 공간의 비교우위를 더 잘 활용할 수 있게 만든다. 이러한 두 가지 경향은 교통시설의 질적 수요와 양적 수요를 확대시켰고, 현대사회에서 교통기반시설은 토지이용의 주요 부분이 되었다. 도로, 철도, 터미널, 항만, 공항 등은 그 시설이 차지하는 면적이 여간 넓은 것이 아니다. 교통기반시설이 우리 사회에 깊이 내재화된 나머지, 교통시설이 중요한 토지이용 요소 가운데 하나라는 사실을 종종 잊는다고 해서 그 중요성이 사라지는 것은 아니다. 교통이 오늘날 환경문제를 일으키는 원인 가운데 하나라는 차원에서도 교통의 중요성은 크다. 교통은 재생 불가능한 화석연료를 많이 소비하고, 오염물질과 소음을 만들어 내며, 교통사고의 위험도 항상 도사리고 있기 때문이다. 환경에 대한 관심이 커질수록 친환경적 교통의 필요성도 강조되고 있는 것이다.

2. 교통망과 네트워크

1) 교통망의 구성요소

사람과 물자의 이동에 이용되는 교통시설이나 서비스는 대부분 망(網, network)의 형태를 띤다. 도시와 도시 사이를 연결해 주는 고속도로망과 철도망, 도시 안의 가로망과 시내버스 노선망 등이 그 보기이며, 이러한 교통망들을 일반화해서 부를 때 네트워크(network)라고도 표현한다. 철도망 등 교통시설이 고정된 네트워크의 보기라면, 버스 노선이나 비행기 항로 등은 가변적인 네트워크의 사례이다.

교통망의 실제 구성내용은 매우 복잡하지만, 이를 네트워크로 일반화하면 도시, 역, 시내 네거리 등을 가리키는 결절(結節)과 이 결절들 사이를 이어 주는 도로, 항로 등을 가리키는 연결선(連結線)의 두 핵심요소로 간추릴 수 있다.

(1) 결절(node)

결절 또는 교통결절이란 원론적으로 말해 교통흐름을 발생시키거나 흐름이 모이고 흩어지는 지점을 모두 가리키지만, 실제로는 살펴보려는 지역의 범위에 따라 다르게 정해진다. 전국 범위의 교통망에서는 도시, 그것도 규모가 제법 큰 도시들이 결절로 간주되는 데 비해, 지역 범위가 도(道) 정도로 줄어들게 되면 소도시나 읍까지도 결절에 포함되며, 도시 안이라면 주요 네거리, 전철역 등이 결절로 간주될 것이다.

각 결절에는 여러 정보가 관련되어 있으므로 체계적인 관리가 필요하다. 우선 결절은 1, 2, ⋯ m의 숫자나 알파벳과 같은 식별기호(또는 식별자, identifier: ID)로 표시하면 편리하며, 이 밖에 '원주시', '목포항'과 같은 이름, 경위도나 좌표값과 같은 위치 정보, 연계되어 있는 교통서비스와 같은 속성 정보까지 갖추면 이해와 분석에 유리하다. 교통서비스 정보란 어떤 교통노선이 해당 결절과 연결되어 있는지, 또 운행빈도는 어떠한지 등을 말한다.

(2) 연결선(link)

서로 이웃한 두 결절을 잇는 선을 연결선이라 한다. 연결선도 결절의 경우와 마찬가지로 식별기호로 나타내며 여기에 선 양 끝 결절의 식별기호도 덧붙이는 것이 일반적이고, 해당 연결선에 '을지로', '전라선' 등 고유한 이름이 있는 경우에는 이를 추가 정보로 활용한다. 연결선에는 이 밖에도 길이,

속도, 통행량, 용량, 방향, 도로인 경우에는 노면의 포장 여부와 노폭 및 갓길, 철도의 경우 궤도의 수와 궤폭 및 전기철도 여부 등 관련 정보들이 더 추가될 수 있다. 또 연결선이 직선이 아니어서 그 형태를 지도에 정확히 나타내려면 중간지점들의 위치 정보도 필요하다.

연결선의 길이는 직선거리(d_{ij}), 실제 거리(l_{ij}, 또는 노선거리), 비용(c_{ij}) 등이 흔히 이용된다. 연결선이 직선이 아닌 경우에는 직선거리와 노선거리 정보를 활용하여 굴곡률(屈曲率, circuity, $k_{ij}=(l_{ij}-d_{ij})/l_{ij}$)이나 굴곡배수(屈曲倍數, route factor, $q_{ij}=l_{ij}/d_{ij}$)를 계산할 수 있다. 굴곡률(k_{ij})은 일정한 구간 값($0 \leq k_{ij} \leq 1.0$)을 가지는 반면 굴곡배수(q_{ij})는 일정한 범위가 없지만, 굴곡배수가 굴곡률보다 이해하기에는 더 쉬운 지수라고 말할 수 있다. 평균속도(s_{ij}) 정보가 있다면 통행시간($t_{ij}=l_{ij}/s_{ij}$)을 알아낼 수 있으며, 이와 반대로 통행시간을 알면 해당 연결선의 평균속도($s_{ij}=l_{ij}/t_{ij}$)를 구할 수 있다. 연결선의 방향 정보란 양방향 통행이 가능한지 또는 일방통행 구간인지, 좌회전이나 우회전 금지 여부 등에 관한 정보를 말한다.

Ⓐ–Ⓑ–Ⓒ–Ⓓ처럼 여러 결절이 연결선들로 이어져 있을 때 Ⓐ~Ⓓ를 잇는 길을 경로(path)라고 한다. 경로의 길이는 두 가지 방식으로 표현할 수 있다. 경로에 포함된 연결선의 수로 표현하는 방식과, 각 연결선 길이의 합($l_{ab}+l_{bc}+l_{cd}$)으로 나타내는 방식이 그것이다.

결절의 경우와 마찬가지로, 연결선도 다루는 지역의 범위에 따라 단순화 과정이 개입될 수 있다. 연결선을 중요성에 따라 간선과 지선으로 나누고, 간선만으로 네트워크를 구성하는 경우가 가장 흔한 사례이다. 또 다른 경우를 살펴보자. 우리나라의 고속국도는 노선 연변의 도시를 조금 비껴가는 방식으로 놓여 있으며, 도시 부근에 출입구(톨게이트)를 만들어 해당 도시와 연결하고 있다. 그러나 고속국도망을 네트워크로 표현할 때, 고속국도 출입구를 별도의 결절로 다루기보다는 이를 무시하고 마치 고속국도가 해당 도시 중심을 직접 연결하는 것처럼 단순화하는 것이 일반적이다. 거시적 관점에서 보면 출입구 결절까지 추가하는 것은 네트워크를 복잡하게 만들 뿐 실익이 적기 때문이다. 같은 논리로 세 개의 결절이 중간 삼거리에서 Y자 모양으로 연결되어 있을 경우, 삼거리를 별도의 결절로 추가하기보다는, 중간의 삼거리는 무시한 채 세 결절을 마치 역삼각형(▽)처럼 직접 연결하여 단순화하기도 한다.

2) 교통망의 표현

교통망 또는 교통 네트워크를 가장 알기 쉽게 나타내는 것은 이를 그림으로 그리는 것으로, 결절은 점이나 작은 원, 연결선은 곡선이나 직선으로 묘사한다. 그러나 교통망을 본격적으로 분석하려면 핵심 구성요소인 결절과 연결선에 대한 더 많은 정보가 필요하므로, 일차적으로 결절 파일과 연결선 파일을 만들어 컴퓨터가 이해하는 방식으로 교통망을 나타내면 좋다(〈그림 1-1〉). 물론 대부분의 사안에서는 그림에 예시된 것보다 더 많은 정보를 파일에 추가하게 되며, 대도시처럼 교통환경이 복잡한 경우에는 결절 파일과 연결선 파일 이외에

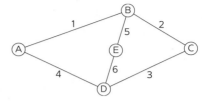

주: 컴퓨터를 이용할 때에는 결절의 식별기호도 아라비아 숫자로 정의하지만, 여기서는 연결선과 구별하기 위해 영문자로 적었다.

(가) 결절 파일

결절 식별 기호	위치 정보		속성 정보		
	x좌표	y좌표	지명	인구	…
A	8	24	가마골	932	
B	35	33	구리개	4,785	
C	42	16	궁마을	1,225	…
D	23	7	당고개	10,666	
E	28	20	닭실	7,384	

(나) 연결선 파일

연결선 식별기호	관계 정보	속성 정보		
	관련 결절의 식별기호	지명	길이	…
1	A, B	서해선	50	
2	B, C	북부간선로	25	
3	C, D	중앙로	30	…
4	D, A	광평로	35	
5	E, B	소월길	10	
6	D, E	올림픽로	10	

주: 일방통행로가 섞여 있는 교통망이라면 통행방향별로 연결선(상행선과 하행선)을 각각 적어야 한다.

〈그림 1-1〉 교통망의 정보를 파일로 구성하기

교차로의 좌회전이나 우회전 금지 여부 등을 나타내는 파일이 추가되기도 한다.

　교통망의 결절 파일과 연결선 파일로 교통망의 기본적인 모습을 정의할 수는 있지만, 결절과 연결선의 관계 정보를 좀 더 체계적으로 정리해 두면 교통망의 시각화와 분석에 융통성이 크게 늘어난다. 결절과 연결선의 관계 정보는 행렬로 나타내는 것이 일반적이며, 가장 기본적인 것은 연결행렬 [connection matrix, 또는 인접행렬(adjacency matrix)]로서 결절들이 직접 연결되고 있는지를 나타낸다. 연결행렬 C에서는 행과 열에 결절 식별기호를 각각 적고, 각 행렬요소 c_{ij}에는 한 결절과 다른 결절의 직접연결 여부를 이진수(二進數, 0과 1)로 나타낸다. 만약 연결선의 길이에 관한 정보가 있으면 이진수 대신 연결선의 길이를 적어 넣을 수 있으며, 이때 두 결절 사이에 직접연결선이 없으면 그 길이가 매우 길다는 의미에서 무한대의 값, 곧 매우 큰 값을 적어 넣게 된다. 이처럼 연결선의 길이를 행렬에 표시하여 수치 연결행렬을 만들면, 한 결절과 다른 결절의 직접연결 여부뿐 아니라 거리 정보도 담게 되므로 그 활용도가 더욱 커진다. 연결행렬 C는 행과 열의 수가 똑같은 정사각행렬 (square matrix, 또는 정방행렬)이며, 대각요소 c_{ii}의 값은 0으로 처리한다. 대각요소를 제외한 다른

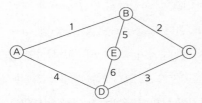

주: 선분의 숫자는 연결선 식별기호

(가) 연결행렬 C

	A	B	C	D	E
A	–	1	0	1	0
B	1	–	1	0	1
C	0	1	–	1	0
D	1	0	1	–	1
E	0	1	0	1	–

(나) 관계행렬 I

	1	2	3	4	5	6
A	1	0	0	1	0	0
B	1	1	0	0	1	0
C	0	1	1	0	0	0
D	0	0	1	1	0	1
E	0	0	0	0	1	1

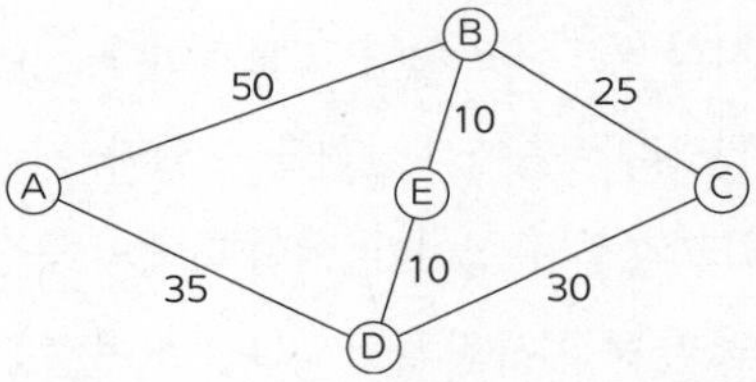

(다) 수치 연결행렬 L

	A	B	C	D	E
A	0	50	∞	35	∞
B	50	0	25	∞	10
C	∞	25	0	30	∞
D	35	∞	30	0	10
E	∞	10	∞	10	0

주: 선분의 숫자는 연결선의 길이. 수치 연결행렬의 무한대 기호(∞)는 해당 결절짝에는 연결선이 없음을 뜻하며, 실제 분석단계에서는 매우 큰 값을 입력하여 사용한다.

〈그림 1-2〉 네트워크의 연결행렬과 관계행렬

요소 c_{ij}의 값은 대각선 윗부분과 아랫부분이 같아 대칭을 이루는 것이 일반적이지만, 일방통행로 등이 섞여 있는 교통망이라면 대각선 윗부분과 아랫부분의 값은 비대칭을 이루게 된다.

네트워크 구성요소들의 연결 여부는 관계행렬(incidence matrix)로도 나타낼 수 있으며, 결절은 행에 연결선은 열에 배열시킨다. 따라서 관계행렬 **I**는 연결행렬과 달리 정사각행렬이 아니다. 관계행렬 **I**의 각 요소 i_{ij}는 결절과 연결선의 연계 여부를 이진수로 나타낸다. 관계행렬은 결절과 연결선의 관계뿐 아니라 다른 정보를 담는 데도 활용될 수 있다. 가령 각 결절이 속한 행정구역이 어디인지를 나타내기 위해 행에는 결절, 열에는 행정구역을 배열하는 것이 그 보기이다. 연결행렬 **C**에는 거리 등의 수치도 입력할 수 있으므로, 이진수만 허용하는 관계행렬 **I**보다는 네트워크 분석에 더 자주 이용된다.

3) 네트워크 접근법

우리는 앞에서 교통망을 네트워크의 관점에서 살펴보았다. 그러나 네트워크의 사례는 교통망에 그치지 않아 자연현상, 기반시설, 기업, 사람들의 관계나 짜임새 등 우리 주변의 거의 모든 현상을 네트워크로 표현할 수 있다.

자연현상 가운데 대표적인 네트워크로는 하계망(河系網)이 있으며, 화산들의 지질적 연계, 여러 산체(山體)의 구조 등을 논할 때 네트워크라는 표현이 쓰이기도 한다. 교통망, 통신망, 송전망, 상수 도망, 하수도망 등은 사람이 만든 대표적인 시설 네트워크로서, 한 지역이나 국가의 기반시설인 경우가 많아 그 자체로 중요하다. 구체적인 물질로 이루어진 시설 네트워크, 그리고 그 위를 움직이는 흐름의 네트워크와 달리, 손으로 만지거나 눈으로 볼 수는 없지만 분명히 존재하는 관계 네트워크가 우리 주변 곳곳에 존재한다. 기업, 단체, 기구, 국가의 조직과 관계, 자원의 조달~생산~고객 서비스에 이르는 가치사슬, 개인과 기업 및 단체 사이에 형성되는 지식 네트워크 등이 그 보기이다. 시야를 더 넓히면, 도시들 사이의 교류와 기능적 관계도 도시 네트워크라는 틀에서 살펴볼 수 있다. 지리적 공간이 아닌 사이버 공간에서 이루어지는 교류 역시 네트워크의 한 유형이다. 어떤 단체의 구성원 사이에 유무선 전화망과 인터넷으로 교류되는 대화, 메일, 파일 등은 사회 네트워크를 보여 주는 단서이며, 도시 간 정보의 흐름을 통해 도시 네트워크의 면면을 엿볼 수 있다. 어떤 일이 수행되어 가는 과정 내지 공정도 하나의 네트워크로 이해할 수 있다. 자신이 학교에 입학해서 졸업에 이르는 기간 동안 교양과목, 필수과목, 선택과목을 이수해 가는 과정, 기업 안에서 어떤 과업이 여러 부서의 협동작업 속에 수행되는 모습 등도 네트워크로 바꾸어 이해할 수 있다.

이상에서 살펴보았듯이 대부분의 경우 네트워크란 세상의 사물이나 현상을 요약하는 틀, 그리고 복잡한 관계를 분석하는 방법론의 성격을 지니고 있다. 따라서 네트워크 접근법은 교통 분야 외에도 적용 분야가 매우 넓다고 평가할 수 있으며, 최근 네트워크 접근법이 사회과학계 전반에서 크게 관심을 끌고 있는 배경이기도 하다.

3. 거리와 운송비

1) 거리의 의미와 조락성

교통이란, 단순하게 표현하면 거리를 극복하는 활동이다. 따라서 거리의 뜻을 잘 이해하는 것은 교통을 잘 이해하는 첫걸음이 된다. 일반적으로 거리는 지리적으로 떨어져 있는 정도인 공간거리(물리적 거리)를 가리키지만, 일상생활에서는 시간으로 본 시간거리도 흔히 함께 쓰인다. 공간거리는 같을지라도 도로의 사정이나 교통수단에 따라 걸리는 시간이 다르기 때문이다. 거리는 킬로미터나 마일 또는 시간과 분으로 나타내지만, 주관적으로 느끼는 정도로도 표현할 수 있다. "가깝다", "아주 가깝다", "조금 멀다" 등으로 표현하는 경우가 그것이다. 주관적 거리, 곧 심리거리는 공간거리와 반드시 일치하지는 않는다. 우리는 낯선 길을 처음 갈 때는 무척 멀다고 느끼지만, 같은 길을 돌아올 때는 익숙해진 탓에 갈 때보다 가깝다고 느끼게 된다. 또 도시 안에서 밖으로 나갈 때보다 도시 밖에서 안으로 들어올 때 더 멀다고 느끼기 쉽다. 눈에 보이는 경관이 단조로울 때에는 시가지처럼 복잡한 경관보다 덜 멀다고 느끼는 것이다. 심리거리는 우리의 통행 행동과도 연관되어 있으므로 주요 관심 대상이 된다.

두 지점 사이의 거리가 멀수록 이를 극복하기 위한 비용, 시간, 노력이 더 많이 들게 마련이다. 따라서 화물의 수송, 사람의 통행 등 이른바 상호작용은 거리가 짧을수록 더 활발한 반면 거리가 멀어질수록 약화된다. 이처럼 거리의 가깝고 먼 정도에 따라 상호작용이 달라지는 성향을 거리조락성(距離凋落性, distance decay)이라고 부른다. 거리조락성은 매우 뚜렷한 지리적 현상으로서, 우리의 생활 거의 모든 면에서 이런 성향을 볼 수 있다. 가까운 곳을 더 자주 찾게 되고, 먼 곳으로의 화물 수송량이 줄어들며, 심지어 거리의 영향을 받을 것 같지 않은 정보 이동에서도 거리가 멀수록 그 교류의 양과 빈도가 줄어드는 것을 볼 수 있다. 거리조락성은 세상사의 여러 면을 이해하는 단서가 되며, 지리학의 성립 근거가 되는 중요한 현상 가운데 하나이다.

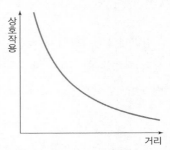

〈그림 1-3〉 상호작용의 거리조락성

2) 공간거리

두 지점 사이를 직선(또는 희망선, desire line)으로 잇는 길이는 직선거리라 하며 비행거리(flying distance)라는 별명으로도 불린다. 우리가 다니는 길이 직선인 경우는 매우 드물며, 심지어 항공노선조차도 직선인 경우는 드물다. 따라서 직선거리(d_{ij})는 실제 이동할 때 지나는 노선거리(l_{ij})보다는 항상 짧다($d_{ij} \leq l_{ij}$).

직선거리는 평면을 전제하는 것이 일반적이지만, 거시적으로 거리를 잴 때에는 곡면을 전제해야 더 정확하게 구해진다. 구체(球體)인 지구에서 두 지점 사이의 최단거리는 대권거리[大圈距離, great circle distance: 두 지점과 지구의 중심을 지나는 대원(大圓)이 지표와 만나 이루는 선분의 길이]이다. 엄밀하게 지구는 적도 쪽으로 조금 튀어나온 타원체이지만, 아주 정교하게 거리를 계산하려는 경우가 아니라면 구체로 간주해도 큰 무리는 없다.

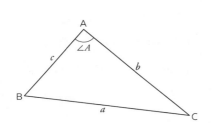
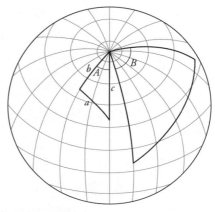

주: 삼각형의 두 변 b와 c의 길이 및 사잇각 $\angle A$를 알
면 나머지 한 변 a의 길이를 구할 수 있다.
코사인 제2법칙: $a^2 = b^2 + c^2 - 2bc \cdot \cos A$

〈그림 1-4〉 평면(좌)과 곡면(우)의 거리 계산

평면에서 삼각형의 두 변의 길이와 사잇각을 알면 나머지 한 변의 길이는 코사인법칙을 적용해 계산할 수 있듯이, 구체인 지구에서도 두 지점 b와 c의 대권거리 a는 위도(φ_b와 φ_c) 및 경도각($\delta\lambda$)을 알면 구할 수 있다(〈식 1-1〉).

$$\text{대권거리 } a = \cos^{-1}(z) \cdot R \quad \cdots \text{〈식 1-1〉}$$

$\cos z = \sin\varphi_b \cdot \sin\varphi_c + \cos\varphi_b \cdot \cos\varphi_c \cdot \cos\delta\lambda$

φ: 위도('phi'); λ: 경도('lambda'); 단위는 라디안(rad, 호도(弧度))

$\delta\lambda$('델타 람다'): 지점 b와 지점 c의 경도 차이, $\delta\lambda = \lambda_b - \lambda_c$

R: 지구의 반지름 $\doteqdot 6371.1$km

거시적 범위의 거리와는 정반대로 미시적 환경에서는 이동하는 경로의 구체적 모양이 중요하게 작용한다. 시가거리(市街距離, city block distance) 또는 맨해튼 거리(Manhattan distance)는 노선 거리 가운데 특별한 경우로서, 격자형 가로망이 우세한 현대도시에서 종종 경험하게 되는 유형이다. 다음 그림처럼 가로망이 직교형으로 이루어져 있을 때, 차량이나 사람은 공상소설의 장면처럼 건물을 뚫고 지나갈 수는 없으며 격자형 길을 따라 이동하게 된다. 이 경우 두 지점 사이의 시가거리는 직선거리(가~나)가 아니라 가로망을 따른 길이의 합((가~다)+(다~나))이 된다.

$$\text{직선거리: } d_{가나} = ((X_가 - X_나)^2 + (Y_가 - Y_나)^2)^{\frac{1}{2}} \quad \cdots \text{〈식 1-2〉}$$

$$\text{시가거리: } l_{가나} = |X_다 - X_나| + |Y_다 - Y_가| \quad \cdots \text{〈식 1-3〉}$$

$$X_가, X_나, X_다, Y_가, Y_나, Y_다: \text{가, 나, 다 지점의 좌표값}$$

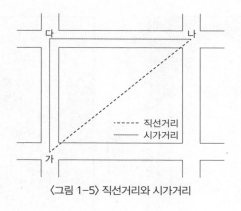

〈그림 1-5〉 직선거리와 시가거리

3) 시간거리

시간거리는 한 장소에서 다른 장소로 이동하는 데 걸리는 시간을 뜻하며, 공간을 극복하기 위한 노력을 시간단위로 나타냈다는 점에서 노력거리(effort distance)라고 부르기도 한다(정인철, 1992). 시간거리는 공간거리와 달리 고정되어 있지 않으며, 기술의 발달에 따라 변하므로 시대상을 잘 드러내고, 현재 이용하는 교통수단과 환경에 따라서도 달라질 수 있어 우리의 일상생활과 밀접하다.

그렇다면 시간거리로 본 공간의 모습은 어떻게 나타낼 수 있는가? 가령 서울에서 지방의 주요 도시까지의 멀고 가까움을 1시간거리선, 2시간거리선 등 이른바 등시선(等時線)을 이용하여 지도로

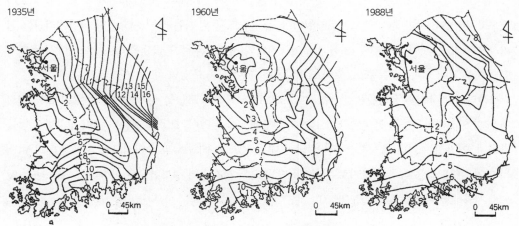

〈그림 1-6〉 서울 기점의 철도 등시선, 1935, 1960, 1988년

출처: 한주성, 2010, p.48.

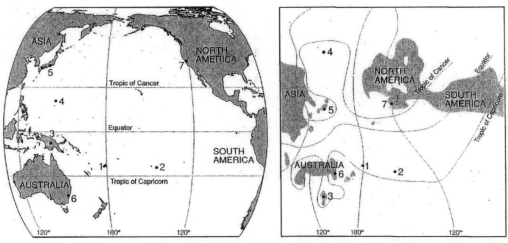

〈그림 1-7〉 태평양과 주변 연안의 모습: 실제 모습(좌)과 1975년의 항공기 운항빈도로 본 시공간(우)
지도의 번호: 1) 피지, 2) 타히티, 3) 파푸아뉴기니, 4) 사이판, 5) 도쿄, 6) 시드니, 7) 샌프란시스코
출처: Knowles, 2006, p.421.

나타낼 수 있다(〈그림 1-6〉). 등시선도(等時線圖)는 특정 시점에 특정 장소를 중심으로 한 시간거리의 분포를 보여 주는 데 알맞으며, 등시선도를 시계열로 나열하면 해당 장소를 중심으로 교통여건이 바뀌어 가는 과정을 한눈에 파악하는 데 도움을 준다.

공간거리를 2차원 평면에다 지도로 표현하듯이 시간거리로 이루어진 공간, 곧 시공간(時空間)을 지도로 나타낸다면, 이는 마치 지도가 심하게 구겨진 것과 같은 모양을 띠는 것으로 여길 수 있다. 〈그림 1-7〉은 태평양 연안의 실제 모습과 1970년대의 항공기 운항빈도로 본 시공간 모습을 비교한 것으로, 아시아, 북아메리카, 오스트레일리아, 뉴질랜드 등은 가깝게 이웃한 반면 남아메리카는 멀리 떨어져 있는 것이 특징이다. 또한 파푸아뉴기니와 사이판은 주요 국제항공교통 노선에서 소외되었던 탓에 각각 남쪽과 북쪽으로 멀리 밀려나 있는 모습을 띠고 있다.

시간거리는 우리의 실생활을 반영하고 있으므로, 시공간의 모습을 시각화하는 것은 그 쓸모가 적지 않기에 지리학자들은 일찍부터 그 표현기법에 관심을 두었다. 그동안 개발된 여러 시각화 방법들 가운데, 여기서는 기하적으로 시공간을 그려 내는 작도법(作圖法)과 수리적으로 시공간을 그려 내는 다차원척도법을 다루어 보기로 한다. 두 방법 모두 시간거리 정보만으로 시공간을 그려 내는 것으로 사용법이 어렵지 않고 쓸모가 크다.

(1) 시공간의 작도법

가령 〈그림 1-8〉처럼 몇 개의 도시가 있고 이 도시들 사이의 시간거리를 안다고 하면, 시공간 상에서 이 도시들의 위치는 다음과 같은 작도법으로 추리해 볼 수 있다.

단계 1: 각 도시를 나타내는 원점을 임의로 배치한다(〈그림 1-8〉의 Ⓐ).
단계 2: 도시 원점들 사이에 도시 간 2등분점을 기준으로, 시간거리에 해당하는 직선분을 그린다
（그림 Ⓑ와 Ⓒ).
단계 3: 도시 원점에서 해당 도시와 관련된 각 선분의 종점까지 벡터를 그린다(〈그림 Ⓓ).

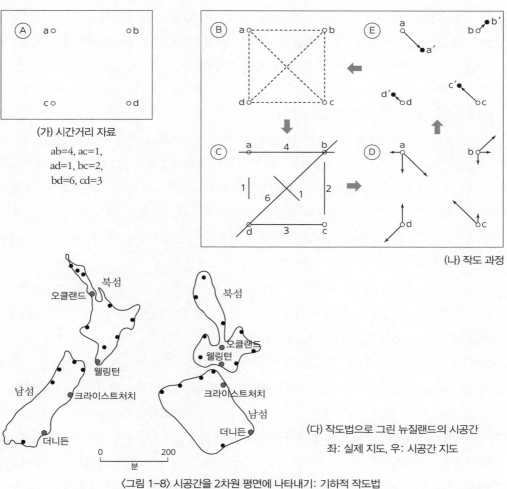

(가) 시간거리 자료

ab=4, ac=1,
ad=1, bc=2,
bd=6, cd=3

(나) 작도 과정

(다) 작도법으로 그린 뉴질랜드의 시공간
좌: 실제 지도, 우: 시공간 지도

〈그림 1-8〉 시공간을 2차원 평면에 나타내기: 기하적 작도법
출처: Haggett et al., 1977, pp.326-327.

단계 4: 도시별로 평균 벡터를 구하고, 도시의 원점을 평균 벡터의 종점으로 옮긴다(〈그림 ⑤〉).

단계 5: 단계 4에서 도시 원점의 이동이 기준치보다 작아 무시할 만하면 작업을 끝마친다. 반면 종점이 기준치보다 더 이동되었으면 단계 2로 돌아가 작업을 계속한다.

〈그림 1-8 (다)〉는 앞에 제시된 작도법에 따라 뉴질랜드의 시공간을 나타내 본 것으로, 상당히 흥미로운 모습을 띠고 있다. 특히 북섬의 오클랜드(Auckland)는 뉴질랜드의 으뜸도시로서, 비록 지리적으로는 변두리인 북오클랜드반도에 위치하지만 시공간 지도의 거의 가운데에 자리 잡았고 수도인 웰링턴(Wellington)과도 가깝게 묘사된 반면, 북오클랜드반도의 다른 도시들은 매우 멀리 띄엄띄엄 떨어져 있는 것으로 그려지고 있는 점이 큰 특징이라 할 수 있을 것이다.

앞서 소개한 시공간 작도법은 처음 개발되었을 당시의 여건으로는 품이 많이 드는 작업이었지만, 이제 지리정보시스템(GIS)의 발달로 복잡한 계산과 지도화 과정을 모두 컴퓨터에게 맡길 수 있으므로 시간거리를 시각적으로 표현하는 것이 어렵지 않게 되었다.

(2) 다차원척도법으로 시공간 나타내기

작도법과 달리 수리적으로 시공간을 나타내려면 다차원척도법(multidimensional scaling, MDS)의 도움을 받을 수 있다. 특히 다차원척도법은 현재 여러 상업용 전산프로그램에도 포함되어 있어 누구나 사용하기 쉬운 것이 큰 이점이며, 지리학계에 적용 사례가 적지 않다. 우리는 장소의 좌표값과 같은 위치 정보가 있으면 장소들 사이의 공간거리를 피타고라스의 정리 등을 활용하여 손쉽게 계산할 수 있다. 다차원척도법은 이 과정을 역순으로 수행하는 것으로, 주어진 거리 정보에 근거하여 해당 장소들의 위치를 파악해 내는 기법이라고 평할 수 있다.

〈그림 1-9〉는 한국의 11개 도시 간 공간거리 자료를 다차원척도법으로 분석한 것이다. 그림에서 보듯이 비록 지도가 없더라도 도시 간 거리 정보만 마련되어 있다면(가), 다차원척도법은 도시들의 위치를 실제와 다름없이 찾아 보여 주는 것이다(나).

〈그림 1-9〉에서 다룬 사례는 공간거리를 입력자료로 쓴 것이므로 다차원척도법의 적용 결과와 실제 지리적 공간이 닮은꼴인 것은 당연한 일이다. 그러면 시간거리의 경우 다차원척도법이 어떤 시공간 모습을 그려 낼지 자동차 주행시간거리를 사례로 삼아 살펴보기로 하자. 〈그림 1-10〉은 21세기 초 우리나라의 자동차 시간거리를 다차원척도법으로 분석하여 도시들의 위치를 나타낸 것으로 한국 도로망의 현황을 잘 반영하고 있다. 우리나라 전체로는 남부지방 도시들이 중부지방 도시들과 가깝게 묘사된 반면 동-서 방향으로는 상대적으로 더 멀게 표현된 것이 큰 특징으로, 이는 고속도로

(가) 한국의 도시 간 거리(km)

	서울	인천	춘천	강릉	대전	군산	광주	목포	대구	포항	부산
서울	0	25	71	162	133	169	252	287	224	254	305
인천	25	0	96	186	132	156	242	274	231	267	311
춘천	71	96	0	99	163	219	294	334	223	235	303
강릉	162	186	99	0	193	265	319	365	197	181	265
대전	133	132	163	193	0	75	132	175	113	165	187
군산	169	156	219	265	75	0	88	118	167	228	224
광주	252	242	294	319	132	88	0	47	164	227	189
목포	287	274	334	365	175	118	47	0	210	272	227
대구	224	231	223	197	113	167	164	210	0	64	82
포항	254	267	235	181	165	228	227	272	64	0	89
부산	305	311	303	265	187	224	189	227	82	89	0

(나) 다차원척도법 분석으로 구한 도시들의 위치

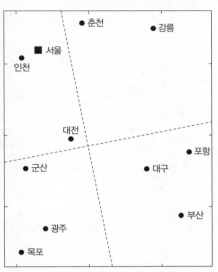

주: 그림의 점선은 남–북 및 동–서 방향을 가리킨다.

〈그림 1-9〉 거리자료에 대한 다차원척도법 분석으로
나타낸 한국 도시들의 위치
출처: 필자 작성.

망이 지형적 여건과 교통수요의 분포를 따라 동–서 주향보다는 남–북 주향으로 더 발달되어 있는
상황과 관련이 깊다. 국지적으로는 울진, 거제, 여수 등 동해안과 남해안 지방의 일부 도시의 위치가
다른 도시들로부터 멀리 떨어져 있는 것으로 그려진 점도 중요한 특징 가운데 하나로서, 우리나라
어느 지방의 도로가 더 개선되어야 할지를 가리키고 있다.

　다차원척도법으로 시공간을 묘사하는 대부분의 사례에서는 제1차원과 제2차원의 설명력이 다른
차원들에 비해 월등히 높은 데다, 제1 및 제2 차원축을 동서축 및 남북축으로 이해하여 지리적 공간
과 비교하기에 적절하므로, 이 책의 해설도 제1차원과 제2차원으로 본 시공간의 모습에만 머물렀다.
그러나 '다차원'이라는 어휘가 시사하듯이 제3차원, 제4차원 등 통계적으로 의미 있는 차원이 더 있
을 경우에는 이들도 자세히 살펴봄으로써 시공간에 대한 이해의 깊이를 더할 수 있다. 앞에서 시공
간 지도란 마치 구겨진 종이 지도에 비유한 것도, 시공간은 제1 및 제2 차원으로 기본적인 묘사는 가
능하지만 사안에 따라서는 제3차원 등을 활용하여 입체시해 보는 것도 필요하다는 의미이다. 가령
〈그림 1-10〉에서 동해가 강릉보다 더 북쪽에 위치하고 울산이 부산과 거의 겹쳐지도록 그려진 것은
단지 제1 및 제2차원만으로 도시 위치를 묘사하였기 때문이며, 차원 수를 늘리면 이들 도시의 시공
간 위치가 더 분명하게 드러날 것이다.

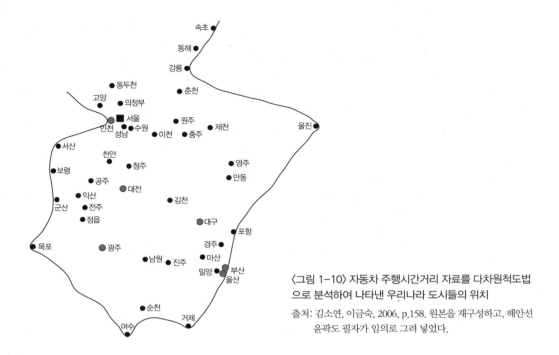

〈그림 1-10〉 자동차 주행시간거리 자료를 다차원척도법으로 분석하여 나타낸 우리나라 도시들의 위치

출처: 김소연, 이금숙, 2006, p.158. 원본을 재구성하고, 해안선 윤곽도 필자가 임의로 그려 넣었다.

4) 심리거리

다차원척도법은 공간거리뿐 아니라 심리거리를 시각화하는 데도 활용된다. 본래 다차원척도법은 심리학계에서 이런 주관적 거리(유사성이나 근접성을 순서로 표현한 서열척도 자료)를 등간척도나 비율척도 자료로 변환하기 위해 개발된 통계이론이다.

다음 사례는 〈그림 1-9〉에서 다루었던 11개 도시를 사례로 서울의 몇몇 대학생에게 도시 간 거리를 주관적으로 평가하게 한 다음 다차원척도법으로 분석해 본 것이다. 〈그림 1-11〉의 (가)는 도시 간 거리에 대한 설문조사지의 일부분, (나)는 설문조사 자료에 대한 다차원척도법 분석 결과이다. 그림 (나)에서는 설문 응답자들이 전반적으로는 도시의 위치를 올바로 인식하고 있지만 동-서 거리보다는 남-북 거리를 상대적으로 가깝게 느끼고 있으며, 서울에서 먼 경상도와 전라도 지방 도시들의 위치를 제대로 인식하지 못하고 있음도 알 수 있다. 만약 남부지방의 주민들에게도 같은 실험을 한다면 조금 다른 결과가 나올 수도 있을 것이다. 이처럼 심리적 거리를 분석하면 공간에 대한 개인적 친숙 정도가 거리 인식에 어떻게 반영되는지, 더 나아가 사람들이 인식하는 공간의 모습(mental map)은 어떠한지 들여다보는 유력한 도구로 쓰일 수 있다.

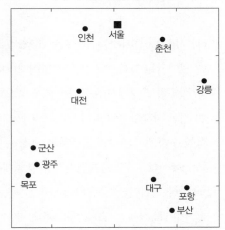

(가) 도시 간 거리 설문조사지의 일부분	(나) 다차원척도법 분석 결과

우리나라의 주요 도시 간 거리

다음 도시 사이의 거리가 얼마나 되는지 1(아주 가깝다)~9(아주 멀다)의 숫자 가운데
알맞은 것에 ○표하여 주십시오.
서울, 부산, 대구, 광주, 인천, 대전, 춘천, 강릉, 포항, 목포, 군산

	아주 가깝다		가깝다			멀다		아주 멀다
서울~인천	①	2	3	4	5	6	7	8	9
춘천~강릉	1	2	3	④	5	6	7	8	9
강릉~부산	1	2	3	4	5	6	7	8	⑨
대전~군산	1	2	3	4	⑤	6	7	8	9
부산~대구	1	2	③	4	5	6	7	8	9
포항~광주	1	2	3	4	5	6	⑦	8	9
광주~목포	1				5	6			9

〈그림 1-11〉 주관적 거리로 본 한국의 도시 위치: 서울 거주 대학생의 인식 사례

자료: 설문조사. 그림은 필자 작성.

주관적으로 가깝거나 멀게 느끼는 정도뿐 아니라 비슷하거나 다르게 느끼는 정도도 일종의 심리 거리로 이해할 수 있다. 이러한 주관적 평가는 통행 목적지나 교통수단의 선택에 상당한 영향을 줄 수 있으므로, 심리거리를 측정하고 분석하는 이론과 방법은 교통 연구자들에게도 관심사일 수밖에 없다. 사람, 사물, 장소, 현상 등이 서로 비슷한 정도(유사성, similarity 또는 비유사성, dissimilarity) 및 가까운 정도(근접도, proximity)를 나타내는 여러 지표 가운데 흔히 이용되는 것으로는 민카우스키 거리(Minkowski distance)가 있으며, 두 개의 비교대상(사람, 사물, 장소, 현상 등) X와 Y의 유사성이나 근접도를 여러 평가기준들 i(i=1 … n)로 본 편차의 p제곱합으로 표현한다.

$$\text{민카우스키 거리 } d_{xy}=\left[\sum_i |X_i-Y_i|^p\right]^{\frac{1}{p}} \cdots \langle\text{식 1-4}\rangle$$

민카우스키 거리는 지리공간의 직선거리(〈식 1-2〉)나 시가거리(〈식 1-3〉)를 일반화한 것과 같은 형태이다. 직선거리와 시가거리는 평가기준이 남북축 및 동서축이라는 기준 2개뿐이되 민카우스키 거리는 평가기준이 n개이며, 직선거리와 시가거리는 지수항의 값이 각각 2와 1인 반면 민카우스키 거리에서는 p로 일반화했다는 점만 다를 뿐 개념적 틀은 같다.

5) 운송비와 운임

(1) 거리를 극복하는 데 드는 비용

이 절에서는 화물 수송을 전제하여 거리의 의미를 더 살펴보기로 한다. 주지하는 바와 같이 경제활동의 입지 결정에서 운송비는 매우 중요한 요인의 하나이다. 따라서 운송비의 특성과 구조를 이해하는 것은 경제활동의 지리적 분포와 그 변화를 이해하는 바탕을 이룬다.

화물 수송에서 거리를 극복하는 데 드는 비용으로는 운송비와 운임이라는 두 용어가 쓰인다. 운송비(transport cost)란 운수업자가 거리 극복 서비스를 제공하기 위해 감당해야 하는 비용을 화폐단위로 표현한 개념이다. 운송비에 영향을 주는 요인으로는 기점과 종점 사이의 지형과 거리, 기반교통 시설, 에너지 사정, 수송 수단과 방식, 화물의 속성, 행정적 제도 등을 꼽을 수 있다.

운임(tariff, 또는 transport rate)은 화물 수송 서비스를 이용할 때 이용자가 지불해야 하는 값으로, 역시 화폐단위로 표시된다. 운임은 대체로 원가인 운송비에 운수업자의 적정이윤과 세금을 덧붙여 정하는 것이 기본이지만, 운수업자의 경영전략, 정부의 정책 등도 개입되므로 현실세계의 운임체계는 상당히 복잡하다. 운송비는 거리에 따라 증가하지만, 운임은 반드시 거리에 비례하여 증가하지는 않는데 이것이 바로 운수업자의 경영전략, 정부의 정책 등이 개입한 결과이다. 또한 운임은 시장 여건을 반영하여 수시로 바뀔 수도 있고, 공공요금처럼 정부가 개입하여 높이거나 낮추며 오랫동안 고정시키는 경우도 있다.

거리 극복 비용이 가시화되는 것은 운송비보다는 운임이다. 운송비가 얼마인지는 눈에 잘 드러나지 않지만, 터미널에 게시되어 있는 기차나 버스 요금표, 인터넷에서 조회한 배송요금표 등이 바로 눈에 드러나는 운임의 모습이다. 이런 점에서 운송비가 이론적 측면에서 거리 극복 비용의 함의를 살피는 데 쓸모가 있다면, 운임은 경영전략과 정책이 미치는 영향을 평가할 때 유용하다.

(2) 운송비의 구성과 구조

단위당 운송비는 이동거리와 무관하게 발생하는 고정비용(fixed cost)과 거리에 따라 불어나는 가변비용(variable cost)의 두 부분으로 나눌 수 있다. 창고 보관료, 화물을 싣고 내리는 데 드는 하역비와 환적비, 교통시설의 감가상각비, 면허료 등이 고정비용의 사례이며, 대부분 기점과 종점에서 발생하므로 기종점비용(terminal cost)이라고도 부른다. 보험료, 법률 서비스 비용, (국제수송의 경우에는) 환전 수수료와 관세 같은 거래비용 역시 고정비용의 사례이다. 교통시설, 터미널, 차량과 같은 고정자산은 별도로 분류하기도 하지만, 자산도 영구불변한 것이 아니므로 일정 내구연한으로 나눈 감가상각비로 고정비용에 포함시키는 것이 일반적이다. 가변비용이란 다른 말로 운행비용 (operating cost 또는 line-haul cost)이라고도 하며, 기본적으로 운행거리에 좌우된다. 가변비용은 연료비가 그 대부분을 차지하지만 운전기사의 임금, 통행료 등도 포함된다.

운송비는 운송수단에 따라서도 차이를 보인다. 운송수단에 따라 가변비용뿐 아니라 고정비용도 다르기 때문이다. 예를 들면, 자동차보다는 기차, 기차보다는 선박이 그 운행에 필요한 부대시설과 토지가 더 많이 소요되므로 고정비용이 늘어나기 마련이다. 반대로 가변비용은 자동차−기차−배의 순으로 낮아진다. 따라서 같은 종류의 화물을 두고 세 운송수단이 경쟁한다면, 자동차는 단거리 수송에, 선박은 장거리 수송에 더 유리하고, 기차는 양자의 중간적 지위를 지닌다고 볼 수 있다. 이런 관계를 요약한 것이 〈그림 1−12〉로서, 여러 문헌에 거듭 소개되어 널리 알려진 것이다. 그러나 이러한 3분법으로 단순화시킨 원리가 현실세계에서 잘 적용되는지는 의문이다. 우선 기술의 발달로 말미암아 고정비용과 가변비용이 줄어들고 있어, 교통수단 간의 차이를 구별하기가 점차 어려워지고 있다. 또한 지리적 여건도 교과서적인 3분법의 적용을 어렵게 만드는 배경의 하나이다. 특히 육상 교통수단과 수상 교통수단이 서로 경쟁하는 상황을 현실에서 찾아보기 쉽지 않을 때에는, 자동차와 배, 또는 기차와 배는 서로 경쟁수단이라고 간주하기 어려워진다. 우리나라처럼 내륙수로나 운하가 거의 없는 여건에서는 배를 이용한 수송이 화물자동차나 기차 수송과 경쟁하는 일은 매우 드물다고 해도 지나치지 않을 것이다. 더구나 요즈음에는 복합운송 체제가 도입되어 교통수단 사이의 경쟁보다는 연합이 대세가 되었다. 배로 실려 온 화물이 트럭에 옮겨 실려 내륙으로 수송되거나, 기차로 수송된 다음 목적지 역에서 트럭으로 옮겨 싣는 일이 (특히 컨테이너 화물의 수송에서) 빈번하게 일어나고 있으므로 교통수단의 운송비를 단순 비교하는 의미가 점점 퇴색되고 있다.

고정비용과 가변비용을 합한 총 운송비는 거리에 따라 늘어나기는 하지만 그 증가율은 체감(遞減)하는 성향을 띤다. 첫째, 가변비용 자체가 거리체감 구조를 띠는 경향이 있다. 연료의 소비에서 단거리보다는 중~장거리 이동에서 그 효율성이 증가하기 때문이다. 둘째, 가변비용이 거리에 비례하며 증가하는 경우에도 고정비용의 존재 때문에 운송비는 거리에 따라 체감하게 되는 것이다. 가령 고정비용과 가변비용이 〈그림 1−13〉의 표에 제시된 것처럼 되어 있다면, 비록 가변비용은 거리에 따라 일정하게 증가하더라도 단위거리당 총 운송비는 거리가 늘어날수록 줄어들어, 근거

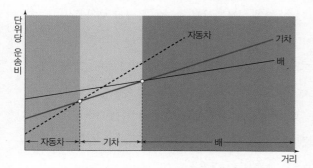

〈그림 1−12〉 자동차, 기차, 배의 운송비
주: 세로축의 교점은 고정비용, 선분은 거리에 따른 가변비용을 나타낸다.

거리 (km)	고정 비용	가변 비용	총 운송비	단위거리당 운송비
1	30	1	31	31.0
5	30	5	35	7.0
10	30	10	40	4.0
20	30	20	50	2.5
30	30	30	60	2.0
40	30	40	70	1.7
50	30	50	80	1.6
100	30	100	130	1.3
1,000	30	1,000	1,030	1.0

(가) 거리별 운송비의 구성

(나) 단위거리당 운송비의 체감

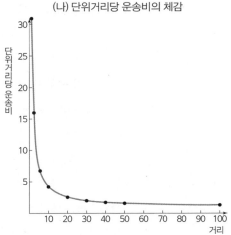

〈그림 1-13〉 운송비의 거리체감

출처: Taaffe et al., 1996, pp.52-53.

리보다 원거리의 수송이 상대적으로 싸지는 것을 알 수 있다.

운송비의 거리체감 성향은 고정비용이 클수록, 그리고 가변비용의 요율이 낮을수록 더 뚜렷하게 드러난다. 이러한 거리체감 구조는 단거리보다는 중거리와 장거리 이동을 더 조장하는 측면이 있어 전체적으로는 경제활동의 분산을 돕는다. 교통시설이 개선되고 교통수단의 효율성이 높아지면 가변비용의 비중은 줄어들고, 이는 총 운송비에서 고정비용이 차지하는 비중을 상대적으로 높이며 나아가 거리체감 구조를 심화시켜 분산이 더욱 조장되는 것이다.

(3) 운임의 구성과 유형

운임은 운송비를 기반으로 책정되는 것이므로 원론적으로는 거리에 비례하지만, 실제로는 구간운임제나 지구(zone)운임제가 적용되는 것이 보편적이다. 영업 현장에서 출발지와 목적지 사이의 거리를 일일이 계산하는 번거로움을 피하기 위해서이다. 구간운임제는 일정 거리구간을 설정해 놓고 그 구간 안에서는 일률적인 운임을 매기는 방식으로, 전반적으로는 계단식 구조를 띠게 된다. 한 거리구간 안에서는 운임이 운송비보다 비싼 구역과 싼 구역이 생기는데, 이는 전자 구역의 고객이 실제보다 비용을 더 많이 지불하고, 후자 구역에서는 그만큼 고객이 적게 내는 것을 의미한다. 두 구역 사이에 일종의 운임 보전(補塡, subsidy)이 일어나게 되는 것이다. 구간운임제는 고속도로, 철도 노선, 연안항로 등 고정 노선을 따라 운행하는 경우에 주로 적용되는 경향이다.

운송경로가 고정되지 않은 경우에는 수많은 기점과 종점 사이의 거리를 일일이 계산하는 것을 피

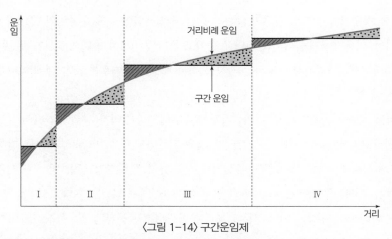

<그림 1-14> 구간운임제

주: 전체적으로 계단식 운임체계를 보이며, 구간 안에서는 운임이 더 비싼 곳(빗금무늬 구간)과 더 싼 곳(점무늬 구간)이 생긴다.

하여 일정 범위의 지구(zone)를 정하고 한 지구 안에서는 평균 운임을 적용하는 지구운임제가 흔히 이용된다. 가령 서울에 입지한 운송업체가 전국을 수도권, 강원, 충청, 호남, 영남 지방 등으로 나누어 차등 운임을 적용하는 것이 그 보기이다. 지구운임제 역시 구간운임제와 마찬가지로 운송비의 보전 현상이 일어나, 한 운임지구와 이웃 운임지구의 경계 가까운 곳에서 화물이 수송되는 경우에는 거리에 비례한 운임보다 더 많은 운임을 지불하는 반면, 경계에서 멀리 떨어진 곳 사이를 수송하는 경우에는 운임을 적게 지불하는 일이 생기게 된다.

취급하는 품목에 따라 다른 운임체계를 적용하는 화물종류별 운임제도 있다. 화물의 종류에 따라 취급의 난이, 부피와 무게 등 특성이 다르기 때문이다. 상품별 운임제는 경쟁의 산물일 수도 있다. 같은 시장을 두고 타 지역의 생산품과 경쟁하려면 운임을 낮추어 경쟁우위를 얻으려 할 것이다.

시장에서 판매되는 상품들은 운송비를 어떤 방식으로 상품가격에 반영하느냐에 따라 거리별 차등 운송비를 상품가격에 반영하는 방식과, 실제 운송거리를 불문하고 평균 운송비를 상품가격에 반영하는 방식으로 대별할 수 있다. 전자('본선인도가격제'라고도 부름)는 운송비가 많이 드는 상품에 적용된다. 울산에서 조립되는 승용차를 살 때, 울산 부근의 구매자는 차량 배송비를 적게 물지만 울산에서 먼 고객은 더 비싼 배송비를 지불하는 것이 그 예이다. 반면 평균 운송비를 적용하는 방식은 균일배달가격제 등의 이름으로도 불리며, 상품의 출고 장소와 소비자의 위치를 불문하고 전국적으로 똑같은 시장가격을 매기게 된다. 대부분의 소비재 상품은 이런 평균 운송비 방식으로 시장가격이 정해지며, 우리가 실생활에서 거리의 마찰효과를 잘 느끼지 못하게 만드는 중요한 배경의 하나가 되고 있다.

운수업자의 경영전략 말고도 정부의 정책과 간섭 역시 운임이 실제 운송비와 다르게 설정되는 중요한 요인이다. 이용자에게 돌아가는 부담을 줄이고 물가를 관리하기 위해 정부가 운송비에 못 미치는 운임을 책정하고, 거기에서 발생하는 적자를 정부 재정으로 메우는 것은 세계 어디서나 종종 볼 수 있는 현상이다.

이 글에서는 설명을 단순화하여 운임을 결정하는 주체를 운수업자(경우에 따라서는 정부)로만 국한하여 설명하였지만, 요즈음에는 운송부문도 점점 전문화되면서 여러 관련 당사자가 개입하고 있다. 다시 말해 화물의 수집과 분류(화물주선업), 보관, 하역, 문서작업, 금융 및 법률 서비스, 국제무역의 경우에는 관세업무 등 다양한 부문의 업체들이 관여하게 되는 것이다. 또한 상품 가치사슬의 통합 추세에 따라 화물 수송의 여러 전문 단계를 통합관리하는 물류업체가 등장하기도 한다. 운임구조를 결정하는 주체들이 한편으로는 다양해지고, 또 다른 쪽에서는 수직적 통합을 거치며 단순해지고 있는 것이다. 운송비와 운임을 논할 때 이른바 외부효과(externalities, 또는 external costs)를 반영시켜야 한다는 견해도 있다. 교통이 일으키는 각종 오염, 혼잡, 보험만으로는 보상되지 않는 의료비 등이 외부효과의 보기이며, 이러한 외부효과를 운송비와 운임에도 반영시켜야 한다는 주장이다.

4. 접근성

1) 개념과 의의

접근성(接近性, accessibility)을 단순하게 정의하자면 한 장소가 다른 장소와 교통로를 이용하여 연결되어 있는 정도를 말하며, 한 장소가 주변의 다른 장소들과 가깝게 위치하고 있다면 접근성이 우수하다고 표현할 수 있다. 결국 접근성이란 한 장소에서 역내(域內) 여러 활동에 얼마나 쉽게 도달할 수 있는지를 의미하는 개념이며, 따라서 한 장소의 상대적 입지 우위성을 나타내는 지표로 사용될 수 있다.

그런데 우리가 한 장소에서 다른 장소로 이동하는 궁극적인 목적은 목적지에 있는 활동기회에 접근하려는 것이다. 따라서 목적지가 제공하는 활동기회의 양과 특성에 따라 접근성은 달라질 수도 있으므로, 한 장소의 지리적 속성으로는 상대적 위치뿐 아니라 그 장소에서 제공하는 활동기회 내지 토지이용의 특성도 고려할 필요가 있다. 활동기회는 불균등 분포하므로 접근성에 큰 영향을 미칠 수 있기 때문이다. 이런 관점에서 보면 접근성은 활동기회에 대한 접촉 가능성이라고 정의할 수 있다.

이상의 논의를 정리하자면, 접근성은 장소의 지리적 위치 중심으로 판단하느냐, 그 장소가 지니고 있는 다른 속성까지 고려하느냐에 따라 (1) 한 장소가 다른 장소들에 대해 갖는 상대적 위치로 본 개념과 (2) 해당 장소가 제공하는 활동기회의 많고 적음까지 아우르는 개념으로 구분할 수 있을 것이다. (1)의 경우가 단순하고 (2)의 개념이 더 복잡한 형태를 띠고 있으나, 그 정교한 정도가 개념의 우열을 뜻하는 것은 아니다.

이러한 개념들에 입각하여 개발된 접근성 모형들도 장소의 상대적 위치를 나타내는 거리 요소와 통행을 흡인하는 활동기회 요소를 중심으로 개발되었다. 전자는 통행시간, 거리, 비용 등 공간적 격리를 극복하는 부담을 말하며, 후자는 주거, 일터, 상점 등 활동기회의 지리적 분포와 규모 등 어떤 장소가 통행 목적지로서 갖는 유인력을 말한다. 선행연구에서는 거리와 활동기회의 두 요소가 어떻게 배합되고 어떤 함수 형태로 나타내었는가에 따라 다양한 접근성 모형이 제시되었다.

접근성이라는 개념은 일찍부터 학계의 관심사였다. 고립국이론, 중심지이론, 산업입지론에서 접근성이 핵심요소로 다루어지고 있는 것이 그 예이다. 미시적 수준에서 접근성은 기업이나 상점과 같은 경제활동의 입지를 설명하는 변인으로 쓰이고, 개인의 통행행동을 이해하고 설명하는 단서가 되고 있다. 정책 및 응용 차원에서 접근성은 한 지역이 얼마나 낙후되었는가를 보여 주는 징표로, 교통정책이 이루어야 할 목표로, 교통투자의 효과를 측정하는 지표로 활용되고 있다. 이러한 중요성 때문에 일찍부터 접근성의 측정방법을 개발하고 현실에 적용하는 연구가 이루어졌고, 국내에서도 연구물이 적지 않으며 김광식(1987), 이금숙(1995), 허우긍(2004, 2015) 등의 논평이 있다.

2) 이동성과 기동력

접근성과 비슷한 용어로 'mobility'가 있으며, 쓰이는 맥락에 따라 다시 이동성과 기동력으로 나누어 볼 수 있다. 이동성(移動性)은 얼마나 자주, 잘 옮겨 다니는가를 나타내는 개념으로 이동의 빈도와 범위로 나타내며, 통행에서는 개인의 생활양식과 관련하여 통행이 잦은 사람과 그렇지 않은 사람을 구별하거나, 거주지 이동과 관련하여 자주 이사하는 경우와 그렇지 않은 가구를 구분할 때 적합한 표현이다.

기동력(機動力) 또는 기동성은 개인이 필요할 때 얼마나 손쉽게 움직일 수 있는가 하는 능력을 나타내는 개념으로, 건강 및 신체적 장애 정도, 소득 수준, 승용차의 보유 및 운전면허증 소지 여부 등과 관련된다. 기동력은 더 나아가 개인의 통행을 간섭하는 여러 제약과도 관련이 있을 수 있다. 문헌에서 종종 보이는 '이동성'이라는 표현이 기동력을 뜻하는 경우도 적지 않아 가려 읽을 필요도 있다.

최근 사회과학계에서는 'mobility'를 단순히 이동성이나 기동력만을 가리키는 대신 이동과 관련된 모든 것을 포괄하는 뜻으로 씀으로써, 이동 그 자체뿐 아니라 이동의 경험과 의미, 이동에 얽힌 기회와 제약 등을 살펴보려는 새로운 학문조류가 등장하여 학자들의 관심을 끌고 있다. 이 책에서는 새 조류의 핵심어휘 mobility(또는 'mobilities')를 이동성이나 기동력과 구별하기 위해 '모빌리티'라 적고, 제17장에서 살펴볼 것이다.

3) 접근성 모형

(1) 거리 요소를 접근성 지표로 삼는 모형

장소의 상대적 위치 또는 목적지에 얼마나 손쉽게 도달할 수 있는가 하는 데 주안점을 둔 모형들로서, 교통비용(지리적 거리, 시간거리, 비용거리 등: 이하 '거리'로 표기함)을 접근성의 지표로 삼고 있으므로 거리모형 또는 교통비용모형이라 부른다. 이런 모형들 가운데 가장 단순한 형태는 한 장소 i의 접근도 A_i를 거리 c_{ij}의 합으로 정의하는 방식이다.* 거리모형은 다른 모형들에 비해 이해하기 쉬우며 자료 수요도 적은 것이 장점이다.

$$i \text{ 지점의 접근도 } A_i = \sum_j c_{ij} \quad \cdots \langle \text{식 1–5} \rangle$$

$$c_{ij}: i \text{와} j \text{ 사이의 거리(또는 통행비용, 시간)}$$

〈식 1–5〉의 오른쪽 항 c_{ij}는 함수식 $f(c_{ij})$으로 더 일반화할 수 있으며, 역함수(c_{ij}^{-1}), 지수함수(c_{ij}^{β})를 비롯하여 사안에 따라 더 정교한 함수식을 이용하기도 한다. 이 모형은 상황에 따라 여러 변형도 가능하다. 가령 일상생활에서는 지정된 목적지에 얼마나 빨리 갈 수 있느냐가 관건인 경우도 있다. 병원의 응급실, 버스나 철도역 찾아가기 같은 것이 그 사례로서, 이런 경우에는 거리의 합계($\sum_i c_{ij}$) 대신에 가장 가까운 활동까지의 거리, 다시 말해 c_{ij} 가운데 가장 작은 값을 접근도로 나타내는 것도 생각해 볼 수 있다. 일반적으로 거리는 공간거리나 시간거리를 적용하지만, 항공교통 등 일부 경우에는 서비스 노선의 수를 거리 정보로 대체할 수 있다. 예를 들면 어떤 공항의 접근도를 해당 공항에서 직항노선으로 다다를 수 있는 목적지 수로 정의하는 방식이다. 또한 교통망이 장기적으로 바뀌어나가는 과정을 다룰 때에는 과거에 없던 새 결절(도시 등)이 생겨나면 이것이 개별 결절의 접근도 계산에 영향을 미칠 수 있으므로, 교통망의 크기를 조정하는 상수를 추가한 모형을 쓰기도 한다(이금숙,

---

* 장소의 상대적 위치라는 지리적 성질을 가리키는 개념은 '접근성'으로, 접근성의 정도를 구체적 수치로 나타낸 경우에는 '접근도'라 적기로 한다. 필자는 과거 접근도를 '접근성 지수'라 써 왔지만, 이 책에서는 더 간결한 표현을 쓰기로 한다.

박종수, 정미선, 2014).

거리 정보가 각종 입지 현상과 통행을 설명하는 핵심적 변수의 하나라는 점에서 이 모형의 중요성은 매우 크다. 우리는 교통망을 구성하는 결절들의 접근도에 대해 제10장에서 다시 자세히 다룬다.

(2) 활동기회 요소를 접근성 지표로 삼는 모형

통행비용이나 거리를 접근도로 삼는 대신 활동기회 요소로 정의하는 '누적기회모형'은 한 지역 또는 임계거리 안에 입지한 활동기회의 수를 접근도로 삼는다.

$$A_i = \sum_j w_i O_j \quad \cdots \langle \text{식 } 1\text{-}6 \rangle$$

O_j: j의 활동기회 규모

$w_j = 1$ ($C_{ij} \leqq C^*$인 경우), 또는 $w_j = 0$ ($C_{ij} > C^*$인 경우)

C^*: 임계거리

이 모형에 따르면 한 장소로부터 일정 범위(임계거리) 안에 활동기회가 많으면 해당 장소의 접근성이 그만큼 우수하다고 표현한다. 이 모형에서는 임계거리를 어떻게 설정하느냐에 따라 접근도가 다르게 구해질 수 있으므로, 임계거리를 알맞게 설정하는 일은 매우 중요하다. 임계거리를 크게 설정하면 각 장소의 접근도는 차별이 적어 의미가 없어지며, 임계거리를 너무 작게 설정하면 모형의 쓸모가 줄어든다.

〈식 1-6〉의 O_j항은 활동기회로만 국한할 필요는 없으며 사안에 따라 다른 변수로 대체할 수도 있다. O_j항이 장소 j의 인구를 나타내는 경우가 그 대표적인 경우로, 〈식 1-6〉은 일정 임계거리 안에 있는 인구의 합계를 의미하며, 이는 어떤 상인이 새로 낼 점포 자리를 찾을 때나 도서관과 같은 서비스 시설의 후보지를 새로 찾을 때, 잠재적인 고객이 얼마나 있는가를 살피는 상황에 비견할 수 있다. 이처럼 〈식 1-6〉으로 대표되는 접근성 개념은 민간 부문이건 공공 부문이건 그 입지를 결정할 때 유력한 도구로 쓰일 수 있어 다양한 모형들이 개발되었다. 우리는 제14장에서 이 접근성 개념이 입지-배분 문제에 어떻게 활용되는지 더 살펴보게 된다.

(3) 거리와 활동기회 요소를 함께 고려하는 모형

거리만 고려하거나 활동기회 요소만 고려하는 모형에서 한 걸음 더 나아가 두 요소를 함께 고려하는 모형들도 있다.

$$A_i = \sum_j P_j f(C_{ij}) \quad \cdots \langle \text{식 } 1\text{-}7 \rangle$$

P_j: j의 활동기회 규모

사람들은 가장 가까운 곳만 골라 다니지는 않는다. 시설의 규모나 서비스의 다양함도 장소의 선택에 함께 관여하는 것이며, 여기에 중력모형류의 접근성 개념의 논리적 근거가 있다. 이 유형의 접근도는 이해가 쉽고, 자료 수요가 적으며, 여러 장소 간 토지이용 상황의 차이를 구별하는 능력이 있다. 이 모형집단은 선행연구에서 등장빈도가 가장 많으며, 처음 제안한 사람의 이름을 딴 '핸슨(Hansen)모형', 활동기회 변수가 포함된 것을 강조한 '활동기회모형' 등 여러 이름을 가지고 있다. 이 모형에 대해서는 제12장에서 공간적 상호작용이라는 주제 아래 다시 살펴본다.

4) 새로운 접근성 개념과 모형들

접근성을 위의 모형들과 조금 다르게 정의한 경우도 있다. 효용기반모형(utility-based surplus approach)은 통행을 통해 활동에 접속함으로써 얻는 편익이 통행에 소요되는 비용보다 커야 통행이 발생하는 것으로 보아, 접근성을 목적지가 주는 효용과 통행비용의 차이 가운데 최대치, 곧 기대할 수 있는 최대 효용을 접근성으로 정의하며, 함수식의 형태는 로짓(logit) 모델이 많이 쓰이고 있다(노정현, 유재영, 1994). 효용기반모형은 소비자행동에 관한 이론이 뒷받침하고 있다는 점 말고도, 접근도가 화폐단위로 표시되어 여러 투자 시나리오의 비교에 편리한 것도 장점이다. 종래의 접근도 지표로는 접근성의 변화 가치(교통비용의 감소)가 소득, 고용, 복리 등 경제적으로 의미 있는 값으로 어떻게 표시될 수 있는지 불분명하였기에, 효용에 기반한 접근도 지표는 그 의의가 크며 계획 분야에서 특히 관심을 끌고 있다. 그러나 효용기반모형들은 이러한 장점에도 불구하고 실제로 모형을 적용하는 단계에 이르면 요구하는 자료가 방대해지는 문제가 발생하며, 모형이 정교한 만큼 분석과 해석의 부담도 늘어난다.

최근에는 시간지리학적 관점에 기반을 둔 '공간-시간적 접근성' 개념이 주목을 받고 있다. 이 개념을 활용한 접근성 모형은 여러 가지가 있지만, 공간-시간적 접근성이란 대체로 (1) 주변 활동기회들이 얼마나 가까이 있는가 하는 근접성과 (2) 개인의 기동력과 재량시간이라는 두 요소로 구성되는 것으로 본다(예를 들면, Geertman and van Eck, 1995; 김현미, 2005). 교통망 및 교통수단에 대한 상대적 위치에 따라 한 장소는 다른 장소에 비해 더 접근 가능한 동시에, 어떤 두 사람이 바로 이웃에 살더라도 각자의 신체적 조건, 재정적 능력과 시간적 여유에 따라 서로 다른 접근성을 가질 수 있다는 의미이다.

이상 설명한 접근성 개념에 근거한 접근도 계산은 우선 개인이 자유롭게 다닐 수 있는 시간과 공간의 범위인 공간적–시간적 재량 범위(space-time autonomy)를 파악하는 데서부터 시작한다. 공간적–시간적 재량 범위란, 시간과 공간의 축 위에서 한 사람의 이동 궤적을 살펴보았을 때(제8장 1절 참조) 시각 T_i에 한 장소 A를 떠나 시각 T_j까지 다른 장소 B로 옮겨 갈 동안 한 사람이 다다를 수 있는 최대 범위를 나타낸 것으로서 〈그림 1–15〉에서 묘사된 다각형만큼 된다. 이 다각형은 프리즘을 닮았다 하여 공간–시간 프리즘(space-time prism)이라고도 부르며, 이를 평면 위에 투영했을 때는 통행가능면(potential path area)이라고 부른다.

통행가능면의 모양과 크기는 일차적으로 개인의 재량시간과 이동수단이라는 두 요소에 의해 결정된다. 내가 자유롭게 쓸 수 있는 재량시간이 늘어나면 통행가능면은 커지고, 대중교통수단을 이용해야만 하는 사람보다는 자가용 승용차를 이용할 수 있는 사람의 통행가능면이 더 클 것이다. 공간–시간적 접근도란 결국 이 통행가능면 안에 포함된 활동기회의 합으로 볼 수 있으며, 통행가능면이 클수록 그리고 그 안에 활동기회가 밀집 분포할수록 공간–시간적 접근도는 우수해진다.

공간–시간적 접근성은 기본적으로 접근성을 사람 개개인의 입장에서 바라보는 것이므로, 전통적인 '장소' 중심의 접근성 개념과는 크게 다르다. 이러한 '개인' 접근성은 토지이용과 교통체계의 속성뿐 아니라 각 사람의 특성까지 반영한다는 점에서 개인 단위의 분석에 유리하지만, 장소의 특성을 이해하는 데에도 도움이 된다고 단언할 수는 없다. 또한 개인의 활동 시각과 장소를 결정하는 요인

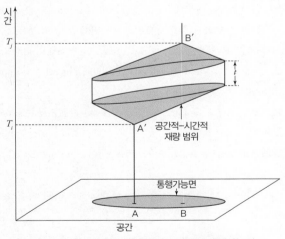

〈그림 1–15〉 공간적–시간적 재량 범위와 통행가능면
출처: 박기호 등, 2005, p.312. 필자 재구성.

은 다양할 뿐 아니라 상황에 따라 바뀔 수도 있으므로 일반화하기가 쉽지 않다는 점, 그리고 접근도를 구하는 모형이 무척 정교해지고 계산 부담이 크다는 점도 한계라고 평할 수 있다.

· 참고문헌 ·

김광식, 1987, "접근성의 개념과 측정치," 대한교통학회지 5(1), 33-46.

김소연, 이금숙, 2006, "시간거리 접근성 카토그램 제작 및 접근성 공간구조 분석," 한국경제지리학회지 9(2), 149-166.

김현미(Kim, Hyun-Mi), 2005, "A GIS-based analysis of spatial patterns of individual accessibility: a critical examination of spatial accessibility measures," 대한지리학회지 40(5), 514-532.

노정현, 유재영, 1994, "종합지역접근성 측정 모형의 개발," 지역연구 10(2), 61-71.

박기호, 안재성, 이양원, 2005, "시공간 개인통행자료의 지리적 시각화," 대한지리학회지 40(3), 310-320.

이금숙, 1995, "지역 접근성 측정을 위한 일반모형," 응용지리 18, 25-55.

이금숙, 박종수, 정미선, 2014, "수도권 광역철도망 확충에 따른 서울대도시권 접근도 변화: 교통카드 빅데이터를 이용한 시간거리 산출 알고리즘 및 비고정성 교통망 접근도 산출모형의 개발과 적용," 한국경제지리학회지 17(1), 98-113.

정인철, 1992, "기능공간 구조분석 및 지도화에 관한 방법론적 연구: 시간거리 접근성을 중심으로," 지리학(현 대한지리학회지) 27(2), 148-160.

한주성, 2010, 교통지리학의 이해, 도서출판 한울: 서울.

허우긍, 2004, "교통지리정보시스템(GIS-T)에 기반한 접근성 분석," 지리학논총 43, 1-27.

허우긍, 2015, "접근성," 허우긍, 손정렬, 박배균 편, 네트워크의 지리학, 푸른길: 서울, 45-66.

Bamford, C. G. and Robinson, H., 1978, *Geography of Transport*. MacDonald and Evans: Plymouth, U.K.

Geertman, S. and van Eck, J., 1995, "GIS and models of accessibility potential: an application in planning," *International Journal of Geographical Information Systems* 9, 67-80.

Haggett, P. Cliff, A. and Frey, A., 1977, *Locational Analysis in Human Geography, second edition*. Edward Arnold: London.

Knowles, R. D., 2006, "Transport shaping space: differential collapse in time-space," *Journal of Transport Geography* 14, 407-425.

Taaffe, E., Gauthier, H. and O'Kelly, M., 1996, *Geography of Transportation, second edition*. Prentice Hall: Upper Saddle River: New Jersey.

제1부

교통과 지역

제2장

지역교통체계의 형성

1. 지역교통체계의 형성과정

내 고장을 보면 크고 작은 도시들이 산재하며 수많은 사람이 살고, 곳곳에 길이 놓였으며 차가 넘쳐난다. 하지만 내 고장의 모습이 처음부터 그랬던 것은 아니다. 과거에는 지금보다 인구가 적고 산업도 미약하였으며, 도시의 수는 적고 규모도 훨씬 작았다. 물론 번듯한 길도 거의 없었고 사람들은 자기 발에 의지하여 먼 길을 오가야 했다. 그러면 한 지역이 처음에는 어디에서부터 사람들이 살기 시작하여 어떤 과정을 거쳐 오늘에 이르게 되었는가, 여기에 교통은 어떤 역할을 하였는가, 또 교통 측면에서 보았을 때 한 지역이 성장 변모해 가는 과정의 지리적 특징은 무엇인가 하는 점이 궁금할 수밖에 없다.

1) 테이프(Taaffe)의 모형

바닷가의 한 지역을 생각해 보자. 해안지대란 내륙 깊숙한 곳에 비해 평지가 많으며, 바다와 육지의 자원을 고루 취할 수 있기 때문에 사람이 살기에 편리한 곳이다. 바다 건너편 육지와 교류가 가능하다는 점도 바닷가가 내륙에 비해 사람이 살기에 유리한 점 가운데 하나이다. 이런 이유로 교통이 덜 발달하고 인구도 적었던 옛날에는 아마도 바닷가나 그 부근이 삶의 근거지였을 것이다. 지금도 전 세계 인구의 대부분이 해안지대에 분포하고 있는 것이 이를 입증한다.

　이처럼 인구와 경제활동이 바닷가에 집중되어 있고 내륙은 아직 개발되지 않은 어떤 지역을 상정했을 때, 지역의 도시체계와 교통체계가 내륙으로 확장되어가는 과정은 일찍이 테이프 등(Taaffe et al., 1963)에 의해 〈그림 2-1〉과 같은 단계모형으로 구상되었다. 첫 단계인 '산재된 포구 시기'는 지역교통망의 초창기로서, 해안에 여기저기 생겨난 작은 포구(浦口)들이 서로 연계되지 못한 채 각자 조그만 배후지(背後地, hinterland)를 거느린다. 교통로는 포구 인근에만 형성되고 내륙은 아직 개발이 이루어지지 못한 상황이다. 두 번째 '교통로의 내륙 관입과 항만의 선별 성장 시기'에는 여건이 알맞은 몇몇 포구에서 내륙으로 교통로의 관입(貫入, penetration)이 일어나, 관입로를 갖춘 포구는 어엿한 항만으로 성장하는 한편 다른 포구들은 정체하거나 아예 소멸된다. 내륙 진출의 배경으로는 내륙에서 새로운 자원이 발견되거나 개간사업이 시작되는 등 경제적 이유, 영토를 확장하거나 국경 관리를 위해 전초기지를 마련하려는 정치적-군사적 이유 등을 꼽아 볼 수 있다. 세 번째 단계인 '분기선 형성기'는 선별된 항만과 관입로에서 분기선(分岐線, feeders)*이 뻗어 나와 교통망이 간선-지선 체계로 성장되는 과정이고, 네 번째 단계인 '상호연결 초기'에는 항만과 항만, 그리고 중간 교통결절 사이에 상호연결이 시작된다. 상호연결이 더욱 진행되어 네트워크가 완성되고 교통로 및 취락체

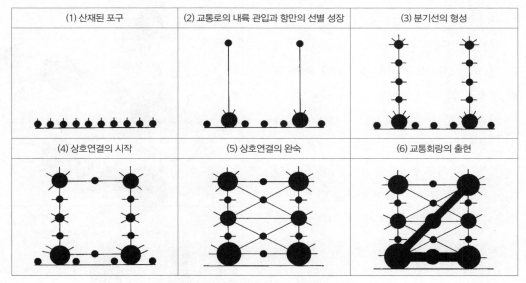

〈그림 2-1〉 지역교통체계의 형성 과정

출처: Taaffe et al., 1963, p.504.

---

* feeder는 배양선(培養線) 또는 '피더'라고 부르며, 주변의 교통수요를 본선으로 모아 주는 기능을 강조할 때 쓰인다.

계에 계층구조가 뚜렷이 드러나는 것이 다섯 번째 단계인 '상호연결 완숙기'이며, 고차(高次)의 간선 교통로까지 덧붙여져 요즈음 우리가 보는 바와 같이 고도로 발달된 교통체계에 이르는 것이 마지막 단계인 '교통회랑 출현기'이다.

테이프 등은 서아프리카의 가나(Ghana) 등지의 사례를 들어 위와 같은 단계모형을 검증하였다. 20세기 전반 가나의 항만 물동량을 분석한 결과, 해안에 다수 분포하였던 작은 포구들 가운데 일부만 선별적으로 성장하고 나머지 대부분의 포구는 퇴출된 것을 밝혀, 모형에서 묘사되었던 제1, 2단계의 과정이 그대로 진행되었음을 보여 주었다. 또한 가나의 내륙 교통망 밀도의 변화도 분석하여 역시 모형의 제3~4단계에 부합되는 과정을 겪어 나갔음을 입증하였다. 테이프의 모형에 대한 검증은 다른 학자들에 의해서도 계속되어, 뉴질랜드에서도 19세기 중엽까지 해안에 수많은 항구들이 있

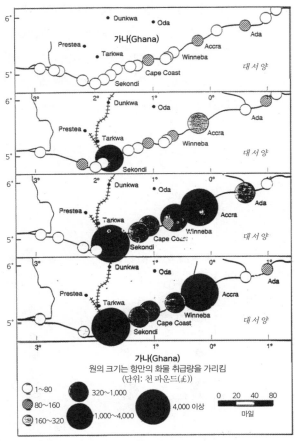

었으나 이후 100여 년의 시간이 지나는 동안 대부분은 정체 또는 쇠퇴하고 일부 항구만 선별적으로 성장하였음이 밝혀졌으며(Rimmer, 1967), 아프리카 동해안의 경우에서도 아랍 상인들이 개설한 장거리 교역로가 존재한다는 지역적 특수성 외에는 대체로 테이프의 모형에 부합된다는 것이 확인된 바 있다(Hoyle, 1973).

테이프의 모형은 우리에게 교통발달의 일반적인 원리와 시사점을 제시해 주고 있다. 예를 들어, 교통결절은 선택과 집중 과정을 겪는 법이어서 입지 여건이 좋아 선택된 교통결절은 성장하고 선택에서 소외된 결절은 정체 내지 소멸해 간다는 점, 개발이 진행됨에 따라 연결기능이 강화되어 지역 전체가 통합되어 간다는 점, 그리고 교통체계가 배후지의 정치-경제지리적 변화로부터 영향을 받고 또 영향을 주는 과정이 공간상에도 그 흔적을 남기게 된다는 점 등이다. 이런 원리들은 우리가 한 지역의 과거 성장 역사를 조명하고 이해하는 데 도움을 줄 뿐 아니라, 그 지역이 장차 어떤 모습으로 바뀌어 갈 것인가에 대

〈그림 2-2〉 항만의 선별적 성장: 아프리카 가나의 사례, 1900~1930년
출처: Taaffe et al., 1963, p.507.

해서도 큰 그림을 보여 준다.

테이프의 모형은 간단명료하고 이해하기 쉬운 점 등에 힘입어 각종 문헌에도 자주 소개되는 등 널리 알려져 있다. 그러나 학계의 조명을 많이 받았던 만큼 비판도 적지 않다. 아프리카 가나의 사례연구도 모델의 초기 단계만 검증한 것이지 전 과정을 다 검증한 것은 아니라는 비판 등이 그것이다. 그러나 이런 단계모형은 전 과정에 부합되는 사례를 현실세계에서 찾아 입증한다는 것이 그리 손쉬운 일은 아니다. 모형이 상정하는 지역교통체계의 시초에서부터 성숙에 이르는 기간은 짧아도 수 세기일 터이므로 장기간의 변모를 보여 줄 만한 자료를 구하는 일부터 어려울 수 있으며, 지역에 따라서는 아직 모형의 마지막 단계에 이르지 못해 마땅한 사례를 찾는 일 자체가 불가능할 수도 있다.

2) 외생적 동인을 강조한 모형들

테이프의 모형은 제1단계에서 제2단계로 이행되는 배경으로 지역 내 자원의 개발, 영토의 확장 등을 거론한 점으로 미루어 변화의 동인(動因)을 주로 지역 내부에서 찾으려 한 듯하다. 그러나 한 지역의 변화는 이처럼 내생적 동인(內生的 動因, endogenic forces)으로만 이루어진다고 보기는 어렵다. 교통이 덜 발달했던 옛날에도 지역은 고립되어 있었다기보다 외부와의 교류가 있었을 것으로 보는 것이 상식일 것이다. 외부의 자극으로 말미암아 큰 변화를 겪은 사례로는 유럽의 식민지였던 아메리카, 오스트레일리아, 아시아, 아프리카 등 여러 곳을 들 수 있다. 외부의 자극, 곧 외생적 동인(外生的 動因, exogenic forces)을 강조한 지역교통체계모형으로는 유럽 식민지였던 미국의 경험에 바탕한 밴스(Vance)의 모형(1970)과 동남아시아의 경험에 기초한 리머(Rimmer)의 모형(1977)이 주목할 만하다.

(1) 밴스의 무역모형

테이프 등이 지역교통체계의 성장 과정을 일반화한 모형을 제시한 지 몇 년 지나지 않아, 밴스(Vance, 1970)는 좀 더 거시적인 관점에서 지역교통체계의 발달을 묘사한 모형을 제시한다. 그는 해안의 관문(關門)을 거점으로 내륙의 교통망과 중심지체계가 형성되어 나가는 과정을 다섯 단계로 설명하고 이를 무역모형(Mercantile Model)이라 이름 지었다. 무역모형에서는 이미 지역 성장의 역사가 오래되어 중심지체계가 확립된 지역과 아직 미개척으로 남아 있는 지역이 바다를 가운데 두고 마주 보고 있는 상황을 상정한다(〈그림 2-3〉). 밴스는 지역 성장의 역사가 오랜 지역을 모형의 오른쪽에 배치하고 미개척지를 왼쪽에 배치하여, 대서양을 사이에 두고 유럽과 아메리카가 자리 잡고 있

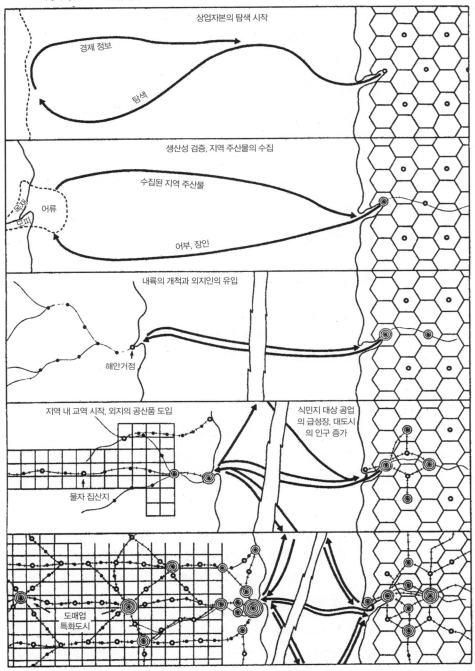

무역모형
외생적 동인으로 기본틀 형성

중심지모형
농업경제와 내생적 동인으로 공간구조 형성

상업자본의 탐색 시작

경제 정보

탐색

생산성 검증, 지역 주산물의 수집

수집된 지역 주산물

목재
모피

어류

어부, 장인

내륙의 개척과 외지인의 유입

해안거점

지역 내 교역 시작, 외지의 공산품 도입

물자 집산지

식민지 대상 공업
의 급성장, 대도시
의 인구 증가

도매업
특화도시

관문도시체계에 중심지체계가 덧붙여짐

중심지체계 속에서 외부 연계가 강한 중심지의 지위 상승

〈그림 2-3〉 밴스의 무역모형

출처: Vance, 1970, p.151.

는 상황을 암시하였다.

이 모형의 첫 단계는 '탐색기'로서 외부의 상업자본(mercantilism)이 미개척지에 대한 탐색을 간헐적으로 시도하는 시기이며, 탐색의 주역은 모험심에 불타는 탐험가와 일확천금을 노리는 상인(장거리 무역업자)들이다. 신세계에 대한 탐색은 곧 '지역 생산성의 검증 시기'로 이어진다.

이러한 생산성 조사와 주산물 수집 단계를 거치면서 지역의 잠재력과 교류 가능성이 확인되면, 비로소 해안거점(point of attachment)이 마련되고 이 관문을 통해 외세가 대거 유입되는 '내륙 개척기'에 접어든다. 이 단계는 내륙이 열려 가는 과정으로, 강(江)과 고개(嶺)처럼 지형 여건상 왕래에 편리한 곳을 따라 교통로가 확장되어 지역 전체로는 나뭇가지 모양의 교통망이 이루어지고, 주요 교통로 중간에 교역거점이자 빈약하나마 중심기능(中心機能, central functions)을 갖춘 결절들이 마치 실에 꿰인 구슬처럼 형성된다.

네 번째 단계인 '지역산업 활성기', 곧 내륙의 개척이 더욱 진전되어 인구가 늘고 경제활동이 번성하는 시기에 이르면 다수의 중심지(中心地, central places)들이 비로소 출현하게 된다. 중심지란 본래 인근 배후지에 대한 서비스를 맡는 도시로서, 통행거리가 너무 멀면 서비스가 불가능하기 때문에 지역 내 여러 곳에 크고 작은 중심지들이 비교적 고르게 분포한다. 이처럼 밴스는 잘 짜인 중심지체계가 처음부터 존재한다기보다, 외부와의 교류에 유리한 관문에서부터 도시체계가 비롯되고 중심지체계는 이러한 과정의 결과물인 것으로 보았다.

마지막 단계인 '취락—교통체계 확립기'는 지역산업 활성기의 연장으로, 내륙에 중심지들이 더욱 많이 들어서서 중심지모형에서 말하는 균등분포에 가까워진다. 중심지는 배후지의 서비스 수요에 따라 그 규모가 달라져 지역 전체로는 크고 작은 중심지들이 계층체계를 이루어 나간다. 주로 나뭇가지 모양(樹枝狀)을 이루던 교통망에도 지선이 더욱 늘어나, 마침내 계층구조가 뚜렷한 교통망을 갖추게 된다.

밴스의 무역모형은 외견상 테이프의 모형과 크게 다르지 않다. 특히 무역모형의 일부분인 제3, 4, 5단계는 테이프 모형의 전 과정을 더 자세히 묘사한 것이라고도 말할 수 있다. 그러나 무역모형은 지역의 성장과 변화가 내부적 요인보다는 외부의 간섭에서 비롯되는 것을 (제1, 2단계의 묘사를 통해) 명시한 점에서 테이프의 모형과는 뚜렷한 차이를 보인다. 또한 무역모형은 외생적 요인을 강조하였기에, 지역 성장이 왜 항만으로부터 비롯되며 항만 사이에도 경쟁과 선택적 성장이 일어날 수밖에 없는가에 대한 설명이 자연스럽게 도출된다.

테이프의 모형은 교통체계에 방점을 둔 반면, 밴스의 모형은 취락체계에 주안점을 둔 차이도 있다. 무역모형의 요지는 관문도시가 지역취락체계의 시발점 역할을 한다는 것이고, 이러한 설명은 중심지이론과 뚜렷이 대조를 이룬다. 중심지이론에서는 취락체계의 확장은 중심기능에 대한 수요의 증가, 곧 인구와 구매력의 증가 여부에 좌우된다고 보아, 체제에 변화를 가져오는 힘을 기본적으로 지역 내부에서 찾고 있다. 그러나 밴스는 지역 변화의 힘은 밖으로부터 오는 것이고, 그 힘이 지역에 전달되는 통로가 관문도시라는 논지를 펴고 있다. 밴스가 자신의 모형을 '무역모형'이라 이름 지은 것도, 지역의 성장에 장거리 교역이 중요한 역할을 한다는 것을 부각시켜 배후지에 대한 서비스 기능을 바탕으로 수립된 중심지이론과 대비시키려는 뜻이 반영된 것이었다. 이처럼 무역모형은 본래 중심지이론을 비판하기 위하여 수립된 것이지만, 지역교통체계에 관한 내용도 자연스레 담기게 되었던 것이다.

(2) 리머의 식민모형

테이프의 모형이나 밴스의 무역모형에서 보이는 공통점은 초기에는 해안에만 도시가 분포하고 내륙은 미개척지였던 것으로 묘사되어 있다는 것이다. 내륙은 본래 텅 비어 있었던 것일까?

밴스의 무역모형에 입각해 살펴본 지역 성장 과정은 과거 유럽 세력이 아메리카와 오스트레일리아 등 이른바 '신대륙'에 진출하여 식민지로 만들고 교통망을 확장시켜 나간 과정에 비교적 잘 부합된다. 앵글로아메리카나 라틴아메리카와 같이 유럽인이 진출하기 전에 원주민의 수가 그다지 많지 않았고, 국지적으로 원주민이 많은 곳이 있었다고 하더라도 유럽의 무자비한 식민경영과 유럽에서 건너온 전염병 등으로 원주민과 그들의 문화가 거의 궤멸되었던 경우에는, 사람이 거의 살지 않는 미개척지를 상정하고 지역이 어떻게 형성되어 가는가를 도식화해 보는 데 큰 무리가 따르지 않는다. 그러나 아시아처럼 식민세력이 진출하기 이전부터 많은 인구가 우수한 문명을 누리며 나름대로 잘 발달된 취락체계를 이룩하고 있었던 경우에는, 밴스의 모형으로는 식민통치 이후의 지역 변화를 제대로 반영하기 어렵다.

오스트레일리아의 지리학자 리머(Rimmer, 1977)는 이 점에 착안하여 원주민의 내부지향적인 지역체계 위에 식민세력이 만든 외부지향적 취락–교통체계가 덧붙여져 가는 과정을 묘사해 보았다 (〈그림 2–4〉). 리머의 식민모형 역시 단계적 발달의 틀을 취하고 있지만, 테이프의 모형에서처럼 교통망의 범위와 형태에 따라 시기를 구분하기보다는 밴스의 방식을 따라 외세(外勢)와 피식민지역의 관계에 맞추어 단계를 설정하고 있다.

모형의 첫 시기인 '전 식민기'는 외부 세력과의 접촉이 이루어지기 이전의 지역 상황을 묘사하고 있다. 주로 강과 해안을 따라 교통망이 짜여 있으며, 규모가 크지는 않지만 나름의 취락체계가 발달되었고 강을 따라 내륙으로 조금 들어간 곳에 이 지역을 통치하는 수도가 자리 잡고 있다.

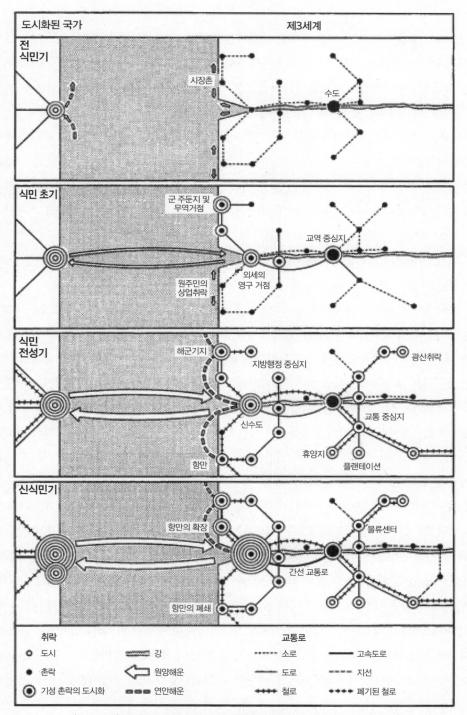

도시화된 국가 | 제3세계

전 식민기

시장촌
수도

식민 초기

군 주둔지 및 무역거점
교역 중심지
원주민의 상업취락
외세의 영구 거점

식민 전성기

해군기지
지방행정 중심지
광산취락
신수도
교통 중심지
항만
휴양지
플랜테이션

신식민기

항만의 확장
물류센터
간선 교통로
항만의 폐쇄

취락

○ 도시
● 촌락
◉ 기성 촌락의 도시화

강
⇦ 원양해운
연안해운

교통로

소로
도로
철로
고속도로
지선
폐기된 철로

〈그림 2-4〉 리머의 식민모형: 식민통치로 인한 이중적 지역구조의 형성 과정

출처: Rimmer, 1977, p.138.

두 번째 단계인 '식민 초기'는 외부 세력이 해안을 장악하고 침탈을 위한 발판을 마련하는 단계이다. 아직 원주민의 취락–교통체계는 크게 영향을 받지 않은 채, 주로 해안을 따라 군사 요새, 무역기지 등 식민세력의 거점들이 새로 들어선 모습을 볼 수 있다. 강어귀에 외부 세력의 진입을 돕는 본격적인 관문도시가 세워진 것이 이 시기의 가장 주목할 만한 현상이다.

세 번째 단계인 '식민 전성기'는 외부 세력의 통치가 지역 전체로 확장된 상황을 묘사하고 있다. 해안과 강어귀를 중심으로 규모가 큰 항구도시들이 발달하고, 내륙에서는 플랜테이션, 광산취락, 휴양지 등이 발달한다. 특히 종래 내륙에 있던 원주민의 수도 대신 강어귀에 입지한 식민세력의 진출기지가 이 지역의 으뜸도시로 자리바꿈하게 되는 것이 이 시기의 주요 특징이다. 수상교통과 육상교통이 모두 획기적인 변화를 겪어, 해안과 내륙의 주요 도시와 자원 산지를 잇는 도로망과 철도망이 개설된 반면, 과거 원주민의 교통체계는 크게 나아진 것이 없으며 지방 중심지들 역시 퇴락을 면치 못하고 있다.

모형의 마지막 단계인 '신식민기'는 식민통치에서 벗어난 20세기 후반을 묘사한 것으로, 비록 정치적으로는 독립을 이루었으나 취락–교통체계의 틀은 식민 전성기의 그것을 답습하고 있음을 보여준다. 내부지향적이고 국지 연결 위주의 원주민 교통체계와 식민세력이 만든 외부지향적이고 장거리 연결 위주의 교통체계가 독립 이후에도 병존하고 있으며, 나라 전체로는 핵심지역과 주변지역이 뚜렷이 구분되는 신생독립국의 상황을 묘사하고 있다. 간선 교통망은 식민시대의 공간구조를 계속 지원하여 핵심지역과 외부와의 연결을 강화하는 반면 원주민이 사는 주변지역은 기반시설이 부족하고, 이 두 시스템이 서로 유기적으로 연결되어 있는 것이 아니라 두 개의 층이 병렬하는 이중구조를 띠게 된 것이다.

리머는 동남아시아의 미얀마, 캄보디아 등 한때 찬란한 왕조를 이루었던 나라들이 겪은 피식민 경험을 바탕으로 그의 모형을 발전시켰다. 인도차이나반도에는 베트남 북부에 송꼬이강, 라오스에서 시작하여 캄보디아를 거쳐 베트남 남부로 흐르는 메콩강, 미얀마의 가운데를 남북으로 흐르는 이라와디강 등이 있다. 일률적으로 말하기는 어렵지만 옛 왕조의 수도들은 상당수가 이러한 하천의 중류, 다시 말해 바닷가보다는 내륙에 터를 잡았으며, 외세의 통치를 받으면서 강어귀에 새로운 항만도시들이 급속하게 성장하여 지역구조가 해안 지향적으로 바뀌게 된 일, 독립 이후에도 옛 식민통치의 잔영이 남아 교통체계가 이중구조를 띠고 있던 점 등이 식민모형에 반영되어 있는 것이다. 또한 동남아시아뿐 아니라 다른 대륙에서도 비슷한 사례들을 볼 수 있다. 가령 테이프 모형의 검증에 쓰인 가나, 뉴질랜드의 항만의 선택과 집중 사례들도 전적으로 지역 내부에서 자생적으로 일어났던 현상이라기보다는 식민 종주국이던 유럽과의 관계가 크게 작용했을 것으로 보는 것이 논리적일 것이다.

식민모형은 원주민의 전통 취락체계를 고려한 것 이외에도 도시들을 기능별로 세분하여 묘사하고, 교통로를 도로 및 철도 등 교통수단별로 나누는 등 설명이 정교해진 점이 종전 모형들과 다르다. 그러나 밴스의 무역모형에서 개척 초기에는 도시가 간선로를 따라 선형으로 발달하다가 나중에 중심지들이 고르게 분포하는 과정을 소상히 밝힌 데 비하여, 식민모형에서는 도시들의 분포 및 교통로의 모양에 대한 묘사는 그다지 자세하지 않다. 원주민의 도시체계 위에 식민세력에 의한 새로운 도시체계가 겹쳐지는 과정이기 때문에 그 묘사가 쉽지 않았을 수도 있다. 리머가 제4단계를 식민 후기 (post-colonialism)라고 표현하기보다는 신식민기(neo-colonialism)라고 표현하고 이를 제3단계와 구분한 것은, 개발도상지역이 독립 이후에도 과거 식민통치의 상흔을 이어 가게 된 사정을 묘사하고 있다는 점에서 나름 의미를 찾을 수 있다. 그러나 리머의 모형은 식민-피식민 관계에 너무 치중한 나머지 모형의 마지막 단계를 '신식민기'로 설정하여 제4단계 이후의 변화를 더 담아낼 수 없다는 한계를 태생적으로 안게 된 것은 아쉬운 점이다. 신생독립국들이 당분간은 이중구조를 띠겠지만, 이런 구조가 영속되리라고 단정하는 것은 무리가 아닐 수 없다. 신생독립국에서 구 종주국과의 관계는 퇴조하고 다른 지역과의 정치 및 경제적 관계가 새롭게 형성되는 일이 흔하고, 신생독립국 내부에서도 나름대로 개발사업이 일어나 지역의 구조가 바뀌고 있는 사례도 적지 않다.

테이프, 밴스, 리머의 모형은 각기 그 강조하는 바와 접근방식이 조금씩 다르기는 하지만, 단계모형이라는 점에서 공통점을 갖는다. 특히 지역개발 초기에 해안을 따라 취락들이 형성되었다가, 강을 따라 차츰 내륙으로 침투해 들어가 여기저기 새 중심지들을 발달시키는 과정에 대한 묘사는 세 모형이 크게 다르지 않다고 평가할 수 있다. 그들이 묘사한 바는 세계 각지에서 일어난 일들을 일반화하는 데 기여하고 있는 것이다. 다만 우리는 이런 모형들에 내재되어 있는 경로고정성(經路固定性)을 경계하고, 시대와 지역에 따라 지역교통체계의 성장 과정이 다를 수도 있음을 허락하는 유연한 사고가 필요하다.

3) 한국의 경험

우리나라에서는 위에 소개된 테이프, 밴스 및 리머의 모형들을 본격 검증한 연구사례는 아직 없다. 한반도 전체 또는 일부를 대상으로 오랜 기간에 걸친 변화를 추적해야 하는 탓에 검증에 필요한 자료를 확보하는 일이 가장 큰 애로였을 것으로 짐작된다. 그러나 선행연구들 가운데 비록 연구목적은 달랐을지언정 모형 검증에 참고가 될 만한 성과들도 있어 조각 맞추기를 시도해 볼 수 있다.

(가) 고려~조선 시대	(나) 일제강점기 무렵

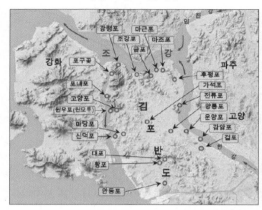 

〈그림 2-5〉 김포반도에 분포했던 포구들의 성쇠
출처: 전종한, 2017, p.192, p.194.

테이프의 모형에서는 초기에 해안을 따라 산재하던 여러 포구 가운데 내륙과의 연결에 유리한 포구들은 선별적으로 성장하고 다른 포구들은 쇠퇴 내지 소멸되는 것을 묘사하고 있다. 한반도에서 이러한 변화 과정을 부분적으로나마 엿볼 수 있는 사례가 한강 어귀 일대의 포구 성쇠에 관한 연구(전종한, 2011, 2017)를 통해 밝혀진 바 있다. 과거 한강 어귀는 고려의 개경 및 조선의 한양과 전국 각지를 잇는 수상교통로들이 집결하는 핵심구간이었으며, 연안에 수많은 포구들이 발달하였다. 이러한 포구 발달에는 자연지리적 여건도 크게 작용하였는데, 경기만의 큰 조차로 말미암아 하루 중 특정 시간대에만 운항이 가능했던 점, 조강(祖江, 한강과 임진강의 합류지점부터 황해까지의 강줄기)과 염하(鹽河, 강화도와 김포반도 사이의 좁은 수로)의 거센 물흐름과 불규칙한 연안류 등으로 인해 이 구간을 통과하는 선박들은 곳곳에 임시 대피처 내지 기항지가 필요했던 점을 꼽을 수 있다. 19세기 말~20세기 초를 거치는 동안 강의 양쪽을 연결하는 나루터 기능도 겸하였던 일부 포구는 수운과 육운 및 유통의 결절로 기능하면서 거점 포구로 부상한 반면, 나머지 포구들은 쇠퇴하였고 일부 포구들은 간척사업으로 말미암아 평야의 한가운데에 놓이게 된 경우도 있다. 또한 일제강점기에 놓인 철도와 신작로는 조강을 중심으로 번성했던 전통적 교통망을 경인선 중심의 교통축으로 대체하였고, 양화진, 마포, 용산 등 한강변의 포구 취락들이 누렸던 중심성도 제물포항–인천역–노량진역–서울역을 잇는 새로운 근대적 교통거점들로 옮겨 갔다. 더 나아가 6·25 전쟁 이후 조강의 대부분 구간에 철책선이 설치되고 민간인 출입이 엄격히 통제되면서, 조강 연안의 특별했던 생활모습과 포구 경관은 이제 거의 사라져 버렸다.

우리나라는 19세기 말경 외세에 의해 개항이 이루어지고 이어 일본의 식민통치를 경험하였다는 점에서, 리머의 식민모형을 부분적으로나마 검증할 수 있는 단서들도 찾아볼 수 있다. 한강 어귀에서 멀지 않은 인천이 서울의 외항으로 개항되어 일제강점기 동안 수도권의 제2 도시로 성장한 경우가 일례이다.

호남평야 일대의 변화도 식민모형의 제1~3단계에 부합되는 점이 있다. 〈그림 2-6〉은 19세기 말 개항기와 일제강점기인 1929년 호남평야의 중심지체계와 교통망을 비교한 것이다(류제헌, 1990). 조선시대에는 서해안에서 멀리 떨어진 내륙의 전주가 호남을 거느리는 최대 중심지였고, 이 도시를 정점으로 방사상 교통망이 발달하였다. 이러한 상황은 리머가 묘사한 초기 상황, 곧 지역의 으뜸도시가 내륙에 자리 잡은 상황과 비슷하다. 이처럼 내륙의 전주를 정점으로 형성되어 있던 방사상 지역구조는 외세의 진출과 더불어 크나큰 변화를 맞아 해안지향성을 띠게 된다. 군산은 금강 어귀의 초소에 지나지 않던 곳이었으나, 개항장이 되자 금강 유역의 관문으로 번영을 거듭하였다. 만경강과 동진강에서도 비록 그 강줄기가 짧지만 배가 거슬러 올라갈 수 있는 지점에는 예외 없이 포구가 발달하였다. 만경강 연안의 오산과 대장촌, 동진강 연안의 화호와 죽산 등이 그 예이다. 그러나 옥구, 만경, 부안, 고부, 금구, 태인 등 전통적인 중심지들은 개항기 이래 쇠퇴의 길을 걸어, 지금은 부안을 제외하고는 면소재지 정도의 작은 중심지가 되었다.

금강, 만경강, 동진강을 이용하여 바다와 내륙을 잇고 침투하던 해안지향형 지역구조는 1910년대 호남선의 개통(1912년)과 함께 한차례 더 변화를 겪는다. 호남평야를 남북으로 관통하는 철도의 부설로 말미암아 이리(지금의 익산), 김제, 신태인 등 새로운 중심지들이 생겨났고, 뒤이어 군산~이리

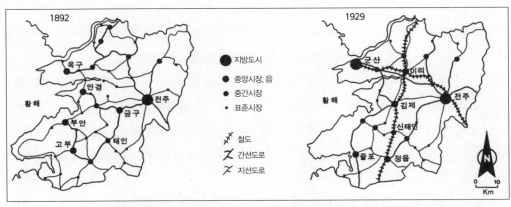

〈그림 2-6〉 호남평야의 중심지체계와 교통망의 변화: 1892년과 1929년
출처: 류제헌, 1990, p.36, p.42.

를 잇는 군산선과 이리~전주 간 전북철도(지금의 전라선)가 놓이면서 이 지역은 호남선을 따른 남북축과 군산~이리~전주의 동서축, 그리고 내륙의 전주를 정점으로 하는 전통적 방사상 구조가 복합된 양상으로 바뀌었다. 철도의 등장은 또한 만경강, 동진강 연안 포구들의 몰락을 이끌어, 요즈음 지도에서는 세밀히 살피지 않으면 쉽게 찾을 수 없는 지경이 되었다. 이처럼 식민세력에 의해 새로운 교통로가 놓이고, 전통적인 중심지들이 정체와 쇠퇴의 길을 겪었던 경험 역시 큰 틀에서는 식민 모형에서 묘사하고 있는 상황과 크게 다르지 않다.

그러나 광복 이후 남한에서 전개된 과정은 리머의 식민모형보다는 테이프 모형이나 밴스의 무역 모형이 묘사하는 것에 더 가까워 보인다. 광복 후에는 일본이 식민종주국으로서의 영향력을 잃어버리고 말았으며, 남북이 분단되었고, 남한 경제가 급속히 세계화되는 등 다양한 요인들이 작용하였기 때문일 것이다. 물론 개발도상국의 교통체계 발전 과정을 식민통치와 피지배의 시각에서만 바라보는 것 자체에도 한계가 있을 수밖에 없다. 분명한 것은 어느 한 가지 모형만으로 한 지역에서 일어난 일을 다 설명하는 것은 어려우며, 해당 지역의 역사 못지않게 고유한 지역성도 감안해야 비로소 설명이 충실해질 것으로 판단된다. 한국의 역사를 지역교통체계의 형성이라는 관점에서 이해하는 데에는 더 많은 연구성과의 축적이 선결과제이다.

2. 관문과 배후지

1) 관문의 기능과 특징

지역교통체계의 형성 과정에 대한 논의에서는 해안에 자리 잡은 관문의 중요성이 거듭 부각되었다. 이에 관문의 특성, 배후지와의 관계, 성쇠와 이동에 대해 좀 더 살펴보기로 한다.

우리는 문을 통하여 건물을 드나들며, 나라와 나라 사이는 출입국 사무소나 세관처럼 지정된 장소를 통해서만 오갈 수 있다. 한 지역의 관문(關門, gateway)이란 이처럼 사람과 물자가 드나드는 통로를 말하며, 관문 기능을 가진 도시 전체를 가리킬 때에는 관문도시(關門都市, gateway city)라고도 부른다. 관문의 기능 가운데에서도 중계거점, 물자의 수집과 배송 등의 기능을 강조할 때에는 집산지(集散地, entrepôt)라고도 한다.

관문은 자연환경이나 인문환경이 서로 다른 두 지역이 마주하고 있는 곳에 생기기 쉽다. 바다와 육지가 만나는 곳에 발달한 항만도시, 험준한 산지를 넘어가는 길목에 이루어지는 취락, 국경지대에 발달하는 도시 등이 관문취락의 전형적인 예이다. 공항, 특히 규모가 큰 국제공항 역시 나라 안과 나라 밖을 잇는 장소라는 점에서 현시대의 주요 관문이다. 지역과 지역이 만나는 곳에 형성되는 대규모의 관문 말고도, 지역 내부에서도 여러 흐름을 연결하는 작은 규모의 관문들을 볼 수 있다. 우리가 흔히 교통결절이라고 부르는 곳들로, 물자의 집산지, 한 교통수단에서 다른 교통수단으로 갈아타거나 화물을 옮겨 싣는 터미널 또는 적환점(積換點)이 이에 해당된다.

관문도시는 대체로 한 지역의 가장자리에 입지하는 것이 일반적이다. 이러한 입지 특성은 같은 도시이면서도 이른바 중심지가 지역의 중앙에 자리 잡는 성향과 뚜렷이 구별된다. 주변 지역에 서비스를 제공하는 것이 주 역할인 중심지는 가급적 지역의 가운데에 위치하는 것이 유리하지만, 관문도시는 그 속성상 지역과 지역의 경계지점, 바꾸어 말하면 한 지역의 가장자리에 발달하게 되는 것이다.

관문도시는 경제구조로 보아서도 다른 도시들과 뚜렷한 차이를 보인다. 우선 물자와 사람들이 많이 드나드는 곳이므로, 물자를 다루는 운수업, 객지 사람들을 위한 음식점과 숙박업소 등 접객업종이 보통 도시보다는 훨씬 발달하게 된다. 또 관문도시에서 다루는 상품은 그 도시 안에서 소비될 뿐 아니라 배후지에도 널리 제공되므로 장거리 교역(도매업)의 비중이 높다. 관문도시의 이러한 특징은 시가지의 경관에서도 색다른 분위기를 드러낸다. 많이 드나드는 외지인과 외국인 때문에 중심 시가지의 건물 모양이 색다르고 간판 등에서 외국어를 많이 읽을 수 있는 등 이색적인 경관을 이룬다. 사람과 물자의 왕래가 많으니 번잡스럽고, 범죄와 사고의 위험도 높을 수밖에 없다.

물론 관문도시의 경제적 특성은 도시의 역사, 배후지의 여건과 정책에 따라 차이를 보이게 마련이다. 초기의 관문도시들은 교통, 장거리 무역, 접객업 등의 기능이 우세할 것이지만, 산업시대로 오면서 관문도시에는 제조업 기능이 덧붙여지기 시작하였다. 특히 정부의 정책적 지원에 따라 임항산업단지가 발달하는 경우가 그 대표적인 예이다. 또한 광역중심지로 성장하는 데 성공한 일부 관문도시들은 초기 관문도시가 가졌던 교통과 장거리 무역 기능에 더하여 중심기능까지 갖추게 된다. 멕시코의 태평양 연안 관문도시인 만사니요(Manzanillo), 미국 캘리포니아주의 롱비치(Long Beach), 네덜란드의 로테르담(Rotterdam), 한국의 부산을 비교한 연구(김수정, 이영민, 2015)에 따르면, 만사니요의 경제는 교통과 통신 부문의 비중이 매우 커 단순히 화물이 거쳐 가는 초기 관문의 특성을 보인 반면, 롱비치, 로테르담, 부산의 경제는 금융 부문의 비중이 월등히 높아 관문도시의 기능과 함께 중심지의 특성도 보이고 있었다.

2) 배후지의 성장 과정

　관문도시와 지역의 관계에 대해, 미국의 지리학자 버가트(Burghardt, 1971)는 관문도시는 한 지역 안에서 가장 먼저 입지하여 지역 전체에 변화를 불러들이는 시발점 구실을 한다고 보았다. 관문도시는 그 배후지를 넓혀 가며 지역 전체를 잇는 교통체계를 이루고, 나아가 인구를 늘리며 새로운 도시들을 탄생시킨다는 것이다. 이러한 견해는 밴스의 무역모형과 상통하는 점이 많으며, 두 사람이 각자의 견해를 각각 논문과 책으로 펴내었던 시점도 비슷하여 매우 흥미롭다.

　버가트는 먼저 입지한 관문도시와 나중에 발달하는 중심지들의 관계에 대하여 두 가지 경우를 상정하였다. 첫째, 배후지의 규모가 크고 기름진 토지나 풍부한 자원을 갖춘 경우이다. 이런 지역에서는 초기에 관문도시는 유입되는 부(富)에 힘입어 급성장하며 관문의 기능뿐 아니라 배후지 전역을 서비스하는 중심지로서의 기능도 아울러 발휘하게 된다. 그러나 차츰 시간이 지나면 배후지 곳곳에서 높은 생산성에 힘입어 경제활동이 왕성하게 이루어지고 지역에 인구가 급성장하며, 이에 따라 상업이나 서비스업과 같은 중심기능에 대한 수요도 늘어나 관문도시에 필적할 강력한 중심지들이 떠오르기 쉽다. 규모가 큰 중심지가 출현하면 관문도시는 종래 거느리던 배후지의 상당 부분을 경쟁 중심지에 빼앗긴 나머지 으뜸도시의 지위를 넘겨주고, 단순히 교통도시로만 남을 것이다. 그 결과 후기에 이르면 배후지는 중심지이론에서 말하는 전형적인 도시 분포와 계층구조를 띠게 된다.

　버가트는 관문도시가 나중에 성장한 중심지들과의 경쟁에 밀려 그 배후지를 잃어 가는 사례로 캐나다의 위니펙(Winnipeg)을 들었다. 캐나다 프레리 지방(Prairie Privinces)의 동쪽 입구에 위치한 위니펙은 캐나다 동부와 서부를 연결하는 관문도시로서 한때 프레리 지방 전체를 거느리던 도시였으나, 내륙에 강력한 경쟁도시 에드먼턴(Edmonton)과 캘거리(Calgary)가 등장하면서 그 배후지가 크게 위축되었다.

　두 번째는 위와 반대로 배후지가 척박하여 생산성이 낮고 자원이 빈약한 경우이다. 이런 지역에서는 인구와 경제의 성장이 더디므로 중심지의 출현이 늦어지고, 설령 중심지들이 등장하더라도 관문도시와 경쟁할 만한 큰 도시로 성장하기 어렵다. 따라서 가장 먼저 발달한 관문도시는 고차 중심기능을 계속 행사하며 지역 전체를 지배하는 으뜸도시의 지위를 이어 나가게 된다.

　이러한 지역 성장 과정의 주기가 끝나면 개척전선은 지역 전방으로 옮겨 가, 신개척지를 마주한 곳에 관문이 다시 형성되고, 새 배후지에 대한 개척 과정이 되풀이된다. 버가트는 이처럼 관문의 형성→배후지의 개발→중심지의 출현→도시체계의 확립 주기에 대략 150년의 시간이 소요되는 것으로 보았고, 지역은 그 폭이 적어도 약 250km(150마일)는 되는 규모여야 할 것으로 판단하였다. 물

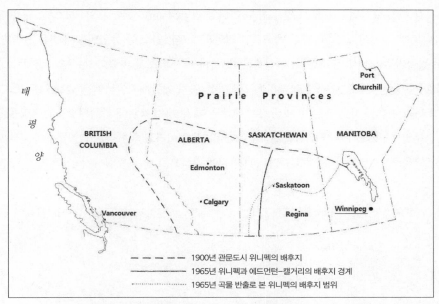

〈그림 2-7〉 캐나다 프레리 지방의 관문인 위니펙의 배후지 축소, 1900~1965년

출처: Burghardt, 1971, p.275.

론 지역과 시기에 따라 배후지 성장 과정이 다를 수 있으므로, 버가트가 제시한 소요기간과 지역의 규모가 절대적인 기준이어야 할 필요는 없을 것이다.

3) 관문의 성쇠

그러면 이러한 배후지 성장주기가 장기간에 걸쳐 거듭되면 공간에는 어떤 흔적을 남기게 되는 것일까? 버가트는 이런 의문에 대하여 답을 남기지 않았지만, 밴스의 연구(1970)에서 시사점을 찾을 수 있다.

밴스는 관문에도 그 형성 시기, 기능, 지역 내에서의 중요도에서 차이가 날 수 있다고 보고, 외부와의 접촉이 처음 이루어지는 바닷가 1차 관문을 '외세(外勢)의 진출거점(point of attachment 또는 point of initiation)'이라 하고 내륙의 교통요지에 형성되는 2차 관문을 '물자의 집산지'(集散地, entrepôt)라고 불렀다. 그는 미국과 캐나다 도시들의 역사와 기능을 분석하여 상당수 도시가 과거에는 관문의 기능을 수행하였으며, 이 관문도시들이 내륙진출 시기에 따라 띠모양으로 입지하고 있음을 밝혀내었다. 그는 북아메리카 전역에 모두 7개의 관문도시 열(列)이 있는 것으로 보았다(〈그림

2-8)). 가장 먼저 형성된 관문도시 열은 동부 대서양 연안의 진출거점 열로서 보스턴, 뉴욕, 필라델피아, 볼티모어, 노포크, 그리고 남부 멕시코만 연안의 뉴올리언스 등 유럽인들이 처음 발 딛었던 곳이다. 첫 진출거점이 마련된 다음 내륙 진출은 대략 세 가지 경로를 따랐다. 북부의 세인트로렌스강과 오대호를 이용한 경로, 대서양 연안의 해안평야를 거쳐 애팔래치아산맥을 넘는 경로, 그리고 미시시피강과 그 지류를 따른 경로가 그것으로, 밴스는 이 세 개의 경로에 형성된 2차 관문열들을 각각 오대호 관문열, 애팔래치아 산록 관문열, 미시피 관문열이라고 이름 지었다. 이보다 서부에도 세 개의 관문열을 확인할 수 있다. 대륙 중앙의 대평원에 남북으로 줄지은 집산지 열, 로키 산록 관문열,

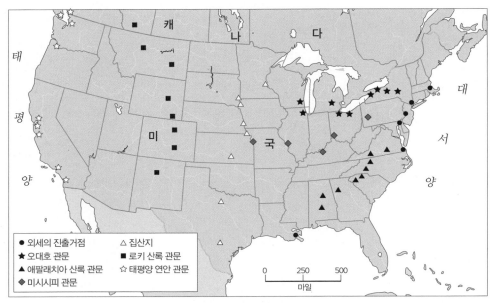

〈그림 2-8〉 북아메리카의 관문도시 열

외세의 진출거점열(Pounts of attachment): 위에서부터 Boston, New York, Philadelphia, Baltimore, Norfolk, New Orleans

오대호 관문열(Lake alignment): 오른쪽에서부터 Albany, Syracuse, Rochester, Buffalo, Cleveland, Toledo, Detroit, Chicago, Milwaukee

애팔래치아 산록 관문열(Piedoment alignment): 위에서부터 Richmond, Danville, Greensboro, Charlotte, Spartanburg, Greenville, Atlanta, Gadsden, Montgomery

미시시피 관문열(River alignment): 오른쪽에서부터 Pittsburgh, Cincinati, Louisville, St. Louis, Kansas City

집산지 열(Collecting alignment): 위에서부터 Minneapolis-St. paul, Sioux Falls, Sioux City, Omaha, St. Joseph, Wichita, Dallas-Fort Worth, San Antonio

로키 산록 관문열(Roky Mountains aglignment): 위에서부터 Lethbridge, Great falls, Billings, Casper, Cheyenne, Denver, Pueblo, Albuquerque(Vance는 캐나다의 Edmonton과 Calgary도 이 관문열에 포함하였다.)

태평양 연안 관문열(Pacific coast aglignment): 위에서부터 Vancouver, Victoria, Seattle, Portland, Oakland, San Francisco, Monterey, Los Angeles, San Diego

주: 이 지도는 Vance(1970)의 글을 기초로 필자가 작성하였다.

그리고 서해안에 형성된 태평양 연안 관문열이 그것이다. 이 관문열들은 동부의 관문들보다 늦게 형성된 것으로, 서부 개척이 미시시피강 너머로 계속되면서 이루어진 것이다.

밴스가 확인한 관문도시 가운데에는 멀리 한국의 우리에게까지 잘 알려진 큰 도시로 성장한 것이 있는가 하면, 일부 관문도시들은 쇠락하여 미국과 캐나다 사람들조차 잘 모르는 경우도 있다. 일반적으로는 한번 형성된 도시는 관성(慣性)에 의해 그 명맥을 유지하는 성향이 있지만, 여러 요인에 의해 초기에 번성했던 관문이 옛 영화를 잃고 쇠퇴하는 경우도 생길 수 있다. 대외무역 여건이 변하는 경우가 그 하나이다. 주요 무역 상대지역에 전쟁이나 내란 등으로 불안정하거나 정치적 변동이 일어나면 자연히 무역에도 영향을 끼치게 된다. 교통기술도 관문도시의 지위에 변화를 불러오는 중요한 요인이다. 기존 교통로는 계속 그 유리한 지위를 강화하는 것이 일반적이지만, 철도처럼 새 교통수단이 등장하면서 철도망에 연결되지 못한 관문이 정체될 것은 자명한 이치이다. 교역품의 변화가 관문도시의 운명을 가름할 수도 있다. 가령 미국 북대서양 연안의 프로비던스(Providence)는 한때 고래기름으로 만든 양초 거래로 번성하였으나, 석유라는 새 상품이 등장하면서 쇠퇴하여 지금은 교육도시로 명맥을 유지하고 있다.

버가트는 또한 중심지가 먼저 자리 잡은 다음 관문의 기능이 뒤늦게 필요해지는 특수한 경우에는, 기존의 중심지로는 이 기능을 수용하기 어려워 중심지의 바깥에 신도시가 발달하여 쌍둥이 도시를 형성하기 쉽다고 보았다. 나중에 형성되는 관문 신도시는 먼저 입지한 중심지 밖 개척전선 방향에 형성된다. 헝가리의 부다페스트는 중심지 부더(Buda)와 관문 신도시 페슈트(Pest)가 다뉴브강을 사이에 두고 각각 서안과 동안에 나란히 발달한 경우이고, 미국 미네소타주의 쌍둥이 도시 세인트폴–미니애폴리스(Saint Paul-Minneapolis)도 미시시피강을 사이에 두고 마주하고 있다. 세인트폴은 중심지로 먼저 성립하였고, 관문도시인 미니애폴리스가 나중에 서부 개척전선 방면인 미시시피강의 서안에 형성되었다. 중심지와 관문도시가 조금 거리를 두고 떨어져서 형성되는 경우도 있다. 유럽에서는 오스트리아의 빈(Wien)과 슬로바키아의 국경도시 브라티슬라바(Bratislava), 미국에서는 텍사스주의 댈러스–포트워스(Dallas-Fort Worth)가 그 사례이다. 원래 서로 떨어져 형성되었던 댈러스와 포트워스는 시가지가 활발하게 확장되고 기능적으로도 통합되어 지금은 하나의 대도시권을 이루고 있다.

관문과 배후지의 관계 및 관문도시 열의 형성에 관한 버가트와 밴스의 주장은 취락체계의 변모 과정을 거시적으로 그리고 역사지리의 관점에서 추적하는 데 도움을 준다는 점에서 그 의의를 찾을 수 있다. 현재 우리가 보는 취락체계란 실상 매우 오랜 세월 동안의 변모가 마치 지층처럼 겹겹이 쌓여 이루어진 결과물이다. 따라서 여러 취락들을 엇비슷한 시대에 함께 어울려 형성된 것으로 보아서는 이해가 원천적으로 불가능하다. 마치 지층을 한 겹 한 겹 살펴 지구의 역사를 밝혀내듯이 취락의 형성 시기와 교통이라는 두 요소를 함께 살펴보면, 각 시기마다 어떤 취락이 왜 그 자리에 자리 잡게 되었는지에 대한 이해도 쉬워지는 것이다.

· 참고문헌 ·

김수정, 이영민, 2015, "환태평양시대의 멕시코 항만체계와 관문도시의 변화 특성 연구: 만사니요(Manzanillo)시를 중심으로," 한국도시지리학회지 18(1), 13-29.

류제헌, 1990, "호남평야에 있어서 지역구조의 식민지적 변용과정," 지리학(현 대한지리학회지) 42호, 35-48.

전종한, 2011, "근대이행기 경기만의 포구 네트워크와 지역화과정," 문화역사지리 23(1), 95-118.

전종한, 2017, "근대이행기 조강 연안의 포구 성쇠와 포구 네트워크: 김포반도의 거점 포구들을 중심으로, 대한지리학회지 52(2), 187-209.

Burghardt, A., 1971, "A hypothesis about gateway cities," *Annals of the Association of American Geographers* 61, 269-285.

Hoyle, B. S.(ed.), 1973, *Tranport and Development.* Macmillan: London.

Rimmer, P. J., 1967, "The changing status of New Zealand seaports, 1853-1960", *Annals of the Association of American Geographers* 57, 88-100.

Rimmer, P. J., 1977, "A conceptual framework for examining urban and regional transport needs in South-East Asia," *Pacific Viewpoint* 18, 133-148.

Taaffe, E., Morrill, R. and Gould, P., 1963, "Transport expansion in underdeveloped countries: a comparative analysis", *Geographical Review* 53, 503-529.

Vance, J. E., 1970, *The Merchant's World: the Geography of Wholesaling.* Englewood Cliffs: Prentice Hall.

제3장

교통투자와 지역

1. 교통투자의 영향

　제2장에서는 한 지역의 교통망이 오랜 기간에 걸쳐 어떻게 이루어져 나가는가를 살펴보았다. 교통과 지역의 관계는 이처럼 장기간의 틀에서 볼 수도 있거니와, 중기 및 단기간의 관점, 특히 현재를 중심으로 가까운 과거에서부터 가까운 미래에 이르는 시간적 범위에서 생각해 보는 것도 중요하다. 또한 대륙 내지 국가 규모의 고찰에서 한 나라 안의 지방이나 이보다 더 작은 규모로 지리적 범위를 좁혀 살펴볼 필요도 있다. 크고 작은 교통투자 사업이 우리 주변에서 끊임없이 벌어지고 있으며, 이것이 오늘의 우리 삶을 이해하는 데 그리고 장래를 내다보는 데 중요하기 때문이다. 이 장에서는 교통투자가 지역의 (경제) 성장과 발달에 과연 어떻게 관련되어 있는가, 그 관계 또는 영향에 대하여 학자들은 어떤 분석틀을 마련해 왔는가, 그리고 중앙정부나 지방자치단체는 어떤 교통투자 전략을 구사하는지 등을 살펴보기로 한다.

1) 긍정적 효과

(1) 교통 이용자가 얻는 편익
　교통투자가 가져다주는 편익은 수혜자가 누구냐에 따라 교통시설과 서비스의 이용자가 누리는 편익(user benefits)과 지역 전체가 얻는 편익(social-economic spillovers)으로 크게 나누어 볼 수 있다 (OECD, 2002).

교통 부문에 투자가 이루어지면 우선 사람과 화물의 이동에 드는 시간과 비용이 줄어들고, 안전이 개선되어 인명과 재산 피해가 줄어든다. 교통의 개선은 또한 더 나은 주거환경이나 자신에 알맞은 주택을 찾는 데 도움을 주므로, 개인이나 가구의 복리(福利)를 개선하는 효과가 있다.

교통투자는 더 나아가 우회적으로 여러 교통수단의 서비스 질(質), 신뢰도, 수송분담률에도 변화를 불러온다. 가령 철도 부문의 투자는 단순히 열차 주행시간을 단축하고 요금을 낮추는 것에 그치는 것이 아니라, 철도교통의 전반적인 서비스 수준과 신뢰도를 향상시켜 철도 이용자의 수를 늘어나게 만드는 것이다. 또한 교통시설과 서비스가 개선되면 (다른 교통로나 교통수단을 이용하던 이용자가 교통투자가 이루어진 노선이나 수단으로 옮겨 오는 것 이외에도) 전체 교통량 역시 늘어나는 것을 흔히 보게 된다. 교통투자가 이루어지기 전 같으면 아예 불가능했거나 어렵고 비쌌던 통행을 더 쉽게 더 싸게 할 수 있게 되었기 때문이다. 이처럼 교통투자와 개선으로 인해 늘어나는 통행을 유도 통행(誘導通行, induced travel)이라 부른다.

(2) 지역에 미치는 효과

교통투자가 지역에 미치는 효과로는, 첫째, 교통투자가 일으키는 투자효과(investment effects)를 꼽을 수 있다. 교통투자 사업은 그 규모가 큰 경우가 많아서 건설 인력과 자재의 수요가 건설 기간 동안 일시적으로 크게 늘어난다. 또한 장기적으로는 교통기반시설의 유지와 관리에 상당한 인력과 비용 지출이 필요하며, 이는 승수효과로 이어진다. 공항이 신설되거나 확장되는 경우를 사례로 살펴보자. 공항에는 운영과 관제, 항공사와 출입국관리사무소 등과 같은 입주기관, 식당과 소매점, 주차 관리, 항공화물 관리 등을 포함하여 다양한 분야에 인력이 필요하다. 이러한 직접고용효과는 청소, 연료 공급, 식자재의 납품, 소매점의 상품 공급 활동 등과 같은 간접효과로 이어진다. 이러한 직접고용효과와 간접효과는 다시 공항과 공항 공급자들을 위해 일하는 사람들이 쓰는 주거, 교통, 음식, 소매 부문의 지출 등 유발효과를 불러온다.

둘째, 지리적으로 보아 교통투자는 접근성을 개선시키는 효과(accessibility effects)가 있다. 교통 쇄신은 다른 장소를 종전보다 더 쉽게 접근할 수 있도록 만들며, 이는 시간을 정교하게 관리할 수 있도록 도와 생산성을 높인다. 우수한 교통망과 서비스가 갖추어지면 부품이나 완성품의 배송이 수요에 맞추어 이루어지고(just-in-time), 종전보다 빠르고 유연한 배송과 서비스가 가능해지는 것이 그 예이다. 접근성이 개선된다는 것은 여러 생산활동과 서비스의 시장이 확대된다는 것을 의미하므로,

궁극적으로 경제활동이 특화(特化)되고 규모의 경제를 구현할 수 있게 만든다.

셋째, 접근성의 개선효과는 더 나아가 인구와 경제활동의 이전효과(移轉效果, relocation effects)로 이어지기 쉽다. 교통투자의 결과로 이동이 쉬워지고 유연성이 늘어나면 기업은 이에 맞추어 조직과 활동방식을 개편하여, 기존 경제활동과 인구가 접근성이 더 개선된 곳으로 옮겨 가게 되는 것이다. 이는 지역 전체로 보았을 때 인구와 경제활동의 지리적 분포가 변화되는 것을 의미한다. 그러나 이전효과는 빛과 그림자를 함께 의미하여, 경제활동이 옮겨 오는 곳에는 긍정적이지만 빼앗기는 곳에는 부정적인 영향을 뜻할 수밖에 없다.

교통의 개선은 지역의 노동시장과 주택시장에도 긍정적 영향을 끼친다. 교통의 개선은 노동시장이 보다 유연하게 작동하도록 돕는다. 종전보다 더 장거리 통근이 가능해지면 노동력을 확보하는 것이 그만큼 쉬워지기 때문이다. 바꾸어 말하면 교통투자는 노동력의 공급과 수요의 조화를 촉진시켜 노동력의 부족 문제를 해소하고 실업률을 낮추는 데 기여할 수 있다. 교통의 개선은 또한 응급서비스, 경찰서비스 등 사회 안전과 보안의 확충 및 개선에 도움을 준다.

교통투자는 다른 부문에 동반쇄신(同伴刷新, companion innovation)을 촉발할 수도 있다. 과거 철도 부설에 맞추어 전보(電報)와 전화망이 발달한 것이 그 보기이다. 궤도와 기관차, 차량만 있으면 철도교통이 작동되는 것은 아니며, 적절한 통신수단이 곁들어져야만 철도 운영이 원활하게 이루어질 수 있다. 과거 유럽과 미국 등지에서 철도가 처음 놓일 때 궤도를 따라 통신선이 나란히 놓였던 것, 현대에도 철도 운영에 정보통신기술의 뒷받침이 필수라는 점은 이를 입증한다.

이 밖에 교통투자는 지역이나 나라의 이미지를 높이는 데에도 기여한다. 고속철도의 날렵한 전동차 모습이 한 국가의 기술력을 상징하고, 웅장한 공항건물이 해당 지역이 관문임을 과시하는 데 활용되며, 고속도로의 네잎 클로버 모양의 입체교차로가 종종 사람이 대지에 그린 그림으로 비유되는 것 등이 그 보기이다.

다른 부문과 마찬가지로 교통 부문에서도 그 투자효과는 체감하는 성향이 있다. 교통투자의 한계효용은 시기에 따라 다르므로, 초기에는 교통투자의 필요성이 쉽게 인정되지만 마침내는 투자를 계속해야만 하는지 의문시되는 시점이 올 수 있다. 투자효과의 체감 문제를 지리적으로 바꾸어 말하면 핵심지역과 낙후지역, 또는 선진국과 개발도상국의 상황에 비유될 수 있다. 이미 교통시설이 상당 수준 갖추어진 핵심지역이나 선진국에서는 조그만 교통개선으로는 다른 부문에 영향을 거의 주지 못하기 쉽지만, 교통기반시설이 빈약한 낙후지역이나 개발도상국에서는 비교적 작은 투자로도 극적인 효과를 거둘 수 있다.

2) 부정적 효과

(1) 경제적 영향

교통투자가 가져오는 부정적 영향으로는 교통기반시설의 건설과 운영에 드는 경제적 부담, 환경 영향, 그리고 사회적 영향의 세 측면에서 살펴볼 수 있다. 경제적 부담은 교통기반시설의 건설 중에 발생하는 비용과 시설의 수명 전체에 걸쳐 발생하는 비용으로 나뉘며, 그 비용 규모는 투자대상에 따라 다르다. 가령 고속도로의 경우 투자비용은 대부분 건설 기간에 발생하며 유지 및 관리에 들어 가는 비용은 1~2%에 불과할 정도로 작지만, 전기철도와 공항 등은 그 유지와 관리 비용의 비중이 상당하여 해당 지역에 두고두고 부담을 줄 수 있다.

기반교통시설은 건설 중에 발생하는 비용이 규모가 큰 데다 짧은 기간에 한꺼번에 발생한다는 특 징(lumpiness)은 재정적 문제를 일으킬 수 있다. 투자비를 마련하려면 세금을 더 걷거나 금융시장에 서 자금을 빌려 와야 하므로 결국 금리의 상승으로 이어지고, 나아가 소비와 저축을 위축시키는 부 정적 효과를 불러오게 된다. 교통시설에 필요한 철근, 시멘트 등 각종 자재 역시 건설 시기에 일시적 으로 수요가 집중되므로 품귀현상을 빚거나 가격이 오르는 부작용이 생길 수 있으며, 사업의 규모가 클수록 그 부작용도 심해진다.

교통투자가 미치는 영향은 자원의 효율적 이용이라는 측면에서도 살펴볼 필요가 있다. 한 지역이 나 국가가 쓸 수 있는 재원은 한정되어 있으므로, 이를 교통 부문에 쓴다면 다른 부문에 돌아갈 몫이 줄어드는 것은 당연한 이치이다. 만약 교통기반시설과 서비스가 부족하지 않은데도 불구하고 교통 개선 사업을 벌인다면, 이는 한정된 자원의 낭비를 의미할 뿐 아니라 지역경제 전반에 부정적 영향 을 끼치는 것이다.

또한 지역이나 나라 안 모든 곳에 교통투자를 골고루 할 수는 없는 법이다. 교통투자란 본질적으 로 지리적 불균등을 전제한 투자행위이며, 이로 말미암아 생겨나는 공간적 불균형은 전반적 성장에 장애가 될 가능성도 있다. 또한 교통투자가 낙후지역이나 개발도상국에 반드시 이로운 것만은 아닐 수도 있다. 교통투자로 접근성이 개선되고 나면 낙후지역과 개발도상국에만 교통이 편리해지는 것 이 아니라 핵심지역에서 낙후지역으로, 그리고 선진국에서 개발도상국으로 접근하는 것도 개선되 는 것을 의미한다. 따라서 교통개선은 낙후된 곳이 종래 누려 왔던 보호장벽을 걷어 버리는 역설적 결과를 낳을 수도 있다. 도로가 새로 뚫리자 중소 도시에 있던 각종 서비스업들이 대도시와의 경쟁 에 밀려 침체되는 현상이 이런 역설적 효과의 구체적인 증거이다.

(2) 환경영향과 사회적 영향

종래 교통투자의 영향을 살필 때에는 경제적 부담을 주로 고려하였으나, 요즈음 '지속가능성'에 대한 관심이 높아지면서 환경에 대한 영향과 사회적 영향이 새롭게 조명 받고 있는 추세이다. 교통시설로 말미암은 직접적인 환경영향으로는 소음, 진동, 대기오염, 토양오염, 수질오염, 사고, 경관 훼손 등을 꼽을 수 있으며, 역사적으로나 문화적으로 가치가 큰 유적과 자원이 훼손되는 문제도 환경영향의 또 다른 사례이다. 자원의 고갈, 생태계의 교란과 생물종 다양성의 훼손, 기후변화 문제도 교통투자가 미치는 장기적 영향이다. 이러한 부정적 영향 또는 외부효과는 다시 두 부류로 나누어진다. 부문 내 외부효과는 이용자끼리 서로 주고받는 부정적 효과로 교통혼잡, 사고비용의 일부 등이 이에 해당한다. 부문 간 외부효과는 지역 전체로 발생하는 부정적 영향을 말하며, 환경문제, 소음 등이 포함된다. 외부효과는 효율성과 형평성 측면에서 평가할 수 있겠는데, 경제적 효율성 관점에서는 두 가지 외부효과가 다 중요하되, 형평성의 관점에서는 부문 간 외부효과가 더 중요하다. 이는 이용자가 사회에 넘기는 짐이기 때문이다.

사회적 영향이란 개인, 집단 및 사회 전체의 선호, 복지, 행동에 불러오는 변화를 말한다. 사회적 영향 가운데 긍정적 측면은 이용자의 편익으로 대변될 수 있으므로 여기서는 부정적 측면만을 살펴보기로 한다. 노시학(1996)은 부정적 측면의 영향으로 지역사회의 황폐화, 계층 간 접근성의 차이, 그리고 도시구조의 변형과 토지공간의 잠식이라는 세 가지를 꼽았으며, 자동차를 이러한 부정적 영향을 일으키는 핵심요소로 간주하였다. 과거 길은 일상적 만남과 정보 교환의 장소, 공동체 의식을 고양시키는 공간, 어린이들의 놀이터로서 주민의 삶을 풍요롭게 하는 장소였다면, 자동차시대의 길은 물리적 단절을 의미하게 되었다. 자가용 승용차의 보편화로 자동차 이용/비이용자 사이에 접근성의 격차가 생겨나고, 차량 위주의 도로 건설은 토지를 잠식할 뿐 아니라 더 나아가 지역 전체의 구조를 변형시키는 것으로 본 것이다. 이러한 견해는 교통이 사회에 미치는 영향을 포괄적으로, 그리고 자동차와 도로 부문 중심으로 본 것으로서, 조금 더 구체적이고 자동차 이외의 다른 교통 부문도 포함시켜 영향을 살펴볼 필요가 있다. 이런 점에서 교통의 사회적 영향을 기반시설, 교통체계와 그 서비스, 차량의 운행, 사람의 통행이라는 네 부문으로 나누어 세밀하게 살펴본 한 연구사례(Geurs et al., 2009)는 사회적 영향에 관한 평가지표 등을 개발하려고 할 때 여러 모로 참고할 만하다(〈표 3-1〉).

교통의 사회적 영향은 경제적 영향이나 환경영향과 마찬가지로, 지역의 모든 곳과 모든 사람들에게 일률적으로 작용하는 것은 아니며, 일부 개인이나 집단에서 특히 심각할 수 있다. 이러한 부정적 영향은 해당 개인이나 집단을 사회에서 소외(social exclusion)*시키는 결과를 낳으며, 더 나아가 해

<표 3-1> 교통의 사회적 영향

교통 부문		사회적 영향
기반시설	항구적 (구조적)	– 눈에 보이는 경치의 질 – 역사·문화적 자원 – 사회적 응집/단절
	일시적 (건설 기간 동안)	– 소음공해 – 장벽, 분리 – 강제 이주
교통체계와 서비스	교통시설	– 시설과 서비스에 대한 접근성 – 서비스 수준 – 교통수단과 경로의 선택
	토지이용	–문화적 다양성 – 여러 장소의 서비스와 활동에 대한 접근성
차량의 운행	주차	– 눈에 보이는 경치의 질 – 공간 점유
	안전	– 사고 – 예방 행동 (외출을 삼가기 등) – 안전에 대한 인식
	환경	– 소음, 성가심 – 토양, 대기 및 수질 오염
사람의 이동		– 통행의 즐거움과 가치, 여행의 질 – 시설 수준(비상전화, 야간 조명 등)의 적합한 정도 – 안전

출처: Geurs et al., 2009, p.75.

당 사회의 통합을 해칠 수도 있다는 점에서 우리의 주의를 끈다.

　경제적 영향이 주로 교통시설의 건설 시기에 집중되는 반면, 환경영향과 사회적 영향은 교통기반시설의 수명이 다할 때까지 전 기간에 걸쳐 두고두고 발생하게 된다. 교통투자가 가져오는 부정적 영향은 여러 가지 방식으로 표출될 수 있으므로 경제적, 환경적, 사회적 측면을 선명하게 구분하는 것은 쉽지 않다. 특히 사회적 영향을 파악할 때에는 그 범위를 좁게 잡아도 곤란하지만, 너무 광범하게 설정하면 경제 및 환경 영향과 뒤섞여 파악 자체가 어려울 수 있다. 교통의 경제적, 환경적, 사회적 영향은 '지속가능한 교통'이라는 의제(議題)와 직결되므로, 제15장에서 그 대응방안 등을 중심으로 다시 살펴보기로 한다.

---

* '사회적 배제'라고 부르기도 한다(에를 들면 노시학, 2007; 이원호, 2010).

2. 교통투자의 전략

1) 교통투자에 대한 견해

교통투자가 가져오는 영향 가운데 경제 부문에 초점을 맞추어 논의를 조금 더 진행해 보기로 한다. 지역경제가 성장하려면 적절하고 효율적인 교통서비스가 뒷받침되어야 한다는 것은 명제(命題)나 다름없어 보인다. 그러나 지역경제의 발전에 교통이 과연 어떤 역할을 하는지에 대해서 합치된 의견은 없으며, 선행연구에서는 대체로 세 가지 견해로 나뉜다(Gauthier, 1970). 교통개선은 생산활동의 증가에 직접 작용한다는 긍정적 견해, 교통 부문의 지나친 투자는 다른 생산활동의 잠재 성장을 줄이므로 마이너스 성장으로 이끈다는 부정적 견해, 그리고 교통 혼자만으로는 생산활동을 만들어 내거나 경제 수준의 향상을 불러오지 않으므로 교통은 지역 성장의 기본요건의 하나일 뿐이라는 견해가 그것이다.

역사적으로 보면 교통은 자본, 노동력, 원료와 함께 경제성장의 핵심 요인이라는 견해가 가장 많았다. 가령 로스토(Rostow)는 미국의 경제가 이륙(take-off)하는 단계에 철도가 핵심적인 투자 부문이었다고 평가하였다. 로스토 식의 사고, 곧 교통기반시설 등 사회간접자본은 현재의 삶에 필수불가결한 요소이자 지역발전의 대전제라는 생각은 학계와 정계에 널리 받아들여졌으며, 많은 사람들의 관심을 끌어 왔다. 어느 나라 어느 지역에서든 예산 가운데 교통 부문의 몫이 큰 것이 이를 입증한다.

교통의 부정적 효과를 강조하는 견해는, 기회비용 측면에서 볼 때 교통투자는 덜 생산적이며 그 결과 자원이 다른 부문에 효율적으로 쓰였을 때보다 성장률을 낮추게 된다고 여긴다. 특히 개발도상국은 교통뿐 아니라 다른 여러 부문도 함께 취약하기 때문에 교통투자가 효율적으로 이루어지는 것이 더 어렵다. 한 곳에 대한 집중 투자는 지역 전체로는 불균형을 낳으며, 이 역시 전반적 성장에 장애가 된다. 또한 투자 결정이 언제나 올바르게 이루어진다고 단언하기도 어렵다. 자원 배분의 실수는 어느 부문에서든지 일어나게 마련이지만, 교통 부문에서는 특히 두 가지 이유 때문에 투자 결정이 잘못 내려지기 쉽다. 첫째, 교통투자는 본질적으로 그 규모가 크고 장기적이며 외부효과가 개재되어 있기 때문에, 장래 비용과 편익을 측정하는 데 불확실성이 크다. 둘째, 교통투자의 이러한 속성은 정책결정자들에게 잘못된 신호를 보낼 가능성이 크다. 개발계획이란 본래 위험이 내재되어 있는 데다 장기간에 걸친 사업이어서, 의사결정자들의 임기 안에는 평가가 불가능하기에 정치가들이 매력을 느끼는 것이다.

근래 학계에는 교통을 경제발달의 요인으로 보거나 부정적인 영향을 강조하는 데서 벗어나 교통의 허용적 역할(permissive role)을 더 강조하는 경향이 있다. 이런 중립적 견해에는 경제발전 과정
이란 사람과 물적 자원이 복잡하게 상호작용하는 가운데, 교통투자가 다른 자원의 개발 가능성을 키
워주는 역할을 하는 것이라는 사고가 그 바탕을 이루고 있다. 교통투자란 다른 요소들이 작동할 수
있도록 허용할 뿐 경제발전까지 보장하는 것은 아니라는 논리이다.

　이런 입장에 선 학자들 가운데 교통투자의 성공에 대해 상당히 엄격한 요건을 제시하는 경우도 있
다(예를 들면, Banister and Berechman, 2000). 이들은 교통투자가 기대한 만큼의 효과를 거두려면
우호적인 경제적 여건, 교통투자 요소, 그리고 알맞은 정치적 환경이라는 삼박자를 갖추어야 한다고
주장하고, 이러한 경제, 정치, 교통투자 여건 가운데 일부만 충족되어서는 목표하는 경제발전 성과
를 거두기 어렵다고 보았다(〈그림 3-1〉). 가령 경제적 여건과 정치적 지원은 갖추었더라도 교통투
자 여건이 미흡하면 실제 투자가 일어날 수 없으니 경제발전은 이루어지지 못한다. 만약 경제적 조
건과 교통투자 여건은 충족되었으되 정치적 지원이 없으면 교통투자가 경제발전에 오히려 역효과
를 낳게 되며, 교통투자와 정치적 여건은 갖추었지만 경제적 여건이 미흡한 경우에는 교통투자로 접
근성의 개선효과는 보겠지만 경제성장으로까지 나아가지는 못한다. 결론적으로 경제, 정치, 교통투

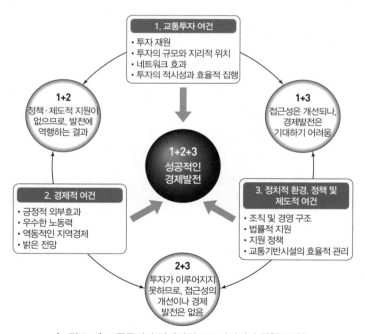

〈그림 3-1〉 교통투자가 경제발전으로 이어지기 위한 조건들

출처: Banister and Berechman, 2000, p.310. 필자 재구성.

자 여건이 잘 어우러져야만 기대한 경제성장을 이루며, 교통은 경제발전이나 공간 변화에 직접적인 자극이라기보다는 개발을 허용하는 요소로 작용하게 되는 것이다. 물론 교통투자의 허용적 역할을 수용하는 학자들이 모두 이런 엄격하고 다소 비관적이기까지 한 견해에 공감하는 것은 아니며, 최소한 교통투자가 지역경제 발달에 필요조건이라는 수준까지는 동의하는 것으로 볼 수 있다.

2) 교통투자의 전략

교통투자를 부정적으로 간주하지만 않는다면, 다시 말해 교통투자가 경제발전에 긍정적 또는 허용적인 역할을 한다는 입장에 선다면 어떤 투자전략을 펼 것인가가 중요한 질문으로 다가온다.

지역의 발전과 활성화를 도모하기 위하여 정부는 다양한 부문에 투자하게 되는데, 정부가 사용할 수 있는 재원에는 한계가 있으므로 농업, 제조업, 교통기반시설, 3차산업, 교육, 복지 등 어느 부문에 어느 시기에 얼마만큼 재원을 배분하느냐가 정책의 초점이 된다. 전반적인 정책목표는 직접생산활동과 사회기반시설에 들어가는 비용을 가장 적게 들이면서 더 많은 생산량을 이루어 내는 것이며, 가장 이상적인 방법은 직접생산활동 비용과 사회기반시설 비용을 절묘하게 균형을 맞추면서 성장을 도모하는 것이다. 그러나 현실적으로는 양자의 균형을 어떻게 맞추어야 하는지에 대한 지식이 부족한 데다 정치적 이유 등이 겹쳐 불균형성장 정책으로 귀결되기 쉽다.

불균형성장 정책에는 수요부응(需要副應) 전략과 공급선도(供給先導) 전략 두 가지를 상정해 볼 수 있다. 수요부응 전략이란 교통투자는 경제를 뒷받침하는 데 꼭 필요한 정도로만 국한하는 방식이다. 이 전략은 한정된 자원을 직접생산활동에 먼저 투자하며, 절약한 사회기반시설 투자비는 직접생산활동에 돌려쓸 수 있다. 이런 전략의 결과 운송비 부담이 늘어나고 총 생산비용이 증가하는 문제가 발생하면 그제야 비로소 문제를 해결하는 수준까지만 사회기반시설을 개선한다. 반면, 공급선도 전략은 교통 부문에 선제(先制) 투자함으로써 직접생산활동의 비용 절감을 유도하고 지역발달을 도모하려는 접근방식이다. 이는 교통투자의 긍정적 내지 허용적 역할에 대한 기대에서 비롯된다. 이두 가지 전략 가운데 어떤 것을 선택하느냐는 결국 주민과 기업들이 쏟아내는 여러 가지 상충되는 압력에 관계당국이 어떻게 대응하느냐, 그리고 정책결정자들이 어떤 철학을 가지고 있느냐에 달려 있다.

경제성장을 위해 한 가지 교통투자 전략만을 고수해야 하는 것은 아니다. 역사적으로 보면, 한 나라의 교통정책이 공급선도와 수요부응 방식 사이를 오갔던 사례가 적지 않다. 타이완의 경우, 19세기 말부터 제2차 세계대전이 끝날 때까지 일본의 식민통치를 받던 시절에는 공급선도 지향성을 띠었다가, 1950년대에는 수요부응 정책으로 돌아섰으며, 1960년대부터는 수요부응과 공급선도 정책이 혼합되는 경향을 띠었다. 또한 1970년대에 와서는 타이완 안에서도 지역적 차이를 보여, 핵심지역에는 수요부응 정책이, 낙후지역에는 공급선도 정책이 처방되는 경향을 띠게 된다(Shaw and Williams, 1991).

한국도 타이완과 비슷한 경험을 겪었다고 진단할 수 있다. 과거 일제강점기에는 비록 한반도의 수탈과 군사적 목적이 대부분이기는 하였지만 철도, 도로, 항만 부문에 투자가 먼저 이루어져 공급선도의 성향을 띠었다가, 광복 후에는 나라 살림이 넉넉하지 못한 가운데 전후복구 사업에 매달려야 했기 때문에 수요부응의 성격이 강하였다. 1960년대부터 몇 차례 거듭된 경제개발 5개년계획 사업은 중앙정부가 사회기반시설 투자를 선제적으로 강력히 추진하였던 뚜렷한 사례로 평가할 수 있을 것이며, 1970년대 중엽부터는 사회기반시설의 투자방식이 수요부응 전략으로 차츰 방향을 바꾸어 그동안의 국토개발 사업으로 야기된 문제들에 대처하거나 경제성장으로 급격히 늘어난 교통수요에 대응하기 시작하였다. 20세기 말 이래로는 우리나라 투자정책을 공급선도와 수요부응 중 어느 하나로 단정하기는 어렵게 되어 버렸다. 이미 전국적으로 교통기반시설이 어느 정도 갖추어진 데다가, 나라 안에서도 지역 차가 생겨 교통 부문의 투자 혜택을 비교적 많이 받은 지역과 아직도 그렇지 못한 지역이 있어 지역 나름의 처방들이 필요하게 된 것이 그 배경이다. 또한 교통투자 및 지역개발의 경험이 축적되면서 수요부응과 공급선도 방식이 점차 균형을 이루도록 수렴해 가게 되었다고도 평가할 수 있을 것이다. 국토개발계획의 역사와 교통 부문의 투자 역사가 맞물리며 진행된 사례는 가까운 일본에서도 볼 수 있다(Ohta, 1989)

3. 교통투자에 대한 평가

1) 교통투자의 특징

교통 부문은 다른 경제 부문과 여러 모로 다른 특성을 지니고 있기 때문에, 교통투자가 지역(의 성장)에 미치는 긍정적 및 부정적 영향을 소상하게 밝히는 일이 그리 간단하지는 않다(Lakshmanan et al., 2001).

첫째, 지리적 측면에서 볼 때 어떤 교통투자 사업이 가져오는 긍정적 효과와 부정적 효과가 해당 지방에만 국한되지는 않는다는 특징이 있다. 교통망으로 다른 지방과 연결되어 있는 네트워크 환경에서는 어떤 구간의 교통개선은 교통망 전체의 연결성을 높일 뿐 아니라 교통망 내의 다른 구간과 결절들의 접근성도 개선시키므로, 교통투자의 영향이 교통망을 통해 이웃 지역과 도시들에도 (그 정도는 각기 다르지만) 우회적으로 전달되는 것이다. 따라서 교통의 긍정적 영향이나 부정적 영향을 전체 경제체계와 분리하거나 공간구조를 도외시한 채 따져 볼 수는 없다. 더 나아가 교통은 지역의 공간구조 및 경제체계와 서로 영향을 주고받는 양방향의 관계라는 점 역시 투자효과를 파악할 때 고려해야 하는 점이다.

둘째, 시간적 측면에서 교통시설은 한번 만들어지면 오랜 기간 존속하는 특징이 있다. 따라서 교통시설에 대한 투자비용이 발생하는 시기는 대부분 그 건설 기간에 집중되지만, 교통투자가 가져다주는 편익은 두고두고 발생한다. 이처럼 투자비용과 편익의 시간적 불일치는 교통투자의 효과를 정밀하게 파악하는 데 상당한 어려움을 불러오게 된다. 교통투자가 대형, 장기, 광역적일수록 교통투자의 비용과 편익을 시간적으로 더 엇갈리게 만든다. 가령 어떤 고속철도 건설사업의 경우, 전 노선이 한꺼번에 건설 개통되는 것이 아니라 여러 구간으로 나누어 건설되면서 각 구간마다 개통 시기가 달라지게 마련이다. 일부 구간은 먼저 개통되어 연변의 주민들이 편익을 누리는 반면, 다른 구간에서는 아직 착공도 하지 못하는 일이 일어나는 것이다. 이처럼 여러 부분이 순차적으로 착공-개통되는 장기 사업에서는 투자의 비용과 편익 분석이 상당히 복잡해지기 마련이다.

셋째, 교통투자가 대부분 그 규모가 크다는 점은 투자가 가져오는 외부효과인 환경문제와 안전 문제 등도 크고 복잡하다는 것을 의미한다. 오염, 소음, 사고, 혼잡 등은 다시 시간적으로는 즉시 발생하는 비용(교통혼잡 등)과 시간을 두고 누적되는 비용(배출가스 등), 지리적 범위로는 소음처럼 교통시설에 인접한 곳에 국한되는 경우와 배출가스처럼 넓은 범위에 걸쳐 영향을 주는 경우 등 다양하여 체계적인 분석이 요구된다.

넷째, 교통투자는 고도의 정치적 행위이기도 하다는 특징이 있다. 교통시설은 그 공급과 이용이 각기 다른 주체에 의해 의사결정이 내려지는 특징이 있다. 교통시설의 이용은 주로 개인과 기업이지만, 공급은 (민간의 교통시설 건설 참여가 늘어나고는 있지만) 대부분 정부의 몫이다. 따라서 교통투자의 비용과 편익에 대한 평가기준을 누구의 입장에서 설정하느냐에 따라 평가 결과가 달라질 수 있다. 또한 교통투자는 지역 내 모든 곳에 골고루 나누어 집행될 수는 없기에 지리적으로 편중되는 속성이 있으므로 불균등을 일으키게 마련이다. 따라서 교통투자로 인한 비용과 불편은 누가 감수하고, 투자의 열매는 누가 따 가느냐 하는 형평성의 문제를 둘러싸고 이해집단 사이에 논란과 갈등이 일어날 소지가 크다. 교통 영향의 지리적 분포와 사회적 분포는 고르지 않으며, 이러한 불평등은 사회통합을 이루는 능력을 약화시킨다(Lucas and Jones, 2012). 따라서 형평성에 대한 배려와 사회적 합의 가능성(social feasibility)의 문제가 투자정책에서 중요한 결정요인이자, 사후 평가에서도 중요한 고려대상이 되어야 하는 것이다.

이상 언급한 교통투자의 특징을 전부 고려한 평가방법을 수립한다는 것은 매우 어려운 일이며, 앞으로의 장기적인 연구과제로 남겨져 있다고 평가할 수 있다. 이 절에서는 현재 논의되거나 활용되고 있는 접근방법들만 간략히 소개하기로 한다.

2) 교통투자 평가의 지리적 범위와 접근법

교통투자 사업 및 그 평가의 지리적 범위는 도시 정도의 국지적 범위, 지역 수준, 그리고 전국 범위로 나누어 볼 수 있으며, 각 지리적 범위에 따라 평가할 요소와 지표가 달라진다. 가령 평가범위가 전국 수준이라면 평가지표도 자연스레 전국을 아우르는 총량적인 것들이 대상이 될 것이며, 지역이나 국지 수준에서는 고용과 생산성 등에 관한 지표를 우선 파악하게 될 것이다(〈표 3-2〉 참조).

지역 수준에서는 단일지역에 대한 평가, 지역 간 영향에 대한 비교, 거시적 효과 분석 등으로 구분할 수도 있으며, 그에 따라 중점적으로 밝히려는 대상이 달라진다(Vickerman, 1991). 단일지역 연구는 과제의 범위를 한정시키기가 쉽고 연구수행에 필요한 자료를 구득하기도 다른 지리적 규모에 비해 쉬울 수 있어 선호되는 접근법이다. 교통투자로 인한 지역 전체의 연결성 개선 정도, 지역 내 각 장소의 접근성 변화 등이 주요 분석대상이 된다. 지역 간 영향을 평가하려는 경우에는 네트워크를 전제로 연구가 수행된다. 어떤 두 지역을 잇는 교통로의 개설은 지역에 따라 다른 효과를 낳는다. 혜택을 받아 교통을 가장 많이 유발하는 지역, 비록 새 교통로에 가까이 있기는 하지만 공급 측면의 경직성으로 혜택을 제대로 취할 능력이 없거나 터널효과로 수혜가 줄어드는 지역, 그리고 기존 교통흐

〈표 3-2〉 교통투자 사업의 지리적 규모와 경제적 평가 내용

평가 범주와 지표	교통투자 사업의 지리적 범위		
	전국	지역	국지
교통투자의 규모와 종류	교통기반시설의 총 자산과 시설 재고	고속철도와 고속도로망, 터미널, 공항, 항만, 수로, 송유관 등	지하철, 교통센터, 도시의 도로와 시설, 신규 철도노선 등
경제발전 효과	생산성의 성장, 사회 전체로 본 수익률	접근성의 변화, 주거, 소매업, 고용의 입지 변동	고용 수준, 시간 배분, 노동생산성
평가지표	연 GDP 성장률	인구 및 경제활동의 지리적 이전, 상대적 우위, 산업의 집적(클러스터)	고용 성장, 복지 개선, 집적 경제

출처: Banister and Berechman, 2001, p.212를 참조함.

름이 새 교통로로 옮겨 가 손해를 입는 지역이 생겨나기 때문이다. 위의 두 가지 접근법은 경제 전반을 살피는 일에 소홀하기 쉽다. 따라서 거시적 효과를 연구하는 접근법은 이러한 단점을 보완할 수 있는 한편, 경제 각 부문에 미치는 영향을 소상히 파악하는 데는 한계가 있다.

3) 정량적 평가방법

어느 나라 어느 지역을 막론하고 가장 많이 활용되어 온 평가방법으로는 비용−편익 분석법(cost-benefit analysis)을 꼽을 수 있다. 비용−편익 분석법이란 투자사업에 소요되는 비용과 얻을 것으로 예상되는 편익을 화폐단위로 추정하는 분석틀을 말하며, 사회 전체의 복리를 극대화하려는 목적으로 볼 때 해당 투자사업이 유한한 자원을 효율적으로 배분하는 데 과연 알맞은 것인지 평가하려는 것이다.

분석에 고려되는 모든 변수들을 화폐단위로 평가하되, 비용의 대부분은 단기간인 투자사업 기간에 소요되므로 현재의 화폐가치를 그대로 쓰지만, 편익은 오랜 기간 발생하므로 미래의 편익은 경과하는 시간만큼 할인율(discount rate)을 적용하여 현재의 화폐가치로 환산하게 된다. 편익과 비용이 모두 같은 화폐단위로 평가되므로, 편익을 비용으로 나눈 편익−비용률(benefit-cost ratio)이라는 단일 지표를 도출할 수 있다. 편익−비용률이 1.0 이상이면 편익이 비용보다 더 많음을, 1.0 미만이면 비용이 편익보다 더 많이 발생하는 사업임을 나타내므로, 정책결정자를 비롯하여 일반 주민들도 이해하기 쉬운 장점이 있다.

비용−편익 분석법은 위에서 말한 기본틀을 넘어서 더욱 구체적인 사안들에 대해서는 아직 의견이 분분하다고 말해도 무방할 듯하다. 비용과 편익의 평가요소로는 각각 무엇을 포함시킬 것인가, 그 평가요소들을 어떻게 화폐단위로 환산해야 하는가, 평가의 시간 범위는 얼마나 길게 설정하며 시간 경과에 따른 할인율을 어떻게 설정하여야 할 것인가 등이 주요 쟁점이다.

종래에 활용되어 온 대부분의 비용−편익 분석에서는 교통 이용자에게 돌아가는 직접 편익과 투자 비용의 비교에 국한하는 경향이 있었다. 사용되는 변수들이 화폐단위로 표현되어야만 하며, 분석에 필요한 자료의 구득이 상대적으로 쉽고, 투자가 미치는 영향의 범위를 명확히 할 수 있다는 편리함 때문이었을 것이다.

그러나 교통투자란 외부효과를 수반하므로, 지역의 지속가능성의 관점에서 본다면 환경영향과 사회적 영향을 평가에 포함하여야 할 필요가 있다. 특히 사회적 영향은 대부분의 평가모형에서 아직 반영되지 않고 있다. 사회적 영향이란 측정이 쉽지 않은 데다 경제 및 환경 영향과 선명히 구분하기도 어렵다는 점이 그 주요 배경이었을 것이다. 특히 개인이나 집단 수준에서는 교통투자의 결과로 누가 얼마나 정상적인 사회활동에서 소외되고 있으며 사회 전체로는 얼마나 잘 통합되는가, 사회정의(social (in)justice)는 잘 구현되는가 등이 주요 관심사가 될 수 있으나(Preston and Raje, 2007), 이 모두 측정이 쉽지 않은 지표들이다. 영향의 사회적 분포(성, 인종집단 등)에 못지않게 지리적 분포를 파악하고 평가하는 일도 중요하다(이원호, 2010).

〈표 3-3〉 비용-편익 분석법의 보완 방안

전통적인 비용-편익 분석	보완 분석
1. 이용자 편익 　- 통행시간 　- 차량 운행비용 　- 안전 2. 비용 　- 교통시설 건설비 　- 교통시설과 서비스의 운영, 관리 비용	1. 교통망의 효과 　- 유도 통행 　- 교통수단 분담률 　- 신뢰도 　- 교통서비스의 수준(질) 　- 접근성 2. 경제적 영향 　- 투자사업으로 인한 부가가치: 고용, 요소 생산성 및 효율성 　- 토지이용: 입지의 변화 3. 사회적 영향 　- 분배(지리적, 사회계층의 관점에서) 　- 사회적 소외 및 통합 4. 환경영향 　- 오염물질 　- 자원(의 소비와 고갈) 　- 환경: 소음, 진동, 혼잡, 경관의 훼손

주: OECD, 2002, p.21 및 Banister and Berechman, 2001, p.214를 참조함.

결론적으로, 교통투자가 불러오는 다양한 변화와 영향을 전부 포착하고 평가할 수 있는 방법은 현재로서는 개발되어 있지 못하다. 비용-편익 분석법의 한계를 개선하는 방안으로는 전통적 비용-편익 분석틀에 화폐가치로 환산할 수 있는 변수들을 가능한 한 많이 포함시키는 방안과, 종래의 비용-편익 분석법에 보완적인 평가방법들을 추가하는 방안이 거론되고 있다(OECD, 2002). 전자는 비용-편익 분석법이라는 하나의 분석틀만 사용하면 되므로 간명한 반면, 자료 여건상 화폐단위로 환산할 수 없는 요소들은 결국 분석에서 누락된다는 한계를 안고 있다. 후자는 비용-편익 분석법과 보완분석법을 겸용해야 하는 부담은 있지만 현실적인 대안이라고 평할 수 있다(〈표 3-3〉 참조).

비용-편익 분석법은 단일 투자사업에 대한 평가법으로 적당하다. 만약 여러 투자대안에 대한 비교가 필요한 경우라면 대안별 비용-효과 분석법(cost-effectiveness analysis)을 고려해 볼 수 있다. 대안별 비용-효과 분석법은 여러 투자대안들을 다양한 평가기준에 의해 그 효과를 평가하는 방법으로, 투자대안들을 열(列)에, 평가기준들을 행(行)에 나열한 행렬에 평가결과를 요약할 수 있다. 비용-편익 분석법에서는 평가결과가 하나의 지표로 산출되지만 대안별 비용-효과 분석법에서는 이러한 요약지표가 산출되지 못하며, 전자는 화폐단위로 평가할 수 있는 변수에 국한되지만 후자에서는 변수를 더 폭넓게 포함시킬 수 있는 것이 주요 차이점이다.

· 참고문헌 ·

노시학, 1996, "도시교통의 사회적 영향," 한국지역지리학회지 2(2), 37–47.

노시학, 2007, "교통이 사회적 배제에 미치는 영향," 지리학연구 41(4), 457–467.

이원호, 2010, "교통서비스와 사회적 배제: 서울시의 사례연구," 국토지리학회지 44(1), 103–112.

Banister, D. and Berechman, J., 2000, *Transport Investment and Economic Development.* University College London Press: London.

Banister, D. and Berechman, J., 2001, "Transport investment and the promotion of economic growth," *Journal of Transport Geography* 9, 209-218.

Gauthier, H. L., 1970, "Geography, transportation, and regional development," *Economic Geography* 46, 612-619.

Geurs, K. Y., Boon, W. and van Wee, B., 2009, "Social impacts of transport: literature review and the state of the practice of transport appraisal in the Netherlands and the United Kingdom," *Transport Review* 29(1), 69-90.

Lakshmanan, T., Nijkamp, P., Rietveld, P. and Verhoef, E., 2001, "Benefits and costs of transport," *Papers in Regional Science* 80, 139-164.

Lucas, K. and Jones, P., 2012, "Social impacts and equity issues in transport: an introduction," *Journal of Transport Geography* 21, 1-3.

OECD, 2002, *Impact of Transport Infrastructure Investment on Regional Development.*

Ohta, K., 1989, "The development of Japanese transportation policies in the context of regional development," *Transportation Research A* 23(1), 91-101.

Preston. J. and Raje, F., 2007, "Accessibility, mobility and transport-related social exclusion," *Journal of Transport Geography* 15, 151-160.

Shaw, S. and Williams, J. F., 1991, "Role of transportation in Taiwan's regional development," *Transportation Quarterly* 45(2), 271-296.

Vickerman, R. W. (ed.), 1991, *Infrastructure and Regional Development.* Pion: London.

제4장

해상교통

1. 바다를 이용한 화물 수송의 지리

1) 해운의 지리적 특징

오늘날 수상교통은 화물의 수송이 대부분을 차지하며, 여객의 수송은 통근자를 실어 나르는 페리나 관광객을 대상으로 한 유람선 등 일부에 국한되고 있으므로, 이 장에서는 바다를 이용한 화물 수송의 지리에 초점을 맞추기로 한다.

해송(海送) 화물의 출발지와 목적지의 위치나 수송량은 상황에 따라 유연하게 바뀔 수 있지만, 항만과 내륙의 화물센터 등 터미널의 지리적 입지는 유연하지 못하다. 항만은 일단 지리적 위치가 정해지고 나면 손쉽게 바뀌지 않으며, 용량도 금세 늘릴 수는 없는 것이다. 화물 수송은 극심한 지리적 집중을 보여, 전 세계에 4,500개 이상의 상업항이 있지만 소수의 항만이 물동량의 대부분을 취급하고 있다. 이들 소수의 항만은 수송경로에서 쉽게 건너뛸 수 없는 전략적 위치에 자리 잡고 있어 세계 무역의 지리를 좌우하고 있는 것이다. 화물 수송에서 바다경로의 중계성, 그리고 배후지 및 육상교통에 대한 접근성이 얼마나 우수한가 하는 것이 운송 효율성에 중요하기 때문이다. 물론 이러한 지리적 현상은 항만의 입지가 한번 정해지면 쉽게 바뀌지 않는 공간적 관성(慣性)만 드러내는 것은 아니고, 그때그때의 국제 및 국내의 정치와 경제 상황에 대한 적응(contingency)이 곁들여진 결과물이기도 하다(Monios, 2016).

해송 화물은 그 종류에 따라 지리적 특성이 다르다. 화물은 일반화물(컨테이너 화물 포함)과 벌크 화물로 크게 나눌 수 있는데, 벌크 화물이 수송량(톤-킬로미터 단위)의 70%를 차지하고 나머지가 일반화물의 몫이다. 일반화물의 수송은 양방향성을 띠는 것이 일반적인 반면, 벌크 화물은 공급지와 수요지가 달라 수송에 편향성을 띠기 쉽다. 일반화물의 경우에는 항만이란 배후지를 이어 주는 중간 거점 구실에 머무르지만, 벌크 화물의 경우는 항만이 다음 단계로 진행하기 위한 저장과 처리가 이루어지는 장소이기 쉬워 대규모의 저장공간이 필요하므로, 벌크 화물을 다루는 항만을 개발하려면 배후에 넉넉한 부지가 필요하다. 이처럼 화물의 성격이 다른 탓에 일반화물과 벌크 화물은 각기 다른 전용 항만에서 취급되는 것이 일반적이다.

일반화물의 하나인 컨테이너 수송에서도 최근에는 양방향성이 불안정해지고 있다. 20세기 후반에 아시아 해안지대(range)가 산업발달로 세계의 제품 공급지가 되면서, 아시아에서 북아메리카 방향이 그 반대 방향보다는 컨테이너 흐름이 훨씬 많이 발생하고 있으며, 아시아와 유럽 사이에도 수송량의 불균형이 증대되고 있는 추세이다. 이러한 화물 흐름의 불균형은 공(空) 컨테이너의 문제도 발생시켜, 접을 수 있는 컨테이너를 개발하려는 노력도 이어지고 있다.

2) 벌크 화물의 수송

벌크 화물은 출발지를 기준으로 보았을 때 상당히 안정적인 경향을 띤다. 천연자원의 부존과 생산은 본래 지역성이 있는 데다 장기간에 걸쳐 대규모의 투자가 필요한 경우도 많아 경직성을 띠기 때문이다. 자주 변하는 것은 목적지로서, 목적지의 경제발전과 국제정치 여건의 변화 등에 따라 그 위치와 수송량이 달라진다. 계절에 따라 주기적으로 변동되는 것도 벌크 화물 수송의 지리적 특징 가운데 하나이다. 자원 공급과 수요의 계절적 변동, 예를 들면 겨울철이면 북반구에서 전기 수요가 늘고 이에 따라 발전용 석탄의 수요가 늘어나는 경향, 북반구와 남반구의 농작물 추수기가 엇바뀌는 일 등이 그 보기이다.

석유, 석탄, 곡물은 벌크 화물의 대종을 이룬다. 석유는 현재 미국, 서유럽, 일본 등 선진국이 세계 원유수입의 3/4을 차지하고 있으며, 수요 증가율은 신흥국인 중국과 인도에서 가장 높다. 유조선은 거리 및 항구의 접근 제약 때문에 크기에 따라 다른 항로를 이용하게 된다. 대형 및 초대형 유조선은 장거리 이동에 주로 투입되며, 이보다 조금 작은 유조선(13만~15만 DWT: dead weight tons, 적재 중량)은 서아프리카와 서유럽 및 미국을 잇는 중~장거리 항로, 더 작은 유조선(9만~11만 DWT)은 라틴아메리카와 미국을 잇는 중~단거리 항로에서 주로 활용된다.

석탄은 철강산업의 발달에 따라 점결탄(粘結炭, coking coal)의 수송이 늘어나고 있는 추세이다. 오스트레일리아와 인도네시아가 주요 공급지이며, 아시아와 서유럽이 주요 수요지이다. 기관용 석탄(steam coal)은 주로 발전용으로 쓰이는데, 개발도상국의 석탄발전소 증가로 그 수송이 크게 늘어나고 있다.

곡물은 미국, 아르헨티나, 캐나다, 오스트레일리아 등이 주요 공급지이며, 유조선보다는 작은 파나맥스(Panamax, 5만~8만 DWT), 핸디맥스(Handymax, 3.5만~5만 DWT)급 선박이 주로 이용된다. 세계인구의 성장세로 곡물의 해상 수송량은 증가하는 추세이며, 석유나 석탄에 비해 세계의 곡물시장은 불안정한 편으로 한 해의 날씨와 수확량에 따라 매년 심한 변동을 겪는다.

3) 컨테이너 화물의 수송

과거에는 일반화물을 낱개로 다루었으나, 컨테이너가 등장하면서 수송에 혁명을 이루게 되었다. 컨테이너는 1956년 미국에서 첫 수송이 시작되었으며, 1964년에 그 규격이 표준화(높이 8ft×폭 6ft×길이 20ft 또는 8ft×6ft×40ft)되었다. 최초의 컨테이너선은 기존 화물선을 고쳐 썼으며, 1960년대 말부터는 전용선이 건조되기 시작하였다.

선박은 커질수록 규모의 경제가 작용하여 단위화물당 운송비는 더 저렴해진다. 1980년대 말부터는 4,000TEU(Twenty-feet Equivalent Unit)를 넘는 포스트파나맥스(post-Panamax)급 대형 선박이 등장하였고, 이에 따라 항만과 내륙 교통시스템은 큰 컨테이너선과 이들이 실어 나르는 다량의 컨테이너를 수용해야만 하는 압박에 직면하게 되었다. 컨테이너는 재래식 일반화물 터미널에 새 수요를 발생시킨 동시에, 컨테이너항에 적합하지 않은 항구는 쇠퇴하도록 이끌었다. 우선 큰 선박이 정박하려면 수심이 그만큼 깊어야 하며, 컨테이너를 다량 쌓아 둘 수 있는 넓은 공간이 필수적이고, 무겁고 큰 컨테이너를 다루는 데 필요한 각종 기반시설과 장비에 추가 투자가 필요하게 되었으며, 내륙 교통시설과의 연계가 매우 중요해진 것이다. 이러한 기술적 제약은 결국 컨테이너선의 항로를 허브 항로망(hub-and-spoke) 구조로 만드는 결과를 낳았다. 허브 항로망이란 마치 대동맥과 실핏줄의 관계와 같은 것으로, 대규모 컨테이너선은 허브항에 기항하고, 작은 선박이 배양노선(培養路線, feeder routes)을 다니며 주변의 작은 항만들을 연결하는 이른바 '항만 네트워크' 체계가 수립된 것이다. 허브 항로망은 허브항에서 컨테이너의 환적으로 추가 시간과 비용이 발생하는 불편도 수반하게 되었다.

4) 근거리 수운

근거리 수운(short sea shipping) 또는 연근해(沿近海) 수운은 대체로 가까운 바다 및 내륙 수로를 잇는 기능을 맡고 있다. 과거에는 대형 항만의 그늘에 가려 규모가 작은 항만으로의 근거리 운송은 관심이 덜하였다. 그러나 범세계적 항로는 시계추 항로로 재편되고, 각 지역에서는 허브 항만에서 환적된 화물이 주변 항만까지 수송되는 방식이 대세를 이루면서 근거리 수운은 새롭게 조명을 받게 되었다(Douet and Cappuccilli, 2011; Paixao and Marlow, 2002). 동아시아에서는 한국, 일본, 중국, 타이완, 홍콩, 극동 러시아를 연계하는 해운이 이러한 근거리 수운의 사례에 속한다. 유럽은 남쪽으로 지중해를 끼고 있고 내륙에는 크고 작은 하천과 운하가 발달되어 있어, 다른 어느 지역보다 근거리 수운이 성하며 그 의의도 크다.

근거리 수운에는 대체로 1,500~1만 톤의 선박이 투입되며, 임산물이나 철강제품 등을 실어 나르는 재래식 단층 벌크 화물선, 소형 컨테이너선(150~500 TEU 규모), 페리선, 기타 소형 벌크 화물선과 유조선(3,000 DWT 미만)의 네 가지 종류의 선박이 이용되고 있다. 유럽에서는 이 밖에 바다와 강을 오가는 선박들(sea-river ships)도 근거리 수운에 활용되고 있다.

근거리 수운은 전반적으로 부피가 크고 단위중량당 가치가 낮은 화물 운반에 경쟁력이 있으며, 특히 강어귀에 대규모 항구를 가진 지역에서 유리하다고 평가할 수 있다. 근거리 수운은 내륙 수로와 운하도 이용하므로 다른 교통수단보다 유리하며, 도로나 철도에 비해 항만 투자와 유지비용이 상당히 적게 든다. 또한 환경 측면으로도 근거리 수운이 자동차 수송보다 낫다고 할 수 있다.

반면, 일부 벌크 화물을 제외하고는 문전직송(門前直送, door-to-door) 서비스를 제공하기가 거의 불가능하여 반드시 도로 및 철도와 연계되어야 하고, 전용 터미널이 필요하며, 출항과 입항 시기의 융통성이 적고, 전반적으로 선박이 건조된 지 오래되어 노후하였다는 점 등이 취약점이다. 또한 이런 문제점들이 복합적으로 작용하여, 화주들이 선박과 다른 교통수단을 연계하여 수송하기보다는 자동차 단일수송을 선호하는 경향도 있다.

2. 20세기 해운산업의 변모

20세기 초 해운 부문의 특징은 다음과 같이 요약할 수 있다. 선박은 석탄으로 움직이는 증기선이 대부분이었고, 유럽 등록선이 압도적이었으며, 아직 정기항로 체제가 수립되지 못하여 부정기 노선을 운항하였다. 하역작업에 시간이 많이 걸려 선박은 항구에 오래 정박하였고 항구는 노동집약적으로 운영되었으므로, 복잡하고 광범위한 항만 공동체가 배후도시의 주요 요소였다. 또한 당시는 아직 환경문제에 크게 관심을 두지 않던 시대이기도 하였다.

20세기 후반에 이르러 해운업, 조선업 및 항만은 지난 수천 년 동안 겪었던 변화보다도 더 많은 발전과 변화를 경험하였다. 항공교통과 도로교통의 발달로 말미암아 승객의 수송은 장거리든 단거리든 항공 및 도로 교통 부문에 빼앗기고, 화물의 수송만 해운과 강운의 몫으로 남게 되었다. 지난 100여 년 동안 각종 전문항의 등장과 더불어 컨테이너 항만이 대거 발달한 것을 비롯하여, 기술의 발달과 정보화 추세에 힘입어 해운산업 전체가 크게 바뀐 내용과 그 지리적 의미를 살펴본다.

1) 세계화와 민영화

20세기 후반에 세계화 추세로 나라와 나라 사이의 장벽이 낮아졌고 해외투자와 국제분업이 늘어났다. 화물 수송은 이러한 세계화를 가능하게 하고, 또 세계화로 큰 영향을 받고 있다. 본래 국제적인 속성을 지닌 해운항만산업은 이제 세계 전역에 걸쳐 교통로를 갖추고 원료, 부품, 완제품을 실어 나르는 세계화 주역의 하나가 된 것이다. 초대형 탱커(tanker), 석탄과 광석, 곡물을 실어 나르는 건화물선(dry-bulk carriers), 대규모 임항산업단지 등도 세계화 추세를 보여 주는 생생한 장면이다.

또한 규제완화 추세에 따라 해운시장에의 진출입이 종전보다 쉬워지고 경쟁도 심화되었다. 해운 환경의 변화와 업계의 극심한 경쟁은 자연히 선사(船社)들 사이의 합종연횡을 낳았다. 세계 주요 해운업체들은 이른바 해운동맹(alliance)을 맺어 항로와 선박을 공유하며 하나의 기업처럼 운영하는 연합체를 구성하고 경쟁에 대응하고 있다. 해운동맹은 가변적이어서 대체로 5년을 주기로 해운사들의 이해관계에 따라 바뀌고 있다. 2010년대 전반기에 세계 해운업체들은 4개 해운동맹으로 나뉘어 있다가, 2017년에 들어와 '2M', '오션얼라이언스', '디 얼라이언스'의 3개 동맹체제로 바뀌었고 소속 해운사에도 상당한 변동이 있었다.* 이들 해운동맹이 다루는 화물량은 전 세계 물동량의 약 4/5에 이르고 있어 그 중요성을 잘 보여 준다.

항만의 민영화 추세도 20세기 후반의 경향 가운데 빼놓을 수 없는 부분으로, 허친슨(Hutchinson Port Holdings) 등 소수의 대규모 항만 운영업체(global port operators)가 세계 주요 항만시설을 운영하고 있는 것이 요즈음의 추세이며, 일부 대형 선사들도 지역적 범위에서 주요 항만 운영업체의

---

* 해운동맹의 소속 해운사: 2M[머스크(덴마크), MSC(스위스)], 오션 얼라이언스[CMA-CCM(프랑스), CSCL(중국), COSCO(중국), 에버그린(타이완), OOCL(홍콩)], 디 얼라이언스[하팍-로이드(독일), UASC(아랍에미리트), 3J(일본), 양밍(타이완)]

기능을 담당하고 있다.* 자본, 전문적인 운영 능력, 주요 거점 관문의 확보, 협상력과 주도권, 화물을 수집하는 능력, 범세계적인 사업구조 등이 이들 소수의 세계적 민간 항만운영업체들이 지닌 강점이다. 항만의 민영화 추세는 항만 사이의 경쟁으로 이어져서 각 항만은 기능별로 특화되고, 틈새(niche) 항만도 등장하게 되었다.

2) 조선과 하역 부문의 변화

해운, 조선, 토목, 정보통신 기술은 끊임없이 진화하였다. 선박의 디자인과 건조기술, 화물을 더 많이 더 효율적으로 싣고 내리는 기술, 정보통신기술에 의한 자동화 등이 그 보기이다. 이러한 기술적 진화는 자본집약적 대규모 항만의 선별적 성장을 유도하였다.

조선기술은 날로 발달하고, 선박은 전례 없이 대형화되었다. 선박의 대형화 경향은 유조선에서 특히 뚜렷하여 25~30만 톤급 및 50만 톤급 유조선이 등장하였고, 곡물이나 광석, 석탄 등을 나르는 건화물선과 컨테이너선도 다양하게 개발되었다. 가령 배의 크기가 2배로 증가하더라도 선박의 건조비용이나 처리비용은 그만큼 늘지 않는 반면 수송능력은 3배로 늘어나며, 이런 이점이 선박의 크기가 지속적으로 증가하는 주요 배경을 이룬다.

탱커는 전문화되어 원유를 다루는 유조선(dirty tanker), 석유제품 운반선(clean tanker), 특수액체 운반선[chemical tanker, LPG tanker, LNG tanker, 당밀운반선(molasses tanker)] 등으로 분화되고 있다. 만약 탱커가 조난을 당하여 선체가 파손된다면 실어 둔 액체가 바다에 쏟아져 심각한 환경 재앙을 불러일으키게 된다. 따라서 환경 및 안전 문제에 대처하기 위해 요즈음은 선체가 한 겹의 철판으로만 덮여 있는 구조에서 두 겹으로 된 이중선각(二重船殼, double hull)의 구조로 바뀌고 있다.

20세기 후반 해운의 중요한 변화로는 화물의 싣고 내리기 과정이 크게 단순화된 점을 빼놓을 수 없다. 화물의 포장단위에 표준규격을 적용하고, 기계 작동에 적합한 무게를 정하며, 자동차나 기차로 실어 온 화물을 부두에서 풀어헤친 다음 다시 배에 옮겨 싣는 과정을 배제하는 방법들이 새로 개발되었다. 그 결과 컨테이너가 등장하였고, 하역 과정이 크게 자동화되었다. 트럭이 짐을 실은 채 배에 오르고 내리는 방식(roll-on roll-off, 줄여서 RO-RO라고도 함)이 도입되었는데, 육송 부문에서도 컨테이너 트럭이 개발되고 기차에 컨테이너를 싣게 된 것도 이런 기술적 혁신이 가져온 결과의

---

* 세계적 범위의 항만 운영업체로는 Hutchinson Port Holdings, APM Terminals, Port of Singapore Authority, Dubai Ports World, Peninsular and Oriental Ports 등을, 지역 범위에서 항만을 운영하는 대형선사로는 SSA(미국), Eurogates(유럽), Evergreen(타이완) 등을 꼽을 수 있다.

하나이다. 석탄이나 곡물처럼 가루나 알갱이 상태의 화물은 퍼 나르기보다 관으로 빨아들이거나 컨베이어를 이용하는 방식으로 바뀌었으며, 액체화물의 하역에 파이프라인이 쓰이고, 유조선의 경우에는 항만 바깥에 계류시설과 하역장(oil-pumping stations)이 들어서게 되었으며, 각종 화물 전용 바지선(barge-carrier)이 개발되었다. 레이더와 정보통신기술은 해운 부문에도 어김없이 적용되어 해운 흐름의 안전, 자동화, 표준화, 효율화를 돕게 되었다.

이러한 일련의 기술 발달은 기존 항만에 엄청난 변화를 몰고 왔다. 재래식 수송체계에서는 항만 부지가 집약적으로 이용되었으나, 컨테이너 선박은 이보다 10~20배의 부지가 필요하여 배후에 너른 땅이 없는 항구에서는 컨테이너 터미널 설치 자체가 어렵게 되었다. 이처럼 컨테이너화는 터미널 시설에 막대한 부지와 투자를 요구하는 데다, 선사들이 효율적 선박 운용을 위해 항행빈도를 늘리는 대신 기항지 수는 가급적 줄이려 하기 때문에 일부 항구로의 집중이 야기되었고, 이는 지역 전체의 항만 네트워크가 개편되는 결과로까지 이어졌다.

또한 종래 항만에서 담당하던 기능이 항만 밖에서 이루어지는 일이 생겨났다. 컨테이너에 화물을 싣고 비우기, 통관, 검역 등의 작업을 비좁은 항만 부지에서 수행하기보다는 내륙으로 옮겨서 수행하는 일이 늘어나, 철도 및 고속도로와 잘 연결되는 곳에 널찍한 복합화물터미널이 생겨나고 주변에는 세관과 보세창고 등 국제무역 관련 기관과 시설이 입지하게 되었다. 내륙 깊숙한 곳에 항만, 곧 내륙항만(dry port)이 생긴 셈이다.

3) 바다와 육지의 연계수송

과거에는 바다에서의 수송을 맡는 해송(海送)업체와 육지의 수송을 맡는 육송(陸送)업체들은 서로 독립적이었고, 항만은 서로 다른 수송체계가 만나는 접점으로 인식되었다. 그러나 20세기 후반에는 일관수송(一貫輸送, unit load system)의 개념이 등장하고 문전직송 서비스의 필요성과 시간의 중요성이 강조되면서 해송과 육송 부문이 급속히 통합되어, 복합수송(intermodal transport 또는 intermodalism) 체제로 바뀌어 가고 있다. 일관수송이란 화물의 운송방식에서 본 용어로 짐판(pallet)이나 컨테이너 등을 활용하여 화물을 표준규격의 크기나 무게로 묶어 출발지에서 목적지까지 풀어헤치지 않고 수송하는 것을 의미하며, 복합수송이란 운송수단의 관점에서 본 용어로 출발지에서 목적지까지 적어도 두 가지 이상의 운송수단을 거치면서 화물을 수송하는 것을 말한다. 따라서 일관수송과 복합수송은 기술적으로는 조금 다른 의미를 지니지만, 사실상 같은 수송현상을 다루는 용어라고 할 수 있다.

일관수송 또는 복합수송에서는 화물의 수송이 단계별로 따로 파악되는 것이 아니라, 최초 출발지에서부터 최종 목적지에 이르기까지의 흐름이 전체로서 파악되는 것이며, 화물주선업자, 운송회사, 터미널 운영사들이 경쟁력 강화 및 효율성 추구라는 공통의 목표를 위해 연계 내지 통합되어 간다. 이들 업체는 더 나아가 전략적 제휴, 합병, 컨소시엄 등의 방법을 통해 범세계적인 운송업체로까지 변신하게 되었다. 해운물류사와 내륙물류사의 통합(업무 협약, 합병 등), 대형 선사의 등장, 선사들끼리의 제휴, 제3자 물류업의 발달 등이 그 구체적 보기이다. 일관수송이란 또한 내륙의 도로, 다리, 육교, 신호등과 도로표지판 등도 컨테이너 기차나 컨테이너 트럭들이 무리 없이 지나다닐 수 있도록 맞추어 정비되어야 함을 의미한다.

4) 정기선의 항로

앞에서 살펴본 일련의 변화는, 세계적 정기선의 항로구조에서 시계추 항로가 등장하도록 만들었다. 시계추 항로란 미리 고시된 운항일정에 따라 특정지역의 항만들을 정기적으로 연결하는 것으로, 컨테이너 화물 수송에서 보편적으로 채택되고 있는 방식이다(이정윤, 2015). 현재 시계추 항로에 취항하는 선박들은 태평양, 인도양, 대서양을 정기적으로 오가며 아시아, 서유럽, 북아메리카의 항만들을 연결하고 있다. 대양을 오가는 항로이므로 선박의 규모가 크며, 각 지역에서는 허브항을 중심으로 한 방사상 노선 구조를 띠게 되었다. 대서양과 태평양을 좌우로 끼고 있는 미국에서는 대서양 연안의 항만과 태평양 연안의 항만을 트럭이나 기차로 잇는 장거리 육로가 발달되어 있으며, 이 육상 수송로가 2개의 큰 바다를 잇는 다리와 같다 하여 육교(陸橋, landbridge)라는 별명으로도 부른다.

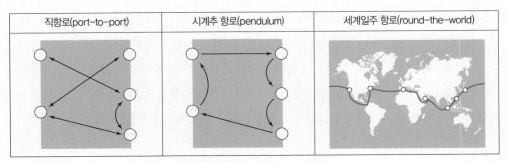

〈그림 4-1〉 장거리 항로의 유형

출처: 이정윤, 2015, p.159.

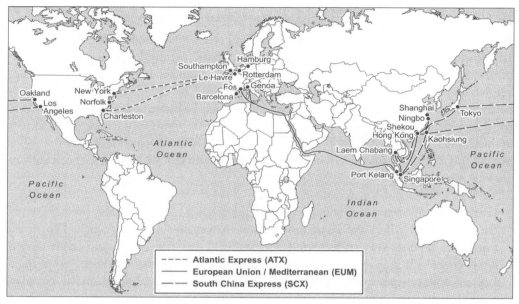

〈그림 4-2〉 시계추 항로

- 대서양 노선(Atlantic Express): Southampton - New York - Norfolk - Charleston - Rotterdam - Hamburg - Le Havre - Southampton
- 유럽/지중해 노선(European Union/Mediterranean): Port Kelang - Genoa - Barcelona - Fos - Singapore - Hong Kong - Shanghai - Ningpo - Shekou - Hong Kong - Singapore - Port Kelang
- 아시아 노선(South China Express): Tokyo - Kaohsiung - Shekou - Laem Chabang - Singapore - Kaohsiung - Los Angeles - Oakland - Tokyo

출처: Rodrigue and Browne, 2008, p.174.

  범세계적 항로의 또 다른 형태인 세계일주 항로는 한 선박이 세계의 주요 항만들에 순차적으로 기항하는 형태로서, 세계적 항만들을 모두 연결한다는 상징성 때문에 해당 해운사의 서비스 능력을 과시하려는 의도도 반영되어 있다. 이 항로구조는 시계추 항로에 비해 효율성이 떨어지기 때문에, 오늘날 해운시장에서는 점차 밀려나는 추세이다.

  소수 항만을 직접 연결하는 직항로는 컨테이너 화물보다는 벌크 화물의 편도 수송에 주로 이용되지만, 물동량을 대규모로 확보할 수 있는 일부 간선 항로 또는 역내 지선 항로에서도 이런 형태의 항로가 적용되기도 한다. 운항빈도를 극대화할 수 있지만, 지역 간 화물의 유출과 유입이 균형을 이루지 못하는 경우에는 빈 배로 회항하는 문제나 공 컨테이너 회수 문제가 발생할 가능성이 크다.

3. 항만과 배후지

1) 근대항만의 발달과정: 애니포트모형

관문 또는 항만 도시는 하나의 생물체와 같아서 태어나 자라고 쇠퇴하며, 때로 다른 모습으로 변신하기도 한다. 영국의 지리학자 버드(Bird, 1963)는 교역 규모가 증가하고 조선 및 토목 기술이 발달함에 따라 항만과 그 배후 시가지가 성장하고 바뀌어 나가는 과정을 묘사한 시계열모형을 구상하고, 이를 애니포트(Anyport)모형이라 이름 지었다. 비단 영국의 항만뿐 아니라 세계 어디서든지 적용할 수 있는 모형이라는 취지였을 것이다.

버드는 항만이 강어귀(estuary)의 윗부분에 형성되기 시작하여 차츰 하류 방면으로 확장해 나가는 모형을 제시하였다. 강어귀란 내륙의 교통로인 강이 바다와 접촉하는 곳이다. 강은 과거 가장 싸고 편리하며 안전한 내륙교통로였으므로, 강어귀에서 항만이 시작되는 것은 자연스럽다. 또한 버드가 강어귀를 항만 형성-발달의 터전으로 제시한 것은 영국을 비롯한 대부분의 유럽 항만도시들이 이러한 자연환경을 기반으로 성장했던 역사적 사실도 감안한 것으로 보인다. 버드는 육지부에서는 항만시설이 들어설 수 있는 부지 여건과 항만에 서비스를 제공하게 될 배후지의 사정, 바다 쪽에서는 항만의 수심과 면적 등 지형적 여건과 해양 수로에 대한 접근성을 항만 입지와 발달에 관련되는 핵심요소로 꼽아, 항만이 다음과 같이 여섯 단계의 발달 과정을 거치는 것으로 일반화하였다(〈그림 4-3〉).

제1기, 항만의 탄생(Primitive): 항만의 탄생은 강어귀 중에서도 배를 가장 쉽게 정박할 수 있는 곳에서 비롯된다. 이곳은 자연적으로 형성된 둔덕으로, 범람의 위험이 상대적으로 작은 곳이기도 하다. 강안에서 내륙 방면으로 도로가 놓이고 시가지가 조성되는 동시에, 강안에는 항만시설이 만들어진다. 항만의 중심에는 창고를 비롯한 운송 및 보관 시설과 항만 관리를 위한 기관과 세관, 금융기관, 음식점, 숙박업소 등 각종 서비스 업체가 집중되면서 시가지가 형성된다.

제2기, 평행식 부두의 확장(Marginal quay extension): 대외 교류가 늘면서 항만과 배후 시가지는 점차 확장된다. 교역 규모가 증가하면 선박의 수와 물동량이 늘어나므로 항만 중심부에서 이들 모두를 수용하는 것이 어려워진다. 그 결과 강변을 따라 접안시설이 확장되고 창고들은 부둣가 뒤편의 도로를 따라 들어선다. 선박이 대형화되면 그만큼 수심도 깊어야 하므로, 항만은 좌초의 위험이 적은 하류(바다) 방향으로 확장되는 경향을 띤다. 도시지리의 관점에서 보면, 이 시기는 시가지와 항만지구의 분리가 시작되는 때이기도 하다.

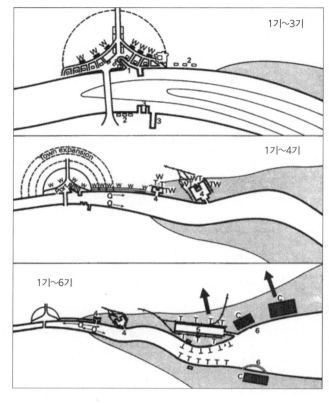

제1기: 항만의 탄생
제2기: 평행식 부두의 확장
제3기: 부두시설의 정교화
제4기: 독시설의 도입
제5기: 선형 접안시설의 확충
제6기: 전용부두의 등장

〈그림 4-3〉 버드의 애니포트모형
W: 창고
T: 적환장
Q: 부두와 안벽
C: 컨테이너 부두

주: 그림의 숫자는 항만 성장 시기, 화살표는 확
    장 방향을 나타냄.
출처: Bird, 1963, p.29, p.31, p.33.

제3기, 부두시설의 정교화(Marginal quay elaboration): 항만이 강의 하류 방면으로 멀리까지 마구 확장되는 것은 아니다. 도심은 성곽 등을 갖추어 군사적인 보호에 유리하고, 화물의 출입과 검사를 담당하는 세관 등의 관리시설을 비롯하여 각종 편의시설이 입지해 있으므로, 새로운 항만시설이 기존 도심에서 너무 멀리 떨어지는 것은 효율성 측면에서 문제가 된다. 이런 문제는 항만이 하류 방면으로 길게 확장되는 대신, 강둑 안쪽으로 땅을 파 새 부두를 만들거나 수심이 깊은 방향으로 돌출한 접안시설(jetties)을 건설하는 방식으로 극복하게 된다.

제4기, 독 시설의 도입(Dock elaboration): 독은 수문으로 수위를 조절함으로써 그 내부에 많은 선박을 수용할 수 있게 만든다. 과거 소형 독이 주로 선박의 건조와 수리 목적으로 만들어졌다면, 19세기 이후의 독은 적정 수심을 확보하여 선박이 안전하게 정박하는 기능이 강조되기 시작하였다. 교역이 증가하면서 이전보다 훨씬 큰 규모의 독 시설들이 도심과 상당히 떨어진 하류부에 건설되었으며, 항만과 도심의 거리가 멀어지는 문제는 철로를 놓음으로써 보완되었다. 역사적으로 보면, 산업혁명으로 증기기관이 발명되고 기차가 등장한 시기에 해당된다.

제5기, 선형 접안시설의 확충(Simple lineal quayage): 초기의 독들은 하나의 큰 독 안에 여러 개의 작은 독이나 접안시설을 설치하는 방식의 복잡한 형태였는데, 19세기 말이 되자 이런 복잡한 독 시설의 문제점이 드러났다. 선박이 대형화됨에 따라 독 안에서 배가 움직이는 것이 어렵고, 복잡한 접안시설 때문에 철도의 접근도 불편해지면서 간결한 선형의 대형 접안시설이 만들어지게 되었다.

제6기, 전용부두의 등장(Specialized quayage): 배로 실어 나르는 대상이 일반화물뿐이라면, 항만의 발달은 대규모의 선형 접안시설을 갖추는 단계로 족할 것이다. 그러나 항만에서 취급되는 벌크화물과 특수화물의 비중이 높아짐에 따라 항만 발달은 이에서 한 단계 더 나아가 전문화된 부두시설이 만들어진다. 대부분의 항만에서는 기존 부두지구를 준설하여 접안시설을 마련하기보다는, 항만과 멀리 떨어진 수심이 깊은 곳에 벌크 화물과 특수화물 전용선의 접안시설을 새롭게 설치하게 된다. 이 시기에는 시가지와 항만지구가 더욱 분리되고, 전용부두 인근에는 취급하는 화물에 따라 관련 제조 및 가공업체, 조선소와 선박수리소 등이 입지하게 된다.

버드가 애니포트모형에서 묘사한 항만 발달 과정에 부합하는 사례들은 세계 각지에서 찾아볼 수 있다. 〈그림 4-4〉는 네덜란드의 로테르담 항만이 15세기부터 600여 년 동안 성장해 온 과정을 요약

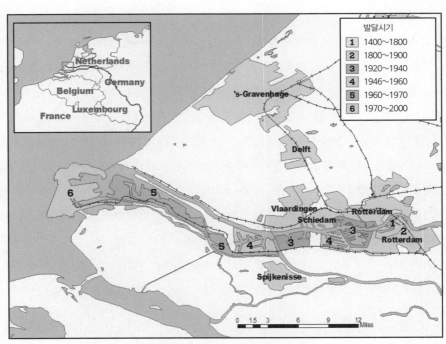

〈그림 4-4〉 로테르담항의 확장 역사, 15~20세기

출처: Rodrigue et al., 2009, p.174.

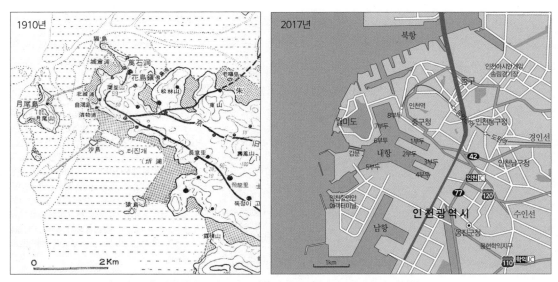

〈그림 4-5〉 인천항의 분화: 1910년경의 제물포항과 21세기 초의 인천항

주:오른쪽 지도의 제1부두가 제물포항에 처음 만들어진 독에 해당한다. 인천항의 남항 아래로는 송도 신항이 최근에 개항하였다.
  왼쪽 지도의 출처: 최영준, 1974, p.45. 원도의 일부만 편집하여 실었다. 오른쪽 지도는 Daum지도(map.daum.net)를 편집하고
  지명 등을 추가하였다.

한 것이다. 처음 로테르담항이 북해 연안에서 라인강을 따라 40여km 거슬러 올라간 지점에서 시작
하였다가, 하류 방면으로 꾸준히 확장하여 20세기 후반에는 북해 연안에 유로포트(Euro-port)가 형
성되는 과정은 애니포트모형에서 제시한 내용과 닮은 점이 적지 않다.

  한국의 대표적인 항만이라 할 수 있는 인천항과 부산항의 사례에서도 애니포트모형의 마지막 단
계에 부합할 만한 현상을 엿볼 수 있다. 인천항의 경우 19세기 말 개항 초기에는 작은 독 시설로 시
작하였으나, 20세기 후반 수도권의 성장과 더불어 항만시설도 크게 확장되어 월미도까지 포함하는
범위의 대형 독으로 넓어졌고, 그 내부는 여러 개의 전문 부두로 분화되었다. 부산항 역시 개항 이
래 대한민국의 최대 관문항으로 성장하면서 끊임없이 확장 분화되어 현재 여러 부두와 위성 항만들
로 구성되어 있다. 부산 '북항(어항의 기능을 담당하는 '남항'에 대비되는 명칭으로 상업항 및 여객항
으로 기능)'은 여러 개의 부두로 나뉘었을 뿐 아니라 항만 자체의 범위가 영도(북항 앞에 있는 섬) 밖
으로까지 크게 확장되었으며, 멀리는 감천항, 다대포항, 그리고 가덕도의 부산 신항 등이 새로 생겨
났다.

2) 애니포트모형의 평가와 수정

버드가 묘사한 항만 발달 과정은 근대 이전부터 20세기 중엽까지의 항만 발달 과정, 특히 유럽의 항만 발달 사례들을 이해하거나 일반화하는 데 도움이 된다. 항만의 발달 과정을 마치 동영상처럼 시각화하여 쉽고 자세하게 묘사했다는 점도 돋보이는 대목이다. 더 나아가 유럽이 아닌 다른 지역에도 적용해 보는 시도도 이어져, 아프리카의 항만 발달을 아랍식 돛단배(Dhow) 시기, 근대항만 초기, 부두 확장기, 선형 접안시설 시기, 전용부두 시기, 컨테이너 항만 시기로 설명하는 데 원용되기도 하였다(Hoyle, 1983).

버드의 모형에는 아쉬운 점도 없지 않다. 우선 항만의 입지와 관련하여, 버드는 강어귀를 근대항만의 초기 입지장소로 상정하였지만, 모든 지역에서 자연조건이 다 비슷한 것은 아니다. 유럽은 내륙에 큰 강들이 잘 형성되어 있고 비가 연중 고르게 내려 강물의 양과 유속이 비교적 일정하기 때문에 강운(江運)이 잘 발달되어 있으므로, 애니포트모형에서처럼 강어귀를 기점으로 항만이 확장되어 가는 것은 자연스러워 보인다. 그러나 유럽과 같은 자연환경 여건을 갖추지 못한 지역에서는 항만이 강어귀에서부터 비롯되어 성장하는 사례를 찾기가 그리 쉽지 않다. 가령 한반도의 하천은 여름과 겨울의 유량 차이가 심하고, 여름의 홍수 때문에 퇴적물이 많이 쌓여 강어귀에 큰 항만이 발달하기에 그다지 유리하지 못하다. 과거 배의 규모가 작았을 때에는 한강, 낙동강, 금강, 대동강 등을 따라 곳곳에 포구가 발달하였지만, 근대 이후에 선박의 규모가 커지면서 새 항구들은 대부분 강어귀보다는 바닷가의 만(灣)에서 시작할 수밖에 없었다. 금강 어귀에 자리 잡았던 군산항, 대동강 연안에 입지한 남포항과 송림항 정도가 예외라 할 수 있다. 항만이 강에 입지하는 경우 하류 방면으로 확장하는 경향이 뚜렷한 반면, 해안에 입지하는 경우에는 적절한 부지와 요건을 갖춘 곳이면 어느 방면으로든지 항만이 확장되거나 신항이 개설될 수밖에 없으므로 뚜렷한 방향성을 말하기는 어렵다.

둘째, 항만의 발달 단계와 관련하여, 버드는 항만 발달 과정을 무려 여섯 단계로 자세히 나누었지만, 더 단순화시켜도 전반적인 항만 진화 과정을 이해하는 데는 큰 무리가 없어 보인다. 과거 범선(帆船) 시대부터 형성되었던 오래된 항만들은 선박과 해운 기술의 발달 과정을 따라 'quay', 'jetty', 'dock' 등 선박 계류시설의 미세한 진화 과정을 고스란히 겪었지만, 뒤늦게 형성된 항만들은 곧바로 대규모의 선형 접안시설에서부터 출발하는 경우가 대부분이다. 로드리그 등(Rodrigue et al., 2009)은 이러한 문제점을 바탕으로 항만과 배후도시의 발달 과정을 항만의 탄생-확장-전문화의 3단계로 압축한 모형을 제시한 바 있다(〈그림 4-6〉). 이 수정모형의 제1단계 '항만의 탄생기(setting)'는 대체로 범선시대를, 제2단계 '확장기(expansion)'는 산업혁명기 이래 근대항만을, 제3단계 '전문화

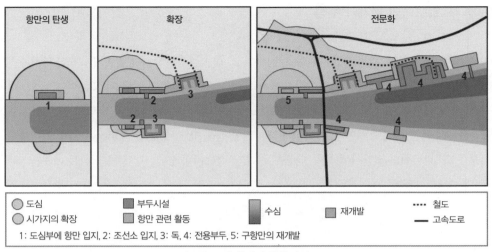

| 항만의 탄생 | 확장 | 전문화 |

○ 도심
○ 시가지의 확장
■ 부두시설
■ 항만 관련 활동
■ 수심
■ 재개발
···· 철도
─── 고속도로

1: 도심부에 항만 입지, 2: 조선소 입지, 3: 독, 4: 전용부두, 5: 구항만의 재개발

〈그림 4-6〉 항만의 발달 과정

출처: Rodrigue et al., 2009, p.173.

(specialization) 시기'는 현대항만을 각각 대표하며, 제3단계에서는 구 항만지구가 재개발되는 것으로 묘사되고 있다.

셋째, 항만의 진화와 성장을 한 장소의 입장에서 바라보면, 오래된 항만지구는 시간이 흐르면서 본래의 기능을 잃고 퇴화할 수도 있다는 점을 유념할 필요가 있다. 샬리에르(Charlier, 1992)는 항만이 마치 하나의 생명체처럼 생애주기를 가져 ① 성장(growth), ② 성숙(maturity), ③ 노후(obsolescence), ④ 방치(dereliction), ⑤ 재개발(redevelopment)의 단계를 밟아 나간다고 보았다. 항만이 새로 탄생하여 성장이 지속되면 성숙기에 이르게 된다. 그러나 항만이란 시간이 지나면 낡아지는 데다 항만 관련 기술은 끊임없이 진화하므로, 일정 기간이 지나면 시대에 뒤떨어지고 낡은 시설 때문에 경쟁력을 잃어 결국 선사들로부터 외면받고 방치되는 시기를 맞는다. 이렇게 방치된 항만 일대는 어떤 계기가 마련되면 공원, 여가시설, 사무실, 주거시설 등을 포함한 새로운 수변공간으로 탈바꿈(재개발)하기 쉽다.

한 항만도시에는 여러 개의 항만지구 또는 터미널들이 발달할 수 있다. 이때 각 항만지구가 형성되는 시기는 각기 다를 수 있으므로, 도시 전체로 보면 〈그림 4-7〉과 같이 종합해 볼 수 있다. 이 그림은 가장 먼저 형성되었던 도심 부근의 항만지구는 성장-성숙-노후-방치기를 이미 겪어 항만기능을 잃은 채 새로운 수변 여가공간으로 재개발되고 있는 반면, 도심에서 먼 곳의 새로운 항만들은 도심항만이 겪었던 과정을 뒤늦게 밟아 나가며, 더 먼 변두리의 항만은 이제야 첫 성장기를 맞이하

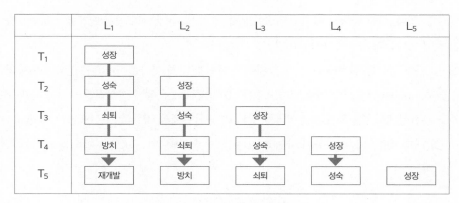

	L₁	L₂	L₃	L₄	L₅
T₁	성장				
T₂	성숙	성장			
T₃	쇠퇴	성숙	성장		
T₄	방치	쇠퇴	성숙	성장	
T₅	재개발	방치	쇠퇴	성숙	성장

〈그림 4-7〉 항만의 생애

주: 그림의 가로축은 처음 항만이 형성되었던 장소(L_1)로부터 수심이 깊은 장소(L_5)까지 새 항만이 차례로 입지하는 과정을, 세로축
   은 시간의 흐름($T_1 \sim T_5$)을 나타낸다.
출처: Charlier, 1992, p.139.

고 있는 모습을 묘사한 것이다. 샬리에르의 항만생애모형은 도심 부근의 오래된 항만지구에서 공원
이 들어서고, 이제는 쓰지 않는 창고들이 아파트나 작업장 등으로 변신하는 최근의 추세를 잘 설명
할 수 있다. 물론 샬리에르가 제시한 항만 성장~재개발 과정이 어디에서나 일률적으로 반복된다고

〈그림 4-8〉 부산 북항의 재개발구역

출처: 부산항만공사, 2017, 부산항 소개 브로슈어 p.13의 일부 편집, www.busanpa.com.

단정할 수는 없다. 항만 당국과 배후도시가 어떻게 개입하느냐에 따라 중간 단계에서 항만의 면모가 바뀌는 것이 얼마든지 가능하기 때문이다.

구 항만지구가 재개발된 사례는 세계 각지에서 어렵지 않게 찾아볼 수 있다. 영국 런던항의 도클랜즈(Docklands), 미국 볼티모어항의 하버프런트(Harborfront) 등이 전형적인 재개발 사례이다. 한국에서도 부산항에서 북항의 일부분이 재개발되고, 군산항에서 내항의 기능이 멀리 외곽의 신항으로 옮겨 가 내항 배후의 토지이용이 바뀌고 있는 것도 샬리에르의 모형에 부합되는 사례로 꼽을 수 있을 것이다.

3) 항만 배후지의 변화

(1) 항만지역의 형성

버드나 샬리에르, 로드리그 모두 항만지구의 성장과 변모 과정에 대한 설명에 치중한 반면, 항만 배후의 시가지, 그리고 더 광범위한 배후지의 변화에 대해서는 뚜렷한 언급이 없다. 항만이 변화하면 배후도시와 배후지에서는 과연 어떤 일이 벌어지는 것일까?

우선 화물이 실리는 때부터 최종 수요자에까지 이르는 전 과정을 수송 측면에서 살펴보자. 국제 화물유동은 세계적 범위의 공급사슬이라 간주할 수 있다(이정윤, 2006). 이 공급사슬의 구성요소들은 선사와 그 대리점, 통관 대리인, 하역회사, 다양한 운송업체, 항만 당국 등이며, 이들은 가치사슬을 만들어 효율성을 높일 필요가 있으므로 각자 독자적으로 행동하기보다는 제휴하거나 통합하는 추세를 보인다. 기능 면으로 보면 공급사슬을 구성하는 항만과 배후지 물류시설들이 교통회랑(freight corridor)을 따라 점차 기능적으로 통합되며, 운영 측면에서 보면 공급사슬 구성요소의 대부분을 통합한 초대형 운송기업이 출현하게 되는 것이다(〈그림 4-9〉).

노테붐과 로드리그(Notteboom and Rodrigue, 2005)는 이상의 논의에서 한걸음 더 나아가 새로운 시장환경에서 공급사슬이 통합되고 내륙 운송의 중요성이 더욱 커짐에 따라 항만을 핵으로 한 '항만지역'이 형성(port regionalization)되어, 항

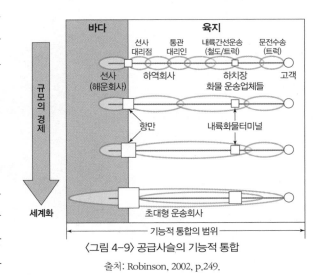

〈그림 4-9〉 공급사슬의 기능적 통합
출처: Robinson, 2002, p.249.

만은 단순한 수송 터미널의 지위를 넘어 지역 발전의 핵으로 부상하게 된다고 주장하였다. 여기서 노테붐과 로드리그가 말한 '항만지역'이란 '배후지'와는 조금 다른 개념으로, 배후지처럼 지리적으로 연속적인 공간이어야 할 필요는 없으며, 항만기능(화물의 수집, 포장 등 부가가치를 높이는 과정 및 통관과 검역 등)이 내륙의 터미널에서도 이루어질 수 있다는 점에서도 배후지와 구별된다. 내륙에는 전략적 요충지에 컨테이너 기지(container depot)와 물류센터(distribution center) 등이 발달하고, 수출입 업무를 지원하기 위한 세관과 검역소 등이 따라 입지하게 된다. 이처럼 내륙 깊숙한 곳에 항만의 기능이 집적되는 것을 내륙항만이라는 별명으로도 부르고 있다.

  한국에서는 정부가 나서서 전국의 각 권역별로 철도와 고속도로 연결이 쉬운 곳에 내륙물류기지를 건설하여 현재 군포, 양산, 칠곡, 장성, 중부(세종시)에 내륙컨테이너기지 및 복합물류터미널이 운영되고 있으며(이정윤, 박민철, 2015), 의정부, 충주, 청주, 원주, 구미 등 내륙 곳곳에 세관이 들어서서 통관거점 구실을 하고 있다(김은경, 2012). 이처럼 항만에서 멀리 떨어진 내륙에도 통관거점이 번성하게 된 것은 내륙통관이 임항통관에 비해 통관시간이 적게 걸리고, 창고보관료, 하역비, 운송비 등 물류비용이 더 싸며, 화물의 도난과 훼손 위험성이 적다는 이점이 있기 때문이다. 내륙통관 거점을 이용할 때 운송비가 더 싼 것은 통관시점부터는 외국화물로 간주되어 수송비의 부가가치세가 화주에게 환급되는 제도와도 관련이 있다(한주성, 2005).

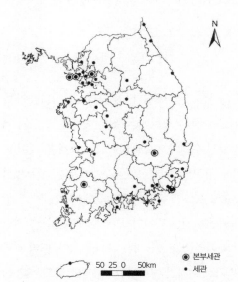

관세청 산하 세관의 공간조직

관할권역	본부 세관	세관
서울·중부	서울세관	구로, 안양, 파주, 성남, 의정부, 천안, 청주, 충주, 대전, 대산, 원주, 속초, 고성, 동해 세관
인천·경기	인천세관	수원, 안산, 평택, 부평 세관
인천공항	인천공항	김포, 인천공항 국제우편 세관
대구·경북	대구세관	구미, 포항, 울산 세관; 미포, 온산 감시소
부산·경남	부산세관	용당, 사상, 부산국제우편, 김해, 거제, 마산, 양산, 창원, 사천, 진주, 통영 세관; 진해 감시소
광주·전라	광주세관	광양, 여수, 군산, 제주, 익산, 전주, 목포 세관; 완도, 노화도 감시소

50 25 0   50km
◉ 본부세관
• 세관

〈그림 4-10〉 통관거점의 분포, 2011년
주: 지도의 실선은 세관의 관할구역을 가리킨다.
출처: 김은경, 2012, p.45, p.46.

항만의 성장과 진화, 그리고 배후지의 공급사슬 통합 과정에 관한 논의들을 종합하면, 대체로 다음 네 단계로 요약된다(〈그림 4-11〉).

① 항만의 탄생(port setting): 항만은 선박의 안전에 유리한 자연조건(수심과 부지)과 항만 성장에 필요한 인문조건(배후지와 접근성)을 고루 갖춘 지역에 입지한다.

② 항만의 확장(port expansion): 교역 규모가 늘고 조선 및 토목 기술이 발달함에 따라 항만의 공간적 범위가 확장된다. 이때 항만시설은 깊은 수심을 확보하기 위해 기존 항만 바깥에 선형(線型)으로 확장되는 것이 일반적이다.

③ 항만의 전문화(port specialization): 교역 품목이 다양해지고 임항산업이 발달하면서 다양한 전문부두(또는 터미널)로 분화된다.

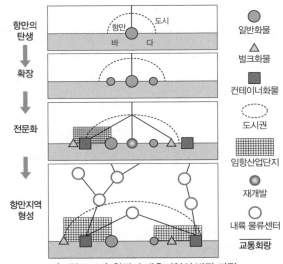

〈그림 4-11〉 항만과 배후지역의 발달 과정
출처: Notteboom and Rodrigue, 2005, p.298.

④ 항만지역의 형성(port regionalization): 종래 항만을 중심으로 입지해 있던 수송기능의 일부가 교통회랑을 따라 내륙으로 옮겨 가고, 교통회랑을 축으로 삼아 배후지가 하나의 기능지역으로 통합된다.

(2) 항만 네트워크

항만의 발달 과정이 전문화와 항만지역의 형성에서 끝나는 것은 아니다. 최근 정보통신기술의 발달에 힘입어 지리적으로 가까운 항만들끼리 네트워크를 형성하는 일이 잦아졌다. 인근 항만들과 역할 분담, 공조 등이 그 보기이며, 정보화가 이런 협력을 한결 수월하고 효율적이도록 돕게 된 것이다.

항만 네트워크의 형성은 대규모 허브 항만보다는 중소 규모의 지역항만들 사이에서 더욱 뚜렷하다. 세계화 추세로 말미암아 화물 수송 네트워크의 중요성은 크게 증대되고 있는 추세이지만, 지방의 여건은 지속적으로 변화하는 세계화 추세에 혼자서 대응하기는 벅차다. 대부분의 항만은 자연환경의 제약, 재정 부족, 비우호적인 정치적 환경 등과 같은 어려움을 조금씩은 가지고 있다. 따라서 단순히 항만을 확장하는 전략은 실현 불가능하거나, 설령 확장 투자가 이루어진다고 하더라도 거대 허브 항만과 겨루기 벅찰 수도 있으므로 항만 네트워크 전략이 하나의 대안으로 고려되고 있는 것이다(〈표 4-2〉).

<표 4-2> 항만과 배후지의 발달 단계

발전 단계	I	II	III	IV
핵심 발전 동인(動因)	교역의 증가	산업화	세계화	정보화
항만의 핵심기능	• 화물의 하역과 보관 • 교역	• 화물의 하역과 보관 • 교역 • 제조업	• 화물의 하역과 보관 • 교역 • 제조업 • 컨테이너 취급	• 화물의 하역과 보관 • 교역 • 제조업 • 컨테이너 취급 • 물류의 관리
주 화물	• 일반(잡종) 화물	• 벌크 화물	• 컨테이너	• 컨테이너 • 자료(정보)
지리적 범위	항만도시 (port city)	항만지구 (port area)	항만지역 (port region)	항만 네트워크 (port network)

출처: Hesse, 2008, pp.52-54. 원문의 내용을 재구성.

헤세(Hesse, 2008)는 북부 독일의 항만들[함부르크(Hamburg), 브레머하펜(Bremerhaven), 빌헬름스하펜(Wilhelmshaven) 항]이 네트워크를 구성하여 유럽의 대규모 허브 항만들과 경쟁하면서 세계화에 대응해 나가는 것을 보고한 바 있다. 한국에서 서해안, 남해안, 동해안의 항만들끼리 연계하는 정책, 더 나아가 동아시아의 항만들과 네트워크를 구성하는 전략 등도 독일의 사례와 같은 맥락으로 보아야 할 것이다.

(3) 항만과 배후도시

항만과 배후지는 공생관계에 있다. 항만 발달 초기에는 항만시설의 적정 여부에 따라 배후지역의 개발에 영향을 주지만, 나중에는 배후지의 경제 건전성과 변화의 성격이 거꾸로 항만의 성쇠를 가름하게 된다. 또한 항만의 규모가 크고 다양한 기능을 갖춘 경우보다는 항만이 작고 그 기능이 단순할수록 지역경제의 변화에 민감하게 반응한다. 항만에서 배후지를 잇는 교통로 측면에서는 과거 항만성장 초기에는 철도의 역할이 지대하였으며, 철도 건설이 항만의 성장을 유도한 사례는 북아메리카, 유럽, 아프리카에서 흔히 찾아볼 수 있다. 그러나 현재 철도는 대량 수송에 치중하고 소화물 운송에 취약한 속성 때문에 그 지위가 약화된 대신 자동차 수송과의 관계가 한결 긴밀해졌다.

현대항만이 자본집약적으로 바뀌어 대형화, 기계화, 자동화된다는 것은 결국 항만에서의 고용 감소를 의미한다. 재래식 항만에서의 환적작업은 노동집약적이며 시간이 많이 걸리던 병목이었지만, 규격화된 환적방식의 도입과 기계화, 정보화로 말미암아 인력과 서비스업에도 변화가 일었고 부두의 경관은 크게 바뀌게 되었다. 과거 항만에서는 짐을 싣고 내리는 인부들이 분주히 일하는 풍경을 볼 수 있었으나, 기계화와 자동화 이후에는 드넓은 항만을 대형 크레인이 차지하고 거대한 트럭만 오갈 뿐 사람은 보기 어려운 황량한 모습으로 바뀌었다. 더 나아가 통관 등 무역업무의 상당 부분이 내륙에서 이루어져, 항만에서 사람의 모습이 사라지는 속도를 재촉하고 있다.

배후 시가지와의 관계에도 변화가 일어나서, 과거에는 공생관계가 돈독하였으나 이제는 항만시설이 도시의 외곽으로 이전하면서 항구와 시가지가 분리되고 도심에 있던 옛 항만은 재개발 사업을 통해 여가공간 등 다른 기능으로 변신하는 일도 일어나게 되었다. 또한 배후도시의 경제에 미치는 영향이 줄어드는 대신 도시 통과교통량이 더 늘어나 오염과 사고의 위험이 커지면서 항만은 도시의 여러 이해당사자들에게 부정적으로 비쳐졌고, 기존 항만의 확장이나 새 항만의 개발에 부정적인 태도를 심어 주는 수준에까지 이르게 되었다.

선박이 대형화되고 많은 벌크 화물을 취급하면서 항만에는 제조업 및 저장공간이 확장되었다. 특히 제조업의 원료를 해외에서 조달하는 경우에는 항만 부근에 방대한 규모의 임항산업단지(또는 임해산업단지, MIDAs, marine industrial areas)의 발달을 자연스레 이끌었다. 석유, 화학, 철강 산업 등이 항만입지를 선호하는 전형적인 사례이다. 항만은 성장거점(growth-pole)으로 인식되어 항만 개발계획이 국가적 관심사가 되었고, 여러 나라에서 관련 투자가 많이 이루어졌다. 그 대표적인 것이 임항산업단지로, 새로운 취업기회를 창출하고 기업의 성장, 항구 자체의 설비투자로 인한 재화 및 서비스 수요 촉발 등의 투자효과를 얻을 수 있다고 믿었기 때문이다. 항만에 입지하는 기능으로는 임항산업단지가 유일한 것은 아니다. 창고는 본래 항만의 주요 기능의 하나였으나, 시대의 흐름에 맞추어 단순히 화물을 저장하던 공간에서 벗어나 화물에 부가가치를 높이는 서비스가 발달하여 물류지구, 자유무역지구 등이 형성되기도 한다.

임항산업단지는 국가경제와의 공간적 통합이 가능한 곳, 대형 화물선의 접안이 가능한 항구 여건, 배후지의 우수한 교통체계, 넓은 부지 등이 충족되는 곳에 입지한다. 임항산업단지는 1950년대 후반에 네덜란드에서 처음 시작되었으며, 이어 1960년대와 1970년대에 해안지대 개발의 주요 방안으로 전 세계를 풍미하였다. 그러나 1974년의 에너지 위기와 개발도상국의 정치적 발전으로 임항산업단지에 대한 회의가 커졌으며, 선진국에서도 산업이 해안지대에 집중되는 것에 대해 비판이 일어났다. 최근 새로 세워지는 임항산업단지에서는 종전처럼 대규모의 단지 설립은 줄어들고 있으며, 산업단지계획이 독자적으로 수립되는 것이 아니라 지역 전체의 통합적 계획의 틀 속에서 수립되는 경향을 띠고 있다. 부문별로 보면, 중공업은 계속 유지되나 그 중요성은 약화되고 있으며, 대신 첨단산업의 입지가 늘어나는 추세이다. 일종의 탈공업화 추세라고도 진단할 수 있다.

· 참고문헌 ·

김은경, 2012, 내륙통관거점의 공간조직과 수출입화물의 유동 변화, 서울대학교 지리학과 박사학위논문.

부산항만공사, 2017, 부산항 소개 브로슈어, www.busanpa.com.

이정윤, 2006, 한국의 대외무역 관문체계 변화에 관한 연구: 1990년대 이후 수출입 구조 및 대중국 무역을 중심으로, 서울대학교 지리학과 박사학위논문.

이정윤, 2015, "국제물류 네트워크의 공간적 특성: 글로벌 컨테이너 해운시장을 중심으로," 허우긍, 손정렬, 박배균 편, 2015, 네트워크의 지리학. 푸른길: 서울. 149-175.

이정윤, 박민철, 2015, "복합물류터미널의 물류 비즈니스 특성 변화와 지역적 차별성: 국가교통DB조사(2009년, 2014년) 결과의 비교·분석을 중심으로," 국토지리학회지 49(2), 199-213.

최영준, 1974, "개항을 전후한 인천의 지리학적 연구," 지리학과 지리교육 2, 1-38.

한주성, 2005, "통관거점을 이용한 국제물류의 지역구조," 대한지리학회지 40(6), 631-652.

Bird, J. H, 1963, *The Major Seaports of the United Kingdom,* Hutchison: London.

Charlier, J., 1992, "The regeneration of old port areas for new port uses," in Hoyle and Pinder (eds), *European Port Cities in Transition, Pergamon*: Oxford, 137-154.

Douet, M. and Cappuccilli, J.F., 2011, "A review of short sea shipping policy in the European Union," *Journal of Transport Geography* 19, 968-976.

Hesse, M., 2008, T*he City as a Terminal: the Urban Context of Logistics and Freight Transport*. Ashgate: Aldershot, UK.

Hoyle, B. S., 1983, *Seaports and Development: The Experience of Kenya and Tanzania,* Gordon and Breach: New York.

Monios, J., 2016, "Between path dependency and contingency: New challenges for the geography of port system evolution," *Journal of Transport Geography* 51, 247-251.

Notteboom, T. and Rodrigue, J., 2005, "Port regionalization: towards a new phase in port development," *Maritime Policy and Management* 32(3), 297-313.

Paixao, A.C. and Marlow, P.B., 2002, "Strengths and weaknesses of short sea shipping," *Marine Policy* 26, 167-178.

Robinson, R., 2002, "Ports as elements in value-driven chain systems: the new paradigm," *Maritime Policy and Management* 29(3), 241-255.

Rodrigue, J. and Browne, M., 2008, "International maritime freight movements." in Knowles, R., Shaw, J. and Docherty, I. (eds.), *Transport Geographies: Mobilities, Flows and Spaces*, Blackwell Publishing: Malden, MA, 156-178.

Rodrigue, J., Comtois, C. and Slack, B., 2009, *The Geography of Transport Systems, second edition*. Routledge: London.

제5장

항공교통

1. 항공교통의 지리

1) 항공교통의 특성

1903년 12월 13일 오빌 라이트(Orville Wright)가 12초 동안 첫 비행을 시작한 이래 한 세기 남짓 항공교통은 눈부신 성장을 이루었다. 이제 비행기를 이용한 사람과 화물의 이동은 일상화되었고, 여객기는 1,000km 이상 장거리 여행의 사실상 유일한 교통수단이 되었으며, 저비용항공 요금이 시내택시 요금에 버금가는 경우도 생겨나고 있다. 이처럼 상업항공의 발달로 말미암아 우리는 '공중 세상'에 살게 되었지만, 항공교통은 지리적으로 상당히 불균등한 발전을 보이고 있으며, 대기오염과 소음 등 환경문제도 적지 않다.

항공교통은 영토가 방대한 나라, 대륙에서 멀리 떨어진 곳, 여러 개의 섬으로 나뉜 나라 등에서 잘 발달할 여지가 있으며 미국, 오스트레일리아, 인도네시아 등이 각각 그 보기이다. 상업적 항공교통은 400~500km 이상의 육상거리 이동에서 철도에 대항하여 시작되었다. 공항까지의 접근시간 및 탑승시간 등을 고려하면 이동거리 400km 미만은 철도가 아직 유리하지만, 중심도시에서 공항까지 연계수단이 개선되면서 항공교통은 400km보다 짧은 거리에서도 경쟁력을 늘려 가고 있다.

항공교통은 정부의 규제와 간섭이 다른 교통 부문들보다 더 강하다. 국내적으로 항공운수산업은 정부의 인가와 허가가 아직도 많이 필요하여 진입장벽이 높은 특징이 있으며, 국제적으로도 당사국 간 협정 등 제약이 적지 않은 데다 본질적으로 세계적(global)인 속성을 띠는 탓에 국제정세에도 민감하게 영향을 받는다.

항공운수산업은 공항과 활주로, 항공관제소, 비행기 등 방대한 규모의 시설과 장치가 있어야만 작동되는 특징이 있다. 수운과 철도 교통도 항공교통과 마찬가지로 거대 장치산업이라는 특징을 가지고 있지만, 지리적 영향이라는 측면에서는 매우 다르다. 이는 각 교통수단이 등장했던 시기적 상황과 맞물리는데, 수운과 철도는 그 출현 시기가 이른 반면, 항공교통은 20세기 그것도 20세기 후반에 이르러서야 보편화된 점과 관련이 있다. 교통역사상 먼저 등장한 수운은 해안이나 강의 포구를 거점으로 한 지역구조를 탄생시켰으며, 철도교통은 산업혁명과 더불어 등장한 새 교통수단으로 기성 지역구조에 막강한 영향력을 행사하여 철도노선을 따라 축(軸)이 형성되며 도시체계가 재편되었다. 그러나 20세기 후반 항공교통이 보편화될 무렵에는 이미 세계 어디나 도시체계가 어느 정도 자리를 잡았고, 새로 개척해 나갈 수 있는 곳도 드물어졌다. 여기에다 항공교통이 값비싼 장거리 교통수단이라는 속성은 자연히 이미 형성되어 있는 대도시 위주의 지역구조를 강화하는 결과를 낳게 된 것이다.

물론 교통이 불편하여 개발이 늦었던 벽지가 항공교통에 힘입어 개발을 경험한 사례들도 있다. 관광 분야가 대표적인 경우로서 과거에는 찾아볼 엄두도 못 내던 곳들이 항공교통 덕분에 관광객들이 자주 찾는 곳이 되었고, 서아시아의 두바이, 미국의 라스베이거스와 올랜도처럼 천부(天賦)의 관광자원이 없었던 곳조차 관광지로 변신한 극단적인 사례도 있다. 그러나 거시적인 시각에서 볼 때, 항공교통은 기본적으로 기성(旣成) 지역구조 및 대도시의 집중 경향을 강화하는 방향으로 작동하고 있다고 평가해도 무리는 없을 것이다.

2) 항공기의 진화

20세기 민간항공기의 발달 과정은 비행선→프로펠러기→중소형 제트기→대형 제트기로의 진화, 곧 더 멀리 더 빨리 더 높이 날 수 있는 비행기, 그리고 더 크고 동체의 폭이 더 넓으며 더 효율적인 비행기의 개발로 요약할 수 있다.

제트여객기 이전 시대의 대표적인 기종으로는 1936년 첫 서비스를 시작한 더글러스(Douglas)사의 DC-3를 꼽을 수 있다. 이 기종은 쌍발 피스톤 엔진을 갖춘 비행기로 속도, 크기, 효율성 면에서 다른 프로펠러 기종들을 압도하였다. 1958년에 보잉 707 제트기가 출현하자 피스톤 엔진과 터보 엔

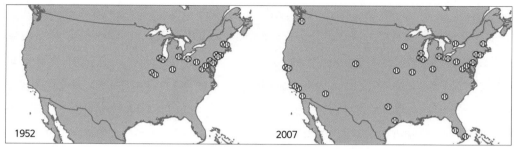

〈그림 5-1〉 1952년과 2007년 미국의 메이저리그 야구 구단의 분포

출처: Bowen, 2010, p.35.

진의 시대는 막을 내리고 말았다. 더 나아가 제트기의 이미지는 곧 선진국의 대중문화로 널리 확산되어, 'jet'라는 접두어는 속도나 현대성이라는 이미지를 자아내도록 세탁용 가루비누에서 청소기에 이르기까지 모든 상품의 홍보에서 사용되기에 이른다. 제트 시대는 사람들의 이동에도 극적인 변화를 이끌어, 미국에서 프로야구 경기인 메이저리그가 처음에는 동부를 중심으로 열리고 있다가 제트기 시대의 도래와 함께 서부와 남부까지 확장되었다는 것은 널리 알려진 이야기이다.

제트 시대가 무르익으면서 콩코드와 같은 초음속 비행기가 국제노선의 표준기종이 될 것으로 예상하였지만, 실제로는 속도보다 크기에서 변화가 일어나 비행기는 대형화되었다. 보잉 747이 대표적인 사례로서, 이 기종의 뭉툭하게 튀어나온 앞머리는 제트 시대의 상징이 되었다. 비행기의 대형화와 동체의 폭이 넓어진 것은 몇 가지 중요한 변화를 가져왔다. 첫째, 높은 효율성으로 인해 항공교통을 비용 측면에서 쉽게 감당할 수 있는 수준으로 만들어 더 많은 승객을 모으게 되었으며, 종래 부유층의 전유물인 것처럼 보였던 이미지는 희석되었다. 둘째, 광폭 동체는 화물칸을 더 넓게 만들었고, 더욱 다양한 크기의 화물 적재가 가능하게 되었다. 또한 동체의 폭이 좁은 기종들이 화물기로 개조되어 항공운수업계 전체의 화물 수송력이 늘어나게 되었다. 셋째, 지상에서는 항공 수송량이 증대됨에 따라 보다 큰 공항이 필수적이 되었고, 신설 공항은 기존 공항보다 더 외곽에 자리잡게 되었다. 한국에서 프로펠러기 시대에 여의도공항(1916년 개항)을 사용하다가 제트기 시대에 김포국제공항(1958년 개항)으로 옮겼고, 대형 항공기들이 등장하면서 다시 영종도공항(2001년 개항)으로 이전한 것도 (공항 이전에는 다른 이유들도 있지만) 같은 맥락이다.

20세기 말부터 현재까지는 미국의 보잉과 유럽의 에어버스 두 기종의 과점(寡占) 시대로 특징지을 수 있다. 보잉과 에어버스는 초대형에서부터 중형 항공기에 이르기까지 여러 크기의 항공기를 계열화하여 개발하고 있다. 기종의 계열화는 제조사 입장에서는 규모의 경제를 이루고, 항공사로서는 조종사, 승무원, 정비사, 엔지니어의 훈련비용을 낮출 수 있으며, 부품의 교체가 손쉽다는 장점이 있다. 미래의 항공교통 시장은 거대도시들을 연결하는 초대형 항공기뿐 아니라 중형 비행기의 비중도 커질 것으로 전망된다. 아시아를 비롯한 개발도상지역의 항공수요가 급증하고 있으며, 저비용항공의 성장세도 괄목할 만하기 때문이다. 미래에 중형 제트기의 중요성이 줄어들지 않을 것이라는 전망은 세계화의 시대에서도 지역과 국가의 중요성은 지속된다는 것을 의미하기도 한다.

3) 세계의 항공교통 현황

(1) 개황

세계 항공교통 시장의 지리적 양상을 살펴보면, 북아메리카와 서유럽 시장이 압도적인 한편 최근 아시아 시장이 급성장하고 있는 두 가지 추세로 요약할 수 있다. 이동의 방향으로도 북반구에서 대서양 횡단이나 태평양 횡단과 같은 동–서 방향 이동이 북반구와 남반구를 잇는 남–북 이동보다 뚜렷하고, 항공교통의 거점으로 보면 런던, 뉴욕, 시카고, 도쿄, 싱가포르, 홍콩 등 20여 개 허브들에 집중되어 있는 특징을 보인다.

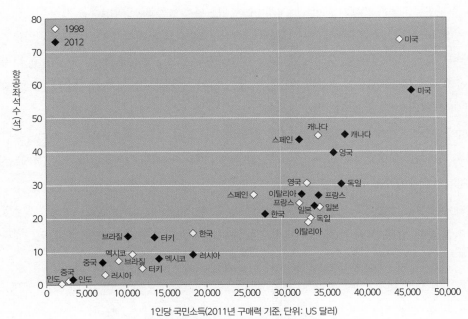

〈그림 5–2〉 국가의 경제수준과 항공교통량, 1998년과 2012년

주: 항공 좌석수는 해당 연도의 연초 1주일간 인구 1,000명당 운항예정 좌석수

출처: Bowen, 2014, p.43.

대륙 수준에서 살펴보면 북아메리카 시장에 항공교통이 가장 발달되어 있고, 유럽 시장의 경우 수많은 저비용항공사가 시장에 진입하여 중거리와 단거리 노선에서 고속철도와 경쟁이 심화되고 있다. 아프리카와 남아메리카 시장은 내부 연결이 미약하며, 중앙아시아의 사정도 비슷한 실정이다. 반면 싱가포르, 아랍에미리트, 바하마 등 항공교통의 징검다리 구실을 하는 작은 나라들은 그 규모에 비해 항공교통이 크게 발달되어 있다.

국가 단위에서는 한 나라의 항공교통량과 경제수준 사이에 상당한 관계가 있다고 일반화할 수 있다. 일반적으로 여가통행은 가처분소득에 크게 의존한다. 또한 비행기를 이용한 업무여행은 공간적 분업을 촉진하고 지식경제와 강한 연계를 가지고 있으며, 이러한 연계들을 통해 항공여행은 경제발전과 더불어 증가하는 동시에 경제발전을 돕는 것이다. 일부 사례국가에 대해 국민총소득(GNI)과 항공여객 좌석수(항공교통량의 간접지표)의 관계를 분석한 사례에 따르면 양의 상관관계를 잘 보여 주고 있다(〈그림 5-2〉).

(2) 아시아-태평양 지역

세계 항공교통에서 아시아(동-동남-남부 아시아)와 태평양 지역의 성장 추세는 괄목할 만하다. 이 지역의 항공교통은 20세기 후반 급성장하여 이제는 세계 항공교통량의 1/4을 차지하고 있으며, 이는 주요 도시 위주의 경제성장, 관광산업의 급속한 발전, 그리고 지리적으로 분산된 지역구조(섬나라, 비우호적 국가 관계 등) 등과 같은 요인에 기인한다(O'Conner and Fuellhart, 2014). 이 밖에 아시아의 세계 공장으로서의 역할이 크게 늘어난 점도 이 지역의 여객 및 화물 운송이 크게 늘어나는 데 기여했을 것으로 보인다(최재헌, 강승호, 2011).

아시아-태평양 지역은 그 내부의 교통량도 상당히 많은 것이 특징이며, 1980년 이래 30년 동안 역내 다른 나라와의 항공교통량 및 자국 내 항공교통량이 각각 6배가량 증가하였다. 역내 국제노선은 동아시아의 태평양 연안에 상당히 집중되어 있다는 점이 지리적으로 뚜렷한 특징이다.

각 나라의 국내노선으로 보면 중국, 일본, 한국, 인도, 인도네시아, 오스트레일리아 등 6개국의 비중이 가장 높다. 일본, 한국, 오스트레일리아처럼 소득이 높은 나라, 그리고 인도, 중국, 인도네시아,

〈표 5-1〉 아시아-태평양 지역 내 항공좌석 규모, 1980~2010년

구분	1980	1990	2000	2010
국내 (단위 100만 석)	131,953	227,284	449,064	803,712
아시아-태평양 내부 (단위 100만 석)	44,124	81,702	151,899	261,348

주: 서아시아와 중앙아시아는 제외.
출처: O'Conner and Fuellhart, 2014, p.189.

오스트레일리아 등 영토가 넓어 구조적으로 장거리 통행 수요가 많은 지역에서 항공노선의 밀도가 더 높은 것이다. 대부분의 나라에서 국내 항공교통량은 자국 내 1~2순위 도시를 연결하는 노선들에 집중되어 있다.

한국의 항공교통은 20세기 후반 놀라운 성장을 거듭하였다. 1970년에서 2015년까지 45년 동안 국내항공 승객은 30배 이상, 국제항공 승객 수는 무려 150배 이상 증가하였다(〈그림 5-3〉). 이 기간 동안 인구가 늘고 소득수준이 크게 향상되어 국민의 이동성이 증가한 동시에 외국인들의 한국 방문도 크게 늘어난 결과이다. 이러한 증가 추이를 더 상세히 들여다보면, 1990년대까지는 국내 및 국제 항공여객 수가 모두 꾸준히 증가하였지만, 21세기에 들어서면서부터는 국제항공 승객은 급성장 추세를 지속하고 있지만 국내항공 승객 수는 정체와 감소 추세를 보이며 크게 뒤처지고 있다. 이는 고속철도가 운행되자 본토–제주 연결노선을 제외하고는 항공교통 이용이 현저히 줄어든 것과 관련이 있다. 국내항공 승객 수는 2010년대에 다시 증가하고 있는데, 이는 저비용항공사들이 대거 시장에 진출한 시기와 맞물린다.

한국의 국내 항로망은 기본적으로 수도 서울과 제주를 두 개의 핵으로 삼는 구조를 띠고 있으나, 이 역시 2000년대 이래 고속철도와 경쟁이 시작되고 저비용항공사들이 대거 항공운수 시장에 진출하면서 상당한 변화를 겪게 되었다(〈그림 5-4〉). 1997년 말의 항공노선망과 2017년 봄의 항공노선망을 비교해 보면, 20년 동안에 서울과 제주의 중심성은 더욱 강화된 반면, 중소도시들은 항로망에서 아예 탈락되거나 통행량이 현저하게 줄어들었다. 또한 부산과 청주의 위상이 강화되고, 일부 규

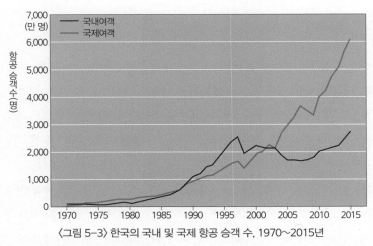

〈그림 5-3〉 한국의 국내 및 국제 항공 승객 수, 1970~2015년

출처: 1970~2004년은 한국항공진흥협회, 항공통계–국내편 2005. 2000~2015년은 통계청 국가통계포털(http://kosis.kr). 그림은 필자 작성.

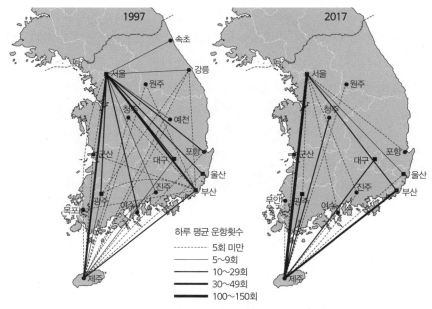

〈그림 5-4〉 국내 항로망의 변화, 1997년 12월(좌)과 2017년 4월(우)

자료: 대한항공, 아시아나항공, 제주항공, 에어부산, 진에어, 이스타항공, 티웨이항공의 운항표 및 홈페이지. 에어서울은 2017년 현재 국내 운항노선이 없었음. 지도는 필자 작성.

모가 작은 도시들이 항로망에 아직 남아 있는 것은 저비용항공사가 이들 도시를 거점으로 항로망을 운영하고 있는 전략이 반영된 결과라고 볼 수 있다.

(3) 항공화물

항공화물의 주요 시장은 신선상품, 전자제품, 그리고 특송 부문이다. 이국적인 것에 대한 선호, 신선한 과일, 채소, 해산물, 꽃에 대해 계절을 불문하고 연중 이어지는 수요로 말미암아 신선상품 시장의 규모와 범위는 확장되었고, 항공운수산업은 이런 추세에 대해 촉진제의 역할을 하고 있다.

또 다른 중요한 항공화물 시장은 전자제품으로, 컴퓨터, 통신기기, 전자부품 등 대부분 무게에 비해 가격이 비싼 것이 특징이다. 전자제조업은 생산 측면에서는 제조업체가 지리적으로 분산되어 있어 적기에 부품을 공급하는 것 등 정교한 관리가 필요하게 되었으며, 수요 측면에서는 고객 맞춤, 시장의 분화, 제품 디자인의 잦은 변동은 기업으로 하여금 발 빠르게 대처하도록 강요하고 있다. 이에 혁신적이고 잘 관리된 물류전략이 중요해졌으며, 여기에는 빠르고 믿음직한 수송이 핵심이다. 오늘날 전자제조업은 항공교통에 의존하여 범세계적 공급사슬을 구성하고 있다고 해도 지나친 말이 아

〈표 5-2〉 세계 15대 화물항공사, 2011년

2011년 순위 (1998년 순위)	항공사	유형	시장 점유율 (%)	2011년 순위 (1998년 순위)	항공사	유형	시장 점유율 (%)
1 (1)	FedEx	I	7.4	10 (12)	China Airlines	C	2.8
2 (6, 9)	Air France/KLM	C	5.4	11 (13)	Cargolux	A	2.5
3 (3)	UPS Airlines	I	5.3	12 (14)	EVA Air(타이완)	C	2.4
4 (11)	Cathay Pacific	C	4.7	13(114)	Atlas Air(미국)	A	2.3
5 (2)	Lufthansa	C	4.6	14 (34)	Air China	C	2.2
6 (4)	Korean Air	C	4.6	15 (33)	LAN Airlines(칠레)	C	1.8
7 (39)	Emirates Airline	C	4.0	상위 15개 항공사 소계			56.6
8 (5)	Singapore Airlines	C	3.5	모든 항공사의 화물 수송 합계: 2,024억 톤-km			100.0
9 (8, 40)	IAG Group	C	3.0				

주: IAG Goup: British Airways와 Iberia.
　항공사의 유형 C: combination carriers, 승객과 화물 복합수송 항공사. A: all-freight carriers, 화물 수송 전문 항공사.
　　　　　I: integrators, 항공운송-육송 연계 항공사.
출처: Bowen, 2014, p.53.

니다.

　세 번째 항공화물 시장은 특송 부문으로, 현재 FedEx, UPS, DHL, TNT 등이 시장을 주도하고 있으며, 항공-육상 수송을 연계한 고속서비스로 특화되어 있다. 기업들 사이에 적기출시(適期出時)를 위해 시간 경쟁이 심화되고, 생산 네트워크가 지리적으로 분산되어 있으며, 제품의 중량 대비 고가화 추세 등이 이 유형의 항공화물 시장이 급성장하게 된 배경이다.

　화물 수송의 지리적 특징은 두 가지로 요약할 수 있다. 첫째, 여객 수송보다는 국지화되어 빠른 제품 주기 및 중량 대비 고가품 제조업이 집적된 곳 인근의 공항을 이용하며, 둘째, 화물 수송 네트워크가 여객 수송 네트워크와 어느 정도 분리되어 있다. 이는 여객은 지리적으로 넓게 분산되어 있지만, 항공화물의 생산은 지리적으로 집중되어 있는 것과 관련이 있다. 여객과 화물 수송은 서로 긴밀히 연계된 점도 있다. 우선 항공화물의 40%는 여객기의 화물칸을 이용하여 수송한다. 또한 화물기는 교통량이 많은 간선에 취항하고, 화물기의 용량이 부족한 노선에서 여객기는 화물기의 보조 역할을 맡는다. 따라서 여객-화물 복합항공사가 세계 화물 수송의 상위를 차지하게 되는 것은 자연스러운 결과이다.

　근래 일부 지역에서는 항공화물 수송과 육상 수송 사이에 경쟁이 다시 시작되었다. 특히 미국 및 유럽연합(EU)에서 트럭 수송이 시간에 민감한 서비스에 대해 가격경쟁력을 갖추게 되었고, 대륙 간 컨테이너 해송에서도 정보통신을 이용한 추적기술의 개선으로 일부 화물에서 경쟁력이 늘어났으며*, 또한 과거 국외로 이전(offshoring)했던 제조업이 국내로 되돌아오는(reshoring) 경향도 항공화물 수송을 위협하는 배경이 되고 있다.

4) 국제항로망의 발달 과정

국제항로망은 어떤 모습으로 발달해 가는가? 오코너(O'Conner, 1995)는 결절(공항)의 지리적 위치와 여건, 항공기 제작기술과 운항기술의 진보, 항공교통 수요의 지리가 국제항로망의 형태와 진화에 영향을 주는 배경이라고 보았고, 각 결절의 지리적 위치와 여건으로는 결절의 중심성(centrality)과 중계성(intermediacy) 그리고 부차적으로는 대규모 결절과의 근접성(proximity)을 3대 요소로 꼽았다. 이러한 논리에 근거하여 오코너는 국제항로망의 발달 과정에 대한 4단계 모형을 제시하고 동남아시아–서태평양 일대를 사례지역으로 삼아 검증한 바 있다(〈그림 5-5〉).

오코너의 모형에서 '제1기 주요 기종점 연결망의 형성기(Stage 1: Major destinations and trunk route stops)'는 1930년대 프로펠러 비행기의 순항거리가 짧아 중간 기착이 필요했던 시절을 묘사하며, 중심성과 중계성이 국제항로망의 형태에 주요 요인으로 작용하여 세계적인 기종점을 잇는 노선에 중간 기착지들이 마치 징검다리처럼 분포하는 항로망을 이루는 것이 형태상 특징이다. 예를 들

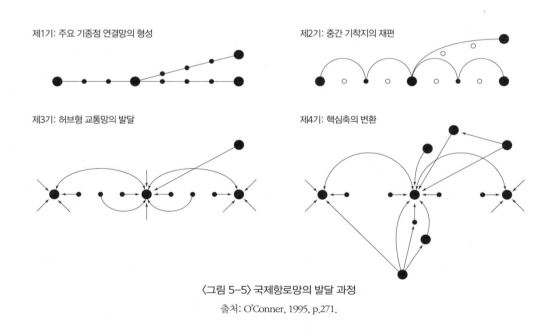

제1기: 주요 기종점 연결망의 형성

제2기: 중간 기착지의 재편

제3기: 허브형 교통망의 발달

제4기: 핵심축의 변환

〈그림 5-5〉 국제항로망의 발달 과정

출처: O'Conner, 1995, p.271.

---

* 공급사슬을 가시화하면 항공화물 서비스가 제공하는 긴급성에 대한 필요를 어느 정도 줄여 주기 때문이다.

면, 과거 미국—아시아 사이에 태평양을 횡단하는 경우 하와이, 웨이크(Wake), 미드웨이(Midway), 괌(Guam), 필리핀 등지에 중간 기착이 필수였다.

'제2기 중간 기착지의 재편기(Stage 2: New intermediate conditions)'는 일부 항공결절이 국가/지역의 발전에 힘입어 그 중심성이 더 강력해지는 한편, 항공기술이 더 개선되어 중간 기착의 필요성이 줄어들면서 시작되었다. 대체로 1940년대와 1950년대의 상황을 가리키며, 일부 중간 기착지가 국제항로망에서 탈락하는 모습이 이 시기의 특징이다.

'제3기 허브 항로망의 발달기(Stage 3: International hub development and proximity)'는 1960년대와 1970년대의 사정을 반영하며, 대도시 공항과 그 배후지 사이에 배양선(feeders)이 발달하는 단계이다. 일부 결절이 선별효과의 결과 허브로 등극하면 근접성 요인이 그 효과를 발휘하기 시작한다. 일단 국제항로망에서 허브로 역할을 하면, 주변의 작은 도시들을 연결하는 배양선이 발달되어 해당 허브의 위상은 더욱 강화된다.

'제4기 핵심축의 변환기(Stage 4: Principal axis shift)'는 1980년대 이후를 가리키며, 보잉 747 등 대형 항공기의 취항과 전 세계에 걸쳐 장거리 연결 수요가 증가된 것이 주요 배경이다. 형태상으로는 제3기와 비슷하지만, 국제항공 흐름의 방향이 달라진 것이 핵심적인 차이점이다. 제4기는 국내외 경제와 정치적 환경의 근본적인 변환을 반영하고 있다. 미국에서는 남부 도시들의 활력이 증가하면서 국제해운과 국내철도의 흐름이 전통적인 동—서 주향에서 남—북 주향으로 바뀐 것을 종종 '핵심축의 변환(principal axis shift)'으로 묘사한다. 동유럽의 재등장, 북미자유무역협정(NAFTA)과 같은 대형 국제협약의 체결, 한국과 일본의 동남아시아 투자 증가 등과 같은 사건들도 각각 해당 지역 국제항공 흐름의 핵심축을 바꿀 수 있는 동력에 해당한다. 이런 축의 변환으로 각 결절의 중심성과 중계성은 다시 바뀌고, 일부 결절들은 새로운 네트워크에서 허브 역할을 맡게 된다.

오코너의 모형은 국제항로망의 진화 과정을 이해하는 데 큰 도움을 준다. 특히 성격이 다른 허브 공항들이 국제항로망에서 나름의 자리를 차지하고 있는 현실을 잘 반영하고 있다. 뉴욕이나 런던 등 일부 세계적인 도시들은 그 자체로 상당한 국제항공교통 수요(중심성)를 갖추고 있다. 그러나 싱가포르 등 일부 허브는 인구나 자원 측면에서는 대도시의 반열에 오르기 어려웠지만 중계성이라는 입지요인을 갖추고 있었기에 오늘날과 같은 허브 공항으로 성장할 수 있었다. 또한 비록 상당한 규모의 대도시라 하더라도 허브 공항에 가까이 위치한 경우(근접성)에는, 허브 공항이 발휘하는 그림자 효과에 가려 핵심공항으로 성장하는 데 어려움을 겪는 점도 잘 설명된다. 이 모형은 또한 국제항로망이 한 방향으로만 경직된 경로를 따라 진화해 가는 것이 아니라, 여건의 변화에 융통성 있게 대응해나가는 것을 수용하고 있다는 점을 높이 평가할 수 있다. 다시 말해 제4기 핵심축의 변환기를 설정하여, 여건이 바뀌면 국제항로망이 얼마든지 다시 달라질 여지를 모형에 포함시킨 것은 탁월한 안목이라고 평할 수 있을 것이다.

반면, 이 모형은 저비용항공이 본격적으로 성장하기 전에 수립되어 지금처럼 단거리 및 중거리 직항(直航) 수요가 급증하고 있는 추세를 제대로 예상하지 못했던 한계도 지니고 있다. 또한 오코너의 모형을 현실에 적용하려 할 때 주의를 요하는 예외들도 있다. 각 나라마다 자국 공항을 국제 허브로 육성시키려는 정책을 강력하게 추진하면 인접 허브 공항이 발휘하는 근접성 효과와 밀고 당기기가 일어나고, 이에 따라 항공망은 모형과 다른 모습으로 구현될 여지도 있는 것이다. 동아시아에서 한국, 일본, 중국이 각각 자국의 허브 공항을 육성하려는 정책을 펴는 것이 이러한 사례에 해당한다.

국가 정책이 국제항로망에 영향을 미치는 또 다른 경우를 살펴보자. 아랍에미리트의 두바이는 현재 세계 유수의 항공교통 허브이며, 이 나라의 에미리트항공사는 세계 15대 항공사 가운데 포함될 정도이다. 두바이는 동쪽의 아시아와 서쪽의 유럽 및 아프리카를 연결하는 위치에 있어, 언뜻 오코너의 중계성 개념이 잘 적용되는 사례인 듯 보인다. 그러나 두바이가 오늘날처럼 항공교통의 중계지점으로 성장한 데에는 그 지리적 입지조건만으로는 충분히 설명되지 않는 다른 요인이 숨어 있다. 아랍에미리트는 토후국의 연합체로서 석유자원의 의존에서 벗어나려고 다양한 정책을 추진하여, 대규모 기반시설의 급속한 개발, 기업친화적 규제 틀, 국제 초호화 관광을 겨냥한 막강한 장소 마케팅 전략을 펼치고 있다. 또한 항공교통 부문에서는 국적기(에미리트항공사)와 중심공항(두바이)을 이 나라의 주권에 대한 선명한 상징으로 활용하고 있다. 이런 모델은 쿠웨이트, 바레인, 카타르 등 아라비아만 국가들이 뒤따라 하고 있다(Derudder and Witlox, 2014). 결론적으로 아라비아만 지역의 항공교통 발달은 폭넓게는 글로벌 경제 속에서 이들 준(準)도시국가들의 경제성장에 기인하는 면도 있지만, 정치지리라는 다른 요인도 매우 중요하였던 것이다.

2. 항공운수산업의 제도와 정책의 변화

항공교통이란 사람과 화물의 이동에 관한 것일 뿐 아니라 지정학과 규제에 관한 것이기도 하다. 20세기 후반 민항기가 프로펠러기에서 제트기종으로 끊임없이 진화하면서 우리의 사는 모습에 여러 모로 변화를 이끌었듯이, 항공교통의 제도와 정책 면에서도 중대한 변화들이 일어났고 그 지리적 영향 역시 심대하였다. 이 절에서는 국제항공 자유의 확대와 국내 항공운수 시장의 자유화를 중심으로 그 지리적 의미를 살펴보기로 한다.

1) 국제항공 자유의 확대

주권국가라면 국경을 관리하는 것은 당연한 일이므로, 국제 항공운수산업은 한 국가의 중점관리 대상이 된다. 1919년 파리협약에서 각 나라의 영공에 대한 주권을 인정하게 되면서, 각국 정부는 항공교통에 대해 개입하기 시작하였고 국제항로에 대한 규제도 많아졌다. 미국은 이러한 규제의 완화를 주도하여, 1944년 미국 시카고에 52개국이 모인 회담에서 '하늘의 개방(open-skies)'을 추진하였다. 시카고 회담은 다자간 협약을 성사시키는 데까지 이르지는 못했지만, '항공의 자유(freedoms of skies)'의 개념과 원칙들(〈그림 5-6〉)이 정의되었고, 이후 여러 항공교통협약의 기준이 되었다. 또한 항공교통의 지리에 상당한 영향을 끼쳐 종래 국내시장에 국한되어 있던 항공운수산업의 국제화를 촉진하고, 항만과 더불어 공항도 대외 관문의 기능이 강화되는 결과를 낳게 되었다.

현재까지 모두 아홉 가지의 항공 자유 개념이 정립되어 있는데*, 시카고 회담에서는 제1, 2 자유만 채택하였고 나머지는 당사국끼리의 회담에 의해 결정하도록 하였다. 이러한 결정은 이후 오늘날까지 세계적으로 수많은 상호협정의 거미줄을 낳는 결과를 초래하였다. 복잡한 상호협정들은 항공산업의 발달을 저해하였으나, 동시에 개발도상국의 중소 항공사가 선진국의 거대 항공사에 맞설 도구로도 작동하였다. 상호규제들을 폐지하고 개방을 추구하는 정책은 일반적으로 한국, 싱가포르, 타이완처럼 자국의 항공시장 규모가 작은 나라에 유리하다. 국제항공 시장의 개방으로 잃는 것보다는 얻는 것이 더 많기 때문이다.

하늘의 개방 정책은 미국이 먼저 주도하였지만, EU가 더 완벽한 개방을 이루었다. EU는 역내 단일 항공시장을 추구하여 1980년대 후반에서 1990년대 전반에 걸쳐 규제를 거의 완벽하게 철폐하였고, EU의 한 회원국 항공사가 다른 회원국에서 영업하는 것이 가능하게 되었다. 2007년 미국과 EU는 범대서양 통합항공권역(Transatlantic Common Aviation Area)의 설정에 합의하여 모든 항공사는 제5 자유[이원권(二遠權)]를 갖게 되었고 운항빈도, 수송한도, 요금, 항로 등에 대한 제한이 철폐되었다. EU 도시와 미국 도시 간 운항이 자유로운 방대한 권역이 만들어진 것이다. 세계 다른 지역들에서는 아직 상호협정에 의한 규제가 많이 남아 있지만 차츰 개방의 방향으로 나아가고 있으며, 특히 아시아에서 개방에 앞장서고 있다.

최근에는 'Open skies'에서 한 걸음 더 나아가 'Clear skies' 주의로까지 진전되고 있다. 'Clear

---

* 1944년 시카고 회담에서는 첫 다섯 가지 자유까지만 거론되었고, 이후 반세기에 걸쳐 나머지 제6~제9 자유의 개념이 단계적으로 정립되었다. 1946년 버뮤다(Bermuda)에서 미국-영국 간 협약(일명 '버뮤다 I 협약')을 맺었으며, 이는 제5 자유(이원권)의 개념을 받아들인 최초의 양자협약이었다. 이후 1977년 버뮤다 II 협약 등을 거치면서 하늘은 점차 개방되어 나간다.

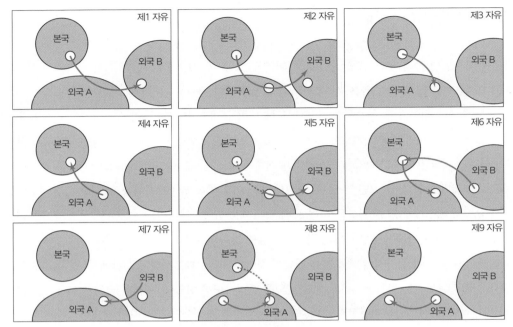

〈그림 5-6〉 '운항의 자유(freedom of skies)'

제1 자유: 목적지로 가는 도중 제3국의 영공을 통과할 수 있는 권리. 국외로 취항할 때 기본적으로 필요하며, 해운의 무해통항권(無
　　害通航權, 해를 끼치지만 않는다면 선박이 다른 나라의 영해를 통과할 수 있는 권리)과 비슷한 개념이다.
제2 자유: 목적지로 가는 도중 급유, 승무원의 교대 등과 같은 기술적 필요에 의해 제3국에 기착할 수 있는 권리. 제1 자유와 마찬가
　　지로 국제항공에서 꼭 필요한 장치라고 할 수 있다.
제3 자유: 승객과 화물을 자국에서 상대국으로 실어 나를 수 있는 권리.
제4 자유: 상대국에서 승객과 화물을 태워 자국으로 실어 올 수 있는 권리. 제3 및 제4 자유는 국제 민간항공산업의 바탕을 이룬다.
제5 자유: 자국에서 출발/도착하는 비행기가 중간 외국 경유지와 제3국 목적지/출발지 사이의 승객과 화물을 수송할 수 있는 권리.
　　제3 및 제4 자유를 더 확장한 개념으로, 이원권이라고도 부른다.
제6 자유: 두 외국 사이의 여객과 화물 수송을 자국 항공사가 자국 내 공항을 이용해 연결(중간 기착, 비행기의 교체 등)할 수 있는
　　권리.
제7 자유: 자국을 벗어나 두 외국 사이에서 승객과 화물을 수송할 수 있는 권리.
제8 자유: 타국 내 취항권(cabotage): 타국 내에서 자국 항공기(자국에서 출발한 경우)가 승객과 화물을 수송할 수 있는 권리.
제9 자유: 타국 내에서 승객과 화물을 수송할 수 있는 권리. 제8 자유에서 정한 자국에서 출발해야 하는 단서가 없이 항공시장이 완
　　전개방된 수준이며, 'stand alone cabotage'라고도 부른다.
출처: Bowen, 2010, p.20; Rodrigue, Comtois and Slack, 2009, p.140. 필자 재구성.

skies' 주의의 핵심은, 첫째, 제6~제9 자유를 허용하여 다른 나라 안에서의 자유로운 취항을 가능하
게 만들고, 둘째, 항공사에 대한 외국인의 소유권 제약을 없애거나 크게 완화하자는 것이다. 현재 해
운부문에서는 자국의 선박을 파나마, 라이베리아 등 제3국에 등록하는 것이 가능하지만['편의치적'
(便宜置籍), flag of convenience], 항공사는 국적기 전통과 국가주의 정서 때문에 소유주가 해당국
의 국민이어야 하는 것이 일반적이다. 항공사 소유에 대한 국적 제한이 없어지면 더 적은 수의 더 크

고 효율적인 항공사들이 출현하는 길이 열릴('clear') 것이며, 마침내는 탈국적화로 나아갈 것이다. 그러나 역설적이게도 하늘의 자유를 가장 먼저 강력하게 추진해 왔던 미국이 국적 문제에서는 현재 가장 엄격한 입장을 견지하여, 외국인이 의결권이 있는 주식을 25% 이상 소유하는 것은 막고 있다.

2) 국내 항공운수 시장의 자유화

(1) 민영화

민간항공 역사에서 항공사는 전형적으로 국가 소유였다. 정부는 종종 국내 항로를 독점하였고, 국제적으로는 국적항공사가 모국을 대표하였다. 이러한 국영(國營)체제는 정부의 주도 아래 항공운수 업계의 성장을 이끌어 내기는 하였으나, 효율성이 떨어진다는 한계도 있었다.

1980년대와 1990년대에 여러 방식의 민영화가 세계 각지에서 추진되었다. 한 유형은 국적항공사의 주식을 상장하여 일반에 매각하는 방식으로, 소득이 높은 국가들에서 널리 행해졌다. 두 번째 유형은 국내 특정 집단에게 매각하는 방식으로, 필리핀의 필리핀항공(Philippine Airlines)이 자국 기업들의 컨소시엄에 매각된 것이 그 보기이며, 한국에서도 공기업이었던 대한항공공사*를 1969년 국내 기업 한진에 매각한 것도 비슷한 경우라고 할 수 있겠다. 이 밖에 사내 직원들에게 매각하는 방식, 항공사 간 매각이 이루어지는 경우 등도 있었다. 현재는 기존 국영항공사가 민영화되는 사례는 드물고, 대신 새 항공사들이 처음부터 민영의 형태로 시장에 진입하는 것이 일반적이다. 한국에서는 아시아나항공이 처음부터 민영으로 출발(1988년)한 것을 비롯해, 여러 저비용항공사들도 민영으로 출발하였다. 아직도 항공사가 국영인 경우가 아프리카와 아시아 등지에서 말라위항공(Air Malawi), 투르크메니스탄항공(Turkmenistan Airlines)처럼 일부 남아 있으며, 북한의 고려항공도 국영의 보기이다.

(2) 규제완화

항공운수산업에 대한 자율화 또는 규제완화는 1970년대에 미국이 선도하였다. 당시 많은 사람들이 정부의 간섭은 자유시장경제에 반한다고 생각했으며, 경쟁은 효율성을 증대시키고 기술 쇄신을 촉진하며 서비스가 개선되어 종국적으로는 항공산업 전체에 이득이 될 것이라고 믿었던 것이다. 미국은 1978년 10월 항공운수탈규제법(Airline Deregulation Act)이 발효되고, 1980년대 초에 후속조

---

* 광복 후 1948년 민영인 대한국민항공사(KNA)가 설립되었다가, 1962년에 정부가 출자한 대한항공공사(KAL)로 개편되었다.

치로 민항기구(Civil Aeronautic Board, 민간항공 육성 목표로 1938년 설립된 정부기관)를 폐지하면서 항공운수산업의 탈규제는 본격화되었다. 미국 외에도 캐나다(1984년), 뉴질랜드(1986년), 영국, 일본, 중국(1988년), 오스트레일리아(1990년)에서 자국 항공시장에 대한 부분적인 규제완화가 시작되었으며, 1990년대에는 개발도상국으로 확산되기 시작하였다.

3) 제도와 정책 변화의 지리적 의미

(1) 네트워크 항공사의 출현

자유화와 이로 인한 경쟁체제 아래에서는 지리(地理)가 기업의 성패에 핵심요인의 하나로 자리매김하게 되었다. 자유화 이전보다 항공사가 서비스하는 지역들, 그리고 항로망의 공간적 조직이 매우 중요해진 것이다. 예를 들면, 미국의 대형 항공사였던 팬아메리칸월드항공(Pan American World Airways)은 국제항로망은 방대했으나 미국 내 항로망이 빈약하여 자유화 이후 경쟁에 견디지 못하고 결국 파산의 길로 접어들고 말았다.

반면, 하늘의 개방주의와 자유화의 파고를 잘 견뎌 낸 일부 성공적인 대형 항공사들이 이른바 '네트워크 항공사(full-service network carriers)'로 그 규모를 더욱 키우게 되었다. 네트워크 항공사란 다양한 기종을 보유하고 단거리, 중거리 및 장거리 노선을 모두 운영하며(네트워크 항공사라는 이름이 붙여진 배경임), 적어도 하나 이상의 허브 공항을 가지고 있고, 지상과 기내에서 고객에게 (저비용항공사보다) 더 나은 서비스를 제공하는 항공사를 말한다.

〈표 5-3〉 세계 15대 여객항공사, 2011년

2011년 순위 (1998년 순위)	항공사	소속 동맹	시장 점유율 (%)	2011년 순위 (1998년 순위)	항공사	소속 동맹	시장 점유율 (%)
1 (3)	Delta Air Lines	ST	6.1	10 (11)	Qantas Group	OW	2.0
2 (1)	United Airlines	SA	5.8	11 (16)	Cathay Pacific	OW	2.0
3 (8,13)	Air France/KLM	ST	4.3	12 (10)	US Airways	SA	1.9
4 (2)	American Airlines	OW	4.0	13 (42)	Air China	SA	1.8
5 (4, 25)	IAG Group	OW	3.3	14 (12)	Singapore Airlines	SA	1.7
6 (15)	Southwest Airlines	–	3.3	15 (18)	Air Canada	SA	1.7
7 (48)	Emirates Airline	–	3.0	상위 15개 항공사 소계			46.0
8 (9)	Lufthansa	SA	2.8	모든 항공사의 여객 수송 합계: 5조 620억 명-km			100.0
9 (35)	China Southern	ST	2.1				

주: 항공동맹: ST(Sky Team), SA(Star Alliance), OW(Oneworld). IAG Group: British Airways와 Iberia.
출처: Bowen, 2014, p.46.

항공운수시장은 그 집중도가 비교적 낮은 것이 특징이다. 대형 항공사들의 시장 점유율은 다른 운수 부문보다 낮아서 최상위 15개 대형 여객항공사가 2011년 현재 세계시장의 46%를 점유하고 있으며, 이는 저비용항공사들과의 경쟁 때문에 1990년대 후반보다 더 낮아진 수치이다.

(2) 항로망의 변화

하늘의 개방과 항공운수산업에 대한 규제완화의 물결은 국내외 항로망에도 상당한 변화를 불러와, 종전 직항로 위주의 항로망은 점차 허브형 항로망으로 바뀌었다. 허브형 네트워크는 직결형 네트워크보다 항공사에 더 유리하기에 대형 항공사들이 앞다투어 그들의 서비스망을 허브형으로 바꾸게 된 것이다.

허브형 항로망이란 대도시 허브 공항을 중심으로 주변 배후 도시들을 배양선으로 연결하는 구조이며, 형태로는 방사상 또는 바큇살(hub-and-spokes)형이라 부르고, 배후지의 교통수요를 중심 허브로 모아 주는 기능을 강조할 때에는 허브-피더(hub-feeders)형이라 부른다. 배후지의 중소도시들을 연결하는 배양선에는 중소형 비행기가, 대도시 허브 공항끼리의 간선에는 대형 비행기가 취항하는 것이 일반적이다.

물론 세계의 모든 항로망이 처음에는 직결형이었다가 자유화로 인한 경쟁체제로 말미암아 허브형으로 바뀌어 간 것은 아니었다. 가령 유럽의 항로망은 모양으로는 허브형을 닮았지만, 그 내용으로 보면 대륙 규모의 영토를 가진 미국의 경우와는 크게 다르다. 유럽에서는 자유화 이전에 이미 국적항공사들이 주로 해당 국가의 으뜸도시를 중심으로 방사상 항로망을 구성하고 있었다. 따라서 요즘 유럽 전역의 항로망은 국가별 허브형 항로망의 경쟁, 그리고 저비용항공사의 진출이 복합적으로 투영된 결과물이라고 볼 수 있다(Frenken et al., 2004). 아시아를 비롯한 다른 대륙의 사정도 유럽과 비슷하다. 또한 모든 교통망이 허브형 항로망 일색으로 바뀌는 것만은 아니다. 허브형 항로망이 메우지 못하는 도시를 연결해 주는 틈새시장 서비스업체가 등장하게 되며, 이런 틈새시장 가운데 상당

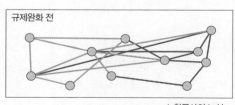
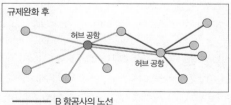

—— A 항공사의 노선　　　—— B 항공사의 노선

〈그림 5-7〉 규제완화와 항공노선망 형태의 변화

출처: Rodrigue et al., 2006, p.141.

부분을 저비용항공사 등이 서비스하고 있다는 점도 흥미로운 현상이다.

허브형 항로망은 이른바 밀도의 경제(economies of density)와 범위의 경제(economies of scope)를 구현할 수 있도록 돕는다. 밀도의 경제란 여러 기종점을 잇는 교통흐름이 하나의 허브로 수렴될 때 노선의 승객당(또는 화물 톤당) 비용이 낮아지는 것을 의미하며, 흐름을 통합하면 더 큰 비행기를 띄워 단위비용을 낮출 수 있는 데다 운행빈도를 더 높이면 잠재고객의 여행계획을 맞추기 쉬우므로 시장 점유율도 높일 수 있다(글상자의 해설 참조).

글상자: 직결형 항로망과 허브형 항로망의 비교

아래 그림은 네 도시 사이에 항공기로 사람을 실어 나르는 경우로, 왼쪽 그림은 직결형(point-to-point) 항로망을, 오른쪽 그림은 허브형(hub-and-spoke) 항로망을 나타낸 것이다.

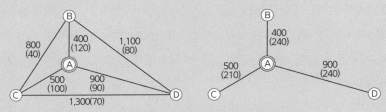

〈그림 5-8〉 직결형 항로망(좌)과 허브형 항로망(우)

각 항로에 적힌 첫 숫자는 도시 간 거리(km), 두 번째 숫자(괄호)는 해당 구간에 편도 수송해야 할 승객 규모(명)를 가리킨다.

두 항로망에서 승객을 실어 나르기 위해 항공기가 운항해야 하는 거리와 횟수는 표와 같이 요약할 수 있다. (모든 승객을 한번에 수송한다고 가정했을 때) 비행기의 총 운항거리와 왕복 운항 횟수는 직결형 항로망의 경우 각각 1만km와 12회 운항이던 것이 허브형 항로망에서는 3,600km와 6회로 크게 줄어든다. 이는 승객의 입장에서는 직결형 항로망보다 허브형 항로망에서 이동거리가 더 늘어나고 환승의 번거로움이 따르는 반면, 항공사의 입장에서는 허브형이 매우 유리하다는 것을 보여 준다.

비교 지표	직결형 항로망	허브형 항로망
– 도시 간 왕복 이동거리 합계	10,000km	10,800km
– 비행기의 왕복 운항거리 합계(모든 승객을 한번에 실어 나를 경우)	10,000km	3,600km
– 비행기의 왕복 운항 횟수	12회	6회

허브형 항로망이 항공사에 유리한 형태라는 것은 각 노선별 수송량에서 더 극적으로 드러난다. 예를 들면, 직결형 항로망에서는 도시 A-D 사이에 편도 90명의 승객뿐이었지만, 허브형 항로망에서는 도시 B-A-D 및 C-A-D를 오가는 환승객까지 더하여 도시 A-D 사이에 승객 수가 240명으로 늘어나 밀도의 경제를 구현할 수 있게 되는 것이다.

범위의 경제란 허브형 구조가 더 많은 도시짝을 연결할 수 있다는 것을 말한다. 허브에 연결되는 배양선이 하나 더 늘면 서비스할 수 있는 도시짝은 급속도로 늘어나게 되는 것이다. 따라서 승객의 입장에서도 허브 공항에서 환승의 부담을 감수할 의향만 있다면, 직결형 서비스 체제보다 훨씬 많은 도시를 더 싼 요금으로도 여행하는 것이 가능해진다. 항공사들이 경쟁을 피해 서로 다른 도시를 허브로 선택한다면, 나라 전체로는 지리적 분산을 이루는 부수적 효과도 있다.

허브형 항로망은 결함도 적지 않다. 삼각형에서 두 변의 길이를 합한 것이 한 변의 길이보다 언제나 길다는 사실에서 미루어 보듯이, 승객의 입장에서는 허브에서 환승하는 경우에 직항 때보다 통행 거리가 더 길어진다는 단점이 있다. 또한 허브에서 승객과 화물의 환승과 환적 설비도 더 필요하게 되며, 특히 여객 수송의 경우 허브 터미널 안에서의 혼잡, 환승의 번거로움, 연착 등으로 옮겨 타야 할 항공기나 버스, 기차를 놓치는 일, 탑승권의 관리가 복잡해지는 점 등을 단점으로 꼽을 수 있다. 일반적으로 허브형 항로망은 승객의 수송보다는 이러한 단점들에 덜 민감한 화물 수송에 더 적합하다. FedEx, DHL 등 항공화물 특송업체들이 예외 없이 허브형 네트워크를 운영하는 것도 바로 이 때문이다.

허브 공항은 타 경쟁사가 시장에 들어오는 것을 막는 진입장벽 구실을 하여, 결과적으로는 규제 완화가 경쟁을 촉진시키지 못하는 역설을 낳기도 한다. 한 항공사가 일단 허브를 장악하고 나면, 다른 경쟁사가 운행에 필요한 최소 고객 수를 확보하기가 쉽지 않기 때문에 선점한 시장을 보호할 수 있게 되는 것이다. 또한 터미널 안의 여러 시설과 터미널 밖의 계류장 등을 우선적으로 사용할 수 있고, 카운터의 배치에서도 유리하며, 지역 내 화물 주선업체나 여행사 등과 우호적 연계를 독점할 수 있는 것도 허브 체제가 가져다주는 진입장벽의 보기이다. 이런 연유로 경쟁 항공사들은 가급적 서로 다른 공항을 허브로 삼는 전략을 구사하려 하며, 우리나라에서 어떤 저비용항공사는 제주공항을, 또 다른 항공사는 김해공항이나 청주공항을 모항(母港)으로 삼는 것도 같은 이치이다.

(3) 다국적화와 제휴를 통한 항공사의 세계화

일부 항공사들은 국내에서 몸집을 불려 대형 네트워크 항공사로 성장한 동시에 다국적화와 전략적 제휴(alliances) 정책을 펴 나갔으며, 이처럼 서비스 지역의 범위를 세계로 넓힌 항공사들을 글로벌 항공사(global carrier)라고도 부른다. 다국적화는 북아메리카, 유럽, 동아시아, 오스트레일리아에서 먼저 시작되었고, 다른 대륙들이 뒤를 따르는 양상으로 전개되고 있다. 다국적화란 한 나라의 항공사가 외국 항공사의 주식을 보유하는 것을 말하며, 이는 외국 시장에 진입하려 했을 때 지역주의와 보호주의를 회피하는 유력한 수단이 될 수 있다.

외국 항공사의 주식을 보유하는 정책 외에도, 각국 항공사들은 전략적 제휴 정책을 통해 시장에 대응하게 되었다. 전략적 제휴에는 몇 가지 유형을 볼 수 있다. 첫째, 가장 단순한 제휴는 노선별로 제휴하는 것이다. 둘째, 이보다 더 진전된 제휴 유형은 운항일정을 협조하고(공동운항: code-sharing과 schedule meshing), 같은 터미널에 제휴 항공사들을 배치하여 제휴사의 허브 공항에서 연결이 쉽도록 도모하는 등 지상에서의 여객과 화물 처리 과정을 공유하며, 고객관리 프로그램(항공마일리지 제도 등)을 통합 운영하는 것 등이다. 이로써 개별 항공사별 장점은 그대로 유지하면서 노선과 시설을 통폐합하고 공동 마케팅 전략도 활용할 수 있다. 셋째 유형은 투자 제휴로서, 둘째 유형에 주식 보유를 합친 방식이며 세계적 범위의 항공사 가족을 이루게 된다.

현재 전 세계 항공사는 스타얼라이언스(Star Alliance), 원월드(Oneworld), 스카이팀(SkyTeam)의 3대 동맹으로 나뉘어 있고, 세계 항공 좌석수의 40%를 점유하고 있으며, 각기 세계 100대 도시의 대부분을 포함해 전 세계를 서비스하고 있다. 스타얼라이언스는 1995년에 가장 먼저 창설되었으며, 원월드(1999년)와 스카이팀(2000년)이 그 뒤를 이었다. 항공사들의 제휴는 국제항공교통의 지리에 중요한 영향을 미쳐, 장차 항공교통은 점점 더 소수의 허브 공항에 집중될 것으로 전망된다.

제휴는 화물보다는 승객 수송 부문에 치중되어 있으며, 현재 화물 수송의 제휴는 스카이팀 카고(Skyteam Cargo)뿐이다. 이는 승객과 달리 화물은 그 특성상 고객[화주(貨主)]이 소수라는 점, 정보가 제휴사에 공개되면 고객에 대한 장악력(연계)이 떨어질 것을 우려하는 점, 화물은 같은 허브 공항 안에서도 한 항공사 터미널에서 다른 항공사 터미널로 이동하기 어렵다는 점, 화주는 출발공항에서 도착공항까지 동일 항공사에 의해 수송되는 것을 선호한다는 점 등이 그 배경이다.

(4) 저비용항공사의 등장

저비용항공사는 1980년대에는 거의 존재하지 않았으나, 이후 급성장하여 지금은 전 세계에서 운항 중인 좌석수의 1/4을 차지하게 되었다. 저비용항공사란 요금이 대형 네트워크 항공사에 비해 현저히 싼 것이 특징으로, 중소 규모의 신규 항공사이거나 네트워크 항공사의 자회사인 경우가 많으며, 저렴한 요금의 특성상 젊은 층, 관광여행객 등을 주요 잠재고객으로 삼는다. 또한 승객 수송 위주이고 화물 수송은 하지 않는데, 화물 부문은 동체의 폭이 좁은 기종 위주로 운영되는 저비용항공사가 진입하기 어려운 시장이기 때문이다. 지리적으로는 대체로 운항거리 2시간 안팎의 중~단거리 직항 노선을 운영하고, 주요 허브 공항보다는 2위 공항을 이용하는 경우가 많다.

저비용항공의 역사를 간단히 살펴보면, 미국에서 1960년대와 1970년대에 단거리 항공사들이 효율적인 사업모델을 개발하기 시작한 것이 그 효시이다. 미국 텍사스주의 소규모 항공사 사우스웨스트항공(Southwest Airlines)이 대표적인 사례로서, 기내 서비스를 최소화하거나 유료화하여 운영비용을 줄이고, 허브형 항로망보다는 직항체제를 내세워 노선의 운항빈도를 높이며, 대도시에 여러 공항이 있을 경우 공항 사용비용이 저렴한 2위 공항을 이용하고, 기종을 단순화하여 정비비용과 승무원의 교육 및 훈련 비용을 낮추는 경영방식을 도입한 것이다. 이후 저비용항공은 큰 인기를 끌어 21세기 초 현재 세계적인 현상이 되었다. 저비용항공사는 사우스웨스트항공사 모델 외에도 대형 항공사의 자회사, 비용 절감 경영을 펴는 대형 항공사 등 여러 유형이 있다.

저비용항공은 경영 측면에서는 성공을 거두고 있지만, 부정적 측면도 적지 않다. 승객 한 사람이 지불하는 비행요금은 싸지지만 그만큼 사회에 부담시키는 비용(환경비용 등)은 늘어나고 있으며, 기종이 낡고 운항 횟수는 많은 데다 정비를 외주에 의존하는 등의 이유로 안전문제가 제기되고 있다. 또한 과거에 높은 보수를 누렸던 승무원들이 직장을 잃거나 임금이 낮아지는 일도 발생하고 있다.

저비용항공은 대형 네트워크 항공사들의 노선과 겹치는 노선에서는 경쟁이 심화되고 있지만, 대형 항공사와 저비용항공사 사이에 협력하는 유형도 등장하고 있다. 대형 항공사의 허브 공항을 이용하며 지역 승객을 허브로 실어 나르고 대형 항공사와 공동운항(code-sharing)을 하는 방식으로서, 대형 네트워크 항공사가 이러한 지역 항공사에 의존하는 정도는 더욱 높아지는 추세이다.

저비용항공은 저개발국에서 잘 발달할 것 같지만, 실제로는 선진국에서 여행경비를 줄이려는 고객들을 중심으로 활황이다. 한국에서는 현재 제주항공(2006년 국내선 첫 취항), 진에어(2008년), 에어부산(2008년), 이스타항공(2009년), 티웨이항공[2010년 한성항공(2005년 첫 취항)을 인수], 에어서울(2016년) 등이 있으며, 급성장을 거듭해 현재 국내선의 점유율은 절반을 넘어섰고 국제선의 점유율도 1/5에 이르고 있다.

3. 공항

1) 공항의 지리적 특성

공항은 교통 측면에서 단순히 비행기가 뜨고 내리는 장소일 뿐 아니라 육상의 고속철도, 고속도로, 도시의 대중교통수단 등 여러 교통수단이 모이는 접점이다. 토지이용 측면에서 볼 때, 각종 서비스업이 밀집된 공간이기도 하다. 일부 국제공항에는 면세점이 입점해 있으며 공항 인근에도 쇼핑몰이 발달할 수 있고, 호텔과 대규모 회의장, 심지어 예배당과 결혼식장까지 입지하는 것도 요즈음의 추세이다. 말레이시아의 쿠알라룸푸르처럼 공항 인근에 골프장, 포뮬러 원(Formula One) 자동차경주장, 영화관, 사격장까지 갖춘 경우도 있으며, 한국의 김포공항에 아웃렛, 영화관 등이 들어서 있는 것도 (국제공항 기능이 인천국제공항으로 이전된 다음 일어난 변화이기는 하지만) 비슷한 경우이다. 화려한 분야는 아니지만 자동차 대여와 주차장도 토지를 많이 차지하는 부문이다. 또한 공항 특히 화물터미널은 제조업이 입지하는 곳이기도 하다. 부피가 작고 값이 비싼 부품들이 비행기에 실려 와 터미널 부근에서 마무리 가공, 조립, 포장을 거쳐 시장으로 출하되는 경우가 늘어나고 있는 것이다.

과거에는 항만이 이민자의 관문이었다면, 이제는 공항이 그 역할을 대신하고 있다. 미국이 그 대표적인 사례로서 과거에는 배를 타고 대서양을 건너온 이민자들이 뉴욕시 앞의 엘리스(Ellis) 섬에 내려 입국수속을 밟았지만, 오늘날에는 로스앤젤레스 국제공항, 뉴욕의 존에프케네디 국제공항 등이 미국의 새로운 엘리스 섬처럼 된 것이다. 오늘날 공항터미널은 공항이 입지한 도시, 지역, 국가의 상징으로 간주되고 있으며, 웅장하고 화려한 공항을 건설하는 경향이 뚜렷하다.

2) 공항을 거점으로 삼은 지역개발

앞에서 설명한 것처럼 공항은 관문으로서 대외 접근성이 뛰어난 지점이며, 다양한 토지이용이 입지하는 공간이므로 직접 고용효과와 승수효과도 상당하다. 그러나 어떤 교통터미널이든 정도의 차이는 있겠지만 이러한 경제적 효과와 접근성 개선 효과는 있는 법이므로 공항만 유별하다고 말하기는 어렵다. 공항이 철도역이나 항만 등 다른 유형의 교통터미널과 다른 것은 지리적으로 배후도시에서 비교적 멀리 떨어져 자리 잡는다는 점이다. 배후도시와 상당히 격리되어 있다는 점 자체가 공항 인근 및 공항에서 배후도시를 잇는 교통로 연변에 새로운 기능들이 자연스레 입지하게 될 여지를 허용하는 것이다.

이러한 공항의 지리적 특수성을 눈여겨본 것이 공항을 핵으로 삼아 지역개발을 도모해 보려는 구상이다. 이 구상은 공항을 통해 제공되는 교통 네트워크를 대도시권 경제의 핵심자산으로 간주하며 항공 및 여타 부문의 활동들을 통합 개발하는 전략으로, 공항 인근에 기업과 고급 서비스들이 입지하고 지역 내 주요 지점을 여러 고속 교통수단으로 연결하는 것이 핵심내용이다. 이러한 지역개발의 지리적 범위는 공항을 중심으로 주변 30km 정도이며, 공항의 직접, 간접 및 유발 효과가 발생하는 곳이자 공항의 촉매 효과가 극대화되는 곳이다. 공항을 거점으로 삼은 개발은 '공항도시(airport city)' 등 여러 가지 이름의 구상으로 제시된 바 있으며, 그 가운데 'aerotropolis(항공대도시 또는 공항복합도시)'의 구상이 그 규모가 가장 크다. 항공대도시는 카사다와 린지(Kasarda and Lindsay,

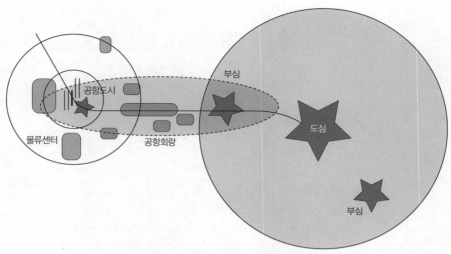

〈그림 5-9〉 공항도시와 공항회랑의 개념

출처: Schaafsma, 2015, p.81.

2011) 등에 의해 주창되었던 것으로, 공항을 중심으로 몇 개의 동심원 지대를 설정하고 중심업무지구(central business district, CBD)부터 주거지구에 이르기까지 각종 도시기능들이 차례로 들어선 상당한 크기의 도시를 말한다. 최근에는 공항과 중심 모도시 사이의 긴 회랑의 개발가치에도 주목하여 이른바 공항회랑(airport corridor)을 공항도시와 연계하여 개발하는 구상도 제시되고 있다. 공항회랑에 새로운 기능들이 입지하는 사례로는 미국의 덜레스(Dulles) 국제공항에서 중심도시 워싱턴디시(Washington D.C.)를 잇는 회랑, 네덜란드의 스히폴(Schiphol) 국제공항 주변, 싱가포르의 창이(Changi) 공항과 시내를 잇는 회랑 등지를 꼽을 수 있다. 공항도시 또는 공항회랑의 성공은 회랑지대 및 배후 중심도시와의 연결성이 얼마나 우수하냐에 달려 있으며, 연계 교통수단을 잘 마련하는 것이 성패의 관건이 된다(Schaafsma, 2015).

물론 공항도시의 구상에 대해 회의적인 지적도 있다. 장기적으로 보았을 때 화석연료가 고갈되거나 가격이 앙등한다면 공항도시의 성장에 제동이 걸릴 수 있다는 점, 테러의 위험이 상존하는 데다 전쟁이 일어났을 때 공항이 우선공격 대상이 될 수 있다는 점, 세계화시대의 자본 순환구조로 말미암아 정부의 투자와 혜택이 결국은 일부 초국적기업에게로 돌아갈 우려가 있다는 점 등이 그것이다.

이처럼 공항도시나 공항회랑 등의 구상에 대한 이견도 적지 않지만, 공항의 관문기능을 지역개발의 지렛대로 활용하자는 생각은 꾸준히 이어지고 있다. 새로 개발될 수 있는 토지가 부족하거나 주민들의 반대가 많은 선진국에서는 이루기 어려운 구상이지만, 제약이 적은 개발도상국에서는 지역

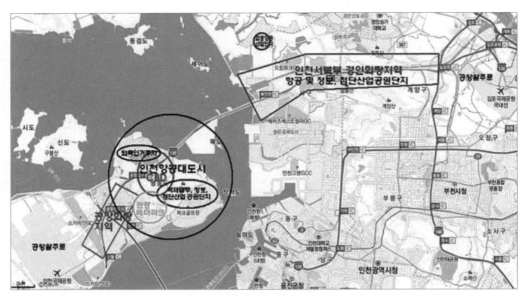

〈그림 5-10〉 인천 항공대도시의 구상

주: 그림에서는 공항회랑을 인천 시역 내로 국한하였지만, 서부 서울까지 연장한 구상도 있다(김인, 2000).
출처: 김천권, 정진원, 2014, p.79.

개발의 한 수단으로 생각해 볼 만한 방안이기 때문이다. 홍콩의 스카이시티(Skycity), 쿠알라룸푸르의 게이트웨이파크(Gateway Park) 등 새로운 형태의 도시 개념이 아시아에서 다수 제시된 것도 비슷한 맥락이다. 한국에서도 청주국제공항이나 인천국제공항을 중심으로 공항복합도시 또는 항공대도시의 개발구상이 2000년대 이래 꾸준히 제기되고 있다(김인, 2000; Ducruet et al., 2013; 김천권, 정진원, 2014).

3) 공항의 과제들

(1) 육상 연계교통

공항도시나 공항회랑과 같은 대규모 개발사업의 차원이 아니더라도, 공항과 배후지를 잇는 연계교통은 공항이 제대로 작동하기 위한 핵심요소 가운데 하나이다.

공항을 이용하는 사람들은 항공여객, 공항 근로자, 방문객의 세 집단으로 크게 나뉘며, 집단마다 교통수요의 특성이 다르므로 정책을 마련할 때 이를 고려해야 한다. 항공여객은 대체로 비행기 출발 시각에 민감하여 교통수단의 정시성(定時性)을 중시하므로 짐이 많은 경우 자가용 차량이나 택시를

〈표 5-4〉 공항의 육상교통 연계방안

교통정책 부문	자가용 차량	대중교통수단	기타
비용(시장 기반)	• 주차비 • 도로 통행료	• 할인요금제 • 통합요금제	
규제와 제도	• 환승 주차 • 주차 규제 • 합승	• 궤도차(전철, 경전철) 개선 • BRT(간선급행버스, bus rapid transit), 일반버스 개선 • 버스 전용차로제 • 교통정보 제공 • 택시 합승제 • 정류장의 수준과 안전 보완	• 통행계획의 수립 • 자전거와 도보의 우선순위 상향 조정

출처: Graham and Ison, 2014, p.93. 필자 수정.

선호하는 경향이 있지만, 공항철도와 같은 대중교통의 이용으로 유도할 수 있는 훌륭한 목표집단이 기도 하다. 공항 근무자들은 교대근무의 필요 등으로 인해 근무시간이 다양한 특성을 띠며, 이에 따라 자가용 차량의 이용률이 높은 경향이 있다. 방문자 집단은 단순히 배웅이나 마중하러 공항을 드나드는 사람들이 있는가 하면, 공항의 시설을 이용하려고 방문하는 사람들도 있어 교통수요의 특징이 집단 내에서도 다양하다.

(2) 공항의 혼잡

항공시장은 급성장하고 있지만, 공항의 용량은 이를 따라가지 못하여 지상과 상공 모두 혼잡을 빚고 있다. 공항의 용량 부족에 단기적으로 대처하는 방안으로는 수요관리 기법들을 채택하고 있으며, 혼잡한 공항의 수요 줄이기, 비행기 이착륙 첨두시간대의 분산, 기술 및 운영 혁신 등의 과제에 정보통신기술이 적극 활용되고 있다.

중~장기적으로는, 오늘날은 이동성이 자유의 중요한 상징으로 간주되는 시대이기도 하므로 혼잡을 해소하기 위해 더 많은 공항, 터미널, 활주로를 마련하는 것이 필요하다. 그러나 물리적 여건이나 재정적 제약으로 실현이 어려운 경우도 있으며, 특히 넓은 공항용지의 부족 문제, 그리고 공항 확장과 신설에 대한 극심한 반대 여론이 가장 큰 장벽이다. 예를 들면 유럽에서는 반대 여론 때문에 활주로의 확장이나 공항 신설 계획이 거의 없으며, 주로 아시아와 아프리카에서 공항 확장과 신설 사업이 벌어지고 있는 추세이다.

(3) 환경문제

항공교통에서 발생하는 주요 환경문제로는 소음, 차량과 비행기의 배출가스, 연료 소비를 꼽을 수 있다. 항공교통은 세계적(global)이라는 속성을 띠고 있으므로, 환경문제의 해결도 국제적 규제와 관리에 예속된다는 것을 뜻하며 국제기구와 협약들에 의해 관리될 수밖에 없다.

기술적 측면에서 환경문제를 개선하는 중장기 방안으로는 대체연료의 개발, 기체와 엔진 디자인을 바꾸어 오염물질의 배출 수준을 낮추고 더 효율적인 비행기를 생산하는 방안 등이 연구되고 있다. 단기적인 개선방안들로는 환경영향부과금(green taxes)을 부과하는 방안, 불필요한 단거리 항공여행을 줄이도록 유도하기, 건물의 에너지 효율 개선, 폐기물의 회수와 재활용, 공항을 오가는 통행에 자가용 차량 사용 억제 등을 고려할 수 있다.

공항과 관련된 가장 큰 환경 쟁점은 소음이다. 1960년대에 소음 문제가 야기되자 정부는 규제로 대응하여, 주야간 평균 65데시벨(DB)을 넘지 못하도록 규제하고 있다. 엔진의 기술적 개선으로 이런 소음 기준치를 넘어서는 면적(footprint)은 줄어들고 있다. 운영 측면에서는 소음이 심한 비행기의 야간비행을 금지하는 등의 대책이 있다. 그러나 아직도 소음 문제가 해결된 것은 아니다. 소음 개선 속도는 느리고, 공항은 자석과 같아서 공항 주변의 인구가 계속 증가하는 데다, 소득의 증가에 따라 소음공해에 민감한 중~상류층이 늘어나고 있는 문제점들이 남아 있는 것이다.

· 참고문헌 ·

김인, 2000, "수도권 신공항−서울간 회랑지역의 국제화 추진전략," 한국도시지리학회지 3(1), 15−19.

김천권, 정진원, 2014, "공항과 도시개발: 글로벌 시대에 인천 항공대도시 조성을 위한 시론적 연구," 한국도시지리학회지 17(3), 65−84.

최재헌, 강승호, 2011, "세계 항공 유동공간의 연계 구조," 한국도시지리학회지 14(2), 17−30.

Bowen, J. T., 2010, *The Economic Geography of Air Transportation: Space, Time, and the Freedom of the Sky*. Routledge: London.

Bowen, J. T., 2014, "The economic geography of air transport," in Goetz, A. R. and Budd, L. (eds.), *The Geographies of Air Transport*, Ashgate: Surrey, UK. 41-59.

Derudder, B. and Witlox, F., 2014, "Global cities and air transport," in Goetz, A. R. and Budd, L. (eds.), *The Geographies of Air Transport*, Ashgate: Surrey, UK. 103-123.

Ducruet, C., Carvalho, L. and Roussin, S., 2013, "The flight of Icarus? Incheon's transformation from port gateway to global city," in Hall, P. V. and Hesse, M., (eds.), *Cities, Regions and Flows*, Routledge: London. 149-169.

Frenken, K., van Terwisga, S., Verburg, T., Burghouwt, G., 2004, "Airline competition at European airports,"

Tijdschrift voor Economische en Sociale Geographie 95(2), 233-242.

Goetz, A. R. and Budd, L. (eds.), 2014, *The Geographies of Air Transport*, Ashgate: Surrey, UK.

Graham, B., 1995, *Geography and Air Transport*, Wiley: New York

Graham, B. and Goetz, A.R., 2008, "Global Air Transport," in Knowles, R., Shaw, J. and Docherty, I. (eds.), *Transport Geographies: Mobilities, Flows and Spaces*, Blackwell Publishing: Malden, MA. 137-155.

Graham, A. and Ison, S., 2014, "The role of airports in air transport," in Goetz, A.R. and Budd, L. (eds.), *The Geographies of Air Transport*, Ashgate: Surrey, UK. 81-101.

Kasarda, K. and Lindsay, G., 2011, *Aerotropolis: The Way We'll Live Next*. Allen Lane, Penguin: London.

O'Conner, K., 1995, "Airport development on Southeast Asia," Journal of *Transport Geography* 3(4), 269-279.

O'Conner, K. and Fuellhart, K., 2014, "Air transport geographies of the Asia-Pacific," in Goetz, A. R. and Budd, L. (eds.), *The Geographies of Air Transport*, Ashgate: Surrey, UK. 187-210.

Rodrigue, J., Comtois, C. and Slack, B., 2009, *The Geography of Transport Systems, second edition*. Routledge: London.

Schaafsma, M., 2015, "Amsterdam Mainport and metropolitan region: Connectivity and urban development," in Conventz, S. and Thierstein, A. (eds.), *Airport, Cities and Regions,* Routledge: London. 68-85.

제6장

철도교통

1. 지역교통과 철도

지역교통이란 거리로 보아 100~800km 정도의 이동을 말하며, 지리적 특성으로 보면 도시 간 이동이 대부분이다. 교통기술의 발달과 생활양식의 변화로 말미암아 사람들의 이동빈도뿐 아니라 이동거리도 늘어나면서 지역교통은 그 중요성이 더욱 커지고 있다. 지역교통수단으로는 장거리 고속버스, 철도, 비행기 등 여러 가지가 있지만, 이 가운데 철도가 대표적이라고 말할 수 있다.

역사적으로 보면 철도는 19세기부터 20세기 전반기 동안 도시 간, 지역 간 상호교류에 중요한 역할을 하였으며, 자동차의 도전을 받기 전까지 육상에서 장거리 승객과 화물 수송을 독점하다시피 하였다. 20세기 중엽에 자동차 시대가 본격적으로 열리자 철도의 수송분담률은 과거보다 상당히 낮아졌으며, 정부의 보조금으로 겨우 지탱하고 있는 나라나 지역도 적지 않다. 그러나 아직도 이동거리 300~400km 구간에서는 어느 교통수단보다도 빠르고 편리한 수단이며, 특히 전기철도와 고속철도의 등장은 빼앗긴 수요를 되찾아 가고 있다. 또한 과거 철도의 운행속도가 느렸을 때에는 장거리 구간에서 항공교통이 우위를 점하였지만, 고속철도가 등장한 요즘은 비행기를 이용한 이동도 철도교통에 점차 밀려나는 추세이다.

철도교통은 시설 측면에서 장치산업이라는 특징이 있다. 철도교통은 궤도와 차량(전동차, 화차, 객차)을 갖추어야 하며, 배후시설(조차장, 정비시설, 역과 화물터미널, 역 주변의 주차장 등 다른 교통수단과 연계를 위한 시설, 통신시설)도 방대하다. 이런 이유로 철도교통은 고정비용이 전체 비용의 상당부분을 차지한다. 철도는 다른 교통수단과는 별개로 독자적인 궤도와 시설을 갖추고 독자적인 제어 시스템에 따라 운행하기 때문에 자동차처럼 혼잡 문제를 발생시키지 않는다. 철도는 같은 시간, 거리에서 최대의 용량을 제공하면서도 연료 소모가 효율적이라는 장점을 지니고 있으며, 특히 전기철도는 (전력 생산에 소요되는 에너지를 고려하지 않는다면) 환경문제가 덜하다.

역사적으로 볼 때, 철도라는 교통수단이 처음 도입되었던 시기는 매우 큰 의미를 지닌다. 19세기에 중거리 및 장거리 교통수단으로 마땅한 것이 아직 개발되지 못하였던 도보-수운 시대에 등장한 철도는 전통적인 이동수단들을 압도하면서, 당시 사람들의 생활과 더 나아가 지역 및 국가 전체의 교통체계와 공간조직을 뒤흔드는 결과를 낳았기 때문이다. 거시적으로 보면, 철도노선을 따라 발전

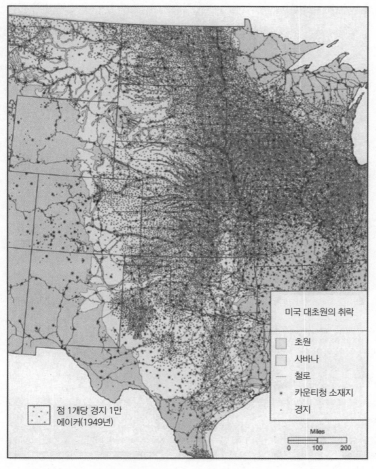

〈그림 6-1〉 미국 대초원의 철도망과 중심지 분포
출처: 마이클 콘젠 편, 2011, p.273.

축이 형성되었으며 기존 도시체계는 철도망에 따라 새롭게 짜여지게 되었다. 시야를 좁혀 보면, 역전취락(驛前聚落)은 신도시의 씨앗이었고 역의 이름이 새로운 취락의 이름이 되었으며, 도시 안에서는 기차역이 자리 잡은 곳이 도심이나 부심으로 성장하는 일도 종종 있었다. 19세기 후반에서 20세기 초에 걸쳐 미국 대초원에서 철도망이 확장되면서 방대한 초원이 경지로 개간되고 취락이 들어섰던 것은 철도가 지역의 공간구조에 영향을 미친 가장 극적인 사례로 꼽힌다(〈그림 6-1〉). 이미 인구와 경제활동이 조밀하였던 유럽에서도 초기 철도의 영향력은 절대적이었으며, 지금도 유럽의 여러 도시에서 중앙역이 해당 도시의 핵심을 이루고 있는 것을 볼 수 있다. 그러나 21세기 초 현재에는 철도의 영향력이 도입 초기의 수준에 훨씬 못 미친다. 고속철도와 같은 혁신이 속속 등장하고는 있지만, 이미 교통 부문에 투자가 상당히 이루어져 있어 추가투자가 발휘할 수 있는 영향의 범위와 정도가 제한되기 때문일 것이다.

한국에서는 19세기 말에 철도가 처음 등장하였고, 이어 일제강점기 동안에 한반도 철도망의 골격이 짜이면서 크나큰 흔적을 남겨 놓았다. 다음 절에서는 우리나라 초기 철도교통의 지리를 좀 더 살펴보기로 한다.

2. 일제강점기의 한반도 철도교통

1) 한반도 철도망의 확장 과정

한 나라의 철도망이란 하루아침에 완성되는 것은 아니다. 처음에는 일부 지역에서(인구와 경제활동이 조밀한 핵심지역에서) 짧은 노선이 먼저 놓인 다음, 오랜 기간에 걸쳐 차츰 확장해 가는 것이 일반적이다. 또 국가 철도망 전체에 대한 종합계획이 처음부터 세워졌다 하더라도, 시간이 흐르면서 그때마다의 상황과 교통수요에 맞추어 수정되어 나가기 마련이다. 이런 배경 때문에 노선의 특성이나 건설 목적은 시기에 따라 조금씩 달라지기 쉽다.

일제강점기의 한반도 철도망 성장 과정도 예외는 아니었다. 강점기에 동아시아의 정세와 그 변화는 한국의 철도망 구축 과정에도 영향을 주게 되었다. 여기서는 지리적 관점에서 한반도 철도망의 확장 과정을 네 시기로 구분하고 각 시기의 특징을 살펴본다.* 철도 운영주체들의 정책적 판단, 전쟁

---

* 일제강점기의 철도사(鐵道史)에 관한 다른 선행연구에서도 한국의 철도망 구축 과정을 4개 또는 5개의 시기로 구분하고 있다. 일본 측 문헌(鮮交會, 1986)에서는 당시 한국의 철도를 건설하고 운영하던 주체의 변화에 따라 1899년부터 한일합병이 이루어진

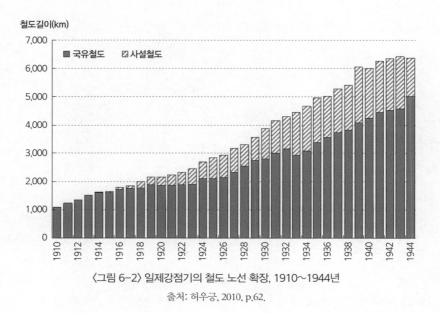

철도길이(km)

〈그림 6-2〉 일제강점기의 철도 노선 확장, 1910~1944년

출처: 허우긍, 2010, p.62.

의 발발 시기와 같은 배경도 고려하는 한편, 철도망의 공간적 전개 양상에 초점을 맞춘 것이다.

한반도 철도망 형성의 제1기는 경인선이 착공되고 개통되었던 1890년대 후반부터 1910년대 중엽까지로 볼 수 있으며, 을사늑약(乙巳勒約)과 한일합병까지 참담한 일을 겪은 시기이기도 하다. 처음에는 한국이 스스로의 힘으로 철도를 부설하기 위해 갖은 노력을 다하였으나, 자본이 부족하였던 데다 국권을 잃으면서 모든 노력은 물거품이 되고 말았다. 이 시기에 개통된 주요 노선으로는 경인선, 경부선, 경의선, 호남선, 경원선 등이 있고, 각 노선의 지선으로 마산선, 겸이포선, 평남선, 군산선 등이 있다. 한반도의 Ⅹ자형 종관선(縱貫線)의 틀이 완성된 단계이며, 철도노선들이 일본의 식민지배와 대륙 진출 정책에 부합하도록 선정되면서 특정 지역의 성장과 쇠퇴를 가져오는 등 기존 한반도의 공간구조를 바꾸는 계기가 된다.

제2기는 1910년대 중엽부터 1920년대 말까지 약 15년간으로 사설철도의 건설이 본격화된 시기이다. 제1차 세계대전 이후 급격히 성장한 일본의 자본이 본격적으로 한반도에 진출한 시기로, 철도 부

1910년까지를 창업시대(創業時代), 조선총독부에 철도관리국을 두어 관리하던 1917년까지를 제1차 직영시대(直營時代), 한반도의 철도를 남만주철도주식회사에 위탁 경영하였던 1925년까지를 만철위탁시대(滿鐵委託時代), 그리고 조선총독부가 다시 철도 운영권을 회수한 1925년 이후를 제2차 직영시대로 구분하고 있다.

한국 측 문헌에서, 정재정(2005)은 철도망 확장 과정을 다섯 시기로 나누었다. 일본이 러시아 세력을 물리치고 경부선과 경의선을 건설한 제1기(1899~1906), 한국통감부에 철도관리국을 설치하고 호남선과 경원선을 놓은 제2기(1906~1917), 한반도 철도의 운영을 남만주철도주식회사에 위탁한 제3기(1917~1925), 철도망이 대대적으로 확장되고 수출 증대를 도모한 제4기(1925~1937), 그리고 중일전쟁(1937) 이후 철도에 군사적 기능이 더욱 강조된 제5기(1937~1945)가 그것이다.

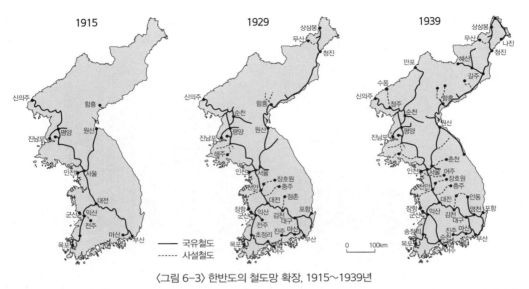

〈그림 6-3〉 한반도의 철도망 확장, 1915~1939년

주: 지도의 각 연도는 본문에서 설명한 철도망 확장 제1, 2, 3기의 마지막 시점을 가리킨다. 제4기의 마지막 연도인 1945년의 상황은 〈그림 6-4〉에 제시되어 있다.

문에서는 지방철도나 산업철도의 투자로 나타났다. 강점기에 놓인 철도 길이의 약 40%는 민간자본에 의해 놓인 것으로, 중요한 사설철도 노선들은 나중에 국가가 매입하는 과정이 거듭되어 통계상으로는 국유철도의 길이가 상당히 늘어난 것으로 집계되지만, 이 증가의 상당부분은 실은 사설철도의 몫이었다. 나아가 일부 사설철도 노선의 수송량은 국유철도 노선의 수송량에 버금가는 경우도 적지 않았다.

제3기는 1930년대로, 1920년대 후반 조선총독부의 핵심적인 산업정책이었던 '조선철도 12년계획(1927~1938)'의 결과가 한반도 공간에 나타나는 시기이다. '조선철도 12년계획' 노선의 특징을 살펴보면, 전체적으로는 북부지방의 개발을 위한 함경선을 비롯하여 도문선, 혜산선, 만포선이 한 축이 되고, 중부와 남부 지방의 개발을 위한 동해선, 경전선이 다른 축이 된다. 요컨대 제3기는 지역철도와 산업철도뿐 아니라 국가 간선철도의 확충이 다시 시작된 것이 특징이다.

제4기는 1940년대로 제2차 세계대전이 전개되면서 철도의 이용이 군사적 목적에 집중되었으며, 철도노선의 신설이나 연장이 거의 멈춘 시기로 특징지을 수 있다. 군사적 수송에 중요한 경부선과 경의선이 복선화되었고 소규모의 산업철도들만 추가 부설되었으며, 1930년대에 건설이 시작되었던 경경선(京慶線, 지금의 중앙선)이 완공되었다. 반면, 전쟁 막바지에 이르러 전쟁 수행에 긴요하지 않다고 판단된 금강산선, 안성선, 경북선의 일부 노선이 폐지되고 궤도 등은 전쟁물자로 공출되고 말았다.

2) 철도노선의 유형

19세기 말부터 일제강점기 동안 한반도에 놓인 철도노선은 그 건설목적에 따라 국가간선형 노선, 식민확장형 지역노선, 산업철도의 세 가지로 크게 나누어 볼 수 있다.* 철도의 건설목적이나 배경이란 본래 명시적으로 밝혀지지 않는 경우가 많은 데다 때로는 복합적일 수도 있어 각 노선의 유형 판단에는 어느 정도 주관성이 따를 수밖에 없다. 그럼에도 불구하고 유형을 나누어 보는 것은, 분류 자체가 목적이 아니라 철도가 한반도에 끼친 지리적 영향을 이해하는 데 도움이 되기 때문이다.

(1) 국가간선형 노선

국가간선형 노선이란 국토 전체 및 국제적 연결(일본 연결 및 대륙 진출)을 위해 설정된 철도로, 군사적 목적이 우선시되었다. 노선의 형태가 대체로 남–북 종관형(縱貫形)이라는 점과 아울러, 대부분 그 길이가 수백 km에 달하여 한반도의 여러 지역을 거치도록 구상된 것이 특징이다.

한반도의 초기 국가간선형 노선의 특징은 수도인 한성부(漢城府)를 중심으로 주요 관문도시를 X자형으로 잇는 형태로 되어 있다. 경부선(서울~부산항), 경의선(서울~신의주), 경부선의 대전에서 갈라져 나와 목포항을 잇는 호남선, 경원선(서울~원산항), 그리고 원산항에서 청진을 거쳐 회령을 잇는 함경선이 이에 해당한다.

강점기 후반에는 서울 청량리에서 경상북도 영천을 잇는 경경선(중앙선)이 경부선을 보완하는 새로운 간선으로 추진되었다. 경경선 연변의 개발뿐 아니라, 전시에는 군수물자와 인력을 경부선에서 분산하려는 군사적 목적도 있었다. 완공이 되지 못한 채 광복을 맞이하기는 했지만, 동해남부선과 동해북부선 또한 한반도의 동해안을 따라 함경선과 함께 남북으로 길게 이어지는 간선이 될 수 있었다. 동해선은 본래 원산에서 동해안을 따라 부산까지 잇는 매우 긴 노선으로 구상되었으며, 북부, 중부, 남부의 세 구간으로 나누어 동해북부선 구간(안변~양양)은 1937년 말 양양까지 개통하였으며, 동해남부선 구간(부산 서면~울산)은 이보다 먼저인 1935년 말 완공되었다. 동해중부선 구간은

---

* 주경식(1994)은 철도를 대륙횡단철도(transcontinental line), 개척형 철도(intragressive line), 망형철도(網型, reticule)로 나누었다. 개척형 철도란 해안거점에서 내륙으로 진출하는 노선으로 특산물이나 공산품의 수송과 수집이 주 기능이며, 식민지에서 볼 수 있는 대표적 유형이다. 망형철도는 지선과 연결선을 말하며, 지역주민의 편의를 위하거나 특정 개발목적으로 부설된다. 개척형 철도와 망형철도가 우리 책에서는 세 가지 유형으로 세분된 셈이다.

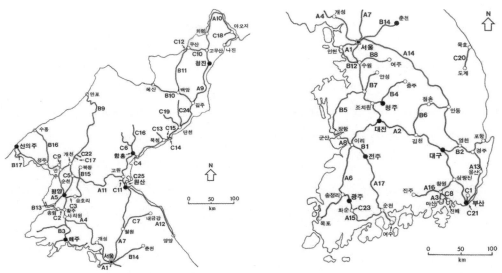

〈그림 6-4〉한반도의 철도 노선, 1944

A: 국가간선형 노선
  A1: 경인선 A2: 경부선 A3: 마산선 A4: 경의선 A5: 평남선 A6: 호남선 A7: 경원선 A8: 군산선 A9: 함경선 A10: 도문선 A11: 평
  원선 A12: 동해북부선 A13: 동해남부선 A14: 중앙선 A15: 광주선 A16: 경남선 A17: 전라선

B: 식민확장형 지역노선
  B1: 전북철도 B2: 대구선 B3: 황해선 B4: 충북선 B5: 장항선 B6: 경북선 B7: 안성선 B8: 수려선 B9: 만포선 B10: 혜산선 B11:
  백무선 B12: 수인선 B13: 조선평안철도 B14: 경춘선 B15: 서선중앙철도 B16: 평북철도 B17: 다사도선

C: 산업철도 및 기타 노선
  C1: 조선와사전기철도 C2: 겸이포선 C3: 평양탄광철도 C4: 함흥탄광철도 C5: 개천철도 C6: 함남선 C7: 금강산선 C8: 진해선
  C9: 박천선 C10: 무산선 C11: 천내리철도 C12: 회령탄광선 C13: 북청선 C14: 차호선 C15: 이원철산선 C16: 신흥철도 C17: 용등
  선 C18: 조선석탄공업철도 C19: 단풍철도 C20: 삼척철도 C21: 부산임항철도 C22: 용문탄광선 C23: 전남광업철도 C24: 조선마
  그네사이트 C25: 조선무연탄

출처: 허우긍, 2010, pp.40-41.

1940년부터 뒤늦게 공사가 시작되었으나 곧 중단된 채 광복을 맞이하였다.

일제강점기 후반에는 남-북 종관 형태의 노선뿐 아니라 동-서 연결 노선도 구축되었다. 북부지방
의 평원선은 북부지방 동해안의 원산, 서해안의 진남포(지금의 남포)항과 평양 등 핵심도시들을 연
결했다는 점에서 국가간선형 노선으로 볼 수 있다. 한반도의 남쪽에도 이와 유사한 노선이 구상되었
는데, 호남지방의 목포항과 광주, 그리고 영남지방의 부산항을 (삼랑진을 거쳐) 연결하는 경전선이
바로 그것으로서, 이 지역에 이미 건설되어 있던 사설철도를 매입하고 일부 구간은 신설하는 방식으
로 추진되었다. 광복 직전까지 진주~순천 구간만 미연결로 남겨 두고 있었으며, 남해안 일대를 횡단
하며 여러 항구와의 연결에 중점을 둔 노선으로 중요성이 컸다.

(2) 식민확장형 지역노선

식민확장형 지역노선은 간선철도의 역 혹은 항구를 기점으로 하여 내륙의 교통 개선과 경제개발을 목적으로 건설된 노선이다. 지역노선은 사설철도의 건설이 활발하였던 1920년대와 1930년대에 집중적으로 개통을 보았다. 3·1운동 이후 조선총독부는 각 지방 깊숙이까지 장악하기 위해 철도 건설이 절실하였지만, 총독부의 재정 상태로는 직접 여러 지역 철도를 부설한다는 것은 무리였다. 한편 제1차 세계대전이 끝나면서 급격히 성장한 일본 자본은 새로운 투자처를 찾고 있었으며 한국의 철도가 그 대상의 하나였다. 당시 조선총독부의 사정, 일본 자본가들의 이해, 각 지역의 철도부설 요구가 맞물리면서 조선총독부가 노선을 선정하고 자본가들이 이에 투자하는 방식으로 각 지역에 잇따라 철도가 부설되었다. 이런 노선들은 주로 항구나 내륙의 주요 도시를 기점으로 간선철도망과 연결되는 방식을 취하였다.

이들 노선은 군사적인 목적보다는 자원의 반출과 생필품 및 여객의 수송에 중점을 두고 있었다. 비록 내륙 및 오지의 개발이라는 명목으로 부설되었지만 일본이 한반도를 경제 및 식량 기지화하려는 정책과 맞물려 지역 곳곳을 수탈하는 수단이 되었으며, 지역의 도로망 및 수로망과 연계하여 지역 내 간선으로서의 역할을 맡았다. 결과적으로 노선 연변을 따라 도시화 및 공업화를 촉진시키고, 더 나아가 지역의 중심지체계에 변화를 불러오기도 하였다. 지역노선은 보통 50km 내지 100km에 이르는 비교적 긴 노선을 구성하였으며, 나중에 이 노선들 가운데 일부는 국가에 매입된 후 개량 확장되어 국가의 간선으로 그 역할이 바뀌기도 하였다.

(3) 산업철도 및 기타 노선

산업철도란 특정 자원의 개발과 수송을 위해 건설된 노선으로, 산업개발이 집중되던 북부지방에 많이 건설되었다. 일본의 자본주의 발달과 전쟁의 확대로 말미암아 산업원료를 원활하게 공급하는 것이 중요해졌고, 특히 북부지방에 풍부하게 매장되어 있던 각종 지하자원과 목재는 일본 자본가들에게 상당히 매력적이었으므로, 자원 산지로부터 주요 도시 및 항구까지 수송로를 확보하기 위해 산업철도 건설에 박차를 가하게 된다.

순수하게 군사적인 목적으로 건설된 노선으로는 진해항의 해군기지와 경전선을 연결하려는 진해선이 있으며, 도시철도로는 부산진~동래 온천장 사이에 놓인 노선도 있다. 금강산 관광을 목적으로 건설된 금강산선은 당시로서는 드물게 전기를 동력으로 쓰고 있었다. 관광객들에게 상당한 인기를 끌었던 이 노선은 제2차 세계대전 와중에 창도~내금강 구간이 철거되는 운명을 맞는다.

3) 철도교통의 영향

(1) 이동성의 증가

강점기의 철도는 시간거리를 대폭 단축시켜 이동성을 크게 높이는 결과를 낳았다. 〈그림 6-5〉는 1880년대 이래 1990년대까지 100여 년간 서울~부산 간 통행에 걸리는 시간을 요약한 것으로, 1880년대 이후 20세기 전반까지 4번의 대폭적인 여행시간 단축이 이루어졌음을 보여 주고 있다. 1885년 우편선이 인천~부산 항로에 취항하여 서울~인천~부산의 여행시간이 크게 단축되었고, 1899년에는 경인선이 개통되어 인천을 경유한 여행시간이 더욱 단축되었다. 1905년 경부선 철도가 개통되어 서울~부산이 철도로 곧바로 이어졌으며, 1936년에는 급행열차가 도입되면서 서울~부산 이동시간이 한차례 더 단축된 것이 그것이다.

이 그림은 서울~부산이라는 특정 지점 사이의 사정만 말해 주고 있으므로, 전국적인 상황을 종합적으로 살펴볼 필요가 있다. 숫자로 보면 1910년에서 1944년까지 삼십 수년간 한반도의 철도길이는 6배 이상 늘어났고, 여객과 화물 수송량은 수십 배 증가하였다. 같은 기간에 우리나라의 경제 규모는 3배, 인구는 2배가 채 못 되게 성장하였으니, 철도노선의 연장과 수송량의 증가 속도는 상당한 것이었다고 평가할 수 있다. 철도 수송량의 성장이 강점기 동안 같은 속도로 진행된 것은 아니다. 1910년

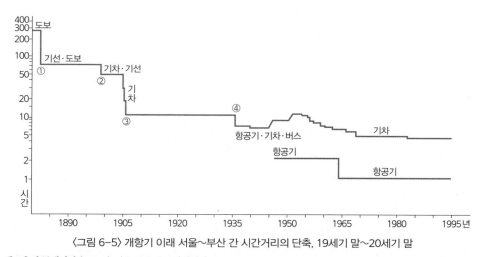

〈그림 6-5〉 개항기 이래 서울~부산 간 시간거리의 단축, 19세기 말~20세기 말

주: 세로축의 통행시간은 로그(log) 눈금으로 표시되었다.
　그래프의 번호 ① 1885년 인천~부산 우편선 취항, ② 1899년 경인선 철도 개통, ③ 1905년 경부선 철도 개통, ④ 1936년 서울~부산 급행열차 운행.
　출처: 김영성, 1996, p.46.

〈표 6-1〉 강점기의 철도 수송 총량과 철도 1km당 수송량, 1910~1944년

연도	사람 수송		화물 수송	
	여객(만 명)	철도 1km당 수송여객(명)	화물(만 톤)	철도 1km당 수송화물(톤)
1910	202.4	387	90.3	342
1920	1,242.1	1,058	323.7	1,020
1930	2,065.0	1,102	593.6	1,195
1940	8,208.9	3,505	2,045.0	2,971
1944	10,637.3	4,831	3,101.5	5,933
1910~1944년 변동	52.5배 증가	12.5배 증가	34.4배 증가	17.3배 증가

자료: 鮮交會, 1986, 朝鮮交通史 資料編, 60-61.

대에는 성장의 속도가 비교적 빨랐으나 1920년대에는 정체하였고, 1930년대에는 폭발적으로 성장하였다. 이로 미루어 철도가 한반도의 핵심 육상교통수단으로 확고하게 자리 잡은 것은 1930년대부터라고 진단할 수 있을 것이다.

여객과 화물의 이동거리로 보면, 화물은 중~장거리 수송의 성격을 띤 반면, 여객은 단~중거리 이동의 성격이 강하였다. 여객의 평균 이동거리는 대체로 60km 안팎이었다가 강점기 후반기에 차츰 늘어나 70km를 넘어섰고, 화물의 평균 이동거리는 200km를 조금 넘는 수준이었다가 역시 강점기 후반에 더 늘어나는 추세를 보였다. 철도여객의 이동거리가 비교적 짧았던 것은, 장거리 기차여행이 적었던 것은 아니지만 중심도시와 인근 배후지 사이의 단~중거리 왕래에 기차가 활용된 것도 통계에 반영된 것으로 추정된다. 당시 자동차의 보급이 미미했던 상황에서 배후 농촌과 중심도시 사이는

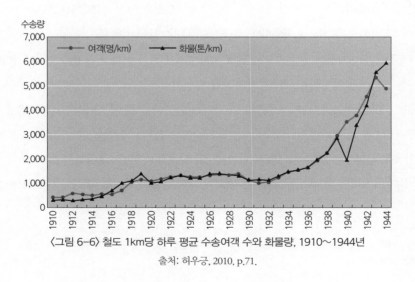

〈그림 6-6〉 철도 1km당 하루 평균 수송여객 수와 화물량, 1910~1944년

출처: 허우긍, 2010, p.71.

도보, 우마차, 자전거로 이동하기에는 너무 멀어 철도를 이용할 수밖에 없었을 것이다.

(2) 공간구조의 변화

철도의 부설 의도와 배경의 측면에서, 대한제국기부터 일제강점기 동안 놓인 철도노선의 경로는 한국인의 뜻과 거의 무관하였다. 한반도에서 철도 건설은 처음에는 미국, 프랑스, 러시아가 참여하였고 대한제국도 노선면허를 일시 보유한 적이 있었으나, 모두 종이 위의 계획으로 끝났거나 착공하였더라도 완공을 보지 못하였다. 따라서 대부분의 철도는 일본의 주도로 진행되었으며, 그들의 철도 건설목적은 한반도의 통치와 경제적 침탈, 그리고 대륙을 향한 발판의 확보에 있었으므로 한국인의 삶을 위한 교통체계와는 일치하지 않았다.

그러나 철도가 가진 수송능력의 탁월성 때문에 지역의 교통체계에 큰 변화를 불러왔다. 간선철도는 지역의 축을 이루어 조선시대부터 내려온 기존 교통로들을 종속시켰고, 지선철도 역시 수송능력, 비용, 시간 등에서 기존 교통로보다 월등했기에 지역교통체계를 바꾸는 중요한 변수가 되었다. 특히 하천을 중심으로 한 전통적 교통로에 큰 변화가 일어났으며, 유로의 규모가 가장 커 주요 내륙교통로 구실을 하던 한강과 낙동강 연변에서 가장 뚜렷하였다. 경부선 철도의 지선인 안성선(천안~안성, 1925년 개통*)과 수려선(수원~여주, 1932년 개통)이 놓이면서 남한강 연변의 내륙교통로에 한 차례 변화가 있었고, 이후 1940년대에 다시 간선철도인 중앙선이 개통되면서 남한강의 내륙교통로 기능은 완전히 위축되었으며 연변의 중심지들도 정체되었다(김재완, 이기봉, 2000; 도도로키 히로시, 2001). 낙동강 연변에서도 경부선과 경전선의 개통으로 말미암아 철도가 내륙수로를 완전히 대체하였고, 부산에서 동해안을 따라 울산까지 그리고 남해안으로는 마산과 진주(삼천포)에 이르는 해로 역시 철도에 그 자리를 내어주게 되었다(허우긍, 도도로키 히로시, 2007).

이러한 크고 작은 변화들은 결과적으로 지역의 도시체계에 큰 변화를 가져올 수밖에 없었다. 철도의 개통은 상위 도시를 지향하는 광역적인 유동을 발생시켰고, 대도시는 흡인력이 커져 하위 중심지들과의 격차도 더욱 벌어졌다. 예를 들면, 경부선이 개통되고 부산의 중요성이 커지면서 경상남도 도청이 진주에서 부산으로 옮겼고(1925년), 대전이 성장하면서 충청남도의 도청이 공주에서 옮겨와(1932년) 진주와 공주 주민들이 격분했던 일은 옛 신문기사에서도 잘 볼 수 있다. 이러한 변화에 따라 전국적 범위에서 보면, 부산~서울~평양 축이 이미 강점기 동안에 그 틀을 마련하였다. 20세기

---

* 본래 안성선은 천안에서 남한강변의 여주까지 이어지도록 구상되었으나 1925~1927년에 안성~죽산~장호원까지 연장된 이후 중단되었으며, 1940년대 태평양전쟁 시기에는 안성~장호원 구간의 철로가 도리어 철거되기에 이른다. 이런 연유로 이 노선의 이름은 안성선으로 불리고 있다.

전반기에 이미 100년 후인 21세기 지금의 도시체계의 바탕이 만들어졌다고 말할 수 있는 것이다. 범위를 좁혀 지방 수준에서도 철도역이 입지했느냐의 여부에 따라 중소도시가 새로 생겨나거나 기존 구읍(舊邑)이 쇠퇴되었던 수많은 사례를 우리는 보고 있다.

시야를 좁혀 보면, 철도역이 어디에 입지하느냐는 취락의 확장 방향에 영향을 준다. 만약 새 철도역이 기성 시가지 안에 입지하는 경우에는 중심지 내부의 변화는 있을지언정 중심지 전체의 확장 방향에는 큰 충격을 주지 않는다. 그러나 철도역이 기성 시가지에서 떨어져 입지하는 경우에는 이른바 역전취락이 생겨나기 쉽다. 철도역의 입지와 이로 인한 역전취락 및 기성 시가지의 발달방향을 볼 때, 기성 시가지가 철도역 방면으로 확장되어 역전취락과 통합되는 '기성도시 확장형', 기존 취락이 정체하는 대신 역전취락이 성장한 '역전취락 성장형', 역이 기성 시가지에 비교적 가까이 입지하여 기존 취락의 이동이 일어나지 않는 '원상 유지형' 등의 유형을 볼 수 있다. 기성도시 확장형은 경상북도 상주 등지의 사례처럼 기존 중심지의 규모와 세력이 확고하여 역전취락에 중심기능이 제대로 발달하지 못하는 경우에 볼 수 있는 유형이다. 역전취락 성장형은 이와 반대로 기존 중심지의 기능이 빈약하여 역전취락이 빠르게 성장하는 경우로 신태인 등지를 보기로 꼽을 수 있으며, 원상 유지형의 사례로는 김천 등의 사례가 있다.*

철도역의 위치는 도시의 가로망 등에도 영향을 미친다. 대구에서는 기차역**이 대구읍성의 북문 바로 바깥에 자리잡으면서 읍성이 헐리고 그 자리에 도로를 개설하는 것으로 이어졌다. 또한 처음 역 부근에 형성되었던 일본인 거주지구가 점차 구 읍성 내부로 확장되면서 읍성 내부의 미로형 가로망 위에 새로운 십자형 간선 가로망이 덧씌워지는 결과를 낳게 되었다(최석주, 1996). 이와 정반대의 경우로 수원에서는 철도역이 도시 중심부에서 멀리 떨어져 입지하였기 때문에, 강점기 동안에 화성(華城)의 성곽과 성내 가로망의 훼손이나 변화가 적었다(손승호, 2006).

---

* 공환영(1971)은 일찍이 남한의 50개 철도 역전취락을 조사하여, 철도 역전취락과 기존 시가지가 서로 떨어진 격리형, 각자 시가지가 발달하여 연결되는 연합형, 철도역이 도시 속에 입지하는 집중형으로 나누고, 다시 집중형을 원격형(예: 옥천)과 분리형(진주), 연합형을 독립형(홍성)과 종속형(나주), 집중형을 이중형(김천)과 도심형(대전)으로 세분하였다.

주경식(1994)은 일체형, 연계형, 독립형, 흡수형, 편입형, 쇠퇴형의 6개 유형으로 구분하였다. 일체형은 철도역이 구시가지에 포함되는 경우(서울, 부산 등 대도시)이고, 연계형은 철도역이 기존 시가지와 거리를 두고 입지하였다가 연결된 경우로 가장 흔한 유형이다. 독립형(삼랑진, 황간)은 철도 역전취락이 시가지와 분리되어 있는 경우로 기차의 역할이 미약할 때 볼 수 있으며, 흡수형은 시가지가 분리된 것은 독립형과 같으나 역이 기존 시가지의 기능을 대부분 흡수하여 중심이 이동된 경우(성환)이다. 편입형은 철도 역전취락이 기존 대도시에 편입되는 경우로, 대도시의 주변부(서대전)에 많다. 쇠퇴형이란 철도역의 기능이 쇠퇴하거나 또는 외곽으로 이전되는 경우(추풍령)이며 지선에서는 더 많이 나타날 수 있다.

도도로키 히로시(2004)는 경상도의 철도역을 기존 시가지가 철도역 방면으로 확장되어 역전취락과 통합되는 '취락확장형', 기존 취락이 정체하는 대신 역전취락이 성장한 '취락이동형', 역이 기성 시가지에 가까이 입지하여 취락의 이동이 일어나지 않는 '원상 유지형'의 3개 유형으로 나누고, 원상 유지형은 다시 직결형과 격리형으로 더 세분한 바 있다.

** 도심에 위치한 구 대구역을 가리키며, 지금은 '동대구역'이 대구역으로 개칭되었다.

〈그림 6-7〉 경상남도 함안군의 군북역사

주: 사진과 같이 소박한 역사 구조와 크기는 강점기 동안 대부분 소규모 역에서 표준화된 경관이었다.

출처: 철도청, 2003, p.98.

더 미시적으로는 철도역사(驛舍) 경관은 매우 독특한 흔적을 남겼다. 강점기 동안 조선총독부는 대다수의 대도시 철도역사를 서양식으로 지었으며, 당시로는 그 큰 규모와 함께 일대의 랜드마크로 자리 잡았었다. 서양식 철도역사는 이후 모두 파손되거나 철거되었고, 현재 서울역사만 일부 남겨 보존되고 있다. 반면, 작은 중심지들의 역사는 아주 소박한 구조물로 설계되어 전국적으로 표준화되었다. 사진에서 보는 바와 같은 소규모 역사의 모습은 최근까지도 일부 지방 철도역에 남아 있었다.

3. 21세기의 철도교통

1) 고속철도

한국에서 철도는 비록 오래전에 도입되었으나 지금까지도 우리의 삶을 규정하고 있다. 21세기 초 현재에도 한반도 철도망은 일제강점기에 놓였던 철도노선 대부분을 유지하고 있다. 광복 이후 남한이나 북한 모두 철도망에 큰 변화는 없었다. 남한의 경우 진삼선(진주~삼천포), 수려선(수원~여주), 안성선(천안~장호원) 등 일부 노선이 폐선되는 한편 강원도 일대에 새로운 산업철도의 신설이 있기는 하였지만, 전체적인 골격은 강점기의 네트워크가 그대로 유지되었다. 광복 이후의 변화는 노선의 신설이나 변경 및 폐지보다는 운영의 개선, 전기철도화 등을 통해 시간거리가 빨라지고 운행빈도가

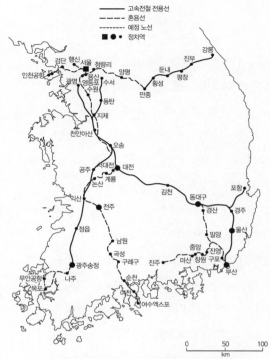

<그림 6-8> 한국의 고속철도망, 2018년 2월 현재
자료: 한국철도공사 홈페이지(http://info.korail.com/m),
지도는 필자 작성.

늘어남으로 인해 이동성이 개선된 것이라고 요약할 수 있다.

그러나 21세기에 들어와 남한의 철도망은 이동성 측면에서 크게 바뀌고 있다. 고속철도의 운행이 시작된 것이다. 2004년에 프랑스 TGV(테제베)를 모델로 한 KTX가 서울~부산 구간에 운행되기 시작하였고, 이어 호남선과 전라선으로 그 서비스를 넓혀 나갔으며 평창동계올림픽(2018년)의 개최를 계기로 강원도 지방으로도 확장되었다. 초기에는 고속철도 전용선과 기존 철로를 혼용하다가 점차 전용선 구간이 늘어나는 추세이다.

세계 각국에서도 최근의 주요 관심은 철도의 고속화이다. 일본의 고속철도 신칸센(新幹線)은 1964년 도쿄와 오사카 사이에 운행을 시작하였으며, 이후 확장을 거듭하여 지금은 일본 대부분의 주요 도시를 잇는 서비스를 제공하고 있다. 프랑스의 TGV는 유럽에서 고속철도의 선구적 역할을 하였으며, 프랑스의 기술 상징이자 지역개발 수단으로 사용되었다. 이후 독일의 ICE, 이탈리아의 유로스타 이탈리아(Eurostar Italia), 스페인의 AVE 등이 뒤를 잇고 있다.

고속철도는 많은 시설투자비와 운영비용이 들어 여객 수요가 많은 대도시권 사이의 이동에 가장 알맞은 교통수단이다. 빠른 속도와 운송능력을 최적화하기 위해 정차역의 수를 최소화해야 하지만, 잠재적 고객을 더 많이 확보하려면 정차역의 수를 늘려야 한다. 또한 속도를 높이기 위해 가급적 직선 노선을 택하다 보면 기존 시가지를 바로 연결하기 어려운 경우가 생기고, 고속철도역과 도심을 연결하는 별도의 교통수단이 필요하기 쉽다. 한국에서는 고속철도로 대륙이나 바다 건너 일본을 연결하는 것이 미래의 일이지만, 유럽처럼 국제이동이 자유롭고 빈번한 경우에는 여러 나라 사이에 배전체계, 제어체계, 선로의 폭과 기반시설, 차량의 크기, 경영 등에서 기술적 조율이 필수적이며 단일 국제시장에 맞는 공동의 교통정책도 필요하다.

2) 고속철도망의 유형

고속철도망은 철도차량과 궤도의 호환성, 속도, 비용, 도시 간 이동에 대한 고속철도의 역할, 고속철도망 개발의 지리적 범위, 철도망의 형태 등을 종합적으로 고려하였을 때 고속철도 전용회랑, 고속–일반철도 혼합망, 전국 종합철도망의 세 가지 유형으로 나누어 볼 수 있다(〈그림 6-9〉). 이런 유형들을 한 나라 고속철도망의 발달 과정 측면에서 본다면, 처음에는 고속철도 전용회랑으로 시작한 다음 차츰 그 노선망을 확대하여 전국 종합철도망으로 귀착된다고도 말할 수 있다.

고속철도 전용회랑은 고속철도망을 신속히 개발하기에 적합한 유형으로서, 최초 모델은 일본의 신 도카이도(東海道)선을 들 수 있다. 일본의 거대도시인 도쿄와 오사카 사이를 잇는 이 노선은 동남부 해안을 따라 형성된 핵심지대를 지나도록 구상된 탓에 매우 성공적이었다. 그러나 이후 주변지역까지 연결하려는 신선(新線)들이 추가되면서 적자가 발생하여 어려움을 겪었다. 일본의 신칸센 고속철도망 사례는 거대도시와 인구밀집 지역을 연결하고 방대한 대중교통체계가 뒷받침하는 고속철도는 잘 운영될 수 있다는 것을 보여 준 동시에, 작은 도시나 밀도가 낮은 지역으로 노선망을 확장하는 데에는 상당한 재정 부담이 뒤따른다는 교훈도 남긴 것이다. 한국에 고속철도가 도입되던 초기

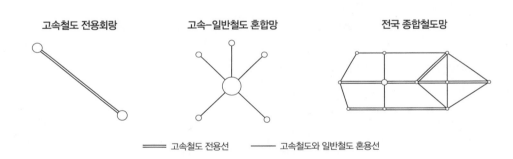

유형	사례	노선의 특징	범위	네트워크 유형
1. 고속철도 전용회랑 (Exclusive corridors)	일본	– 승객 전용선	회랑	간선
2. 고속–일반철도 혼합망 (Hybrid networks)	프랑스 독일	– 혼용(승객 전용선+일반철도) – 혼용(승객 전용선+일반철도, 화물 수송선)	국가	방사상 분산
3. 전국 종합철도망 (Comprehensive national networks)	중국 스페인	– 승객 전용선 및 혼용(승객 전용선+일반철도, 화물 수송선) – 승객 전용선 및 혼용(승객 전용선+일반철도)	국가	분산 격자형 방사상

〈그림 6-9〉 고속철도의 유형과 특징 및 사례

출처: Perl and Goetz, 2015, p.136. 필자 재구성.

사정, 곧 서울~부산 간 고속열차가 (일부 기존 일반선을 이용한 채) 운행되던 상황도 고속철도 전용 회랑 유형과 비슷하였다고 진단할 수 있을 것이다.

고속-일반철도 혼합망은 일부 구간이나 노선에서는 고속 전용선을 신설하고 나머지 구간이나 노선에서는 일반철도를 사용하는 방식으로, 연결되는 도시들의 수가 고속철도 전용회랑의 경우보다는 크게 늘어난다. 이 유형은 처음 구상단계에서부터 고속 전용선과 기존 철도를 혼용하는 철도망을 상정하는 것을 가리키지만, 철도망이 확장되는 과정에서 혼합망의 성격을 띠어 나가는 경우도 생각해 볼 수 있다. 유럽에서는 혼잡구간의 승객을 고속 전용선으로 전환하여 일반철도의 화물 수송 용량을 그만큼 확장시키려는 의도로 디자인되었다. 모든 구간을 고속 전용 신선으로 건설하지 않고 일부 구간에서는 기존 일반철도를 활용하므로 건설비용을 절약하고, 지방의 조밀한 대중교통망과 연결되어 있는 기존 역사를 활용하여 승객 이용률을 높일 수 있다는 장점이 있으므로, 유럽에서는 이 혼합형을 가장 지속가능한 교통수단으로 간주하고 있다. 이 혼합망의 보기로는 프랑스와 독일의 철도망을 들 수 있는데, 프랑스는 수도 파리를 핵으로 삼은 방사상의 형태를 띠고 독일은 프랑스와 달리 뚜렷한 으뜸도시가 없으므로 보다 분산된 형태를 띠고 있다.

전국 종합철도망이란 전국에 걸쳐 주요 대도시와 중도시를 연결하는 기반시설을 새로 갖추는 유형으로서, 철도망 건설에 드는 막대한 비용 부담이 문제이다. 중국이 대표적 사례로 동-서 주향 4개의 노선, 남-북 주향 4개의 노선으로 된 격자망을 지향하고 있다. 유럽에서는 스페인이 마드리드를 중심으로 한 방사상 종합 고속철도망을 구상하여 1992년에 마드리드~세비야(Madrid~Seville) 고속노선이 개통되었다. 2003년 이후 2,000km를 더 확장하여 현재 전체 노선길이가 중국 다음이지만, 이 나라의 불안정한 재정 상태가 고속철도망 성패에 관건이다.

현재 여러 우려에도 불구하고 세계 여러나라가 고속철도를 신설하거나 확장하는 데 눈을 돌리고 있다. 고속철도의 성패는 아메리카, 유럽, 아시아 각국의 경제 및 사회적 여건과 공간구조에 따라 다를 수밖에 없다. 현재까지는 일본, 프랑스, 독일 사례가 가장 나은 평가를 받고 있는 반면, 유럽 전역에 걸친 노선망 확장이나 중국과 스페인 방식에는 우려 섞인 평가가 내려지고 있다.

고속철도는 최대 시속 200~250km의 속도로 중거리 교통(200~800km)에서 도로 및 항공 교통과 경쟁이 가능하다. 반면, 고속철도 노선의 건설에 막대한 비용이 들어 재정이 취약한 나라에서는 자금 조달능력이 사전에 검증되어야 한다는 한계가 있다. 주요 인구밀집지 사이에 통행 수요가 많은 경우에 적절하며, 대체로 500km 정도의 구간에서 연간 800~1000만 명의 승객이 이용하게 될 때 건설 타당성이 있는 것으로 알려지고 있다(Goetz, 2012).

선행연구의 상당수는 기술적 혁신, 그리고 더 효율적이고 경쟁력 있는 고속철도로 만들기 위한 방안 등에 집중되고 있지만, 지리적 측면의 고려도 필수적이다. 대부분의 고속철도 건설 사례에서 혼잡하고 밀도가 높은 구간에 놓인 처음 노선들은 효율적이었지만, 초기 노선의 성공이 후속 노선들의 추가를 정당화하는 것은 아니다. 따라서 승객이 덜한 곳에서는 승객 수를 더 늘리는 역세권의 창의적인 확장과 접근성 향상 방안이 필요하다(Marti-Hennerberg, 2015). 고속철도는 그 속성상 가급적 중간 정차역을 최소화하도록 설계된다. 따라서 역간 거리는 길고, 중간의 중소도시들은 멈추지 않고 지나치기 마련이다. 예를 들면 이탈리아의 역간 거리는 132km, 프랑스는 119km, 스페인은 84km나 된다. 한국도 고속이라는 본래의 기능을 이루기 위해서는 중간 정차역을 최소화해야 한다는 당위성과 잠재적 승객 수를 극대화해야 한다는 주장 사이에 갈등을 빚고 있다. 따라서 요점은 어떻게 하면 역세권을 확장할 수 있는가에 있다. 고속철도의 잠재력은 노선망의 확장뿐 아니라 기존 역을 잘 활용하면 키울 수 있는 것이며, 지역 및 국지 교통망과 연계하고, 역의 환승시설을 개선하는 등 다양한 방안을 검토할 필요가 있다.

3) 고속철도역의 입지 요인

전용선으로 운영되는 고속철도의 경우, 일부 대도시 역을 제외하면 대부분 새로운 역을 마련할 수밖에 없다. 우리나라 고속철도에서도 서울역, 대구역, 부산역 등 소수의 대도시 역을 제외하고는 모두 새 역을 두어 서비스하고 있다. 철도역이란 철도 서비스가 이루어지는 접점이므로 역의 입지는 그 노선만큼이나 중요하다. 따라서 운영, 환경, 시장 접근성, 다른 교통수단과의 연계 등 여러 요인을 고려해 결정되기 마련이다(Thompson, 1993).

운영 요인이란 새로운 역이 자리 잡을 수 있는 넉넉한 부지와 기성 시가지의 혼잡 정도 등을 가리키는 것으로, 이 요인을 중시한 고속철도역으로는 도시 변두리의 신역(新驛)과 우회노선 역의 두 유형을 생각해 볼 수 있다. 도시 변두리의 신역인 '현관(玄關, gares bis)'형 역은 혼잡이 덜한 도시 외곽에 비교적 넓고 싼 부지를 갖추고 대중교통이나 승용차로 쉽게 접근할 수 있는 곳에 입지하는 경우이다. 한국에서는 상당수의 고속철도 신역이 이런 경우에 해당하며, 광주의 현관인 광주송정역이 대표적인 보기가 될 것이다. 광주송정역은 광주 도심에서 서쪽으로 다소 떨어져 있지만 지하철에 의해 시내와 손쉽게 연결되며, 고속도로 호남선의 나들목과 바로 연결되고 광주공항도 인근에 있어 도로 및 항공 교통수단과의 연결도 편리한 위치에 있다.

대도시에서 고속철도 노선이 시가지를 통과하기 어려운 경우에 도시 변두리를 둘러 가도록 우회노선(by-pass loop)을 놓고 거기에 신역을 두어 기성 시가지와 연결하는 방법도 생각해 볼 수 있다.

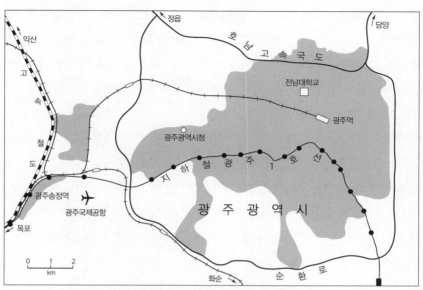

〈그림 6-10〉 현관형 고속철도역의 사례: 광주송정역

출처: 필자 작성.

이러한 '우회노선 역'으로는 프랑스에서 파리 동쪽으로 우회하는 노선에 샤를 드골(Charles de Gaulle) 공항역, 유로디즈니(EuroDisney)역을 입지시킨 경우, 리옹(Lyon) 북부 12km에서 분기하여 역사를 리옹 국제공항(Aéroports de Lyon)에 입지시킨 경우 등이 그 사례이다. 우리나라에서는 대도시를 우회하도록 노선이 마련된 전형적인 사례는 아직 없지만, 고속철도 경부선의 평택에서 갈라져 서울 동남부 가장자리까지 놓인 평택~동탄~수서선을 일종의 우회노선으로 본다면, 수서역을 이러한 유형의 역으로 간주할 수도 있을 것이다.

고속철도는 막대한 비용을 들인 것이므로 가급적 많은 지방을 서비스해야만 생존 가능성도 커진다. 이런 점에서 시장 접근성 요인을 중시

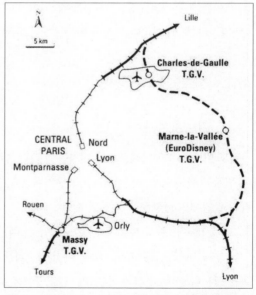

〈그림 6-11〉 우회노선형 고속철도역: 프랑스 TGV의 파리 외곽 샤를 드골 공항역과 유로디즈니역

출처: Thompson, 1993, p.108.

하면 이른바 '지역중심역(regional station)'의 성격을 띠게 된다. 광명역은 이런 유형의 보기라 할 수 있다. 수도권에는 서울을 핵으로 주위에 수많은 도시들이 인접 분포하고 있는데, 이 가운데 한강 이남의 의왕, 군포, 안양, 시흥, 광명, 안산시 등이 광명역에서 가까워 지역중심역의 성격을 띠고 있다. 오송역도 인근에 청주시를 비롯하여 조치원읍, 오송생명과학국가산업단지, 세종시 등이 분포하여 일종의 지역중심역으로 기능하고 있다.

교통통합 요인은 기존 철도망 및 다른 교통수단과의 연계를 통해 통행유발효과(induced effects)가 기대되는 곳에 역을 입지시키는 것을 말하며, 프랑스 TGV의 경우 샤를 드골 공항역, 영국해협 해저터널(Channel Tunnel)과의 연계를 도모한 릴(Lille)과 칼레(Calais) 역 등이 그 보기이다.

환경 요인은 여러 고려사항을 포함한다. 고속철도는 가급적 평탄한 지형 위를 직선 궤도로 달려야 하며, 소음과 진동이 발생하므로 밀집한 주거지에서는 떨어져 놓여야 한다. 또한 시민을 보호하기 위한 녹지공간과 자연보호구역 등을 고려해야 하고, 노선과 역사가 지역사회를 분리하지 않도록 배려하는 것도 중요하다. 또한 항공교통과 경쟁(또는 보완)하기 위해서는 우수한 접근성도 중요하다.

철도역사는 이상 언급한 어느 한 가지 요인만으로 결정되는 것은 아니므로, 그 유형을 정하는 것이 단순한 일은 아니며 때로는 불가능하거나 의미 없는 일이 될 수도 있다. 또한 정치적 요인 역시 다른 요인들에 못지않게 노선 결정과 함께 역 입지에 영향을 미치는 (어쩌면 가장 중요한) 요인이다. 이처럼 철도역의 입지란 복잡한 의사결정의 과정으로 운영, 경영, 환경적 요소가 배합된 결과이다.

4) 고속철도의 지리적 영향

(1) 시공간의 왜곡

철도 고속화는 일차적으로는 기차운행 시간, 빈도, 방식에 영향을 미쳐 지역 내, 지역 간 시간거리에 변화를 몰고 오며 접근성에 변화가 일어난다. 그 영향은 이에 그치지 않아, 더 광범위한 공간─경제적 발달에도 영향을 끼치게 된다.

고속철도는 표현 그대로 일반 철도보다 더 빠른 교통수단이므로, 일차적으로는 철도노선을 따라 시간거리가 단축되는 효과가 있되 나머지 지역은 소외되며, 이는 거시적으로 보면 국토 시공간의 왜곡을 낳는다. 서부 유럽의 경우 고속철도망이 갖추어지기 전과 고속철도망이 갖추어진 20년 후의 시공간 사정을 비교해 보면(〈그림 6-12〉), 유럽은 전체적으로 더 작아졌고, 특히 핵심지역(프랑스, 독일, 베네룩스 3국을 중심으로 한 서유럽)의 크기가 주변지역에 비해 더 줄어들었으며, 동─서 방향의 단축도 뚜렷하다. 이는 서유럽 여러 나라에서 철도의 고속화사업을 벌인 데다 국가별 철도망이 서로

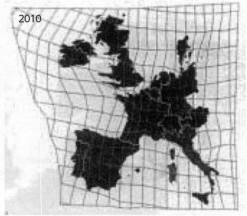

〈그림 6-12〉 철도 주행시간으로 본 유럽의 시공간: 1991년(좌)과 2010년(우: 철도 고속화 이후).

출처: Givoni, 2006, p.604.

긴밀하게 연결된 결과로 나타난 현상이다. 아직 고속철도망을 제대로 갖추지 못한 영국이 유럽 본토에 비해 상당히 과장되어 있는 점도 흥미롭다. 일본에서도 고속철도의 도입 이래 일본열도의 시공간이 크게 줄어들고, 동부보다는 서부가 접근성이 더 개선되었다는 보고도 있다(Murayama Yuji, 1994).

한국에서도 고속철도의 등장은 일부 대도시 사이의 시간거리를 더욱 단축시키는 결과를 낳았다. 서울~부산, 서울~광주 등지에는 빠른 객차가 다니고 있지만 다른 노선에는 이보다 더 느린 객차가 다니므로, 우리나라 전체로 볼 때 철도 시공간은 지도에서 보여 주는 남한의 모습과 일치할 수는 없다. 다차원척도법을 활용하여 시간거리로 본 공간의 모습을 묘사하는 것은 이 책의 제1장에서 설명한 바 있다. 이 기법을 활용하여 1950년대 이래 50년간 한국 철도망의 시공간의 변화를 정리하면 〈그림 6-13〉과 같으며, 1955년, 1980년 및 2005년의 철도망, 그리고 객차 운행시간의 다차원척도법 분석 결과가 정리되어 있다.

1955년의 철도 시공간은 매우 기형적인 모습을 띠어, 한국 철도망은 경부선~중앙선~동해남부선으로 가운데 원을 구성하고 여러 지선들이 이 원에서 사방으로 뻗어 나가고 있다. 특히 춘천, 충주, 점촌, 진주가 본래 위치에서 멀리 벗어난 곳에 자리 잡고 있으며, 호남선과 전라선의 역들이 거의 겹쳐 있는 것이 두드러진다. 이처럼 1955년의 철도 시공간이 평면지도와 크게 다른 모습을 보이는 것은 철도망의 연결성이 낮았기 때문이다. 당시에는 경전선의 진주~순천 구간이 아직 완결되지 못하였고, 충북선의 충주~제천 구간, 경북선의 점촌~안동 구간 역시 미연결 상태였으며, 장항선의 종점

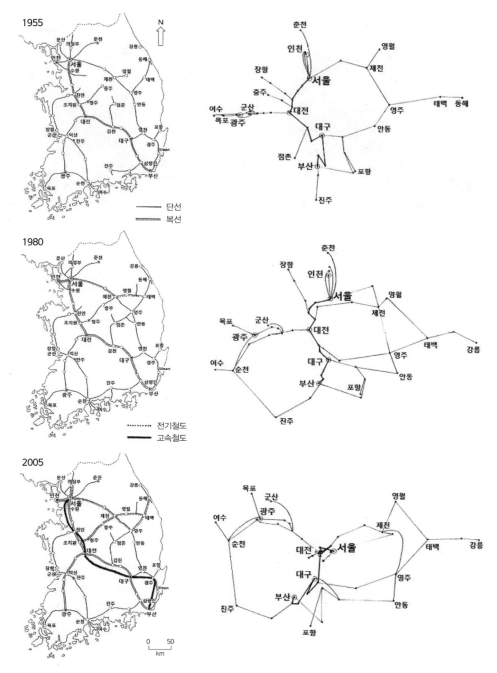

〈그림 6-13〉 한국 철도 시공간의 변화, 1955~2005년: 실제 철도망(좌)과 다차원척도법으로 묘사된 철도 시공간(우)

주: 2005년의 객차 운행시간은 예상시간임.
출처: 허우긍, 조성혜, 1997, p.51, pp.62-65.

인 장항과 군산선의 종점인 군산은 바로 지척에 있으면서도 연결되어 있지 않았던 당시 상황이 다차원척도법의 결과에서도 잘 드러나고 있는 것이다.

광복 이후 1950년대까지는 한국 철도망에 큰 변화가 없었으므로, 1955년의 상황은 사실상 일제강점기 말의 상황을 살펴보는 것과 같은 의미도 있다. 이처럼 크게 왜곡되어 있던 철도 시공간은 경전선, 경북선, 충북선 등의 완결로 1980년의 시공간 지도에서는 왜곡 정도가 다소 완화된 모습을 띠게 되었다.

그러나 2004년 고속철도 경부선의 개통은 한국의 시공간을 서울과 부산을 중심으로 다시 왜곡시키는 결과를 가져왔다. 지도에서 보여 주는 2005년 한국 철도 시공간의 큰 특징은, 서울~대전~대구~부산축을 따라 잘록하고 양옆으로는 상대적으로 부풀어 올라 마치 날개를 펼친 것과 같은 모습을 띠고 있다는 점이다.

고속철도 경부선 도입 이래 고속철도 전용선이 광주, 강릉, 포항까지 속속 추가되고, 일반철도 노선을 이용한 고속철도 서비스도 전라선과 경전선 방면으로 확장되었다(〈그림 6-8〉 참조). 또한 일반철도에서는 장항선과 군산선이 연결되었고 동해안을 따라서도 철도노선의 확장공사가 상당히 진척되는 등 철도망에 대한 투자가 계속되고 있으므로, 한국의 철도 시공간은 조만간 새로운 국면에 들어설 것으로 예상된다.

(2) 기성 공간구조의 고착 및 국지적 변화

과거 19세기 말~20세기 전반기에 철도가 도입될 때는 다른 유력한 경쟁 육상교통수단이 없었기 때문에 철도가 공간에 미치는 영향이 선도적이었지만, 일반철도와 도로교통이 성숙한 뒤 도입된 고속철도가 공간에 미치는 영향은 매우 다를 수밖에 없었다. 거시적으로 고속철도는 기존에 짜인 공간구조를 강화하는 방향으로 작동하게 된다. 기본적으로 고속철도는 교통수요가 많은 대도시와 핵심지역을 연결하는 고급 육상교통수단이므로, 대도시 중심, 수도권 중심의 한국 공간구조도 더욱 고착, 강화될 수밖에 없다. 한국보다 먼저 고속철도를 운행하였던 프랑스에서 TGV의 도입이 수도 파리를 정점으로 한 고속교통망 체계를 확립하게 되었고, 그 결과 이미 존재하였던 지역 불균형이 더욱 심화되는 결과를 낳았던 경험(이현주, 2004)과도 흡사하다.

철도 고속화는 다른 교통수단에 대해서도 상당한 변화를 이끌었다. 육상교통 부문에서는 일반철도의 장거리 구간 통행량이 뚜렷이 줄어든 것으로 밝혀졌다(정미선, 이금숙, 2015). 또한 고속철도의 개통은 국내 항공교통에 큰 타격을 입혀, 제주와 본토 사이의 항공노선만 온전할 뿐 본토의 도시 간 항공노선 수와 운항빈도가 대폭 줄어들었다(〈그림 5-4〉 참조).

중시적으로 보면, 고속철도는 다른 교통수단과 경쟁과 보완의 관계에 있으므로 각 지방의 광역교통망이 고속철도역을 중심으로 재편되기에 이른다. 구미역을 사례로 들어 본다면, 종래 새마을호나 무궁화호로 서울과 연결되던 통행 가운데 다수가 서울과 반대 방향인 대구까지 가서 고속철도 서비스를 이용하는 경향이 두드러지는 등 흥미로운 변화를 보이고 있다(이정훈, 2007). 미시적으로, 국지 교통망 역시 고속철도역을 거점으로 활용하게 되었으며, 고속철도역 일대는 새로운 부심으로 성장하여 결국 기성 단핵의 도시구조가 다핵구조로 바뀌는 계기를 마련한다.

• 참고문헌 •

공환영, 1971, 철도역전취락에 관한 연구, 서울대학교 교육대학원 석사학위논문.

김영성, 1996, "국토의 시·공간 수렴: 1890년대~1990년대 서울~부산간 여행시간 변천을 중심으로," 지리학연구 27, 37-53.

김재완, 이기봉, 2000, "구한말~일제강점기 한강 중류지역에 있어서 교통기관의 발달에 따른 유통구조의 변화," 한국지역지리학회지 6(3), 1-36.

도도로키 히로시, 2001, "수려선 철도의 성격변화에 관한 연구," 지리학논총 37, 43-65.

도도로키 히로시, 2004, 20세기전반 한반도 도로교통체계 변화: "신작로" 건설과정을 중심으로, 서울대학교 박사학위논문.

마이클 콘젠 편, 허우긍 외 역, 2011, 경관으로 이해하는 미국, 푸른길: 서울.

손승호, 2006, "수원 화성의 도로망 형성과 변화," 한국도시지리학회지 9(2), 75-88.

이정훈, 2007, "경부고속철도의 도입 이후 연변 도시의 철도이용 변화와 국지 교통체계의 대응," 지리학논총 50, 29-59.

이현주, 2004, "국토 공간조직에 미친 고속철도망 건설의 영향: 프랑스 TGV 교통망의 사례를 중심으로," 한국지역지리학회지 10(2), 252-266.

정미선, 이금숙, 2015, "시간거리 변화에 따른 한국 도시 간 통행흐름의 구조 변화: 고속버스와 철도 이용객을 중심으로," 대한지리학회지 50(5), 527-541.

정재정, 2005, "'근대로 열린 길' 철도," 역사비평 70(봄), 221-242.

주경식, 1994, "경부선 철도건설에 따른 한반도 공간조직의 변화," 대한지리학회지 29(3), 297-317.

최석주, 1996, "대구시 도심부의 가로망 변화," 대한지리학회지 31(3), 593-612.

철도청, 2003, 사진으로 보는 한국철도 100년.

허우긍, 조성혜(Huh, Woo-kung and Cho, Sunghye), 1997, "The development of South Korean rail system and the Seoul-Pusan high-speed rail line", 서울대학교 국토문제연구총서 2, 49-72.

허우긍, 도도로키 히로시, 2007, 개항기 전후 경상도의 육상교통. 서울대학교 규장각한국학연구원 총서 24. 서울대학교 출판부.

허우긍, 2010, 일제 강점기의 철도 수송, 서울대학교 규장각한국학연구원 총서 36, 서울대학교 출판문화원.

財團法人 鮮交會, 1986, 朝鮮交通史 資料編. 三信圖書有限會社: 東京.

Givoni, M., 2006, "Development and impact of the modern high-speed train: a review," *Transport Reviews* 26(5), 593-611.

Goetz, A.R., 2012, Guest editorial: "Introduction to the Special Section on rail transit systems and high speed rail," *Journal of Transport Geography* 22, 219-220.

Marti-Hennerberg, J., 2015, Guest editorial: "Challenges facing the expansion of the high-speed rail network," *Journal of Transport Geography* 42, 131-133.

Murayama, Y., 1994, "The impact of railways on accessibility in the Japanese urban system," *Journal of Transport Geography* 2(2), 87-100.

Perl, A.D. and Goetz, A.R., 2015, "Corridors, hybrids and networks: three global development strategies for high speed rail," *Journal of Transport Geography* 42, 134-144.

Thompson, I.B., 1993, "A new kind of location decision-where to build high-speed railway stations: the French case," *Scottish Geographical Magazine* 109(2), 106-110.

제2부

교통과 도시

제7장

교통의 발달과 도시의 성장

1. 교통과 도시활동의 분포

예로부터 도시는 길목에 자리 잡았다. 배후지의 통치에, 군사적 목적에, 사람과 물자의 왕래에 편리하였기 때문이다. 일단 도시가 자리 잡은 다음에도 교통은 도시의 성장과 도시민의 생활에 끊임없이 간섭한다. 교통기술이 발달하고 전에 없던 새 교통수단이 등장하면 시가지는 밖으로 더 확장되고 도시의 모양도 이에 따라 바뀌며, 도시 내부에서 여러 기능들이 자리 잡는 것 역시 달라지게 마련이다.

교통은 도시 전체로는 그 크기와 형태에, 도시 내부에서는 여러 기능의 입지와 분포에 어떻게 영향을 주는 것일까? 이 의문에 대한 해답은 교통쇄신 및 교통투자가 가져오는 접근성의 변화에서 단서를 찾아볼 수 있다. 한 곳에서 다른 곳으로 이동할 때 걸리는 시간과 비용 부담이 적을수록 접근성은 향상되므로, 도시교통망의 구조와 서비스 수준은 도시 내부의 접근성을 좌우하게 된다.

교통이 도시에 영향을 미치는 과정은 다음과 같이 요약해 볼 수 있다. 첫째, 접근성의 증가는 도시활동의 분포와 토지이용에 직접 영향을 끼친다. 차량과 사람들의 이동성이 늘어나면 한 장소를 두고 여러 활동 사이에 경쟁이 일어나며, 그 결과 지가(地價)에 변동이 생겨 비싼 지가를 감당할 수 있는 활동이 새로 들어서고 그렇지 못한 활동은 밀려나서 한 장소의 토지이용 방식은 바뀌게 된다. 주택지 부근에 지하철역이나 버스터미널이 들어서면 택지가 상가로 바뀌고 토지의 이용 밀도가 조밀

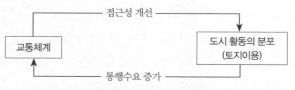

〈그림 7-1〉 교통체계와 토지이용의 순환적 인과관계

해지는 것 등이 그 보기이다. 자동차가 널리 보급되면서 도심에 입지하고 있던 병원, 상점, 학교 등의
시설과 서비스가 점차 도시 외곽으로 옮겨 가는 것도 교통이 도시의 토지이용에 변화를 가져오는 또
다른 보기이다. 둘째, 토지이용의 변화는 다시 시내 이동 양상에 변화를 불러온다. 상가가 들어서면
그 곳을 찾는 사람도 그만큼 늘어나 교통량은 껑충 뛰게 되는 것이다. 셋째, 이처럼 토지이용이 바뀌
어 교통수요가 늘어나면 기존 교통시설과 서비스가 포화되어 교통정체가 자주 일어나고, 교통정체
가 반복되면 이를 개선하라는 요구가 늘며, 마침내 교통투자로 이어져 교통체계에 변화가 다시 일게
된다.

그러나 교통과 도시의 관계를 이처럼 접근성을 매개로 한 순환 과정으로만 설명하는 것은 현실을
너무 단순화시킬 우려도 있다. 교통이 도시의 형태와 내부 입지에 대한 결정적 요인이라는 도식으로
만 압축하기보다는, 토지이용의 변화는 접근성의 개선을 포함한 다른 여러 요인들이 함께 작용하여
일어나는 것이라고 보아야 할 것이다. 접근성 말고도 도시의 성장과 형태에 작용하는 다른 중요한
요인들로는 외부효과, 집적경제, 사회변동 등을 꼽을 수 있다.

도심이나 버스정류장과의 거리가 지가에 기본변수이기는 하지만, 이에 못지않게 주변의 토지이용
에 의해 좌우되는 경우도 종종 볼 수 있으며, 이것이 바로 토지이용에 대한 외부효과의 예이다. 도시
안에서 살 곳을 마련하는데 자녀들의 학구(學區), 소음, 안전 등 주거환경이 집에서 직장까지의 통근
시간이나 비용에 못지않은 중요한 변수로 꼽히는 것도 같은 이치이다.

집적경제도 토지이용에 영향을 주는 요인이다. 서로 연관이 있는 활동들이 한곳에 모여 있을 때
더 유리하게 마련이며, 서로 한곳에 모여 시너지효과를 얻게 되는 사례는 식당가, 귀금속 상가의 형
성 등에서 쉽게 찾아볼 수 있다.

도시에 사는 사람들 측면에서 보았을 때 사회변동도 도시의 성장과 형태에 작용하는 요인의 하나
이다. 농촌 인구의 전입, 외국인의 유입 등 기존 도시 주민과 다른 사회집단이 들어옴으로 인해 도시
안에 특정인들의 주거지가 형성되는 것이 그 예이다. 문화, 풍습, 언어가 같은 사람들이 서로 가까이
살려는 경향이 있기 때문이다.

교통은 언제나 접근성을 향상시킨다는 식으로 한 방향으로만 고정시킬 이유도 없다. 미시적으로 보면 교통로가 이동과 상호교류에 장애가 될 수 있기 때문이다. 철도, 고가도로, 도시고속도로는 종종 시가지의 확장을 어렵게 만들고, 옆 동네와의 교류를 막는 물리적 경계가 되기도 한다. 또한 교통이 도시의 성장을 앞장서 이끈다고 전제하는 것도 주의를 요하는 대목이다. 그 순서가 반대가 될 수도 있기 때문이다. 대중교통수단(궤도마차와 전차)이 19세기 서구 도시의 확장, 특히 교외화에 크게 기여한 것은 부인할 수 없지만, 궤도차의 도입이 시가지의 확장을 촉발하였다고 일반화하기는 어렵다. 시가지의 개발이 먼저 이루어짐에 따라 교통수단에 대한 수요가 늘어나게 되었고, 그 늘어난 교통수요를 맞추기 위해 궤도차 노선이 신 주택지까지 연장되곤 한 사례도 적지 않았던 것이다.

2. 도시교통수단의 발달과 도시의 형태 및 구조

1) 교통시대의 구분

근현대 도시의 주력 교통수단으로는 도보, 마차, 궤도차(전차, 도시철도, 경전철 등), 자동차를 꼽을 수 있으며, 이들이 시대에 따라 등장하였다가 사라지기도 하면서 도시의 성장과 내부의 구조 변화에 적지 않게 작용하였다. 지금 우리가 살고 있는 도시란 각기 다른 시기에 다른 교통수단이 간섭한 흔적이 켜켜이 쌓인 것으로, 이 절에서는 그 쌓인 층을 한 겹씩 들추어 보려 한다.

도시의 역사적 변천 과정을 설명하려면 각 시기의 주력 교통수단에 근거하여 교통시대를 구분하면 도움이 된다. 서구도시의 교통시대는 각 교통수단이 등장했던 순서에 따라 도보–마차시대, 전차시대, 자동차시대로 구분하는 것이 일반적이며, 이 가운데 전차시대(19세기 말~20세기 초)의 기간이 가장 짧았다.

한 교통시대에는 해당 교통수단만 이용되는 것은 아니다. 전차시대의 초기에는 마차가 아직도 운행되고 있었으며, 말기 무렵에는 자동차가 이미 상당수 시내를 돌아다니고 있었다. 한 교통시대의 시작과 끝은 어떻게 정할 수 있을까? 현대를 뭉뚱그려 자동차시대라고 부르지만, 자동차시대의 시작은 언제로 정해야 옳은가? 우리는 여기서 교통시대의 구분과 관련한 여러 선행연구 가운데 분석적 접근방법을 택한 두 사례에 주목하기로 한다.

일찍이 아이사드(Isard, 1942)는 미국의 경기변동을 주요 교통수단들의 성장 및 퇴조와 연관하여 분석한 적이 있다. 그는 19세기 초 이래 100여 년(1825~1933) 동안 운하, 철도 및 전차의 노선 길이,

자동차 등록 대수의 연간 증감률 추이와 같은 교통 부문의 자료를 이민자 수, 인구 증감, 인구의 5년 이동평균, 석탄과 선철 생산량의 5년 이동평균, 도매 물가지수의 변동과 비교하여, 교통 부문의 증감률 추이가 장기적인 경기순환인 콘드라티예프(Kondratieff) 주기와 유사하다는 점을 밝혀내었다. 아이사드는 이러한 분석을 바탕으로 쇠퇴하는 한 교통수단 지표의 증감률 선과 새롭게 성장하는 다른 교통수단 지표의 증감률 선이 교차하는 시점을 교통시대가 바뀌는 때로 간주하는 교통시대 구분방법을 제시하였다.

이에 비해 보처트의(Borchert, 1967)는 교통기술에 혁신이 일어나 새 교통수단이 처음 사용되는 때로부터 다음 교통기술의 혁신이 이루어지는 시점까지를 한 교통시대로 보는 방법을 제시하였다. 구체적으로 그는 미국의 도시 성장 시기를 구분하면서 증기선과 '철마(鐵馬, iron horse: 증기기관을 가리키는 문학적 표현으로, 궤도마차를 끌던 말에 대비되어 사용됨)', 강철 궤도와 전기, 내연기관과 같은 교통쇄신에 주목하여 교통기술, 사용된 동력, 교통시설(철도노선의 길이 등), 화물 수송량 등 여러 교통지표들의 증가율을 구하고, 특정 교통쇄신에 관련된 지표의 증가율이 정점을 이루는 때를 해당 쇄신의 시대가 끝나고 새로운 쇄신의 시대가 열리는 분기점으로 보아 범선-마차시대(sail-wagon epoch, 1790~1830년), 철마시대(iron horse epoch, 1830~1870년), 강철궤도시대(steel rail epoch, 1870~1920년), 자동차-항공교통시대(auto-air-amenity epoch, 1920년 이래)로 구분하였다. 보처트의 구분방식이 '교통기술의 쇄신'에 초점을 둔 반면, 아이사드의 방식은 '교통수단의 이용현황'에 근거하여 시대를 나누었다는 점이 주요 차이점이라고 평가할 수 있다.

아이사드와 보처트의 시대구분 방식들은 거시적인 관점에서 교통시대를 나누어 보려 했던 것으로, 도시로만 시야를 좁혀 교통시대를 살펴본 것은 아니었지만, 비교적 간명하고 설득력 있는 시대구분 방법을 제시하였기에, 도시교통의 역사에 대한 후속연구들에서 종종 채택되기에 이른다. 그러나 계량적 지표에 의해 교통시대를 구분하는 것만이 완벽한 해답은 아닐 것이다. 도시교통의 역사를 정리한다는 것은 오래전의 상황을 다루어야 하는 작업인 만큼 분석에 필요한 자료를 구하기가 쉽지 않을 수 있고, 수량적 지표에 의해 한 교통시대의 시작과 끝을 기계적으로 정하기보다는 다소간의 정성적(定性的) 평가, 곧 해당 시대의 상황을 포괄적으로 살피는 일도 곁들일 필요가 있을 것이다.

2) 도시교통수단과 도시의 형태

발로 걷거나 수레나 마차와 같이 짐승을 이용하는 탈것 말고는 다른 교통수단이 없었던 도보교통시대에 도시의 규모는 작았고, 지형적인 장애만 없다면 시가지는 사방으로 형성되어 원형을 이루고

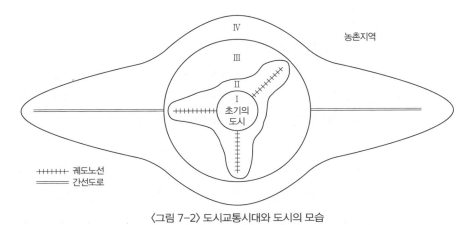

농촌지역

++++++ 궤도노선
====== 간선도로

〈그림 7-2〉 도시교통시대와 도시의 모습

I. 도보-마차시대(1800~1890), II. 전차시대(1890~1920), III. 여가용 자동차시대(1920~1950), IV. 고속도로시대(1950 이후)
출처: Adams, 1970, p.56.

있었다. 그러나 산업혁명 이래 새로운 기술이 날로 개발되어 궤도마차, 전차, 자동차와 같은 새로운 교통수단이 차례로 등장하면서 이처럼 작고 원형이었던 도보도시(徒步都市)는 그 크기와 모양에서 큰 변화를 겪게 되었다.

도보도시의 변화는 궤도마차의 등장으로 비롯되었다. 산업혁명의 덕택에 쇠로 만든 궤도를 도시교통에 활용하게 된 것이다. 궤도마차란 철로 위로 마차가 다니게 하는 교통수단으로서, 도로 위에서는 말 한두 필이 끄는 마차가 몇 사람만 실어 나를 수 있었던 데 비해 훨씬 더 많은 승객들을 실어 나를 수 있게 되었다. 옴니버스(omnibus)라고도 불린 이 교통수단은 승객을 꽤 많이 태울 수 있었기 때문에 도시 대중교통수단의 첫 출발인 셈이기도 하였다. 옴니버스는 종래 마차에 비해 요금이 훨씬 싸졌으므로, 종전의 마차는 일부 부유층만 고객이었지만 옴니버스는 (아직 오늘날의 대중교통수단처럼 값싼 것은 아니었지만) 중산층도 이용할 만한 수단이었고, 이는 마차 궤도가 놓인 곳을 따라 바깥으로 중산층의 거주지가 확장되는 결과를 낳았다.

산업혁명이 더 성숙해져 전기가 발명되자 궤도마차에 이어 전차가 도입되었고, 시가지는 그 궤도노선을 따라 도시 외곽으로 더 멀리까지 확장되었으며, 결과적으로 도시의 시가지는 별 모양을 이루게 되었다. 전차의 궤도는 이미 놓여 있던 궤도마차의 노선을 활용하는 것이 일반적이었고, 따라서 시가지의 확장 방향도 궤도마차 시기의 그것과 일치하였다. 전차노선이 시가지를 벗어나 변두리 멀리까지 이어진 경우에는 전차역 부근에 새 마을을 이루게도 하였다. 이것이 이른바 교외(郊外, suburb), 그리고 위성도시 발달의 시초이다.

전차를 비롯한 궤도차는 자동차라는 새 교통수단에 곧 그 주도권을 빼앗긴다. 20세기에 들어와 자

〈그림 7-3〉 궤도마차

일본 홋카이도 삿포로의 개척촌에서 전시용으로 운영하고 있는 것이지만, 옛 궤도마차의 모습을 잘 엿볼 수 있다. 정원은 18명이다.
필자 촬영, 2015. 6. 30., 삿포로.

동차의 보급이 늘고 자동차 도로망이 확장되면서 시가지도 따라 늘어나 도시는 폭발적으로 확장되고 분산된 모습을 띠게 되었다. 자동차란 미리 놓인 궤도만을 따라 움직이는 것이 아니라 자유롭게 다닐 수 있으므로, 전차시대에 궤도를 따라 별 모양으로 형성되었던 시가지 너머 미개발지에도 시가지가 형성되어 도시 전체로는 둥근 모양을 다시 이루게 되었다.

자동차는 도시의 확장뿐 아니라 도시 내부에도 큰 변화를 불러왔다. 자동차 이용자는 이제 전차와 같은 대중교통수단이나 자신의 발에 의존하던 데서 벗어나 통행의 빈도, 목적, 방향, 거리 등에서 자기 나름의 의사결정을 할 수 있게 되었다. 주거지 선택의 폭이 넓어졌고, 공업 등 경제활동의 입지에도 보다 많은 융통성이 생겼다. 그 결과 도시에는 비슷한 기능끼리 모여 주거지구, 공업지구, 상업지구를 이루는 등 토지이용의 분화 속도가 빨라지고 도시 전체로는 다핵구조를 지닌 광역도시권을 이루게 되었다. 요컨대 20세기 자동차의 의미란 단순히 새로운 교통수단의 출현이라기보다 종전과 전혀 다른 도시시대의 등장을 뜻한다.

자동차는 20세기 초에 등장한 이래 무려 100년 가까운 긴 세월이 흘렀으므로 2~3단계로 더 나누어 볼 수도 있다. 자동차의 도입 초기였던 20세기 전반에는 도심과 변두리를 잇는 방사상 간선도로망을 중심으로 시가지가 확장되었으나, 20세기 후반에 들어서는 내부순환고속도로, 외곽순환고속도로들이 차례로 건설되면서 시가지는 더욱 확대되고 광역도시권을 형성하게 되었다.

이처럼 도보→궤도마차→전차→자동차로 새 교통수단이 차례로 등장하면서 도시가 크게 확장

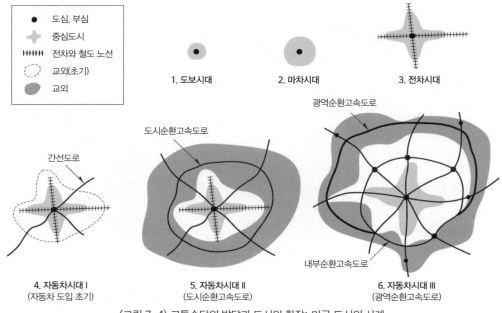

범례:
- ● 도심, 부심
- ✚ 중심도시
- ⊢⊦⊦⊦⊣ 전차와 철도 노선
- ⌇ 교외(초기)
- (음영) 교외

1. 도보시대

2. 마차시대

3. 전차시대

4. 자동차시대 I
(자동차 도입 초기)
간선도로

5. 자동차시대 II
(도시순환고속도로)
도시순환고속도로

6. 자동차시대 III
(광역순환고속도로)
광역순환고속도로
내부순환고속도로

〈그림 7-4〉 교통수단의 발달과 도시의 확장: 미국 도시의 사례

출처: Taaffe et al., 1996, p.178.

되고 시가지의 모양이 바뀌는 과정은 애덤스(Adams, 1970, 〈그림 7-2〉)나 테이프 등(Taaffe et al., 1996, 〈그림 7-4〉)에 의해 그림 모형으로 잘 요약되어 있다. 두 모형은 교통이 발달하면서 도시가 동심원 모양으로 확장되는 한편, 궤도차 노선이나 자동차 간선도로 등 교통축에 의해 토지이용이 크게 영향을 받는 점을 묘사하고 있다는 점에서 사실상 같은 모형이라고 평가할 수 있다. 두 모형은 교통시대를 얼마나 세분하고 있는가에서 차이를 보이지만, 애덤스의 모형이 발표된 시점이 1970년으로 자동차교통이 아직 완숙기에 들어가기 전이었다는 점을 감안한다면, 테이프의 모형은 애덤스 모형에 1970년대 이래 자동차교통의 발달을 더 자세히 반영하고 도보-마차시대도 두 시기로 나눈 것이라고도 볼 수 있을 것이다.

두 모형 모두 서구 대도시의 사례에 기초한 것으로서, 다른 지역이나 중소도시의 성장 과정에 적용하려면 약간의 주의가 필요하다. 가령 자동차교통이 크게 성한 미국에서는 자동차시대를 다시 여러 하위 시기로 세분할 수 있겠지만, 다른 나라에서는 하나의 자동차시대로 족할 수도 있을 것이다. 또한 미국의 중소도시에서는 전차가 도입된 적이 없는 채 곧바로 자동차시대로 진입한 경우도 적지 않은 반면, 유럽에서는 중간 규모의 도시라도 전차가 널리 도입된 차이가 있다.

더 포괄적으로는 도시의 확장과 형태의 변모 원인을 도시교통수단의 변혁에서만 찾기보다는 시야를 보다 넓힐 필요도 있다. 인구 측면에서 보면 도시인구의 자연증가와 외지인의 유입, 경제적 측면에서 보면 실질소득의 증가와 근로시간의 단축, 인구 및 경제 성장에 따른 주택수요의 증가, 기술의 발달 등 다른 여러 요인들과 교통이 함께 복합적으로 작용하여 도시의 확장과 형태의 변모를 이끌었다고 보아야 할 것이다.

3) 교통과 도시의 내부구조

지금까지는 교통이 도시의 형태와 크기에 어떻게 작용해 왔는가를 살펴보았다. 그렇다면 오늘날 도시의 내부구조는 어떤 모습을 하고 있는 것일까? 모든 도시가 다 같은 여건에서 같은 역사적 전개 과정을 거쳐 오늘에 이른 것은 아니다. 따라서 핵심 도시교통수단에 따라 현대도시의 내부구조가 어떻게 달리 형성될 수 있는지를 도식화한다면 〈그림 7-5〉와 같은 세 가지 유형을 추출해 볼 수 있다 (Rodrigue et al., 2009).

첫째, 대중교통의 역할이 큰 도시의 내부구조는 그림 (가)와 같이 묘사될 수 있다. 역사가 오래고 전통적으로 대중교통, 특히 궤도차 위주의 정책을 펴 온 도시들에서 발달한 구조로서, 유럽과 아시아에서 그 사례를 종종 볼 수 있다. 고밀도의 토지이용과 접근성이 좋은 대중교통망이 특징이고, 따라서 중심도시에는 고속도로와 주차공간에 대한 수요가 적다. 도시의 가운데에 규모가 큰 도심, 그리고 변두리에 부심들이 형성되어 있다.

둘째, 자동차에 대한 의존이 심한 도시에서 볼 수 있는 구조는 그림 (나)와 같은 특징을 보여, 분산이 심하여 밀도가 낮으며 도심의 발달이 뚜렷하지 못하고 중심기능은 도시 전역에 흩어져 입지하게 된다. 대중교통 서비스가 그다지 활성화되지 않았으며, 도시의 상당부분이 고속도로와 주차장 등 자

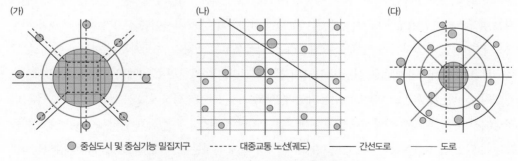

〈그림 7-5〉 현대도시의 구조: 교통 측면에서 본 유형
(가) 대중교통의 역할이 큰 도시, (나) 자동차교통 위주의 도시, (다) 대중교통-자동차교통 혼재형 도시
출처: Rodrigue et al., 2009, p.231. 필자 재구성.

동차를 위한 공간으로 점유되어 있다. 도시 발달의 역사가 그리 오래지 못하고 궤도차의 이용도 미약한 채 자동차시대로 곧바로 진입한 북아메리카 도시들, 예를 들면 로스앤젤레스 등이 그 대표적 보기이다.

셋째, 자동차교통과 대중교통 혼재형 도시(그림 (다))는 두 유형의 중간형으로서, 대중교통이 어느 정도 발달되어 있기는 하지만 정책적으로 강력한 뒷받침을 받지 못하고, 대신 자동차교통이 활성화된 도시에서 볼 수 있는 구조이다. 기본적으로는 유형 (가)와 유사하지만 도심의 규모가 작고 밀도도 낮다. 도시의 역사가 유형 (나)보다는 오래고, 궤도차가 이용된 적이 있되 자동차교통의 영향도 강하게 받은 도시들에서 볼 수 있는 도시구조이다. 오스트레일리아의 멜버른, 미국의 샌프란시스코 등지가 그 보기이다.

4) 한국의 도시교통수단과 교통시대

(1) 한국의 도시교통수단들

과거 우리나라의 도시는 대부분 그 규모가 작았으며, 바퀴를 이용한 이동 및 운반 수단의 발달이 덜했던 데다 지형과 토지구획 여건에 맞추느라 곧은길이 드물었고 폭은 좁았다. 사람들의 탈것으로는 가마와 남여(藍輿, 덮개가 없는 작은 가마) 등이 있었지만 보통 사람들의 교통수단은 아니었고, 19세기 말부터는 인력거와 자전거가 새로 등장하였으나 이 역시 널리 이용되었다고 말하기는 어렵다. 따라서 19세기 말경까지는 도시민의 주 이동수단은 도보였고, 화물은 대부분 등짐과 지게, 소달구지 등으로 날랐던 것으로 볼 수 있다.

서양에서 전차가 19세기 말부터 20세기 초에 걸쳐 도시의 주요 교통수단의 하나로 자리매김했던 것과는 달리, 한국에서는 서울, 부산, 평양의 세 도시에서만 전차가 다녔을 뿐 다른 도시들에는 전차라는 궤도교통수단이 없었다. 서울에서는 1899년 서대문과 청량리 사이에 전차가 운행된 것을 시작으로 1930년대 중엽까지 노선 확장을 거듭하여, 남쪽으로는 노량진, 서쪽으로는 마포와 독립문, 동쪽으로는 청량리까지 이르는 상당한 규모의 전차노선망을 이룩하면서 20세기 전반기 동안 사실상 서울의 유일한 대중교통수단으로 기능하였다. 광복 이후 도시의 확장에도 불구하고 전차노선은 더 확장되지 못한 채 도시 중앙부에서만 운행되었던 까닭에 버스교통에 점차 밀려, 1968년 말 운행을 그치게 되었다. 부산에서는 1915년 초량~부산진 구간에 전차운행이 개시되었고, 나중에 부산 시내와 동래 방면으로 노선이 더 확장되어 부산을 남북으로 관통하는 교통수단으로 기능하다가 서울의 전차와 마찬가지로 1960년대에 그 운행을 중단하였다. 평양의 전차는 부산보다 다소 늦은 1923년

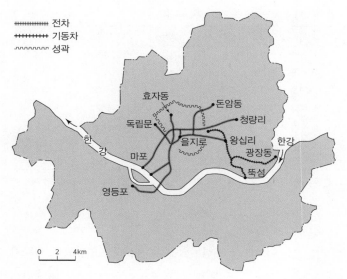

전차
기동차
성곽

효자동   돈암동
독립문   청량리
을지로   왕심리
한강
마포   광장동
영등포   뚝섬

〈그림 7-6〉 서울의 궤도망: 1960년대
출처: 이혜은, 1988, p.23.

0 2 4km

운행을 시작하여, 1930년대 중엽에는 평양역~사동에 이르도록 확장되었다.

자동차의 보급도 서양에 비해 상당히 늦었다. 일찍이 1903년 왕실에서 승용차를 사용하기 시작하였고, 1910년대에는 버스도 등장하였지만 일부 대도시에서 쓰였을 뿐 대부분의 도시는 전통 교통수단에 의존하고 있었다. 일제강점기에는 교통정책이 철도교통 위주인 데다 기름마저 부족하여 자동차의 이용에 제한이 많았으며, 1945년 광복 즈음에는 한반도 전역에 걸쳐 자동차의 수가 7,300여 대뿐이었다고 한다. 광복 후 곧 이어진 전쟁과 경제침체로 1950년대에도 자동차의 보급은 보잘것없었지만, 1960년대부터 국내 자동차산업의 발달과 보조를 맞추어 자동차 수는 놀랍게 증가하기 시작하였다. 1980년대에 한국은 세계적인 자동차 생산국의 하나로 발돋움하였고, 국내 자동차 보급 대수도 1997년에 1000만 대를 넘어섰다.

현재 도시철도가 놓이지 않은 대다수의 도시에서는 버스 및 자가용 승용차가 주 교통수단이며, 이밖에 자전거와 오토바이도 일부 쓰인다. 버스는 가장 핵심적인 대중교통수단이고, 택시는 본래 1회용 자가용 승용차로서 고급 교통수단의 성격을 띠지만 우리나라에서는 준(準)대중교통수단처럼 이용되고 있다. 이처럼 늘어난 자동차 덕택에 도시는 크게 확장되고 도시 외곽에는 위성도시나 도시통근자 마을이 형성되기도 하였다.

20세기 후반에 이르러 대도시에서는 궤도차시대가 다시 열리고 있다. 종전처럼 지상을 달리던 전차 대신에 전철(과 지하철)로 그 모습을 바꾸었을 뿐이다. 수도 서울에서는 1974년 1호선 청량리~서울역 구간에 전철이 첫 운행을 시작한 이래 2호선(1984년 개통)~9호선(2008년 개통) 등 새 노선이

<표 7-1> 주요 도시의 수송수단별 통행분담률(%): 2010년

도시	도보	승용차	대중교통(버스, 전철)	택시	오토바이	자전거	기타
서울	30.4	22.9	39.3	1.2	1.0	2.8	2.4
부산	31.3	27.7	33.9	1.5	1.2	1.3	3.1
대구	35.6	33.0	21.0	1.3	1.4	3.8	3.9
인천	32.7	32.9	26.8	1.0	0.7	2.2	3.7
광주	33.8	38.8	20.0	1.7	0.8	1.9	3.0
대전	37.0	37.9	17.6	1.0	0.6	2.7	3.2
울산	36.4	36.3	15.1	1.0	3.0	2.7	5.5

주: 한국의 대도시에서는 도보, 승용차, 버스와 전철의 도시민 통행분담 비중이 압도적으로 높으며, 전철망의 도입 역사에 따라 대중교통수단의 통행분담률 차이가 뚜렷하다.
출처: 김찬성 등, 2012, p.83, 한국교통연구원.

꾸준히 추가되어 지금은 방대한 도시철도망을 이루었다. 또한 수도권의 전철과도 연결되어 서울 시내뿐 아니라 인근 도시를 망라하는 핵심 교통수단으로 자리잡았다. 전철은 이제 수도권 주민의 발이라 불릴 정도로 버스와 함께 교통분담률이 높다. 1980년대 중엽부터는 다른 대도시에서도 전철 건설이 추진되기 시작하여 이제는 전국의 광역시급 대도시가 대부분 궤도교통수단을 갖추게 되었다.

(2) 한국 도시의 교통시대

아이사드(Isard)와 보처트(Borchert)의 교통시대 구분방식은 국내에서도 활용된 바 있다. 기존 주력 교통수단과 새 교통수단의 이용 증감률 선의 교점을 교통시대의 전환점으로 설정하는 아이사드의 방안은 최운식(1995)의 연구에 적용되어, 철도, 전차와 지하철, 버스, 승용차의 차량 수와 하루 이용자 수의 5년 증가율이 서로 교차하는 시점을 조사하고 우리나라의 도시교통시대를 우마차시대(1940년 이전), 궤도차시대(1940~1970년), 버스시대(1970~1985년), 자가용시대*(1985년 이후)로 구분하였다.

한편 이은숙(1987)은 보처트의 교통시대 구분방식을 참고하여 차량 대수, 노선과 도로의 길이, 이용자 수 등의 5년 증가율을 구하고, 각 지표의 최대 증가율을 100으로 보아 다른 시기의 증가율을 환산하는 방법으로 각 교통수단의 성쇠를 살핀 다음, 주요 교통수단의 혁신이 일어난 해(전차 1899년, 지하철 1974년)와 시내버스의 차량 수 및 이용자 수가 크게 증가하는 반면 전차의 이용이 정체되는 해(1950년)를 변환점으로 삼아 서울의 교통시대를 도보교통시대(1899년 이전), 궤도 대중교통시대

---

* 자동차는 사용 주체나 목적에 따라 자가용, 관용, 영업용 등으로 나뉘므로 '자가용 자동차시대' 또는 '자가용 승용차시대'로 부를 수도 있다.

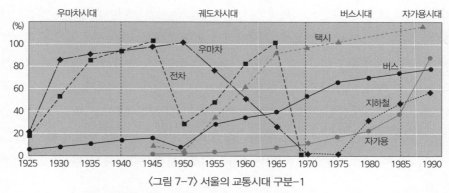

〈그림 7-7〉 서울의 교통시대 구분-1

출처: 최운식, 1995, p.242; 최운식, 2007, p.92에서 재인용.

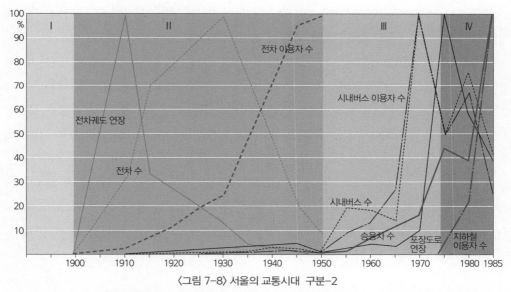

〈그림 7-8〉 서울의 교통시대 구분-2

I. 도보교통시대, II. 궤도에 의한 대중교통시대, III. 버스에 의한 대중교통시대, IV. 지하철-자동차 혼합교통시대

출처: 이은숙, 1987, p.18.

(또는 전차시대, 1899~1950년), 버스 대중교통시대(1950~1974년), 지하철-자동차 혼합교통시대 (1974년 이래)로 구분하였다.

두 사례연구는 분석방법과 자료에 따라 교통시대의 시기와 이름에서 엇갈리는 점이 적지 않다. 이러한 차이는 각기 다른 시대구분 방법을 채택하였다는 점 말고도 한국적 특수성도 어느 정도 작용한 것으로 풀이할 수 있다. 아이사드와 보처트의 교통시대 구분방법은 계량적 분석에 필요한 옛 자료가 확보된다는 것을 전제하고 있지만, 한국은 광복과 6·25전쟁이라는 격변을 겪으면서 정밀한 자료의 확보 자체도 어려워졌거니와 자료의 연속성은 더더구나 보장하기 어려운 실정이다. 이런 사정이 연구자에 따라 다른 시기 구분과 명칭으로 귀착된 듯하다. 연구 대상기간이 다른 점도 시기 구분과 명칭에 차이를 가져온 배경의 하나이다. 한 연구는 20세기 초부터를 분석 대상기간으로 삼아 '우마차시대'부터 시작한 반면, 다른 한 연구는 19세기까지 거슬러 올라가 교통수단을 살펴 '도보시대'로 이르게 된 것이다. 또한 두 선행연구의 차이는 어떤 교통수단을 고찰대상으로 삼았는가 하는 점과도 관련이 있다. 최운식은 첫 교통시기를 '우마차시대'로 이름 지었는데, 이는 '탈것'을 대상으로 교통시대를 나누다 보니 사람들의 '발(도보)'이라는 전통적 교통수단은 자연스레 배제될 수밖에 없었을 것이다.

한국 도시의 교통시대는 마차–궤도마차시대가 없었던 점을 제외하고는, 대체로 서구도시 교통시대 흐름과 비슷하되 각 시대의 시작이 다소 늦었다. 특히 자동차시대의 시작이 상당히 늦었고, 전차시대가 그만큼 오래 지속된 것이 큰 특징이라 할 수 있을 것이다.

이상의 논의를 종합한다면, 과거 전차가 다녔던 서울과 부산의 경우에는 도보시대(또는 도보–우마차시대, 19세기까지), 전차시대(1950년대까지), 버스시대(1970년대까지), 궤도차–자동차시대(1980년대 이후)로 나눌 수 있겠다. 또한 다른 대도시에는 전차시대를 건너뛴 시기 구분으로, 중소도시들에는 도보와 자동차라는 두 교통수단을 중심으로 도시의 교통시대를 일반화하고, 각 교통시대의 시작과 끝은 도시 규모, 전철–지하철의 도입 시기 등에 따라 신축적으로 정한다면, 우리나라 도시의 성장 과정을 교통 측면에서 이해하는 데 큰 무리가 없을 것으로 보인다. 최근 용인, 의정부, 김해 등 비교적 규모가 작은 도시들에서 경전철이 도입되고는 있지만 노선의 범위가 아직은 제한되어 있고 활성화 여부도 더 지켜보아야 하는 만큼, 중소도시에도 대도시와 같은 궤도차시대를 설정하는 것은 아직 조심스럽다.

(3) 교통수단과 도시의 형태

근대 이래 도시교통과 한국 도시의 성장이라는 주제는 역사지리학적 측면에서 큰 관심을 불러일으킨 대상이었다. 궤도차의 역할에 대해서는 서울의 전차에 대해 연구가 집중되었다. 송종홍(1979)은 조선 한성부(漢城府) 시대에서 일제강점기 경성부(京城府) 시대에 걸쳐 도성(都城) 내 주요 도로가 어떻게 바뀌어 갔는지를 밝혔으며, 비록 20세기 초에 자동차가 도입되기는 하였지만(1912년 승용차 사업 시작, 1913년 버스 운행 시작, 1926년 화물차 운행 시작) 1930년대에는 인력거와 자전거의 전성기를 이루었던 것으로 평가하였다. 서울 전차에 대한 연구는 더 지속되어, 이혜은(1987, 1988, 1990)은 일련의 연구를 통해 전차의 도입 과정을 자세히 소개하고 서울의 도시 발달에 미친 영향을 다루었다.

　서울 이외의 도시에 대한 연구로는 옛 대구 시가지에 대한 연구(최석주, 1996)를 주목할 수 있다. 이 선행연구에서 밝혀낸 점들, 곧 일제강점기 동안 대구 읍성(邑城)이 일본의 도시계획에 의해 헐려 성곽 터는 길로 바뀌고 성 내부가 20세기 전반기 동안 도시의 내핵 구실을 하며 도로망이 형성되는 과정은 여건이 비슷한 다른 성곽도시들에도 적용해 일반화를 시도해 볼 수 있을 것으로 보인다. 전국적으로는 철도역 주변에 형성되는 이른바 철도역전취락(鐵道驛前聚落)과 기존 시가지의 관계가 분석되었다(공환영, 1971; 주경식, 1994; 제6장 제2절 참조).

　앞에서 살핀 도시교통시대에 관한 모형들(〈그림 7-2〉와 〈그림 7-4〉)에서는 교통시대의 변천에 따라 작은 원형→십자 또는 별 모양→큰 원형으로 바뀌는 것으로 묘사하고 있으며, 이에 따라 도시의 시가지 형태를 조사하여 도시교통시대에 관한 모형이나 가설을 검증하는 시도들이 이어졌다. 도시의 시가지 형태를 계량화하는 방법 가운데 비교적 널리 쓰이고 있는 것으로는 보이스-클라크 (Boyce-Clark) 형태지수 방법을 들 수 있다. 이 방법은 한 도시의 중심에서 시가지 가장자리까지의 직선길이를 방위에 따라 측정하여 합산한 다음, 이론적으로 기대할 수 있는 거리합과 비교하게 된다. 이 식에 따르면 원형일 때 지수는 0, 정사각형일 때는 12, 십자형일 경우는 18, 5각별이면 25, 가로가 세로의 두 배인 직사각형의 경우는 28, 일직선이라면 175로 최댓값을 가지게 된다.

$$\text{보이스-클라크 형태지수} = \sum_{i=1}^{n} \left| \frac{r_i}{R} \cdot 100 - \frac{100}{n} \right| \quad \cdots \langle \text{식 7-1} \rangle$$

r_i: 도시 중앙에서 i방위 방면으로 시가지 가장자리까지 직선거리

$R = \sum_{i=1}^{n} r_i$, n: 방사선의 수

　이은숙(1987)은 보이스-클라크 형태지수를 이용하여 서울의 각 교통시대별 도시형태를 계량적으로 비교하여 애덤스식의 모형에 부응하고 있음을 밝혀냈으며, 우리나라 중소도시들에 대해서도 같은 방식으로 분석(1988)한 바 있다.

　애덤스와 테이프가 제시한 교통시대별 도시성장 모형은 교통이 시대에 따라 도시의 모습을 어떻게 바꾸어 나가는지에 대해 큰 그림을 일러 준다. 그러나 이런 모형으로 한국 도시의 형태적 성장 과정을 해석하려 할 때에는 약간의 주의를 요하는 점도 있다. 첫째, 모형이란 본래 간명한 것이 특징으로서, 도시와 그 주변의 지형이 고르고 여건이 비슷하다는 것을 전제하고 있다. 그러나 한반도는 산지가 많은 지형적 여건을 가진 데다 배산임수(背山臨水)의 도시 건설 철학 때문에 도시는 주변에 산지를 끼고 발달한 경우가 많았다. 따라서 도시의 한쪽 방면은 막혀 있는 데다, 교통시대를 불문하고

(가) 서울의 시가지 확장

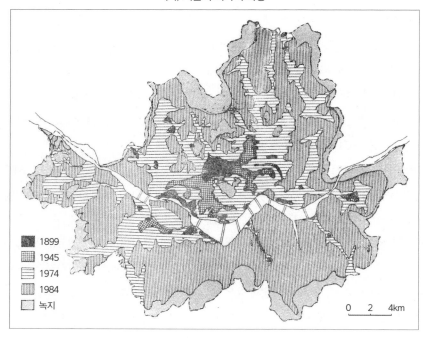

1899
1945
1974
1984
녹지

0 2 4km

(나) 연도별 시가지 형태와 보이스-클라크 형태지수

1899년 18.8   1945년 54.8   1974년 31.8   1984년 22.3

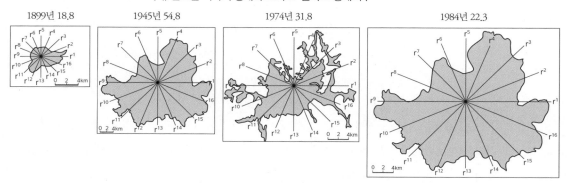

〈그림 7-9〉 서울의 시가지 확장과 보이스-클라크 형태지수: 1899~1984년

출처: 이은숙, 1987, p.46, pp.51-54.

평지와 골짜기를 따라 확장될 수밖에 없었으므로 시가지의 모양이 지형에 종속되고 불규칙한 모양을 이루는 것이 일반적이었다.

둘째, 서구도시의 모형은 도시가 꽤 오랜 세월을 거치는 동안 천천히 변모해 가는 과정을 묘사하고 있다. 이에 반해 우리나라의 도시들은 교란이 심하였다. 광복과 전쟁으로 인한 혼란, 급격한 이촌

향도(離村向都)로 말미암은 도시 인구의 급증, 정부의 신도시 및 신시가지 개발사업 등 교통 이외의 다른 요인들의 영향도 매우 컸기 때문에, 도시가 모형에서 묘사하는 것과 같은 과정을 차근차근 밟아 나가기 어려웠다.

셋째, 우리나라에는 궤도차가 자동차보다 뒤늦게 도입되었다. 궤도마차가 다닌 적이 없고, 전차도 서울, 부산, 평양의 세 도시에서만 다녔으며, 대부분의 도시에서 철도의 역할은 제한적이었다. 도시철도가 도입된 것은 자동차가 널리 보급된 다음인 20세기 후반부터이며, 그것도 서울, 부산, 대구, 인천, 광주, 대전과 같은 특별시/광역시급 대도시에만 국한되어 있다. 더구나 자동차시대를 거치면서 도시의 범위와 내부구조가 틀을 갖춘 다음 궤도차가 도입되었기 때문에, 전철의 영향이 과거 전차가 도시의 형태와 구조에 영향을 끼쳤던 것과 같은 정도로 막강하다고 보기는 어려울 것이다. 다만 기성 시가지를 벗어나는 더 넓은 범위에서 거시적으로 교통수단의 영향을 파악해 본다면, 멀리 교외지역에까지 궤도차 노선을 따라 시가지가 확장되고 위성도시가 성장하는 추세는 분명히 감지할 수 있다.

3. 항만도시의 형태와 구조

1) 근대 항만도시의 형태와 구조

도시의 형태와 구조를 논할 때, 항만도시는 특수한 경우에 해당한다. 항만도시는 수상교통의 거점으로 형성된 도시이므로 일반도시에서 이용되는 육상교통수단 이외에 항만기능의 영향도 고려해야 하며, 도시의 터가 해안이나 강변이므로 도시의 확장 방향에 제약이 있다는 점 또한 도시교통수단의 영향을 묘사한 모형들을 적용할 때 유의할 점이다.

이 책의 제2장에서는 관문도시의 특징과 배후지와의 관계에 대해 거시적으로 살펴본 바 있으며, 제4장에서는 애니포트(Anyport)모형을 통해 항만 배후에 시가지가 형성되는 모습, 특히 항만의 형성 초기와 중기의 시가지 확장 과정을 다루었다. 그러나 지금까지 살펴본 모형들은 항만 자체의 성장과 진화 과정에 초점을 맞춘 것으로서 항만 배후도시의 형태나 구조를 다룬 것은 아니었으며, 배후 시가지의 발달을 부분적으로 언급하거나 대략적으로 유추할 수 있을 뿐이었다.

항만도시의 구조를 다룬 선행연구들 가운데 맥기(McGee, 1967)는 동남아시아를 대상으로 관문도시의 구조를 도식화하려 시도하였다(〈그림 7-10〉). 이에 따르면, 관문도시는 항만구역을 중심으로 여러 가지 토지이용의 배열이 마치 동심원 구조 모형과 부채꼴 구조 모형을 겹쳐 놓은 모습을 연상시킨다. 가장 안쪽 동심원 지대는 중앙 항만구역의 배후로서 여러 기능이 섞여 입지하고, 그 다음 동심원 띠에는 일반 주거지구가 형성되며, 군데군데 외지인과 외국인 지구가 쐐기 모양의 앙클라브(enclaves)를 이루고 있다. 이 두 개의 동심원 띠 밖으로는 교외주거지구와 불량주택지구, 근교 농업지대, 산업지구가 차례로 전개된다. 또한 중앙의 항만지구에서 교통축을 따라 정부기관이 입주한 지구 및 상류층의 고급 주거지구가 차례로 형성되어 나가는 것으로 묘사하고 있다.

1. 비유럽계 외국인 상업지구
2. 비유럽계 외국인 상업지구
3. 유럽계 외국인 상업지구

〈그림 7-10〉 맥기가 묘사한 동남아시아 항만대도시의 공간구조
출처: McGee, 1967, p.128.

맥기의 모형은 외부세력이 항만도시에 미치는 영향이 덜 명시적으로 드러나고 있지만, 소머(Sommer, 1976)는 이를 좀 더 분명히 다루어 아프리카 항만도시를 대상으로 피식민통치 이전부터 독립 이후까지 도시구조가 변화하는 모습을 요약하였다(〈그림 7-11〉). 식민통치 이전에는 해안에 원주민의 취락이 형성되어 있지만, 항만의 규모는 작고 그 역할도 미미하다. 식민통치를 받게 된 다음에는 외부와의 교류를 위해 항만을 확장하면서 도시 내부의 토지이용도 바뀐다. 항만을 중심으로 광장이 형성되고, 이를 둘러싸고 행정기관과 상업시설이 입지한다. 도시에서 주거환경이 가장 나은 곳에는 지배세력의 거주지가 형성되는 한편, 원주민의 주거지는 변두리로 밀려난다. 또한 도시 내부에 도로가 건설되고 내륙과 항만을 연결하는 철로가 놓이며, 부근에는 산업시설이 입지한다. 독립 이후에는 도시가 더욱 성장하지만 항만을 구심점으로 한 기존 도시구조는 기본적으로 유지된다. 중앙광장을 중심한 행정지구와 상업지구는 더욱 확장되고, 구 지배세력의 거주지는 여전히 상류층의 거주지로 지속되는 한편 도시 외곽에도 고층의 주거시설이 들어선다. 원주민의 주거지구가 도시 변두리와 산업단지 인근에 형성되는 양상 역시 식민통치기와 크게 달라진 것이 없다.

제2장에서 언급하였던 밴스(Vance)의 모형과 리머(Rimmer)의 모형은 교통의 영향을 지역 수준에서 거시적으로 다루어 관문도시의 형성을 원론적으로만 언급하였다면, 맥기와 소머의 모형들은 이런 거시 모형에 대한 미시적 수준의 해설편이라고 평할 수 있다. 외세에 영향을 받은 포구도시가 어떻게 근대적인 항만도시로, 그리고 독립 이후 다시 어떻게 바뀌어 가는지를 그림으로 알기 쉽게 묘사한 것이다. 다만 맥기의 모형은 동심원과 부채꼴이라는 틀에 맞추어 도시구조를 묘사한 반면, 소

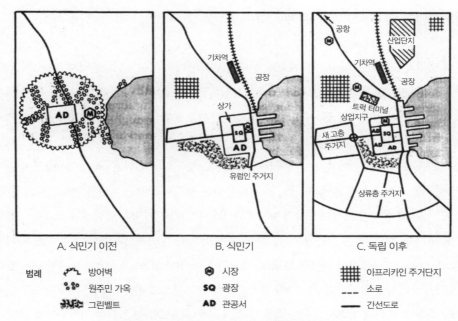

A. 식민기 이전	B. 식민기	C. 독립 이후

범례			
방어벽	시장	아프리카인 주거단지
원주민 가옥	SQ 광장	소로
그린벨트	AD 관공서	간선도로

〈그림 7-11〉 소머가 묘사한 아프리카 항만도시의 공간구조

주: 그림 A, B, C의 축척이 달라서, 그림 A에서 묘사한 원주민 항만취락의 범위는 그림 B와 C의 항만도시보다는 작다.
출처: Sommer, 1976. p.311.

머의 모형은 다핵구조를 연상시키는 도시구조를 제시한 것이 차이점이라고 할 수 있다.

그동안 학계에서는 도시의 구조와 변화를 설명하는 여러 모형이 개발되었으며, 동심원 구조 모형, 부채꼴 모형, 다핵구조 모형이 그 대표적인 것으로서 서구도시들의 도시구조를 일반화할 때 종종 활용되어 왔다. 한편 피식민지배를 경험한 지역의 도시구조를 설명하기 위한 모형도 다수 제안되었으며, 라틴아메리카 도시구조에 대한 모형들이 대표적인 보기이다(예를 들면 Griffin and Ford, 1980). 원주민의 취락 대신 이베리아 식 도시가 세워지고, 이후 수백 년에 걸쳐 독특한 도시구조가 형성되어 가는 과정이 이런 모형들 가운데 잘 요약되어 있는 것이다. 맥기의 모형과 소머의 모형은 서구도시들의 도시구조(의 변화)를 일반화한 동심원 구조 모형, 부채꼴 모형, 다핵구조 모형에 동남아시아 및 아프리카의 피식민 경험을 덧붙여 관문도시에 적용한 것이라고 총평할 수 있을 것이다. 얼핏 보기로는 맥기나 소머가 라틴아메리카의 도시구조 모형들을 참작했을 듯도 하지만, 모형의 발표 시기가 라틴아메리카 도시구조 모형들의 발표 시기보다 이른 것으로 미루어 우연의 일치라고 판단할 수밖에 없을 것 같다.

2) 현대 항만과 배후 시가지의 관계

맥기의 모형과 소머의 모형이 일찍이 1960년대와 1970년대에 발표되었다는 점은 이 모형들이 다룰 수 있는 시간적 한계를 분명히 보여 준다. 두 모형은 항만의 규모가 작은 초기 사정을 다룰 때에는 어디에서나 큰 무리 없이 적용될 수 있지만, 규모가 커지고 분화되어 나가는 현대 항만의 배후도시 구조를 설명하기에는 한계를 지닌다.

글리브(Gleave, 1997)는 아프리카 시에라리온의 주요 항구인 프리타운(Free Town)의 항만시설과 시가지 확장 과정을 추적한 결과, 항만 활동이 분화를 일으켜 해안을 따라 항만시설이 분산 입지하였고, 그 배후에 별개의 시가지가 각각 형성되고 이들 분산된 시가지를 연결하는 교통로가 놓이는 방식으로 도시구조가 바뀌는 것을 밝힌 바 있다. 그는 더 나아가 아프리카의 다른 항만들, 나이지리아의 라고스(Lagos), 세네갈의 다카르(Dakar), 케냐의 몸바사(Mombasa) 등지에서도 비슷한 항만시설 및 시가지의 분화를 확인하였다. 도시구조를 설명하는 모형으로 비유하자면, 띠 모양으로 변형시킨 다핵구조 모형이 현대 항만도시의 구조를 설명하는 데 더 적합할 수 있음을 시사하는 것이다.

또한 현대 항만의 분화는 과거의 항만에서 매우 강하였던 항만–시가지 연계가 점차 약화된다는 것을 의미하며, 도심의 노후된 항만지구는 재개발 과정을 거쳐 항만이 아닌 다른 기능지구로 탈바꿈할 수도 있다. 이러한 현상들은 현대 항만도시의 구조를 요약하는 새로운 모형이 필요함을 보여 주는 것이다.

항만도시의 구조 변화에는 항만의 분화와 이전, 산업활동의 입지 변동, 육지부의 토지이용 경쟁, 그리고 바다 쪽의 수면이용 경쟁이라는 네 가지 요소를 생각해 볼 수 있다(〈그림 7–12〉). 제4장에서 살펴보았던 것처럼, 항만은 성장하면서 기술 진보와 더불어 새로운 전문항만과 전용부두로 분화되어 나간다. 또한 새로 분화되어 나온 항만과 부두는 기존 항만 바로 옆에 입지할 수도 있지만 해안이나 강어귀를 따라 길게 분산 입지하며, 산업지구들도 해당 전문항만이나 전용부두를 따라 또는 내륙 방면에 알맞은 곳을 찾아 입지하게 된다. 이에 따라 도시의 모습은 선형에 가깝게, 그리고 각 신항만 배후에 시가지들이 형성되므로 광역도시권 전체로는 다핵구조의 모습을 띠게 된다.

토지용도들 사이의 경쟁도 도시의 모습과 구조에 변화를 불러오는 주요 요소의 하나이다. 특히 오래된 구항만지구는 항만 기능을 잃고 해운업과 관련된 활동들이 입지하였던 배후 시가지는 재개발 과정을 거치면서, 항만과는 관련이 없는 기능들로 채워진 시가지로 변신할 수도 있다. 육지부에서 토지이용 경쟁이 일어나듯이 바다 쪽에서도 해수면의 이용을 두고 경쟁이 일어날 수 있다. 과거 대양선이 주로 사용하던 수면이 이제는 유람선을 위한 공간, 그리고 도시민을 위한 휴식공간으로 변하

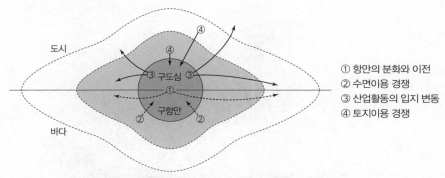

① 항만의 분화와 이전
② 수면이용 경쟁
③ 산업활동의 입지 변동
④ 토지이용 경쟁

〈그림 7-12〉 항만과 배후도시의 토지이용에 변화를 불러오는 요인들

출처: Rodrigue, Comtois and Slack(2009)의 웹사이트 http://people.hofstra.edu/geotrans(2018년 2월 현재는 http://transport geography.org)에 실린 모형을 재구성함.

며, 이와 반대로 신항만이 들어선 곳에서는 어업을 위한 수역(水域)이었던 곳이 이제는 각종 화물선이 분주히 오가는 공간으로 바뀌게 되는 것이다.

3) 한국의 항만도시 사례

(1) 개항기 항만도시의 구조와 경관

인천, 군산, 마산, 부산 등 현재 우리나라의 주요 항만들은 19세기 후반~20세기 초 개항장(開港場)으로 출발하였다. 개항과 더불어 내륙으로는 철도교통이 도입되고 도로망이 정비되면서, 관문도시들은 근대적 상공업도시이자 해당 지역 일대의 최상위 중심지로 성장해 나간다. 도시 내부의 변화역시 매우 컸다. 우선 조계(租界)의 형성으로 한국인 거주지와 공간적으로 분리된 시가지가 새롭게조성되었고, 이 조계는 인근의 항만시설과 함께 개항장의 중심부로 자리 잡게 된다.

이처럼 관문기능과 외국인 거주지구가 구 행정 중심지 및 한국인 거주지구와 지리적으로 분리된채 독자적인 시가지를 형성하는 과정은 개항장 어디에서나 볼 수 있었던 양상이다. 부산의 경우 과거 부산포의 변두리였던 초량이 부산의 중심지로, 조선시대에 중심지였던 부산진과 내륙의 동래는오히려 변두리로 자리바꿈하였다. 인천의 경우 제물포는 개항 이후 구읍(舊邑) 관교동과는 유기적인 관련이 없는 채 독자적인 도시의 모습을 갖추어 나가 인천의 중심부로 성장하는 반면, 내륙의 구읍은 쇠퇴하고 말았다. 마산에서는 지금도 한국인의 거주지구였던 곳을 '구마산', 일본 사람들에 의해 조성된 신시가지를 '신마산'이라고 부른다. 군산 역시 금강 하구의 주요 장터였던 경장리와 내륙의 행정 중심지 옥구는 쇠퇴한 대신, 이보다 하류로 더 내려간 곳에 지금의 군산항과 배후 시가지가

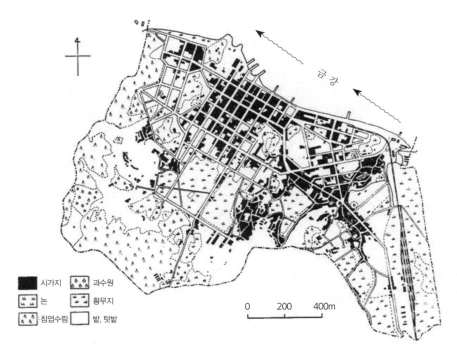

〈그림 7-13〉 군산의 신시가지, 1914년경
군산항의 배후 매립지에 새 시가지가 조성되고, 동쪽으로는 구시장(경장리) 가까이 철도역이 들어서 있다. 21세기에 들어와 철도 장항선과 군산선이 연결되면서, 2008년 초 여객역 기능은 금강하굿둑 부근의 '(신)군산역'으로 옮겼고 기존 군산역은 '군산화물역'으로 남게 되었다.
출처: 윤정숙, 1985, p.94.

건설되었다.

   이처럼 개항 당시 기성 읍이나 한국인 거주지에서 멀리 떨어져 형성되었던 신시가지는 곧 도심으로 자리 잡았다. 개항장의 도시화는 장기적인 안목이나 한국인 거주지에 대한 배려보다는 외국인들을 위한 신시가지를 중심으로 진행되었으므로, 도시 전체로 통일성 있는 도시계획도 추진되지 못하였다. 시가지의 모양과 건물 형태에서도 한국인 거주지구와 외국인의 신시가지는 뚜렷이 구분된다. 조선시대에 자연적으로 성장한 취락은 길의 폭이 좁고 구불구불한 미로형(迷路型) 도로망을 지니게 된 반면, 신시가지는 도시계획에 따라 건설되어 길이 곧고 토지구획이 분명하다. 또한 건물도 외국식 건물들이 들어서, 기와집과 초가집으로 구성된 옛 취락과 신시가지는 경관으로도 뚜렷하게 구별된다.

   항구를 건설할 곳에 평지가 부족한 경우에는 바다를 메워 땅을 마련한 것도 개항장 어디에서나 볼 수 있는 모습이다. 이러한 해안 매립 사업은 해안지형에 큰 변화를 가져와, 개항 이전과 이후의 지도

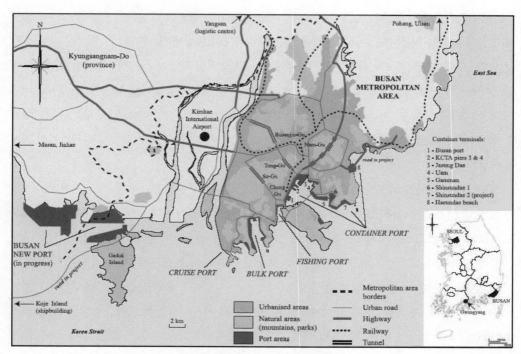

〈그림 7-14〉 부산의 분화된 항만들

출처: Fremont and Ducreut, 2005, p.428.

를 비교해 보면 해안선이 몰라볼 정도로 달라지고, 부근의 토지이용도 상당한 변화를 겪었음을 확인할 수 있다.

(2) 현대 항만도시의 변모

광복 이후 오랜 세월이 흐르면서 옛 개항장들은 다시 놀라운 변화를 맞이하고 있다. 관문도시는 이미 구도심만으로 경영하기에는 경제활동이나 인구가 너무 커졌고, 해상교통 부문의 발전도 놀라울 정도이다. 구항만은 이러한 변화 추세를 감당할 만한 토지의 여유가 없고 수심도 얕아서, 기존의 도심 항만에서 멀리 벗어난 곳에 화물에 따라 전문화된 부두들이 새로 개발되고 도심의 항만은 다른 용도로 바뀌는 경우가 많아졌다.

부산은 부산항의 방파제를 더 멀리 바깥에 새로 쌓아 항만 내역을 확장하고 목재, 양곡 전문항, 컨테이너항 등 여러 개의 전문항만으로 분화하였으며, 이로써도 늘어나는 물동량을 감당하기 어려워 감만항을 신설하고 더 멀리 가덕도에 신항을 건설하기에 이른다.

인천항도 처음에는 지금의 인천내항 자리인 제물포에 작은 항구를 건설하여 출발하였으나, 20세기 후반에 확장을 거듭하여 지금은 내항을 비롯하여 북항과 남항의 세 항만이 그 기능을 나누어 맡고 있다(〈그림 4-5〉 참조). 내항, 곧 인천항에서 가장 오래된 항만지구는 제1~8부두로 분화되어 있으며, 일반화물에서부터 양곡, 소금, 원당 등 다양한 원자재들이 부두별로 나뉘어 취급된다. 내항과 남항 사이에 위치한 연안항은 여객항으로 국내외 여객선이 머무는 곳이다. 송도 신도시 남단에는 또한 인천신항이 조성되었다. 이처럼 항만 규모가 커지고 분화하면서 항만 외곽에 신시가지의 형성을 촉발시킨다.

옛 도심은 변화의 초점으로 다시 떠올랐다. 특히 도심의 옛 항만은 도시에서 가장 손쉽게 다가갈 수 있는 수변(水邊, water front)이기 때문에 이제는 재개발 대상이 된 것이다. 항만재개발에서 예상되는 토지와 수면의 용도는 항만–산업 용도(예를 들면 항만, 산업단지, 유통단지 등), 도시생활 용도(교통 환승터미널, 폐기물 처리장 등), 친수–관광 용도(마리나, 리조트 등)의 세 가지를 꼽을 수 있다. 어떤 용도의 재개발 사업이든 단지 옛 용도를 버리고 다른 용도로 재개발(redevelop)하는 것이라기보다, 쇠락해 가는 도심 항만지구의 재생(regenerate)을 꾀하는 성격을 띠고 있다고 볼 수 있다(여기태, 2003).

또한 옛 도심의 건물들은 너무 낡은 데다 지대(地代)가 상승할 것이라는 기대와 맞물리면서 재개발을 부추겨, 옛 건물은 빠르게 사라지고 현대식 건축물들이 대신 들어서고 있다. 이러한 도시재개발은 단순히 건축물이 새로 바뀐다는 것에 그치지 않고, 이 건물을 차지하는 도시 기능과 주민도 바뀌어 새로운 기능지구가 된다는 것을 의미한다.

그러나 옛 도심의 모습이 송두리째 바뀌는 것은 아니다. 일부 도시에서는 구도심의 관광 기능 등에 주목하여 보전 노력을 기울이는 곳도 있다. 우리나라 개항장의 대부분이 일본에 의해 도시개발이 이루어졌기 때문에 일본식 건물경관이 대부분이다. 이는 한편으로는 완전히 뜯어고쳐 잊고 싶은 경관이지만, 다른 한편으로는 보전하고 연구할 만한 대상이기도 하다. 군산, 목포, 부산 등지에서는 옛 일본식 건물을 보수하여 역사관, 전시관 등으로 활용하고 있으며, 인천에서는 중구 선린동에 중국인이 많이 살던 곳(淸國地界, 支那町)이 차이나타운으로 그 모습을 새롭게 하였다.

국내 항만도시에 관한 연구는 인천, 군산, 마산 등 개항장에 치중되어 목포와 여수 등 비록 개항장의 지위는 못 얻었지만 강점기에 큰 항만으로 기능하던 곳들에 대한 연구의 축적이 더 필요하다. 또한 이미 연구가 이루어진 항만이라 하더라도 조선조~일제강점기~21세기에 이르는 더 긴 시간적 틀에서 변모를 조명할 필요도 있다. 아울러 20세기 후반 새로운 관문으로 등장하여 크게 성장한 곳에 대한 연구도 소홀히 해서는 안 될 대목이다. 동해안의 포항, 울산, 서해안의 평택 등이 그 후보로서,

〈그림 7-15〉 강점기에 지은 옛 군산세관, 군산시

군산의 구항만지구에 위치하며, 현재는 '호남관세박물관'으로 쓰이고 있다.

이들은 특히 공업기능으로 특화되어 있다는 점에서 다른 관문항들과 구별되므로 주의 깊게 살펴볼 필요가 있다.

· 참고문헌 ·

공환영, 1971, 철도역전취락에 관한 연구, 서울대학교 교육대학원 석사학위논문.

김찬성, 천승훈, 황순연, 2012, 과거 10년간 교통행태 분석과 교통정책의 시사점 연구, 한국교통연구원 연구총서 2012-21.

송종홍, 1979, "서울시 교통망의 형성발달에 관한 연구," 지리학과 지리교육 9, 186-202.

여기태, 2003, "부산항의 재개발 대상지 선정 및 재개발 방향 설정에 관한 연구," 한국경제지리학회지 6(2), 403-419.

윤정숙, 1985, "개항장과 근대도시 형성에 관한 역사지리학적 연구: 군산항을 중심으로," 지리학(현 대한지리학회지) 32, 74-99.

이은숙, 1987, 도시교통발달과 도시성장: 서울을 중심으로, 이화여자대학교 대학원 박사학위논문, 이화지리총서 3.

이은숙, 1988, "도시형태와 도시교통발달의 관계: 한국의 중소도시를 중심으로," 상명여대 논문집 22, 151–188.

이혜은, 1987, "대중교통수단의 기원과 발달: 서울과 외국도시와의 비교연구," 지리학논총 14, 77–92.

이혜은, 1988, "대중교통수단이 서울시 발달에 미친 영향, 1899–1968," 지리학(현 대한지리학회지) 37, 17–32.

이혜은, 1990, "전차가 서울시 발달에 미친 영향에 관한 인지연구," 문화역사지리 2, 57–82.

주경식, 1994, "경부선 철도건설에 따른 한반도 공간조직의 변화," 대한지리학회지 29(3), 297–317.

최석주, 1996, "대구시 도심부의 가로망 변화," 대한지리학회지 31(3), 593–612.

최운식, 1995, 한국의 육상교통, 이화여자대학교 출판부, 한국문화연구원 한국문화총서 19.

최운식, 2007, 한국의 전통사회 운송기구, 이화여자대학교 출판부.

Adams, J. S., 1970, "Residential structure of midwestern cities," *Annals of the Association of American Geographers* 60, 48-63.

Borchert, J. R., 1967, "American metropolitan evolution," *Geographical Review* 57(3), 301-332.

Fremont, A. and Ducreut, C., 2005, "The emergence of a mega-port: From the global to the local, the case of Busan", *Tijdschrift voor Economische en Sociale Geografie* 96(4), 421-432.

Gleave, M. B., 1997, "Port activities and the spatial structure of cities: the case of Freetown, Sierra Leone," *Journal of Transport Geography* 5, 257-275.

Griffin, E. and Ford, L., 1980, "A model of Latin American city structure," *Geographical Review* 70, 397-442.

Isard, W., 1942, "A neglected cycle: the transport-building cycle," *The Review of Economics and Statistics* 24(4), 149-158.

McGee, T. G., 1967, *The Southeast Asian City: A Social Geography of the Primate Cities of Southeast Asia*. Praeger: New York.

Rodrigue, J., Comtois, C. and Slack, B., 2009, *The Geography of Transport Systems, second edition*. Routledge: London.

Sommer, J. W., 1976, "The internal structure of African cities," in Knight, C.G. and Newman, J.L., (eds.), *Contemporary Africa: Geography and Change*. Prentice Hall: Englewood Cliffs. 306-320.

Taaffe, E., Gauthier, H. and O'Kelly, M., 1996, *Geography of Transportation, second edition*. Prentice-Hall: Upper Saddle River, New Jersey.

제8장

도시 내 통행의 이해

1. 통행과 활동

1) 통행과 활동의 구성

도시에서 사람 움직임의 기본단위는 통행(trip, 또는 person trip)이다. 기술적으로 정의하자면 통행이란 한 활동(activity)과 다음 활동 사이에 일어나는 이동을 말하며, 활동은 한 장소에서 수행되는 주 업무를 가리킨다(Axhausen, 2000). 업무란 일, 물품 구매, 친구 만나기 등 도시민의 삶에 관련된 모든 일들을 가리키며, 만약 한 장소에서 여러 가지의 업무가 수행된다면 그 가운데 으뜸업무를 활동으로 간주한다.

한 건의 통행에는 하나 이상의 이동단계(stage)가 개재될 수 있다. 이동단계란 한 가지 교통수단을 이용한 지속적인 움직임을 말한다. 이때 해당 교통수단을 이용하기 위해 기다리는 시간도 이동단계에 포함되는 것으로 간주한다. 집에서 우체국까지 자전거를 타고 가는 통행과, 대중교통수단을 이용해 일터로 나가는 통행의 사례를 살펴보자. 전자의 경우, 바로 집 앞에서 자전거를 타고 우체국까지 곧바로 간다면 이 통행에 개입된 이동단계는 하나뿐이다. 마을버스와 지하철이라는 대중교통수단을 이용하여 일터로 나가는 경우에는, 집에서 마을버스 정류장까지 걷는 이동단계(egress), 버스를 타고 지하철역까지 가는 이동단계, 지하철로 환승한 다음 일터 부근 역까지 가는 이동단계, 그리

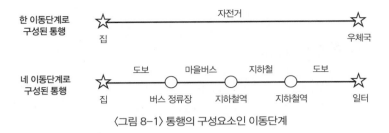

한 이동단계로
구성된 통행

자전거

집   우체국

네 이동단계로
구성된 통행

도보   마을버스   지하철   도보

집   버스 정류장   지하철역   지하철역   일터

〈그림 8-1〉 통행의 구성요소인 이동단계

고 지하철역에서 일터까지 걷는 마지막 이동단계(ingress)의 네 이동단계가 한 건의 통행을 구성하게 된다. 이처럼 한 건의 통행을 그 구성단계로 나누어 보는 것은 통행에 관련된 주변 환경과 요인들을 미시적으로 살펴 통행행동을 이해하는 데 도움이 된다.

사람과 차량 움직임의 기본단위는 통행이지만, 여러 건의 통행이 각기 독자적으로 이루어지기보다는 연속적으로 이루어지는 경우도 적지 않다. 퇴근길에 상점에 들르거나, 물건 사러 나간 김에 병원에 들르고 다른 업무도 보는 것은 우리가 종종 겪는 일이다. 이처럼 두 가지 이상의 활동이 두 건 이상의 통행에 의해 이어지는 것을 통행사슬(trip chain)이라 한다. 통행사슬 중에서 한 장소를 떠나 일련의 통행을 거친 다음 다시 원래의 장소로 되돌아오는 것을 순방(巡訪, tour)이라 하고, 그 장소가 이동 당사자에게 중요한 기지(基地, base)인 순방은 여정(旅程, journey)이라 부른다. 대부분의 도시민에게는 자기 집이 기지이므로, 집을 떠나 일련의 활동들을 수행한 다음 집으로 돌아오는 여정이 가장 흔하다.

통행사슬의 한 형태로는 다목적통행(多目的通行, multi-purpose multi-stop trip)이 있다. 사람들은 통행에 드는 시간과 비용, 노력을 절약하려 하므로, 자신의 일정을 미리 계획할 수 있는 경우라면 여러 활동을 묶어 한 번에 수행하려는 경향이 있다. 이러한 통행행동을 상업적으로 활용하는 예로는 대형할인매장이나 백화점에 극장, 찻집, 음식점이 함께 입지하여 고객을 더 많이 끌어들이려 노력하는 것을 들 수 있다. 본래 다목적통행이라는 용어는 한 장소에서 여러 활동을 수행할 때 관련된 통행 (multi-purpose trip)을 가리켰으나, 이제는 활동장소가 여러 곳인 경우도 포함하는 추세이다. 통행사슬은 여러 활동이 여러 건의 통행으로 연결되어 이루어지는 것을 가리키는 일반적 표현이라면, 다목적통행은 통행에 드는 시간과 비용, 노력을 절약하려는 성향을 연상시키는 표현이라고 말할 수 있다. 통행사슬과 다목적통행에 대한 연구는 개인의 하루 활동과 여정을 이해하는 일뿐 아니라, 도시 안에서 중심기능과 시설들의 분포현상을 이해하는 데에도 중요하다.

2) 통행의 종류와 특징

일반적으로 통행은 통행 자체를 위해 이루어지기보다는 다른 활동을 위해 이루어진다는 특성이 있다. 다시 말하면 통행은 목적지에서의 편익과 관련되어 일어나는 이동으로서, 경제용어로 표현하면 통행수요는 파생수요(派生需要, derived demand)라는 점이 통행의 중요한 특성이다. 따라서 통행을 파생시킨 활동이 무엇인가에 따라 통행의 목적지와 발생시각, 선택하는 교통수단과 통행경로, 통행시간과 비용이 좌우된다. 통행은 이처럼 그 통행을 파생시킨 활동을 드러내는 지표가 되므로, 통행의 종류와 특징은 도시 제반 활동의 분포를 파악하는 단서가 된다.

통행을 통행목적에 따라 구분해 본다면 생계를 위해 일터로 향하는 통근, 학교나 학원에 다니기 위한 통학, 장보기와 같은 구매통행(또는 쇼핑통행), 은행이나 우체국 들르기 등 업무통행, 친척 방문하거나 친구 만나기와 같은 친교통행, 여가활동을 위한 여가통행, 밖에서의 활동을 마치고 집으로 돌아가기 위한 귀가통행 등으로 나뉜다. 이 밖에 교통 자체에 관련된 통행, 교통조사를 위한 통행과 같은 특수 통행이 있다. 통행이 목적에 따라 손쉽게 구분되는 것만은 아니다. 특히 친교와 여가 통행의 경우 그 구분은 간단하지 않을 수 있다. 가령 영화관 앞에서 친구와 만나 같이 영화를 보는 경우, 집에서 영화관까지 가는 통행은 친교 목적인 동시에 여가활동 목적으로 이루어진 것이다. 따라서 필요하다면 친교와 여가활동 목적의 통행은 사회활동통행으로 묶어 단순화할 수도 있을 것이다.

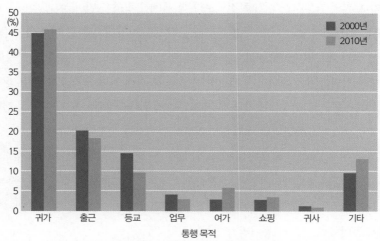

〈그림 8-2〉 한국인의 통행목적별 구성비(%), 2000년과 2010년

출처: 박지영 등, 2012, p.27, 한국교통연구원. 필자 재구성.
자료: 2000년과 2010년의 가구통행실태조사.

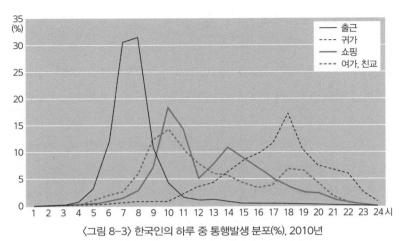

〈그림 8-3〉 한국인의 하루 중 통행발생 분포(%), 2010년

출처: 국토교통부 국가교통DB센터, 2010년 가구통행실태조사, pp.157-158.

통행은 그 목적에 따라 통행발생 시각과 소요시간이 다르다. 일반적으로 통근과 통학은 아침 시간대에 집중되며, 귀가통행은 저녁 시간대에 몰리는 반면, 다른 목적의 통행들은 비교적 골고루 퍼져 발생하는 경향을 띤다. 여가통행은 계절에 따라 통행목적지, 통행거리, 발생시각 등에서 차이가 많이 난다. 친교통행은 주중, 주말의 시간대별 분포가 크게 달라서 주중에는 저녁에, 주말에는 낮에 집중되는 경향을 보인다.

첨두시간대(尖頭時間帶, peak time)는 오전과 오후에 각각 한 차례씩 발생하며, 오전의 첨두시간대 집중 정도가 오후의 첨두시간대 집중 정도보다 더 첨예한 경향을 띤다. 이는 일터의 업무마감 시간이 아침보다는 분산되어 있는 데다, 야간근무를 위한 출근시간대의 분포 역시 아침 출근시간대보다 더 분산되어 있기 때문이다. 또한 정오를 중심으로도 짧고 약한 첨두시간대가 형성되기 쉬운데, 이는 일터에 나온 사람들이 점심식사나 개인적 용무 등을 위해 일터 근처로 오가는 일이 잦은 데서 빚어지는 현상이다. 통근과 귀가통행이 몹시 집중되는 첨두시간대에는 도시 곳곳에 정체와 혼잡이 일어나므로, 이 시간대의 교통관리와 계획은 일찍부터 관심사를 이루어 왔다.

통행거리도 통근이 길고 다른 목적의 통행들은 이보다는 짧은 편이며, 장보기, 동사무소나 병원가기 등 일상생활과 관련된 통행거리가 가장 짧은 경향이 있다. 친교통행에서도 어떤 활동이냐에 따라 통행거리는 다시 달라진다. 대체로 이웃 만나기는 통행거리가 가장 짧고, 친구를 만나거나 교회가기, 친척 만나기 등의 순으로 그 이동거리가 늘어난다.

통행은 이처럼 목적에 따라 그 특징이 상당히 다르지만, 통행을 목적에 따라 자세히 나누는 것만이 능사는 아니다. 선행연구에서는 각종 통행을 경제활동 관련 여부를 기준으로 통근(work trips)과

〈표 8-1〉 한국인의 통행목적별 평균 통행시간, 2010년

(단위: 분)

도시	출근	등교	업무(귀사)	귀가	쇼핑	여가, 친교	기타
서울	41.5	26.8	43.8	36.7	27.3	36.6	27.1
부산	34.2	26.2	39.5	32.6	26.9	32	26.6
대구	29.3	23.9	34.7	28	23.4	28.7	21.9
인천	40.9	26.4	45.6	35.8	27.5	37.2	26.5
광주	27.1	22.7	35.3	26.2	23.3	26.5	22.3
대전	28.2	20.2	36.6	26.3	25.1	29.2	21.8
울산	28.6	21.4	37.5	26.9	26.1	30.7	22.6
전국	32.9	23.2	36.0	30.1	25.2	31.0	23.7

주: 도시 간 편차가 크며, 서울과 인천의 통행시간이 가장 길다.
출처: 국토교통부 국가교통DB센터, 2010년 가구통행실태조사, pp.160-161.

기타 통행(non-work trips)의 두 종류로 크게 나누어 다루는 경우가 흔하였다. 통근과 다른 목적의 통행들은 발생의 반복성과 규칙성, 시각, 빈도, 거리 등이 뚜렷이 구분되기 때문이다. 또한 통행은 그 발생 장소에 따라 가정기반 통행(home-based trips)과 집 밖 장소에서 시작하는 비가정기반 통행(non-home-based trips)으로 양분하기도 한다. 가정기반 통행이란 집을 기지(基地, base) 삼아 발생하는 통행들을 가리키며, 비가정기반 통행이란 그 출발점과 도착점이 모두 집 밖의 장소인 경우를 말한다. 이러한 통행의 이분법적 구분방법 역시 그 편의성 때문에 도시교통계획 분야에서 널리 쓰여 왔다.

통행은 통행하는 사람의 자유재량이 얼마나 되는가에 따라 의무통행과 재량통행으로 나눌 수도 있다. 통근, 통학, 귀가통행은 의무적인 통행인 반면, 구매, 친교 및 여가 통행은 임의성(任意性)이 강하다. 의무통행은 그 발생시간대와 장소가 고정되어 있고 반복성을 띠는 특징이 있는 반면, 재량통행은 시간대나 목적지 선택에 재량이 많아 그만큼 통행 양상이 다양하고 변화도 잦다. 한 사람의 일과에서 의무통행은 일종의 못(pegs)의 역할을 하여 다른 통행들의 발생시간과 공간적 범위에도 영향을 미치므로, 각 통행이 얼마나 의무적이며 그 시간적 특성과 지리적 특성은 어떠한가를 파악하는 것은 통행의 이해와 설명에 매우 중요하다.

3) 통행의 규칙성

도시 안에서 사람과 차량이 움직이는 것을 보면 제각기 다른 시간에 다른 장소로 가는 듯하며, 이런 복잡한 움직임은 하루 종일 계속된다. 그러나 얼핏 혼란스러워 보이는 이동도 자세히 관찰해 보

면 어떤 질서를 찾아볼 수 있다.

통행에 영향을 미치는 요인은 통행목적 외에도 다른 여러 가지를 꼽을 수 있다. 외부환경적 요인으로는 우선 자연환경, 특히 시기(요일, 계절)와 날씨를 꼽을 수 있다. 요일과 계절에 따라 여가활동의 내용이 크게 달라지며, 날씨는 자유재량이 큰 통행의 빈도에 결정적인 영향을 미친다.

인문적 환경, 곧 도시환경도 통행 양상을 좌우한다. 도시의 교통기반시설인 간선도로의 위치와 방향, 버스 정류장이나 도시철도역의 분포 등도 통행의 발생빈도와 교통수단의 선택 등에 매우 중요한 고려요소이다. 또한 도시 기능의 지리적 위치와 집적 정도, 다시 말해 주거지구와 상업지구의 지리적 분리 정도, 식당가나 전자기기 상가 등 기능별로 얼마나 집적이 잘되어 있는지, 또 이러한 기능지구들이 도심과 부심 및 변두리에 어떻게 분포하고 있는지 등은 도시 전체의 통행 양상을 거시적으로 파악하는 데 중요하다. 도시는 그 규모에 따라 토지이용의 방식과 밀도가 달라지므로, 이에서 파생되는 통행 역시 도시 규모에 따라 다르게 마련이다. 도시 전체로 보면 교통수요를 쉽게 충족할 수 있는 간선을 따라 통행이 집중되고, 도심−부심−변두리로 가면서 통행량에 차이가 나는 계층적 통행 양상을 낳는다.

개인적 특성도 통행에 영향을 주는 중요 요인이다. 나이, 성(性), 취업 여부와 직종 및 지위, 소득수준, 건강, 자동차 보유 및 운전면허증 보유 여부에 따라 통행이 상당히 달라지기 때문이다. 나이는 활동의 내용, 더 나아가 교통수요에 차이를 일으킨다. 노인들은 병원을 오가는 통행이 다른 연령층에 비해 많다면, 어린이들은 놀이와 공부에 관련된 통행이 많다. 또한 나이가 아주 많거나 적은 연령층에서는 혼자 움직이기 어려워 동반자의 통행이 함께 일어나는 경우가 흔하다. 개인의 건강상태 역시 나이와 더불어 통행의 목적지, 동반통행 여부 등에 영향을 준다. 성은 남녀의 차이 자체보다는 가정 내 역할에서 비롯되어 통행에 차이를 가져오지만, 여성의 사회적 지위가 높아지고 경제활동 참여가 늘어나면서 통행의 성차(性差)는 차츰 희석되어 가는 추세이다. 직업의 종류도 통행 양상에 차이를 보인다. 사무직의 통행은 비교적 규칙성을 띠는 반면, 자영업자의 통행은 다양성이 크다. 그러나 직업의 종류 자체보다는 직업의 유무, 곧 취업자, 전업주부, 무직자 사이에서 통행 양상에 더 큰 차이를 보인다. 자동차와 운전면허증을 가진 사람은 그렇지 못한 사람에 비해 기동력, 곧 이동할 수 있는 능력이 크므로 통행의 빈도가 잦고 통행의 범위가 더 넓게 마련이다. 기동력은 소득이나 교육 수준에 따라서도 차이가 나기 쉽다. 이처럼 개인적 특성과 통행 성향은 어떤 관계에 있는지, 그리고 통행 성향이 비슷한 집단(market segments)을 파악하려는 것은 선행연구의 주요 주제의 하나였다. 통행 성향이 비슷한 집단이 존재한다면, 통행을 이해하고 더 나아가 교통의 계획과 관리가 쉬워지기 때문이다.

통행에 영향을 주는 또 다른 요인으로는 각종 제약을 꼽을 수 있다. 서비스 기관과 점포의 휴무일이나 여닫는 시각처럼 도시사회 전체의 작동과 관련한 제도적 제약, 그리고 친구와의 약속 시각과 장소, 동반자 여부, 가정이나 사회에서의 역할과 책임에서 비롯되는 개인적 차원의 제약이 그 보기이다. 가령 어린 자녀가 있는 사람은 통행에 더 많은 제약을 받아, 통행목적지나 교통수단의 선택이 자유롭지 못하게 되는 것이다.

이상의 고찰을 종합하면, 도시의 복잡다기한 통행이라도 지리적 측면에서 보았을 때 거리조락성(距離凋落性)과 시공동조성(時空同調性, time-space synchronization)이라는 두 가지 경향으로 상당부분 설명할 수 있다. 통행에서 가장 큰 질서는 거리조락성이다. 사람들은 통행에 드는 노력, 비용, 시간을 최소화하려는 성향이 있고, 그 결과 가까운 곳으로는 통행이 자주 일어나지만 거리가 멀어질수록 통행빈도는 줄어들게 마련이다. 따라서 두 지점 사이의 통행발생 건수는 거리, 그리고 목적지에서 통행을 유인하는 힘에 따라 일차적으로 결정된다고 말할 수 있다.

시간과 장소를 서로 맞추어 가며 활동하는 시공동조성 역시 통행의 상당부분을 설명할 수 있다. 사람들의 활동은 언제 어디서나 자유롭게 이루어지는 것은 아니다. 우리는 오전 정해진 시각에 정해진 장소에 모여 일제히 하루의 일과를 시작하고, 오후 정해진 시각에 일터나 학교를 나와 집으로 되돌아가며, 주말이나 공휴일에는 쉰다. 사람들이 은행이나 점포의 여닫는 시각, 교회의 예배 시작과 끝 시각에 맞추어 움직이는 것도 같은 경우이다. 이처럼 시공동조성 때문에 하루 및 한 주일을 주기로 통행의 빈도, 목적지, 방향 등에 규칙성이 생겨난다. 특정 시간대와 특정 장소에 통행이 몰려 혼잡을 이루는 이른바 첨두시간대가 형성되는 것도 이런 원리에서 비롯된 것이다.

4) 통행사슬과 공간–시간 경로

많은 선행연구에서는 하루 중에 일어나는 여러 가지 통행을 서로 독립된 것으로 간주하였다. 그러나 우리가 수행하는 여러 활동들은 실상 서로 연결되어 있어서, 먼저 수행된 활동의 시각과 장소가 뒤에 일어날 활동의 시각과 장소 및 교통수단의 선택 등에 영향을 주게 된다. 따라서 활동이 일어난 시각, 장소, 내용, 활동이 끝나고 다음 활동 장소까지 이동하는 데 걸리는 이동수단과 시간을 연속적으로 파악하여야만 통행을 올바로 이해할 수 있다. 이처럼 통행을 이를 일으킨 활동의 관점에서 살펴보려는 입장을 활동기반 접근법(activity-based approach)이라고 불러, 통행 자체를 분석단위로 다루는 통행기반 접근법(trip-based approach)과 구별한다.

하루 동안에 이루어지는 활동은 한두 가지가 아니기 때문에, 이러한 여러 활동의 연쇄를 한꺼번에 살펴보는 것은 쉽지 않은 일이다. 그러나 여러 활동의 특성과 경중을 따져 보면 분석의 틀을 찾을 수 있다. 하루의 활동 가운데에는 못 구실을 하는 것들이 있다. 활동이 일어나는 시간대와 장소가 고정되고 반복성을 띠는 활동들이 그것으로, 경제활동을 하는 성인의 경우 일터가 그런 못에 해당한다. 근무 시간과 장소가 고정되어 있고, 이 활동은 휴일을 제외하고는 매일 반복된다. 따라서 일터라는 못은 또 다른 못인 집과 아울러 이 사람의 다른 활동들의 발생 시간과 장소에 제약을 준다. 근무일에 이 사람이 자유재량으로 할 수 있는 활동은 아침 출근하는 동안 잠시 자녀를 유치원에 맡기거나 편의점에 들러 물건을 사는 일, 점심시간에 가까운 식당에 들르는 일, 저녁 퇴근할 때 집에 되돌아가기 전 체력단련장에 들러 운동을 하거나 대형할인점에서 장을 보는 일 등에 불과할지 모른다. 이처럼 못에 해당하는 활동의 이해는 통행에 대한 이해의 출발점이 된다. 못의 구실을 하는 활동은 사람마다 다를 수 있지만, 어떤 규칙성을 도출할 수 있다면 우리는 사람 통행의 이해에 한 걸음 다가가는 것이다.

한 사람의 하루 활동이 일어난 장소와 시간의 궤적, 곧 공간-시간 경로(space-time path)는 시각화해 볼 수 있다. 〈그림 8-4〉는 공간-시간 경로를 시각화한 사례로 그림 (나)의 세로축은 하루 24시간을 나타내며, 가로축에는 도시공간에서 일어난 활동들의 지리적 위치를 나타낸다. 도시는 2차원 공간이므로 1차원축에 여러 활동의 위치를 그려 내는 것이 다소 불편할 수도 있지만, 하루에 이루어지는 활동의 수가 아주 많지 않다면 큰 무리는 없다. 또 한 활동 장소에서 다른 활동 장소로 이동할 때 이용된 교통수단은 여러 모양이나 색의 선으로 나타내는 등 추가 정보를 담아낼 수도 있다. 이처럼 공간-시간 경로 그래프는 도시민의 하루 활동 궤적을 요약하는 데 편리한 장치이다. 한 고정못 활동에서 다음 못 활동 사이의 재량시간에 움직일 수 있는 최대 공간-시간 범위를 공간-시간 경로 그래프에 그리면 그 모양이 프리즘을 닮았다 하여 공간-시간 프리즘(space-time prism)이라고도 부르며, 우리는 그 개념과 의의를 제1장에서 살펴본 바 있다(〈그림 1-15 참조〉).

활동의 시간적 범위를 하루 중 일부로 좁혀 본다면, 단일목적 통행과 다목적통행(또는 통행사슬)이 각각 절반씩 차지하는 것으로 알려져 있다. 다목적통행은 평일과 토요일이 모든 통행의 약 60%를 차지하는 반면, 일요일에는 30% 수준으로 요일에 따라 차이가 뚜렷하다. 다목적통행은 또한 지리적으로 거주지를 중심으로 형성되는 사슬, 도심이나 부심을 중심으로 형성되는 사슬, 그리고 분산형 사슬로 나누어 볼 수 있다(조성혜, 1987). 거주지 중심형 통행사슬은 식료품 구입, 세탁소나 약국 들르기 등 일상생활 및 가사와 관련된 활동이 많고 통행거리가 비교적 짧은 것이 특징이다. 도심 및 부심형 통행사슬은 은행이나 관공서 방문, 의류나 가정용품 구입, 업무 관련 활동, 외식, 병원이나 체력단련장 들르기, 친구 만나기 등 다양한 활동으로 구성되며, 직장인 등 경제활동을 하는 사람들에

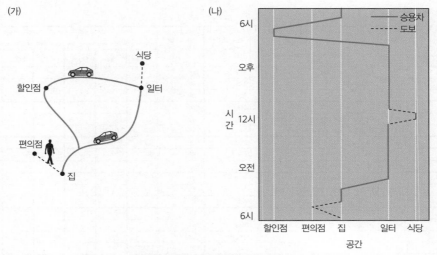

〈그림 8-4〉 도시민의 하루 공간-시간 경로

주: 그림 (가)는 하루 동안에 일어난 활동의 장소와 통행경로를 지리좌표에 나타낸 것이고, 그림 (나)는 공간-시간 그래프에 옮겨 본 것이다.

서 많이 볼 수 있다. 분산형 통행사슬은 친구 모임, 외식, 종교 관련 활동, 평생교육 활동 등의 비중이 높으며, 지리적으로는 분산 정도가 가장 큰 것이 특징이다. 다목적통행에서 이러한 지리적 유형들이 형성되는 것은 앞에서 설명한 것처럼 가정이나 일터가 고정못의 역할을 수행하는 것과 관련이 있다.

5) 통행 및 활동 자료

통행과 활동은 그 다양성 때문에 활동의 발생 시각과 장소 및 이동수단 등 활동과 통행 자체에 대한 정보, 개인의 특성에 관한 정보뿐 아니라 활동과 통행이 이루어지는 도시의 인문환경과 자연환경 정보도 수집할 필요가 있다. 활동과 통행에 관한 기본자료는 활동일지(activity diary)나 통행일지(travel diary)를 이용하여 수집하는 것이 일반적이다. 일지는 하루 24시간에 일어난 활동과 통행을 모두 기록하며, 요일에 따라 활동이 크게 다를 수 있으므로 주중과 주말을 포함하여 적어도 이틀 이상의 기록을 마련하는 것이 바람직하다. 기록될 내용은 수행된 활동의 내용과 장소, 다음 활동장소까지의 이동수단, 이 밖에 연구자가 필요한 정보들이며, 활동과 통행의 시작 시각과 종료 시각, 소요 시간 등은 응답자가 구체적으로 적거나 일정한 시간 간격마다 활동과 통행을 기록하게 함으로써 우회적으로 파악한다.

일지의 기록은 매우 정성을 기울여야 하는 작업이므로 요즘에는 컴퓨터와 휴대전화 등을 활용하

Day(s)... Monday ....

What did you do? Please write code for **one main** activity	Start time	End time	Where did you do it? E.g. at home; at office; between home and work...	Did anyone else do this with you? Yes / No	Was anyone else around at the time? Yes / No	What else were you doing? Please enter code and duration for up to three additional activities					
						Code	Dur.	Code	Dur.	Code	Dur.
H1	:	07:00	At home	Yes	Yes						
H2	07:00	07:30	" "	No	Yes	E8	30				
H3	07:30	07:45	" "	No	Yes	E8	15				
T9	07:45	08:00	Home to bus stop	No	No						
T3	08:00	08:15	Bus stop to train station	No	Yes						
T5	08:15	08: 40	Station to station	No	Yes	F1	20				
T9	08:40	08:45	Train station to work	No	No	C3	5				
F1	08:45	18:00	At work	No	Yes	C7	15	T9	10	S2	10
T9	18:00	18:05	Work to train station	No	No						
T5	18:05	18:30	Station to station	No	Yes	E2	15				
T3	18:30	18:45	Train station to bus stop	No	Yes						
T9	18:45	19:00	Bus stop to home	No	No						
E1	19:00	19:30	At home	Yes	Yes	E7	30	C1	30		
H3	19:30	20:30	" "	Yes	Yes	E7	60				
C2	20:30	20:50	" "	Yes	Yes						
C7	20:50	21:15	" "	No	Yes	E8	25				
S1I	21:15	21:25	" "	No	Yes	E8	10				
E10	21:25	21:45	" "	No	Yes	E8	20				
H2	21:45	22:30	" "	No	No	E2	30				
HI	22:30	07:00	" "	Yes	Yes						

〈그림 8-5〉 케년과 라이언스가 고안한 활동일지

주: 15분 단위로 주 활동 내용과 부수 활동을 함께 기록하도록 설계되었다. 표의 왼쪽부터 활동의 내용, 시작시각, 종료시각, 활동 장소, 동반자의 활동 참여 여부, 단순 동반 여부, 부수 활동(활동의 내용과 지속 시간)을 기록한다.
출처: Kenyon and Lyons, 2007, p.166.

여 응답자가 손쉽고 정확하게 일지를 작성하도록 도모하며, GPS와 같은 장치의 도움을 받아 활동 장소와 통행경로의 지리적 위치를 파악하기도 하는 등 조사방법이 날로 개선되고 있다. 특히 휴대 전화는 날로 진화하여 각종 센서가 내장되고 있어 사용자의 활동과 행동을 감지할 수 있게 되었다 (Birenboim and Shoval, 2016). 예를 들어 속도계(일명 만보계 등)로는 움직임의 유형(멈춰 있기, 걷기, 달리기)을 파악하는 것이 가능하며, 다른 기능들로는 모바일 사용자 주변의 환경에 대한 정보를 수집하는 것이 가능하다. 블루투스(bluetooth) 사용 기록을 활용하면 주변의 친한 전화들을 파악하는 것이 가능하며, 전화의 소형 마이크로는 대화 여부를 파악할 수 있고, 통화기록으로는 사회망(걸려오는 전화, 거는 전화, 인근에 블루투스 기기의 존재 여부 등)을 파악할 수 있다. 이러한 이동추적 (mobile tracing) 기술은 설문조사와 자필일지 기록에서 응답자의 기억에 대한 의존이 줄어드는 것 이 장점이며, 조사 참여자의 부담이 적고, 더 많은 양의 자료를 보다 오랜 기간 동안 체계적으로 수집하는 것이 가능하다. 또한 활동과 통행이 일어난 당시의 상황에 대한 정보 수집까지 가능해지면서 외부환경의 효과까지도 파악하는 것이 수월해지고 있다.

이처럼 활동일지와 전자기기를 활용하여 사람들의 하루 활동과 이동 상황을 조사하고 기록하는

〈표 8-2〉 스마트폰과 같은 휴대용 정보통신기기를 활용한 시공간 및 이동 측정 기술

기술	측정 내용	해상도	표집 빈도	장소	비고
GPS	정확한 위치	수 m	수 초(1Hz(헤르츠) 이하)	실외	–
기지국 식별번호	기지국의 위치	50m~5km	수 초(1Hz 이하)	실내와 실외	기지국이 더 조밀한 곳에서 더 정밀
Wi-Fi	단말의 위치	10~50m	수 초(1Hz 이하)	실내와 실외	단말이 없는 곳에서는 사용 불가
블루투스	인근 스마트폰과의 거리 (상대적 위치)	수 m	수 초(1Hz 이하)	실내와 실외	
속도계	스마트폰의 이동속도 파악: 교통수단, 활동의 세기와 종류 (걷기, 뛰기, 운전) 추리 가능	–	수 ms(천 분의 1초) (1~100Hz)	실내와 실외	만보계 등
자력계	움직임의 방향	–	수 ms(천 분의 1초) (1~100Hz)	실내와 실외	방위
자이로스코프	기울기	–	수 ms(천 분의 1초) (1~100Hz)	실내와 실외	
기압계	수직 이동 및 관련 정보	–	수 초(1Hz 이하)	실내와 실외	고도

출처: Birenboim and Shoval, 2016, p.285.

기법은 놀라우리만큼 빠르게 진보하고 있지만, 활동과 통행 자료의 수집에는 응답자의 적극적인 협조가 있어야 하고, 연구자가 개인의 사적 영역(privacy)에 관한 정보를 어디까지 활용하고 공개할 수 있느냐 하는 연구윤리 문제 등은 여전히 해결해야 할 과제로 남아 있다.

2. 통근과 도시

1) 통근의 특성과 자료

(1) 통근의 뜻과 유형

집에서 일터로 가는 통행을 통근(通勤)이라 하며, 영어로는 journey-to-work, commuting 또는 work trip이라고 부른다. journey-to-work는 하루 동안에 자신의 기지(基地)인 집에서 나와 일터에서 경제활동을 수행하고 다시 집으로 돌아오는 여정을 가리키는 포괄적인 표현이다. commuting (또는 commute)은 집과 일터 사이에 매일 일어나는 통행을 가리킨다. 본래 commute란 대중교통수

단의 정기권을 가리키는 어휘로 사용되었으며, 매일매일의 통행요금을 한꺼번에 지불하는 것을 뜻하다가 차츰 통근이라는 뜻이 곁들여졌다. 따라서 이 여행의 일과성(日課性)을 나타내고 있으며, 통행 그 자체보다 도시민들이 소득을 위해 매일 이동하는 현상을 묘사하는 측면이 강하다. work trip이란 통행의 목적을 강조한 표현으로, 일터로 가는 통근(work trip)과 기타 통행(non-work trip)을 구분할 때 주로 쓰이며, 도시교통계획 분야에서 많이 쓰여 왔다. work trip은 그 출발지가 집인 경우(home-based work trip)와 집 이외의 다른 장소에서 비롯되는 통근(non-home-based work trip)을 구분하는 장점이 있지만, 한 장소(집)에서 다른 장소(일터) 사이에 일어나는 한 건의 이동만을 가리키기 때문에 출근길이나 퇴근길에 다른 용무를 보기 위해 이곳저곳을 들르는 통행사슬을 다루기에는 한계가 있다.

통근은 산업사회가 만들어 낸 부산물이라 할 수 있다. 과거 농경이 경제활동의 주축이고 산업구조가 단순하던 시절에는 사람들의 사는 곳과 일터의 구분이 뚜렷하지 않았다. 그러나 산업혁명이 일어나고 도시화가 진전되면서 거주지와 일터가 점차 분리되었고[[직주분리(職住分離)], 통근은 도시민의 생활을 지배하는 가장 중요한 요소 가운데 하나가 되었다. 현대도시에서 일자리는 특정 장소에 집중되어 있는 데 반해 거주지는 널리 흩어져 있는 편이다. 거시적으로 보면 중심도시가 주변지역의 일터 구실을 하고, 도시 안에서는 도심과 부심, 간선도로변 및 산업지구 등이 일자리가 모여 있는 곳이다. 이러한 일터와 거주지의 분포 양상은 통근의 방향성을 결정짓는다. 통근은 도시권 전체로 본 방향성에 따라 교외에서 중심도시로, 그리고 도시 변두리에서 도심으로 이동하는 중심지향통근(inward commuting), 도시의 거주지에서 교외지구나 더 멀리 있는 일터로 향하는 역통근(또는 역방향 통근, reverse commuting), 도시 변두리 및 교외지구 사이에서 일어나는 측방통근(lateral commuting)으로 나누어 볼 수 있다.[*]

중심지향 통근은 전통적인 통근 양상으로, 과거 일터가 도시에 그리고 도시 안에서도 도심에 집중되어 있던 시절에 흔한 통근 유형이며 현재도 통근의 상당부분을 차지하고 있다. 역통근과 측방통근은 도시화가 더욱 진전되어 시가지가 확장되고 도시구조가 다핵성을 띠면서 늘어난 통행 양상이다. 이러한 현상은 일자리의 교외화가 두드러지는 지역에서 뚜렷하게 나타나며, 역통근과 측방통근이 늘어날수록 이를 지원하는 도심과 교외, 도시 변두리와 변두리, 교외와 교외를 잇는 교통망도 발달하여 종래 중심도시를 핵으로 삼는 비교적 단순했던 방사상 교통망은 고도로 복잡한 교통망으로 바뀌게 된다. 서울 시내와 주변의 거미줄 같은 고속도로–간선도로망이 그 보기이다.

---

[*] 중심지향 통근, 역통근 및 측방통근에 덧붙여, 중심도시 내부의 통근은 그 방향성을 묻지 않고 한데 묶어 '중심도시 내부 통근'으로 이름하여 도합 네 가지로 분류하기도 한다(Plain, 1981).

통근의 유형을 살펴보는 것은 단지 통근의 방향이 어떠하냐는 질문 이상의 의미를 함축하고 있다. 통근의 방향성은 주거 측면에서는 주택시장의 구조와 정책, 장기적인 도시계획 추이, 도시민들이 선호하는 요소, 일자리 공급 측면에서는 일자리의 교외화와 분산 등과 함께 얽혀 일어나는 현상이므로, 통근의 유형을 살펴본다는 것은 도시의 상황 전반을 들여다보는 것과 같은 의미를 지니고 있다 (O'Connor, 1980). 특히 비숙련 근로자, 청년, 다문화가정, 장애자 등 특정 사회집단의 통근 양상을 세밀히 분석하면 해당 시대와 해당 지역의 민감한 사회문제에 대한 단서도 드러나게 마련이므로 우리의 관심을 끌 수밖에 없다.

(2) 통근자료

통근에 관한 일차적인 정보는 통근 당사자의 출발지(집)와 목적지(일터)의 지리적 위치, 통행발생 시각, 교통수단, 소요시간 등이며, 여기에 통근자의 성, 나이, 직업, 종사상의 지위 등 개인정보를 곁들이게 된다. 우리는 이러한 개인별 통근정보를 그대로 활용하거나 단위구역으로 집계하여 쓴다. 집계자료 가운데 지리적으로 정보가 집약된 것은 통근통행 행렬로서, 각 출발지구와 목적지구 사이에 발생하는 통근 건수를 행렬의 형태로 정리한 것이다.

통근자료는 센서스와 같은 정기 조사와 각종 연구목적의 비정기 조사로 수집된다. 이 가운데 센서스에서 수집하는 통근자료는 그 규모가 전국적이고 정기적이라는 점에서 활용도가 크며, 나라마다 센서스에서 통근 항목을 두어 정기적으로 자료를 수집해 오고 있다. 영국에서는 1921년 센서스부터, 미국은 1960년 센서스부터 통근에 관한 정보를 수집하고 있으며, 한국도 1980년 인구주택총조사부터 표본조사에 통근과 통학 여부, 직장과 학교의 위치, 통행수단, 소요시간의 네 항목을 포함시켜 왔다. 한국의 센서스에서는 통근과 통학을 나누지 않고 함께 집계하고 있으므로, 경제활동으로 인한 통행의 특성과 교육목적의 통행의 특성을 세밀히 나눌 수 없는 한계를 안고 있다.

통근 정보를 수집할 때 단위지구의 크기를 가급적 균등하게 조정하는 것이 바람직하다. 단위지구의 규모를 작게 할수록 정보는 상세해지지만 자료가 방대해지는 불편이 따르고, 단위지구가 너무 크면 지리 정보로서 쓸모가 줄어든다. 단위구역은 가급적 고정불변한 단위로 나누어야 여러 연도 사이의 비교가 가능해진다. 개인 또는 가구 단위로 수집되는 통근자료에는 개인의 인적 사항과 거주지 및 일터 등 민감한 정보를 담게 되므로, 연구윤리 측면에서 개인의 정보를 보호하도록 노력해야 한다.

14. 통근·통학 여부

> **평소 직장(일터, 근무지)이나 학교로 통근 또는 통학을 하고 있습니까?**
> - 직장과 학교에 모두 다니는 경우 주된 활동을 기준으로 기입합니다.
> - 걸어서 통근·통학하는 경우도 포함됩니다.
>
> ❶ 통근함
> ② 통학함
> ③ 안 함 ☞ **18** 번으로

15. 통근·통학 장소

> **직장(일터, 근무지) 또는 학교는 어디에 있습니까?**
>
> ① 현재 살고 있는 읍·면·동
> ❷ 다른 읍·면·동
> → 다른 읍·면·동으로 통근·통학하는 경우에는 해당하는 행정구역명을 기입하여 주십시오.
>
> | 부산 | 특별시·광역시·도 | 부산진 | 시·군·(구) |
>
> | 개금1 | 읍·면·(동) |
>
> - 행정구역명을 정확히 모르는 경우 건물 이름을 기입하여 주십시오.
>
> 건물 이름: [   ]
>
> | 2 | 1 | 0 | 5 | 0 | 7 | 4 |

16. 이용 교통수단

> **평소 직장(일터, 근무지) 또는 학교에 갈 때 어떤 교통수단을 이용합니까?**
> - 갈아타기 위하여 두 가지 이상의 교통수단을 이용하는 경우에는 주된 두 곳에만 표시합니다.
> - 「① 걸어서」는 다른 교통수단을 이용하지 않고 걸어서 통근·통학하는 경우에만 해당합니다.
>
> ① 걸어서   ⑥ 전철, 지하철
> ② 승용차, 소형 승합차   ⑦ 기차
> ❸ 시내, 좌석, 마을버스   ⑧ 택시
> ④ 통근, 통학버스   ⑨ 자전거
> ⑤ 고속, 시외버스   ⑩ 기타(오토바이, 화물차 등)

17. 통근·통학 소요시간

> **집에서 나와 직장(일터, 근무지) 또는 학교에 도착하는 데 걸리는 시간은 평균적으로 얼마입니까?**
> - 통근·통학 중간에 정기적으로 다른 곳을 경유할 경우, 경유하는 데 걸리는 시간도 포함하여 계산해 주십시오.
>
> [ ] 시간 [4] [0] 분

〈그림 8-6〉 2015년 인구주택총조사에 포함된 통근통학 조사 항목

출처: 통계청, 국가통계포털 홈페이지(kosis.kr).

2) 통근거리

(1) 통근 소요시간과 거리

사람들이 집에서 일터까지 가는 데 걸리는 통근시간은 우리나라 전국 평균으로는 30여 분(2010년)이고, 서구 도시들도 대체로 30분 안팎이다. 미국 교통부의 한 조사(2001 National Household Travel Survey)에서는, 2001년 평균 통근거리는 19.2km, 시간으로는 22.8분인 것으로 밝혀졌다. 물론 외국의 도시는 한국 도시와 여건이 다르므로 이러한 조사 결과를 한국의 사정과 직접 비교할 수는 없다. 통근시간은 해당 도시의 교통 여건과 문화 등에 따라서도 다소 차이가 나며, 우리나라 수도권의 대도시들은 40분 안팎인 데 비해 수도권 밖의 광역시에서는 대부분 30분 미만이다(〈표 8-1〉 참조).

통근에 소요되는 시간은 다른 목적의 통행시간에 비해 긴 것이 일반적이다. 위락, 친교 및 업무 통행의 목적지는 어느 정도 선택이 가능하고 대체로 자신이 있는 곳에서 가까운 곳을 중심으로 정해지는 데 비해, 자기 집에서 가까운 일터를 고르기란 쉽지 않기 때문이다. 〈그림 8-7〉의 사례에서 보듯이 토론토(1966년) 주민들의 평균 통근시간은 27.8분으로, 다른 목적 통행들의 평균 통행시간보다 6여 분 더 길었다.

통근시간은 이용하는 교통수단에 따라 상당한 차이가 날 수 있다. 우리나라의 2010년 조사(김찬성 등, 2012)에 따르면 승용차 이용자의 평균 통근시간이 32.7분이었던 데 비해, 대중교통수단 이용자들의 평균 통근시간은 45.0분이었다. 앞에서 사례로 든 미국 교통부 조사의 경우, 승용차를 이용하는 통근자의 평균 통근시간은 21.7분(13.0km)인 데 비해 대중교통수단을 이용하는 통근자의 평균 통근시간은 49.5분(17.5km)으로, 대중교통 이용자의 통근거리가 승용차 이용자보다 더 멀고 시간은 무려 2배 이상 차이를 보였다. 미국의 사례에서 두 교통수단 이용집단의 차이가 한국보다도 훨씬 크게 나는 것은 미국 도시의 대중교통 여건이 일반적으로 한국보다 열악한 점과 연관이 있다.

흥미로운 점은 교통이 발달하고 생활상이 바뀌어도 통근시간은 일정 수준을 유지하는 경향을 띤다는 것이다. 한국에서 2000년 평균 통근시간은 32.0분, 2010년에는 33.7분으로 조사되었으며(김찬성 등, 2012), 미국의 센서스 조사 결과를 보면 1980년 평균 통근시간이 21.7분, 1990년 22.4분, 2000년 24.3분으로(Horner, 2004), 통근시간이 조금씩 늘어나는 추세이기는 하지만 긴 세월을 감안하면 시차(時差)에 큰 의미를 부여하기는 어렵다. 통근시간에 이처럼 변동이 적은 것은 사람들이 일터에서 점점 더 떨어져 살아 통근거리는 늘어날지언정, 교통기술의 발달과 서비스의 개선에 힘입어 시간적으로는 현상을 유지할 수 있었다는 것을 뜻한다. 또한 장기간에 걸쳐 통근시간에 변동이 적었다는

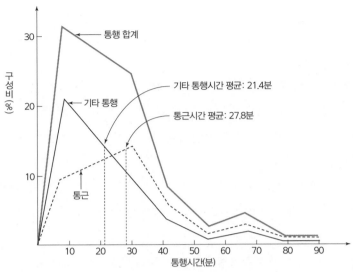

〈그림 8-7〉 통근과 기타 통행의 통행거리 분포: 캐나다 토론토, 1966년

출처: Hanson, 1995, p.95.

것은 사람들이 통근에 할애하는 시간에 어떤 선호가 분명 있어, 사람들이 주거환경만 우수하다면 일
터 아주 가까이 사는 것을 포기할 의사가 있는 동시에 장거리 통근을 기피하는 성향도 아울러 가지
고 있음을 시사하는 것이다.

(2) 통근 임계거리: 일터와 살 곳의 선택

통근거리란 어디에 있는 일터를 고를 것인가와 살 곳을 어디로 정할 것인가의 두 가지 입지 결정이
어우러진 결과물이다. 그러나 대부분의 도시민에게 일터란 함부로 바꿀 수 있는 성질의 것이 아니기
때문에, 일단 일터는 고정된 것으로 간주하고 주거지 선택 행동에 초점을 맞추어도 무방할 것이다.

주거지의 선정이란 한 도시민에게 관련된 여러 주거지 선택요인들이 가져다주는 효용과 비효용을
저울질(trade-off)하는 것을 의미한다. 이러한 저울질에서 통근거리의 부담(비용과 시간)은 대표적
인 비효용의 하나로, 그리고 주거지가 주는 어메니티(amenities, 편리함과 쾌적함에 관련된 주거환
경 요소들)는 효용으로 간주된다. 논리적으로 보면, 통근거리가 늘어날수록 통근의 비효용은 늘어나
므로 통근거리는 주거지를 선택하는 데 핵심요인으로 취급되어야 마땅하다. 그러나 적지 않은 선행
연구들에서는 통근의 부담이 주거지를 선택하는 데 고려되는 수많은 요인 가운데 하나일 뿐이며, 그
나마 그 중요성도 크지 않다는 보고가 거듭되곤 하였다.

실제 주거지 선정 과정에서 일터 접근성(통근의 부담)의 중요성이 미미한 것처럼 나타나는 것은

도시의 복잡한 구조와 제약에서 일부분 설명을 찾을 수 있다. 단핵이 아닌 다핵의 도시구조와 이에 따른 일자리의 분산 분포, 그리고 외국 도시의 경우에는 인종 분포 등과 관련된 여러 제약들이 함께 작용하기 때문에 통근거리의 효과가 교란된다고 볼 수 있다.

이러한 구조적 요인과 제약에 덧붙여 사람들이 가지는 통근거리에 대한 주관적 평가도 중요하게 작용하는 것으로 보인다. 거시적으로는 통근의 부담이 거리에 비례하지만, 더 자세히 들여다보면 일터로부터 일정 범위(통근 임계거리) 안에서는 그 부담의 정도가 반드시 거리에 비례하지 않는 것을 알 수 있다. 이를 시각적으로 표현해 본다면, 통근자 수가 전반적으로는 일터에서 거리가 늘어남에 따라 줄어들지만, 근거리 구간에서는 통근자 수가 오히려 적거나 변동이 미미한 현상을 보이는 것이다(〈그림 8-8〉).

이러한 현상은 실제 사례에서도 거듭 드러나고 있다. 앞에서 살펴본 캐나다 통근자의 분포에서 〈그림 8-7〉 참조) 통근시간 약 30분 범위까지는 거리가 늘어나면서 통근자의 수도 같이 늘어나다가 30분 범위를 넘어서면서 비로소 통근자의 수가 감소하여, 통근시간 30분 이내 범위에서는 거리 조락성과 정반대의 추세를 보이고 있었다. 한국에서도 1980년 인구센서스의 통근자료 분석을 통해 비슷한 경향이 밝혀진 바 있다(허우긍, 1991). 한국 서울의 사례에서는 캐나다의 사례와는 달리 자영업자가 많아서 근거리 구간에서 통근자 수가 압도적으로 많기는 하되, 집에서 조금만 멀어지면 통근

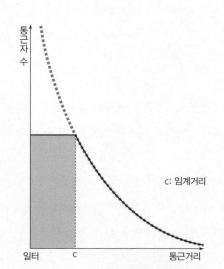

〈그림 8-8〉 통근의 임계거리: 통근거리와 통근자 수

주: 그림의 점선은 예상 통근자 수, 실선은 실제 통근자 수의 분포를 나타낸다.

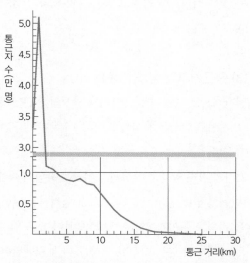

〈그림 8-9〉 서울의 통근거리와 통근자 수, 1980년

출처: 허우긍, 1991, p.47, p.53.

자 수가 급감한 다음 통근거리 약 8km까지는 통근자 수에 큰 변동을 보이지 않았다(〈그림 8-9〉).

일찍이 게티스(Getis, 1969)는 도시의 구조적 요인과 제약에 덧붙여 사람들이 가지는 통근거리에 대한 주관적 평가를 종합하여 통근 임계거리 가설을 제기하였다. 그의 표현을 빌리면 통근마찰이 없는 지대(frictionless area), 경제용어로 말하자면 통근의 부담에 대한 무차별지대(indifference zone)가 존재하며, 그 임계거리는 미국 대도시의 경우 3~5마일 정도라고 하였다. 그는 또한 2차 임계거리의 가능성도 제기하였다.

게티스의 뒤를 이은 연구들에서는 통근 임계거리에 대해 각종 수치들이 제시되었으며, 또한 통근 임계거리를 일터의 유인력과 주거지의 유인력이 같아지는 지점으로 재정의하는 등(Clark and Burt, 1980; Halvorson, 1975) 다양한 의견이 표출되었다. 사례연구들에서는 대체로 통근 임계거리 가설을 뒷받침하였고, 통근 임계거리 이내에서는 직장에 더 가까운 곳으로 거주지를 옮기는 경우가 많지 않으며, 임계거리 밖에서는 일터 가까이 이사하는 사람이 많다는 사실도 거듭 보고되었다. 장거리 통근자는 통근거리를 줄이고 단거리 통근자는 늘리는 경향은 서울의 연구(허우긍, 1991)에서도 확인된 바 있다.

통근 임계거리의 존재는 도시의 일자리와 주거지의 분포 및 관련 정책에 시사하는 바가 적지 않다. 최근 이른바 'smart growth', 'compact city' 등의 논의에서 보듯이 도시의 고밀도 개발이 화두가 되고 있지만, 통근거리를 최대한 줄이려는 노력보다는 적절히 너른 범위 안에서 주거지 개발정책을 펴는 것이 사람들이 가지고 있는 주거 제약과 선호를 고루 반영하는 길이 된다고도 볼 수 있기 때문이다.

(3) 통근거리의 성차(性差)

일반적으로 여성의 통근거리는 남성의 통근거리보다 짧으며, 통근에 연계된 다른 목적 통행들에서도 여성과 남성은 차이를 보인다. 이는 사회가 전통적으로 남성과 여성의 역할을 구별하였던 데서 연유한다.

가사와 자녀 양육은 여성의 몫이라는 통념이 지배하던 사회에서 여성은 시간-공간적 재량에 제약을 받을 수밖에 없고, 결과적으로는 인적자본(human capital)도 적어지기 쉽다. 이는 노동시장에서 낮은 지위로 이어져 임금이 낮고 보상이 적은 일자리에 취업하게 되며, 특히 결혼한 여성과 자녀를 기르는 여성의 경우 이러한 경향은 더 뚜렷해진다. 낮은 임금과 적은 보상 수준은 대중교통수단에 더욱 의존하게 만들어 승용차를 이용하는 사람들보다 통근시간이 길어진다. 가사와 자녀 양육의 부담은 여성으로 하여금 일터에 나갈 수 있는 시간을 제약할 뿐 아니라, 일터 자체도 집에서 가까운 곳을 우선 찾아보게 만든다. 또한 출퇴근 및 점심시간 동안의 통행사슬(trip chain)에서도 여성은 장보기, 어린이집 들르기 등 가사 및 자녀 돌보기와 관련한 통행이 남성보다 더 잦다. 이처럼 통근의 지리적 양상에서 남성과 여성 사이의 성차를 여성의 사회적 지위와 역할(이른바 '젠더화된 역할')에서 찾는 주장들을 묶어 시공간적 구속성 가설(spatial entrapment hypothesis)이라고 부른다(Rapino and Cooke, 2011).

국내에서도 일찍부터 여성의 통근 특성에 대해 연구가 이어졌고(노시학, 손종아, 1993; 심기정 1993; 노시학, 2000 등), 대체로 시공간적 구속성 가설에 부합되는 내용들이 보고되었다. 통근거리는 여성이 남성보다 짧고, 여성의 일자리로는 저소득의 서비스 직종이 많으며, 기혼여성에서 그리고 자녀가 많을수록 남녀 차이는 컸다. 비단 통근뿐 아니라 생활공간 전반에서도 주부의 공간은 가사노동의 연장으로 배우자에 비해 제약이 많은 것으로 밝혀졌다(이은숙, 정희선, 2003).

이러한 선행연구 결과들을 곧바로 여성의 시공간적 구속성 가설을 뒷받침하는 증거로 받아들이기에는 유의할 점도 있다. 가령 여성의 통근거리가 짧은 것은 여성집단 모두에게 보편적인 현상이 아니라, 육아 부담이 큰 연령대인 어린 자녀를 둔 여성에게서 더욱 뚜렷이 나타나는 현상이므로 정교한 검증이 필요하다. 여성집단을 미혼, 결혼은 했으나 자녀가 없는 경우, 어린 자녀를 둔 경우 등으로 나누어 비교해야 구속성 가설이 제대로 검증될 수 있다는 주장도 있다(김현미, 2007). 또한 관찰 결과를 바로 가설을 입증하는 증거로 삼는 것도 주의를 요하는 대목이다. 관찰된 행동이 시공간적 제약의 결과이기도 하지만 개인의 선택 결과일 수도 있기 때문이다(김현미, 2008).

3) 도시의 통근권과 장거리 통근

(1) 중심도시의 통근권

한 지역 근로자들이 자신들의 주거지를 옮길 필요 없이 고용기회를 얻을 수 있는 공간범위를 집합적으로 부를 때 통근권(通勤圈)이라 하며, 영어로는 commuting field, commutershed, local labor market area, travel-to-work area 등으로 표기되고 있다. 한 지역에서 일자리가 많이 분포하는 곳은 중심도시이므로, 통근권은 중심도시의 경제와 문화적 세력권이자 중심도시의 성장을 보여 주는 지표의 하나로 간주되어(Ball, 1980) 일찍부터 지리학자들이 관심을 보여 왔다.

통근자의 분포와 통근권은 어떻게 표현할 수 있을까? 주변지역의 경제활동인구 가운데 중심도시로 향하는 통근자 수의 비율을 해당 중심도시의 통근율이라 하며, 통근율의 분포는 중심도시 내부에서 매우 높다가 중심도시에서 멀어질수록 줄어드는 양상을 보인다. 따라서 이론적으로는 통근율이

0%가 되는 지점, 바꾸어 말하면 중심도시로 통근하는 사람이 하나도 없게 되는 곳까지를 해당 중심도시의 통근권이라고 부를 수 있다. 그러나 특수한 사정으로 초장거리 통근이 있을 수 있으므로, 중심도시 통근율이 0%인 곳이란 존재하지 않는 것이나 마찬가지이다. 가령 부산은 서울에서 아주 멀리 떨어져 있지만, 특별한 사정으로 부산에서 서울까지 매일 오가는 근로자들이 한두 명이라도 있는 것과 같은 이치이다. 이러한 사정 때문에 통근율 1%, 5% 또는 10% 등으로 기준을 마련하여 통근권의 지리적 범위를 정하게 된다. 이는 각각 경제활동인구 100명 가운데 1명, 5명, 10명이 중심도시로 통근한다는 것을 의미하며, 통근율 1%이면 느슨한 기준, 10%이면 엄격한 기준이라고 볼 수 있다.

　통근율 5%를 기준으로 서울의 1980년 통근권을 파악해 보면 〈그림 8-10〉과 같다. 아직 수도권 전철이 지금처럼 확충되지 못했던 당시의 교통 여건을 반영하듯이, 서울의 통근권은 서울과 행정구역 경계를 접한 시와 군, 그중에서도 서울에 가까운 쪽에만 국한되어 있었던 사정이 잘 드러나고 있다. 통근율 경사도에서 보듯이 1980년 당시 통근율 5%란 서울 도심에서 대략 40km까지의 범위였었다.

　한 도시의 통근율 경사와 통근권이 고정되어 있는 것은 아니다. 도시가 성장하여 인구가 늘고 일자리가 많아지면 통근권 역시 확장될 것이다. 따라서 통근권과 통근경사는 도시의 성장을 보여 주는 주요 단서가 되므로, 통근권의 변화는 우리의 주요 관심사 가운데 하나이다. 〈그림 8-11〉은 경상남도 마산시와 창원시의 1980년과 1989년의 5% 통근권을 나타낸 지도로서, 당시 공업화 정책에 힘입

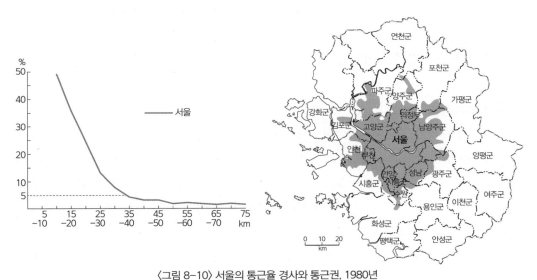

〈그림 8-10〉 서울의 통근율 경사와 통근권, 1980년

주: 오른쪽 지도에서 통근권의 범위는 통근율 5%를 기준하였다.
출처: 홍상기, 1988, p.71.

어 두 도시의 통근권이 빠르게 확장되는 모습을 볼 수 있다. 또 한 가지 흥미로운 점은 마산과 창원시의 통근권이 동쪽보다는 서쪽으로 형성되어 있으며 그 확장도 서쪽으로 빠르게 진행되고 있는 현상으로서, 이는 동쪽 방면은 부산과 김해라는 유력한 경쟁도시들이 있지만 서쪽이나 북쪽 방면으로는 큰 도시가 없는 상황이 반영된 결과이다. 또한 통근권이 확장되는 형태도 원형으로 고르게 확장되는 것이 아니라 마치 촉수를 뻗듯이 확장되고 있는 모습은 주요 도로와 교통서비스 노선이 통근권의 형성에 기여하는 바를 시각적으로 잘 드러내고 있다.

물론 통근권이 계속 확장하기만 하는 것은 아니다. 도시화가 어느 정도 이루어진 다음이거나 또는 해당 도시나 그 도시가 속한 지역 및 국가 전체의 경제 여건에 따라 통근권의 확장세는 줄어들 수 있다. 이런 경우 통근권의 외연 확장보다는 기성 통근권 안에서 통근율이 증가하는 것이 일반적이다. 한 나라 안에서도 어떤 지역에서는 도시 통근권의 확장이 활발한 반면 다른 지역에서는 통근권 확장세가 멈추는 것도 가능하다. 미국이 그러한 사례로, 도시화의 역사가 앞선 데다 인구 유출을 경험하던 동부에서는 도시 통근권들의 확장세가 멈추거나 축소된 반면, 뒤늦게 도시화가 이루어지고 있는 서남부에는 대도시나 중소도시들의 통근권이 빠르게 확장되는 것이 보고된 바 있다(허우긍, 1986).

통근권은, 통근의 방향성으로 보아 중심지향 통근을 위주로 파악하는 것이 일반적이다. 그러나 역통근 역시 중심도시의 영향력을 나타내는 지표로 간주해 볼 수 있다. 이런 연유로 국내에서는 일찍

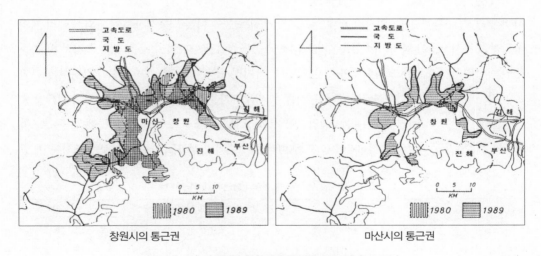

창원시의 통근권 　　　　　　　　　　　　　　　마산시의 통근권

〈그림 8-11〉 마산시와 창원시의 통근권, 1980년과 1989년

주: 통근권의 범위는 통근율을 5%를 기준하였다. 창원시는 1980년에 설립되었으며, 1980년 통근권은 시역 내부에 국한되어 있었으나 이후 외부로 빠르게 확장되었다. 도시를 에워싸고 있던 창원군(구 의창군)은 1995년 마산시와 창원시에 분할 통합되었으며, 2010년에는 다시 마산시, 창원시, 진해시가 합쳐져 지금의 창원시가 되었다.
출처: 신현욱, 1989, p.40.

이 중등학교 교사들의 역통근 현상을 조사하고 역통근권의 지리적 범위와 정도를 파악한 사례들이 있다(곽철홍, 이전, 1997; 김상열, 1999). 중심지향 통근이나 역통근이나 방향성만 다를 뿐, 중심도시가 주변지역에 대해 행사하는 영향은 비슷할 것이다. 다만 통근자의 수로 본다면 중심지향 통근자의 수가 역통근자에 비해 압도적으로 많으며, 역통근자의 수는 매우 적기 때문에 자료의 수집과 해석에 세심한 주의가 요구된다.

통근권은 중심도시나 특정 목적지로의 통근이 이루어지는 범위를 종합적으로 나타낸 것으로, 하나의 통근권 내부는 동질적인 것으로 생각하기 쉽지만 실상 그 내부에는 수많은 하위 통근권들이 겹쳐 있게 마련이다. 일자리의 기술적 특성, 정책, 노동조합의 활동, 개별 기업과 근로자 개개인의 구인 및 구직 과정의 차이, 취업에 활용되는

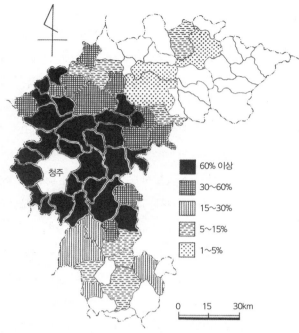

〈그림 8-12〉 청주시에 거주하는 교사들의 역통근율, 1998년

출처: 김상열, 1999, p.69.

60% 이상
30~60%
15~30%
5~15%
1~5%

0   15   30km

사회적 관계, 문화적 관습, 일자리에 대한 근로자의 선호 등에 따라 노동시장은 분화되어 여러 개의 국지적 노동시장들이 형성되어 있을 수 있다. 결국 통근권이란 이처럼 수많은 작은 국지적 하위 통근권들이 겹쳐져 이루는 모자이크와 같은 것이다. 국지적 노동시장, 그리고 이에 따른 하위 통근권들이 각기 어떤 구조와 특성을 지니고 있는지는 우리의 관심을 끌 수밖에 없다. 서울 시내 인쇄업 종사자들에 대한 한 사례연구에서는, 인쇄업종이 서울 도심지구와 구로-영등포 지구에 집중 분포하고 있는데, 두 노동시장의 성격이 다르고 이에 따라 직주분리의 정도도 다르다는 것이 조사된 바 있

〈표 8-3〉 서울 인쇄업 종사자의 통근거리, 1993년

인쇄업 종사자의 구분	인쇄업종의 분포지와 통근거리(km)		
	서울시 전역	도심 지구	구로-영등포 지구
전문직	11.4	11.7	10.9
숙련직	8.7	8.8	7.5
미숙련직	7.7	11.7	5.7
종사자 전체	9.1	10.1	6.6

출처: 박배균, 1993, p.72.

다(박배균, 1993). 이 조사에 따르면 도심 지구의 인쇄업종은 구성이 다양하고 고용관계가 불안정한 반면, 구로-영등포 지구의 인쇄업종은 생산직 종사자 중심으로 고용관계가 안정적이고 취업을 지역사회의 비공식 관계에 더 의존하는 특성을 띠고 있으며, 이러한 차이가 통근거리의 차이에 반영된 것으로 밝혀졌다(〈표 8-3〉).

(2) 비도시지역의 장거리 통근

통근권의 가장자리에 해당하는 교외 및 비도시지역도 중심도시로의 통근에 의해 영향을 받는다 (Morill, 1978). 도시 통근자가 늘어나면 토지는 농경지 대신 주거 용도로 전용되고, 이는 현지 농업에 영향을 끼쳐 영농 집약도 및 경지면적에 변화를 가져오며 지가(地價)에도 변화를 일으킨다. 통근자들이 세금을 내고 일용품을 구매하는 것은, 이들이 도시에서 번 소득이 비도시지역으로 옮겨지는 소득의 전이(轉移)를 의미한다. 부정적 영향도 예상해 볼 수 있다. 취학아동이 늘어나거나 인구의 증가로 인해 지방 재정에 압박을 주는 것이 그 한 가지 보기이다. 환경영향 역시 부정적 영향의 한 가지로 꼽힌다. 통근권의 가장자리는 이처럼 도시가 영향을 미치는 최전선이므로, 비록 통근자의 수는 얼마 되지 않지만 우리의 관심사가 된다.

통근권의 가장자리에 살면서 중심도시로 장거리 통근을 하는 사람들은 대체로 원주통근자(原住通勤者, autochthonous commuters)와 전입통근자(轉入通勤者, allochthonous commuters)의 두 부류로 나눌 수 있다(Holmes, 1971). 원주통근자는 통근 사유가 발생하기 이전부터 현지에 살던 원주민으로서, 거주지를 도시의 일터 가까이 옮기는 데서 발생하는 불확실성과 장거리 통근 부담을 따져 현지에 남기로 한 사람들이다. 이들이 장거리 통근을 감내하는 것에는 이러한 비용의 저울질에 덧붙여 생애단계, 내 고장과의 연계, 도시 일터나 거주지에 대한 정보의 부족 등도 작용할 가능성이 있다. 전입통근자란 도시의 직장을 얻은 다음 현 거주지로 옮겨 온 사람들로서, 비도시지역의 쾌적한 주거환경을 지향하거나 싼 주거비 및 생활비와 장거리 통근비용을 맞바꾸려는 사람들이다.

장거리 통근자들은 그 수가 많지 않고 전반적으로 비숙련 노동력으로 구성되어 있어 중심도시의 입장에서는 핵심노동력이 아니지만, 이들은 비도시지역 변화의 선두에 서 있는 사람들이다. 원주통근자들은 현 거주지에 살기는 하지만 항상 도시로의 이주 가능성을 엿보고 있는 잠재적 이주집단이라고 평가할 수 있다(Green et al., 1999). 이와 반대로 전입통근자들은 비도시지역의 인구 증가에 기여할 뿐 아니라, 중심도시나 다른 지역에 살다가 이주해 온 사람들이므로 현지와는 다른 문화, 다른 경험을 소유한 집단이라는 점에서 현지에 변화를 불러올 잠재력을 가진 집단이다.

한국의 경우 장거리 통근자들은 어떤 사람들일까? 울산시 주변의 장거리 통근자들에 대한 한 사레조사(허우긍, 1987)에 의하면 원주통근자는 전입 통근자 집단에 비해 여성 통근자의 구성비가 조금 더 높았으며, 20대의 청년층이 압도적인 다수를 이루었고, 생산직 및 판매와 서비스 직종의 종사자가 다수를 이루고 있었다. 울산시 주변 울주군의 원주민들 가운데에는 부모는 농업에 종사하더라도 자녀들은 중심도시에 일자리를 갖는 겸업가구가 상당수 있었으므로 이러한 특징을 나타내게 된 것이다. 여성 원주통근자의 구성비가 전입통근자 집단에 비해 조금 더 높았던 것은 농촌 주민 가운데 남성이 여성보다는 전출에 더 앞섰던 실정을 잘 나타낸 것으로 보인다.

전입통근자들은 주로 30대와 40대의 결혼한 남성 가장으로 구성되어 있었으며, 전문직과 사무직

〈표 8-4〉 울주군에서 울산시로 통근하는 장거리 통근자의 성과 나이 및 직업 분포, 1987년

구분		원주통근자(%)	전입통근자(%)
성	남	72.2	84.1
	여	27.8	15.9
나이	17–19세	2.9	0.8
	20–29세	60.2	29.9
	30–39세	21.2	36.6
	40–49세	10.6	23.5
	50세 이상	5.1	9.2
직업	전문, 관리직	7.7	9.2
	사무직	6.9	10.8
	판매, 서비스직	24.9	11.3
	생산직	55.9	60.6
	기타	4.6	8.1

주: 1987년 현재 울산시는 아직 광역시로 승격되기 전이었으며, 울산시를 에워싸고 있는 울주군과도 행정적으로 분리되어 있었다.
출처: 허우긍, 1987, p.302.

구성비가 원주통근자 집단보다는 조금 더 높았다. 이러한 구성비 역시 1980년대 한국 장거리 통근자의 전형을 보여 주는 사례이다.

울산의 사례와 비슷한 현상은 서울의 교외지역에 대한 연구(문정인, 1988)에서도 발견되었다. 1987년의 남양주군 미금읍에 대한 사례조사에서는 서울 통근자들이 여타 통근자들에 비해 전문직과 사무직 종사자가 더 많았고, 4인 가구의 비율과 초등학교 학령의 어린 자녀를 둔 가구의 비율이 높은 점 등 통근자 집단의 차이가 뚜렷한 것으로 밝혀졌다.

4) 직주불균형과 초과통근

도시에서 경제활동을 하는 주민의 수와 일자리의 수는 일치하지 않기 쉬운데, 이러한 현상을 가리켜 직주불일치 또는 직주불균형(spatial mismatch of jobs and housing)이라 하며, 도시경제학자인 케인(Kain, 1968)이 처음 언급하였다. 그는 주택시장에서 흑인에 대한 인종차별과 제2차 세계대전 후 취업기회의 교외화 현상이 흑인의 실업에 복합적으로 작용하는 점을 설명하기 위해 이런 개념을 도입한 것이었다. 선행연구들에서는 직주불균형의 원인으로 도시의 성장과 교외화 추세 외에도, 지대(地代)보다 싼 통행비용, 맞벌이 가구의 증가 및 여성의 취업 증가와 같은 노동시장의 변화, 정부

의 정책과 규제 등도 거론되고 있으며, 한국의 상황에서는 대중교통수단 요금이 비교적 저렴하다는 점이 직주불균형에 기여하는 바가 큰 것으로 보인다. 흑인과 같은 소수 도시민에 대한 논의에서 벗어나 일반론으로 말한다면, 직주불균형이 발생하는 주요 요인으로는 맞벌이 또는 3인 이상의 근로자 가구, 전월세 만기로 인한 이사, 일터의 불안정, 주택시장 및 노동시장의 다양성, 이주비용, 동네의 어메니티, 높은 이직률, 통근 중요성의 감소 등도 꼽아 볼 수 있다.

직주불균형에 대한 문헌은 지난 30여 년 동안 급성장하여 중심도시 소수자들의 취업기회에 대한 지리적 접근성 문제를 비롯하여 다양한 연구가 이어졌으며, 흑인 외에도 다른 소수인들(라틴계 이민, 여성 등)을 대상으로 한 연구로도 확장되었다. 한국에서 이러한 주제가 갖는 의의는 다문화가정, 탈북민, 장애인 등 한국적 상황에서의 소수자들의 직주불균형과 통근 문제를 파악하는 데 적용 가능하다는 점일 것이다.

일터와 거주의 지리적 일치 여부는 흔히 직주비(職住比, job-housing ratio)로 판단한다. 직주비란 한 지역의 총 피고용자 수와 해당 지역에 거주하는 총 경제활동인구의 비율을 말하며, 한 지역의 일자리 자족성을 나타낸다. 직주비가 1이면 해당 도시는 일자리의 수와 경제활동인구가 균형을 이룬 자족도시, 1보다 크면 일자리의 수가 근로자의 수보다 더 많고, 1보다 작으면 일자리가 부족하다는 뜻이다. 직주비 지수 외에도, 단순 논리로 말하면 직주균형이 잘 이루어질수록 통근거리는 짧아진다고 기대할 수 있으므로, 통근거리를 직주불균형을 가늠하는 우회적인 잣대로 활용할 수도 있다. 직주비와 같은 불균형 지수가 정책도구로서는 그 의의가 제한적이지만, 특정 집단의 사회적 소외를 나타내는 지표로서의 활용가치는 작지 않다(Horner, 2004).

본래 직주불균형이란 중심도시에 거주하는 소수자를 대상으로 다루던 개념이었다. 그러나 이를 일정한 지리적 단위지역 안의 모든 경제활동인구와 일자리의 균형 문제로 확장할 때 유의할 점도 있다. 첫 번째, 지리적 단위의 문제이다. 지역을 일자리와 거주지를 담는 그릇이라고 본다면, 그 그릇의 크기를 어떻게 설정하느냐에 따라 균형 여부가 달라진다. 도시 내 작은 지구를 분석단위로 삼는다면 직주불균형은 상당히 높게 나타날 것이고, 분석단위를 넓혀 광역도시권 또는 이보다 더 큰 단위로까지 확장한다면 불균형 정도는 줄어들게 된다. 결국 지리적 규모에 따라 얼마든지 다른 불균형 지수를 인위적으로 도출할 수 있는 것이다.

두 번째 문제는 일자리의 수만 관심을 두었지, 일자리의 종류와 질까지 다루지는 못한다는 점이다. 일자리란 생산직과 사무직이 같을 수는 없는 것이며, 같은 직종 안에서 직위 또한 다르게 마련이다. 결과적으로 직주불균형의 개념은 특정 소수민이나 특정 직업군 등에 적용할 때는 본래의 의의를 찾을 수 있을 것이나, 모든 도시, 모든 근로자에게로 확대한다면 그 쓸모는 크게 줄어들 위험이 있다.

도시의 직주불균형 개념은 적용 대상이 특정 인구집단에서 도시의 경제활동인구 전체로 확장되면서 초과통근(excess commuting)이라는 개념으로 확장되었다.* 초과통근의 개념은 실제 발생하고 있는 통근이 최적의 상태가 아니라는 전제에서 출발하며, 대체로 〈식 8-1〉과 같은 방식으로 측정하고 해석의 편리를 위해 백분율로 나타내는 경우가 많다.

$$초과통근\ Z = \frac{X-Y}{X} \cdot 100 \quad \cdots \langle 식\ 8-1 \rangle$$

X: 실제 평균 통근거리 또는 평균 통근시간

Y: 이론적 최소 평균 통근거리

이 개념의 발달역사를 살펴보면, 해밀턴(Hamilton, 1982)은 실제 통근거리가 이론적 최소 통근거리를 초과하는 부분을 초과통근이라 하여 논의가 시작되었다. 이후 이론적 최소 통근거리를 어떻게 설정할 것이냐를 두고 수많은 연구가 뒤를 이었으며, 화이트(White, 1988)가 수송문제 기법(제14장 참조)을 도입하여 다핵구조의 도시 여건에서 통근 상황을 다룬 이래 초과통근을 나타내는 지표들은 더욱 정교하게 진화하고 있다. 또한 통근뿐 아니라 다른 종류의 통행에도 적용하기 시작하여, 최근에는 심지어 초과통행(excess travel)이라는 표현도 등장하고 있다(Kanaroglou et al., 2015).

직주불균형 개념이 일자리 수와 경제활동인구의 균형 여부만을 고려하는 데 비해, 초과통근 개념은 도시마다 주민들의 기동력, 사회경제적 제약, 도시구조 등이 다를 수 있다는 것을 전제한다는 점이 다르다. 이로써 초과통근 개념은 도시의 구조와 통근행동의 관계를 이해하는 데 도움을 주며, 통근의 효율성을 논할 수 있도록 진일보하였다. 이론상 좋은 도시 디자인은 짧은 통근거리를 낳는다고

〈표 8-5〉 도시 및 교통계획의 비교: 이동성-기반 계획과 접근성-기반 계획

비교 대상	이동성에 기반한 계획	접근성에 기반한 계획
목적	• 이동성의 향상, 교통체증의 완화 • 공급자 측면	• 접근성의 향상 • 수요자 측면
방법	• 도로의 건설 • 통행료 징수	• 복합적 토지이용 장려 • 업무 및 주거 지구의 정비와 재배치
규모	• 개인 차원	• 지구 및 지역 차원
예상되는 결과	• 긴 통근거리 • 교통체증의 완화	• 통근거리의 감소 • 자족성 증가

출처: 이욱, 2006, p.152.

---

* 처음 해밀턴(Hamilton)은 낭비통근(wasteful commuting)이라 불러 한동안 통용되었으나, 차츰 초과통근이라는 용어로 정착되고 있다.

말할 수 있다. 따라서 초과통근의 개념은 (직주불균형 개념의 한계에서 완전히 자유로워진 것은 아니지만) 도시의 바람직한 크기, 구조, 지속가능한 도시의 논의에 활용될 수 있다는 데서 그 의의를 찾을 수 있으며(Horner, 2004; Ma and Banister, 2006), 이동성을 향상시키는 데 초점을 맞추어 온 종래 도시 및 교통계획과 달리 지속가능성을 추구하는 도시계획에 명분을 제공하고 있다(〈표 8-5〉 참조).

· 참고문헌 ·

곽철홍, 이전, 1997, "경남 서부지역의 중심지 세력권 변화와 주민 통근형태 연구: 진주 도시권지역의 통근-역통근을 중심으로," 한국지역지리학회지 3(1), 13-34.

김상열, 1999, "청주시 거주 중학교교원 역통근의 공간적 특성," 대한지리학회지 34(1), 63-84.

김찬성, 천승훈, 황순연, 2012, 과거 10년간 교통행태 분석과 교통정책의 시사점 연구, 한국교통연구원 연구총서 2012-12.

김현미(Kim, Hyun-Mi), 2007, "Gender roles, accessibility, and gendered spatiality," 대한지리학회지 42(5), 808-834.

김현미, 2008, "자녀 연령별 여성의 도시기회 접근성의 시·공간적 구속성에 관한 연구," 대한지리학회지 43(3), 358-374.

노시학(Noh, Shi-Hak), 2000, "Employment types and commuting patterns among female workers on the Seoul Metropolitan Area," 한국도시지리학회지 3(1), 43-56.

노시학, 손종아, 1993, "성에 따른 직주분리와 통근통행 패턴의 차이: 서울의 기혼여성과 기혼남성을 중심으로," 지리학(현 대한지리학회지) 28(3), 227-246.

문정인, 1988, 교외지역 주민의 통근행태에 관한 연구: 서울주변지역을 중심으로, 성신여자대학교 지리학과 석사학위논문.

박배균, 1993, "서울시 인쇄업의 국지적 노동시장에 관한 연구," 지리학논총 22, 57-76.

박지영, 이지선, 김영호, 유정복, 2012, 미래 인간이동행태 분석을 위한 기초연구, 한국교통연구원 연구총서 2012-24.

신현욱, 1989, "마산·창원 주변군의 통근양상과 통근자 특성 변화(1980-1989)," 지리학논총 16, 33-51.

심기정, 1993, 서울시민의 통근패턴에 관한 연구: 여성을 중심으로, 서울대학교 지리교육과 석사학위논문.

이욱, 2006, "도시와 통근," 김인, 박수진 편, 도시해석, 푸른길: 서울. 145-154.

이은숙, 정희선, 2003, "서울시 주부의 일상생활공간의 불평등성," 지리학연구 37(3), 241-255.

조성혜, 1987, 서울시민의 다목적통행에 관한 연구, 서울대학교 지리학과 석사학위논문.

허우긍, 1986, "비SMSA지역의 통근과 인구성장 추이, 1960-1980," 미국학 9, 89-109. 서울대학교 미국학연구소.

허우긍, 1987, "지방공업도시가 배후지역에 미치는 파급효과의 지리적 범위와 특성: 울산의 통근권과 통근자 특성에 관한 연구," 지리학논총 14, 291-309.

허우긍, 1991, "서울의 통근과 거주지 선택," 지리학(현 대한지리학회지) 26(1), 46-61.

홍상기, 1988, "경기도의 통근양상과 전입인구의 특성에 관한 연구," 지리학논총 15, 65-81.

Axhausen, K. W., 2000, "Definition of movement and activity for transport modeling," in D. Hensher and K. Button (eds.), *Handbook of Transport Modelling*, Elsevier Science: Oxford, UK, 271-284.

Ball, R. M., 1980, "The use and definition of Travel-to-Work Areas in Great Britain: Some problems," *Regional Studies* 14, 125-139.

Birenboim, A. and Shoval, N., 2016, "Mobility research in the age of the smartphone," *Annals of the Association of American Geographers* 106(2), 283-291.

Clark, W. A. V. and Burt, J. E., 1980, "The impact of workplace on residential relocation," *Annals of the Association of American Geographers* 70, 59-67.

Getis, A., 1969, "Residential location and the journey from work," *Proceedings of the Association of American Geographers* 1, 55-59.

Green, A. E., Hogarth, T. and Shackleton, R. E., 1999, "Longer distance commuting as a substitute for migration in Britain: a review of trends, issues and implications", *International Journal of Population Geography*, Vol. 5, 87-89.

Halvorson, P. L., 1975, "The critical isochrone: An alternative definition," *Proceedings of the Association of American Geographers* 7, 84-87.

Hamilton, B. W., 1982, "Wasteful commuting," *Journal of Political Economics*, 90(5), 1035-1051.

Hanson, S. (ed.), 1995, *The Geography of Urban Transportation, second edition.* The Guilford Press: New York.

Holmes, J. H., 1971, "External commuting as a prelude to suburbanization," *Annals of the Association of American Geographers* 61, 774-790.

Horner, M. W., 2004, "Spatial dimensions of urban commuting: a review of major issues and their implications for future geographic research," *The Professional Geographer* 56(2), 160-173.

Kain, J. F., 1968, "Housing segregation, negro employment, and metropolitan decentralization," *The Quarterly Journal of Economics* 82(2), 175-179.

Kanaroglou, P. S., Higgins, C.D. and Chowdhury, T. A., 2015, "Excess commuting: a critical review and comparative analysis of concepts, indices, and policy implications," *Journal of Transport Geography* 44, 13-23.

Kenyon, S. and Lyons, G., 2007, "Introducing multitasking to the study of travel and ICT: Examining its extent and assessing its potential importance," *Transport Research Part A*, 41(2), 161-175.

Ma, K. and Banister, D., 2006, "Excess commuting: a critical review," *Transport Reviews* 26(6), 749-767.

Morill, R., 1978, "Impacts of urban growth centers on their hinterlands," in Enyedi, G. (ed.), *Urban Develop-*

ment in the USA and Hungary, 55-72.

O'Connor, K., 1980, "The analysis of journey to work patterns in human geography," *Progress in Human Geography* 4, 475-499.

Plain, D. A., 1981, "The geography of urban commuting fields: some empirical evidence from New England," *The Professional Geographer* 33, 182-188.

Rapino, M. A. and Cooke, T. J., 2011, "Commuting, gender roles, and entrapment: a national study utilizing spatial fixed effects and control groups," *The Professional Geographer* 63(2), 277-294.

White, M. J., 1988, "Urban commuting journeys are not wasteful," *Journal of Political Economics* 96(5), 1097-1110.

제9장

교통수요의 예측과 분석

1. 도시교통계획

1) 교통계획의 배경과 역사

우리가 도시의 교통계획에 관심을 두는 것은 다가오는 미래의 설계와 같은 중기 내지 장기적 문제, 그리고 당면 교통문제의 해결이나 특정 교통정책에 대한 반응을 알아보기와 같은 단기적 과제에 답을 마련해야 할 필요성 때문이다. 지역이나 도시의 교통계획을 수립하는 일은 대체로 20세기 후반부터 시작된 일이라고 말할 수 있다. 제2차 세계대전 이전에는 지역계획에 통행 부문이 포함되는 일은 흔하지 않았다. 당시에는 아직 도시들의 규모가 크지 않았고 교통 문제도 그다지 심각하지 않았으며, 더구나 세계가 경제적 침체와 두 차례의 큰 전쟁의 혼란 가운데 있었던 시기이기도 하였기 때문일 것이다. 그러나 종전을 맞아 평화가 오면서 새로운 상황이 전개되었다. 도시의 인구는 급증하였으며, 자동차시대를 맞아 승용차와 버스라는 새 교통수단의 이용이 날로 늘어났고, 도시의 확장은 통행빈도와 거리의 증가로 이어져 여러 교통 문제에 체계적으로 대응할 필요가 커졌다. 또한 교통 연구자와 실무자의 입장에서 보면, 컴퓨터의 등장으로 계산능력이 향상되었고 정부의 지원이 늘어난 것도 도시교통계획 사업이 도처에서 본격화되는 중요한 배경이 되었다.

오늘날 세계 각처에서 행해지고 있는 도시교통계획의 선례는 미국의 디트로이트와 시카고 등의 대도시에서 찾을 수 있다. 1950년대에 수행된 디트로이트의 도시교통연구는 자료 수집, 목표 설정, 수요 예측, 대안 검토 등이 포함된 최초의 도시계획 과정이었다고 평가할 수 있으며, 시카고 대도시권 교통연구(Chicago Area Transportation Study, CATS)에서 수립된 방법론은 다른 도시들의 교통계획에 선례가 되었다. 미국에서 통행계획에 관한 연구가 크게 활성화된 데에는 연방정부의 역할이 컸다. 미국 연방정부는 1963년에 연방고속도로지원법(Federal Aid Highway Act)을 제정하여, 일정 규모 이상의 도시가 연방고속도로 및 교통시설의 자금을 지원 받으려면 지역교통계획을 반드시 갖추도록 주문하였다. 또한 연방고속도로청(Federal Highway Administration)에서는 도시교통모형들을 정립하고 분석 프로그램을 개발하였으며, 그 결과 오늘날 널리 쓰이게 된 교통계획 과정이 점차 정립되어 갔다. 표준화된 교통계획 과정에서는 도시권을 여러 개의 교통분석구역(traffic analysis zones, TAZs)*으로 나누어 인구와 교통망 자료를 마련하고, 가구통행에 대한 표본조사를 통해 통행목적과 목적지, 통행발생 시각, 수단, 경로 등의 자료를 마련한 다음, 수요예측모형을 적용하여 정산하는 절차로 이어졌으며, 계획의 시간적 범위는 20년 안팎이 일반적이었다.

도시교통수요의 예측과 계획은 미국에만 국한된 현상은 아니었다. 1960년대에는 영국을 비롯한 유럽 국가들에서 도시교통계획 연구가 본격화되었고, 향후 20여 년간 대서양 양안에서 점진적으로 이론적 발전을 이루게 되었다. 최근에는 지리정보시스템(GIS) 등 분석력의 향상과 자료의 축적에 힘입어 다루는 문제의 복잡성이 증가하고 계획의 범위가 확장되기에 이른다. 한국에서도 1980년대 이래 도시교통계획 기법이 널리 보급되고 관련 인력이 크게 증가하였다.

역사적으로 보면, 초기에는 도시교통계획이란 장래에 대한 의사결정을 이끌어 내는 데 그 목적을 두었다. 교통계획은 교통에 관한 합리적 결정의 틀로 쓰일 총괄기본계획(master plan)을 개발하려는 것이었고, 교통계획의 지리적 범위는 자연히 광역도시권 전체, 시간적 범위로는 장기 예측을 강조하였다. 또한 초기 연구는 증가하는 교통수요를 감당하기 위한 시설용량을 제공하는 데 집중되어, 도로의 신설 등 공급 중심의 계획이 이 시기의 특징 가운데 하나였다.

1970년대부터는 사회에 변화가 일고, 이는 교통계획에도 영향을 끼쳐서 도시교통계획이란 의사결정자에게 여러 가지 개발대안이 각각 어떤 결과를 의미하는가 하는 정보를 마련하는 일로 다시 정의되기에 이르렀다. 초기의 교통계획이 공학적 지향성을 띠어 공급에 치중한 반면 복지 부문에는 소홀하여 교통과 관련된 불균등 문제는 제대로 다루어지지 못하였으나, 점차 도시교통계획에는 정치적 속성이 있음을 인정하여 시민이 참여하게 되었고, 계획가는 커뮤니티를 '위해' 일하는 것이 아니

---

* 일반적으로 도시 내부는 수십~수천 개의 교통분석구역으로 나뉜다. 단위구역의 크기는 목적에 따라 다양하게 설정될 수 있으며, 한국에서는 대체로 행정구역 경계를 교통분석구역의 경계로 활용하고 있다.

라 '함께' 일하는 것이라고 인식하게 된 것이다. 교통계획에 대한 이러한 인식의 변화는 방법론으로도, 첫째 정치적 선택지(options)를 다룰 수 있어야 하고, 둘째 장기 목표와 단기 목표를 동시에 다룰 수 있어야 하며, 셋째 도시 내 특정집단에 미치는 영향을 측정할 수 있어야 한다는 함의를 가지게 되었다. 또한 장기적 계획뿐 아니라 단기 대응도 계획에 포함되기 시작하였다. 교통시설을 새로 늘리기보다는 기존 설비를 효율적으로 활용하고 첨두수요를 줄이는 방향으로 교통계획의 기조가 바뀐 것이다. 이른바 교통시스템관리(transportation system management, TSM) 기법이 도입되어 다인승차량 우선차로제, 진입로의 신호 조절, 주차 제한, 교차로에서 버스우선제, 가변차로제 등 다양한 교통관리 방법들이 등장하기에 이른다.

1980년대를 거쳐 1990년대에 들어서면서 도시교통계획의 기조는 다시 변화를 겪는다. 환경의 질에 대한 관심이 크게 늘어나 교통수요의 성장을 통제하는 방안 등이 주요 관심사가 되었다. 수요관리를 중시하게 되면서 대중교통 서비스의 개선, 혼잡통행료 부과, 탄력적인 근무시간제, 보조교통기관, 역 주변의 토지이용 개선, 자전거 및 도보 시설, 환승 및 자동차 함께 타기를 위한 주차시설 등과 같은 교통통제기법(transportation control measures, TCM)이 고안되기 시작하였다. 또한 과거에는 중앙정부가 재정지원을 통제수단으로 삼아 지방정부에 교통계획의 방향과 방안을 제시하는 하향식 접근이 대세였다면, 이제는 상향식 기조로 바뀌어 시민단체의 역할이 커졌다. 이와 더불어 자연히 도시성장 억제(smart growth), 교통정보, 급행 대중교통수단, 환경 정의, 사회적 형평성, 토지개발 유도 등과 관련된 다양한 정책들을 검토대상으로 삼게 되었다. 오늘날 21세기에는 교통계획의 의미가 더욱 넓어져 의사결정자와 일반시민에 대한 교육까지도 교통계획의 범주에 포함되기에 이른다.

2) 교통계획의 과정

교통계획이 적용되는 지리적 범위는 사안에 따라 다양하지만 가장 전형적인 경우는 중심도시와 그 주변을 포괄하는 것이며, 관련 지방자치단체와 기관들이 모두 참여하는 광역도시권 계획기구(metropolitan planning organization)를 구성하여 대처하는 것이 일반적이다.

교통계획이란 시간적으로 보면 오랜 기간에 걸친 연속적 과정이다. 자료 수집, 모형 적용, 평가 등이 각각 상당한 시간이 소요되는 작업이며, 이 기간 동안에 도시의 사회적, 경제적, 지리적 상황이나 정책도 바뀔 수 있다. 이런 경우 자료의 추가 수집과 분석이 이루어져야 하므로, 하나의 계획이 입안되어 사후 검증을 마치기까지는 오랜 시간이 걸리는 경우도 있다.

교통계획은 지역과 사안 나름으로 다양하게 전개될 수 있지만, 그 진행 양상으로 보아 크게 (1) 분

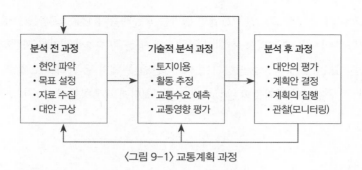

〈그림 9-1〉 교통계획 과정

석 전 과정, (2) 기술적 분석 과정, (3) 분석 후 과정의 3개 시기로 나누어 볼 수 있다. 두 번째 시기인 기술적 분석 과정은 전문가들이 주도하지만, 분석 전 및 분석 후 과정에는 해당 도시의 정책결정자와 주민도 참여하게 된다.

(1) 분석 전 과정

교통계획의 초기에는 ① 당면한 문제를 파악하고, ② 계획의 목표를 설정하며, ③ 필요한 자료를 수집하기 시작하고, ④ 여러 대안을 구상하는 일들이 포함되며, 이 가운데 당면 문제와 목표를 포괄적으로 설정하는 것이 가장 중요하다. 이 단계의 과업들은 정형화된 것은 없으므로 느슨하게 구조화된 시행착오(trial-and-error) 방법을 취하며, 시민들이 참여하는 토론회나 공청회 등을 거치는 것이 일반적이다.

(2) 기술적 분석 과정

설정된 목표와 대안에 맞추어 목표연도의 교통수요를 예측하는 과정으로 교통계획의 핵심이며, 대체로 세 부분으로 구성된다. 첫 단계인 토지이용-활동 추정에서는 기준연도 통행인구의 특성과 토지이용을 파악하여 목표연도의 가구 수, 가구당 경제활동인구, 가구의 소득과 자동차 보유 대수 등을 추계하며, 기준연도의 교통체계에 대해서도 전반적인 평가작업을 수행한다. 대체로 네 가지 정도의 도시성장 시나리오, 곧 느린 성장, 중속 성장, 고속 성장 시나리오 및 (교통계획사업의 시행 이후) 즉시 나타나는 변화 시나리오 등을 설정하고, 가구와 기업을 교통분석구역별로 할당하게 된다.

이렇게 추계된 미래 도시의 상황은 두 번째 요소인 교통수요 예측의 기본자료가 된다. 이 예측작업에서는 교통분석구역별 발생교통량의 예측, 구역 간 통행량의 배정, 교통수단별 분담률 예측, 노선 배분을 포함하는 이른바 '4단계 모형'이 수행되는 것이 일반적이었다. 분석 결과 예측된 노선별 통행량과 기존 교통망의 용량을 비교하여 부족한 구간에 대해서는 투자계획이 뒤따른다.

기술적 분석 과정의 세 번째 요소인 교통영향 평가는 교통계획이 장래 토지이용과 인구 성장 및 분포에 미치는 결과뿐 아니라, 환경영향, 사회적 영향 등 다양한 측면에서 평가를 시행할 수 있다. 과거에는 교통계획이 마지막 요소인 교통영향의 평가보다는 첫 번째와 두 번째 요소에 더 치중하는 경향을 띠어 왔지만, 근래 정부와 시민들의 관심사가 다양해지면서 교통영향에 대한 평가가 강조되는 추세이다.

(3) 분석 후 과정

이 과정은 여러 대안과 정책의 영향을 예측하는 단계로서 의사결정자에게 정보를 제공하는 것이 목적이다. 계획에 대한 평가, 계획 이행 및 결과에 대한 관찰과 감독을 포함하며, 계획에 대한 평가가 가장 중요하다. 평가는 종합적이어야 하며, 경제, 형평성, 환경 등 여러 쟁점이 평가항목에 포함된다. 평가방법으로는 금전으로 환산할 수 있는 경우에는 비용-편익 분석법을 적용하며, 금전으로 환산할 수 없는 비경제 부문은 목표달성 평가법 등이 동원된다.

3) 교통수요의 예측

(1) 발생통행량(trip generation)의 예측

이 단계의 목적은 교통분석구역이나 가구 수준에서 통행유형별로 하루의 총 발생통행량을 추정하는 것이다. 통행 유형은 통행의 출발 또는 도착 지점이 가정인지와 통행목적이 경제활동인지를 기준으로 가정기반 통근, 가정기반 기타통행, 비가정기반 통행의 세 가지로 나누는 것이 일반적이었다.

발생통행량은 교통분석구역에서 밖으로 나가는 유출통행량(trip production, O_i)과 들어오는 유입통행량(trip attraction, D_j)으로 나누어 예측한다. 분석 단위는 유출통행량은 가구 단위, 유입통행량은 구역 단위로 예측하는 것이 가장 일반적이다. 유출통행량을 가구 단위로 예측하는 것은 자동차 보유, 가구 소득, 가구 규모, 근로자 수 등의 정보를 다루기에 적합하기 때문이며, 나중에 해당 가구가 소속한 교통분석지구 단위로 합산하게 된다.

유출통행량과 유입통행량은 토지이용의 특성(유형과 밀도)과 거기서 이루어지는 활동의 사회경제적 특징에 따라 결정된다는 논리 아래, 빠른 성장, 중간 정도의 성장, 느린 성장의 시나리오별로 인구와 고용 지표 등을 근거로 추정한다. 추정 모형은 기준연도의 교통량 상황이 지속될 것이라는 가정하에 미리 정한 성장률을 적용하는 단순한 추계에서부터 여러 지표에 대한 회귀분석으로 구한 계수를 목표연도에 적용하는 방법까지 다양하게 개발되어 있다. 통행 발생은 통행 총량을 구하는 단계

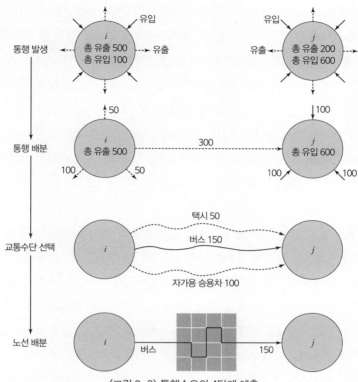

통행 발생

유입
i
총 유출 500
총 유입 100
유출

유입
j
총 유출 200
총 유입 600
유출

통행 배분

↑50
i
총 유출 500

300

↓100
j
총 유입 600

100   50

100   100

교통수단 선택

i

택시 50
버스 150
자가용 승용차 100

j

노선 배분

i   버스   150   j

〈그림 9-2〉 통행수요의 4단계 예측

구역 i는 주거지구, 구역 j는 도심의 한 부분이라고 가정해 보자.

1) 발생통행량의 예측 단계: 주거지구 i에서 유출되는 통행량(O_i)이 500건, 유입되는 통행량(D_i)이 100건으로 예측되었으며, 도심지구 j의 유출통행량(O_j)은 200건, 유입통행량(D_j)은 600건으로 예측되었다. 이러한 예측치들은 통행유형별로 예측한 통행량을 합산한 것이다.

2) 통행의 배분 단계: 주거지구 i의 총 유출량 500건 가운데 300건이 도심지구 j로 배분(T_{ij})되었다. 이 역시 통행유형별로 예측한 통행량을 합산한 것이다.

3) 교통수단의 선택 단계: i와 j 사이의 통행 300건은 택시($T_{ij택시}$)에 50건, 버스($T_{ij버스}$)에 150건, 자가용 승용차에 100건($T_{ij승용차}$)으로 각각 나눈 것으로 예측되었다.

4) 노선별 배정 단계: i와 j 사이의 버스통행 150건은 전량배정법을 적용하여 그림의 굵은 선으로 표시된 노선에 배정되었다.

이자 4단계 모형의 출발점이므로 가장 중요한 단계이며, 인구가 정확히 추계되어야 하고 고용도 과다 추정되지 않아야만 발생통행량을 제대로 예측해 낼 수 있다.

지금까지 설명한 내용은 계획지역 내부의 통행 발생에 대한 것이었으며, 계획지역 안과 지역 밖 사이에 발생하는 외부통행(external trips)은 별도로 추정하게 된다. 조사자료에 성장률을 적용하는 방식이 흔히 쓰이고 있다.

(2) 통행량의 배분(trip distribution) 및 통행목적지의 선택(destination choice)

첫 단계에서 예측한 교통분석구역별 유출 및 유입 통행량을 근거로 구역 간 통행량(T_{ij})을 추정하는 단계이며, 통행유형별로 교통분석구역 간 통행량 행렬이 결과물로 산출된다. 구역 간 통행량의 추정에 가장 흔히 쓰이는 모형은 이중제약 중력모형으로, 일찍이 윌슨(Wilson)이 개발한 엔트로피 극대화 이론을 바탕으로 삼는다(관련 설명은 제12장 3절 참조).

교통분석구역 간의 통행량 배분이란 개인으로 말하면 통행목적지의 선택을 의미하므로, 이산선택모형(離散選擇模型, discrete choice models) 등을 적용해 통행량을 추정하는 경우에는 '통행량의 배분'이라는 표현 대신 '통행목적지의 선택'이라고 부른다.

(3) 교통수단 분담률의 결정(modal split) 및 교통수단의 선택(mode choice)

통행배분 단계에서 얻어진 통행행렬에서 특정 출발구역 i와 목적구역 j 사이의 통행량 T_{ij}를 교통수단별로 나누는 단계이다. 모형을 통해 교통수단별 분담률 또는 선택확률을 구하여 각 교통수단이 i와 j 사이에 실어 나르는 통행자 수를 산출하게 된다. 개인 및 가구의 특성과 교통수단의 특성이 교통수단별 분담률 내지 선택확률을 가름한다고 보아, 통행비용, 가구 소득, 자동차 보유, 접근성 등의 변수가 모형에 주로 활용되고 있다.

이 단계는 4단계 모형 가운데 이론적으로 가장 앞선 부분이라고 평가할 수 있다. 도시교통계획 초기에는 교통분석구역을 기본단위로 삼아 교통수단별 분담률을 구하는 접근법이 주로 쓰였지만, 1970년대에 들어서면서 소비자선택이론을 받아들여 개인을 분석 단위로 삼아 교통수단의 선택확률을 산출하는 모형들이 대세로 자리 잡게 되었다. 이런 역사적 배경에 따라 교통분석구역 단위로 교통수단 분담률을 추계하는 모형들을 집계모형(aggregate models), 개인 단위로 교통수단 선택확률을 구하는 모형들을 비집계모형(disaggregate models)이라고도 일컫는다. 비집계모형은 집계모형에 비해 모형의 전용성(轉用性, transferability)이 더 낫다. 집계모형은 특정 시기에 각 교통분석구역의 특성과 거기에 사는 주민들의 평균적 특성에 근거하여 교통수단 분담률을 추계하므로, 모형의 계수들을 다른 시대 다른 도시에 그대로 가져와 적용하는 데 무리가 따르게 마련이다. 반면, 개인을 분석 단위로 삼은 비집계모형들은 시기나 장소를 초월하여 언제 어디서나 모형의 정산 결과를 반영할 수 있는 장점이 있다. 물론 비집계모형의 과업은 개인의 선택확률을 구하는 것으로 끝나는 것은 아니고, 교통분석구역 단위로 합산하는 마무리 과정을 거쳐야 한다.

두 유형의 모형들을 수리적으로 다시 요약하면 다음과 같다. 교통수단 분담률을 정하는 집계모형(modal split model)에서는 구역 i와 j 사이의 교통수단 m의 분담률 S_{ijm}은 i와 j 사이의 상대적 속도나 비용 C_{ij}와 구역 i의 이용자의 평균적 특성 R_i의 함수로 정의된다.

$$S_{ijm}=f(C_{ij}, R_i) \quad \cdots \langle \text{식 } 9\text{-}1 \rangle$$

비집계모형인 교통수단선택모형(mode choice model)에서는, (1) 여러 선택대안이 있다면 사람들은 그 가운데 가장 큰 만족을 주는 대안을 선택하며, (2) 만족의 크기는 대안이 주는 효용과 선택당사자의 특성에 따라 결정된다는 논리를 바탕으로, 어떤 개인 n이 교통수단 m을 선택할 확률 P_{mn}은 교통수단들의 속성(屬性, attributes)이 주는 효용 X_k와 개인 n의 특성 S_n의 함수로 정의된다.

$$P_{mn}=f(X_k, S_n) \quad \cdots \langle \text{식 } 9\text{-}2 \rangle$$

〈식 9-2〉는 여러 형태로 전개될 수 있으며, 그 가운데 오차항 ε도 포함하는 함수식이 널리 쓰이고 있으며, 이를 확률적 효용모형(random utility model)이라고도 부른다. 선택확률 P_{mn}의 구체적 함수형태는 결국 오차항의 확률함수 $f(\varepsilon)$의 형태에 의해 결정된다. 오차의 통계적 분포는 정규분포가 대표적이지만 확률함수식이 매우 복잡하여 계수의 추정이 불편하기에, 그 대안으로 정규분포와 비슷하면서도 수리적 표현이 비교적 간단한 검블 분포(Gumbel distribution)를 오차항의 분포로 간주하는 로짓(logit) 확률함수가 많이 쓰인다. 〈식 9-3〉은 두 교통수단 가운데 하나의 수단을 선택하는 데 적용하는 2항로짓모형(binomial logit model)을 예시한 것이며, 여러 개의 수단 가운데 하나를 선택하는 데 적용하도록 분모항이 여러 개로 늘어나면 다항로짓모형(multinomial logit model)이라 부른다(〈식 9-4〉).

$$\text{2항로짓모형 } P_{an}=\frac{exp[f(X_a-X_b, S_n)]}{1+exp[(f(X_a-X_b, S_n))]} \quad \cdots \langle \text{식 } 9\text{-}3 \rangle$$

$$\text{다항로짓모형 } P_{mn}=\frac{exp[f(X_m, S_n)]}{\Sigma_k exp[(f(X_k, S_n)]} \quad \cdots \langle \text{식 } 9\text{-}4 \rangle$$

여러 개의 엇비슷한 교통수단들의 선택 문제를 다룰 때에는 다항로짓모형을 바로 적용하기보다는 계층적 로짓모형(nested logit model)을 적용할 수도 있다. 예를 들면 전체 교통수단을 개인 교통수단과 대중교통수단으로 양분한 다음 이 두 가지 교통수단 집단에 대해 2항로짓모형을 적용하여 선택확률을 추정하고, 그다음 개인 교통수단 집단에서는 승용차의 자가운전과 편승의 두 사안에 대해, 대중교통수단 집단에서는 버스와 전철의 두 사안에 대해 다시 2항로짓모형을 적용해 각 교통수단의 선택확률을 추정해 나가는 방식이다.

(4) 노선 배분(trip assignment) 및 노선 선택(route choice)

구역 i와 j 사이에는 여러 가지의 경로가 있을 수 있다. 따라서 교통수단 선택 단계에서 추정된 특정 교통수단의 통행량(T_{ijm})을 이들 경로에 배분하는 단계이며, 사용되는 모형이 집계모형이면 '노선 배분모형', 비집계모형인 경우에는 '노선선택모형'이라고 부른다.

집계모형에서는 네트워크 분석법 가운데 최단경로 찾기 알고리듬(제11장 참조)을 적용하여 최단 경로에 모든 통행량을 배정하는 전량 배정법(all-or-nothing assignments), 노선의 각 구간에 용량을 제한해야 하는 경우에는 용량제약 배정법(제14장 참조)을 적용하게 된다.

비집계모형에서는 선택모형을 적용한다. 두 지점 사이의 경로를 선택하는 데에는 통행 소요시간과 거리, 개인적 선호도 등 각종 요인이 개입될 수 있다. 이 가운데 계량화하기가 쉽지 않은 요인들을 제외하면 통행시간이 경로 결정에 핵심요소로 남게 된다. 통행시간은 하루 평균적인 소요시간을 적용하지만, 자료가 허용하는 경우에는 상습 교통정체 구간의 존재 등을 분석에 포함시키는 것도 가능하다.

4) 4단계 교통수요 예측모형에 대한 평가

현재 세계 각지에서 활용되고 있는 교통계획 모형들은 대부분 앞에서 설명한 4단계 분석틀의 계열에 속한다고 말할 수 있다. 4단계 통행수요 예측모형은, 첫째 각 단계마다 결과에 대한 검증을 거칠 수 있고, 둘째 단계별로 알맞은 모형을 고를 수 있다는 것이 큰 장점이다. 물론 4단계 모형도 비판에서 자유롭지 못하다. 이러한 비판 가운데 중요한 것들을 간추리면, 첫째 과거 일정 시점을 기초로 하므로 모형이 경직성을 띠게 되고, 둘째 예측작업을 단계별로 수행하므로 전 단계에서 발생한 오차가 다음 단계로 그대로 파급될 수밖에 없는 구조이며, 셋째 집계모형을 적용할 경우 통행자란 도시민의 평균적 특성(나이, 소득 등)을 가진 가상인물에 불과하고, 이런 당사자가 현실에는 존재하지 않기 때문에 온전한 설명이 불가능하고 모형의 전용성도 낮아질 수밖에 없다는 점 등을 꼽을 수 있다.

이러한 비판 가운데 계획 기간 동안의 연쇄효과가 모형에서 고려되지 못하고 있으므로 정태적이라는 점은 이 4단계 모형의 이론적 한계라고 말할 수 있다. 현재 동태적 모형에 대한 연구가 진행되고는 있으나, 모형의 난해함과 자료 구득의 부담 등으로 아직 교통계획 과정에 충분히 반영되지는 못한 수준에 머물러 있다.

모형의 단계별 순서와 관련한 비판은 선행단계에서 도출된 결과가 다음 단계와 상호작용 없이 그대로 적용되었기 때문에 일어난 것으로, 4단계 사이에 피드백을 활용하거나 다양한 순서 조합이 시

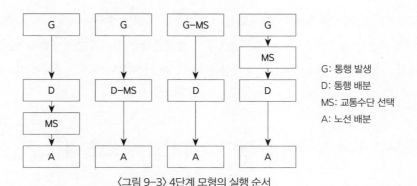

G: 통행 발생
D: 통행 배분
MS: 교통수단 선택
A: 노선 배분

〈그림 9-3〉 4단계 모형의 실행 순서

주: 가장 왼쪽의 그림처럼 통행 발생(G)—통행 배분(D)—교통수단 선택(MS)—노선 배분(A)의 순서로 진행되는 것이 일반적이지만,
　그 순서가 바뀌거나 일부 통합되는 모형들도 다수 있다.
출처: Sheppard, 1995, p.105.

도되면서 논란은 대부분 사라졌다. 또한 의사결정에는 순서가 있는 법이므로, 통행의 발생→목적지
선택→교통수단의 선택→노선 선택으로 이어지는 과정은 매우 논리적이라는 반론도 있다. 아직도
이러한 4단계 순서가 대부분의 교통계획 과정에서 유지되고 있는 것은 그 논리에 많은 연구자와 계
획가들이 공감하고 있기 때문일 것이다.

　세 번째 비판인 집계모형이 지니는 한계에 대해서도 일부 반론이 있다. 이를 요약하자면, 사람들
의 통행행동의 차이는 (확률적 효용모형에서 전제하는) 이성적 선택의 결과라기보다는 각 개인이 갖
는 제약에서 기인하는 것이므로 소비자 선택이론을 모형의 이론적 바탕으로 삼는 것 자체가 의문이
며, 집계모형은 비록 통행행동을 설명하지는 못하지만 통행수요 예측이라는 목적에는 부합하므로
기능적으로는 그 쓸모가 여전하다는 것이다. 초기 모형들은 집계 단위가 비교적 큰 수준에서 모형을
적용하였지만, 요즘은 구역 단위를 훨씬 세분하여 적용하므로 집계모형이 가지는 단점이 어느 정도
보완되고 있다는 점도 반론의 부분적 근거가 될 수 있다.

　4단계 모형의 단점으로는 교통분석구역 설정의 임의성 문제도 있다. 교통계획 과정에서 교통분석
구역을 설정하는 기준은 특별한 논리에 따라 이루어지는 것이 아니라 상식과 편의성에 근거하고 있
으며, 도시의 행정구역을 교통분석구역으로 활용하는 것이 그러한 보기이다. 과거 도시는 도심을 중
심으로 조그만 시가지로 출발하였다가 차츰 확장되어 나갔던 역사가 행정구역의 크기에도 반영되
어, 도심 일대의 행정구역은 면적이 작지만 변두리로 갈수록 그 면적이 늘어나는 것이 일반적이다.
이처럼 면적이 다양한 단위구역을 함께 다루면 통계분석에서 왜곡이 발생할 가능성이 있다. 그러나
이 문제는 분석 단위면적을 조정하면 해결될 수 있는 데다, 요즘은 전산능력이 크게 개선되어 분석
구역을 더욱 세분할 수도 있으므로, 4단계 모형의 본질적인 흠이라고 말하기는 어렵다.

결론적으로 4단계 모형은 본래 대규모 장기 교통투자 사업을 수립하려는 데서 비롯되었던 것이며, 단기적 대응을 위하거나 정교한 정책들을 위해 개발된 것은 아니라고 총평할 수 있다. 우리는 다음 절에서 기성 교통계획 과정의 한계를 극복하려는 노력 가운데 몇 가지를 살펴볼 것이다.

2. 교통수요의 예측과 통행 연구에 관한 새로운 접근들

1) 토지이용과 교통의 상호작용

(1) 개요

일반적으로 교통계획 과정은 도시성장 시나리오에 따라 기준연도와 목표연도의 토지이용 상황을 먼저 설정하는 데서 시작하여, 4단계 교통수요 추정모형을 적용하여 목표연도의 교통수요를 계산해낸 다음, 그 결과에 근거하여 미흡한 교통시설과 서비스를 보완하거나 신규 교통투자를 구상하는 데서 끝을 맺는다. 그러나 교통투자와 개선사업이 가져오는 통행 증가와 변화는 다시 토지이용에 영향을 끼치게 되므로, 토지이용과 교통이라는 두 체계의 상호작용도 교통계획 과정에 포함되어야 마땅하다.

토지이용과 교통의 상호작용이 교통계획 과정에서 어떻게 수용될 수 있는가에 대한 개념적 틀은 〈그림 9-4〉로 표현해 볼 수 있다. 이 그림의 (가)는 교통계획 과정을 3개의 모형 단계로 나누고 있다. 가장 위의 성장모형은 목표시점의 도시성장 시나리오(인구 규모와 분포, 지역경제, 정부의 정책 등)를 마련하고, 그다음 토지이용모형 부분은 도시성장 시나리오에 입각해 미래의 토지이용 양상(토지이용의 유형과 분포 및 지대 등)을 설정하며, 세 번째 단계인 교통모형에서는 통행발생─목적지 선택─교통수단 선택─노선 배분으로 이어지면서 교통수요를 예측하게 된다. 이런 분석틀에서 두 번째 단계인 토지이용모형과 교통모형 사이에 피드백 장치를 어떻게 마련하느냐가 주 관심대상이다.

선행연구에서는 토지이용과 교통 사이의 관계를 대체로, ① 교통투자와 이로 인한 접근성의 변화→② 교통체계의 성능 변화→③ 토지이용(인구와 경제활동 분포)의 변화→다시 ① 교통수요의 변화와 교통투자의 필요성으로 이어지는 순환관계로 보고 있다. 우리는 이런 순환관계를 이미 제7장에서 살펴본 바 있으며(〈그림 7-1〉 참조), 이를 교통계획의 목적에서 좀 더 구체화하면 그림 (나)와 같이 예시할 수 있다. 이 분석틀을 전체 교통계획 과정에 반영하여 통합모형을 개발하는 것이 핵심과제이고, 물리적 측면에서 계획의 시간적 범위와 지리적 범위, 변화 과정 측면에서는 토지와 인

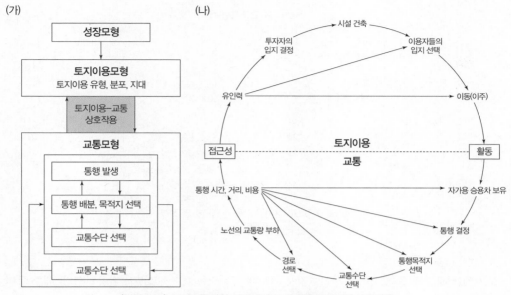

(가)

성장모형

↓

토지이용모형
토지이용 유형, 분포, 지대

토지이용-교통
상호작용

교통모형

통행 발생

통행 배분, 목적지 선택

교통수단 선택

교통수단 선택

(나)

시설 건축

투자자의
입지 결정

이용자들의
입지 선택

유인력

이동(이주)

접근성 - - - - - - **토지이용** - - - - - - 활동
교통

통행 시간, 거리, 비용

자가용 승용차 보유

노선의 교통량 부하

통행 결정

경로
선택

교통수단
선택

통행목적지
선택

〈그림 9-4〉 도시교통계획 과정에서 토지이용과 교통의 상호작용
(가) 도시교통계획 과정의 틀, (나) 토지이용과 교통의 순환관계
출처: (가) Martinez, 2000, p.148. (나) Wegener, 2004, p.130. 필자 재구성.

구 및 경제의 구조와 분포 변화 정도를 어떻게 설정하며, 의사결정 과정에 참여하는 주체(agents)의 측면에서는 개인과 가구 및 기업과 공공기관 가운데 누구를 포함시키느냐에 따라 다양한 통합모형들이 개발될 수 있다(Miller, 2004).

(2) 연구 동향

토지이용모형과 교통모형을 하나로 통합하려는 시도는 20세기 후반 도시교통계획이 연구되기 시작한 이래 꾸준히 이어지고 있다. 초기에는 토지이용모형은 포함되지 않은 채 도로교통 부문의 수요 예측에 머물렀지만 차츰 토지이용모형과 교통모형의 통합 수준이 향상되었고, 분석대상도 도로교통 부문뿐 아니라 다른 교통 부문까지 넓혀 나갔다. 관련 연구 동향에 대하여는 창(Chang, 2006), 이아코노 등(Iacono et al., 2008), 국내에서는 조창현(2013)의 논평이 있으며, 베게너(Wegener, 2004)는 그동안 개발되었던 통합모형들을 비교 평가한 바 있다.

방법론 측면에서 보면 1950년대와 1960년대에는 교통체계와 토지이용의 통합에 공간적 상호작용모형을 활용하는 데서 시작하여, 1980년대와 1990년대를 거치면서 계량경제모형들이 개발되었다가, 20세기 말 이래 시뮬레이션 모형들이 출현하는 추세를 보이고 있다.

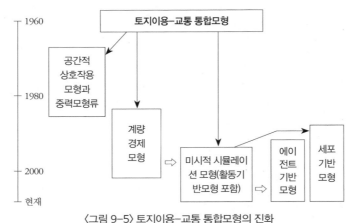

〈그림 9-5〉 토지이용-교통 통합모형의 진화

출처: Iacono et al., 2008, p.325.

초기에는 교통체계-토지이용의 상호작용 연구에 공간적 상호작용모형을 활용하였다. 예를 들면, 초기 공헌자 가운데 한 사람인 라우리(Lowry)는 토지이용 유형이 접근성과 과거의 토지수요에 따라 결정된다고 보아, 공간적 상호작용모형을 두 요소를 연결하는 틀로 삼아 인구와 토지이용 활동을 추정하는 모형을 개발하였다. 그의 업적은 이후 많은 연구자들에 의해 개선을 거듭하였다.

1980년대와 1990년대에는 최적화모형, 확률효용모형 등 계량경제모형(econometric models)들이 대거 출현하였다. 최적화모형들은 미래의 최적화된 도시공간구조를 구상하였고, 확률효용모형들은 토지이용과 교통의 관계를 개인의 효용극대화 행동의 관점에서 접근하였다. 이 시기에는 연구 성과만큼이나 다양한 전산 프로그램들이 개발되었으며, 이 가운데 일부는 지금도 계획 실무에서 이용되고 있다.

이러한 계량경제모형의 시대를 거쳐 20세기 말 무렵부터는 미시적 시뮬레이션 모형들(microsimulation models)이 시도되고 있다. 세포기반모형(cellular automata models), 에이전트기반모형 (agent-based models), 활동기반모형(activity-based models)이 그 보기이며, 이 가운데 활동기반모형이 가장 주목받고 있다.

세포기반모형은 도시를 셀(cell)이라고 부르는 공간단위로 나누고, 거리조락함수에 근거한 공간상호작용과 입지 선호에 따라 셀의 변화가 진행되는 것으로 보아 도시의 성장과 변화를 예상하는 방식을 취한다. 이 모형은 분석 성과가 우수한 반면, 셀이 의사결정의 주체가 될 수는 없다는 근본적인 한계를 지니고 있어 기능적 시뮬레이션 기법이라고 평할 수 있다. 에이전트기반모형에서는 토지이용의 변화 과정이 토지 소유자, 기관, 기업, 가구 등 여러 주체가 내린 의사결정의 결과물임을 중시하고, 토지의 변환, 결혼과 출산 및 직업의 변동 등 가구의 변화, 기업의 생산시설 수요, 개인 활동 양상 등을 묘사하려고 노력한다. 활동기반모형은 통행보다는 활동을 분석의 단위로 보는 모형들을 통틀어 부르는 것으로, 그 내용은 다음 항에서 다루기로 한다.

토지이용과 교통의 통합모형 개발은 현재진행형이다. 토지이용—교통의 상호작용이 장기간에 걸쳐 일어나는 과정인 데다 직접 경로뿐 아니라 간접 경로를 통해서도 일어나므로, 이런 복잡한 경로들을 하나의 분석틀 안에 수용하는 것이 결코 간단한 과업이 아니기 때문일 것이다.

이상 살펴본 선행연구들은 대체로 교통분석구역이나 이보다 더 거시적인 공간 단위에서 토지이용의 성격을 다루고 있지만, 미시적인 수준에서의 토지이용 특징도 통행행동에 변화를 유발시킬 여지는 얼마든지 있다(van Wee, 2002). 토지이용의 밀도가 조밀할수록 통행거리는 짧아지는 경향이 있으므로 자연히 선택하는 교통수단이 바뀌게 된다. 토지이용 혼합 정도도 통행에 영향을 준다. 다양한 유형의 토지이용을 섞는 정책을 펴면, 자전거나 도보와 같은 느린 교통수단도 활용 가능하게 되는 것이다. 마을 수준의 디자인 역시 매우 중요한 요소로서, 도로변의 자전거 거치대와 나무 심기같이 종래 교통계획 분야에서 간과되었던 미세한 도시 디자인이 통행에 적지 않은 영향을 끼치는 것을 종종 보게 된다. 이러한 미시적인 수준의 사안들을 담는 모형의 개발은 지금까지와는 전혀 다른 방향의 또 다른 연구전선이 될 것이다.

2) 의사결정의 방법(Decision rules)과 비보상모형

목적지의 선택과 교통수단의 선택은 도시교통계획 4단계 모형의 주요 부분을 구성하며, 대부분의 이산선택모형은 선형방정식의 형태를 띠고 있다. 일부 방정식이 지수함수 등 복잡한 형태를 띠는 경우에는 대수(對數, logarithm) 변환 등을 통해 선형으로 바꿀 수 있는 것이다. 이러한 선형방정식이 활용된 배경에는 사람의 행동은 간단한 산술적 규칙들로 기술할 수 있고, 이러한 산술적 규칙들은 여러 상황에서 적용 가능하다는 전제에서 비롯된다. 따라서 사람들은 목적지나 교통수단을 선택할 때 통행목적지나 교통수단의 속성들의 효용이나 비효용을 평가하여 최종 선택에 이른다고 보고, 덧셈과 뺄셈 방식의 비교와 평가를 수리적 모형의 틀로 삼고 있는 것이다.

〈식 9-5〉는 선형방정식으로 표현된 이산선택모형의 보기이다. 이 식에서 예측하려는 변수 Y의 값, 곧 어떤 선택대안의 효용은 설명변수 $X_1 \sim X_n$에 가중치 $a_1 \sim a_n$을 각각 곱한 부분 효용들의 더하기로 정의되었다. 이러한 선형식의 형태는 보상모형(補償模型, compensatory model)이라고도 부른다. 어느 한 항의 값은 다른 항의 값으로 보상(compensate)되며, 여러 항의 평가를 종합하여 의사결정이 이루어진다는 논리를 틀로 삼았기 때문이다.

$$Y=a_1 X_1 + a_2 X_2 + \cdots + a_n X_n \quad \cdots \langle \text{식 } 9\text{-}5 \rangle$$

보상모형은 수리적으로는 우리에게 익숙하고 정산절차도 명료하다는 훌륭한 덕목을 갖추고 있지만, 실제 선택 상황에서 사람들이 내리는 의사결정 방식을 제대로 반영하는지에 의문이 제기될 수 있다. 가령 X_1, X_2, X_3의 세 가지 속성을 평가하여 선택에 이르는 상황을 가상한다면 $Y=a_1 X_1 + a_2 X_2 + a_3 X_3$과 같은 보상모형을 도출할 수 있다. 여기에 두 개의 선택대안 k와 m이 있고 그들의 속성별 효용이 각각 4, 3, 3 및 2, 0, 8이라면, 비록 k와 m의 속성에 대한 평가가 극단적으로 엇갈렸지만 보상모형에 따르면 효용합계 $Y_k (=4+3+3=10)$와 $Y_m (=2+0+8=10)$은 똑같은 결과에 이르게 되는 것이다. 이런 예는 어느 한 속성에 대해 선택대안이 매우 낮게 평가받았다고 하더라도 다른 속성에서 우수한 평가를 받는다면 낮은 평가를 보상할 수 있다는 것으로서, 비현실적인 점이 적지 않아 보인다.

효용이론에서는 사람들이 최적의 의사결정을 내리는 것을 전제한다. 그러나 실제 행동은 준최적(準最適, suboptimal)인 경우가 더 많으며, 고려해야 할 변수가 늘어날수록 최적에서 벗어나는 정도가 심해지는 것으로 알려져 있다. 평가해야 할 속성이 한두 가지에 불과하다면 보상모형으로 무리 없이 선택 과정을 묘사할 수 있겠지만, 평가해야 할 속성의 수가 늘어나고 상황도 복잡해진다면 사람들은 보상모형에서 상정하는 덧셈과 뺄셈의 방식과는 다른 방식으로 의사결정을 내릴 가능성이 크다(Einhorn, 1970).

또한 비교의 기준이 되는 속성 자체에도 보상모형에 알맞지 않은 점들이 있다. 보상모형은 변수를 수치로 나타낼 수 있고 그 값은 얼마든지 잘게 쪼갤 수 있다(可分性, divisibility)고 전제하고 있지만, 이는 현실세계에서 부분적으로만 적용할 수 있는 전제이다. 종래 교통계획에서는 통행에 걸리는 시간, 비용, 운행빈도를 교통수단의 선택을 가름하는 3대 속성으로 간주하고 있으며, 이들은 계량이 가능하고 가분성을 갖추고 있다는 공통점이 있다. 그러나 교통수단의 선택을 좌우하는 속성은 이들만이 아니다. 도로사정이 혼잡한 곳에서 약속시간에 맞추어 가기 위해서는 다른 교통수단을 제치고 전철을 우선 선택하는 일, 난폭운전 때문에 택시 탑승을 주저하게 되는 일 등의 예에서 보듯이 정시성, 안전성 등 교통수단 선택에 중요한 속성들은 상당히 여러 가지일 수 있다. 이러한 연성변수(軟性變數, soft variables)들은 가분성이 분명하지 않으므로 시간, 비용, 운행빈도 등 경성변수(硬性變數, hard variables)들과 상호보상이 가능한 것으로 간주하여 모형에서 함께 다루기는 어려운 것이다.

이처럼 준최적의 의사결정, 그리고 연성변수들의 존재는 교통수요 예측에는 보상모형과는 다른 형태인 비보상모형(非補償模型, non-compensatory models)이 더 적합할 수도 있음을 시사한다. 비보상모형이란 보상모형이 아닌 다른 모형집단을 통틀어 일컫는 것으로, 규칙기반 모형(rule-based models)이 그 후보 가운데 하나이다. 통행에 관련된 의사결정 상황에서 활용될 것으로 보이는 규칙들로는 다음 몇 가지를 꼽을 수 있다.

(1) 효용규칙(utility rule)

선택대안을 여러 속성의 함수로 정의하고 종합효용이 가장 큰 대안을 선택하는 방식으로, 보상모형에서 채택하고 있는 규칙이 그 보기이다.

(2) 우월규칙(dominance rule)

한 선택대안이 모든 속성에 걸쳐 다른 대안들보다 낫다면 선택한다(〈그림 9-6 (가)〉). 비유하자면 통행 비용, 속도, 융통성, 안락성 등 여러 속성에서 비교대상보다 모두 탁월한 '꿈의 교통수단'을 고르는 것과 같은 경우라고 할 수 있겠다. 이 규칙의 한계는 최종선택에 이르지 못하는 경우도 생길 수 있다는 점이다.

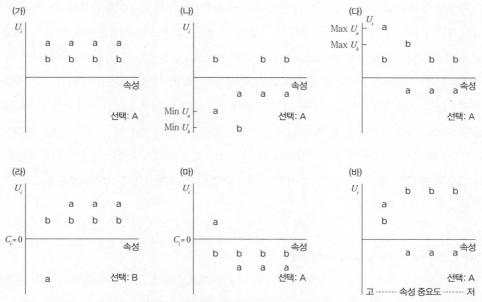

〈그림 9-6〉 선택대안 A와 B 가운데 하나를 고르는 규칙들

(가) 우월규칙, (나) 최저극대화 규칙, (다) 최대극대화 규칙, (라) 연접규칙, (마) 이접규칙, (바) 사전식 규칙

U_i: 속성 i의 효용 또는 만족도, C_i: 임계수준

출처: Foerster, 1979, pp.18-21. 필자 재구성.

(3) 최저극대화 규칙(maximin rule)과 최고극대화 규칙(maximax rule)

선택대안들이 가지고 있는 속성 가운데 최고치 또는 최저치를 가진 대안을 고르는 방식으로, 게임이론에서도 흔히 다루고 있는 선택전략이다. 최저극대화 규칙은 먼저 각 선택대안에서 평가가 가장 낮은 속성을 고른 다음, 이 최저 속성을 비교하여 만족도가 가장 높은 대안을 선택하는 방식이다(〈그림 9-6 (나)〉). 이와 반대로 최고극대화 규칙은 각 선택대안에서 평가가 우수한 속성을 고른 다음, 이 최우수 속성끼리 비교하여 만족도가 가장 높은 대안을 선택하는 방식이다(〈그림 9-6 (다)〉). 전자는 비관적인 판단, 후자는 낙관적인 판단 방식이라고 비유할 수도 있겠다.

위의 두 규칙은 다른 속성들의 만족 수준과 무관하게 특정 속성의 상대적 수준이 선택을 좌우하는 특징이 있다. 이때 비교대상 속성들은 동일하지 않더라도 무방하다. 예를 들면, 최저극대화 규칙을 적용하면 선택대안 A의 평가가 전반적으로는 대안 B에 뒤떨어지지만 한 가지 속성만이라도 B보다 낫다면 A를 고르게 된다. 반면 최고극대화 규칙을 따르면, 선택대안 B의 평가가 전반적으로는 대안 A보다 더 우수하지만 한 가지 속성만이라도 A보다 못하다면 B는 탈락하고 A가 선택된다.

(4) 임계수준 규칙(satisfaction rules)

각 속성에 대해 만족 수준을 설정하고 이 기준을 충족시키지 못하면 선택대안에서 탈락시키는 방식으로, 만족규칙이라고 부를 수도 있을 것이다. 이 규칙은 다시 연접규칙(連接規則, conjunctive rule)과 이접규칙(離接規則, disjunctive rule)으로 나뉜다. 두 규칙 모두 각 속성마다 최저 만족 수준을 정한다고 전제하는 것까지는 같지만, 연접규칙은 모든 속성이 전부 만족 임계수준을 넘는 경우에만 선택하는 방식이라면(〈그림 9-6 (라)〉), 이접규칙은 하나 이상의 속성에서 임계수준을 상회하는 대안이 있으면 이를 선택하는 방식이다(〈그림 9-6 (마)〉). 의사결정 방식이 우월규칙과 마찬가지로 비교적 단순하므로, 연접규칙이나 이접규칙 가운데 어느 것을 채택하더라도 최종선택에 이르지 못하는 경우도 발생할 수 있다. 의사결정 상황이 매우 복잡할 때, 1차적으로 선택 후보들을 고르는 단계에서 채택할 가능성도 있다.

(5) 사전식 규칙(lexicographic rule)

단계별 의사결정 과정으로, 먼저 각 속성을 중요도에 따라 순서를 정한 다음 차례로 속성을 평가해 나가는 방식이다. 가장 중요한 속성에서 한 선택대안이 여느 대안들보다 우수하면 선택하고, 만약 대안들의 우열을 가릴 수 없으면 두 번째 중요한 속성에 대해 선택대안들을 평가하며, 최종선택이 이루어질 때까지 이런 과정을 반복한다(〈그림 9-6 (바)〉).

(6) 순차적 탈락 규칙(elimination by aspects rule)

관련 속성들을 살펴 관련이 없거나 적은 선택대안을 탈락시켜 나가, 하나의 대안만 남을 때까지 이러한 탈락 과정을 반복하는 방식이다(Tversky, 1972). 가령 직장인들이 점심을 먹기 위해 통행을 고려한다고 하자. 주변에 있는 수많은 음식점 가운데 주어진 점심시간 안에 식사를 마치고 일터로 돌아올 수 있는 범위 밖의 음식점들은 고려대상에서 가장 먼저 탈락된다. 그다음 먹으려는 음식의 종류를 정한다면 다른 종류의 음식점들은 다 제외될 것이며, 이런 식으로 평가기준을 차례로 적용하는 의사결정 방식이다. 이 규칙은 사전식 규칙과 비슷하지만, 사전식 규칙에서는 속성들을 중요도에 따라 순위를 미리 정하여 비교하지만, 순차적 탈락 규칙에서는 속성들의 검토 순위가 미리 정해지는 것이 아니라 상황에 따라 바뀐다는 것이 차이점이다. 또한 순차적 탈락 규칙은 각 속성의 효용이나 만족도를 비교하는 것이 아니라 '수용'과 '수용 불가'의 이분법을 적용한다는 점에서 임계수준 규칙을 제외한 다른 의사결정 규칙들과 다르다.

학계에서 비보상모형에 대한 논의는 비교적 일찍 시작되었지만 시선을 크게 끌지는 못하였다. 수리적 모형들로 구성되어 있는 교통계획에 접목시키는 일이 간단하지 않았고, 더 중요한 것은 어떤 선택환경과 선택대상에 따라 어떤 의사결정 규칙을 적용하는 것인지를 밝히는 일이 선결되어야만 했기 때문이었을 것이다. 더 나아가 사람들의 교육 수준과 지능, 습관, 신념 등이 의사결정과 관련이 있다는 점도 비보상모형의 활용을 어렵게 만들었던 배경이라고 보아야 할 것이다.

지금까지의 논의로 보상규칙(compensatory rule)은 선택대안의 수가 작고 속성 수도 얼마 되지 않는 비교적 단순한 경우에 적용한다면, 비보상규칙들은 더 복잡한 의사결정 상황에서 동원되는 것이라고 보고 있다. 비보상규칙에서는 두 가지 이상의 규칙들이 혼용된다고 보는 것이 일반적이며, 이 가운데 사전식 규칙에 따라 중요도 순위를 먼저 정한 다음 임계수준 규칙이 반복적으로 적용되거나 순차적 탈락 규칙이 적용되는 것이 사람들의 의사결정 전략에 가장 가깝다고 보는 견해도 있다. 한동안 지지부진하던 비보상모형에 대한 연구는 최근 시뮬레이션 접근법의 등장에 힘입어 다시금 조명 받는 추세이다.

3) 연성변수와 인지적 접근법

(1) 교통환경의 구성개념과 측정

우리는 사물을 그것이 갖는 속성에 따라 평가하는 방법에 익숙해져 있다. 교통수단을 평가하는 경우를 생각해 보자. 교통수단들은 승용차, 버스, 전철, 자전거 등으로 부르며 각기 독특한 형태를 지니고 있다. 가령 버스는 길고 큰 차체에 여러 개의 바퀴가 달려 있으며 내연기관이나 전기의 힘으로 움직이고, 자전거는 두 개의 바퀴를 가지고 있으며 사람의 힘으로 움직인다. 그러나 우리는 이처럼 교통수단을 그 겉모습과 기능적 특징에 따라 나누고 인식하기도 하지만, 교통수단들이 발휘하는 여러가지 성질로 이해하기도 한다. 버스는 목적지까지 가는 데 시간이 많이 걸리지만, 부담해야 하는 비용은 승용차에 비해 훨씬 적게 든다. 지하철 등 궤도차는 도로의 혼잡에 구애받지 않고 정해진 시각에 맞춰 운행하는 정시성이 뛰어나고, 택시는 1회용 승용차에 가까우나 승용차보다는 비용이 적게들며, 승용차는 다른 어떤 교통수단보다도 경제적 부담이 큰 반면 안락성이 가장 뛰어난 수단이다. 이처럼 교통수단을 그 물리적인 특징보다는 소비자인 통행자들에게 주는 효용과 비효용에 관련된 속성의 묶음으로 정의하면[이를 추상적 교통수단(abstract mode)이라고도 부름], 현실세계에서의 실제 교통수단들이 소비자인 우리에게 주는 효용과 비효용을 파악하는 데 알맞다. 교통정책의 효과를 예측할 경우에도 버스요금을 조금 올리는 방안과 많이 올리는 방안 등 가상적인 상황을 다양하게 만들어 평가할 수 있게 도와주며, 교통수단의 속성들을 조합하면 전에 없던 새로운 교통수단을 구상하고 그 영향을 가늠하는 것 역시 가능하다.

선행연구에서 다루어 온 대부분의 선택모형들은 교통수단의 여러 속성 가운데 수치로 측정 가능한 경성 속성만 취급하였고, 연성 속성들의 역할을 살피는 데는 소홀하였다. 그러나 경성 속성들에만 국한하면 우리의 이해가 미흡해지고 분석 결과가 왜곡될 가능성이 있다. 따라서 사람들은 과연 어떤 판단기준으로 통행의 목적지와 교통수단을 정의하며 평가하는지를 근본적으로 다시 살펴볼 필요가 있다.

이러한 필요에 활용된 이론이 개인구성개념 이론(personal construct theory)이다. 개인구성개념 이론은 인지심리학 분야에서 일찍이 켈리(Kelly) 등에 의해 개발된 것으로, 사람은 저마다 세상을 보는 방법을 개발해 내며 이 방법에 의해 어떤 기대를 갖게 되고, 이 기대는 행동으로 연결된다고 본다. 개인은 자신의 주변 환경을 속성들에 따라 판별하게 되는데, 속성이란 본래 존재하는 것이 아니라 사람들 각자의 경험과 지식에 의해 구성된다는 것이다. 이처럼 주변 환경을 분별하는 정신활동에 쓰이는 척도들을 개인구성개념이라 하며, 구성개념은 계층적 구조를 띠어 상위 구성개념 아래에 하위 구성개념들이 종속되어 있다고 본다.

〈표 9-1〉은 도시교통수단에 대해 서울 주민들이 제시한 개인구성개념의 사례이다. 이 표는 실험 참가자들에게 서울의 여러 교통수단을 3개씩 비교(3원비교법)시켜 그 결과를 정리한 것이다. 이 표에서는 통행비용이나 소요시간과 같은 경성변수에 못지않게 안전성, 안락성, 기동력, 신뢰성(정시성), 융통성, 프라이버시 등 연성변수도 교통수단들을 이해하고 구분하는 데 중요한 잣대로 쓰이고

있으며, 각기 여러 하위 구성개념을 포함하고 있음을 보여 주고 있다.

〈그림 9-7〉은 위의 실험에서 추출된 구성개념에 대해 실험 참가자들이 도시교통수단을 어떻게 평가하고 있는지를 단차원척도법(單次元尺度法, unidimensional scaling, USD)으로 분석해 본 것이다. 각 구성개념마다 척도는 표준화되어 동일한 길이를 가지고 있으며, 척도의 가운데를 기준으로 왼쪽으로 갈수록 부정적 평가('효용'의 개념으로 바꾸어 표현한다면 비효용), 오른쪽으로 갈수록 긍정적 평가(효용)가 커짐을 나타낸다. 그림에서 각 교통수단의 위치와 서열을 보면, 우리가 통상 마음속으로 내리고 있는 평가와 거의 일치하고 있음을 볼 수 있다. 연성변수로 어떤 대상을 평가할 때는 순위자료로 측정되는 것이 최선이다. 척도법은 이러한 서열 척도 자료를 등간척도 자료로 변환해 주는 기능을 가지고 있으므로, 연성변수를 제한적으로나마 수리적 선택모형 속에 수용하거나 시뮬레이션에 적용하는 등 다양한 길을 열어 주고 있다.

〈표 9-1〉 서울 주민들이 교통수단에 대해 가지고 있는 구성개념들

상위 구성개념	하위 구성개념
안락성, 쾌적성	• 육체적 피로, 안정, 요동 • 불결함, 냄새, 환기, 냉난방, 공해 • 혼잡, 복잡함 • 즐거움, 운동, 레크리에이션 • 운전의 부담
기동력, 편리성	• 기다림, 원하는 때 이용 가능 • 문전 도착, 걸어야 할 필요 • 승하차 및 표 구입 절차 필요 • 짐 운반 가능
융통성	• 노선의 존재, 갈아타기, 도로 제약 • 목적지의 자유 선택, 낯선 지역에 가기 • 경로의 자유로운 선택
프라이버시	• 심리적 부담, 눈치, 개인의 영역 • 대중적 이용 대 특정인이 이용 • 확보된 좌석 유무
안전성	• 신체적 피해
비용	• 경제적 부담
시간	• 통행 소요시간
신뢰성, 정시성	• 정시 도착, 약속시간 맞추기 쉬움 • 통행 지체 • 기상 영향으로 지체
기타	• 주차, 차량의 관리, 위신, 체면 등

출처: 허우긍, 1985, p.5; 허우긍, 1986, p.21.

(2) 인지 및 심적자세 접근법의 평가

서울의 교통수단 만족도에 대한 평가사례와 같이 사람들의 선호, 선택대안의 주관적 평가 등에 대한 각종 연구를 통틀어 '인지 및 심적자세 접근법(cognitive and attitudinal approach)'라 일컫는다. 또한 사람들의 행동을 실제로 일어난 현시자료(顯示資料, revealed preference data)에 입각해 분석하는 대신 실험이나 설문조사 등을 통해 얻은 진술자료(stated preference data)를 주로 활용한다는 점을 부각하여 '실험자료 연구법(stated preference methods)'이라고도 부른다(Louviere and Street, 2000).

심적자세(心的姿勢, attitude)란 행동으로 옮기려는 의도, 전반적인 감정, 만족, 신념 등 여러 가지 뜻을 내포하는 포괄적 어휘로서, 심적자세가 통행행동에 미치는 영향의 성격과 정도를 분석하고 예

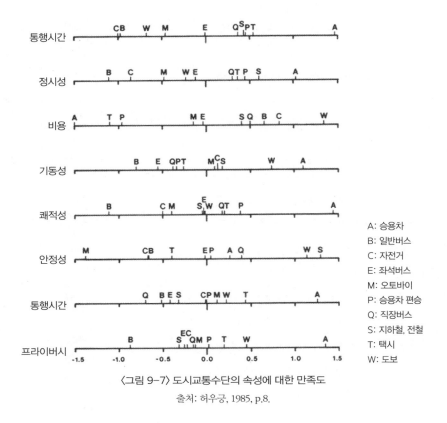

<그림 9-7> 도시교통수단의 속성에 대한 만족도

출처: 허우긍, 1985, p.8.

측에 필요한 교통 관련 변수들을 도출하는 일이 인지 및 심적자세 접근법의 큰 틀이다. 이 접근법을 따르는 선행연구들에서는 연구대상의 구성개념을 파악하여 이를 선택행동의 설명변수로 사용하고, 선호 과정에 대한 가설 검정이나 실험에 활용하며, 관련 연구방법론을 개발하는 등의 연구가 시도되었다.

인지 및 심적자세 접근법은 단기 예측 및 마케팅에 활용하거나 교통시스템을 평가하는 데 쓸모가 있는 것으로 평가되고 있다. 첫째, 이 접근법은 소비자를 인식이나 선호가 비슷한 집단으로 나누어 (market segmentation) 홍보 및 마케팅에 활용하는 데 도움을 준다. 종전에는 사회경제적 지위에 따라 소비자 집단을 나누는 것이 일반적이었지만, 사회경제적 지위란 태도에 영향을 미친다고 보아야지 행동설명에 변수로 쓰는 것은 그다지 논리적이지는 못하다. 이 접근법은 교통시장에 공통의 태도를 가진 집단들이 뚜렷이 존재한다는 가설을 입증하는 공헌을 하였으며, 따라서 집단구분 방법의 개발이 중요해졌다.

인지 및 심적자세 접근법은 교통시설과 서비스 평가에도 기여할 수 있다. 예를 들어 선행연구에서는 교통수단별 물리적 특징과 만족도 사이의 관계는 단순 비례하지 않아서, 교통시스템의 작은 변화는 감지하지 못한다는 점이 거듭 보고되었다. 이는 사람의 행동변화를 유발하는 데에는 어떤 임계치가 있다는 뜻으로, 정책적으로 시사하는 바가 적지 않다. 교통정책이 효과를 거두려면 교통시설과 서비스 수준을 점진적으로 조금씩 바꾸기보다는 한꺼번에 큰 폭으로 바꾸어 주어야 시민들의 태도와 행동에 분명한 변화를 이끌어 낼 수 있다는 것을 의미하기 때문이다. 변수들끼리 미세한 주고받기가 가능하다고 보는 보상모형의 한계를 회상시키는 대목이다.

또한 최근 일부 지리학자들은 시간 및 공간적 상황이 행동 결정과 상당한 연관이 있으므로, 단지 개인의 특징과 토지이용 속성만 가지고는 의사결정을 제대로 파악할 수 없다는 주장도 펴고 있다(Dijst et al., 2008). 요컨대 의미란 주변 사람들 및 사물과의 상호교류를 통해 만들어져 나가는 것이기 때문에, 다른 사람들의 의견에 대한 지각, 태도, 기타 심리적 요인들이 지배하는 사회심리적 상황이 중요하다는 견해이다.

이 접근법에 대한 비판 가운데 하나는 사람들의 태도와 선호가 과연 실제 행동으로 이어지느냐의 문제이다. 기존 선택모형 접근법들을 추구하는 학자들은 실제 행동한 결과를 분석자료로 삼는 것을 중시하며, "나는 ○○○을 좋아한다/싫어한다"고 말한 것만으로 그 사람이 그대로 행동에 옮길 것이라고 인정하기를 주저한다. 그러나 현시자료는 각종 제약 아래에서 이루어지는 공간행동을 수치로 정리한 것이므로, 진정으로 선호를 반영한 결과라고 보기는 어렵다. 동시에 실험자료는 사람들의 진정한 선호를 반영한다고 볼 수 있으나, 아쉽게도 그 선호가 어느 정도 실제 행동으로 이어지는가 하는 문제는 아직 덜 밝혀져 있다. 또한 선호와 행동의 관계가 상황에 따라 굴절될 수 있을 뿐 아니라, 태도와 선호란 단기간에만 안정적이라는 점도 이 분야의 연구가 더 축적되어야 함을 의미한다.

4) 활동기반 접근법

(1) 개요

활동기반 접근법이란 통행은 활동의 수행에서 파생된다는 점을 기본틀로 삼는 연구들을 통틀어 부르는 말이다. 활동기반 접근법의 입장을 간추리면 다음과 같다. 첫째, 통행은 활동에 참여하려는 수요에서 비롯되며, 따라서 분석의 단위는 개별 통행이 아니라 일련의 연속된 행동이라야 한다. 둘째, 가구 및 사회적 구조, 곧 공간, 시간, 교통, 사람 사이의 상호의존이 활동—통행을 제약한다. 이러한 견해에 따라 종래 사용해 오던 통행조사 대신 활동조사로 자료를 마련하며, 수리적 모형보다는 모의실험(simulation)이나 게임 등의 방법을 통해 활동과 통행을 예측하려고 노력한다(Buliung and

Kanaroglou, 2007; Timmermans et al., 2002).

통행기반 4단계 모형이 교통공학계를 중심으로 발전해 온 것이라면, 활동기반 접근법의 발달에는 지리학자들의 기여가 컸다고 평할 수 있다. 지리학자들은 일찍부터 통행들의 연계와 지리적 특징, 다목적통행, 활동의 시간적 특징과 지리적 특징 등에 대해 관심을 지녀 왔다. 지리학계의 활동기반 접근법은 1960년대 말~1970년대 초 두 곳에서 비롯되었다. 하나는 유럽 스웨덴의 헤게르스트란드 (Hägerstrand)가 주창한 시간지리학이고, 다른 하나는 대서양 건너편 미국 지리학자들의 연구활동 이다. 시간지리학에서는 통행을 독립적 현상으로 다루기보다는 개인의 하루 활동의 한 부분으로 보는 포괄적 입장을 취한다. 개인은 주기적 활동의 집합을 가지고 있으며, 이런 활동을 충족시키는 자원은 몇 개의 위치에 시간차를 두고 분포되어 있다. 사람들은 자신의 시간자산(time budget)을 이런 활동에 배분하며, 교통 및 도시 환경 그리고 각 개인의 생활양식과 기동력은 그 배분에 영향을 주고 또 영향을 받는다고 본다. 미국에서는 시공간에서 활동 연구의 필요성을 강조한 앤더슨(Anderson, 1971) 등에 의해 활동기반 연구들이 시작되었고, 다목적통행과 같은 통행사슬 등으로 연구의 전선을 넓혀 갔다. 그러나 당시에는 이러한 새 연구조류에 동승한 학자들은 소수에 불과하였다.

활동기반 접근법이 지리학계는 물론 교통학계 전반에 본격적으로 파급된 것은 통행을 분석 단위로 삼는 교통계획에 대한 불만족에서 비롯되었다고 볼 수 있다. 이에 따라 표준화되다시피 한 기성 '통행-기반' 접근법과 대비시키려는 의도에서 '활동-기반' 접근법이라는 이름이 지어졌으며, 1980년대 후반부터 학술지 *Transportation*의 활동기반 접근법 특집(1988), *Transportation Research*의 특집(1990, 1992) 등이 잇달아 출간되면서 활성화되기에 이르렀고 단행본(Ettema and Timmermans, 1997)도 출현하였다.

이 접근법에서는 활동에 방점을 두는 만큼 양과 질에서 자료 의존도가 심하고 계산의 부담이 커지는 특성이 있다. 주중과 주말의 활동 여건과 내용이 크게 달라질 수 있기 때문에 분석의 시간적 범위가 길게는 한 주일까지 넓혀지며, 개인의 활동과 통행은 가구 안에서의 지위와 역할에 따라 영향을 받을 수 있으므로 조사대상도 개인에서 가구로 확장된다. 종래 통행일지가 통행의 발생 시각과 장소, 목적지, 통행 소요시간과 교통수단 등 비교적 적은 양의 정보를 수집하는 것이었다면, 활동기반 접근법에서 애용하는 활동일지는 훨씬 광범위한 자료를 수집하려 한다. 단지 활동의 내용 및 시각과 장소뿐 아니라 활동을 이해하는 데 도움이 되는 정보들, 곧 개인이 가진 자원(가용시간, 수단, 정보, 능력)과 제약 및 상황에 관한 자료가 폭넓게 수집된다. 이러한 자세한 정보 수집의 부담과 지속적인 관찰의 필요성 때문에 소수의 피험자집단 조사(panel survey) 기법도 쓰이며, 인터넷과 GPS 및 이동통신기술의 도움을 받게 된다.

(2) 연구방법

활동기반 접근법은 통행사슬이나 활동 묶음이 분석 단위가 되는 데다 활동과 통행이 일어나는 배경과 상황도 고려해야 하므로, 종래 적용해 오던 수리적 모형 자체가 알맞지 않다. 대신 게임이나 시뮬레이션 기법이 초기부터 활용되기 시작하였다.

게임은 제약에 대한 가구 및 개인의 반응을 알아보거나 새 활동과 통행에 대한 정보를 얻으려는 목적으로 시행되었으며, 이를 통해 피험자의 사고 과정을 파악하려 노력하였다. 1980년대에 존스(Jones)에 의해 개발된 HATS(household activity-travel simulation)는 초기의 게임 적용 사례로 꼽히는데, (1) 게시판에 지도 등을 올려놓고, (2) 피험자로 하여금 시간을 주고 숙지하게 한 다음, (3) 교통정책, 시장 변화 등에 대한 반응을 관찰하는 방식으로 진행되었다.

초기의 게임 연구방식은 곧 모의실험 방식으로 더욱 발전하였으며, 수많은 시뮬레이션 모형들이 개발되었다. 조창현(2013)은 시뮬레이션 방법들을 그 출현 순서에 따라 다음과 같이 분류하였다.

초기의 시간지리학에 의거한 제약기반 접근법: 모의실험법의 시작 단계에 해당하며, 공간활동들을 조합방식으로 모두 나열한 다음 공간-시간 프리즘 내에서의 구현 가능성(feasibility)에 따라 설명 또는 예측하는 틀을 가지고 있다.

중기의 계량경제학에 의거한 효용기반 접근법: 활동대안들을 열거하고, 이 가운데 가장 높은 효용이 기대되는 대안을 선택하는 이론적 틀을 채택한 확률적 효용모형이다. 가구의 활동 패턴을 만들어 내는 기능을 가진 STARCHILD 등이 그 보기이다. 효용기반 접근법 계열의 모형들은 기존 통행기반 모형들을 개선한 것으로, 잘 정립된 효용이론과 성숙된 방법론, 관련자들에게 친숙함 등에 힘입어 더욱 진화하였다. 미국에서는 교통부와 환경청의 지원 아래 도시교통계획 과정 전체를 대체하려는 의도로 TRANSIMS라는 패키지가 개발되었는데(1994), 그 첫 부분에 활동기반 접근법을 반영하였다.

최근의 인지심리학에 의거한 규칙기반 접근법: 미국에서 효용기반 시뮬레이션 모형들이 개발되는 동안, 대서양 건너 네덜란드에서는 ALBATROSS, AMADEUS, FEATHERS와 같은 규칙기반모형들(rule-based systems)이 출현하였다. 이들은 공간행동이란 복잡하고 비선형적인 의사결정 과정을 거친 결과로 간주하며, 개인의 정보 획득과 처리능력에 한계가 있다는 점과 의사결정 당시의 상황 역시 중요하다는 관점에서 탐색적(heuristic) 의사결정 과정 원리를 채택하고 있다. 활동일지에서 의사결정 규칙들을 도출하여 활동일정을 결정하는 데 활용하는 것이 특징이며, 의사결정표(decision table), 신념 네트워크(Bayesian belief network), 학습과 의사결정나무(decision tree) 등의 기법들을 활용한다. 규칙기반모형들은 먼저 개발되었던 모형들에 비해 이론적으로 우월하며 실제 공간 과정을 더 잘 재현한다고 평가받고 있지만, 계산시간이 많이 소요되는 문제도 있다.

(3) 전망

활동기반 접근법이 처음 등장하던 무렵에는 '복잡함 추구하기 증후군(search for complexity syndrome)'에서 벗어나지 못하고 미시적인 연구에만 매달릴 뿐 이론과 방법론이 빈약하여 교통계획에 공헌하는 바가 거의 없고, 수요 측면에 치중하여 공급 측면을 소홀히 다루고 있다는 혹독한 평가를 받기도 하였다. 사람의 행동이란 본래 복잡한 것이어서 이론과 방법론의 개발이 쉽지 않았던 것은 사실이지만, 시간이 흐르면서 여러 시행착오와 경험 끝에 풍부한 개념과 방법론들이 도출되고 있다.

현재 활동기반 접근법에 대한 관심이 급증하고는 있지만 완벽하게 작동하는 활동기반모형이 개발된 것은 아니므로, 당분간은 기성 4단계 접근법이 교통계획 과정을 이어 나가되 활동기반 접근법이 부분적으로 수용되는 추세를 띨 것으로 전망된다. 4단계 모형은 새로운 교통투자 등 공급자 중심의 정책을 펴는 데 여전히 쓸모가 있으며, 반면 활동기반 접근법은 통행수요 관리와 이동성 관리와 같은 수요자 중심의 정책에 유용한 이론이라고 평할 수 있다.

교통이론이 갖추어야 할 덕목으로는 교통수요를 제대로 예측할 수 있어야 하고, 다양한 정책을 평가할 능력을 갖추어야 하며, 도시교통 문제가 갖는 사회적 성격에 대한 이해도 도울 수 있어야 하는 동시에, 해당 이론을 바탕으로 개발한 모형이 사용하기에 편리해야 한다(조창현, 2013). 이러한 덕목을 고루 갖춘 완벽한 이론의 출현은 더 기다려야 하겠지만, 이 절에서 검토했던 비보상모형, 인지 및 심적자세 접근법, 활동기반 접근법이 서로 어울리며 새로운 길을 탐색하고 있다.

· 참고문헌 ·

조창현, 2013, 도시 일상생활 연구의 시공간적 접근: 활동기반 이론에 의한 통행 행태 연구의 확장. 푸른길: 서울.

허우긍, 1985, "서울주민의 시내교통수단에 관한 인식," 지리학논총 12, 1-22.

허우긍, 1986, "다차원척도법에 의한 서울 주민의 교통수단 선호 분석," 대한교통학회지 4(1), 12-27.

Anderson, J., 1971, "Space-time budgets and activity studies in urban geography and planning," *Environment and Planning A* 3, 353-368.

Buliung, R. N., and Kanaroglou, P.S., 2007, "Activity-travel behaviour research: conceptual issues, state of the art, and emerging perspectives on behavioural analysis and simulation modelling," *Transport Reviews* 27(2),

151-187.

Chang, J., 2006, "Models of the relationship between transport and land-use: a review," *Transport Reviews* 26(3), 325-350.

Dijst, M., Farag, S. and Schwanen, T., 2008, "A comparative study of attitude theory and other theoretical models for understanding travel behaviour," *Environment and Planning A* 40, 831-847.

Einhorn, H. J., 1970, "The use of nonlinear, noncompensatory models in decision making," *Psychological Bulletin* 73(3), 221-230.

Ettema, D. and Timmermans, H. (eds.), 1997, *Activity-based Approaches to Travel Analysis*. Pergamon: Amsterdam.

Forester, J. F., 1979, "Mode choice decision process models: a comparison of compensatory and non-compensatory structures," *Transportation Research,* 13A, 17-28.

Iacono, M., Levinson, D. and El-Geneidy, A., 2008, "Models of transportation and land use change: a guide to the territory," *Journal of Planning Literature* 22(4), 323-340.

Louviere, J, and Street, D., 2000, "Stated-preference methods," in Hensher, D. and Button, K. (eds.), *Handbook of Transport Modeling*, Elsevier: Oxford, UK. 131-143.

Martinez, F., 2000, "Towards a land-use and transport interaction framework," in Hensher, D. and Button, K. (eds.), *Handbook of Transport Modeling*, Elsevier: Oxford, UK. 145-164.

Miller, E. J., 2004, "Integrated land use/transport model requirements," in Hensher, D. D., Button, K. J., Haynes, K. E., and Stopher, P. R. (eds.), *Handbook of Transport Geography and Spatial Systems*, Elsevier, Amsterdam. 147-165.

Sheppard, E., 1995, "Modeling and predicting aggregate flows," in Hanson, S. (ed.), *The Geography of Urban Transportation, second edition*. The Guilford Press: New York. 100-128.

Timmermans, H., Arentze, T. and Joh, C., 2002, "Analysing space-time behaviour: new approaches to old problems," *Progress in Human Geography* 26(2), 175-190.

Tversky, A., 1972, "Choice by elimination," *Journal of Mathematical Psychology* 9, 341-367.

Van Wee, B., 2002, "Land use and transport: research and policy challenges," *Journal of Transport Geography* 10, 259-271.

Wegener, M., 2004, "Overview of land use transport models," in Hensher, D. D., Button, K. J., Haynes, K. E., and Stopher, P. R.(eds.), *Handbook of Transport Geography and Spatial Systems*, Elsevier, Amsterdam. 127-146.

제3부

네트워크와 흐름

제10장

교통망의 구조와 네트워크 분석법

1. 교통망과 그래프이론

1) 그래프

교통망을 비롯한 각종 네트워크를 다룰 때에는 그래프이론에서 수립된 개념과 분석법을 원용하면 큰 도움을 받을 수 있다. 이런 연유로 지리학계에서는 일찍이 1950년대부터 그래프이론이 널리 활용되어 왔다. 수학의 한 분야인 그래프이론은 18세기에 정립되기 시작하였으며, 1736년 상트페테르부르크(Sankt Peterburg)의 학술원에서 스위스의 수학자 오일러(Leonhard Euler, 1707~1783)의 논문을 출판한 것을 그래프이론의 출발로 여긴다. 그래프이론은 19세기 말과 20세기 초 분자 이론과 전기 이론의 확립과 더불어 크게 발전하였으며, 1950년대 이래 대수학적 관점과 최적화 관점으로 더욱 분화되었다. 이 장에서 교통망의 구조를 다루는 부분은 대수학적 관점에서 접근하는 것이고, 최단경로 찾기(제11장)와 입지−배분 문제(제14장) 등은 최적화 관점의 접근법에 따른 것이라고 평할 수 있다.

그래프(graph)란 여러 점(꼭짓점, vertex)과 이들을 연결한 변(edge)의 집합(set)으로 정의된다. 오일러의 논문 이야기로 되돌아가 보자. 오일러의 논문은 이른바 '쾨니히스베르크[Königsberg, 지금의 칼리닌그라드(Kaliningrad)]의 7개 다리' 문제를 다룬 것이었다. 쾨니히스베르크는 북해 연안의 프레

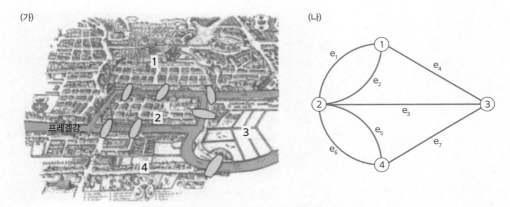

〈그림 10-1〉 쾨니히스베르크의 4개 지구와 7개의 다리:
오일러 생존 당시의 쾨니히스베르크 시가지 모습(가)과 이를 꼭짓점과 변으로 바꾸어 나타낸 그래프(나)
주: 그림 (가)의 출처: en.wikipedia.org/wili/Kaliningrad. 그림의 지명과 기호는 필자 기입. 그림 (나)의 e_1~e_7은 다리를 뜻한다.

겔(Pregel)강 하류부에 자리 잡은 도시로, 시내에는 7개의 다리가 놓여 있었다. 오일러는 이 도시 주민이 집을 떠나 7개의 다리를 한 번씩만 건너고서 집으로 되돌아올 수 있는가 하는 문제를 논문에서 다루었다. 〈그림 10-1〉처럼 오일러는 쾨니히스베르크의 모습을 강변의 육지와 두 섬은 꼭짓점으로, 이를 연결하고 있는 다리는 변으로 간주한 그래프로 바꾸어 그의 이론을 전개한 것이다.

그래프는 G(V, E)로 표현되며, 여기서 V는 꼭짓점의 집합, E는 변의 집합을 가리킨다. 가령 우리나라의 공항들은 꼭짓점 집합 V, 이 공항들 사이를 오가는 항공노선의 집합은 E가 되는 셈이다. 네트워크의 두 구성요소인 결절(node)과 연결선(link)은 그래프에서는 각각 꼭짓점(vertex)과 변(edge)이라 부른다. 꼭짓점은 v_1, v_2, v_3, ···, v_m으로 적고, 변은 고유번호를 붙여 e_1, e_2, e_3, ···, e_n으로 표기하거나 꼭짓점의 식별번호(ID)를 사용하여 (1, 2), (2, 3), (2, 5) 등으로 적는다.

그래프의 세계에서는 꼭짓점과 변의 지리적 위치나 물리적 형태보다는 위상(位相, topology), 특히 구성요소들 사이의 관계에 초점을 둔다. 여기서 구성요소 사이의 관계란 꼭짓점과 변의 연결 여부를 의미한다. 가령 〈그림 10-2〉는 3개의 네트워크를 묘사하고 있는데, 현실세계에서 세 네트워크는 결절의 위치와 연결선의 길이나 방향이 각기 다른 교통망이지만, 그래프의 세계에서는 동일한 네트워크로 간주된다. 지리적 위치나 형태는 다르지만 위상의 관점에서는 똑같기 때문이다. 세 그림의 연결행렬을 구성해 보면 모두 똑같은 것이 이를 잘 설명한다.

우리의 일상생활에서 현상이나 사물을 그래프로 나타내는 사례는 적지 않다. 지하철 노선망을 나타낸 그림이 그 보기로서, 지하철의 경로를 구체적으로 그려 넣은 지도도 있지만, 지하철역과 이를 잇는 연결선만으로 지하철 노선망을 간략하게 표현해 놓은 것을 더 자주 보게 된다. 그래프는 이처

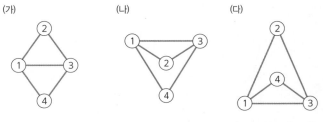

	V₁	V₂	V₃	V₄

	V_1	V_2	V_3	V_4
V_1	–	1	1	1
V_2	1	–	1	0
V_3	1	1	–	1
V_4	1	0	1	–

연결행렬

〈그림 10-2〉 네트워크와 그래프

럼 현실세계를 점과 선분만으로 추상화한 것이기 때문에, 네트워크를 살펴보려는 사람에게 상당한 용통성을 준다. 반면, 잃어버리는 것도 적지 않다. 결절들의 상대적 위치와 연결 여부를 중시하는 대신 결절의 지리적 위치, 연결선의 굴곡과 경사, 이 밖에 관련 정보들은 조명 받지 못한 채 무대 뒤에 남겨 두게 되는 것이다.

2) 그래프이론의 주요 개념과 용어들

그래프 G의 한 부분은 부분-그래프 g(subgraph)라고 부른다. 가령 우리나라의 국내 항공노선망 전체를 그래프 G로 나타냈을 때, 제주공항과 연결되는 노선만을 따로 추려 구성한 노선망 또는 특정 항공사의 노선망은 부분그래프 g이다.

현실세계에서 일방통행로가 있듯이, 그래프에서도 변이 양방향 이동이 가능한 경우를 무향그래프(undirected graph) 또는 단순히 그래프라고 부르며, 한 방향으로만 이동이 가능한 경우를 유향그래프(directed graph)라 한다. 그림으로는 전자의 변은 보통의 선으로, 후자는 화살표가 달린 선으로 그려 그 방향성을 나타내며, 무향그래프의 변(edge)을 유향그래프에서는 아크(arc)라 부른다. 무향그래프에서 변의 양쪽 꼭짓점 식별번호의 적는 순서를 변(a, b) 또는 변(b, a)로 뒤바꾸어 적어도 무방하지만, 유향그래프에서는 아크(a, b)와 아크(b, a)는 엄연히 다른 것이며 시작 꼭짓점은 꼬리(tail), 도착 꼭짓점은 머리(head)로 구분하여 부른다. 실세계에서 대부분의 네트워크는 무향그래프로 표현되겠지만, 일방통행 및 회전금지 등이 시행되는 도시 내 가로망은 유향그래프로 나타낸다.

현실세계에서 대부분의 육상교통망에서는 연결선과 연결선이 교차하는 곳에는 결절, 곧 도시나 네거리 등이 만들어지게 마련이다. 그래프에서 이처럼 변들이 만나는 곳에는 반드시 꼭짓점이 있도록 정한 경우를 평면그래프(planar graph)라 한다. 그러나 선박과 비행기의 항로가 바다나 하늘에서는 결절 없이 교차하듯이, 두 변이 꼭짓점 없이도 교차가 가능하도록 정의한 그래프를 비평면그래프

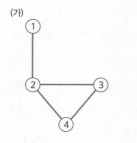
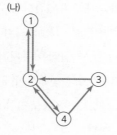

<그림 10-3> 무향그래프(가)와 유향그래프(나)

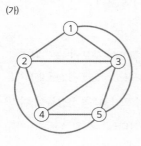
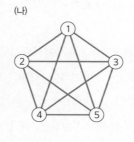

<그림 10-4> 평면그래프(가)와 비평면그래프(나)

(non-planar graph)라 한다.

변(edge나 arc)에 거리, 통행시간이나 비용, 통행량 등 구체적인 값을 부여하는 경우에는 이를 수치그래프(valued graph)라 한다(<그림 10-5>). 일반적으로 그래프는 변의 값을 동일하게 취급하므로 수치그래프가 아닌 경우에는 이를 부르는 별도의 이름은 없지만, 이 책에서는 (수치그래프와 구별이 필요한 경우에 국한하여) '일반그래프'라 적기로 한다. 일반그래프보다는 수치그래프가 현실세계에 한 걸음 다가간 것이므로, 자료가 허용하는 한 네트워크를 수치그래프로 다루면 실세계의 사정을 더 많이 반영할 수 있고 분석에도 융통성이 늘어나게 된다. 그러나 항공노선망처럼 출발지와 목적지 사이의 거리나 비행시간보다는 두 도시를 연결하는 항공 서비스가 있느냐의 여부가 보다 중시되는 경우라면 일반그래프가 분석에 더 적절할 수도 있을 것이다.

여러 개의 꼭짓점이 변으로 연결되어 있을 때 이를 경로(經路, path)라 한다. 경로를 구성하는 변의 수를 경로의 길이(length)라 하며, 수치그래프의 경우에는 각 변에 부여된 수치의 합이 그 경로의 길이가 된다. <그림 10-6 (가)>의 사례에서, 꼭짓점 v_1과 v_3 사이의 경로는 $v_1-e_1-v_2-e_2-v_3$로 구성되며 그 길이는 2이다. 경로 가운데 첫 꼭짓점(기점, initial vertex)과 마지막 꼭짓점(종점, terminal vertex)이 같은 것을 회로(回路, cycle 또는 circuit)라 한다. 어떤 그

<그림 10-5> 수치그래프

래프에 회로가 많다면, 이는 변이나 아크가 많아 그래프의 연결성이 우수함을 뜻한다.

만약 두 꼭짓점 사이에 여러 개의 경로가 있다면, 이 가운데 거리가 가장 짧은 경로를 최단경로(shortest path)라 한다. 사람이나 물자의 이동에서는 가급적 이동거리를 짧게 하려는 성향이 있으므로, 최단경로 찾기는 학술적으로나 실용적으로나 주요 관심대상이다. 〈그림 10-6 (나)〉의 사례에서 꼭짓점 v_1과 v_4 사이의 경로는 $v_1-e_1-v_2-e_4-v_4$ 말고도 중간 꼭짓점 v_2와 v_3을 거치는 경로 $v_1-e_1-v_2-e_2-v_3-e_3-v_4$도 있으며, 전자의 길이는 2인 반면 후자의 길이는 3이므로 전자가 꼭짓점 v_1과 v_4 사이의 최단경로가 된다. 그러나 〈그림 10-6 (다)〉와 같은 수치그래프라면 후자가 최단경로가 될 것이다.

그래프를 구성하는 꼭짓점들이 변으로 다 이어지면 이를 '연결되었다(connected)'라고 표현한다. 임의의 두 꼭짓점 사이에 경로가 다 마련되었다는 의미이다. 연결된 그래프(connected graph) 가운데 그 연결성이 가장 낮은 경우를 나무(tree)라 한다. 구체적으로 나무 그래프란 ① 꼭짓점들이 다 연결되고, ② 회로가 없는 상태로서, 변의 수는 꼭짓점의 수보다 한 개 모자란다($v=e-1$). 나무는 가지가 서로 연결되는 법이 없으므로 한 가지에서 다른 가지로 옮겨가는 방법은 외길뿐이듯이, 나무그래프에서도 임의의 두 꼭짓점을 연결하는 경로는 단 한 개뿐이다. 〈그림 10-6 (가)〉의 사례가 나무의 상태이며, 모든 꼭짓점 사이의 경로는 한 개씩이며 변의 수는 3($v=e-1=4-1$)이다. 교통망에서 나무그래프란 연결성이 가장 낮은 상태 또는 지역 내 모든 결절이 이제 갓 연결된 상태를 뜻하므로, 교통망의 발달 과정 측면에서 그 의의가 각별하다.

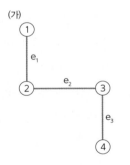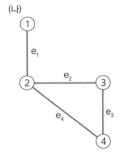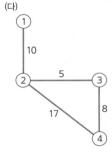

〈그림 10-6〉 경로와 최단경로

2. 네트워크의 연결성

1) 위상으로 본 네트워크의 발달 단계

교통망을 분석할 때에는 먼저 교통망 전체의 특징을 살피는 것이 필요하며, 그 기하적 형태와 위상이 일차적인 관심대상이 될 수 있다. 기하적 형태에서는 교통망의 지리적 모습과 특징에, 위상 측면에서는 교통망 전체의 연결 정도, 곧 연결성(connectivity)의 파악에 초점을 둔다.

네트워크를 연결 정도의 관점에서 본다면 나무형(tree), 그물형(mesh 또는 grid), 삼각망형(delta)으로 크게 나누어 볼 수 있다. 교통망은 이론적으로는 교통노선이 하나도 없는 상태에서부터 완벽하게 연결된 상태까지 상정할 수 있겠지만, 현실세계의 교통망에서는 대체로 나무형에서 삼각망형 사이의 모습을 띤다. 나무형보다 연결성이 더 떨어져 지역 내 일부 결절들이 연결되지 못하고 고립되어 있는 교통망도 있지만, 이는 지역의 개척 초기에서나 볼 수 있는 일시적인 현상이다. 또한 삼각망형에서 더 나아가 변을 늘릴 수 있지만, 현실세계의 육상교통망(평면그래프)에서는 삼각망형보다 연결성이 더 높은 교통망을 만나기는 쉽지 않다.

나무형 네트워크는 나무의 줄기에서 가지가 뻗어 나가는 모양으로부터 비롯된 이름이며, 연결의 정도가 가장 낮은 단계의 네트워크이다. 나무형 교통망은 한 지역의 교통망의 발달역사로 보면 초기의 교통망, 지역 안에서는 핵심부보다는 변두리에서, 나라로 본다면 개발도상국에서 더 많이 발견되는 유형이다. 수리적으로 나무형 네트워크는 변의 수(e)가 언제나 꼭짓점의 수(v)보다 하나 모자라므로, 꼭짓점과 변의 비율(v/e)은 언제나 1.0보다 작으며, 꼭짓점의 수가 많아지면 그 비율이 1.0에 근접한다(〈표 10-1〉과 〈표 10-2〉 참조).

나무형 네트워크의 특수한 형태로 허브형 네트워크(hub-and-spoke network)가 있다. 허브형 네트워크란 중앙의 꼭짓점에서 연결선이 사방으로 뻗어 나가는 모양으로 바큇살 네트워크라고도 부

나무형   그물형   삼각망형

〈그림 10-7〉 연결 수준으로 본 네트워크의 발달 단계

른다. 마치 수레바퀴의 중심축(hub)에서 바큇살(spokes)이 뻗어 나가
는 모양과 흡사하기 때문이다. 지역의 중심도시에서 변두리로 뻗은 방
사상 도로망 등이 허브형 네트워크의 보기이다. 허브형 네트워크는 20
세기 후반 항공교통 부문을 비롯한 각종 네트워크에서 대거 유행하고
있으므로 우리의 관심사가 아닐 수 없다(허브형 항로망에 대한 자세한
설명은 제5장 참조). 또한 허브형 네트워크는 관료체제의 한 형태로서

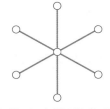

〈그림 10-8〉 허브형 네트워크

통신체계, 기업의 조직, 사람들의 사회적 관계 및 국가 관계 등에서도 그 중요성이 크다.

지역에 교통투자가 더 이루어져 연결선이 하나둘씩 늘어나면 네트워크는 점차 그물(mesh 또는
grid)의 모습에 가까워진다. 전형적인 그물형 네트워크라면 꼭짓점과 변의 비율은 대체로 1.5 안팎
이 된다.

교통투자가 계속되고 연결선이 더욱 늘어나 조밀해지면 네트워크는 삼각망형(delta: $e=2v-3$)을
이루고, 결절과 연결선의 비율은 2.0 안팎의 수준에 이르게 된다. 삼각망형 네트워크란 교통망이 잘
발달한 지역에서 볼 수 있는 유형이다. 예를 들어 남한의 국도망은 조밀하게 발달되어 그물형을 넘
어서 삼각망형에 가까운 수준에 이르러 있다(〈표 10-3〉 참조).

2) 교통망의 연결성을 나타내는 지표들

그래프이론에서 네트워크의 연결성을 나타내는 지수로는 정수(整數, integer)지수와 비율(比率)
지수가 있다. 정수지수란 교통망의 크기와 전반적인 연결성을 하나의 정수로 보여 주는 지수를 말하
며, 그래프의 지름(δ)과 회로수(回路數, μ)가 주로 쓰인다. 비율지수는 두 수의 비율로 교통망의 구
조를 나타내는 것이며, 선밀도(β)와 연결률(γ)이 대표적이다.* 정수지수이건 비율지수이건 모두 그래
프의 두 구성요소인 꼭짓점과 변의 수로만 네트워크의 구조를 평가하는 것으로, 교통망에 대한 다른
정보가 없이도 간결하게 네트워크를 살필 수 있다는 장점이 있다. 좀 더 정교한 분석을 원한다면 변
에 거리나 이동비용 등 값을 부여한 수치그래프를 이용하는 것이 필요할 수도 있다.

아래 설명에서는 우리가 다루는 교통망은 평면그래프를 전제하며, 네트워크의 규모가 너무 작지
않은 것을 전제한다. 꼭짓점의 수가 너무 적으면(가령 $v<20$) 지수값에 차별성이 줄어들고, 따라서

---

* 종래 지리학계에서 그래프의 연결성 지수들은 그리스 문자로 표기하는 것이 관행이었다. 그러나 그리스 문자로는 연결성의 뜻을
  전달하는 것이 불편하기에, 이 책에서는 각 지수가 나타내려는 뜻에 알맞게 작명하였다. 다만 기존 문헌들과의 참조 편의를 위해
  새로 지은 지수 이름과 종래 그리스 문자식 이름을 병기하기로 한다.

해석에도 모호함이 뒤따르게 된다.

(1) 정수지수

① 지름

그래프의 지름(델타, δ)이란 네트워크의 꼭짓점들 가운데 가장 멀리 떨어져 있는 두 꼭짓점 사이의 거리를 말하며, 수리적으로는 $\delta=max\,d_{ij}$로 정의된다. 여기서 거리 d_{ij}는 꼭짓점 i와 j의 최단경로에 포함되는 연결선의 수로 셈한다. 원둘레의 두 지점을 잇는 여러 직선 가운데 지름의 길이가 가장 긴 점에 착안한 지수로, 델타(δ)라는 표현도 diameter(지름)의 첫 글자를 그리스 문자로 표기한 것이다.

교통망의 지름값이 작을수록 그 교통망은 연결성이 우수함을 나타낸다. 또한 지역의 모습이 (가령 프랑스처럼) 둥근 형태에 가까울수록 지름은 작아지고 (이탈리아나 칠레처럼) 길쭉한 모양이면 지름은 커지므로, 이 지수는 교통망의 지리적 형태를 파악하는 데에도 도움을 준다고 평가할 수 있다. 그러나 지름은 교통망의 크기와 연결성을 함께 함축하고 있어, (1) 네트워크의 규모가 커져서 두 결절 사이에 연결선이 늘어날수록 지름도 커지게 마련인 한편, (2) 네트워크의 연결성이 개선되어 나무형→그물형→삼각망형으로 발전하면 두 결절을 잇는 연결선의 수는 줄어들고 따라서 지름은 작아지게 된다. 이런 상반된 구조적 특성이 하나의 지수에 담겨 있으므로, 네트워크의 연결성을 나타내는 지표로 그다지 우수하다고는 볼 수 없다. 그러나 각종 최적화 알고리듬과 흐름 분석 등에서 이 지수를 연산(演算) 횟수를 정하는 데 쓰는 등 널리 활용되고 있어 그 중요성이 크다.

② 회로수

회로수(cyclomatic number, 뮤, μ)는 그래프에서 나무를 구성하고 남은 변의 수를 말한다.[*] 교통망에 연결선이 늘어날수록 꼭짓점들 사이의 경로 수는 차츰 늘어나며, 회로수도 이에 따라 커지게 된다. 그런데 교통망이 가장 초보적인 연결 수준을 갖춘 나무형이라면 회로수는 0이므로, 0을 기준점으로 삼아 그래프의 연결성을 평가할 수 있다는 점에서 지름보다는 더 낫다는 장점이 있다. 그러나 교통망의 규모에 따라 값이 영향을 받는다는 점에서는 지름과 동일한 취약점을 띤다.

(2) 비율지수

정수지수들은 간명하기는 하지만 네트워크의 규모와 형태에 영향을 크게 받을 수 있어 연결성을

---

[*] $\mu=e-(v-p)$. 여기서 p는 부분그래프의 수를 가리키며 대부분의 경우 $p=1$의 값을 가지므로 $\mu=e-(v-1)=e-v+1$로 고쳐 쓸 수 있다.

나타내려는 목적에서는 그다지 정교하지 못하다. 그뿐만 아니라 정수지수들은 그 값의 범위가 명확하지 않으므로 해석이 쉽지 않다. 가령 어떤 교통망의 지름과 회로수가 각각 5와 3일 때, 그 수가 무엇을 의미하는지 명쾌하지 않다. 또한 두 교통망의 지름이 각각 5와 10일 경우 그 차이를 분명하게 말하는 것도 어렵다. 전자가 후자에 비해 연결성이 두 배나 우수하다고는 말할 수 없기 때문이다. 비율지수는 이런 단점을 보완해 준다.

① 선밀도

연결선 밀도, 줄여서 '선밀도(베타, β)'는 변과 꼭짓점 수의 비율로서 꼭짓점 하나에 평균 몇 개의 변이 연결되어 있는가를 나타낸다. 따라서 지수의 값이 클수록, 다시 말해서 꼭짓점에 연결된 변의 수가 많을수록 연결성이 좋다고 말할 수 있다. 평면그래프에서 선밀도는 다음 식과 같이 구하며, 그 값은 대체로 1.0~2.0의 범위에 있다.

$$선밀도(\beta) = \frac{e}{v} \quad \cdots \langle 식\ 10\text{--}1 \rangle$$

② 연결률

연결률(감마, γ)은 선밀도보다 조금 더 정교한 지수로서, 어떤 그래프의 실제 변의 수(e)와 연결성이 가장 우수한 그래프의 변의 수(e_{max})의 비율을 말한다. 만약 어떤 그래프에서 변이 하나도 없다면 연결률 e/e_{max}는 0.0의 값을, 그래프가 완벽하게 연결되어 있다면 1.0의 값을 가지게 될 것이다. 이처럼 연결률은 그 하한(下限)과 상한(上限)이 정해져 있어 해석이 쉬우므로 애용되는 편이다. 평면그래프에서 연결률은 다음과 같이 구한다.

$$연결률(\gamma) = \frac{e}{e_{max}} = \frac{e}{3(v-2)} \quad \cdots \langle 식\ 10\text{--}2 \rangle^*$$

교통망의 유형을 이상 두 가지 연결성 지수로 해석하면 다음과 같다**. 선밀도(β)로는 교통망이 나

---

* 비평면그래프라면 무향그래프의 경우 〈식 10-2〉의 분모항은 $(v(v-1))/2$로, 유향그래프의 경우에는 $v(v-1)$로 대체한다.

** 그래프의 연결성을 나타내는 지수로는 이 밖에 회로율(回路率, 알파, α)이 문헌에 자주 등장한다. 선행연구(Black, 2003, p.80)에서 연결률과 회로율은 상관이 매우 높은 것으로 밝혀져, 두 지수 가운데 이해가 더 쉬운 연결률만 본문에서 다루었다. 두 지수를 다 사용하더라도 비슷한 정보만 중복될 뿐 우리의 이해를 크게 돕지는 않기 때문이다.
회로율은 실제 회로수(μ)와 최대 회로수(μ_{max})의 비율이다. 회로수란 나무(트리)를 구성하고 남은 변의 수($\mu=e-(v-1)$)이며, 최대 회로수(μ_{max})는 최대 연결 수준의 변의 수($3(v-2)$)에서 트리를 구성할 때 필요한 변의 수($v-1$)를 뺀 값인 $3(v-2)-(v-1)$이다. 따라서 회로율은 다음과 같다.

$$회로율\ \alpha = \frac{\mu}{\mu_{max}} = \frac{e-(v-1)}{3(v-2)-(v-1)} = \frac{e-v+1}{2v-5}$$

비평면 무향그래프라면 분모항 μ_{max}는 $(v(v-1)-(v-1))/2$을 적용한다. 이처럼 회로율은 트리를 구성하고 남은 여분의 변이 많고 적

연결성 비율지수	교통망의 형태		
	나무형(tree)	그물형(grid)	삼각망형(delta)
선밀도(β)	1.00	1.50	2.00
연결률(γ)	0.33	0.50	0.67

주: 표에 제시된 지수값은 꼭짓점의 수가 상당히 많은 경우($v>20$)를 전제하였다. 테이프 등(Taaffe et al., 1996)은 연결률의 경우 나무형은 $0.33\leq\gamma<0.5$, 격자형은 $0.5\leq\gamma<0.67$, 삼각망형은 $0.67\leq\gamma<1.0$의 값을 설정하고 있다. 그러나 이러한 구간값은 꼭짓점의 수가 달라질 때($4<v$에서 무한수까지) 지수가 어떤 값을 가질 수 있는가를 말한 것이므로, 표의 내용과 다른 것은 아니다. 단지 테이프 등이 제시한 지수 구간은 독자들에게 오해를 불러일으킬 소지가 있어, 이 표에서는 달리 표현한 것이다. 따라서 이 표에서 제시한 지수 값은 해석의 기준을 제시한 것으로 '1.5 안팎' 등의 의미로 이해하면 무난하다.

〈표 10-2〉 교통망의 연결성을 나타내는 정수지수와 비율지수의 예제

교통망		나무형	그물형	삼각망형
그래프의 구성요소	꼭짓점(v)	9	9	9
	변(e)	8	12	20
정수지수	지름(δ)	6	4	2
	회로수(μ)	0	4	12
비율지수	선밀도(β)	0.89	1.33	2.22
	연결률(γ)	0.38	0.57	0.95

무형이면 1보다 조금 작은 값을, 연결성이 우수한 삼각망형이면 2에 가까운 값을, 그물형이면 양자의 중간인 1.5 안팎의 값을 갖는다. 이 지수는 이론상 교통노선이 하나도 없는 상태의 값인 0.0에서부터 완벽하게 연결된 상태인 3.0까지 가질 수 있지만, 현실세계의 교통망에서는 대체로 1에서 2 사이의 값을 띠게 된다.

연결률(γ)로 보면 나무형 교통망은 0.33, 삼각망형은 0.67, 그물형은 그 중간인 0.5 안팎의 값을 띤다. 연결률은 이론상 최저 0.0에서부터 1.0, 곧 교통노선이 하나도 없는 수준에서 완벽하게 연결된 수준까지의 값을 가질 수 있지만, 현실 교통망에서는 대체로 0.33에서 0.67 사이의 값을 띠게 된다.

음을 논하는 것인 만큼 그 해석이 조금 복잡한 편이며, 연결률의 보조적 성격을 띤다고 평가할 수 있다. 교통망이 나무일 때 회로율은 0.0, 최대 연결일 때는 1.0의 값을 가지며, 현실 교통망에서는 대체로 0에서 0.5 사이의 값을 띠어 나무형에서는 0.0의 값을, 삼각망형에서는 0.5, 그물형은 그 중간인 0.25 안팎의 값을 보인다.

(3) 수치그래프의 연결성을 나타내는 비율지수

변에 값이 부여된 수치그래프의 구조적 특성을 보여 주는 지수로는 총연장–지름 비(π), 총연장–연결선 비(η), 총연장–결절 비(θ) 등이 있다. 일반그래프는 변의 값을 동일하게 취급하지만, 수치그래프는 변에 구체적인 값이 부여되므로 지수를 해석할 때 주의가 필요하다.

① 총연장–지름 비

총연장–지름 비(파이, π)는 그래프의 전체 길이(M)와 지름(δ 또는 d)의 비율로서, 교통망의 전체 길이를 가장 긴 경로 길이로 나누어 준 값의 의미를 지니며, 원둘레를 지름으로 나눈 값이 원주율(π)인 데서 그 이름이 비롯되었다. 여기서는 수치그래프를 다루는 상황이므로, 지름의 값을 δ 대신 가장 먼 경로의 실제 길이 d를 적용할 수 있다.

$$\pi = \frac{M}{\delta} = \frac{M}{d} \quad \cdots \langle \text{식 } 10\text{--}3 \rangle$$

2개의 꼭짓점과 이를 잇는 하나의 연결선만 있는 가장 단순한 교통망을 생각해 보자. 만약 연결선의 길이가 10km라면 d=10이므로 지수는 1.0이 된다. 이런 초보적 교통망이 점차 확장되고 정교해질수록 연결성은 개선되어 총연장–지름 비율도 늘어난다. 그러나 이 지수는 네트워크의 형태에 영향을 받는 한계가 있다. 분모항에 가장 긴 경로 길이(d)가 적용되므로, 길쭉한 모양의 지역과 둥근 원 모양의 지역이 비록 교통망의 총연장은 같을지라도 길쭉한 모양의 지역에서 지수의 값이 더 작을 수밖에 없는 것이다.

② 총연장–연결선 비

총연장–연결선 비(에타, η)는 그래프를 구성하는 요소들의 수와 변의 수의 비율로서, 수치그래프

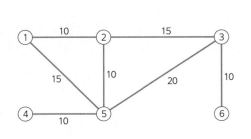

그래프의 구성	지수
꼭짓점: v=6 변: e=7 총연장: M=90km 최장경로(④–⑤–③–⑥): d=40km	총연장–지름 비: $\pi = \dfrac{M}{d} = 2.25$ 총연장–연결선 비: $\eta = \dfrac{M}{e} = 12.9$ 총연장–결절 비: $\theta = \dfrac{M}{v} = 15.0$

〈그림 10–9〉 수치그래프와 연결성 지수들

에서는 분자항에 네트워크의 전체 길이를 대입하여 구하며, 〈식 10-4〉에서 보듯이 이 비율은 '연결선의 평균 길이'의 뜻을 가진다.

$$\eta = \frac{M}{e}, \text{ 또는 } \eta = \frac{e+v}{e} \quad \cdots \langle \text{식 10-4} \rangle$$

'연결선의 평균 길이'란 결절들의 지리적 분포를 나타내는 의미도 있다. 일반적으로 핵심지역에는 도시가 많이 그리고 촘촘히 분포하며 도시 간의 연결도 우수한 반면, 변두리지역은 도시가 드물고 띄엄띄엄 분포하는 데다 교통로도 부족한 것을 볼 수 있다. 도시가 공간적으로 밀집 분포한다면 연결선의 평균 길이는 짧아질 것이며, 도시가 드문드문 분포한다면 연결선의 평균 길이는 길어질 것이다. 따라서 현실세계에서 총연장-연결선 비란 국가 전체로는 인구의 많고 적음과 도시화 수준을 대변하는 지수이며, 한 나라 안에서는 지역별 비교, 곧 부분그래프의 비교에도 활용할 수 있을 것이다. 이처럼 총연장-연결선 비는 동일 시점에 여러 나라나 지역을 비교하는 데 적합한 반면, 한 지역 교통망의 시간 흐름에 따른 발전 과정을 드러내는 데는 유의할 점도 있다. 한 지역이 성장하여 인구와 도시가 늘면 교통망의 총연장이 늘어나지만 연결선의 수 역시 늘게 마련이므로, 총연장-연결선 비의 관계를 일률적으로 단정 짓기는 어렵기 때문이다. 정밀하고 세심한 해석이 필요한 대목이다.

③ 총연장-결절 비

총연장-결절 비(세타, θ)는 네트워크의 전체 길이를 꼭짓점의 수로 나누어 준 값으로, 꼭짓점당 평균 연결선 길이를 뜻한다.

$$\theta = \frac{M}{v} \quad \cdots \langle \text{식 10-5} \rangle$$

이 지수 역시 교통망의 밀도를 나타내는 방법 가운데 하나이며, 연결선의 평균 길이가 짧다는 것은 그만큼 꼭짓점들이 공간적으로 밀집해 있음을 시사하므로 총연장-연결선 비와 같은 방식으로 해석, 활용할 수 있다. 한 지역의 교통망이 나무형→그물형→삼각망형으로 발달해 나갈 때 변의 수는 늘어나지만 꼭짓점의 수는 변하지 않는 경우가 많으므로, 총연장-결절 비(θ)가 총연장-연결선 비(η)보다 더 해석이 쉽고 안정적인 지수라고 평가할 수 있을 것이다.

(4) 연결성 지수의 활용

그래프 지수들은 교통망의 구조적 특징을 하나의 지수로 요약해 준다는 특징이 있으며, 한 지역의 교통망 발달 과정을 시계열적으로 살펴보거나 동일 시점에 여러 지역의 교통망을 비교하기에

〈표 10-3〉 한국 도로망의 연결성, 1861~2004년

연도	선밀도(β)	연결률(γ)
1861	1.15	0.39
1930	1.64	0.56
2004 남한	1.85	0.62
2000 북한	1.23	0.42

주: 1861년: 대동여지도에 표시된 도로망
　　1930년: 조선총독부 지도에 표시된 도로망
　　2004년: 남한은 일반국도(2004년 봄 현재), 북한은 1~2급 도로를 대상으로 하였으며, 국토지리정보원에서 발간한 지도(2000년
　　　　　편집, 축척 1/25만)를 사용하였다.
출처: 1861년과 1930년: 최운식, 1995, p.193. 2004년: 허우긍, 2007, pp.49-82.

알맞다.

　우리나라의 사례를 들어 보자. 〈표 10-3〉은 19세기 중엽 이래 약 150년 동안 도로망이 어떻게 발달해 왔는지 잘 보여 준다. 이 표에 등장하는 도로망 그래프는 결절과 도로의 정의 및 등급이 조금씩 다른 데다 1861년과 1930년은 한반도 전체를 대상으로 삼은 반면 2004년은 남북한을 별개의 그래프로 취급하였으므로 완벽하게 비교하는 것은 무리이지만, 지난 150년의 도로망 변화를 가늠할 수는 있다. 1861년에는 그래프 지수들이 당시 도로망이 나무형에 가까웠음을 보여 주는 데 비해, 1930년에는 그물형을 조금 넘은 수준, 그리고 2004년에 이르면 남한의 도로망이 삼각망형에 가까울 정도로 발달하였다. 같은 2004년 북한의 간선도로망은 나무형에서 크게 벗어나지 못하여, 남한의 간선도로망과 상당한 격차가 있음을 잘 보여 준다.

　교통망의 연결성을 나타내는 지수들은 지역이나 국가의 특성을 보여 주는 다른 지표들과 비교해 지역의 이해를 도울 수도 있다. 예를 들면 일찍이 개리슨과 마블(Garrison and Marble, 1961), 캔스키(Kansky, 1963) 등은 세계 여러나라의 연결성 지수와 경제 수준, 기술 수준, 인구 지표, 국가의 크기와 형태 및 지형과의 관계를 살펴본 바 있으며, 분석 결과 교통망의 연결성 수준은 한 나라의 경제와 기술 수준 및 인구 지표와는 뚜렷한 상관을 보였지만, 국가의 크기, 형태 및 지형과는 상관이 미약한 것을 밝혀내기도 하였다.

　그래프 지수 자체에 대한 심층 이해도 중요하다. 연결성 지수들을 비교해 어떤 지수가 지역의 여러 지표들을 더 잘 설명하는지를 밝히고 그래프 지수들 사이의 상관을 분석하여, 그래프이론을 실세계 교통망에 응용할 때의 잠재력과 한계를 더 파악하는 것도 활용 분야의 하나로 꼽을 수 있다.

3) 네트워크의 우회도

네트워크는 위상적 연결성뿐 아니라 기하적 형태의 관점에서 조명해 보는 것도 필요하다. 네트워크는 전체적인 모습의 특징을 강조하여 직교형, 미로형, 방사형 등으로 분류하지만, 현실세계의 교통망은 매우 복잡하여 전형적인 직교형, 미로형 또는 방사상 교통망은 찾기 어려우며, 이러한 형태들이 섞인 복합형이 대부분이다. 또한 그 형태를 진단하는 명확한 기준이 마련되어 있는 것도 아니어서 대체적인 형태를 주관적으로 판단하는 수밖에 없다.

이처럼 적용하기 어려운 형태 구분보다는 네트워크가 얼마나 굽어 있는가를 나타내는 우회도(迂廻度, degree of circuity)는 쓸모가 크다. 우리는 제1장에서 개별 연결선의 기하적 형태가 얼마나 굴곡이 심한가 하는 굴곡도(屈曲度)의 개념을 살펴본 바 있다. 이런 개념의 연장으로 교통망 내의 결절들 사이를 얼마나 돌아가야 하는지를 우회도로 평가해 볼 수 있다.

우회도는 네트워크 내 꼭짓점들 사이의 실제 거리(최단거리, d_{ij})와 직선거리(E_{ij})의 편차합(偏差合)을 구한 다음 이를 꼭짓점 조합의 수로 나누어 준 비율지수이며, 꼭짓점 사이의 평균 우회거리의 의미를 지닌다.[*]

$$\text{꼭짓점 i의 우회도 } c_i = \frac{\sum_j (d_{ij} - E_{ij})}{v-1}, i \neq j \quad \cdots \langle \text{식 10-6} \rangle$$

$$\text{네트워크의 우회도 } C = \frac{\sum_i C_i}{v} = \frac{\sum_i \sum_j (d_{ij} - E_{ij})}{v(v-1)}, i \neq j \quad \cdots \langle \text{식 10-7} \rangle$$

d_{ij}: 꼭짓점 i와 j의 실제 최단거리

E_{ij}: 꼭짓점 i와 j의 직선거리

보기를 통해 우회도의 개념을 더 자세히 살펴보자. 〈그림 10-10〉과 같이 4개의 도시와 이를 잇는 도로망이 있다면, 도시들 사이의 최단거리 d_{ij}와 직선거리 E_{ij}는 가운데 표와 같이 구할 수 있다. 이 거리 정보에 우회도 〈식 10-6〉과 〈식 10-7〉을 적용하면 오른쪽 표와 같은 결과를 얻게 되어 교통망 전체의 우회도는 6.7이며, 개별 도시 가운데에서는 도시 2의 우회도가 4.7로서 가장 낮아 유리함을

---

[*] 캔스키(Kansky, 1963), 블랙(Black, 2003) 등 대다수의 문헌에서는 네트워크의 우회도를 〈식 10-7〉처럼 편차합을 구하는 대신 편차의 제곱합으로 정의하는 방법이 제시되고 있다.

$$\text{우회도 } C = \frac{\sum_i \sum_j (d_{ij} - E_{ij})^2}{v(v-1)}, i \neq j$$

이는 아마도 통계학의 표준편차 식을 염두에 두었기 때문일 것으로 보이며, 블랙도 같은 평가를 내린 바 있다(p.89). 그러나 편차합 ($\sum_i \sum_j (d_{ij} - E_{ij})$)이 편차제곱합($\sum_i \sum_j (d_{ij} - E_{ij})^2$)보다는 평균의 의미에 더 가깝다고 판단되며, 실제 계산도 더 간편하다.

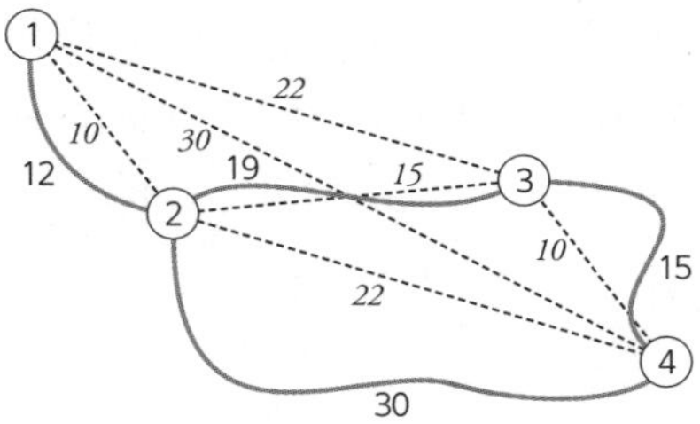

최단거리 d_{ij}

꼭짓점	1	2	3	4
1	0	12	31	42
2	12	0	19	30
3	31	19	0	15
4	42	30	15	0

직선거리 E_{ij}

꼭짓점	1	2	3	4
1	0	10	22	30
2	10	0	15	22
3	22	15	0	10
4	30	22	10	0

거리 편차($d_{ij}-E_{ij}$)와 우회도 c_i 및 C

꼭짓점	1	2	3	4
1	0	2	9	12
2	2	0	4	8
3	9	4	0	5
4	12	8	5	0
$\sum_j$	23	14	18	25
c_i	7.7	4.7	6.0	8.3
C	$=\dfrac{\sum_i c_i}{v}=6.7$			

〈그림 10-10〉 네트워크의 우회도 산출 과정

알 수 있다. 우회도가 6.7이란 이 지역 내 도시들 사이의 평균 이동거리는 평균 직선거리보다 6.7단 위(km, 마일 등) 더 길다는 뜻이다.

개별 연결선이 지형 등의 여건으로 말미암아 굴곡이 심하다면 우회도가 커질 것이고, 네트워크 전 체로 연결성이 낮아서 한 꼭짓점에서 다른 꼭짓점으로 가는 경로가 구불구불하다면 이 역시 우회도 를 크게 만드는 요인이 된다. 이처럼 우회도는 두 가지 성분, 곧 개별 연결선의 지리적 굴곡도와 네트 워크 전체로 본 연결성이 복합되어 있다. 전자는 기하적 형태를 반영하는 요소이고, 후자는 위상적 구조를 반영하는 요소이므로, 우회도란 기하적 형태와 위상적 구조를 복합적으로 반영하는 지수인 셈이다.

우회도 지수는 교통서비스 노선이 얼마나 둘러 가도록 설정되어 있는지 등을 파악하는 데 적용해 볼 수 있다. 버스 등 대중교통수단은 그 서비스 지역을 넓히고 고객을 최대한 확보하기 위해 기종점 사이의 노선이 직선보다는 구불구불한 것이 일반적이다. 이는 운영자의 입장에서는 장점이지만 승 객의 입장에서는 탑승시간이 불필요하게 늘어나는 단점도 있다. 따라서 대중교통 노선을 둘러싼 쟁 점을 해결하려면 우회도의 파악이 앞서야 할 것이다. 우회도는 교통계획 시나리오들을 비교하는 데 에도 활용될 수 있다. 특정 연결선이 제거 또는 추가되는 다양한 경우를 설정하고서 결절 우회도와 전체 우회도를 파악해 본다면, 네트워크 전체의 우회도가 가장 많이 증가/감소하는 시나리오는 어 떤 것인지, 개별 꼭짓점의 우회도 순위는 어떻게 바뀌는지 등을 파악할 수 있을 것이다. 우회도는 더 나아가 사람들의 통행행동을 묘사하는 데에도 활용될 수 있다. 도심에서 외곽으로 나가는 통행, 통 과 통행, 변두리와 변두리를 오가는 통행, 단거리 통행과 장거리 통행 등 통행의 유형에 따라 그 경로가 직선경로에서 얼마나 벗어나는지 등을 파악함으로써 우리는 통행의 이해에 더 다가갈 수 있을 것이다.

3. 결절의 접근도와 연결선의 중요도

교통망의 개별 구성요소인 결절과 연결선의 특징은 어떻게 접근하면 좋을까? 테이프 등(Taaffe et al., 1996)은 교통망 안에서 결절과 연결선들의 상대적 위치, 결절들의 우회 연결 가능 여부, 우회 경로를 차별화하기, 연결선의 비중 파악하기를 중요한 고려대상으로 꼽은 바 있다(p.256).* 이러한 네 가지 주안점은 결국 결절의 접근성과 연결선의 중요도라는 두 개념으로 집약될 수 있다. 결절 접근성이란 위상적 측면에서 각 결절의 상대적 위치를 일컬으며, 이를 통해 결절들이 어우러져 이루는 계층구조와 개별 요소들의 위계도 파악할 수 있다. 연결선 역시 한 교통망 안에서 어떤 구간에서는 교통량이 많은가 하면 뜸한 구간도 있다. 따라서 연결선의 중요한 정도를 파악하는 것은 현실적으로 매우 중요한 과제이다.

1) 교통결절의 상대적 위치, 접근성

교통결절의 상대적 위치를 보여 주는 지표로는 결절도, 경유도, 접근도 등이 가장 자주 활용되고 있다. 이 가운데 결절도와 경유도는 일반그래프를 전제하며, 접근도는 일반그래프와 수치그래프 모두에서 산출 가능하다.

(1) 결절도

그래프이론에서는 어떤 꼭짓점이 한 변의 끝에 해당될 때 그 꼭짓점과 변은 '연계되었다(incident to)'라고 표현한다. 어떤 꼭짓점에 연계된 변의 수를 그 꼭짓점의 결절도(結節度, degree)라 한다. 결국 결절도란 한 결절에 직접 이어져 있는 다른 결절들의 수를 뜻하기도 하며, 네트워크 안에서 결절의 지위를 나타내는 가장 기초적이고 계산하기 쉬운 지수이다. 교통로의 분기점은 연결되어 있는 변의 수가 다른 꼭짓점들보다는 많기 때문에, 결절도는 각 결절이 분기점으로서 얼마나 역할하고 있는

---

* 테이프 등은 또한 왕복 경로(redundancy)처럼 불필요한 정보는 분석 과정에서 제외시킬 것도 지적하였다.

가를 보여 주는 지표라고 말할 수 있다.

$$결절도\ D_i = \sum_j C_{ij} \quad \cdots \langle 식\ 10\text{-}8 \rangle$$

C_{ij}: 연결행렬에서 행 i와 열 j의 요소

〈그림 10-11〉의 표 (가)에서 보여 주듯이, 각 꼭짓점의 결절도는 연결행렬에서 해당 꼭짓점 행의 합과 같으며, 교차점 구실을 하고 있는 꼭짓점 v_3과 v_5는 결절도가 각각 4와 3으로 접근성이 다른 결절들보다 우수함을 가리키고 있다.

(2) 경유도

한 꼭짓점에서 다른 꼭짓점들까지 최단경로들을 구했을 때 그 가운데 가장 긴 경로의 거리를 해당 꼭짓점의 경유도(經由度, associated number)라 하며, 고안한 사람을 기려 쾨니히(König)지수라는 별명으로도 불린다.

$$경유도\ AN_i = max_j(d_{ij}) \quad \cdots \langle 식\ 10\text{-}9 \rangle$$

d_{ij}: 2진수 연결행렬에서 구한 꼭짓점 i와 j의 최단거리

〈그림 10-11〉의 예제에서 각 결절의 최단거리와 경유도는 표 (나)에 요약되어 있다. 최단거리 행렬의 각 요소는 한 꼭짓점에서 다른 꼭짓점에 이르는 최단거리를 나타낸다.* 예를 들어, 제2행 제7열의 값이 '3'인 것은 v_2에서 v_7까지 3개의 연결선을 거쳐 가는 것이 최단경로임을 나타내고 있는 것이다. 경유도는 이런 최단경로 거리 d_{ij} 가운데 가장 큰 값을 말하며, 꼭짓점 v_2의 경우 3이 가장 크므로 이 값이 꼭짓점 v_2의 경유도로 정의되는 것이다.

어떤 결절이 교통망의 중앙에 가깝게 위치할수록 경유도는 작아지고, 변두리에 위치하면 경유도가 커지게 마련이다. 이런 점에서 경유도는 각 결절의 상대적 위치를 드러내 주는 지수라고 볼 수 있으며, 사례 그래프에서 꼭짓점 v_1과 v_7은 가장 변두리, v_3은 중앙적 위치, 나머지 꼭짓점들은 중간적 위치에 있다는 것을 단번에 알아볼 수 있다. 특기할 것은 꼭짓점 v_4의 경우 연결선이 하나뿐이어서 결절도는 1에 불과하지만, 그래프 안에서의 상대적 위치를 보여 주는 결절 경유도는 3으로 꼭짓점 v_2, v_5, v_6과 같은 반열에 있음을 보여 준다.

우리는 앞 절에서 네트워크 전체의 구조를 살필 때, 네트워크 내 모든 꼭짓점들 사이에 가장 긴 거

---

* 일반그래프에서 도출된 최단거리 행렬은 그 알고리듬을 고안한 사람의 이름을 따서 심벨(Shimbel) 행렬이라는 별명으로도 불러, 수치그래프에서 도출된 최단거리 행렬과 구분하기도 한다.

(가) 연결행렬과 결절도

꼭짓점	1	2	3	4	5	6	7	결절도 $\sum_i c_{ij}$
1	–	1	0	0	0	0	0	1
2	1	–	1	0	0	0	0	2
3	0	1	–	1	1	1	0	**4**
4	0	0	1	–	0	0	0	1
5	0	0	1	0	–	1	1	3
6	0	0	1	0	1	–	0	2
7	0	0	0	0	1	0	–	1

(나) 최단거리 행렬과 결절의 경유도 및 접근도

꼭짓점	1	2	3	4	5	6	7	경유도 $max_j(d_{ij})$	접근도 $\sum_i d_{ij}$
1	–	1	2	3	3	3	4	4	16
2	1	–	1	2	2	2	3	3	11
3	2	1	–	1	1	1	2	**2**	**8**
4	3	2	1	–	2	2	3	3	13
5	3	2	1	2	–	1	1	3	10
6	3	2	1	2	1	–	2	3	11
7	4	3	2	3	1	2	–	4	15

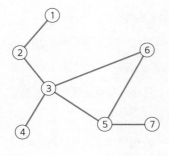

〈그림 10-11〉 결절의 접근성을 나타내는 지수들

리를 해당 네트워크의 '지름'이라고 정의한 바 있다. 이를 결절 경유도와 관련지어 생각해 본다면, 각 꼭짓점의 경유도 가운데 값이 가장 큰 것이 네트워크의 '지름'과 같다. 〈그림 10-11〉의 사례에서는 변두리에 위치한 꼭짓점 v_1과 v_7의 결절 경유도가 4로 가장 크므로, 이 값이 사례 교통망의 지름이 되는 것이다.

(3) 접근도

결절 접근도(結節接近度, nodal accessibility index) 또는 줄여서 '접근도'는 최단거리 행렬에서 행 요소들의 합으로 정의한다.

$$접근도\ A_i = \sum_j d_{ij} \quad \cdots \langle 식\ 10\text{-}10 \rangle$$

결절도는 결절에 바로 이웃한 결절과의 관계만 파악하고, 경유도 역시 가장 먼 결절과의 관계를 표현하는 데 비해, 접근도는 교통망 내의 모든 결절들과의 관계를 포함하고 있다는 점에서 한 결절의 위치를 포괄적으로 보여 주는 지수이다. 따라서 결절도나 경유도에 비해 접근도는 각 결절의 위치를 더 상세히 구분하는 것이 가능하다.

사례 그래프에서 각 꼭짓점의 접근도는 〈그림 10-11 (나)〉의 가장 오른쪽 열에 제시되어 있다. 최단거리 행렬의 각 요소는 '거리'에 관한 정보를 담고 있으므로 그 값이 클수록 거리가 멀다는 뜻이다. 꼭짓점 v_3을 보기로 들자면, A_3이 8이라는 의미는 v_3에서 그래프 안의 다른 모든 꼭짓점들까지 가는 최단거리의 합이 8단위라는 뜻이다. 이에 반해 꼭짓점 v_1의 접근도 A_1은 16으로서 v_3의 무려 두 배의 거리를 더 이동해야 다른 꼭짓점들에 다다를 수 있을 만큼 접근성이 뒤처진다는 것을 보여 준다.

접근도의 정의는 수치그래프에서도 똑같이 적용할 수 있다. 가령 사례 그래프의 각 변에 값(km, 시간 등)을 부여한 수치그래프가 있다면(〈그림 10-12〉), 최단거리 행렬과 접근도는 그림의 표와 같다. 일반그래프에서는 최단거리와 접근도의 단위가 연결선의 수였지만, 수치그래프에서는 킬로미터, 마일, 시간, 화폐 단위 등으로 표현된다.

일반그래프와 수치그래프를 비교한다면, 변의 값을 동일하게 간주하는 일반그래프보다는 수치가 부여된 그래프의 정보가 더 많기 때문에 더 낫다고 평가할 수 있다. 그러나 일반그래프는 교통망에 대한 자료가 부실한 경우에 손쉽게 활용할 수 있다는 장점도 있다. 가령 세계 여러나라 철도망을 비교하려 할 때, 먼 나라에 대한 정보가 부족하여 각 연결선의 거리를 상세히 알 수 없다면 수치그래프로는 나타낼 수 없지만 일반그래프로는 국가 비교가 가능해진다.

또한 일반그래프는 모든 변의 길이를 동일하게 다루므로 교통망의 구조를 살피는 데 더 적합하다고 말할 수 있다. 현실세계에서는 지역 안에 도시(결절)들이 고르게 분포하기보다는 불균등하게 분포하는 일이 흔하다. 우리나라에서도 서울과 그 주변에서는 도시의 수가 많은 데다 이 도시들의 행정경계가 붙어 있을 만큼 밀집되어 있지만, 수도권을 벗어나면 도시의 수도 크게 줄어들고 도시 간격도 벌어지고 있다. 〈그림 10-13 (가)〉는 실세계 핵심지역과 변두리의 도시 분포를 상징하는 수치그래프라면, 〈그림 10-13 (나)〉는 이를 일반그래프로 바꾸어 표현한 것으로서 핵심지역을 마치 고

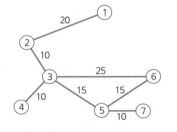

최단거리 행렬과 결절의 접근도

꼭짓점	1	2	3	4	5	6	7	접근도 $\sum_j d_{ij}$
1	–	20	30	40	45	55	55	295
2	20	–	10	20	25	35	35	145
3	30	10	–	10	15	25	25	**115**
4	40	20	10	–	25	35	35	165
5	45	25	15	25	–	15	10	135
6	55	35	25	35	15	–	25	190
7	55	35	25	35	10	25	–	185

$$\sum_i \sum_j d_{ij} = 1{,}230$$

〈그림 10-12〉 수치그래프의 최단거리 행렬과 결절 접근도

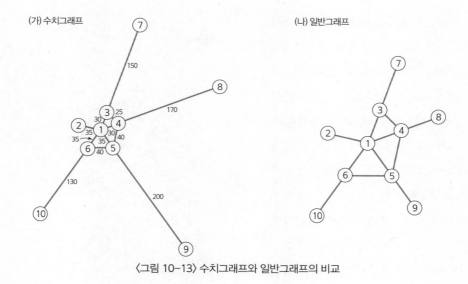

(가) 수치그래프

(나) 일반그래프

〈그림 10-13〉 수치그래프와 일반그래프의 비교

무판처럼 늘린 셈이다. 이처럼 일반그래프는 각 변의 길이를 같게 취급함으로써 결절이 밀집한 핵심 지역의 결절 접근도는 상대적으로 낮추는 한편, 변두리 결절의 접근도는 상대적으로 높이게 되었다.

(4) 결절 접근도의 활용

교통망 내의 모든 결절들에 대해 일일이 접근도를 파악하면, 이를 자료로 삼아 지역 내의 접근성 사정이 어떠한지 지도로 나타낼 수 있다. 〈그림 10-14〉는 북한의 간선도로망으로 본 접근도 분포를 등치선 지도로 나타내 본 것이다. 이처럼 각 결절의 접근도 정보를 시각화하면 지역의 공간적 특성을 한눈에 파악하게 되는 이점이 있다. 더구나 그림의 사례처럼 정보가 매우 부족한 여건에서 도로망에 대한 자료 하나만으로도 해당 지역의 공간구조에 대한 이해에 큰 도움을 받을 수 있게 되었다.

교통투자가 이루어지면 직접적인 효과로 접근성이 개선되고, 지가, 인구와 경제활동의 분포 등의 변화로도 이어지기 쉽다. 따라서 접근도는 교통투자의 직접효과를 파악하는 데 전형적으로 활용되어, 투자 이전의 접근도 분포와 투자 이후의 접근도 분포를 비교함으로써 어떤 결절이 투자의 혜택을 얼마나 보았는지, 교통망 전체로는 접근도 분포가 어떻게 달라졌는지 등을 검토하게 된다. 여기서 한 걸음 나아가면, 교통계획 단계에서 미리 몇 가지 투자 시나리오를 마련하고 접근성이 각각 어떻게 달라질 것인지를 검토하는 방안도 고려해 볼 수 있다.

우리나라 동부지방의 고속도로망을 사례로 삼아 접근도의 활용을 생각해 보기로 하자(〈그림 10-15〉). 우리나라의 고속도로망은 상당히 조밀한 편이지만, 강원도 남부와 경상도 북부 지방은 산지가 많아 고속도로 노선이 예외적으로 희박한 곳이다. 이런 문제를 해소하기 위해 제천~동해(125km), 영주~강릉(130km), 영주~울진(85km) 구간에 고속도로 노선을 신설하는 방안을 비교하기로 한다. 세 가지 투자대안에 따라 결절 접근성이 어떻게 달라지는지 비교하고, 또 교통망 전체의 연결성 개선효과도 검토해 본다.

현재 고속도로망을 대상으로 최단거리 행렬을 만들어 결절의 접근도를 구해 보면 〈표 10-4〉와 같으며, 북쪽의 원주와 강릉의 접근성이 가장 뛰어나고, 남쪽의 영주와 울진의 접근성이 가장 뒤떨어지는 것을 알 수 있다. 더 나아가 세 가지 고속도로 신설 방안에 대해 각각 접근도를 구해 보면 〈표 10-5〉와 같이 요약할 수 있다. 이런 분석을 통해 세 번째 투자대안인 영주~울진 구간에 노선을 신설하는 것이 신설 1km당 연결성 개선효과가 12.6으로 가장 뛰어나다는 것을 알 수 있다. 또한 영주~울진 노선 신설 방안은 회로형 그래프를 형성하여 각 도시의 접근성이 거의 비슷하게 되는 것도 보여 주고 있다. 위의 예제는 접근도 개념의 쓸모를 설명하기 위해 상황을 단순하게 설정한 것이었다. 실제로는 투자예정 구간에 고속도로는 없지만 국도망은 이미 잘 놓여 있다. 따라서 좀 더 정교한 분석을 원한다면 기존 국도를 고속화하는 시나리오 등을 상정하여 시간거리 변화를 분석하는 방안, 분

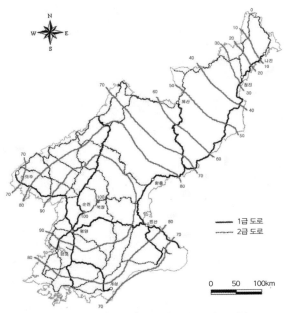

〈그림 10-14〉 북한의 1, 2급 도로망으로 본 접근도 분포, 2004년

주: 그림에서는 접근성이 가장 우수한 곳(A_{max})을 100점, 가장 열악한 곳(A_{min})을 0점으로 하여 환산한 접근도(A_i*)로 표현하였다.

$$A_i* = \frac{A_i - A_{min}}{A_{max} - A_{min}} \cdot 100$$

출처: 허우긍, 2007, pp.49~82.

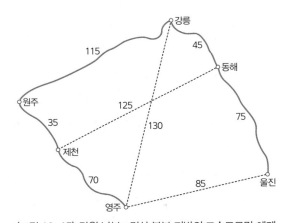

〈그림 10-15〉 강원 남부~경상 북부 지방의 고속도로망 예제

주: 지도의 실선은 현행 고속도로 노선, 점선은 신설 노선, 각 노선의 숫자는 거리를 뜻한다. 동해~울진 구간은 고속화도로이지만 고속도로로 간주하였다.

<표 10-4> 강원 남부~경상 북부 지방의 결절 간 최단거리와 각 결절의 접근도

	원주	강릉	동해	울진	영주	제천	결절 접근도 $A_i = \sum_i d_{ij}$
원주	–	115	160	235	105	35	650
강릉	115	–	45	120	235	150	650
동해	160	45	–	75	265	195	740
울진	235	120	75	–	340	270	1,040
영주	105	220	265	340	–	70	1,000
제천	35	150	195	270	70	–	720

<표 10-5> 고속도로 투자대안들의 결절 접근도 및 교통망 연결성 개선효과

(단위: km)

도시	현재 고속국도망		투자대안					
			1. 제천~동해 125km 신설		2. 영주~강릉 130km 신설		3. 영주~울진 85km 신설	
	접근도	순위	접근도	순위	접근도	순위	접근도	순위
원주	650	1	650	**3**	650	**2**	605	1
강릉	650	1	650	**3**	560	**1**	635	**5**
제천	720	3	580	**1**	720	**4**	605	**1**
동해	740	4	600	**2**	650	**2**	635	**5**
영주	1,000	5	860	5	730	5	625	**3**
울진	1,040	6	900	6	950	6	625	**3**
최단거리의 합계와 변동(괄호)	4,800		4,240 (−560)		4,260 (−540)		3,730 (−1,070)	
신설 1km당 연결성 개선효과	–		−4.5		−4.2		−12.6	

주: 굵은 서체로 표시된 순위는 현재 고속도로망의 접근도 순위가 바뀐 경우를 강조한 것이며, 투자대안별 최단거리 행렬은 지면을 많이 차지하기에 여기에는 싣지 않는다.

석지역을 확대하는 방안 등도 생각해 볼 수 있다. 더 나아가 분석 결과를 지역 도시들의 인구, 경제 등의 자료와 함께 분석하는 단계로 발전시킬 수도 있을 것이다.

2) 연결선의 중요도

(1) 연결선 중요도의 판별법

교통망에서 각 결절의 위치와 성격이 다르듯이 연결선 역시 서로 다르다. 교통망 전체의 크기와 구조, 그리고 교통망 안에서의 위치 및 어떤 결절과 연계되어 있느냐에 따라 교통소통에 기여하는 정도나 교통량은 연결선마다 다르게 마련이다. 연결선의 중요도에 대한 정보는 앞으로 어느 구간에 교통량이 특히 집중될지, 어느 구간에서 현재 교통시설에 비해 교통량 과부하가 일어날 가능성이 있는지, 그리고 어느 구간이 향후 교통투자 우선 대상이 될 것인지를 파악하는 데 큰 도움을 준다.

선행연구 가운데는 결절 접근성에 기여하는 정도를 연결선의 중요도로 간주하고, 연결선의 값에 변화를 주었을 때 최단거리 행렬에 가져다주는 변화를 중요도의 지표로 보기도 하였다. 그러나 이런 방법은 모든 결절에 대해 행렬연산을 거듭해야 하므로, 교통망의 규모가 커지면 분석작업이 매우 번거롭다는 단점이 있다. 또한 변의 값을 얼마나 바꾸어야 하는지에 대한 분명한 지침이 있을 수 없기 때문에, 대부분의 선행연구에서는 몇 가지 교통투자 시나리오를 설정하고 그에 따라 제한된 수의 변에 대해서만 변의 값을 바꾸거나 추가하는 접근법을 써 왔다.

연결선이란 바꾸어 말하면 흐름이 일어나는 곳이다. 위에 소개한 방법은 접근성의 입장에서 연결선의 중요한 정도를 파악하려는 것이라면, 다음 소개할 방법은 흐름을 중시하는 관점에서 연결선의 중요도를 파악하려는 것이다. 키슬링(Kissling, 1969)은 지역 내 모든 결절짝의 최단거리 행렬을 구성할 때 각 연결선이 최단경로들에 몇 번 포함되는가(이하 '이용빈도'로 표기함)를 연결선의 중요도를 나타내는 지표로 쓰는 방안을 대안으로 제시한 바 있다. 접근성이 좋은 연결선이라고 해서 반드시 자주 이용되는 것은 아닐 수 있기 때문에, 연결선의 이용빈도를 중요도로 간주하자는 주장은 설득력이 있다. 또한 연결선 이용빈도를 파악하는 방법은 행렬연산을 한 번만 하면 된다는 실무적 편리함도 있다.

(2) 결절의 특성을 반영한 연결선 중요도

연결선의 이용빈도만 살피는 방법은 각 꼭짓점의 비중이 똑같다고 전제하는 방법이다. 그러나 현실세계의 도시들은 그 인구나 경제활동 규모가 다 다르게 마련이다. 따라서 인구와 산업활동 규모가 큰 도시들, 그리고 가까운 도시 사이에는 상호작용량이 많고 규모가 작은 도시나 멀리 떨어져 있는 도시 사이에는 상호작용량이 적을 것으로 예상된다. 이를 연장하면 '연결선 이용빈도'에 결절의 크기와 거리를 가중치로 적용해 이용빈도를 조정하는 방법을 생각해 볼 수 있다. 다시 말해 두 기종점 결절 사이에 상호작용량(T_{ij})을 구하여 각 구간에 가중치(이하 '상호작용 가중치'라 표기함)로 적용하고, 이용빈도×상호작용 가중치의 합계로 중요도를 나타내는 것이다(〈식 10-11〉). 여기서 결절 i와 j를 연결하는 구간들에 적용한 이용빈도×상호작용 가중치의 합계가 클수록 해당 구간의 중요도가 큰 것으로 해석하게 된다.

$$\text{연결선 i의 중요도} = \sum_j f_i \cdot T_{ij} \quad \cdots \langle \text{식 10-11} \rangle$$

f_i: 연결선 e_i의 이용빈도

T_{ij}(상호작용 가중치): $\dfrac{P_i P_j}{d_{ij}}$

P_i, P_j: 결절(도시) i와 j의 인구 규모

d_{ij}: i와 j의 거리

　북한을 사례로, 연결선의 중요도를 '이용빈도'만 고려한 경우와 '상호작용 가중치'를 적용한 경우를 〈그림 10-16〉에 제시하였다. 북부지방은 평양이 최대 중심지인 데다 인구와 산업이 서해안에 치중되어 있는 특징이 있으며, 이런 지리적 상황이 '상호작용 가중치'를 적용한 지도에서 선명하게 드러나고 있다. 중요도의 순위가 높은 연결선들이 평양을 중심으로, 그리고 신의주~평양~개성 축을 따라 더 많이 분포하는 것을 잘 볼 수 있는 것이다. 우리는 북한에서 사람과 물자가 어디서 어디로 얼마나 이동하는지에 대한 정보가 아주 부족하다. 그러나 도시 간 흐름이 최단경로를 따라 발생한다는 전제 아래 연결선의 중요도를 파악하면, 북한에서 일어나고 있는 흐름의 지리적 모습을 어느 정도 가시화할 수 있게 되는 것이다.

　그러나 상호작용 가중치를 적용한 결과가 현실에 더 가까운 모습을 구현하였다고 해서, 이 방법이 단순 이용빈도로 연결선의 중요도를 살피는 방법보다 더 낫다고 단언할 수는 없다. 각기 그 쓸모가 다르기 때문이다. 총평하자면 최단경로에서 연결선의 이용빈도를 구간의 중요도로 보는 방법은 각

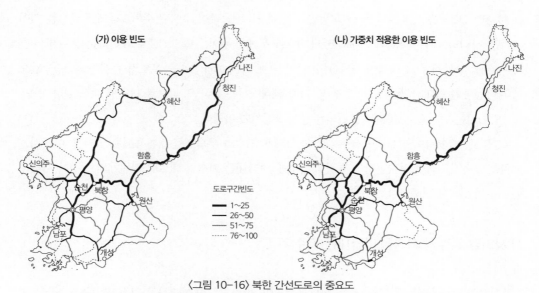

〈그림 10-16〉 북한 간선도로의 중요도

주: 판독에 편리하도록 이용빈도의 실제값 대신 백분위수(百分位數, percentile)로 표현하였다.
출처: 허우긍, 2007, pp.69-70.

결절을 균등하게 취급하는 것으로, 철도망이나 도로망의 구조적 측면을 살펴본다는 의미가 있다. 이에 반해 가중치를 적용하는 방법은 도시들의 비중을 각기 다르게 두는 것으로, 산업입지와 인구 배치 등 지역의 현황 및 개발 시나리오를 전제한 접근법이라고 평할 수 있을 것이다.

4. 교통망 분석법과 사회망 분석법

최근 사회적 관계나 교류를 네트워크의 관점에서 다루는 사회망 분석법(social network analysis)이 지리학계에서도 크게 주목받고 있다. 한 지역의 지식 네트워크, 기업 네트워크, 이민자 사이에 형성되는 사회적 네트워크 등을 비롯해 항공노선망처럼 가변적인 교통서비스 네트워크의 분석에도 사회망 분석법이 적용되고 있는 것이다. 이처럼 사회망 분석법의 활용이 하나의 물결을 이루고 있는 점을 감안할 때, 사회망 분석법과 교통망 분석법을 비교해 보면 사회망에 대한 일차적인 이해뿐 아니라 교통망 분석법의 이해의 깊이를 더하는 데에도 도움이 될 것으로 보인다.

사회망에서 행위자는 꼭짓점으로, 행위자들 사이의 관계(역할 관계, 권력 관계, 감성적 관계, 의사소통, 거래 등)는 변으로 간주하여 그래프이론을 원용한다는 점에서 교통망의 분석과 크게 다르지 않다. 하지만 두 네트워크에는 다른 점도 있다. 교통망은 대부분 평면그래프를 전제하지만, 사회망은 비평면그래프를 전제한다. 또한 교통망은 변에 거리 등 값이 부여된 수치그래프를 다루는 일이 많지만, 사회망에서는 사회적 관계의 존재 여부에 무게를 두어 일반그래프로 표현하는 경우가 더 흔하다. 사회적 관계는 그 성격이 다양할 수 있어 비록 2진수(0과 1)라도 우호적 관계를 양(+)의 값으로 나타낸다면 적대적 관계 또는 경쟁 및 거래 관계에서는 음(−)의 값으로 나타낼 수도 있다. 반면, 교통망에서는 변의 값이 음수로 표현되는 일은 상상하기 어렵다.

교통망 분석과 사회망 분석에서는 다양한 그래프 지수와 분석법들이 활용되고 있지만, 여기서는 논의를 이 장(章)의 핵심관심사인 결절의 지위를 나타내는 지수와 네트워크 전체의 특성을 나타내는 지수의 비교에 집중한다.

1) 사회망 결절의 지위를 나타내는 지수

사회망의 연구에서는 조직 안에서 개별 구성원이 어떤 지위를 차지하고 있는지가 주요 관심사이다. 개별 구성원, 곧 결절의 지위는 '중심성(centrality, 또는 중앙성)'이라는 개념으로 나타내며, 연결중심성, 근접중심성, 매개중심성, 위세중심성 등으로 파악한다. 사회망에서 결절의 중심성은 교통망의 결절 '접근성'과 사실상 같은 개념으로, 사회망 분석에서는 각 결절의 지위가 얼마나 중앙집권적인가를 기준으로 중심성이라 부른다면, 교통망 분석에서는 각 결절에서 네트워크 내의 다른 곳에 얼마나 쉽게 다가갈 수 있는지를 중시하여 '접근성'이라 부른다는 차이뿐이다.

(1) 연결중심성

연결중심성(degree centrality)이란 결절 i에 연계된 결절의 수가 많고 적음을 나타내는 지수이다.

$$\text{연결중심성 } CD_i = \sum_j r_{ij} \quad \cdots \langle \text{식 10-12} \rangle$$

r_{ij}: 사회망 행렬 **R**(i와 j의 연결 여부를 2진수로 나타낸 행렬)의 요소

가령 13명의 사람들이 〈그림 10-17〉과 같은 네트워크를 형성하고 있으며, 구성원 사이에는 양방향의 관계(무향그래프)가 있다고 하자. 한눈에 보아도 결절 A, C, E의 중앙적 위치가 예사롭지 않음을 알 수 있다. 〈식 10-12〉에서 정의한 대로 결절의 연결중심성을 파악한다면, 결절 A, C, E는 각각 4, 결절 B와 D는 각각 2, 나머지 결절들은 모두 1의 값을 가지게 된다. 연결중심성 지수(CD_i)는 교통망 분석법의 결절도(degree)와 같은 개념이며, 영어 표기도 동일하다.

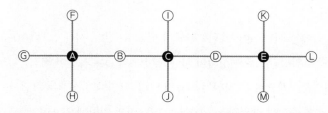

결절		A	B	C	D	E	F	G	H	I	J	K	L	M
국지중심성	연결중심성	4	2	4	2	4	1	1	1	1	1	1	1	1
광역중심성	근접중심성	34	29	26	29	34	45	45	45	37	37	45	45	45
	매개중심성	30	32	46	32	30	0	0	0	0	0	0	0	0

〈그림 10-17〉 사회망의 중심성 지수

주: 사례 사회망은 나무형 그래프로서 모든 꼭지점 사이의 한 개씩뿐이다. 따라서 〈식 10-14〉의 분모항은 값이 1이 된다.

(2) 근접중심성

연결중심성은 한 결절의 직접 연결선의 많고 적음만을 살피는 국지적인 중심성(local centrality) 지수이며, 간접연결까지 고려하지는 못하므로 중심성을 정교하게 파악하는 데에는 한계가 있다.

이런 점을 감안하여 직접연결뿐 아니라 네트워크 전체의 다른 결절과의 간접연결까지 포괄적으로 파악하는 광역 중심성(global centrality) 지수로는 근접중심성, 매개중심성 및 위세중심성 지수가 있다.

근접중심성(close centrality)은 결절 i와 다른 결절들 사이의 최단거리의 합($\sum_j d_{ij}$)으로 정의된다 (〈식 10-13〉). 여기서 거리란 최단경로를 구성하는 연결선의 수를 말하며, 따라서 그 값이 작을수록 근접중심성이 우수하다는 것을 의미한다.*

$$근접중심성\ CC_i = \sum_j d_{ij} \quad \cdots \langle 식\ 10\text{-}13 \rangle$$

$$d_{ij}: 최단거리$$

이 지수는 교통망 분석에서 결절 접근성과 정확히 똑같은 개념에 근거하고 있다. 근접중심성과 결절 접근성 모두 네트워크 안에서 결절의 상대적 위치를 반영한 지수라는 점이 중요한 특징이며, 두 지수가 모두 우수한 광역적 지수로 평가되는 것도 이런 특징에서 비롯된다. 예시한 사례 〈그림 10-17〉의 표에서, 각 결절의 근접중심성은 연결중심성보다 결절의 중심적 지위를 훨씬 자세하게 구별하는 것을 볼 수 있다.

(3) 매개중심성

하나의 사회망 안에는 여러 개의 하위집단들이 있을 수 있다. 사례 〈그림 10-17〉은 결절 A, C, E를 중심으로 3개의 하위집단으로 구성되어 있다. 결절 B와 D는 자신이 직접 연결하는 결절의 수는 2개에 불과하여 연결중심성으로 본 지위는 비교적 낮다. 그러나 결절 B는 그림 왼쪽의 A를 중심한 하위집단과 가운데 C를 중심한 하위집단을 이어 주는 다리의 위치에 있으며, 결절 D 역시 그림 가운데의 C를 중심한 하위집단과 오른쪽 E를 중심한 하위집단을 이어 주는 고리 역할을 하고 있다.

매개중심성(betweenness centrality)은 사이중심성 또는 중개중심성이라고도 부르며, 어떤 결절이 사회망 내 하위집단들의 연결고리 구실을 얼마나 하고 있는가를 나타내는 지수로서, 결절 i의 매개중심성 CB_i는 결절들을 잇는 최단경로들 가운데 결절 i를 거치는 최단경로의 비율로 정의된다.

---

* 우리는 어떤 지수의 값이 클수록 그 지수가 나타내려는 속성도 크고 많거나 우수하다고 사고하는 데 익숙해 있다. 그러나 〈식 10-13〉은 이러한 사고방식과 반대로 표현되고 있으므로, 근접중심성은 최단거리 합의 역수(逆數)로 표현되기도 한다. $CC_i = (\sum d_{ij})^{-1}$. 규모가 서로 다른 네트워크를 비교하려 할 때에는 중심성 지수를 표준화하면 편리하다. 표준화하려면 연결중심성 지수(〈식 10-12〉)는 해당 네트워크의 결절의 수(v)로 나누어 주며, 근접중심성 지수(〈식 10-13〉)와 매개중심성 지수(〈식 10-14〉)는 (v-1)(v-2)/2의 값(무향 네트워크) 또는 (v-1)(v-2)의 값(유향 네트워크)으로 나누어 준다.

$$\text{매개중심성 } CB_i = \sum_j \sum_k \frac{S_{jk}(i)}{S_{jk}}, \, i \neq j \neq k \quad \cdots \langle \text{식 } 10\text{-}14 \rangle$$

S_{jk}: 결절 j와 k 사이의 최단경로 수

$S_{jk}(i)$: S_{jk} 중에서 결절 i를 거치는 경로의 수

위의 사례에서 보면 네트워크의 한가운데에 위치한 결절 C의 매개중심성 지수는 46, 다리 역할을 하는 결절 B와 D는 각각 32, 결절 A와 E는 30의 값을 가지며, 나머지 변두리에 위치한 결절들은 모두 0의 값을 가진다. 이처럼 매개중심성은 중개 역할을 하는 결절들을 분명하게 드러내 준다는 점이 특징이며, 그림 사례와 같은 허브형의 네트워크 등에서 더욱 그 쓸모가 드러난다. 그러나 집단 구성원 사이의 관계가 점점 복잡해져서 허브형 구조에서 멀어질수록 매개중심성 지수의 장점은 줄어들게 된다고 말할 수 있다. 〈식 10-14〉에서 보는 바와 같이 지수를 구하기 위해 상당히 복잡한 계산 과정을 거쳐야 하는 만큼, 계산의 부담에 비해 그 쓸모가 큰지도 의문스럽다. 〈그림 10-17〉의 표에서 시사하듯이 결절들의 근접중심성과 매개중심성의 순위상관은 상당히 높을 것으로 예상되므로, 두 중심성은 개념이 비록 다를지언정 두 지수를 모두 계산하는 것은 효율적이라고 말하기 어려워 보인다.

교통망 분석에서는 매개중심성과 같은 성격의 지수는 없는데, 이는 허브형 교통망이 그다지 흔하지 않기 때문일 것이다. 가장 닮은 지수로는 연결선의 중요도를 측정하는 방법들을 꼽을 수 있다(이 장의 제3절 참조). 교통망의 연결선 중요도란 바로 어떤 연결선이 최단경로들에 얼마나 자주 포함되는가를 가려내는 지수이므로, 이러한 연결선에 연계된 결절들을 골라 포함빈도를 파악한다면 그 성격이 매개중심성의 개념에 가깝다.

(4) 위세중심성

지금까지는 결절들 사이에 연결선이 있고 없음에 따라 네트워크를 정의하여 연결, 근접, 매개 중심성을 파악하였다. 그렇다면 연결선에 값(관계의 강하고 약함, 정보흐름의 많고 적음 등)이 부여되는 네트워크, 곧 수치그래프라면 중심성을 어떻게 파악할 수 있을까? 이러한 상황에 적합한 지표로는 위세중심성(power centrality, 또는 권력중심성) 지수가 있으며, 계산 과정에 요인분석기법이 적용되므로 아이겐벡터 중심성(eigenvector centrality)이라고도 부른다. 위세중심성은 수치그래프의 자료를 활용할 수 있다는 점에서 사회망 분석뿐 아니라 항공노선의 좌석수, 인터넷 기간망의 용량 등 지리적 사례에도 그 활용빈도가 높은 편이다(Tranos, 2013).

위세중심성 지수를 구하는 모형은 여러 가지가 있는 데다 새로운 수정모형도 계속 제안되고 있지

만, 한 결절의 위세란 그 자신의 고유한 위세뿐 아니라 이웃 결절들의 위세도 일부분 반영된다는 점이 공통의 핵심내용이라고 요약할 수 있다. 위세중심성의 이러한 개념은 〈식 10-15〉와 같이 정의될 수 있으며, 결절 i의 중심성에 자신의 위세(CP_i)뿐 아니라 이웃 결절들의 위세(CP_j)도 함께 반영되는 것이 명시되어 있다. CP_i를 구하려면 여러 개의 연립방정식을 만들어 푸는 과정을 거쳐야 하며, 요인분석법을 적용하게 된다. 요인분석법의 결과 얻어진 아이겐벡터가 바로 각 결절의 위세중심성을 나타내며, 0과 1 사이의 값($0 \leq CP_i \leq 1$)을 가진다.

$$위세중심성 \ CP_i = \sum_j r_{ij} \cdot CP_j \quad \cdots \langle 식 \ 10-15 \rangle$$

$$r_{ij}: 결절 \ 간의 \ 관계 \ 행렬 \ \mathbf{R}의 \ 요소$$

보나시치(Bonacich, 1987)는 더 일반화된 형태의 〈식 10-16〉을 제안한 바 있으며, 그의 공헌을 기려 보나시치 권력중심성(Bonacich power centrality)이라고도 부른다. 이 식에서 α와 β의 값은 연구자가 분석하려는 자료와 상황에 알맞게 설정하는 상수로서, 가령 $\alpha=0$, $\beta=1$인 경우라면 〈식 10-15〉와 같게 된다. β의 값은 관계의 성격에 따라 음수로도 정의될 수 있다.

$$보나시치 \ 권력중심성 \ CP_i = \sum_j r_{ij} \cdot (\alpha + \beta \cdot CP_j) \quad \cdots \langle 식 \ 10-16 \rangle$$

$$\alpha: 상수, \beta: 관계의 \ 방향과 \ 정도를 \ 나타내는 \ 상수$$

교통망 분석법에서는 위세중심성에 견줄 만한 지수는 개발되어 있지 않으며, 수송량에 관한 행렬 자료를 요인분석법을 적용하여 분석하는 것이 가장 근사한 경우로 보인다. 수송량에 관한 요인분석의 목적은 지역 내 결절들의 계층구조를 파악하려는 것이므로(제10장 참조), 권력중심성과 사실상 같은 목적을 가지는 분석법이라고 평가할 수 있다.

2) 사회망의 구조적 특성에 관한 지수

(1) 연결성

사회망 전체의 특성을 살필 때에는 교통망과 마찬가지로 네트워크 전체가 얼마나 잘 연결되어 있는가 하는 점이 일차적인 관심사가 되며, 포괄성 및 밀도가 이를 반영하는 지수이다.

포괄성(inclusiveness)이란 전체 결절 가운데 얼마나 많은 결절이 네트워크에 포함되어 있는가를 나타내는 지수로서, 가령 전체 행위자가 20명이고 이 가운데 5명이 연결되지 않은 채 소외되어 있다면 그 사회망의 포괄성 지수는 0.75가 된다.

$$\text{포괄성 } I = \frac{\text{연결망에 포함된 결절 수}}{\text{총 결절 수}} \quad \cdots \langle \text{식 10-17} \rangle$$

교통망 지수 가운데에는 사회망의 포괄성에 대응하는 지수는 없다. 반면 교통망의 연결성을 보여주는 지름(δ), 회로수(μ) 그리고 수치그래프의 총연장–지름 비(π), 총연장–연결선 비(η), 총연장–결절 비(θ) 등은 사회망 분석에서는 잘 쓰이지 않는 개념이다.

포괄성은 그 개념이 매우 단순하므로 사회망 전체의 연결 정도를 정교하게 파악하는 데는 한계가 있다. 연결성을 나타내는 좀 더 나은 지수로는 네트워크 밀도(density)가 있으며, 현 사회망의 연결 수준(연결선의 수 e)을 가장 조밀한 이상적 수준(최대 연결선의 수 e_{max})에 대한 비율로 나타낸 것이다.

$$\text{밀도 } D = \frac{e}{e_{max}} \quad \cdots \langle \text{식 10-18} \rangle$$

$$\text{무향 네트워크의 경우 } e_{max} = \frac{v(v-1)}{2}, \text{ 유향 네트워크라면 } e_{max} = v(v-1)$$

이 식은 다름 아닌 교통망 분석법의 연결률(γ)과 똑같은 것이며, 단지 분모항을 $v(v-1)/2$ 또는 $v(v-1)$로 정의한 것은 사회망이 비평면그래프이기 때문이다.

(2) 집중도

사회망의 연결 수준 이외에 다른 구조적 특징, 특히 사회적 관계가 소수의 특정 구성원에 얼마나 집중되어 있는가를 파악하려는 지수들이 개발되어 있으며, 이는 집중도(centralization) 또는 중심화 지수라고 부른다. 사회망에서는 특정 구성원이 교류를 압도하는 경우가 흔하여 마치 교통망의 '허브(hub)'와 같은 역할을 하며, 이런 사람을 일상생활에서는 '스타', '마당발' 등의 별명으로 부르기도 한다. 연결집중도(degree centralization)는 이처럼 교류의 집중 정도를 파악하는 지수이다.

집중도는 중심성이 가장 높은 결절과 다른 결절들의 중심성 편차합(偏差合)을 계산하여 나타내며, 통계학에 비견하자면 대푯값(산술평균)과 각 사례값의 편차 제곱(sum of squares)으로 파악하는 분산(variance)과 비슷하다. 이 편차의 합이 클수록 소수의 특정인에 관계가 집중되어 있다는 것이며, 다른 말로 바꾼다면 관계망의 형태가 방사상 또는 허브형에 가깝다는 것을 뜻한다. 편차합은 해석의 편의를 위해 논리적으로 가능한 최대 편차합으로 나눈 비율지수로 바꾸는 것이 일반적이다. 가령 연결중심성의 집중도(연결집중도) C는 〈식 10-19〉와 같이 정의된다. 만약 어떤 사회망이 단 하나의 구성원에 집중된 방사상이라면 중심성의 편차가 다른 어떤 형태의 연결망보다도 클 것이므로, 분모항의 값인 최대 편차는 $(v-1)(v-2)$과 같다.

$$\text{집중도 C} = \frac{\sum_i (\text{중앙적 지위를 가진 결절의 중심성} - \text{다른 결절의 중심성})}{\text{이론상 가능한 최대 중심성 편차}}$$

$$= \frac{\sum_i (CD^* - CD_i)}{(v-1)(v-2)} \quad \cdots \langle \text{식 10-19} \rangle$$

CD^*: 중심성이 가장 높은 결절의 연결중심성

CD_i: 결절 i의 중심성

집중도는 근접중심성과 매개중심성에 대해서도 구해 볼 수 있다. 따라서 〈식 10-19〉에서 분자항에 해당 중심성 지수(CC^*와 CC_i, 또는 CB^*와 CB_i)를 대입하고, 분모항의 이론상 가능한 최대 중심성 편차는 근접집중도의 경우 $\{(v-1)(v-2)\}/(2v-3)$, 매개집중도의 경우에는 $(v-1)^2(v-2)$의 값을 대입하게 된다.

집중도의 특징은 실제 중심성 편차합과 이론상 가장 큰 중심성 편차합의 비율지수라는 점이다. 이러한 특징은 교통망 분석에서 쓰이는 회로율($\alpha = \mu/\mu_{max}$)과 닮은꼴이다. 다만 사회망에서는 집중과 분산이라는 측면에서, 교통망에서는 연결성이라는 측면에서 네트워크의 구조를 파악한다는 점이 다를 뿐이다.

3) 교통망 지수와 사회망 지수의 비교

지금까지 교통망과 사회망 분석에서 가장 자주 활용되는 지수들을 비교해 보았다. 일부 지수들은 개념이 일치하였고, 다른 몇몇 지수들은 다소 다르거나 비견할 만한 것이 없는 경우도 있었다. 이런 차이는 교통망과 사회망의 성격이 다르고, 분석의 주안점도 다른 데서 연유하는 것이었다. 특히 사회망의 연구에서는 개별 결절의 지위와 역할에 주안점을 두어 각종 중심성 지수가 고안된 반면, 교통망 분석법에서는 매개중심성과 위세중심성에 대응할 만한 지수는 고안되어 있지 않다. 한편 교통망 분석법에서는 네트워크 전체의 연결성과 구조를 파악하는 다양한 지수들이 활용되고 있으나, 사회망 분석법에서는 이에 비견할 만한 것이 없는 실정이다. 이 책에서 다루지는 않았지만, 사회망 분석에서는 하위집단의 특성을 다루기 위해 부분그래프(subgraph) 분석법이 교통망 분석의 경우보다 더 발달되어 있는 것(김현, 한대권, 2015)도 주요 차이점이다. 연구의 주제와 대상, 다루려는 네트워크의 특성에 알맞은 분석법을 골라 쓰는 지혜가 필요해 보인다.

	지수의 명칭과 정의		
	교통망의 분석	사회망의 분석	
네트워크 전체	지름$(\delta)=max_{i,j}\,d_{ij}$ 회로수$(\mu)=e-(v-1)$	대응되는 지수 없음	
	대응되는 지수 없음	포괄성$=\dfrac{\text{망내 결절 수}}{\text{총 결절 수}}$	
	선밀도$(\beta)=\dfrac{e}{v}$	대응되는 지수 없음	
	연결률$(\gamma)=\dfrac{e}{e_{max}}$, 평면그래프	밀도$=\dfrac{e}{e_{max}}$, 비평면그래프	
	회로율$(\alpha)=\dfrac{\mu}{\mu_{max}}$	연결집중도, 근접집중도, 매개집중도 $=\dfrac{\text{실제 중심성의 편차합}}{\text{최대 편차합}}$	
	총연장-지름 비$(\pi)=\dfrac{M}{\delta}$ 총연장-연결선 비$(\eta)=\dfrac{M}{e}$ 총연장-결절 비$(\theta)=\dfrac{M}{v}$ 수치그래프를 전제. M은 네트워크의 길이	대응되는 지수 없음	
결절	결절도=결절 i와 직접 연결된 결절의 수	연결중심성=결절 i와 직접 연결된 결절의 수	
	경유도$=max_j\,d_{ij}$	대응되는 지수 없음	
	접근도$=\sum_j d_{ij}$ d_{ij}: 결절 i와 j의 최단거리	근접중심성$=\sum_j d_{ij}$ d_{ij}: 결절 i와 j의 최단거리	
	대응되는 지수 없음	매개중심성$=\sum_j\sum_k \dfrac{S_{jk}(i)}{S_{jk}}$	
	대응되는 지수 없으나, 교통량에 대한 요인분석이 그 목적 및 절차가 권력중심성의 경우와 비슷함	권력중심성$=r_{ij}\cdot\sum CP_j$	
연결선	연결선의 중요도=최단경로에 포함되는 빈도	대응되는 지수 없으나, 결절의 매개중심성 모형이 연결선 중요도를 구하는 절차와 비슷함	

· 참고문헌 ·

김현, 한대권, 2015, "네트워크 분석," 허우긍, 손정렬, 박배균 편, 네트워크의 지리학, 푸른길: 서울. 27-44.

최운식, 1995, 한국의 육상교통. 이화여자대학교출판부: 서울.

허우긍, 2007, "북한 육상 교통망의 특성과 개선 방향," 북한 산업개발 및 남북협력방안. 서울대학교출판부: 서울. 49 -82.

Black, W. R., 2003, *Transportation: A Geographical Analysis*. The Guilford Press: New York.

Bonacich, P., 1987, "Power and centrality: a family of measures," *American Journal of Sociology* 92(5), 1170-1182.

Garrison, W. L. and Marble, D. F., 1961, *The Structure of Transportation Networks,* U.S. Department of Commerce.

Kansky, K., 1963, *Structure of Transportation Networks: Relationships between network geometry and regional characteristics.* University of Chicago, Department of Geography Research Paper No.84. Chicago.

Kissling, C., 1969, "Linkage importance in a regional highway network," *Canadian Geographer* 13(2), 113-129.

Taaffe, E., Gauthier, H. and M. O'Kelly, 1996, *Geography of Transportation, second edition.* Prentice Hall: Upper Saddle River, New Jersey.

Tranos, Emmanouil, 2013, *The Geography of Internet: Cities, Regions and Internet Infrastructure in Europe,* Edward Elgar: Cheltenham, UK.

제11장

네트워크의 디자인

1. 나무 네트워크와 최단경로의 구성

1) 네트워크 알고리듬

  학술적으로나 정책적으로나 교통망의 효율성은 중요한 관심사이다. 이를테면 두 도시 사이에 가장 빠른 길은 무엇인가, 어떻게 하면 비용을 가장 적게 들이며 필요한 자원을 수송할 수 있을까 등의 질문이 효율성과 관련된 것들이다. 이미 만들어져 이용되고 있는 교통망의 특징을 파악하는 것도 중요하지만, 교통망의 디자인 역시 중요한 주제가 아닐 수 없다. 지역개발 사업을 구상하면서 새 길을 어떻게 낼 것인가, 도시 안에서 교통서비스 노선을 어떻게 편성하여야 할 것인가, 더 나아가 서비스의 입지와 그 배후지를 결정하는 문제 등은 현안을 해결하고 더 나은 미래를 계획하는 데 중요하다. 또한 과거 교통망의 발달역사를 돌이켜 보고, 어떤 원리나 규칙성을 따라 교통망이 확장되어 왔는지를 살펴보는 것 역시 교통망의 발달 과정에 대한 이해의 폭을 넓히는 데 기여한다. 이 장은 이러한 주제들을 다루게 되며, 첫 절은 나무형 교통망의 구성과 교통량과 최단경로 찾기, 제2절은 교통망의 디자인과 과거 교통망의 복원이 주요 주제이다.
  교통망과 흐름에 관한 여러 문제의 수리적 최적해(最適解)를 구하는 과정을 네트워크 알고리듬 (network algorithms)이라 한다. 네트워크 알고리듬은 그 다루는 문제 유형에 따라 다음과 같이 크게 나눌 수 있다.

(1) 나무 네트워크 구성하기(tree algorithms)

(2) 경로 분석(path algorithms)

(3) 교통량 배정하기(flow algorithms)

(4) 네트워크 디자인(network design)

이 밖에 과업 수행하기 및 평가와 같은 특수 알고리듬(critical path method, program evaluation and review technique 등)도 다수 있다. 이 장에서는 나무 네트워크 구성하기와 최단경로 찾기 알고리듬 및 네트워크 디자인에 관해 소개하며, 흐름의 최적화 문제를 다루는 유동 알고리듬(flow algorithms)은 제14장에서 다루게 된다.

2) 나무 네트워크 구성하기

지역 내 여러 도시들을 모두 연결하는 교통망을 구성하는 방법은 수없이 많지만, 이 가운데 최소한의 변을 이용하여 모든 도시를 연결하는 교통망, 곧 나무(tree, 트리)형 교통망을 구성하는 것은 각종 논의의 출발점을 이룬다. 지역의 교통망 발달 과정으로 보아 나무 네트워크가 가장 초기의 상황을 대표하기 때문이다. 여기서는 '나무 구성하기 알고리듬(tree building algorithm)'을 소개한다. 나무 구성하기 알고리듬은 이해하기가 매우 쉬워, 네트워크 알고리듬에 친숙해지는 데 첫 출발을 마련한다. 그뿐만 아니라 현실적으로는 기존 네트워크 안에서 최소비용 등 특정 목적에 부합하는 경로를 찾는 방법과, 새로운 네트워크를 구상할 때 논리적 기초 안(案)을 마련하는 방법에 대한 이해를 돕는다는 의의도 함께 가지고 있다.

나무 구성하기 알고리듬은 목적에 따라 전체 길이가 가장 짧은 나무(최단나무, minimum spanning tree) 구성하기, 전체 길이가 가장 긴 나무(최장나무, maximum spanning tree) 구성하기, 길이에 구애받지 않고 단순히 나무 구성하기 등으로 나뉘지만 기본 알고리듬은 동일하다. 최단나무 구성하기(minimum spanning tree algorithm)는 다음 네 단계의 작업으로 이루어진다(Evans and Minieka, 1992: 49-54).

• 단계 1(초기화): 다루려는 네트워크는 무향 수치그래프로 간주한다. 그래프의 변 가운데 루프(loop)가 있으면 제외하고*, 나머지 변들을 값(길이)이 가장 작은 것부터 오름차순으로 배열한

---

* 한 변의 양 꼭짓점이 같은 경우, 다시 말해 한 꼭짓점에서 시작하여 도중 다른 꼭짓점을 거치지 않은 채 시작 꼭짓점으로 되돌아오는 변은 루프[loop, 환상선(環狀線)]라 부른다. 루프는 다루려는 그래프에 복잡함만 더할 뿐이므로 분석에서 제외하여 그래프를

〈표 11-1〉 나무 구성하기 알고리듬의 작업 과정을 기록할 표: 초기화 단계

작업 순서	검사할 변	변의 길이	나무에 포함 여부	꼭짓점 번호 기입란 #1	꼭짓점 번호 기입란 #2	꼭짓점 번호 기입란 #3, …
1	변 4	l_4				
2	변 2	l_2				
⋮	⋮	⋮				

다. 작업 과정을 기록할 표를 마련하며, 모든 변은 아직 검사되지 않았으므로 표에는 변의 길이 외에는 아무것도 기입되지 않은 것으로 초기화한다.

- 단계 2: 첫째 순위의 변을 골라 나무를 구성할 변으로 간주하고, 해당 변의 두 꼭짓점 번호를 표의 한 난에 기입한다.
- 단계 3: 아직 검사되지 않은 다음 순위의 변을 골라, 다음 (가)~(라) 중 어느 경우에 해당하는지 판단한다. (만약 검사할 변이 하나도 남아 있지 않으면 나무가 없는 것으로 간주하고 작업을 마친다.)

(가) 이 변의 양끝 꼭짓점 번호가 표의 같은 난에 기입되어 있는 경우: 해당 변을 나무 구성에서 제외하고, 단계 3으로 되돌아간다.

(나) 한 꼭짓점의 번호는 표의 한 난에 기입되어 있지만, 다른 꼭짓점 번호는 표의 다른 어느 난에도 기입되어 있지 않은 경우: 해당 변을 나무에 포함시키고, 아직 표에 기입되지 않은 꼭짓점 번호를 다른 꼭짓점이 기입되어 있는 난에 기입한다.

(다) 두 꼭짓점 번호 모두 표에 기입되어 있지 않은 경우: 해당 변을 나무에 포함시키고, 양쪽 꼭짓점 번호를 표의 한 난에 함께 기입한다.

(라) 두 꼭짓점 번호가 각기 다른 난에 기입되어 있는 경우: 해당 변을 나무에 포함시키고, 표의 두 난에 나누어 기입되어 있던 꼭짓점 번호들을 한 난으로 옮겨 적고 다른 한 난은 비워 둔다.

(나), (다) 또는 (라)의 과정이 끝났으면 단계 4로 넘어간다.

- 단계 4: 그래프의 모든 꼭짓점 번호들이 표의 같은 난에 다 기입되어 있거나, 나무에 포함된 변의 수가 $v-1$개이면 나무가 구성된 것이므로 작업을 종료한다. 아직 이런 상태에 이르지 못하였으면 단계 3으로 되돌아가 작업을 계속한다. (v: 꼭짓점의 수)

단순하게 만드는 것이 일반적이다.

글상자 1: 최단나무 구성하기 연습

사례를 통해 나무 구성하기 알고리듬의 논리를 더 익혀 보자. 그림과 같이 다섯 도시를 잇는 교통망이 있을 때, 이 도시들을 모두 연결하는 최단나무를 나무 구성하기 알고리듬에 따라 만들어 본다.

작업 과정:

단계 1: 그림의 변들을 그 길이에 따라 오름차순으로 배열한다: 변 (3, 4), (1, 2), (1, 3), (2, 3), (3, 5), (1, 4), (4, 5), (2, 5)

단계 2~3: 길이가 가장 짧은 변 (3, 4)가 제일 처음 검사되었고, 그다음 (1, 2), (1, 3) 등의 순서로 검사가 계속되었다. 작업 과정을 요약한다면 표 (다)와 같다.

단계 4: 5회차 만에 모든 꼭짓점 번호가 한 난에 다 모아졌으므로 알고리듬이 종료되었고, 그림과 같이 최단나무가 얻어졌으며 변 길이의 합은 38이다.

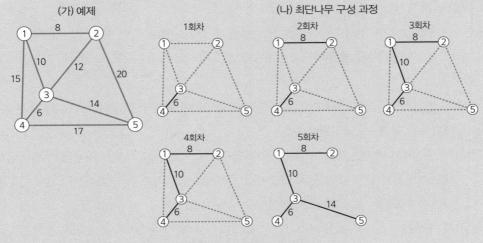

(다) 최단나무 구성하기 작업 순서

작업 순서	변	길이	나무에 포함 여부	꼭짓점 번호 기입란 #1	꼭짓점 번호 기입란 #2
1	(3, 4)	6	o	3, 4	–
2	(1, 2)	8	o	3, 4	1, 2
3	(1, 3)	10	o	1, 2, 3, 4	–
4	(2, 3)	12	x	1, 2, 3, 4	–
5	(3, 5)	14	o	1, 2, 3, 4, 5	–

〈그림 11-1〉 수치그래프에서 최단나무 구성하기 연습

위의 작업 과정에서 변의 길이가 가장 긴 것부터 내림차순으로 배열하여 검사하면 변의 길이 합계가 가장 긴 최장나무 네트워크가 얻어지며, 변의 검사 순서를 무작위로 하면 임의의 나무 네트워크가 만들어지게 된다. 실세계에서는 장소 간 최단거리가 우선 관심사이므로, 이러한 나무 구성 과제

가운데 최단나무 구성 알고리듬이 적용되는 것이 일반적이다. 최장나무의 구성 사례는 드물지만, 우리나라 도시 간 통행량을 해당 도시 간 연결선의 값으로 간주하여 최장나무를 구하고 이를 바탕으로 도시 계층구조를 파악한 흥미로운 연구사례도 있다(정미선, 이금숙, 2015).

블랙(Black)은 앞의 최단나무 구성하기 알고리듬을 매우 쉬운 말로 설명하여, 주어진 네트워크에서 가장 가까운 꼭짓점끼리 연결하여 부분그래프들을 만들고 이 부분그래프를 연결하는 작업을 반복하면 최단나무가 얻어진다고 하였다(2003: 96). 우리가 눈으로 보고 종이 위에 손으로 그려 가면서 작업한다면 블랙 방식의 설명으로도 족할 것이다. 그러나 다루는 그래프의 규모가 방대할 때에는 작업 과정에 질서를 부여하는 것이 오류를 일으킬 여지를 없애 주며, 나무 구성하기 작업을 반복하려 할 때에도 작업의 수고를 덜어 준다. 알고리듬의 필요성이 바로 여기에 있는 것이다.

3) 꼭짓점 사이의 최단거리 구하기

(1) 2진수 연결행렬에서 최단거리 구하기

우리는 제7장에서 두 꼭짓점 사이의 최단거리에 대해 자주 논하였으나, 이를 어떻게 구할 수 있는 것인지에 대해서는 다루지 못하였다. 일찍이 심벨(Shimbel, 1953)은 행렬연산으로 그래프의 모든 꼭짓점 사이의 최단거리를 한꺼번에 구하는 손쉬운 방법을 고안하였기에 여기에 소개한다. 네트워크 분석 전용 소프트웨어가 없더라도 엑셀과 같은 문서정리 소프트웨어만으로도 자신이 손수 적용해 볼 수 있는 쉽고 간단한 방법이므로 익혀 둘 가치가 충분하다.

〈그림 11-2〉와 같은 그래프를 2진수, 곧 0과 1의 값으로 구성된 연결행렬 C로 나타내었다고 하자. 연결행렬 C는 꼭짓점 i와 꼭짓점 j를 1개의 변으로 직접 연결(이하 '1단 연결'이라고 적음)하는 경우의 수를 나타내고 있는 것이기도 하므로 C 대신 C^1이라고 표기할 수 있다. 그러면 2개의 변을 거쳐 연결('2단 연결')되는 경우의 수를 나타내는 C^2는 C 곱하기 C로, 3단 연결의 경우의 수를 나타내는 C^3은 C^2 곱하기 C로 구할 수 있다.

$$C^2 = C^1 \cdot C^1$$
$$C^3 = C^2 \cdot C^1$$
$$\vdots$$
$$C^m = C^{m-1} \cdot C^1 \quad \cdots \langle \text{식 } 11-1 \rangle$$

〈식 11-1〉에서 행렬 C^m의 요소 c_{ij}^m는 행렬 C^{m-1}의 i행과 행렬 C^1의 j열 요소를 차례로 곱하여 합산한다.

$$c_{ij}^m = \sum_k c_{ik}^{m-1} \cdot c_{kj}^1 = c_{i1}^{m-1} \cdot c_{1j}^1 + c_{i2}^{m-1} \cdot c_{2j}^1 \cdots + c_{in}^{m-1} \cdot c_{nj}^1 \quad \cdots \langle \text{식 11-2} \rangle$$

가령 〈그림 11-2〉의 예제에서 3단 연결행렬 $\mathbf{C}^3$의 요소 c_{24}^3는 행렬 $\mathbf{C}^2$의 제2행과 행렬 $\mathbf{C}^1$의 제4열 요소들을 차례로 곱하고 합산하며, 그 값은 4로서 꼭짓점 2와 4 사이에 3단 연결할 수 있는 경우가 네 가지라는 뜻이다.

$$c_{24}^3 = \sum_k c_{2k}^2 \cdot c_{k4}^1 = c_{21}^2 \cdot c_{14}^1 + c_{22}^2 \cdot c_{24}^1 + c_{23}^2 \cdot c_{34}^1 + c_{24}^2 \cdot c_{44}^1 + c_{25}^2 \cdot c_{54}^1 + c_{26}^2 \cdot c_{64}^1$$
$$= 0 \cdot 0 + 4 \cdot 1 + 0 \cdot 0 + 0 \cdot 0 + 0 \cdot 0 + 1 \cdot 0 = 4$$

$\mathbf{C}^1$, $\mathbf{C}^2 \cdots \mathbf{C}^m$이 만들어지고 나면 이에 대응하는 최단거리 행렬 $\mathbf{D}^1$, $\mathbf{D}^2 \cdots \mathbf{D}^m$을 각각 작성한다. 행렬 $\mathbf{D}^1$에는 행렬 $\mathbf{C}^1$의 값을 그대로 복사한다. 행렬 $\mathbf{D}^2$에는 $\mathbf{C}^1$과 $\mathbf{C}^2$를 비교하여 $\mathbf{C}^1$에서 0이었던 요소

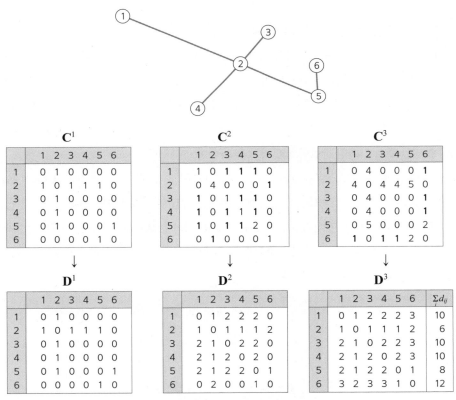

〈그림 11-2〉 연결행렬 C에서 꼭짓점 간 최단거리 구하기

주: 행렬 $\mathbf{C}^2$와 $\mathbf{C}^3$에서 굵게 표현한 숫자는 $\mathbf{C}^1$의 요소값이 0이었다가 현 단계에서 다른 값으로 바뀐 경우를 강조한 것이다.

가 $\mathbf{C}^2$에서 다른 값으로 바뀌었을 때에는 행렬 $\mathbf{D}^2$의 해당 요소값을 2로 치환해 주며, 대각요소의 값은 치환하지 않고 0을 유지한다. 여기서 2는 두 꼭짓점 사이의 최단경로를 구성하는 변의 수가 2개임을 가리키는 것이다. $\mathbf{D}^3$도 같은 요령으로 작성하는데, $\mathbf{C}^2$와 $\mathbf{C}^3$을 비교하여 $\mathbf{C}^1$에서 0이었던 요소가 $\mathbf{C}^3$에서 다른 값으로 바뀌었을 때에는 행렬 $\mathbf{D}^3$의 해당 요소값을 3으로 치환해 주며, 이때 3이란 두 꼭짓점 사이의 최단거리가 3이라는 의미이다. 이하 $\mathbf{D}^4$ … $\mathbf{D}^m$도 같은 방식으로 만들어 나간다.

이러한 작업은 언제까지 계속해야 하는가? 행렬의 곱셈 횟수는 분석하고 있는 그래프의 지름($m=\delta$)만큼이며, 예제 그래프의 지름이 3($\delta=3$)이므로 $\mathbf{C}^3$와 $\mathbf{D}^3$까지 구하면 작업을 마친다. 그래프의 지름(δ)을 사전에 모르더라도, 대각요소를 제외한 다른 요소들에 0의 값이 남아 있지 않을 때까지 곱셈을 이어 가면 같은 결과를 얻게 된다.

마지막 행렬 $\mathbf{D}^m$은 이 작업에서 얻으려는 최종 산출물이며, 각 요소는 두 꼭짓점 사이의 최단경로를 구성하는 변의 수(거리)를 뜻한다. 따라서 행렬 $\mathbf{D}^m$의 각 행의 합은 해당 꼭짓점에서 다른 꼭짓점들까지 이르는 최단거리의 합이며, 이 합이 적을수록 해당 꼭짓점의 접근성이 우수한 것으로 간주할 수 있다. 예제의 경우 꼭짓점 2의 접근성이 가장 우수하고, 꼭짓점 6의 접근성이 가장 뒤떨어지는 것을 알 수 있다. $\mathbf{D}^m$은 '최단거리 행렬' 또는 그 알고리듬을 고안한 사람의 이름을 따라 심벨(Shimbel) 행렬이라고도 부른다.

(2) 수치 연결행렬에서 최단거리 구하기

수치그래프에서는 최단거리 구하는 방법이 2진수 연결행렬의 경우와 조금 달라진다. 우선 수치그래프의 각 변에 부여된 값으로 수치 연결행렬 $\mathbf{L}$을 만들고 이를 $\mathbf{L}^1$이라 정의한다. $\mathbf{L}^1$의 요소 값은 각 연결선에 부여된 값이며, 두 꼭짓점 사이에 연결선이 없을 때에는 매우 큰 값(∞)을 부여한다. 2진수 연결행렬 $\mathbf{C}^1$에서 $\mathbf{C}^2$ … $\mathbf{C}^m$을 차례로 만들어 나가듯이 1단 수치 연결행렬 $\mathbf{L}^1$에서 2단 수치 연결행렬 $\mathbf{L}^2$, … m단 수치 연결행렬 $\mathbf{L}^m$을 차례로 구성해 나가는 과정을 거듭한다. 그러나 $\mathbf{D}^1$, $\mathbf{D}^2$ … $\mathbf{D}^m$과 같은 별도의 행렬을 만들지는 않으며, 마지막 행렬 $\mathbf{L}^m$이 최종 산출물이다.

$$\mathbf{L}^2 = \mathbf{L}^1 \cdot \mathbf{L}^1$$
$$\mathbf{L}^3 = \mathbf{L}^2 \cdot \mathbf{L}^1$$
$$\vdots$$
$$\mathbf{L}^m = \mathbf{L}^{m-1} \cdot \mathbf{L}^1 \quad \cdots \langle \text{식 } 11\text{-}3 \rangle$$

행렬연산 방식도 2진수 연결행렬의 경우와 달라서, 행렬 $\mathbf{L}^m$의 요소 l^m_{ij}는 행렬 $\mathbf{L}^{m-1}$의 행과 행렬

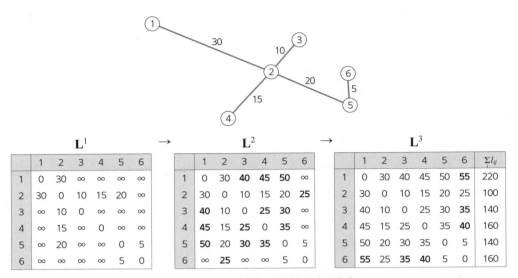

<그림 11-3> 수치그래프에서 최단거리 구하기

주: 행렬 $\mathbf{L}^2$와 $\mathbf{L}^3$에서 굵게 표현한 요소는 전 단계보다 값이 줄어든 경우를 가리킨다.

$\mathbf{L}^1$의 열 요소를 차례로 각각 더한 다음 그 가운데 가장 작은 값으로 정의한다.

$$l_{ij}^m = \min_k (l_{ik}^{m-1}+l_{kj}^1) = \min\{(l_{i1}^{m-1}+l_{1j}^1),\ (l_{i2}^{m-1}+l_{2j}^1),\ \cdots\ (l_{in}^{m-1}+l_{nj}^1)\} \quad \cdots \langle \text{식 } 11-4 \rangle$$

예제의 경우, 행렬 $\mathbf{L}^3$의 요소 l_{16}^3은 행렬 $\mathbf{L}^2$의 1행과 행렬 $\mathbf{L}^1$의 6열 요소들을 차례로 더한 다음 이 가운데 가장 작은 값 55를 택하게 되는데, 이것이 바로 꼭짓점 1과 꼭짓점 6 사이의 최단거리라는 뜻이다.

$$l_{16}^3 = \min_k (l_{1k}^2+l_{k6}^1) = \min\{(l_{11}^2+l_{16}^1),\ (l_{12}^2+l_{26}^1),\ (l_{13}^2+l_{36}^1),\ (l_{14}^2+l_{46}^1),\ (l_{15}^2+l_{56}^1),\ (l_{16}^2+l_{66}^1)\}$$
$$= \min\{0+\infty,\ 30+\infty,\ 40+\infty,\ 45+\infty,\ 50+5,\ \infty+0\} = 55$$

예제에서는 $\mathbf{L}^3$ 단계에서 계산작업이 종료되었다. $\mathbf{L}^3$의 각 요소는 꼭짓점 사이의 최단거리를 나타내고 행의 합($\sum_j l_{ij}^3$)이 해당 꼭짓점의 접근도를 가리키며, 그 값이 작을수록 접근성이 우수한 것으로 해석한다.

행렬연산의 횟수에 대해, 직전 회차의 연산 결과와 다음 회차의 연산 결과에 변동이 없으면(곧 $\mathbf{L}^{m+1}=\mathbf{L}^m$인 경우라면) 연산작업을 종료해도 된다는 문헌도 종종 발견되지만, 이에는 주의할 점도 있다. 특히 다루려는 교통망의 연결성이 높아 회로(回路, circuits)가 많을 때에는 비록 $\mathbf{L}^{m+1}=\mathbf{L}^m$의 수준에 이르렀을지라도 v−1 회차만큼(v는 꼭짓점의 수) 연산을 계속하는 것이 바람직하다. 이는 각 변의 길이를 동일하게 다루는 일반그래프와 달리, 수치그래프에서는 변을 여러 개 거치는 경로가 변을 덜 거치는 경로보다 거리가 더 짧을 수도 있기 때문이다.

4) 최단경로 찾기

앞에서 다룬 최단거리 구하기 알고리듬으로 꼭짓점 간 최단거리는 쉽게 구하지만, 최단경로가 어떤 꼭짓점들을 거쳐 가는 것인지에 대한 정보는 마련하지 못한다. 만약 최단경로에 대한 자세한 정보를 가지고 있다면 이를 지도에 표현하여 시각적인 이해를 돕고, 더 나아가 다른 자료와 연계하여 추가 분석으로 이어 갈 수 있으므로 편리할 것이다.

최단경로를 찾아내고 관련 정보를 출력하는 작업 과정을 명시한 것을 최단경로 찾기 알고리듬(shortest path algorithms)이라 하며, 문제의 성격에 따라 여러 유형이 있다.

  (1) 제약이 없는 경로

   (가) 두 결절 간 최단경로 찾기

   (나) 한 결절에서 다른 모든 결절까지 최단경로 찾기

   (다) 모든 결절짝 사이의 최단경로 찾기

   (라) k번째 최단경로(kth shortest path) 찾기

  (2) 제약을 둔 경로

   (마) 특정 중간결절을 거치는 최단경로 찾기

   (바) 특정 연결선을 거치는 최단경로 찾기

유형 (가)와 (나)의 대표적 알고리듬으로는 다익스트라(Dijkstra) 알고리듬이 있으며, 각종 공간분석 및 GIS 프로그램뿐 아니라 자동차의 길안내, 인터넷의 각종 위치정보기반 서비스 등에서도 대체로 이 알고리듬에 기반하고 있다. 다익스트라 알고리듬은 논리가 간명하고 작업 과정이 효율적이어서, 1954년 처음 개발된 이래 수많은 연구와 보완이 거듭되었다. 다익스트라 알고리듬은 최단경로를 구성하는 꼭짓점의 번호와 순서, 경로거리의 정보를 제공하므로, 지도화하거나 다른 자료와 연계하여 이런 정보를 활용하는 것이 편리하다. 유형 (다)의 모든 결절짝 사이의 최단경로 찾기로는 단치그(Dantzig) 알고리듬과 플로이드(Floyd) 알고리듬 등이 초기의 대표적인 개발사례이다. 모든 결절짝 사이의 최단경로를 한꺼번에 찾는 과제는 학술적으로는 큰 관심사이지만, 일상생활에서는 활용 빈도가 유형 (가)와 (나)에 비해 조금 떨어진다고 평가할 수 있다.

복잡한 교통여건에서 최단경로를 찾는 알고리듬의 개발 노력은 지금도 계속되고 있다. 예를 들면

시간거리가 수시로 변하는 교통환경에서 통행시간으로 본 최단경로 찾기와 같은 문제, 더 나아가 특수한 회전(U자 회전, P자 회전 등), 좌회전이나 우회전 제한, 전용도로 등의 여건을 반영하려면 정교한 알고리듬이 필요하다.

이상의 여러 최단경로 찾기 방식 가운데 첫 출발을 이루는 것은 미리 정한 기점(基點)에서 다른 꼭짓점까지, 또는 기점에서 네트워크 내 모든 꼭짓점까지의 최단경로를 한꺼번에 찾기이며, 이런 목적을 위해 개발된 다익스트라 알고리듬(Dijkstra shortest path algorithm)을 여기에 소개한다(Evans and Minieka, 1992: 82–88). 아래 설명의 목적은 최단경로라는 최적해를 구해 가는 과정 속에 담겨 있는 원리를 이해하기 위함이며, 최단경로 찾기 알고리듬의 본격적인 소개는 아니다.

(1) 용어와 정의

다익스트라 알고리듬의 틀을 요약하면, 지정된 기점에서부터 꼭짓점들을 차례로 탐색해 나가면서, 기점에서 현 꼭짓점에 이르는 경로들의 거리를 계산하고 비교하여 가장 짧은 것을 골라내는 작업을 반복함으로써 지정된 목적지 또는 네트워크 내의 모든 꼭짓점들까지의 최단경로와 거리 정보를 도출하는 것이다.

다루려는 교통망은 유향 수치그래프로 간주하고, 최단경로를 구성하려는 두 꼭짓점에 대해 기점을 s, 종점을 t라 부르며, s에서 t까지의 경로 가운데 길이가 가장 짧은 경로를 최단경로라 한다. 다루는 교통망이 유향그래프이므로 임의의 두 꼭짓점 x와 y 사이의 변은 아크(x, y)라 부르고, 그 길이는 $a(x, y)$라 정하되, 꼭짓점 x와 y 사이에 변이 없는 경우에는 $a(x, y)$=매우 큰 값(∞)으로 설정한다. s에서 x까지 레이블(label, 꼭짓점이 검사되고 값이 부여되었다는 뜻)된 꼭짓점들만으로 구성된 잠정 최단경로의 길이를 $d(x)$라 표기한다. 각 작업 회차(回次)의 마지막에 레이블된 꼭짓점을 y라 정의한다.

(2) 최단경로 찾기 과정

아래에 설명한 단계 1에서 초기화한 다음, 최종해가 얻어질 때까지 단계 2와 단계 3을 반복한다.

- 단계 1: 모든 아크(x, y)와 모든 꼭짓점 x들은 아직 레이블되지 않은 상태로 초기화한다. 기점 s의 최단경로 길이 $d(s)$=0, 그리고 나머지 모든 꼭짓점 x들은 $d(x)$=∞로 설정한다. 기점 s를 레이블하고, y=s로 정한다.
- 단계 2: 아직 레이블되지 않은 꼭짓점 x에 대해 다음 식을 적용하여 $d(x)$를 새로 구한다.

글상자 2: 다익스트라 알고리듬을 이용한 최단경로 찾기 연습

그림과 같은 네트워크에서, 꼭짓점 s에서 t까지 최단경로를 찾는 과정을 다루어 보자.

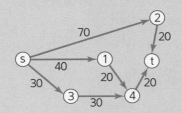

〈그림 11–4〉 최단경로 찾기 예제

그림의 s는 기점, t는 종점, 아크 위의 숫자는 거리를 뜻한다.

1회차: 그림 (가) 참조

단계 1:

   d(s)=0.

   s가 아닌 모든 꼭짓점 x에는 d(x)=∞, y=s로 설정
   한다.

단계 2: 〈식 11–5〉에 의거하여 각 꼭짓점 x의 잠정
   최단거리를 계산한다.

   $d(1)=\min\{d(1), d(s)+a(s, 1)\}=\min\{\infty, 0+40\}=40$

   $d(2)=\min\{d(2), d(s)+a(s, 2)\}=\min\{\infty, 0+70\}=70$

   $d(3)=\min\{d(3), d(s)+a(s, 3)\}=\min\{\infty, 0+30\}=30$

   d(3)이 30이어서 가장 작은 값이므로, 꼭짓점 3과
   아크(s, 3)을 레이블한다. 현재까지 잠정 최단경로
   에 포함된 아크는 (s, 3)이다.

   y=3으로 치환한다.

단계 3: 아직 꼭짓점 t가 레이블되지 못하였으므로,
   단계 2로 되돌아간다.

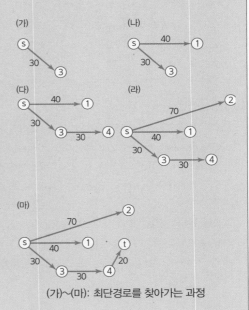

(가)~(마): 최단경로를 찾아가는 과정

2회차: 그림 (나) 참조

단계 2: 〈식 11–5〉에 의거하여 나머지 꼭짓점의 잠정 최단거리를 다시 계산한다.

   $d(4)=\min\{d(4), d(3)+a(3,4)\}=\min\{\infty, 30+30\}=60$

   이 값과 1회전 단계 2에서 구한 d(1), d(2)의 값을 비교하면, d(1)=40으로 최솟값이므로 꼭짓점 1과

아크(s,1)을 레이블한다. 현재까지 잠정 최단경로에 포함된 아크는 (s,3)과 (s,1)이다.

   y=1로 치환한다.

단계 3: 아직 꼭짓점 t가 레이블되지 못하였으므로, 단계 2로 되돌아간다.

3회차: 그림 (다) 참조

단계 2: 〈식 11–5〉에 의거하여 나머지 꼭짓점의 잠정 최단거리를 다시 계산한다.

d(2)=min{d(2), d(1)+a(1, 2)}=min{70, 40+∞}=70

d(4)=min{d(4), d(1)+a(1, 4)}=min{60, 40+20}=60

아직 레이블되지 않은 꼭짓점들의 잠정 최단거리 중 60이 최솟값이므로, 꼭짓점 4와 아크(1, 4) 또는 (3, 4)를 레이블한다. 두 아크(1, 4)와 (3, 4)가 각각 d(4)의 값 결정에 기여하기 때문이다. 임의로 아크 (3, 4)를 고른다면, 현재까지 잠정 최단경로에 포함된 아크는 (s, 3), (s, 1) 및 (3, 4)이다.

y=4로 치환한다.

단계 3: 아직 꼭짓점 t가 레이블되지 못하였으므로, 단계 2로 되돌아간다.

4회차: 그림 (라) 참조

단계 2: 〈식 11-5〉에 의거하여 나머지 꼭짓점의 잠정 최단거리를 다시 계산한다.

d(t)=min{d(t), d(4)+a(4, t)}=min{∞, 60+20}=80

d(2)와 d(t) 가운데 d(2)=70이 최솟값이므로, 꼭짓점 2와 아크(s, 2)를 레이블한다. 현재까지 잠정 최단경로에 포함된 아크는 (s, 3), (s, 1), (3, 4) 및 (s, 2)이다.

y=b로 치환한다.

단계 3: 아직 꼭짓점 t가 레이블되지 못하였으므로, 단계 2로 되돌아간다.

5회차: 그림 (마) 참조

단계 2: 〈식 11-5〉에 의거하여 나머지 꼭짓점의 잠정 최단거리를 다시 계산한다.

d(t)=min{d(t), d(2)+a(2, t)=min{80, 70+20}=80

드디어 t가 레이블 되었으므로, 경로 아크(4, t)도 레이블하고 작업을 종료한다. s에서 t까지 잠정 최단경로에 포함된 아크는 (s, 3), (s, 1), (3, 4), (s, 2) 및 (4, t)이며, s~t의 최단거리는 30+30+20＝80이다.

이 사례에서 경로(s, 3, 4, t)만 s와 t 사이의 유일한 최단경로는 아니다. 경로(s, 2, 4, t)도 거리가 80으로 최단경로에 해당한다. 또한 종점 t가 가장 먼 꼭짓점이었으므로, s~t의 경로찾기 작업으로 s에서 꼭짓점 1, 2, 3, 4에 이르는 최단경로들도 모두 찾아졌음을 주목하라.

$$d(x)=min\{d(x), d(y)+a(y,x)\} \quad \cdots 〈식\ 11-5〉$$

(가) 만약 레이블되지 않은 모든 꼭짓점 x들의 경로길이 $d(x)=∞$이라면, 이는 기점 s에서 해당 x들 사이에 최단경로가 존재하지 않는다는 의미이므로 경로찾기 작업을 종료한다.

(나) 그렇지 않다면, 꼭짓점 x에 $d(x)$ 가운데 가장 작은 값을 레이블한다. 또한 〈식 11-5〉에서 최소 $d(x)$의 값을 가진 (이미 레이블된) 꼭짓점에서 x로 연결되는 경로 역시 레이블한다. $y=x$로 치환한다.

• 단계 3: 종점 t가 레이블되었으면 s에서 t까지 최단경로가 찾아졌으므로 작업을 종료하고, 아직 t가 레이블되지 못하였으면 단계 2로 돌아간다.

만약 기점 s에서 네트워크의 다른 모든 꼭짓점까지의 최단경로들을 한꺼번에 찾기 원한다면 단계 3은 다음과 같이 바꾸면 된다.

- 단계 3: 모든 꼭짓점 x가 레이블되었으면 s에서 모든 x까지 최단경로들이 다 찾아진 것이므로 작업을 종료한다. 아직 레이블되지 못한 x가 남아 있으면 단계 2로 돌아간다.

2. 네트워크의 디자인

1) 교통결절과 연결선의 입지

교통결절의 위치를 결정하고 결절들을 잇는 교통로를 구상하는 것을 교통망의 입지(立地) 또는 디자인(design)이라 한다. 현실에서는 결절(예를 들면 도시)은 역사적인 발전 과정을 거치면서 고착화되어 있는 경우가 많고, 화물 집하장이나 터미널처럼 결절을 새로 조성해야 할 때에도 자연환경, 부지 조건과 소유권, 정치적 상황 등으로 말미암아 그 위치는 미리 정해지는 경우가 흔하기 때문에, 교통망의 디자인이란 결절의 입지 결정보다는 교통로의 디자인에 비중이 더 실리기 쉽다.

그러면 교통로의 디자인 문제로서, 〈그림 11-5〉와 같이 5개의 도시를 연결하는 방안을 예로 들어 보자. 건설비 등을 감안하여 이 다섯 도시들을 가장 초보적 수준의 연결 상태인 나무형 교통망으로 연결하려 하더라도 (가), (나), (다)의 방식과 이들의 절충형을 생각해 볼 수 있다. 연결성을 더 개선하여 그물형 또는 삼각형 교통망을 건설하려 하는 경우에는 (가)~(다)보다는 훨씬 다양한 방안들을 구상해 볼 수 있을 것이다. 교통망의 디자인은 이런 종류의 질문에 답을 마련하려고 하는 것이다.

교통망의 디자인에는 최소노력(비용)의 원리가 우선 적용된다고 말할 수 있다. 가장 단순하게 2개의 도시를 잇는 교통로를 건설하려 한다고 하자. 이런 경우 수송거리(통행시간, 비용, 노력) 최소화

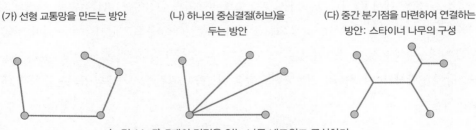

(가) 선형 교통망을 만드는 방안   (나) 하나의 중심결절(허브)을 두는 방안   (다) 중간 분기점을 마련하여 연결하는 방안: 스타이너 나무의 구성

〈그림 11-5〉 5개의 결절을 잇는 나무 네트워크 구성하기

원리가 일차적으로 고려될 수 있을 것이다. 과거 세계 각지의 교통망 발달 과정을 보더라도 가급적 적은 노력을 들여 최대의 편익을 누리려는 원리가 작동하고 있었음을 알 수 있다. 더구나 옛날에는 대다수의 사람들이 발로 걸어 다녔을 것이므로, 최소노력의 원칙은 특히 그 의미가 크다. 지금처럼 엄격한 '비용–편익 분석'을 거치지는 않았겠지만 최소노력의 원칙이라는 효율성의 논리가 옛사람들의 사는 방식에도 적용되었음을 미루어 짐작할 수 있는 것이다.

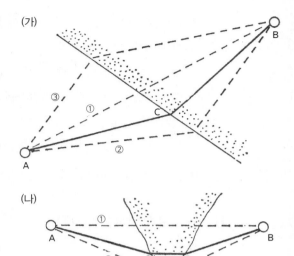

〈그림 11-6〉 환경과 여건이 다른 지역을 지나는 교통로의 굴절
출처: Haggett and Chorley, 1969, p.219.

최소노력의 원칙을 염두에 둔다면, 교통로는 직선으로 디자인하는 것이 당연하다고 할 것이다. 그러나 지형 및 수송 환경에 따라 교통로의 굴절은 불가피하게 발생한다. 가령 〈그림 11-6 (가)〉처럼 평지와 산지 또는 육지와 바다 등 운송비용이 다른 두 지역을 지나는 교통로를 구상한다고 하였을 때, 결절 A와 B를 잇는 직선 ①은 비록 노선의 형태는 직선이라도 비용 여건을 반영하는 데 적합하지 못한 안(案)이며, 대안 ②와 ③의 범위 안에서 A~C~B를 잇는 굴절선이 유력 후보로 꼽힐 수 있다. 〈그림 11-6 (나)〉처럼 도중에 장애가 놓여 있는 조금 더 복잡한 경우를 생각해 보면, A와 B를 잇는 직선 ①이나 가장 많이 굴절하는 ②의 범위 안에서 최적의 굴절선이 결정된다.

논의를 단순하게 전개하기 위해 수송비의 부담만 언급하였으나, 교통로의 건설과 운영에 드는 비용도 비용 최소화 논의에 포함시킬 수 있다. 예를 들면 산지 지형의 건설비는 평지보다 크게 늘어나며, 도로나 철도 및 관련 시설에는 토지가 많이 필요하므로 토지 구입비용 역시 노선 결정에 중요한 요소로 작용한다. 특히 토지 가격은 시가지에서 얼마나 가까운가, 지형 여건은 어떠한가 등에 따라 민감하게 달라지기 때문에 그 중요성이 크다.

교통망 디자인에서 또 하나 중시되는 것은 수요 극대화의 원칙이다. 가급적 많은 사람과 화물이 이용할수록 그 노선은 타당성을 갖게 되는 것이며, 대부분의 교통로 건설에 앞서 이른바 '타당성 조사'나 '비용–편익 분석' 과정을 거치는 것도 같은 이유에서이다. 정치적으로도 교통수요가 큰 노선을 교통망에 포함시키려 노력하는 것은 지역주민을 비롯하여 관련 당사자들의 동의를 구하는 데 중요하게 작용한다.

2) 나무형 교통망의 디자인: 스타이너 나무

앞 절에서 다룬 나무 구성하기나 최단경로 찾기는 나무형 교통망 디자인의 한 유형으로서, 교통로는 결절에서 뻗어 나가는 것을 전제하고 있다. 그러나 주어진 결절들을 '직접' 이어 나가는 방안 말고도, 다른 결절(분기점)을 추가할 수 있도록 허용한다면 새로운 방식으로 나무형 교통로를 디자인할 수 있게 된다. 앞에서 살펴본 〈그림 11-5 (다)〉의 경우가 그러한 사례로서, 3개의 분기점을 추가하여 다섯 도시들을 잇는 나무형 교통망을 보여 주고 있다.

〈그림 11-7〉처럼 3개의 결절을 최단거리로 연결하려는 경우를 생각해 보자. 최단나무는 (가)와 같이 연결하는 방안도 가능하지만, 그림 (나)처럼 원래의 꼭짓점들 이외에 새 분기점을 추가하는 것이 허용된다면 (가)보다 전체 노선 길이가 더 짧은 네트워크가 마련될 수 있다. 이처럼 새로 추가된 분기점을 스타이너 꼭짓점(Steiner vertices, 또는 Steiner points)이라 하며, 스타이너 꼭짓점을 활용하여 구성한 네트워크를 '스타이너 나무(Steiner tree)'라고 부른다.

스타이너 꼭짓점은 결절도가 3, 곧 연결선의 수가 3이며 연결선과 연결선의 사잇각 θ는 120°를 이룬다. 이처럼 사잇각 θ가 120°를 이루도록 꼭짓점의 위치가 설계되었을 때 결절과 스타이너 꼭짓점을 잇는 연결선 길이의 합이 다른 최단나무의 길이의 합보다 작아지는 성질을 띠게 된다. 현실세계의 상황으로 표현한다면, 스타이너 나무는 건설비가 가장 적게 들도록 교통망을 설계한다는 의미를 지니게 된다. 그러나 꼭짓점의 배열이 그림 (다)와 같이 θ가 120°보다 크거나 작은 경우에는 스타이너 꼭짓점을 추가하더라도 그 연결선의 합이 최단나무의 총연장보다 더 짧아지지는 않는다. 따라서 결절이 많은 지역에서 교통망을 디자인할 때, 최적화된 나무형 교통망이란 최단나무 부분그래프와 스타이너 나무 부분그래프가 함께 연결된 것과 같은 모양을 띠는 것이 일반적이다. 여기에다 지형 여건 등을 고려해야 하는 것은 물론이다. 스타이너 나무를 구성하는 과정은 새로 추가할 분기점

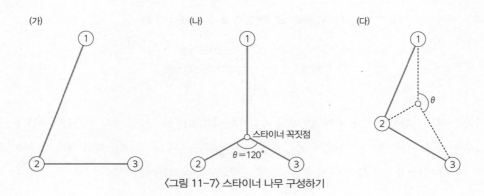

〈그림 11-7〉 스타이너 나무 구성하기

의 수와 위치를 찾기 위해 수많은 경우의 수를 살펴야 하므로, 계산의 효율성을 위해 탐색형 알고리듬(heuristic algorithm)을 적용하게 된다.

현실에서 우리는 스타이너 나무의 사례를 흔히 보게 된다. 두 도시가 비교적 가까이 위치해 있을 때 교통로를 두 도시를 거치도록 놓기보다는 두 도시의 가운데를 지나며 중간 지점에서 분기선(分岐線)이 갈라져 나와 도시를 연결하도록 설계하는 경우이다. 조선시대에 서울과 지방을 잇는 간선도로가 종점까지 가급적 직선으로 뻗어 가면서 중간중간에 분기선이 지방도시를 연결하는 방식으로 만들어진 것이 과거의 사례라면, 고속국도망의 중간에 인터체인지를 두어 중간 경유도시들을 잇게 한 것은 오늘날의 사례이다. 스타이너 나무는 노선 총연장을 짧게 만들어 건설비를 줄여 줄 뿐 아니라, 교통로가 각 결절 내부를 통과하면서 일으키는 혼잡과 환경영향 등 여러 번거로움을 피하는 방안이기도 하다.

3) 교통서비스 노선의 디자인

(1) 방문경로 설정하기

도로나 철도처럼 고정된 교통시설뿐 아니라 가변적인 교통서비스 노선의 설정 문제도 네트워크 디자인의 주요 주제 가운데 하나이다. 교통서비스 노선의 설정 문제 가운데 가장 널리 알려진 것은 주어진 여러 개의 목적지를 한 번씩 빠짐없이 들르고 출발지로 돌아오는 가장 짧은 경로를 찾는 것으로서 '순회판매원 문제(traveling salesman problem)' 또는 '차량경로 설정 문제(vehicle routing problem)' 등의 이름으로도 불리고 있다. 방문경로 설정 문제는 화물의 배송, 통학버스의 운행, 쓰레기 수거, 도로 관리, 방문 보건서비스의 경로 설정 등 활용도가 실로 다양하여 그 중요성이 크다.

방문경로 설정하기의 기본틀은 〈식 11-6〉과 같은 형태를 띤다.

$$\text{목적식: Minimize } Z = \sum_{i=1}^{n} \sum_{j=1}^{n} d_{ij} \cdot x_{ij} \quad \cdots \langle \text{식 } 11\text{-}6 \rangle$$

d_{ij}: 연결선 (i, j)의 거리(또는 이동비용)
x_{ij} =1, 연결선 (i, j)가 방문경로에 포함되었을 경우
=0, 그렇지 않은 경우

위의 식에서 x_{ij}항은 경로에 포함되느냐의 여부에 따라 1 또는 0의 값을 가지는 2진변수이므로, 목적식은 결국 총 이동거리가 가장 짧은 Z 값을 찾는 것이 된다. 〈식 11-6〉에는 여러 개의 제약식이 뒤따라, 모든 연결선 (i, j)가 꼭 한 번씩 방문경로에 포함되도록 규제한다.

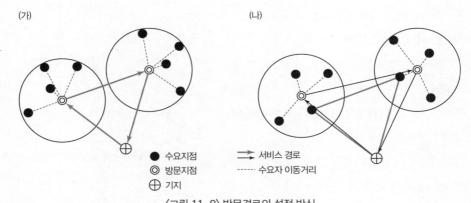

<그림 11-8> 방문경로의 설정 방식

(가) 방문지점과 경로를 동시에 설계하기, (나) 방문지점을 먼저 선정한 다음 방문경로를 설계하기

출처: 김감영, 2007, p.45.

또한 목적식에 어떤 변수를 추가하느냐, 그리고 제약식을 어떻게 설정하느냐에 따라 방문목적지의 수 제한하기, 총 이동거리 제한하기, 방문순서를 지정하기, 방문 장소와 시간대를 지정하기, 업무시간에 제약을 두기, 방문지역을 몇 개의 구역으로 나누어 구역 내 방문경로를 각각 설계하기 등 더욱 정교한 문제로 나아가며, 그만큼 현실에 더 다가가게 된다(이건학 등, 2010).

기초적인 방문경로 설정 문제에서는 방문목적지를 사전에 정해 놓았지만, 현지의 서비스 수요 분포를 감안하여 이용자들의 통행거리가 가장 짧은 지점을 찾는 문제를 추가할 수도 있다. 이러한 문제 유형에서는 최적 방문지점과 방문경로를 한꺼번에 찾거나, 분석 대상지역의 규모가 클 경우에는 최적 방문지점을 먼저 찾아내고, 그다음 최적 방문경로를 설정하는 2단계 과정으로 진행하게 된다(김감영, 2007). 지금까지 소개한 방문경로 설정 문제들은 흐름의 최적화 기법과도 관련이 있으며, 우리는 제14장에서 이 기법들에 대해 좀 더 자세히 살펴보게 된다.

(2) 허브형 노선망 구성하기

가변적인 교통서비스 노선망 가운데 실세계에서 자주 발견되는 또 다른 유형으로는 허브형 네트워크를 꼽을 수 있다. 항공교통망, 화물의 배송망 등이 대표적인 보기이다. 또한 교통서비스망은 아니지만 위성통신망, 기업과 정부의 조직, 금융망도 대체로 허브형 네트워크를 이루고 있다. 이처럼 허브형 네트워크는 그 적용범위가 넓기 때문에 학계에서도 디자인 연구가 활발하다.

허브형 네트워크의 디자인은 대체로 다음 세 단계의 과정을 포함한다(O'Kelly and Miller, 1994).

1) 허브의 최적입지를 결정하기

2) 하위 결절들을 허브에 배정하기

3) 허브 간 연결노선을 설계하기

이 가운데 첫 번째 단계인 허브의 최적입지 문제는 허브의 수와 지리적 위치가 사전에 결정되어 있는 경우가 대부분이므로, 단계 2와 단계 3이 허브형 네트워크 설계의 핵심이다.

허브형 네트워크의 설계에는 세 가지 고려사항이 개입되는데, 첫째 각 하위 결절이 단 하나의 허브에만

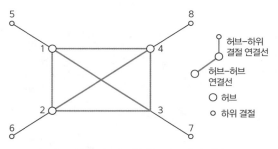

〈그림 11-9〉 허브형 네트워크의 디자인
출처: O'Kelly and Miller, 1994, p.33.

연결되도록 할 것인가 또는 여러 허브에 다중 연결되는 것을 허용할 것인가, 둘째 한 하위 결절이 오로지 허브에만 연결되도록 할 것인가 아니면 하위 결절들끼리 서로 직접 연결되는 것도 허용할 것인가, 셋째 허브들이 모두 완전 연결되도록 설계할 것인가 아니면 부분 연결을 허용할 것인가 하는 점이다. 이런 세 가지 기준을 조합하면 모두 여덟 가지(2×2×2) 설계방식이 가능하다. 이 가운데 가장 경직된 설계방식은 하위 결절은 단일 허브에만 연결하고 결절 간 직접 연결은 없으며 허브끼리는 모두 직접 연결하는 경우이고(표 〈11-2〉의 유형 A), 가장 유연한 방식은 다중 허브 연결, 하위 결절 간 직접 연결, 허브 간 부분 연결이 모두 가능한 경우(표 〈11-2〉의 유형 H)이며, 이러한 디자인 기준의 조합방식은 〈표 11-2〉와 〈그림 11-10〉에 요약되어 있다.

위에 소개한 여덟 가지 허브형 네트워크 유형은 가능한 경우를 모두 생각해 본 것이지만, 일부 유형은 현실세계에서 큰 의미를 지니지 못할 수 있으므로 8개의 유형 대신 더 간명한 구분도 가능하다.

〈표 11-2〉 허브형 네트워크의 디자인 유형

디자인 유형	디자인 기준		
	하위 결절의 허브 배정	하위 결절 간 연결	허브 간 연결
A	단일 배정	허용하지 않음	완전 연결
B			부분 연결
C		허용함	완전 연결
D			부분 연결
E	다중 배정	허용하지 않음	완전 연결
F			부분 연결
G		허용함	완전 연결
H			부분 연결

출처: O'Kelly and Miller, 1994, p.37. 필자 재구성.

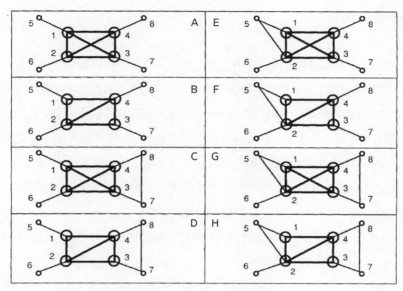

〈그림 11-10〉 허브형 네트워크의 디자인 방식, A~H

출처: O'Kelly and Miller, 1994, p.38.

특히 세 가지 디자인 기준은 그 중요성이 동일하지 않다. 하위 결절의 허브 배정 기준과 하위 결절 간 연결 허용 기준은 의의가 크지만 허브끼리의 완전 연결 기준은 그 중요성이 그다지 크지 않으므로, 허브형 네트워크 유형은 8개에서 4개로 줄일 수 있다. 국내의 한 연구(임현우, 2015)는 한 걸음 나아가 하위 결절 간 연결 허용 기준도 일부 완화하여, 단일 허브 배정(A형, B형이 여기에 해당), 다중 허브 배정(E형, F형), 자유 배정(C형, D형, G형, H형)의 세 디자인 유형을 제시한 바 있다(〈그림 11-11〉). 어떤 디자인 유형으로 정하건 입지-배분 모형을 활용하여 최적해를 구하게 되며, 단지 모형의 복잡한 정도만 달라진다.

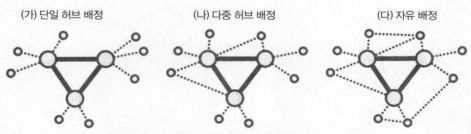

〈그림 11-11〉 결절의 배정 기준으로 본 허브형 네트워크의 유형

출처: 임현우, 2015, p.186.

4) 과거 교통망의 복원

미래 네트워크에 대한 계획과는 반대로 시간을 거슬러 올라가 과거 교통망의 이해에도 디자인 문제는 쓸모가 있다. 조선시대의 도로망은 어떤 원리에 의해 만들어지고 발달되어 왔으며, 근대교통의 총아인 철도망의 발달에는 어떤 요인들이 작동하였을까? 이런 의문에 대해서는 옛 기록물을 찾아 해석하는 역사지리적 접근이 우선되어야 하겠지만, 네트워크 분석법의 관점에서 살펴보는 것도 교통망 발달에 대한 이해의 폭과 깊이를 더하는 데 도움이 된다.

네트워크 접근법으로 시칠리아의 옛 철도망을 복원해 본 사례를 살펴본다. 시칠리아는 이탈리아 남부에 위치한 섬으로, 남한 면적의 1/4 정도의 크기를 가지고 있다. 캔스키(Kansky, 1963)는 1908년 당시의 시칠리아 철도망을 몇 단계에 걸쳐 시뮬레이션하였으며, 그 과정은 〈그림 11-12〉에 요약되어 있다.

- 단계 1: 우선 20세기 초의 인구와 경제활동 자료를 동원하여 철도망의 결절 후보 취락들을 간추리고 순위를 매겼다(그림 A).
- 단계 2: 과거 자료에 대한 회귀분석을 통해 철도망의 연결성과 인구 및 경제활동 변수 사이의 관

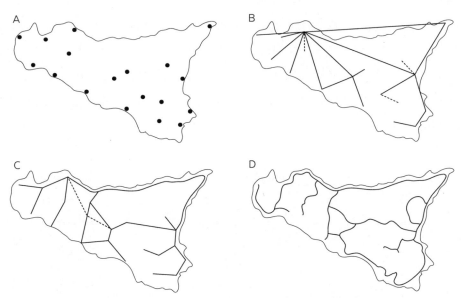

〈그림 11-12〉 이탈리아 시칠리아 섬의 1908년 철도망 복원 과정

출처: Kansky, 1963, pp.132~147. 필자 재구성.

계를 분석하여 20세기 초 시칠리아 철도망의 연결선 밀도(β)를 추정하였다. 선밀도란 $\beta=e/v$이므로, 단계 1에서 확보한 취락들의 수(v)와 단계 2에서 추정한 β값을 활용하여 변(철도선)의 수($e=v \cdot \beta$)를 계산하였다.

- 단계 3: 결절 후보 취락(v)들의 순위에 근거하여 철도선(e)을 배정하고, 20세기 초 시칠리아 철도망을 그래프로 구현하였다(그림 B).
- 단계 4: 시칠리아의 지형과 당시 여건을 반영하여 철도망 그래프를 미세 조정하고, 이론적으로 예상할 수 있는 철도망을 구성하였다(그림 C).
- 단계 5: 시칠리아의 실제 철도망(그림 D)과 비교하고, 시뮬레이션으로 얻은 철도망과 실제 철도망 사이의 어긋나는 부분과 그 이유를 파악하였다.

이후 중력모형을 적용하여 터키의 옛 철도망을 복원한 사례(Kolars and Malin, 1970)를 비롯하여, 미국이나 북아일랜드 등을 대상으로 교통망의 구조적 특징 등을 활용하여 옛 교통망을 다시 그려 보려는 연구가 꾸준히 이어졌다. 이러한 연구사례들은 해당 지역의 과거 교통 역사와 그래프이론 및 교통망 디자인 이론들을 접목한다는 성격도 있지만, 철도망의 입지와 성장 과정에 대한 여러 모형(예를 들면 제2장에서 다룬 테이프의 교통망 성장모형 등)과 이론을 가설검정의 형식으로 다시 짚어 본다는 의의도 있다.

5) 토론

교통망의 디자인은 일찍부터 지리학자들의 관심을 끌었다. 주제 자체가 지리적 성격을 강하게 띠는데다, 민간 부문의 수요가 크게 늘면서 학계의 연구를 촉진하는 경향도 뚜렷하다. 단지 네트워크의 디자인이라는 주제가 그 성격상 고급 수준의 최적화 기법의 이해를 전제하기 때문에 연구자층이 두텁게 형성되지 못하였을 뿐이다.

교통망의 입지는 위상에 대한 고려만으로 이루어지는 것은 아니다. 교통망의 입지란 정치, 경제, 인구, 지리적 위치 등의 고려요소뿐 아니라 지형적 장애 등 기술적인 제반 여건도 염두에 두어 종합적으로 이루어지는 의사결정이다. 교통망의 최적화 기법과 디자인 이론에는 유연해야 할 점들도 엿보인다. 이런 기법과 이론의 필수 가정은 중앙집권적 의사결정 구조 아래에서 단숨에 교통망이 건설된다는 것이다. 그러나 현실세계에서 이런 경우란 드물며, 항공노선망이나 화물 배송망 디자인 등 소수의 사례가 있을 뿐이다. 21세기 현재 우리가 보는 전국적 교통망이 백지상태에서 하루아침에 이

루어진 것은 아니다. 점진적으로 확장되고 바뀌어 나가는 것이며, 구체적으로는 마치 여러 개의 조
각보를 이어 붙여 하나의 옷을 만들 듯이, 교통망도 시대마다 여러 부분그래프를 이어 붙이는 식으
로 진화해 나갔을 것이다. 따라서 연구자들의 역량을 방대한 규모의 교통망을 한꺼번에 구상하는 데
맞추기보다는, 부분그래프의 입지와 디자인 문제에 연구의 초점을 맞추는 것이 더 현실적이며 기여
하는 바도 클 것으로 보인다.

・참고문헌・

김감영, 2007, "방문보건서비스 제공을 위한 순차적 입지−경로 설정 접근," 한국도시지리학회지 10(3), 41−53.

정미선, 이금숙, 2015, "시간거리 변화에 따른 한국 도시 간 통행흐름의 구조 변화: 고속버스와 철도 이용객을 중
   심으로," 대한지리학회지 50(5), 527−541.

이건학, 신정엽, 조대헌, 김감영, 2010, "방문보건서비스의 효율적 운영을 위한 방문경로 최적화 연구," 한국도시
   지리학회지 13(1), 1−16.

임현우, 2015, "택배 네트워크의 구조와 발전 방향," 허우긍, 손정렬, 박배균 편, 네트워크의 지리학, 푸른길: 서울.
   176−193.

Black, W.R., 2003, *Transportation: A Geographical Analysis*. The Guilford Press: New York.

Evans, J. and Minieka, E. 1992, *Optimization Algorithms for Networks and Graphs, second edition*. Marcell Dekker:
   New York.

Haggett, P. and Chorley, R. J., 1969, *Network Analysis in Geography*. Edward Arnold: London.

Kansky, K., 1963, *Structure of Transportation Networks: Relationships between network geometry and regional char-
   acteristics*. University of Chicago, Department of Geography Research Paper No.84. Chicago.

Kolars, J. and H. Malin, 1970, "Population and accessibility: An analysis of Turkish railroads," *Geographical Re-
   view* 60, 229-246.

O'Kelly, M. and Miller, H., 1994, "The hub network design problem," *Journal of Transport Geography* 2(1), 31-
   40.

Shimbel, A., 1953, "Structural parameters of communication networks," *Bulletin of Mathematical Biophysics* 15,
   501-507.

제12장

교통흐름과 상호작용모형

1. 상호작용과 흐름

　장소나 지역 사이에는 크든 작든 상호작용, 곧 사람, 물자, 정보의 흐름이 일어난다. 미국의 지리학자 얼먼(Ullman, 1956)은 일찍이 지역 간 교류에 영향을 주는 요인으로 보완성, 수송성, 간섭기회를 꼽았다. 우리는 실세계의 화물의 흐름에 세 요인을 적용해 상당부분을 설명할 수 있다.

　얼먼이 말한 보완성(補完性, complementarity)이란 기본적으로 자원이나 서비스의 공급지와 수요지 사이의 보완관계를 뜻하는 것으로, 화물의 흐름이 기본적으로 이러한 보완성에 기초한다는 것은 긴 설명이 필요 없다. 일부 학자들은 여기에 경제학적 설명틀을 보태어, 보완성을 지역의 비교우위에 의해 설명하기도 한다. 간략히 말하면, 지역 나름으로 비교우위가 있는 자원이나 상품에 특화하여 지역분업 및 국제분업을 이루는 것이 자원을 효율적으로 사용하는 동시에 이윤을 극대화할 수 있다는 것이다. 그러나 국제무역이나 지역 간 교역을 들여다보면 자원 공급지에서 수요지로 이동하는 전형적인 보완성 흐름이 있는 한편, 자원의 공급지가 아닌 수요지와 수요지 사이에서도 물자의 이동이 활발한 것을 볼 수 있다. 특히 선진공업국들 사이에는 자원의 공급과 수요의 관계가 아님에도 불구하고 교역이 상당한 규모에 이르며, 여기에는 규모의 경제를 추구하는 성향 등도 개재되어 있는 것을 볼 수 있다. 비교우위론이 가지는 또 하나의 한계는 이 논리가 지역(국가)이 마치 하나의 의사결정 단위가 되어 교역전략을 마련하는 것처럼 전제하는 데 있다. 실제 교역이란 수많은 개별 기업이나 조직들의 의사결정이 한데 어우러진 결과인 점을 유념할 필요가 있다.

얼먼이 말한 두 번째 요인 수송성(輸送性, transferability)은 수송거리와 화물의 특성을 함께 아우르는 개념이다. 두 장소 사이의 거리가 짧을수록 수송성은 우수하고, 따라서 흐름도 늘어날 가능성이 크다. 물자의 수송에는 화물의 특성, 특히 얼마나 수송하기 쉬운가 하는 점도 중요하게 작용한다. 부피가 작고 무게가 가벼울수록, 포장과 싣고 내리기 및 다루기가 쉬울수록, 그리고 수송 도중 부패나 파손의 위험이 적을수록 수송성은 우수하다. 화물의 싣고 내리기는 수송 과정 가운데 병목에 해당할 만큼 노력과 시간이 많이 드는 작업이므로, 서로 다른 운송수단으로 환적(換積, transshipment)이 필요한가의 여부도 수송성에 영향을 준다. 수송거리와 화물의 특성은 별개로 나누어 다룰 수도 있지만, 결국 수송비라는 요소에 다 포함된다고도 말할 수 있다. 기술의 발달에 따라 수송성은 점차 그 비중이 약해지는 추세이지만, 교통시설이 빈약한 일부 지역과 국가에서는 수송성이 아직도 중요하게 작용하고 있다.

세 번째 요인인 간섭기회(干涉機會, intervening opportunity)는 지리적 개념으로, 기종점 사이에 있는 여러 경쟁지역을 말한다. 가령 부산에서 서울로 수송되는 화물의 양은 보완성과 수송성에 의해 일차적으로 결정되겠지만, 부산~서울 사이에 경쟁 공급지 및 경쟁 수요지가 얼마나 많이 있는가, 또 그 경쟁의 정도는 어떠한가에 의해서도 영향을 받게 될 것이다.

흐름과 교류에 영향을 주는 요인은 얼먼이 언급한 보완성, 수송성, 간섭기회 말고도 더 꼽아 볼 수 있다. 지역 사이의 교류관계가 얼마나 오랫동안 유지되어 왔는가 하는 장기간의 안정성은 교류를 이해하는 데 중요하다. 생산과 수송 과정에 형성되어 있는 가치사슬, 기업 간의 연계와 신뢰(partner-ship) 등도 장기간의 안정성에 기여하며, 지역이나 국가들이 서로 비슷한 경제체제를 갖추고 있는지의 여부, 역사적–문화적 유대 및 선린/적대 관계 등도 교류에 적지 않은 영향을 주게 된다.

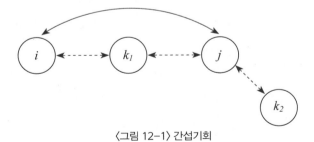

〈그림 12–1〉 간섭기회

주: 간섭기회 k는 i와 j의 주변이나 사이에 위치하여 i~j의 상호작용(그림의 실선)을 방해할 수 있다.

2. 상호작용모형의 기초

1) 모형의 개요

장소 사이에 발생하는 상호작용에는 지리적 규칙성이 뚜렷하다. 특히 주목할 지리적 규칙성으로는, 첫째 흐름에는 거리조락성(距離凋落性, distance decay)이 있어 두 장소가 멀리 떨어질수록 흐름은 줄어들며, 둘째 흐름의 세기는 장소의 크기에도 영향을 받아 인구, 경제규모 등에 비례하는 경향을 꼽을 수 있다. 일찍이 학자들은 상호작용에서 이러한 지리적 규칙성이 있음을 간파하고, 이를 간명한 모형으로 나타내 흐름의 특징을 요약하려 하였다. 이러한 모형은 만유인력을 설명하는 이론과 흡사하여 '중력모형(gravity model)'이라는 이름을 얻게 되었으며, 이 이름이 자연현상을 연상시키는 것을 피하고 지리적 성격을 분명히 부각시키기 위해 '공간적 상호작용모형(spatial interaction model)'이라 부르기도 한다. 이 책에서는 두 표현을 혼용하기로 한다.

가장 단순한 상호작용모형의 형태는 두 장소 i와 j 사이의 상호작용량(또는 통행량, 교역량 등)은 i와 j의 크기 p_i와 p_j에 비례하고, 거리 d_{ij}에 반비례하는 것으로 정의한 것이다.

$$T_{ij}=f(p_i,\ p_j,\ d_{ij})=k\frac{p_i \cdot p_j}{d_{ij}} \quad \cdots \langle \text{식 } 12\text{-}1 \rangle$$

이 모형에서 k항은 상수로서, 상호작용량 T_{ij}의 단위는 명이나 톤, 지역 p_i와 p_j의 크기는 명 또는 면적, 거리 d_{ij}는 킬로미터나 마일로 그 단위가 각기 다른 것을 조정하는 기능을 가진다. 장소의 크기를 나타내는 p_i와 p_j항은 사람통행의 경우에는 인구 규모를 적용하는 것이 일반적이다. 그러나 화물 수송의 경우에는 화물의 유형에 알맞은 변수들이 적용되어야 한다. 가령 화물의 수송목적지의 크기 p_j는 해당 화물의 수요지로 간주하여 인구 규모를 적용하면 무난하겠지만, 출발지의 크기 p_i는 인구보다는 해당 화물의 생산시설 규모 등 다른 변수를 적용하는 것이 논리적일 것이다.

모형의 각 항에 지수를 추가하여 일반화하면 〈식 12-2〉와 같이 표현할 수 있으며, 거리의 영향에 초점을 두어 거리지수(β)만 적용한 모형(〈식 12-3〉)도 종종 쓰이고 있다.

$$T_{ij}=k\frac{p_i^{\alpha} \cdot p_j^{\gamma}}{d_{ij}^{\beta}} \quad \cdots \langle \text{식 } 12\text{-}2 \rangle$$

$$T_{ij}=k\frac{p_i \cdot p_j}{d_{ij}^{\beta}} \quad \cdots \langle \text{식 } 12\text{-}3 \rangle$$

모형의 상호작용량과 다른 변수들의 관계를 요약하면 〈그림 12-2〉와 같다. 상호작용량과 지역 규

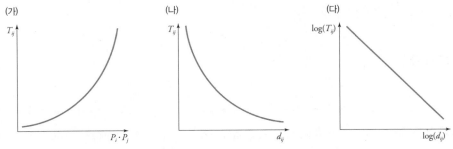

〈그림 12-2〉 상호작용량(T_{ij})과 지역 규모(p_i와 p_j) 및 거리(d_{ij})의 관계

모는 정(正)의 관계로 지역이 클수록 상호작용량도 늘어나며, 처음에는 적게 그러나 점차 많이 증가하는 경향을 보인다. 반면 상호작용량과 거리의 관계는 부(負)의 관계로 하나의 값이 커지면 다른 한 값은 작아진다. 그림에서 가로축과 세로축을 대수(對數, log)눈금으로 바꾸면 곡선은 직선으로 바뀌므로 그 관계를 이해하기가 더 쉽다.

얼먼이 지역 간 상호작용에 영향을 주는 요인이라고 언급한 보완성, 수송성, 간섭기회를 상호작용모형과 연관시켜 본다면, 분자항의 지역 규모를 나타내는 p_i와 p_j항은 지역 간 보완성을 나타내는 변수로, 분모항의 거리는 수송성을 나타내는 변수로 볼 수 있다. 간섭기회는 단순한 모형에는 직접 반영되지 않는다. 간섭기회란 여러 경쟁기회의 지리적 분포 특성을 가리키는 개념이므로 공간구조를 반영하는 변수라고 볼 수 있으며, 상호작용모형을 어떻게 확장하면 공간구조가 반영되는지는 이 장의 마지막 절에서 다루기로 한다.

2) 거리지수 β

거리와 상호작용량의 관계는 거리의 영향을 가늠하는 거리지수(β)에 따라 상당히 달라질 수 있다. 거리지수는 '공간적 격리에 대한 상호작용의 반응 정도'를 의미하며, 공간적 격리는 장소마다 시대마다 다르므로 지수의 값도 고정되어 있는 것은 아니다. 편의상 거리지수의 값을 2로 쓰는 경우가 많지만 경험적으로 무난한 값이라는 것이지, 다른 분명한 근거는 없다. 거리지수는 학자들의 지대한 관심사였다. 거리조락성 그 자체가 지리적 현상인 데다 수송성(transferability)이 거리지수에 반영되어 있다고 여겼기 때문이다.

거리지수는 겉보기와 달리 복잡한 성격을 지니고 있다. 우선 거리지수는 수송수단에 따라 달라진다. 1960년대에 미국 캘리포니아주의 도시 간 사람통행을 분석한 사례(Taaffe and Gauthier, 1973:

82)에 따르면, 교통수단별 거리지수는 승용차 2.63, 버스 1.74, 철도 1.31, 비행기 0.45였다. 사람통행에서 승용차가 가장 단거리의 수송수단이라면 비행기는 원거리 이동수단이라는 특성에 부응하는 수치이다.

거리지수는 또한 고정불변한 것이 아니라 시대에 따라 얼마든지 달라질 수 있다. 역시 미국의 시카고를 중심한 항공교통에 관한 연구(Taaffe et al., 1996: 223)에서는 거리지수가 1949년 0.82, 962년 0.59, 1977년 0.31, 1989년 0.27로 해가 갈수록 꾸준히 낮아지고 있음을 밝혀냈다. 이러한 거리지수의 감소 경향은 얼핏 항공교통기술의 발달을 반영하는 것 정도로 간주해 버릴 수 있겠지만, 미국 사람들의 소득과 여가시간의 증가로 말미암아 장거리 여행이 늘어나는 등 생활양식의 변화와, 항공사들의 마케팅 개선과 같은 여러 요인도 함께 작용한 결과로 보인다.

국내에서 고속버스, 일반철도, 고속철도를 이용한 도시 간 통행자료를 분석한 결과(정미선, 이금숙, 2015)는 최근의 한국 상황을 잘 반영하고 있어 흥미롭다. 〈표 12-1〉에서 주목할 만한 현상으로는, 첫째 고속버스의 거리지수가 일반철도의 경우보다 더 작은 것을 꼽을 수 있다. 이는 승용차, 버스, 철도의 순으로 거리지수가 작아진다는 통념과 다른 것으로서, 국

〈표 12-1〉 한국의 도시 간 이동: 고속버스, 일반철도, 고속철도의 거리지수, 2003~2010년

도시 간 이동수단	거리지수 β		
	2003년	2005년	2010년
고속버스	0.96	0.92	0.83
일반철도	1.56	1.73	1.89
고속철도	–	-1.48	-0.93

출처: 정미선, 이금숙, 2015, p.535.

내에 아직 철도로 연결되지 않는 도시가 일부 있어 이들 도시 주민에게는 고속버스가 유일한 장거리 교통수단이라는 점과, 고속철도가 도입된 이래 일반철도는 단거리 이동, 고속철도는 중거리나 장거리 이동으로 역할이 나뉘게 되었다는 점이 그 배경인 것으로 보인다. 일반철도의 거리지수가 2003년에서 2005년, 2010년으로 가면서 점점 더 커지고 있는 현상도 위의 해석을 뒷받침하는 것으로 판단된다. 둘째, 고속철도의 거리지수가 음수의 값을 지녀서 통행거리가 멀수록 고속철도 승객이 더 늘어난다는 점도 눈여겨볼 대목으로, 상호작용모형이 도시 간 상호작용에서 거리조락성을 기대하는 것과는 정반대의 결과이다. 이 역시 고속철도가 장거리 이동수단이라는 속성 자체에서 비롯된 결과로 판단된다.

화물의 종류에 따라서도 거리지수는 상당히 다를 수 있다. 미국의 화물 수송을 다룬 한 연구사례(Black, 1972)에 따르면 화물의 종류에 따른 거리지수는 〈표 12-2〉와 같았다. 이 표에서는 두 가지 경향이 드러난다. 하나는 돌, 흙, 유리 제품과 같이 부피가 크고 무게가 많이 나가는 화물일수록 거리지수가 크고, 산업기기, 전기제품, 공구, 시계, 사진기기 등 부피나 무게에 비해 가격이 비싼 화물의 경우 거리지수가 매우 작은 것을 보여 주고 있다. 얼면의 수송성을 전형적으로 반영하는 사례인 셈

<표 12-2> 화물의 종류별 거리지수 β : 미국의 화물 수송 사례

화물	거리지수 β	화물	거리지수 β
돌, 흙, 유리 제품	5.33	철강제품	0.95
통조림, 냉동식품	2.83	고무, 플라스틱 제품	0.95
육류, 낙제품	2.63	섬유, 가죽 제품	0.85
약품, 도료, 기타 화학제품	2.45	원목, 목재	0.68
과자, 음료, 담배류	1.98	기계류	0.60
철제 구조물	1.88	자동차, 부품	0.50
기초 화학, 합성 제품	1.68	공구, 시계, 사진기기	0.50
금속 통 및 구조물	1.53	통신장비	0.43
종이 및 관련 제품	1.50	수송장비	0.40
기초 비철금속 제품	1.10	전기제품	0.38
장신구	1.03	석유, 석탄 제품	0.28
가구류	0.98	산업기기(전기 이외)	0.25

출처: Black, 1972, p.111.

이다. 둘째, 거리지수는 각 화물의 생산이 지리적으로 국한된 것인지 아니면 어디서나 비교적 쉽게 얻을 수 있는 것인지에 따라 크게 달라지는 경향도 뚜렷하다. 돌, 흙, 유리 제품이나 농산품처럼 지리적으로 고루 분포하는 자원은 굳이 먼 곳에서 들여와야 할 필요가 적으며, 가까운 생산지에서 수송되면 족할 것이므로 큰 거리지수가 산출된 것이다. 그러나 석유, 석탄, 원목과 목재 등은 돌이나 흙과 마찬가지로 무겁고 부피가 크기는 하지만 그 공급이 특정 산지(産地)에 국한되어 있기 때문에 소비지가 아무리 멀더라도 운반되어 수요를 충족시켜야만 하고, 이런 지리적 특성이 작은 거리지수로 귀결된 것이다. 위의 논의를 종합하면 이 사례연구는 거리지수에는 화물 자체의 특성뿐 아니라 지리적 분포의 특성까지도 담겨 있다는 점을 보여 주는 것이다.

이상 몇 가지 사례에서 보았듯이 거리지수의 의미는 의외로 복잡할 수 있고, 따라서 그 해석에 신중할 필요가 있다. 단순하게 '공간적 격리에 대한 상호작용의 반응 정도'라는 의미 외에도 교통수단의 특징, 역사적 배경이 녹아들어 있는 지리적 분포 특성, 그리고 시대상의 변화까지도 아우르는 지수이다. 수송성만을 보더라도 거리나 수송대상의 특성뿐 아니라 거리가 멀어지면 정보도 그만큼 구하기 어려워지는 동시에 부정확할 수 있다는 점도 상호작용을 줄일 수 있는 것이다.

3) 상호작용의 거리조락성과 세력권

상호작용은 거리조락성을 띤다고 하였다. 이런 성질은 중심지 세력권의 범위를 파악하는 데 이론적으로 도움을 준다. 상호작용모형으로 중심지의 권역을 설정하는 방법은 두 가지를 생각해 볼 수 있다. 첫째 방법은 중심도시 i와 주변지역 j의 상호작용 자료 T_{ij}[이하 '실측치'(實測値)라 부름]와 상호작용모형에 의해 도출된 추정치 T_{ij}^*를 비교하여 실측치가 추정치보다 큰 경우($T_{ij} > T_{ij}^*$)를 중심도시의 권역에 포함시키는 방법이다. 상호작용모형 실측치가 추정치보다 크다는 것은 주어진 인구 규모나 거리 조건에 비해 실제 상호작용이 더 활발하다는 것을 시사하는 것이므로, 해당 중심지의 세력권이라고 간주해도 논리적으로 큰 무리가 없을 것이

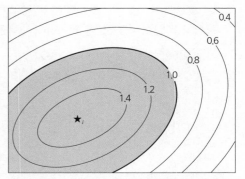

〈그림 12-3〉 상호작용 실측치와 추정치의 비율
($r_{ij} = T_{ij}/T_{ij}^*$)을 활용하여 세력권을 파악하기

다. 상호작용 실측치와 추정치를 비교하는 것은 두 값의 비($r_{ij} = T_{ij}/T_{ij}^*$)를 구하여 그 값을 살펴보는 것과도 같다. 따라서 어떤 도시에 대해 주변 여러 j지점의 r_{ij}을 구한 다음, 이를 등치선도(等値線圖)로 시각화하면 한 도시가 미치는 영향의 지리적 분포를 파악하고 더 나아가 도시권의 경계를 손쉽게 파악할 수 있다. 일반적으로는 r_{ij}가 1.0보다 큰지 여부를 가려 권역 경계로 삼지만, 분석 대상과 목적에 따라 다른 임계치도 권역 경계의 지표로 삼을 수 있을 것이다.

중심지의 세력권 경계를 설정하는 두 번째 방법은 상호작용모형으로부터 세력균형점을 찾는 수식을 도출하여 활용하는 것이다. 두 장소 i와 j의 세력이 균형을 이루는 지점(x)이란 i의 상호작용량과 j의 상호작용량이 같아지는 지점이라는 의미이다. 설명의 편의를 위해 〈식 12-3〉과 같은 상호작용모형을 전제하면, 구하려는 세력균형점 x까지의 거리 d_{ix}는 다음과 같이 도출된다.

$$\frac{p_i}{d_{ix}{}^\beta} = \frac{p_j}{d_{jx}{}^\beta} \text{ 이므로 } d_{ix} = \frac{d_{ij}}{1 + \sqrt[\beta]{\dfrac{P_j}{P_i}}} \quad \cdots \langle 식\ 12\text{-}4 \rangle$$

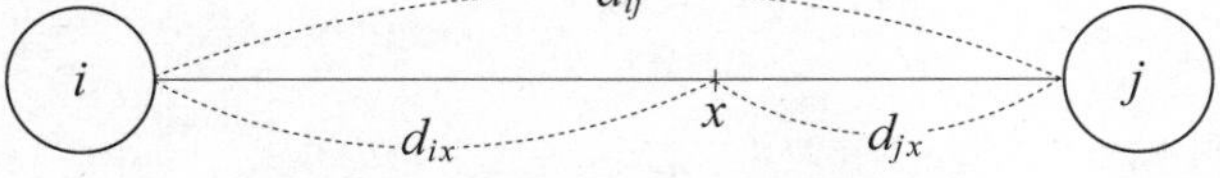

〈그림 12-4〉 두 장소 i와 j의 세력균형점 x

글상자 1: 상호작용모형을 활용하여 세력권 파악하기

그림과 같이 인구 규모 250만 명의 도시 (가)와 100만 명 규모의 도시 (나)가 200km 떨어져 있다면, 두 도시의 세력권의 경계가 어떻게 정해지는지 알아보자. 거리지수 β는 2.0이라고 가정한다.

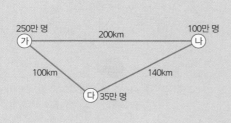

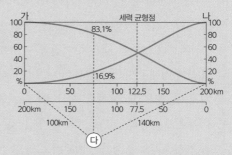

도시 (가), (나), (다)의 인구 규모와 거리　　　도시 (가)와 (나)의 세력균형점과 도시 (다)의 상호작용 비율

〈그림 12-5〉 세력균형점 및 상호작용 비율에 관한 예제

출처: Haynes and Fotheringham, 1984, p.33. 필자 재구성.

두 도시의 세력이 균형을 이루는 지점은 〈식 12-4〉에 따르면,

$$d_{ix} = \frac{d_{ij}}{1+\left(\frac{p_j}{p_i}\right)^{\frac{1}{2}}} = \frac{200}{1+\left(\frac{1,000,000}{2,500,000}\right)^{\frac{1}{2}}} \fallingdotseq 122.5$$

이므로, 도시 (가)에서는 122.5km 지점, 도시 (나)에서는 77.5km 떨어진 곳이 될 것이다. 도시 (가)의 인구 규모가 도시 (나)의 2.5배나 되기 때문에 더 큰 세력권을 누리게 되는 것이다. 세력균형점이란 두 장소의 영향력이 균형을 이룬다는 것이지 세력균형점을 넘으면 0으로 갑자기 바뀌는 것은 아님을 유념할 필요가 있다. 그림에서는 도시 (가)와 (나)의 영향력이 거리에 따라 곡선을 그리면서 줄어드는 모습을 잘 보여 주고 있다.

이제는 제3의 도시 (다)의 상호작용량을 알아보자. 인구 35만 명의 도시 (다)가 그림에 예시된 것처럼 (가)와 (나)로부터 각각 100km와 140km 떨어져 있다면, 도시 (다)〜(가)와 (다)〜(나)의 상호작용량 비율은 다음과 같이 도출된다.

(다)〜(가)의 상호작용량은 $\frac{p_j}{d_{ix}^2} = \frac{2,500,000}{100^2}$, (다)〜(나)의 상호작용량은 $\frac{p_i}{d_{ix}^2} = \frac{1,000,000}{140^2}$

따라서 도시 (다)에 대해 도시 (가)와 도시 (나)가 미치는 영향력의 비율은,
(다)〜(가) : (다)〜(나) ≒ 250:51 ≒ 83.1:16.9가 된다.

세력권의 범위는 거리지수의 크기에 따라 민감하게 달라진다. 다음 몇 가지 경우를 가상해 보자.

(1) 거리지수 β=1의 경우

가령 β의 값이 1이라면, i와 j의 세력균형점은 두 장소의 인구 규모에 비례하여 결정될 것이다.

$$d_{ix} = \frac{d_{ij}}{1 + \left(\frac{p_j}{p_i}\right)^{\frac{1}{\beta}}} = \frac{d_{ij}}{1 + \left(\frac{p_j}{p_i}\right)^{\frac{1}{1}}} = \frac{d_{ij}}{1 + \frac{p_j}{p_i}}$$

(2) β가 매우 커지는 경우(β ⤳ ∞)

만약 β가 매우 커진다면, i와 j의 2등분점에서 세력균형점이 형성된다. 교통이 매우 불편하여 이동의 부담이 아주 큰 상황에서는 인구 규모의 차이는 세력권의 범위에 아무런 작용을 하지 못하며, 단순히 i와 j의 거리 2등분점에서 세력균형점이 형성되는 것이다.

$$d_{ix} = \frac{d_{ij}}{1 + \left(\frac{p_j}{p_i}\right)^{\frac{1}{\beta}}} = \frac{d_{ij}}{1 + \left(\frac{p_j}{p_i}\right)^{0}} = \frac{d_{ij}}{1 + 1} = \frac{d_{ij}}{2}$$

(3) β가 매우 작아지는 경우(β ⤳ 0)

만약 거리지수가 점차 작아져서 0이 가까워지면 두 장소의 인구 규모 p_i와 p_j에 따라 권역 경계가 극단적으로 설정된다. 거리지수가 아주 작아진다는 것은 교통이 매우 편리해진다는 것을 의미하며, 이런 경우에는 인구가 조금이라도 더 많은 도시가 모든 세력권을 다 차지하는 승자독식의 상황을 낳게 되는 것이다.

$$\beta=0 \text{이면 } \frac{1}{\beta} = \infty \text{이므로}, \left(\frac{p_j}{p_i}\right)^{\frac{1}{\beta}} = \left(\frac{p_j}{p_i}\right)^{\infty}$$

이때,

$$\text{가) } p_i > p_j \text{이면 } \left(\frac{p_j}{p_i}\right)^{\infty} = 0 \text{이므로}, \ d_{ix} = \frac{d_{ij}}{1 + \left(\frac{p_j}{p_i}\right)^{\infty}} = \frac{d_{ij}}{1 + 0} = d_{ij}$$

$$\text{나) } p_i < p_j \text{이면 } \left(\frac{p_j}{p_i}\right)^{\infty} = \infty \text{이므로}, \ d_{ix} = \frac{d_{ij}}{1 + \left(\frac{p_j}{p_i}\right)^{\infty}} = \frac{d_{ij}}{1 + \infty} = 0$$

위에 설명한 가상사례는 비록 극단적인 경우를 상정하였지만 시사하는 바가 적지 않다. 사람들은 교통투자를 긍정적으로 보려는 성향이 있어서 고속도로의 건설, 더 빠른 기차노선의 등장 등은 교통이 불편하던 지역에 긍정적인 결과를 불러와 균형발전을 이룩할 수 있다는 식의 주장을 펴는 것을 종종 듣게 된다. 그러나 위의 사례는 무엇을 시사하고 있는가? 교통투자는 여러 가지 이득을 가져다주는 것은 분명하지만, 적어도 세력권이라는 측면에서만 본다면 엉뚱한 결과를 가져올 수 있다는 점도 보여 주고 있는 것이다. 교통투자가 이루어지기 전까지는 중소도시도 불편한 교통에 힘입어 나름의 독자적인 세력권을 누릴 수 있었지

〈표 12-3〉 거리지수와 세력균형점

거리지수 β	i와 j의 세력균형점 d_{ix}
$\beta = 1$	$d_{ix} = \dfrac{d_{ij}}{1 + \dfrac{p_j}{p_i}}$
$\beta \rightsquigarrow \infty$	$d_{ix} = \dfrac{d_{ij}}{2}$
$\beta \rightsquigarrow 0$	$p_i > p_j$이면, $d_{ix} = d_{ij}$ $p_i < p_j$이면, $d_{ix} = 0$

만, 교통투자가 이루어진 다음에는 대도시의 우산 아래 다 들어가 버리는 상황이 온다는 것이다. 내 고장에서 실제 이러한 상황이 일어난 경우가 있는지 알아보자.

4) 상호작용모형의 적용사례: 전국 주요 도시 간 통행량에 대한 분석

(1) 자료와 모형

한국의 도시 간 승용차 통행 양상을 상호작용모형으로 분석해 보기로 한다. 이 분석의 목적은 한국의 통행사례를 통해 상호작용모형의 이해를 돕고, 독자 스스로 실제 자료를 다룰 수 있도록 간단한 보기를 제시하는 데 있다.

사례도시들이 가급적 전국에 고루 분포하도록 하기 위해 서울을 비롯하여 도청 소재지급 도시 10개가 선택되었다. 제주시도 도청 소재지이지만, 승용차를 이용한 교통량을 분석하는 것이 주제이므로, 이 분석에서는 제외되었다. 분석에 쓰인 통행량(T_{ij})과 거리(d_{ij}) 자료는 한국교통연구원의 2009년 전국 기종점 통행량 조사자료 가운데 도시 간 승용차 이용자의 하루 평균 통행량(명) 및 도로거리(km)이다. 각 도시의 인구는 통계청이 집계한 2008년 말의 주민등록인구(명)이다. 분석자료를 정리하면 〈표 12-4〉와 같다.

적용된 상호작용모형은 〈식 12-5〉와 같은 기본형태로 하였다.

$$T_{ij} = k \cdot \frac{(p_i \cdot p_j)^\alpha}{d_{ij}^{\beta}} \quad \cdots \langle \text{식 } 12\text{-}5 \rangle$$

T_{ij}: 도시 i와 j 사이의 하루 평균 승용차 이용 통행량(명)

p_i와 p_j: 도시 i와 j의 인구(명)

d_{ij}: 도시 i와 j 사이의 거리(km)

〈식 12-5〉의 인구와 거리지수 α와 β를 구하려면 회귀분석법을 적용하며, 이를 위해서는 각 항

<표 12-4> 상호작용 분석에 쓰인 자료: 전국 주요 도시의 인구, 도시 간 거리 및 통행량

도시 i	도시 j	i 인구 (명)	j 인구 (명)	거리 (km)	하루 평균 통행량 (명)	도시 i	도시 j	i 인구 (명)	j 인구 (명)	거리 (km)	하루 평균 통행량 (명)
서울	부산	10,200,827	3,564,577	392.5	5,707	대구	전주	2,492,724	631,532	188.0	47
서울	대구	10,200,827	2,492,724	284.9	2,253	인천	광주	2,692,696	1,422,702	315.0	404
서울	인천	10,200,827	2,692,696	37.4	399,954	인천	대전	2,692,696	1,480,895	178.5	3,354
서울	광주	10,200,827	1,422,702	299.7	2,000	인천	울산	2,692,696	1,112,407	406.1	408
서울	대전	10,200,827	1,480,895	163.4	14,909	인천	춘천	2,692,696	261,975	115.7	864
서울	울산	10,200,827	1,112,407	389.1	3,440	인천	청주	2,692,696	786,726	148.0	2,353
서울	춘천	10,200,827	261,975	78.3	10,144	인천	전주	2,692,696	631,532	230.3	533
서울	청주	10,200,827	786,726	138.3	12,024	광주	대전	1,422,702	1,480,895	169.0	1,446
서울	전주	10,200,827	631,532	215.0	2,274	광주	울산	1,422,702	1,112,407	302.1	2,653
부산	대구	3,564,577	2,492,724	102.6	7,843	광주	춘천	1,422,702	261,975	368.0	18
부산	인천	3,564,577	2,692,696	411.3	1,978	광주	청주	1,422,702	786,726	203.4	804
부산	광주	3,564,577	1,422,702	249.4	1,931	광주	전주	1,422,702	631,532	95.2	2,331
부산	대전	3,564,577	1,480,895	243.9	1,117	대전	울산	1,480,895	1,112,407	239.7	876
부산	울산	3,564,577	1,112,407	58.5	78,829	대전	춘천	1,480,895	261,975	216.9	727
부산	춘천	3,564,577	261,975	390.4	534	대전	청주	1,480,895	786,726	40.5	23,726
부산	청주	3,564,577	786,726	271.7	670	대전	전주	1,480,895	631,532	86.4	4,243
부산	전주	3,564,577	631,532	249.5	610	울산	춘천	1,112,407	261,975	366.0	128
대구	인천	2,492,724	2,692,696	303.7	584	울산	청주	1,112,407	786,726	271.56	1,202
대구	광주	2,492,724	1,422,702	210.4	420	울산	전주	1,112,407	631,532	303.6	145
대구	대전	2,492,724	1,480,895	142.8	2,659	춘천	청주	261,975	786,726	176.4	359
대구	울산	2,492,724	1,112,407	104.3	11,557	춘천	전주	261,975	631,532	283.7	7
대구	춘천	2,492,724	261,975	285.8	1,688	청주	전주	786,726	631,532	118.5	587
대구	청주	2,492,724	786,726	167.2	6,294						

출처: 인구: 통계청, 2008년 주민등록인구.
　　　도시 간 통행량 및 거리: 한국교통연구원, 2009년.

을 상용대수로 바꾸어 지수식(指數式)의 형태로 되어 있는 상호작용모형을 1차식으로 바꾼다:

$$log(T_{ij}) = log(k) + \alpha \cdot log(p_i \cdot p_j) - \beta \cdot log(d_{ij}) \quad \cdots \langle 식\ 12-6 \rangle$$

(2) 통행의 특성 및 변수 간 관계의 검토

분석의 첫 단계로, 산포도(散布圖, scattergram)를 그려 도시 간 통행 양상의 특징을 탐색해 보면 〈그림 12-6〉과 같다. 그림 (가)는 통행량과 인구의 관계를, 그림 (다)는 통행량과 거리의 관계를 나

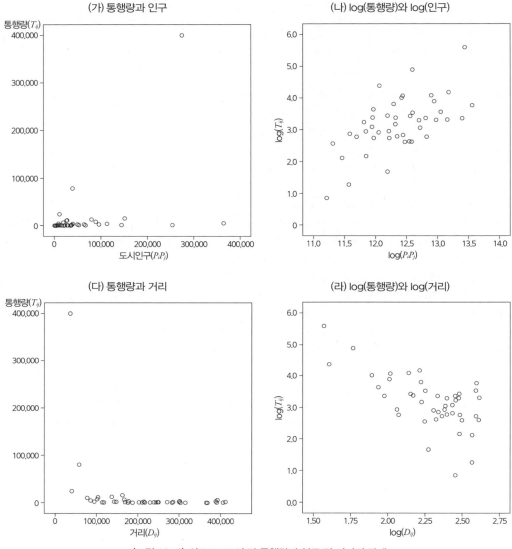

(가) 통행량과 인구

(나) log(통행량)와 log(인구)

(다) 통행량과 거리

(라) log(통행량)와 log(거리)

〈그림 12-6〉 산포도: 도시 간 통행량과 인구 및 거리의 관계

타낸 것으로, 도시별 통행량 및 인구에 편차가 매우 심하여 일부 구간에만 집중 분포하기 때문에 변수 간 관계가 잘 드러나지 않는다. 그러나 통행량, 인구, 거리값을 각각 상용대수로 변환하면 세 변수 간의 관계를 파악하기가 쉬워진다. 그림 (나)는 log(통행량)와 log(인구)의 산포도로서, 이제 우리는 도시의 인구 규모가 커질수록 도시 간 통행량도 늘어나는 경향을 뚜렷이 볼 수 있다. 그림 (라)는 log(통행량)와 log(거리)의 산포도로서, 이 경우에도 두 변수 사이에 선형(線形)의 관계, 곧 도시 간

거리가 멀어질수록 통행량은 줄어드는 추세가 잘 드러나게 된 것이다. 이처럼 모형에서 설정한 통행량, 인구, 거리의 관계가 실제 자동차 통행 사례에서도 비교적 잘 반영되고 있음이 밝혀졌으므로, 본격적인 분석으로 한 걸음 더 나아갈 명분을 확보한 셈이다.

(3) 모형의 적용: 회귀분석

이상의 예비분석을 근거로, 〈표 12-4〉에 제시된 자료를 회귀분석해 보면 다음과 같은 결과를 얻게 된다.

회귀계수: $k=-2.93$, $\alpha=0.87$(표준화계수 0.58), $\beta=2.05$(표준화계수 0.62),

결정계수: $R=0.87$, $R^2=0.75$

분석에서 얻어진 회귀계수들을 모형에 대입하면 다음과 같다.

$$log(T_{ij})=log(-2.93)+0.87 \cdot log(p_i p_j)-2.05 log(d_{ij})$$
$$T_{ij}=0.0012 \cdot (p_i \cdot p_j)^{0.87} \cdot d_{ij}^{-2.05}$$

회귀분석에 적용된 독립변수들의 종합설명력을 가리키는 결정계수는 비교적 높아서($R^2=0.75$), 이 연습에서 적용한 상호작용모형이 한국의 도시 간 자동차 통행 양상을 어느 정도 대변하는 모형이라고 평가할 수 있다. 인구와 거리변수의 표준화 회귀계수는 각각 0.58 및 0.62로서, 두 변수가 통행량의 많고 적음에 기여하는 정도가 엇비슷함을 말해 주고 있다. 거리지수($\beta=2.05$)는 비교적 높은 값을 보이고 있는데, 이는 우리나라에서 철도와 고속버스 등 중거리~장거리 대중교통체계가 비교적 잘 갖추어져 있는 것이 승용차를 이용한 도시 간 통행을 억제하는 데 어느 정도 효과를 나타내고 있다고 해석할 수 있겠다.

(4) 모형에 포함되지 않은 설명변수의 탐색: 회귀잔차의 분석

결정계수의 제곱이 0.75라는 것은 통행량의 분산 가운데 25%는 상호작용모형이 설명하지 못하는 부분이라는 뜻이다. 이를 더 자세히 들여다보려면 회귀잔차(回歸殘差, regression residuals), 곧 실제 통행량(T_{ij})과 상호작용모형에 의해 계산된 추정통행량(T_{ij}^*)의 차이를 분석해 보면 도움을 받을 수 있다.

$$잔차\ RES_{ij}=T_{ij}-T_{ij}^* \quad \cdots \langle식\ 12-7\rangle$$

회귀잔차(RES_{ij})가 양(陽)의 값이면 실제 통행이 상호작용모형 예상치보다 더 많이 발생했다는 뜻

<表 12-5> 회귀잔차

도시 i~j	잔차	도시 i~j	잔차	도시 i~j	잔차	도시 i~j	잔차
대구~춘천	2.06	서울~부산	0.42	서울~춘천	−0.03	청주~전주	−0.57
광주~울산	1.86	서울~대전	0.35	광주~전주	−0.15	인천~광주	−0.72
울산~청주	1.36	서울~청주	0.35	광주~대전	−0.19	부산~대구	−0.78
대구~청주	1.32	대전~울산	0.24	서울~전주	−0.22	서울~대구	−0.85
부산~춘천	1.24	대전~전주	0.22	부산~청주	−0.24	대구~인천	−0.91
대전~춘천	1.11	인천~대전	0.20	부산~전주	−0.32	대구~광주	−1.44
부산~울산	1.08	대전~청주	0.19	울산~전주	−0.34	광주~춘천	−1.46
서울~울산	0.92	광주~청주	0.15	인천~전주	−0.37	춘천~전주	−2.25
울산~춘천	0.69	부산~광주	0.13	서울~광주	−0.38	대구~전주	−3.16
대구~울산	0.66	서울~인천	0.10	대구~대전	−0.42		
부산~인천	0.62	인천~울산	0.03	부산~대전	−0.50		
춘천~청주	0.53	인천~청주	0.02	인천~춘천	−0.53		

이며, 음(陰)의 값이면 실제 통행이 모형이 예상한 것보다 더 적게 발생했다는 것을, 0에 가까우면 실제 통행량과 모형의 추정치에 큰 차이가 없다는 것을 의미한다. 회귀잔차는 평균을 0, 표준편차는 1.0이 되도록 표준화하는 것이 일반적이다. 우리 사례의 경우를 정리하면 〈표 12-5〉와 같다.

결정계수(R^2)가 상당히 높은 것에서 예상할 수 있듯이 대부분의 도시짝은 표준편차 1.0 이내인 +1.0~0~−1.0 구간 안에 있고, 소수의 도시짝들만 +1.0 또는 −1.0 이상의 큰 값을 가지고 있다. 잔차 +1.0 이상은 대구~춘천, 부산~춘천, 대전~춘천, 광주~울산, 울산~청주, 부산~울산, 대구~청주의 7쌍으로, 강원 북부지방의 중심지로 관광기능도 겸하고 있는 춘천, 그리고 공업도시로 성장하여 타 도시 출신도 많이 사는 곳으로 알려진 울산에서 다른 대도시들로의 통행이 상호작용모형이 예측한 것보다 많이 발생하고 있음을 보여 준다. 반면 잔차가 −1.0 이하인 경우를 간추려 보면, 대구~전주, 춘천~전주, 광주~춘천, 대구~광주의 4쌍으로, 호남지방의 도시인 전주와 광주의 사례가 두드러지는 것을 알 수 있다.

회귀잔차 분석은 모형에 담기지 않은 추가 설명을 탐색하는 장치라고 말할 수 있으며, 우리 예제의 경우 도시의 특성에 따라 통행량에 차이가 날 수 있음을 시사하였다. 그러나 이 예제는 모형의 설명력이 상당히 높았던 터라 잔차가 큰 사례도시들이 많지 않아서 추가 설명을 위한 결정적인 단서를 찾기는 쉽지 않았다. 분석에 쓰인 도시가 불과 10개뿐이었다는 점도 잔차의 해석에 어려움을 주는 배경으로 보이므로, 더욱 분명한 해석을 도출하려면 더 많은 도시들을 분석에 포함시키는 것이 바람직할 것이다.

글상자 2: 한 도시와 여러 도시 사이의 상호작용 분석

상호작용모형은 특정 도시나 특정 지역을 중심으로 다른 도시(지역)들과의 통행 양상에도 적용해 볼 수 있다. 아래 표는 광주광역시와 전국 40개 주요 도시 사이의 승용차 이용 통행량, 거리, 인구를 정리한 것이다.

〈표 12-6〉 광주광역시와 전국 타 도시 간 승용차 통행량과 거리 및 인구

도시	입력 자료			분석 결과	도시	입력 자료			분석 결과
	인구 (명)	거리 (km)	하루 평균 통행량(명)	회귀잔차		인구 (명)	거리 (km)	하루 평균 통행량(명)	회귀잔차
서울	10,200,827	299.5	2,001	0.73	서산	156,867	213.1	178	−0.14
부산	3,564,577	251.1	1,932	0.78	논산	127,797	135.9	245	−0.65
대구	2,492,724	209.5	420	−0.57	전주	631,532	95.2	2,331	−0.20
인천	2,692,696	314.1	404	0.12	군산	263,845	113.3	678	−0.48
대전	1,480,895	163.8	1,446	0.11	익산	309,269	105.2	1,945	0.12
울산	1,112,407	302.1	2,653	1.80	정읍	122,842	56.6	4,880	0.02
수원	1,067,425	271.3	192	−0.37	남원	88,356	70.1	3,986	0.39
성남	942,447	279.4	157	−0.42	목포	245,651	68.5	15,997	1.01
부천	867,678	306.7	53	−1.04	여수	295,133	111.2	16,548	1.85
안산	708,257	278.1	379	0.35	순천	269,429	46.9	4,373	−0.70
용인	816,763	257.2	293	−0.04	나주	92,884	22.7	3,277	−0.11
춘천	261,975	368.0	18	−1.05	광양	141,388	90.4	5,719	0.95
원주	303,975	300.5	16	−1.59	포항	508,119	286.2	105	−0.44
강릉	218,399	426.3	81	0.41	경주	269,343	276.7	446	0.82
속초	84,599	447.1	607	2.37	안동	167,300	295.1	97	−0.03
청주	786,726	200.9	804	0.28	구미	393,959	222.5	261	−0.12
충주	206,372	264.4	140	−0.03	창원	1,083,292	207.8	300	−0.52
제천	135,738	305.9	215	0.72	진주	331,222	151.5	596	−0.13
천안	537,698	210.9	1,902	1.16	김해	477,572	227.0	9	−2.71
공주	125,143	170.8	121	−0.75	거제	217,211	229.1	17	−1.90

출처: 인구: 통계청, 2008년 주민등록인구.
　　　통행량 및 거리: 한국교통연구원, 2009년.

이번 사례에서는 광주광역시의 인구 규모를 가리키는 항(p_i)은 상호작용모형에서 제외되어 다음과 같이 단순화된다.

$$T_j = k \cdot \frac{p_j^\alpha}{d_j^\beta}$$

$$log(T_j) = log(k) + \alpha \cdot log(p_j) - \beta \cdot log(d_j)$$

T_j: 광주광역시와 목적지 도시 j 사이의 승용차를 이용한 통행량(명/하루)
d_j: 광주광역시와 목적지 도시 j 사이의 거리(km)

〈표 12-6〉에 제시된 자료에 모형을 적용하여 회귀분석을 시행해 보면 다음과 같은 결과를 얻게 된다.

　결정계수 $R = 0.75(R^2 = 0.56)$

　회귀계수 $k = 5.38$, $\alpha = 0.50$(표준화계수 0.28), $\beta = 2.42$(표준화계수 0.81)

또한 분석 결과 얻어진 각 도시의 회귀잔차는 표에 입력 자료와 함께 실어 두었다. 본문에서 다룬 전국 10대 도시 간 사례를 참고하여, 광주 사례의 분석 결과를 해석해 보기를 권한다.

3. 상호작용모형의 확장과 변형

1) 설명변수의 추가

　상호작용모형은 더욱 정교하고 복잡한 모형들로 발전되어 설명변수의 추가, 퍼텐셜 모형과 확률모형과 같은 변형, 제약모형 등의 확장으로 이어졌다.

　상호작용모형은 분자항의 장소 규모와 분모항의 거리라는 두 요소가 엇비슷한 성격의 변수(들)로 대체되고, 또 다른 설명변수도 추가되는 방식으로 확장되는 사례가 무수히 많다. 이처럼 상호작용모형의 기본요소를 포함하는 확장모형들을 한데 묶어 중력형 모형(gravity-type models)이라고도 부른다. 일찍이 교통수단 선택모형으로 다양한 시도가 이루어지던 가운데, 다음과 같이 상호작용모형의 틀을 확장하여 항공기 선택모형이 개발되었던 사례를 소개한다(Howrey, 1969).

$$T_{ij}=k\cdot(P_i\cdot P_j)^a\cdot(S_i\cdot S_j)^b\cdot(C_{ij}^r)^c\cdot(H_{ij}^r)^d\cdot(F_{ij}^r)^e\cdot\left(\frac{C_{ij}}{Y_{ij}}\right)^f \quad \cdots \langle식\ 12\text{--}8\rangle$$

T_{ij}: 도시 간 항공여객 수
P_i, P_j: 도시 i와 j의 인구
S_i, S_j: 도시 i와 j의 서비스 산업 매출액
C_{ij}^r: 통행비용, 비행기 대 최소비용 교통수단의 통행비용 비(比)
H_{ij}^r: 통행시간, 비행기 대 차순위 교통수단의 통행시간 비
F_{ij}^r: 운행빈도, 비행기 대 최대빈도 교통수단의 배차빈도 비
$\dfrac{C_{ij}}{Y_{ij}}$: 통행비용/소득
k: 상수

　이 모형은 각 항의 지수(계수)의 부호에 따라 분자항과 분모항으로 나뉘므로 상호작용모형의 틀을 가지고 있다. 주목할 것은 기본모형의 분자항과 분모항이 각각 확장되었다는 점이다. 분자항에는 도시의 인구 규모(P_i와 P_j) 말고도 도시의 기능적 특징을 가리키는 변수인 서비스 산업의 매출액(S_i와 S_j)이 추가되었고, 분모항에는 거리항 대신 통행비용(C_{ij}^r), 통행시간(C_{ij}^r) 및 서비스 빈도(F_{ij}^r)라는 세 변수가 비율의 형태로 모형에 포함되었다. 이 변수들이 비율로 표현된 것은 다른 교통수단들과 항공 교통의 경쟁이라는 점을 반영하기 위한 것이었다. 또한 소득수준에 따라 통행비용을 부담스럽게 느끼는 정도가 다를 것으로 보아 통행비용과 소득의 비율 변수가 하나 더 추가되어, 전체적으로 6개의 변수로 구성된 모형이 된 것이다. 이처럼 분석의 목적에 따라 기본 상호작용모형은 다양한 모습으로 변신을 거듭하고 있으며, 오늘날에도 교통 부문은 물론이고 인구이동 등 다른 여러 분야에서 중력형

모형이 개발, 활용되고 있다.

2) 퍼텐셜 모형

증력모형이란 특정 장소 i와 j 사이의 상호작용을 다루는 모형이다. 그러면 한 장소 i와 지역 내 다른 모든 장소 j(j=1, n)들 사이의 상호작용을 한꺼번에 파악할 수는 없을까? 이런 필요에 부응하려 개발된 것이 퍼텐셜(potential) 모형이다. 장소 i를 중심으로 지역 내 다른 모든 j까지 발생할 것으로 예상되는 상호교류의 합계를 퍼텐셜이라 부르며, 〈식 12-9〉와 같이 표현할 수 있다. 이 모형에서는 장소 i를 기준으로 하므로 해당 장소의 크기를 나타내는 p_i는 식에서 제외되었다. 다른 장소와 비교하려는 경우라면 p_i는 상수항으로 취급하여 합산기호(Σ) 앞에 둘 수도 있다. 퍼텐셜이란 상호교류의 가능성이란 뜻을 담고 있는 어휘로서, 결국은 한 장소의 접근성을 나타낸다.

$$V_i = \sum_j \frac{P_j}{d_{ij}^b} \quad \cdots \langle \text{식 12-9} \rangle$$

지역 i는 하나의 점이 아니라 일정한 면적을 가진 공간이기 때문에 지역 내부에서의 상호작용도 퍼텐셜에 포함시키는 것이 필요할 수도 있다. 그러나 퍼텐셜 모형에서 '자기 퍼텐셜(self potential)', 곧 지역 i 내부의 상호교류를 가리키는 항 p_i/d_{ii}^b은 계산 과정에서 문제를 일으킨다. 지역 내부의 거리 d_{ii}를 0으로 설정한다면 자기 퍼텐셜이 무한히 큰 값을 가지게 되기 때문이다. 선행연구에서는 대부분 해당 지역의 면적과 동일한 면적의 원을 설정하고 그 원의 반지름(r_i)의 1/2을 거리 d_{ii}로 간주($d_{ii}=0.5r_i$)하여, 계산의 문제도 피하고 지역내 교류를 어느 정도 반영하는 방법을 택하고 있다(〈식 12-10〉). 또한 단위지역 i의 형태가 완전한 원형인 경우는 거의 없으므로, 지역 중심에서 변두리까지의 거리는 원의 반지름보다는 조금 더 클 것이라는 점에 입각하여 r_i의 값을 구할 때 원주율(π=3.14)보다 조금 더 큰 값을 적용하는 사례도 있다(이금숙, 1995).

$$d_{ii} = 0.5r_i = 0.5\sqrt{\frac{a_i}{\pi}} \quad \cdots \langle \text{식 12-10} \rangle$$

a_i: i의 면적; π : 원주율

각 장소마다 퍼텐셜을 구하고 나면, 그 결과를 지도에 종합하여 나타내면 좋다. 지역 전체로 보아 어디가 상호교류의 잠재력이 크고 어디가 작은지 일목요연하게 드러낼 수 있기 때문이다. 퍼텐셜의 분포를 이처럼 시각화하면 어디에 새로운 기능이나 시설을 입지시키면 좋을까 하는 질문에 답을 마련하기도 쉬워진다.

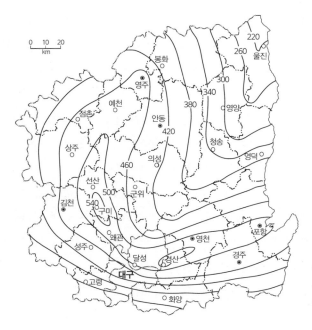

<그림 12-7> 경상북도의 인구 퍼텐셜, 1984년

주: 등치선의 숫자 단위는 10^7명/km
출처: 손명철, 1986, p.11.

선행연구에서는 주제에 따라 기본적인 퍼텐셜 모형에서 다양한 변형이 시도되었다. 분자항에는 인구 변수 대신 매출액, 소득, 특정 물자의 공급량, 전화통화량, 납세액, 은행거래액 등이 등용되었고, 분모의 거리항 역시 여러 가지 함수 형태가 쓰이기도 하였으며, 'population potential', 'market potential' 등 그 이름도 다채롭게 작명되었다(Pooler, 1987). 국내에서도 일찍이 지방행정 중심지의 입지 문제에 적용한 경우(손명철, 1986)를 비롯하여 다양한 주제에 널리 활용되고 있다.

3) 확률모형

상호작용모형에 의해 계산된 상호작용량은 일반적으로 상당히 큰 값을 가지게 되어, 그 수치의 실질적인 의미를 이해하기가 다소 번거롭다. 계산 결과가 좀 더 의미 있는 수치가 되려면 약간의 표준화 과정이 필요하며, 지역 내의 상호작용 합계를 100으로 간주하고 각 장소의 상호작용량을 비율(%)로 표현한다면 일종의 확률과 같은 의미로 해석하는 것이 가능해진다.

가령 물품구매목적 통행을 다루는 경우라면, 거주지 i에서 점포 j로 발생하는 통행을 절대량으로 나타내는 대신 거주지 i와 모든 점포 j 사이에 발생하는 퍼텐셜로 나눈 값, 곧 확률로 나타내는 것이다. 이러한 확률모형은 고안한 이를 기려 '허프(Huff) 모형'이라고도 부르고 있다. 점포의 규모(s_j)는 점포 면적을 흔히 쓰지만, 자료의 여건에 따라서는 점포에서 취급하는 품목이나 서비스의 수, 주차장 면적과 같은 변수도 활용된다. 이상과 같이 각 장소 i마다 계산된 통행발생확률 $Pr(t_{ij})$은 퍼텐셜의 경우와 마찬가지로 지도에 등치선으로 그 분포를 시각화해 볼 수 있다.

$$Pr(t_{ij}) = \frac{\dfrac{s_i}{d_{ij}^{\beta}}}{\sum\limits_{k=1}^{n} \dfrac{s_k}{d_{ik}^{\beta}}} \quad \cdots \ \langle 식\ 12\text{--}11 \rangle$$

$Pr(t_{ij})$: 거주지 i에서 점포 j로 통행(t_{ij})이 발생할 확률

s_j: 점포의 규모(점포 면적 등)

d_{ij}: 거주지 i와 점포 j의 거리

$\sum\limits_{k=1}^{n} \dfrac{s_k}{d_{ik}^{\beta}}$: 거주지 i의 퍼텐셜

〈그림 12-8〉과 같이 거주지 i와 세 점포 S_1, S_2, S_3 사이의 통행을 다루는 예제를 통해 살펴보기로 하자. 계산을 간편하게 만들기 위해 거리지수를 1로 간주한다면(β=1.0), 거주지 i와 점포 S_1 사이에 통행이 일어날 확률 $Pr(t_{i1})$은 0.25(또는 25%)이다.

$$Pr(t_{i1}) = \frac{\dfrac{s_1}{d_{i1}}}{\sum\limits_{k=1}^{3} \dfrac{s_k}{d_{ik}}} = \frac{\dfrac{10}{5}}{\dfrac{10}{5} + \dfrac{20}{5} + \dfrac{40}{20}} = 0.25$$

같은 계산방식으로 i와 점포 S_1, S_2, 사이의 통행확률을 구하면 각각 0.50과 0.25가 된다.

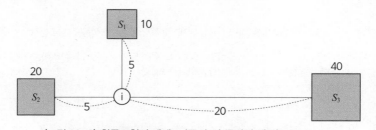

〈그림 12-8〉 확률모형의 예제: 거주지 i와 주변의 세 점포 S_1, S_2, S_3

주: 점포 S_1, S_2, S_3에 부여된 숫자는 점포의 크기, 선분 위의 숫자는 거리를 가리킨다.

4) 제약모형

상호작용모형에서는 인구와 거리항의 지수(p_i^{α}, p_j^{γ}, d_{ij}^{β}의 α, γ 및 β)를 회귀분석법을 통해 정산하게 된다. 그러나 상호작용모형이란 어디까지나 하나의 모형일 뿐 실세계의 상황을 완벽하게 반영하

는 것은 아니므로, 정산하여 얻은 지수들을 활용하여 지역 간 상호작용량을 계산하면 모형이 추정한 통행량(T_{ij}^*, 이하 '추정치'라 부름)과 원자료의 통행량(T_{ij}, 이하 '실측치'라 부름)은 일치하지 않는다.

예제를 통해 살펴보자. 두 출발지 i_1, i_2와 세 목적지 j_1, j_2, j_3 사이에 발생한 유출입통행량 자료 및 거리는 각각 〈표 12-7〉의 (가) 및 (나)와 같다고 하자.* 지금까지 우리는 장소의 크기를 p_i와 p_j로 표기하였지만, 여기에서는 통행 출발지와 도착지를 시각적으로도 구별하기 위해 p_i 대신 O_i로, p_j 대신 D_j로 적기로 한다. O_i와 D_j는 각각 'origin i'와 'destination j'를 줄인 말이다.

$$T_{ij}=k \cdot p_i \cdot p_j \cdot d_{ij}^{-\beta}=k \cdot O_i \cdot D_j \cdot d_{ij}^{-\beta} \quad \cdots 〈식 12-12〉$$

이 측정자료에 단순 상호작용모형(〈식 12-12〉)을 적용하여 회귀분석을 하였더니, 거리지수는 약 1.0, 상수 k는 0.009384, 회귀분석 결정계수(R^2)는 약 0.73이었다. 이런 결과를 다시 상호작용모형에 반영($T_{ij}^*=0.009384(O_i \cdot D_j)/d_{ij}$)하여 출발지 i_1, i_2와 목적지 j_1, j_2, j_3 사이의 통행량을 예측해 보면 표 (다)와 같은 결과를 얻게 된다. (가)의 실측 통행량과 (다)의 추정 통행량은 같지 않으며, 총통행량 N과 추정 통행량의 합계 $\sum_i \sum_j T_{ij}^*$도 서로 일치하지 않음을 알 수 있다.

모형이란 본래 현상을 간명하게 요약한 것이므로 실세계의 다양함을 모두 담아낼 수 없다는 것 자체는 큰 문제가 되지 않는다. 그러나 정밀한 계획을 수립하려 할 때에는 원자료와 모형 추정치의 괴리는 문제가 되므로, 제약항을 추가하여 모형의 추정 통행량과 실제 통행량을 일치시키는 모형들이 고안되었다. 이러한 제약모형으로는 다음과 같은 모형이 개발되었다.

〈표 12-7〉 유출입통행량의 분석 예제: 분석자료와 상호작용모형 추정치

(가) 출발지구(O_i)와 목적지구(D_j)의 규모, 총 통행량(N) 및 i와 j의 통행량 실측치(T_{ij})

T_{ij}	j 1	2	3	O_i
i 1	135	26	39	200
i 2	15	74	11	100
D_j	150	100	50	$\sum O_i = \sum D_j$ $=N=300$

(나) 출발지구(O_i)와 목적지구(D_j) 사이의 거리(d_{ij})

d_{ij}	j 1	2	3
i 1	3	5	4
i 2	6	1	5

(다) 상호작용모형에 의한 통행량 추정치(T_{ij}^*)

T_{ij}^*	j 1	2	3.	$\sum_j T_{ij}^*$
i 1	94	38	23	155
i 2	23	94	9	126
$\sum_i T_{ij}^*$	117	132	32	$\sum_i \sum_j T_{ij}^*$ $=281$

주: 회귀분석 결과: b≒1.00, k≒0.009384, R^2≒0.729
출처: Senior, 1979, pp.182-183. 필자 재구성.

---

* 흐름을 출발지와 도착지로 나누어 더 자세히 본다면, 출발지에서 사람이나 화물이 실려 나가는 흐름을 유출통행(流出通行, 사람의 경우 trip production, 차량의 경우 traffic production), 목적지에 도착하는 흐름을 유입통행(流入通行, trip attraction 및 traffic attraction)이라 구분하여 부르며, 두 흐름을 합하여 통행발생(通行發生, trip generation 및 traffic generation)이라 한다.

(1) 지역의 총통행량을 일치시키는 제약모형

(2) 각 지구의 유출통행량을 일치시키는 제약모형

(3) 각 지구의 유입통행량을 일치시키는 제약모형

(4) 지구별 유출통행량과 유입통행량을 모두 일치시키는 이중제약모형

(1) 총통행량 제약모형(total constrained model)

총통행량 제약모형은 기본 상호작용모형의 상수 k를 제약항으로 바꾼 형태이며, 이 제약항 k에 의해 모형의 총통행량 추정치가 원자료(실측치)와 일치하도록 꾀하는 것이다.

$$\text{총통행량 제약모형: } T_{ij}=k \cdot O_i \cdot D_j \cdot d_{ij}^{-\beta} \quad \cdots \langle \text{식 } 12\text{-}13 \rangle$$

$$\text{제약항: } k=\frac{N}{\sum_i \sum_j O_i \cdot D_j \cdot d_{ij}^{-\beta}}$$

여기서 총통행량 $N=\sum_i \sum_j T_{ij}=\sum_i \sum_j k \cdot O_i \cdot D_j \cdot d_{ij}^{-\beta}$이므로, k는 위의 제약항과 같은 값을 가지는 것이다. 제약항이 갖는 의미를 더 살펴보기로 하자. 제약항을 모형에 대입한다면,

$$T_{ij}=k \cdot O_i \cdot D_j \cdot d_{ij}^{-\beta}=\frac{N}{\sum_i \sum_j O_i \cdot D_j \cdot d_{ij}^{-\beta}} \cdot (O_i \cdot D_j \cdot d_{ij}^{-\beta})=\frac{N \cdot O_i \cdot D_j \cdot d_{ij}^{-\beta}}{\sum_i \sum_j O_i \cdot D_j \cdot d_{ij}^{-\beta}}$$

〈표 12-8〉 제약모형의 적용 결과

(가) 총통행량 제약모형

T_{ij}^*		j		$\sum_j T_{ij}^*$
	1	2	3	(O_i)
i 1	100	40	25	165 (200)
i 2	25	100	10	135 (100)
$\sum_i T_{ij}^*$ (D_j)	125 (150)	140 (100)	35 (50)	$\sum_i \sum_j T_{ij}^*$=300=N

(나) 유출통행량 제약모형

T_{ij}^*		j		$\sum_j T_{ij}^*$
	1	2	3	(O_i)
i 1	121	49	30	200 (200)
i 2	19	74	7	100 (100)
$\sum_i T_{ij}^*$ (D_j)	140 (150)	123 (100)	37 (50)	$\sum_i \sum_j T_{ij}^*$=300=N

(다) 유입통행량 제약모형

T_{ij}^*		j		$\sum_j T_{ij}^*$
	1	2	3	(O_i)
i 1	120	29	36	185 (200)
i 2	30	71	14	115 (100)
$\sum_i T_{ij}^*$ (D_j)	150 (150)	100 (100)	50 (50)	$\sum_i \sum_j T_{ij}^*$=300=N

(라) 이중제약모형

T_{ij}^*		j		$\sum_j T_{ij}^*$
	1	2	3	(O_i)
i 1	126	35	39	200 (200)
i 2	24	65	11	100 (100)
$\sum_i T_{ij}^*$ (D_j)	150 (150)	100 (100)	50 (50)	$\sum_i \sum_j T_{ij}^*$=300=N

주: 괄호 안의 수치는 출발지(O_i)와 목적지(D_j)의 규모임.
출처: Senior, 1979, pp.186-191. 필자 재구성.

이 된다. 가장 오른쪽 항은 특정 i~j의 통행량을 총통행에 대한 비율로 나타낸 것으로서, 확률모형과 똑같은 형태임을 주목할 필요가 있다. 예제의 경우, $k=N/(\sum_i \sum_j O_i \cdot D_j \cdot d_{ij}^{-\beta})=0.01$의 값이 얻어진다. 이를 대입하여 상호작용모형 추정치를 계산하면 〈표 12-8 (가)〉와 같으며, 개별 추정치(T_{ij}^*)들은 아직 실측치와 일치하지 않지만 총통행량(N)은 일치하는 것을 볼 수 있다.

(2) 유출통행량 제약모형(production constrained model)

총통행량뿐 아니라 유출통행량에서도 실측치와 모형의 추정치를 일치시키려면 출발지 O_i에 제약항 A_i를 추가하는 방식으로 모형을 변형시킨다. 출발지의 유출통행량을 아는 경우에 적용하는 모형으로서, 항공기 탑승객 수를 알고 있을 때나 공장의 생산량을 알 때 등에 적합하며, 출발지 제약모형(origin-constrained model)이라고도 부른다. 출발지의 유출통행량 자료는 일반적으로 구하기 쉽기 때문에 유출통행량 제약모형은 다른 제약모형보다 활용빈도가 높은 편이다.

$$\text{유출통행량 제약모형: } T_{ij}=A_i \cdot O_i \cdot D_j \cdot d_{ij}^{-\beta} \quad \cdots \text{〈식 12-14〉}$$

$$\text{제약항: } A_i = \frac{1}{\sum_j D_j \cdot d_{ij}^{-\beta}}$$

총통행량 제약모형은 제약항이 하나만 있으면 되었지만, 유출통행량 제약모형에서는 O_i의 수만큼 제약항이 설정되어야 한다. 총통행 제약항 k의 경우와 마찬가지로 A_i 역시 분수의 형태를 띠고 있어 확률의 성격을 가지며, 위의 식과 같이 도출되는 과정은 다음과 같다.

$$\sum_j T_{ij}=O_i=\sum_j A_i \cdot O_i \cdot D_j \cdot d_{ij}^{-\beta}$$

$$\text{따라서 } A_i = \frac{O_i}{\sum_j O_i \cdot D_j \cdot d_{ij}^{-\beta}} = \frac{1}{\sum_j D_j \cdot d_{ij}^{-\beta}}$$

우리의 예제에서 제약항은 2개이며 각각 $A_1 \fallingdotseq 0.012$, $A_2 \fallingdotseq 0.007$의 값을 가지는 것으로 계산되었다. A_1과 A_2의 값을 모형에 대입하면 〈표 12-8 (나)〉와 같은 결과를 얻게 되며, 거주지 O_1과 O_2의 모형 추정치가 실측치와 같게 도출된 것을 볼 수 있다. 그러나 통행목적지 D_j들의 추정치는 아직 실측치와 일치하지 않는다.

(3) 유입통행량 제약모형(attraction constrained model)

모형의 유입통행량 추정치와 실측치를 일치시키려면 목적지 D_j에 제약항 B_j를 추가하는 방식으로 모형을 변형시킨다. 쇼핑센터 방문자 수, 국립공원 방문자 수, 문화 및 스포츠 시설의 입장객 수 등 목적지의 유입통행량을 알고 있는 경우에 적용하기 알맞은 모형으로, 목적지 제약모형(destina-tion-constrained model)이라고도 부른다. 제약항 B_j의 도출 과정, 그리고 B_j가 일종의 확률로 작용하는 것은 유출통행량 제약모형의 경우와 같다.

$$\text{유입통행량 제약모형: } T_{ij}=B_j \cdot O_i \cdot D_j \cdot d_{ij}^{-\beta} \ \cdots \ \langle \text{식 } 12\text{–}15 \rangle$$

$$\text{제약항: } B_j = \frac{1}{\sum_i O_i \cdot d_{ij}^{-\beta}}$$

제약항은 D_j의 수만큼 설정되어야 하며, 우리의 예제에서 제약항은 3개로 각각 $B_1 \fallingdotseq 0.012$, $B_2 \fallingdotseq 0.997$, $B_3 \fallingdotseq 0.014$이다. 제약항을 적용한 결과는 〈표 12–8 (다)〉에 요약되어 있으며, D_j의 추정치가 실측치와 일치하고 있는 것을 볼 수 있다.

(4) 이중제약모형(production-attraction constrained model)

유출통행량과 유입통행량에 제약항 A_i와 B_j가 각각 추가된 모형이다.

$$\text{이중제약모형: } T_{ij}=A_i \cdot B_j \cdot O_i \cdot D_j \cdot d_{ij}^{-\beta} \ \cdots \ \langle \text{식 } 12\text{–}16 \rangle$$

$$\text{제약항: } A_i = \frac{1}{\sum_i B_j \cdot D_j \cdot d_{ij}^{-\beta}} , \ B_j = \frac{1}{\sum_i A_i \cdot O_i \cdot d_{ij}^{-\beta}}$$

두 제약항에서 흥미로운 점은 A_i의 값을 도출하려면 아직 값이 결정되지 않은 B_j의 값을 알아야 하고, B_j의 값을 도출하려면 역시 아직 값이 결정되지 않은 A_i의 값을 알아야 하므로, A_i와 B_j는 단숨에 그 해를 찾을 수 없다는 것이다. 따라서 순차적 계산 과정을 적용하여 A_i와 B_j의 해를 찾아 나간다. 그 과정은, 첫 단계에서는 A_i와 B_j의 값을 임의로 설정한 다음, 두 제약항을 번갈아 적용하여 A_i와 B_j의 값을 바꾸어 나가며, n−1회차의 $A_{i(n-1)}$ 및 $B_{j(n-1)}$와 n회차의 $A_{i(n)}$ 및 $B_{j(n)}$의 차이가 무시해도 좋을 만큼 작으면 최적해에 이른 것으로 간주하여 계산 작업을 종료한다.

우리의 예제에서 처음에는 A_1과 A_2의 값을 임의로 1.0으로 설정한 다음 B_1, B_2, B_3를 도출하고, 이를 근거로 다시 A_1과 A_2를 산출하는 과정을 거듭한 결과 4회차 만에 값의 차이가 거의 나지 않도록 수렴되었다. 제약항의 최적해를 모형에 대입하여 얻은 결과는 〈표 12–8 (라)〉에 요약되어 있으며, 총통행량과 개별 통행량 모두 실측치와 모형의 추정치가 일치하고 있는 것을 볼 수 있다.

제약모형은 실제 교통자료와 상호작용모형의 추정치를 일치시키기 위한 기술적인 장치로만 개발된 것은 아니며, 연구자가 알고 있는 정보를 더 효율적으로 활용하기 위해 고안된 것이라고 평가할 수 있다. 정산을 통해 얻은 거리지수 β_i는 i지역 이외의 다른 곳에서는 사용할 수 없는 한계도 있다.

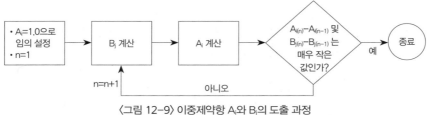

〈그림 12-9〉 이중제약항 A_i와 B_j의 도출 과정

따라서 제약모형은 상호작용모형 추정치를 확률적 맥락으로 바꾸는 것을 가능하게 하여, '가장 비슷한 흐름(most likely flow)'이라는 의미를 지니도록 도와주는 것이다.

제약모형의 이러한 확률적 색채는 1960년대에 윌슨(Wilson)에 의해 엔트로피 극대화 모형 (entropy maximization model)으로 정립되었다. 그는 연구자가 정보의 부족으로 말미암아 '확신할 수 없는 정도'를 엔트로피로 정의하고, 엔트로피를 극대화하였을 때 얻어지는 상호작용모형이 이중 제약모형과 같은 형태가 됨을 입증하였다. 상호교류가 어떤 방식으로 이루어지는지를 연구자가 사전에 알지 못하는 상황에서는 경우의 수가 가장 많은 것을 가장 있음직한 상호작용량으로 간주하는 데에 논리적으로 무리가 없다. 이는 연구자의 선입견을 최소로 줄이는 동시에 자신이 가지고 있는 정보를 최대한 활용한다는 것으로, 엔트로피 극대화가 바로 이를 구현하도록 돕는다. 연구자는 각 지구의 유출통행량과 유입통행량, 그리고 거리라는 최소한의 정보만으로 가장 그럴 법한 상호작용량을 추정하게 되는 것이다.

엔트로피 극대화 모형은 지구(地區) 단위의 정보를 근거로 개인 수준의 통행행동을 엿볼 수 있는 이론적 토대를 부분적으로나마 마련하였다는 점에서 학계의 주목을 받았고, 후속연구도 상당히 축적되어 있다. 특히 윌슨이 확률분포의 불확실성을 다루어, 공간적 상호작용이라는 현상을 사회물리학(social physics)적으로 다루던 데에서 수리통계학의 영역으로 확장시켰다는 점은 그의 큰 공헌으로 평가해도 부족하지 않다.

5) 공간구조를 반영한 모형: 간섭기회에 대한 새로운 해석

얼먼(Ullman)이 말한 간섭기회(intervening opportunity)는 두 장소 i와 j의 중간이나 부근에 위치하여 i~j의 교류에 영향을 끼치는 경쟁지를 말한다. 경쟁지(간섭기회) k들은 그 거리 d_{jk}에 따라 간섭효과에 차이가 나, 거리가 먼 경쟁지일수록 간섭효과는 줄어들게 된다고 기대할 수 있다. 간섭기회를 논하면서 얼먼이 놓쳤던 것은, 경쟁지들이 상호교류에 미치는 영향은 단순히 거리뿐 아니라 경쟁지의 분포 양상 자체, 곧 공간구조도 영향을 미치므로, 간섭기회란 거시적으로 보면 공간구조를 뜻한다는 점이다. 공간구조가 지역 간 상호교류에 영향을 미치는 대표적인 것으로는 대도시 주변에서 볼 수 있는 통행 그림자 효과(traffic shadow effect)와 핵심지역과 변두리지역의 지리적 집중과 분산 현상을 꼽을 수 있다.

통행 그림자 효과는 대도시가 미치는 그림자 효과(urban shadow effect)의 한 부분이며, 대도시 주변의 중소도시들이 대도시의 막강한 영향력에 가려 통행을 대도시로 많이 흡수당하는 현상을 말한다. 수도권에서 서울 주변의 중소도시들이 서울의 그늘에 가려 통행량이 줄어드는 경우가 그 보기이다.

통행 그림자 효과 S_{ij}는 상호작용모형에 하나의 항으로 반영하는 방식을 고려해 볼 수 있다. S_{ij}의 함수 형태와 부호는 상호작용의 종류와 공간구조 등에 따라 적절히 다르게 설정할 수 있다. S_{ij}가 음수인 경우($S_{ij}<0$)는 전형적인 그림자 효과를 발휘하는 경우로 위에서 설명한 수도권의 사례가 이에 해당한다. S_{ij}가 양수인 경우($S_{ij}>0$)는 기능이 지리적으로 집적(集積)되어 있는 것이 통행에 긍정적으로 작용하는 상황을 가리킨다. 소매업 점포들이 밀집되어 있는 것이 개별 점포 간에는 경쟁이지만 지역 전체로는 더 많은 고객을 불러 모으는 결과를 낳는 것이 바로 간섭기회가 양수인 경우에 해당할 것이다.

$$T_{ij}=k \cdot O_i \cdot D_j \cdot S_{ij} \cdot d_{ij}^{-\beta} \quad \cdots \langle \text{식 } 12\text{--}17 \rangle$$

S_{ij}: 통행 그림자 효과

이제는 시야를 더 넓혀 전국 범위의 공간구조 차원에서 간섭기회를 살펴보자. 어느 나라든지 발달의 역사가 오래되고 경제활동의 여건이 잘 갖추어진 핵심지역에는 인구와 도시가 밀집되어 있고, 개발역사가 짧은 변두리는 인구와 도시가 희박하여 드문드문 분포하게 마련이다. 이러한 지리적 집중과 분산 구조는 지역 간 교류에도 영향을 끼치게 된다.

가령 〈그림 12-10〉처럼 핵심지역과 변두리지역의 상호작용을 상정해 보자. 전국적으로 상호작용량과 거리의 관계는 그림의 실선과 같다고 하자. 핵심지역에서는 다수의 도시들이 밀집하여 간섭기회가 많으므로 출발지 i와 핵심지역의 목적지 j 사이에 일어나는 상호작용은 모형이 전국을 대상으로 추정한 것보다 다소 작아지지만, 변두리의 목적지 j와의 교류는 인근에 경쟁 목적지가 드물기 때문에 모형이 추정하는 것보다 더 늘어나기 쉽다. 따라서 핵심도시의 상호작용량과 거리의 관계(그림 (가)의 점선)는 전국적 경향보다 조금 완만한 기울기를 이루게 된다. 이와 반대로 변두리지역에서는, 출발지 i와 변두리지역의 목적지 j와의 교류는 더 늘어나고 핵심지역의 목적지들과의 교류는 그곳의

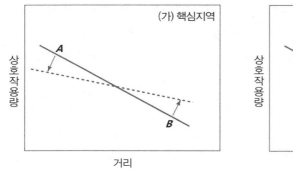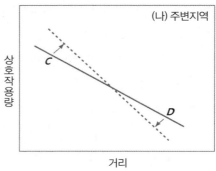

〈그림 12-10〉 간섭기회가 상호작용에 미치는 영향: 핵심지역(가)과 주변지역(나)

출처: Taaffe et al., 1996, p.334.

간섭기회 영향 때문에 줄어들게 된다. 따라서 전체적으로는 상호작용량과 거리의 관계(그림 (나)의 점선)가 전국적 경향보다 더 급한 기울기를 나타낸다.

이러한 경향은 실제 사례에서도 입증된다. 다음 〈표 12-9〉는 미국 49개 도시의 항공여객교통 거리지수를 인구 순위에 따라 배열한 것이다. 표에서는 도시의 인구 규모와 거리지수 사이에는 뚜렷한 경향을 찾기 어렵다. 대신 흥미로운 점은 미국의 동부에 있는 도시들에서 지수가 대체로 1.0 미만으로 작고, 서부 내륙과 남부로 가면서 지수가 커지는 양상을 띤다는 것으로, 핵심지역과 변두리지역의 차이를 잘 드러내고 있다.

따라서 이처럼 공간구조가 상호작용에 미치는 영향을 도외시한 채 상호작용모형을 적용하면 모형의 정산 결과가 왜곡되기 쉽다. 포더링엄(Fotheringham, 1983)은 경쟁목적지 효과를 반영하는 제약항을 상호작용모형에 추가하여 이런 문제를 해결하는 방안을 고안하고 이를 경쟁목적지 상호작용모형(competing-destination model)이라 이름하였다. 그의 모형은 유출통행량 제약모형 계열에 속하며, 모형과 제약항의 형태는 다음과 같다.

$$경쟁목적지\ 상호작용모형: T_{ij} = A_i \cdot O_i \cdot C_j^{\theta} \cdot D_j^{\gamma} \cdot d_{ij}^{-\beta} \quad \cdots 〈식\ 12-18〉$$

$$제약항: A_i = \frac{1}{\sum_i C_j^{\theta} \cdot D_j^{\gamma} \cdot d_{ij}^{-\beta}}$$

우리는 이미 유출통행량 제약모형을 살펴보았으므로, 여기서는 경쟁목적지의 영향을 나타내는 항 C_j에 대해서만 설명하기로 한다. 어떤 목적지 j에 대한 접근도 내지 경쟁목적지의 영향을 나타내는 항 C_j는 $C_j^{\theta} = \sum_{k=1}^{m} D_k \cdot d_{ik}^{-\sigma}$과 같으며, 지수 θ는 핵심지역에서는 상호작용모형의 추정치를 줄이고, 변두리지역에서는 추정치를 늘리는 작용을 하게 된다. 경쟁목적지 k의 수 m은 지역과 사안에 따라 달

<표 12-9> 미국 상위 49개 도시의 항공교통 거리지수, 1960년

도시	β	도시	β	도시	β	도시	β
뉴욕	.42	애틀랜타	1.72	밀워키	.83	솔트레이크시티	2.69
시카고	.53	미니애폴리스	1.32	샌디에이고	1.55	오마하	1.50
로스앤젤레스	1.70	시애틀	2.13	라스베이거스	2.29	샬럿	1.40
샌프란시스코	1.40	덴버	2.73	콜럼버스	.72	내슈빌	1.34
워싱턴 디시	.40	캔자스시티	1.46	볼티모어	.03	오클라호마시티	1.80
마이애미	1.40	휴스턴	2.22	루이빌	1.10	털사	1.78
보스턴	.43	버팔로	.78	데이턴	.42	올버니	.84
디트로이트	.53	탬파	1.41	하트퍼드	.50	버밍엄	1.62
필라델피아	.31	신시내티	.75	시러큐스	.69	노퍽	1.00
클리블랜드	.51	뉴올리언스	1.92	샌안토니오	1.33	프로비던스	.48
피츠버그	.66	피닉스	1.99	멤피스	1.65		
댈러스	1.35	인디애나폴리스	.74	잭슨빌	1.93		
세인트루이스	1.02	포틀랜드	2.41	로체스터	.75		

주: 도시는 인구 규모 순으로 배열하였다.
출처: Taaffe et al., 1996, p.210.

라진다.

4. 상호작용모형의 쓸모

상호작용모형의 발달 역사는 오래되었다. 일찍이 19세기에 이미 도시 간 교류와 지역 간 인구 이동에 일정한 지리적 규칙성이 있음이 보고되었고, 20세기 초에 들어와 라일리(Reilly)가 상업활동에서 교류의 특성을 일반화하여 'Law of retail gravitation'이라 이름하면서 '중력모형'이라는 표현이 널리 퍼지게 되었으며, 나중에는 'social physics'라는 표현도 유행하였다. 20세기 중엽에는 허프(Huff)가 확률모형을, 스토퍼(Stouffer)는 간섭기회모형을 개발하였으며, 윌슨(Wilson)은 엔트로피 극대화 모형을 개발하여 제약모형의 이론적 기틀을 수립하였다. 논평도 일찍부터 활발하여, 상호작용모형의 여러 장점과 한계를 다룬 연구물도 다수 있다.

상호작용모형은 장소들 사이의 지리적 격리, 곧 '상대적 위치'라는 개념을 잘 활용한 모형이다. 현상을 묘사하는 힘(記述力)이 훌륭하며, 각종 이동현상에 유연하게 적용할 수 있다는 것이 크나큰 장점으로 다방면에서 활용되고 있다. 가장 많이 활용되는 분야는 역시 교통 부문으로, 통행예측이나 새 교통노선의 타당성 검토 등에 활용되고 있지만, 인구 이동, 정보의 이동, 사회적 교류, 민간기업 부문에서의 활용도 상당하여 마케팅, 상권 분석, 새 쇼핑센터의 규모 결정 등에도 두루 이용되고 있다. 더 나아가 보건학과 의료지리학 분야에서 병원이나 보건서비스의 입지와 진료권의 설정, 고고학 분야에서 잃어버린 고대 도시의 위치 비정(比定) 등 그 활용사례를 들자면 끝이 없다.

그러나 상호작용모형에 취약점도 있다. 우선 자연현상의 법칙을 연상하는 모형의 구조는 사람들의 일에 이런 틀을 적용해도 되는가 하고 주저하게 만든다. 물론 이것은 '중력모형'이라는 이름에서 비롯되었던 오해로서, 처음부터 '상호작용모형'이라고 이름 지었더라면 거부감이 덜하였을 것이다. 거리지수는 보기보다 그 해석이 간단하지 않다는 문제를 안고 있다는 점도 이미 지적한 바 있다. 모형이 곱하기의 구조로 되어 있어 추정치가 과장되기 쉬우며, 제약모형으로 대응해야 하는 점도 상호작용모형의 한계로 꼽아야 할 것이다. 모형에 포함되는 변수가 늘어나고 모형의 형태가 정교해질수록 정산 결과는 정확해질 것이지만, 이는 모형이란 간명할수록 좋다는 명제와 충돌을 빚게 된다.

실제 자료에 상호작용모형을 적용하는 데에는 기술적 문제들도 불가피하게 뒤따른다. 통계적 분석법을 적용하기 위해 자료를 대수(對數, log)로 변형하는 데서 발생하는 해석상의 문제, 회귀분석법이 자료의 정규분포(正規分布, normal distribution)를 전제하지만 현실 자료가 이런 통계적 기준을 다 충족시키지 못하기 쉽다는 점, 특정 시기의 자료를 사용하므로 미래 예측에 한계를 지니는 점 등이 그것이다. 뉴턴은 중력에 관한 이론에서 지구와 달을 입자(粒子)로 간주했지만, 상호작용에서는 수많은 사람이나 집단이 모여 한 장소를 이루기 때문에 개인과 장소의 관계가 수리적으로 정립되지 않는 한 집계(集計)에 개념적으로 문제가 생긴다.

상호작용모형에 대한 또 다른 비판은 사람통행을 다루는 경우에 상호작용모형이 개인의 공간행동을 설명하지 못한다는 지적으로, 지리학계에 행태주의가 도입될 무렵 크게 성행하였던 이러한 언명은 문헌을 통해 마치 여진(餘震)처럼 지금도 전해지고 있다. 그러나 이 비판만큼은 상호작용모형에 대한 올바른 비평이라 하기 어렵다. 지리적 수준으로 보면, 교류에 관한 자료는 세 수준으로 나누어 볼 수 있다. 개인 k가 교통분석구역(traffic analysis zone) i와 j 사이를 통행하는 t^k_{ij}(micro-scale: 개인 수준), 개인별 통행의 합계인 t_{ij}(meso-scale, 교통분석구역 수준), 그리고 각 지구의 인구나 취업기회의 크기를 나타내는 O_i와 D_j(macro-scale, 도시 수준)가 그것이다. 상호작용모형은 이 가운데 교통지구와 도시 수준의 자료를 다루는 모형이다. 상호작용모형이란 본래 중시적 단위(meso-scale)의 모형이므로, 개인 간 교류(micro scale)를 다루는 변수가 모형에 포함되지 않았으니 개인의 통행행동을 설명하기 어려울 수밖에 없다. 개인 수준의 설명은 그에 알맞은 미시적 모형을 개발하여야 하는 것이지, 중시~거시적 모형을 두고 미시적 설명이 불가능하다고 비판하는 것은 모순에 가깝다고 해야 할 것이다.

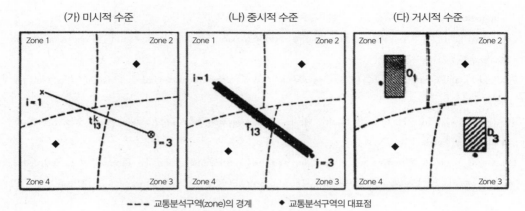

| (가) 미시적 수준 | (나) 중시적 수준 | (다) 거시적 수준 |

〈그림 12–11〉 상호교류 자료의 지리적 스케일

가) t_{ij}^k, 나) $T_{ij}=\sum_{k=1}^{m} t_{ij}^k$, 다) $O_i=\sum_{j}^{n} T_{ij}$ 및 $Dj=\sum_{j}^{n} T_{ij}$

출처: Senior, 1979. p.193.

· 참고문헌 ·

손명철, 1986, 인구 Potential과 접근도 분석에 의한 지방행정중심지 입지선정에 관한 연구: 경북도청 입지선정을 사례로, 서울대학교대학원 사회교육과 지리전공 석사학위논문.

이금숙, 1995, "지역 접근성 측정을 위한 일반모형," 응용지리 18, 25–55.

정미선, 이금숙, 2015, "시간거리 변화에 따른 한국 도시 간 통행흐름의 구조 변화: 고속버스와 철도 이용객을 중심으로," 대한지리학회지 50(5), 527–541.

통계청, KOSIS 국가통계포털, http://kosis.kr/index/index.do.

한국교통연구원, 2009, 전국 기종점 통행량 조사.

Black, W. R., 1972, "Interregional commodity flows: some experiments with the gravity model," *Journal of Regional Science* 12, 107-118.

Fotheringham, A. S., 1983, "A new set of spatial interaction models: the theory of competing destinations," *Environment and Planning A* 15, 15-36.

Haynes, K. E. and Fotheringham, A. S., 1984, *Gravity and Spatial Interaction Models*. SAGE Scientific Geography Series Volume 2. SAGE: Beverly Hills.

Howrey, E. P., 1969, "On the choice of forecasting models for air travel," *Journal of Regional Science* 9(2), 215-224.

Pooler, J., 1987, "Measuring geographical accessibility: a review of current approaches and problems in the use of population potentials," *Geoforum* 18, 269-289.

Senior, M. L., 1979, "From gravity modelling to entropy maximizing: a pedagogic guide," *Progress in Human Geography* 3(2), 179-210.

Taaffe, E. J. and Gauthier, H. L., 1973, *Geography of Transportation*. Prentice Hall: Englewood Cliffs, New Jersey.

Taaffe, E. J., Gauthier, H. L. and O'Kelly, M. E., 1996, *Geography of Transportation, second edition*. Prentice Hall: Upper Saddle River, New Jersey.

Ullman, E. L., 1956, "The role of transportation and the bases for interaction," in Thomas, W. L. et al (eds.), *Man's role in Changing the Face of the Earth*. The University of Chicago Press: Chicago, 867-871.

제13장

유동자료와 지역구조의 이해

1. 유동자료

시, 군 사이의 승용차 통행량, 항만 간 화물 수송량, 도시 간 통화량, 도시 내부의 여러 지구 간 통근자 수 등과 같이 장소와 장소 사이의 흐름을 나타낸 자료를 유동자료(flow data)라 한다. 유동자료는 그 양이 방대한 것이 특징이다. 가령 10개의 단위구역이 있다면, 이들 단위구역이 모두 출발지이자 도착지이기도 하므로, 출발지(i)→도착지(j)의 유동량(t_{ij}) 정보는 무려 90개나 된다. 일반화해서 표현하자면, n개의 단위지구가 있을 때 유동 t_{ij}의 수는 모두 n(n−1)만큼 되는 것이다.

이러한 방대하고 복잡한 유동정보는 행렬로 나타내면 편리하다. 행 i는 유동의 출발지, 열 j는 도착지를 나타내고, 각 요소는 유동량 t_{ij}를 담으며, 이런 행렬을 유동행렬(flow matrix, **T**)이라 부른다. 유동행렬 **T**는 행과 열의 수가 같은 정사각행렬이며, 대각요소(t_{ii})를 기준으로 윗부분과 아랫부분의 값이 비대칭($t_{ij}≠t_{ji}$)인 것이 일반적이다.

유동행렬 **T**의 대각요소(t_{ii})는 해당 단위지역 내부의 흐름을 가리키며, 유동 양상에 대한 연구에서는 대체로 단위지역 외부와의 교류에 초점이 맞추어져 있으므로, 대각요소의 값은 0(t_{ij}=0)으로 처리하는 것이 일반적이다. 그러나 해당 지역 내 흐름도 관심의 대상이 되는 특수한 경우에는 지역 내 유동량을 대각요소에 대입하여 다루게 된다.

장소와 장소, 지역과 지역 사이의 교류는 지역의 구조, 곧 계층 관계나 권역 등을 반영하게 마련이다. 따라서 우리는 유동자료의 분석을 통해 지역의 구조를 엿볼 수 있다. 이 장에서는 방대한 유동자료에서 흐름의 지리적 특징을 효율적으로 파악하고, 나아가 지역의 구조를 알아보는 방법들을 다루어 보기로 한다. 유동자료를 다룰 수 있는 분석법 가운데 선행연구에서 자주 활용된 것으로는 결절류 분석법과 요인분석법을 꼽을 수 있으며, 군집분석법을 적용한 사례도 일부 있다. 이들 분석법은 흐름이 일정 범위 안에서 더 탁월하여 일종의 유동지역을 형성하는지, 만약 유동지역을 형성하는 경향이 있다면 그 중심은 어디인지, 그리고 유동지역들이 어우러져 전체적으로 어떤 계층구조를 이루는지 등을 밝히는 데 주로 활용되어 왔다.

		도착지 j					
		1	2	3	.	.	n
출발지 i	1	t_{11}	t_{12}	t_{13}	.	.	t_{1n}
	2	t_{21}	t_{22}	t_{23}	.	.	t_{2n}
	3	t_{31}	t_{32}	t_{33}	.	.	t_{3n}
	.	.		.	.		.
	.	.		.	t_{ij}		.
	.	.		.			.
	n	t_{n1}	t_{n2}	t_{n3}	.	.	t_{nn}

〈그림 13-1〉 유동행렬 T

2. 결절류 분석법

1) 지역의 계층구조와 유동 양상

출발지 i에서 목적지 j로 유출되는 여러 흐름 가운데 '최대결절류(dominant flow)'를 찾아내 장소 간의 계층관계를 밝히는 분석법을 결절류 분석법(nodal flow analysis)이라 한다. 결절류 분석법은 나이스턴과 데이시(Nystuen and Dacey, 1961)가 고안한 방법으로, 그 분석틀이 직관적이며 분석과정도 다른 고급 통계분석기법들에 비해 간명하여 활용도가 높으며 국내에서도 적용사례가 적지 않다.

결절류 분석법의 핵심내용을 요약하면, 첫째 두 결절 사이의 직접흐름뿐 아니라 다른 결절을 거쳐 이루어지는 간접흐름도 고려하여 흐름의 총량을 파악하고, 둘째 각 결절의 최대결절류를 찾아내 결절들의 지배와 종속의 관계를 판정하는 것이다.

결절들의 지배와 종속 관계의 전모를 살피려면 결절짝의 직접흐름뿐 아니라 다른 결절들을 경유하는 간접흐름도 파악할 필요가 있다. 예를 들어 도시 ㉮와 ㉲의 관계는 ㉮-㉲의 직접연결뿐 아니라 ㉮-㉯-㉲, ㉮-㉯-㉰-㉲와 같은 간접연결도 고려해야 모든 기능적 관계를 파악할 수 있게 되는 것이다. 유동행렬에서 간접흐름을 파악하는 것은 행렬연산으로 가능하다. 다만 상호교류에는 거리조락성(距離凋落性)이 있게 마련이어서 직접연결에 비해 2단 간접연결, 2단 간접연결보다는 3단 간접연결의 교류 정도가 더 약할 것이므로, 행렬연산 과정에서 간접연결의 기여 정도를 낮추는 작업이 필요하다.

지역 전체의 계층구조는 각 결절의 최대결절류와 규모를 감안해 파악한다. 결절의 규모는 해당 결절로 들어오는 유입총량으로 파악하며, 해당 결절의 인구 규모와 같은 다른 자료를 활용할 수도 있다. 한 출발지의 최대유출량, 곧 최대결절류가 자신보다 규모가 더 큰 목적지로 지향한다면 종속, 규모가 작은 목적지로 지향하는 경우에는 지배, 다른 결절들을 지배하면서 자신은 더 큰 결절에 종속되는 경우에는 중계 관계에 있는 것으로 판정하는 것이다. 결절 사이의 이러한 종속, 지배, 중계 관계를 지도화하면 지역 전체의 계층구조가 일목요연하게 드러나며, 더 나아가 지배적인 결절을 중심으로 한 지역구분도 가능하다.

2) 결절류의 분석 과정

위에서 설명한 논리에 근거하여, 나이스턴과 데이시는 다음과 같은 결절류 분석 절차를 고안하였다.

첫 단계는 유동행렬 **T**에서 각 목적지 j열의 합, 곧 j의 유입량을 구하고, 이 가운데 값이 가장 큰 최대유입량($max_j \sum_i t_{ij}$)을 찾아낸 다음, 유동행렬의 각 요소 t_{ij}를 이 최대유입량으로 나누어 준다(〈식 13-1〉). 비율로 환산된 새 유동행렬 **C**의 각 요소 c_{ij}는 이제 0보다 작은 값을 지니게 된다(〈식 13-2〉).

$$c_{ij} = \frac{t_{ij}}{t_{max}} = \frac{t_{ij}}{max_j \sum_i t_{ij}} \quad \cdots \langle 식\ 13-1 \rangle$$

$$0.0 \le c_{ij} < 1.0 \ 및 \ 0.0 < \sum_j c_{ij} \le 1.0 \ (i, j = 1, 2, \cdots n) \quad \cdots \langle 식\ 13-2 \rangle$$

이처럼 원자료(**T**) 대신 비율자료(**C**)로 바꾸는 것은 결절짝의 간접연결이 길어질수록 그 영향력이 약화되는 성질, 곧 조락성을 반영하기 위한 것이다. 다시 말해, 소수는 제곱을 거듭할수록 급격히 작아져서, 가령 0.3의 제곱은 0.09, 세제곱은 0.027, 네제곱은 0.0081로 줄어드는 원리를 적용한 것이다.*

두 번째 단계는 비율로 환산된 유동행렬 **C**를 n-1회(결절의 수-1)만큼 곱셈하는 것으로, 직접연

---

* 간접연결의 기여도를 더욱 낮추려면, 원자료 행렬 **T**의 각 요소를 최대유입량을 나누어 비율자료로 환산하는 대신, 행렬 **T**의 총합계로 나누어 주는 방안도 구상해 볼 수 있다.

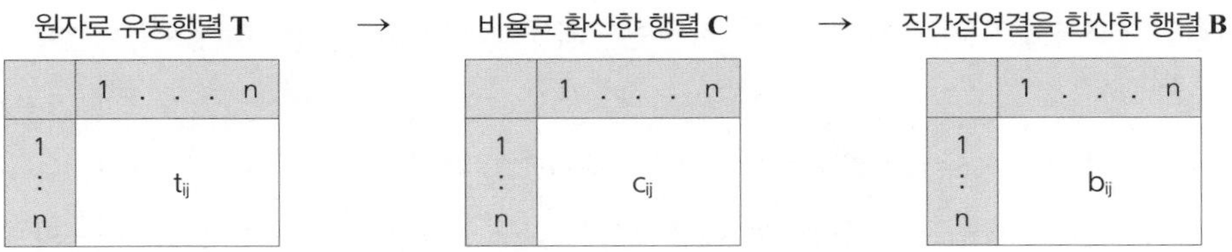

〈그림 13-2〉 유동행렬의 변환 과정

결(C)뿐 아니라 2단 간접연결(C^2), 3단(C^3) 간접연결 등 다른 결절들을 거쳐 간접적으로 이루어지는 교류도 고려하기 위함이다(행렬연산 과정에 대한 자세한 해설은 제8장 1절 참조). C^2, $C^2 \cdots C^{n-1}$이 모두 구해지면 이를 합산하여 직접 및 간접연결에 의한 흐름 총량을 파악하고 이를 직간접류 행렬 B 라 정의한다.[*]

$$B = C + C^2 + C^3 + \cdots + C^{n-1} \quad \cdots \langle 식\ 13\text{-}3 \rangle$$

위의 식처럼 행렬 C를 결절의 수 n-1회만큼 거듭 제곱하는 것은 매우 번거로운 작업이지만, 이는 〈식 13-4〉와 같은 간편셈법을 통해 손쉽게 해결할 수 있다.[**] 식에서 행렬 I는 단위행렬(identity matrix, 또는 unit matrix)로서, 대각요소만 1의 값을 가지고 나머지 요소들의 값은 0인 행렬이며, 행렬의 상첨자 -1 기호는 역행렬을 뜻한다. 역행렬 $(I-C)^{-1}$는 〈식 13-2〉에 제시된 조건을 충족하면 구할 수 있다.

$$B = C + C^2 + C^3 + \cdots + C^{n-1} = (I-C)^{-1} - I \quad \cdots \langle 식\ 13\text{-}4 \rangle$$

세 번째 단계는 최종적으로 얻어진 직간접류 행렬 B에서 각 출발지 결절 i의 최대결절류를 확인하고, 이를 바탕으로 결절들 사이의 지배와 종속 관계를 결정하여 지도나 표에 나타내는 작업이다. 앞

---

[*] 〈식 13-3〉으로 정의한 행렬 B를 '인접행렬(adjacency martix)'라고 부르는 사례도 있지만, 본래 그래프이론 문헌에서는 인접행렬 이란 연결행렬(제1장 참조)을 가리키는 용어로 쓰이고 있다. 이 책에서는 용어의 혼동을 피하고 행렬 B의 의미를 분명히 전달하기 위해 '직간접류 행렬"이라 부르기로 한다. 나이스턴과 데이시도 유동행렬 T는 'adjacency matrix'로, 직간접류 행렬은 'matrix B' 라고만 적어 구분하고 있다(p.32).

[**] 이러한 간편셈이 도출되는 과정은 다음과 같다.

$$B + I = I + C + C^2 + \cdots + C^{n-1}$$
$$C(B+I) = C + C^2 + \cdots + C^{n-1} + C^n$$
$$(B+I)(I-C) = I - C^n$$
$$B + I = \frac{I - C^n}{I - C}$$

n이 매우 커지면, $\lim\limits_{n \to \infty}(B+I) = \dfrac{I}{I-C} = (I-C)^{-1}$

$$\therefore B = (I-C)^{-1} - I$$

에서 설명한 대로, 한 출발지 i의 최대결절류가 자신보다 규모가 더 큰 목적지로 지향한다면 종속, 규모가 작은 목적지로 지향하는 경우에는 지배, 다른 결절들을 지배하면서 자신은 더 큰 결절에 종속되는 경우에는 중계 관계에 있는 것으로 간주하여 결절들 사이의 계층관계를 파악한다.

3) 결절류 분석 사례: 대전 및 충청남도의 시, 군 간 통행자료 분석

결절류 분석법의 이해를 돕기 위해 대전광역시와 충청남도의 사례를 다루어 보기로 한다. 이 지역의 도시를 살펴보면 대전광역시(이하 '대전'으로 줄여 부름)가 단연 최대 도시이다. 천안의 인구 규모는 대전에는 미치지 못하지만, 충청남도의 도시 가운데에서는 수도권에 가장 가깝게 위치하여 최근 그 성장세가 두드러지는 도시이다. 또한 충청남도는 지형적으로 차령산맥 이북과 이남 지방으로 나뉘어, 예로부터 차령 이북은 천안 중심, 차령 이남은 대전 중심의 권역구조를 이루어 왔다. 이러한 지역 사정이 통행자료에는 어떻게 투영되어 있는지 살펴보는 것은 단지 결절류 분석법의 이해를 돕기 위한 사례로서뿐 아니라 그 자체로도 매우 흥미로운 주제가 아닐 수 없다.

분석에 쓰인 자료는 한국교통연구원이 마련한 '2009년 전국 지역 간 여객 기종점통행량(O/D) 조사' 자료이며, 우리 연습에서는 이 가운데 대전과 충청남도의 모든 교통수단 통행량 합계를 발췌하여 분석해 본다(〈표 13-1〉). 충청남도는 위로는 수도권, 아래로는 전라북도와 접하고 있으며, 철도와 고속국도 등 여러 교통로가 지나고 있어 상당히 개방적인 지역이다. 그러나 여기서는 분석 사례를 제시하려는 목적을 위해, 충청남도 내부의 교류만으로 지역의 성격을 살펴보기로 한다.

〈표 13-1〉에서 보는 바와 같이 각 도시별 유입통행량 합계 가운데 최대유입량($max_j \sum_i t_{ij}$)은 대전의 102,897건이다. 표의 각 요소를 이 최대유입량으로 나누어 얻은($c_{ij}=t_{ij}/102,897$) 비율행렬 $\mathbf{C}$가 〈표 13-2〉이며, 〈식 13-4〉의 간편셈을 적용하여 〈표 13-3〉과 같은 직간접류 행렬 $\mathbf{B}$가 구해졌다. 행렬 $\mathbf{B}$에서 음영으로 강조한 값이 각 시, 군의 최대결절류이며, 각 시, 군의 유입량 합계 규모를 참고하여 지배, 종속, 중계의 관계를 지도에 나타내면 〈그림 13-3〉과 같다.

분석 결과를 요약한 〈그림 13-3〉은 3개의 권역을 드러내고 있다. 대전, 천안 및 서산의 최대결절류는 각기 자신보다 통행흐름의 규모가 작은 시나 군을 지향하므로 독립적인 중심지의 지위를 가지는 것으로 판단되며, 나머지 시와 군들은 대부분 대전과 천안에 종속되는 것으로 볼 수 있다. 청양의 경우만은 부여에 종속되고 부여는 다시 대전에 종속되고 있었다. 따라서 충청남도 남부지방은 대전권역, 북부지방은 천안권역, 그리고 규모는 작지만 서부지방에 서산권역을 독자적으로 형성하고 있으며, 부여는 중계결절의 지위를 가지는 것으로 판단된다.

<表 13-1> 대전과 충청남도 시, 군의 통행량 행렬 **T**, 2009년

원자료 행렬 T		목적지															
		대전시	천안시	공주시	보령시	아산시	서산시	논산시	계룡시	금산군	연기군	부여군	서천군	청양군	홍성군	예산군	태안군	당진군
출발지	대전시	0	12,727	16,266	2,659	3,944	487	13,684	18,798	11,540	7,766	3,144	1,628	684	915	838	1,278	1,503
	천안시	14,136	0	2,689	1,652	31,302	1,955	547	176	459	3,073	1,023	148	1,329	2021	3,940	997	1,747
	공주시	16,697	2,331	0	557	515	136	2,238	885	198	1,529	1,106	273	656	406	396	103	96
	보령시	2,949	1,548	566	0	363	615	645	205	42	120	708	221	1,356	2,329	1,028	512	313
	아산시	3,688	30,517	452	342	0	164	77	60	206	570	162	93	105	498	1,120	280	722
	서산시	529	1,822	138	609	202	0	28	10	4	18	328	52	307	1,830	1,604	4,611	2,874
	논산시	14,630	622	2,334	669	66	28	0	2,748	218	288	3,303	670	148	138	83	52	51
	계룡시	19,759	202	1,114	255	60	10	3,034	0	160	372	897	67	33	22	14	18	17
	금산군	13,541	661	245	50	258	5	250	156	0	154	29	12	7	7	16	45	16
	연기군	7,098	3,341	1,613	141	605	18	446	381	136	0	124	23	46	25	21	19	7
	부여군	3,896	945	1,277	676	166	330	2,624	708	24	101	0	951	2137	428	400	191	77
	서천군	1,371	158	290	259	89	54	562	61	10	22	888	0	486	599	257	31	131
	청양군	717	1,454	666	1,319	110	291	135	26	6	41	2,125	532	0	929	321	161	79
	홍성군	827	2,355	424	2,131	505	1,826	128	23	6	24	429	513	963	0	1,983	1,400	468
	예산군	778	4,315	480	1,087	1,232	1,408	77	11	14	23	425	262	416	2,166	0	727	1,620
	태안군	910	777	99	478	255	3,700	43	13	36	19	179	25	159	1,108	665	0	413
	당진군	1,372	2,050	126	346	927	2,535	53	15	17	8	78	156	107	581	2,021	489	0
	합계	102,897	65,825	28,780	13,230	40,598	13,563	24,570	24,276	13,077	14,128	14,948	5,628	8,939	14,003	14,706	10,913	10,133

<표 13-2> 대전과 충청남도 시, 군 통행량의 비율행렬 **C**

비율행렬 C		목적지															
		대전시	천안시	공주시	보령시	아산시	서산시	논산시	계룡시	금산군	연기군	부여군	서천군	청양군	홍성군	예산군	태안군	당진군
출발지	대전시	0.0000	0.1237	0.1581	0.0258	0.0383	0.0047	0.1330	0.1827	0.1122	0.0755	0.0306	0.0158	0.0066	0.0089	0.0081	0.0124	0.0146
	천안시	0.1374	0.0000	0.0261	0.0161	0.3042	0.0190	0.0053	0.0017	0.0045	0.0299	0.0099	0.0014	0.0129	0.0196	0.0383	0.0097	0.0170
	공주시	0.1623	0.0227	0.0000	0.0054	0.0050	0.0013	0.0217	0.0086	0.0019	0.0149	0.0107	0.0027	0.0064	0.0039	0.0038	0.0010	0.0009
	보령시	0.0287	0.0150	0.0055	0.0000	0.0035	0.0060	0.0063	0.0020	0.0004	0.0012	0.0069	0.0022	0.0132	0.0226	0.0100	0.0050	0.0030
	아산시	0.0358	0.2966	0.0044	0.0033	0.0000	0.0016	0.0007	0.0006	0.0020	0.0055	0.0016	0.0009	0.0010	0.0048	0.0109	0.0027	0.0070
	서산시	0.0051	0.0177	0.0013	0.0059	0.0020	0.0000	0.0003	0.0001	0.0000	0.0002	0.0032	0.0005	0.0030	0.0178	0.0156	0.0448	0.0279
	논산시	0.1422	0.0060	0.0227	0.0065	0.0006	0.0003	0.0000	0.0267	0.0021	0.0028	0.0321	0.0065	0.0014	0.0013	0.0008	0.0005	0.0005
	계룡시	0.1920	0.0020	0.0108	0.0025	0.0006	0.0001	0.0295	0.0000	0.0016	0.0036	0.0087	0.0006	0.0003	0.0002	0.0001	0.0002	0.0002
	금산군	0.1316	0.0064	0.0024	0.0005	0.0025	0.0000	0.0024	0.0015	0.0000	0.0015	0.0003	0.0001	0.0001	0.0001	0.0002	0.0004	0.0002
	연기군	0.0690	0.0325	0.0157	0.0014	0.0059	0.0002	0.0043	0.0037	0.0013	0.0000	0.0012	0.0002	0.0004	0.0002	0.0002	0.0002	0.0001
	부여군	0.0379	0.0092	0.0124	0.0066	0.0016	0.0032	0.0255	0.0069	0.0002	0.0010	0.0000	0.0092	0.0208	0.0042	0.0039	0.0019	0.0007
	서천군	0.0133	0.0015	0.0028	0.0025	0.0009	0.0005	0.0055	0.0006	0.0001	0.0002	0.0086	0.0000	0.0047	0.0058	0.0025	0.0003	0.0013
	청양군	0.0070	0.0141	0.0065	0.0128	0.0011	0.0028	0.0013	0.0002	0.0001	0.0004	0.0206	0.0052	0.0000	0.0090	0.0031	0.0016	0.0008
	홍성군	0.0080	0.0229	0.0041	0.0207	0.0049	0.0177	0.0012	0.0002	0.0001	0.0002	0.0042	0.0050	0.0094	0.0000	0.0193	0.0136	0.0045
	예산군	0.0076	0.0419	0.0047	0.0106	0.0120	0.0137	0.0007	0.0001	0.0001	0.0002	0.0041	0.0025	0.0040	0.0211	0.0000	0.0071	0.0157
	태안군	0.0088	0.0076	0.0010	0.0046	0.0025	0.0360	0.0004	0.0001	0.0004	0.0002	0.0017	0.0002	0.0015	0.0108	0.0065	0.0000	0.0040
	당진군	0.0133	0.0199	0.0012	0.0034	0.0090	0.0246	0.0005	0.0001	0.0002	0.0001	0.0008	0.0015	0.0010	0.0056	0.0196	0.0048	0.0000

〈표 13-3〉대전과 충청남도 시, 군의 직간접류 행렬 B

결절류 행렬 $B=(I-C)^{-1}-I$		목적지															
		대전시	천안시	공주시	보령시	아산시	서산시	논산시	계룡시	금산군	연기군	부여군	서천군	청양군	홍성군	예산군	태안군	당진군
출발지	대전시	0.155	0.187	0.197	0.037	0.104	0.012	0.168	0.219	0.132	0.098	0.048	0.021	0.014	0.018	0.020	0.018	0.022
	천안시	0.204	0.140	0.067	0.027	0.356	0.026	0.037	0.041	0.029	0.053	0.022	0.006	0.018	0.029	0.052	0.017	0.027
	공주시	0.201	0.061	0.036	0.013	0.032	0.004	0.052	0.048	0.025	0.033	0.021	0.007	0.010	0.008	0.009	0.005	0.006
	보령시	0.041	0.026	0.014	0.003	0.014	0.008	0.013	0.010	0.005	0.005	0.010	0.003	0.014	0.024	0.012	0.007	0.005
	아산시	0.105	0.347	0.032	0.013	0.110	0.010	0.018	0.021	0.016	0.025	0.010	0.004	0.007	0.015	0.027	0.009	0.016
	서산시	0.012	0.025	0.005	0.008	0.011	0.004	0.003	0.003	0.002	0.002	0.004	0.001	0.004	0.020	0.018	0.046	0.029
	논산시	0.179	0.037	0.054	0.013	0.020	0.005	0.028	0.061	0.023	0.019	0.040	0.010	0.005	0.005	0.005	0.004	0.004
	계룡시	0.231	0.041	0.051	0.010	0.023	0.003	0.064	0.045	0.028	0.024	0.019	0.005	0.003	0.004	0.005	0.004	0.005
	금산군	0.155	0.033	0.029	0.006	0.019	0.002	0.025	0.031	0.018	0.015	0.007	0.003	0.002	0.003	0.003	0.003	0.003
	연기군	0.092	0.053	0.033	0.005	0.026	0.002	0.019	0.022	0.012	0.009	0.006	0.002	0.002	0.003	0.004	0.002	0.003
	부여군	0.056	0.021	0.023	0.009	0.011	0.004	0.034	0.018	0.007	0.006	0.004	0.011	0.022	0.006	0.006	0.003	0.002
	서천군	0.018	0.006	0.006	0.004	0.003	0.001	0.009	0.004	0.002	0.002	0.010	0.001	0.005	0.006	0.003	0.001	0.002
	청양군	0.015	0.020	0.010	0.014	0.008	0.004	0.004	0.003	0.002	0.002	0.022	0.006	0.001	0.010	0.005	0.002	0.002
	홍성군	0.018	0.032	0.008	0.023	0.016	0.020	0.004	0.004	0.004	0.003	0.006	0.006	0.011	0.003	0.022	0.015	0.007
	예산군	0.021	0.056	0.010	0.013	0.030	0.016	0.005	0.004	0.003	0.004	0.006	0.003	0.006	0.023	0.004	0.009	0.018
	태안군	0.014	0.013	0.004	0.006	0.007	0.037	0.003	0.003	0.002	0.003	0.003	0.001	0.002	0.012	0.008	0.002	0.006
	당진군	0.022	0.031	0.006	0.005	0.020	0.026	0.004	0.004	0.003	0.003	0.002	0.002	0.002	0.008	0.022	0.007	0.002

주: 표에서 음영으로 강조된 값은 각기 해당 출발지의 최대결절류를 가리킨다.
자료:한국교통연구원.

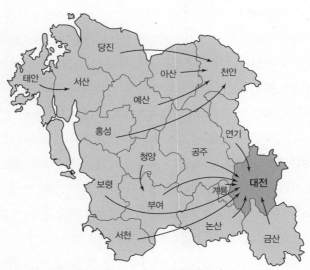

〈그림 13-3〉결절류 분석으로 본 대전 및 충청남도 지방의 계층구조
주: 지도의 화살표는 각 시, 군의 최대결절류가 지향하는 곳을 가리킨다.

이 분석 사례에 사용된 통행자료는 2009년 현재의 상황으로서, 2012년 7월에 출범한 세종특별자치시는 포함되지 않았고, 2009년 이후 일부 군이 시로 승격하기도 하였다. 앞으로 새로운 통행자료의 분석을 통해 세종특별자치시 설립 이후 충청남도의 지역구조와 세종특별자치시의 위계를 살펴 2009년과 비교해 보는 것은 흥미로운 과제가 될 것이다.

4) 토론

결절류 분석법은 국내에서도 일찍부터 관심을 보여 왔고, 근래 정부가 구축한 교통자료('국가교통 DB')에 접근이 쉬워지면서 이 분석기법의 이용은 급증하는 추세이다. 또한 연구자 자신은 결절류 분석법이라는 표현을 쓰지 않았지만 사실상 결절류 분석법과 비슷한 기법을 적용한 사례도 종종 발견된다. 결절류 분석법에 대한 소개와 논평으로는 성준용(1990), 서찬기(1991), 남영우 등(2000)을 꼽을 수 있으며, 일본 지리학자 무라야마 유지(村山祐司, 1990)의 논평이 발췌 번역(이재길, 1991)되어 국내에 소개되기도 하였다.

결절류 분석법은 그 역사가 오래되고 활용사례가 많은 만큼, 방법론 측면에서의 논란도 적지 않다. 몇 가지 쟁점을 간추려 살펴보기로 한다. 결절류 분석법의 핵심은 결절들 사이의 직접흐름뿐 아니라 간접흐름도 고려하여 지배-종속의 관계를 파악한다는 것이며, 간접연결을 몇 단계까지 허용할 것인가에 대한 논란이 자연스레 대두되었다. 나이스턴과 데이시가 원래 염두에 두었던 것은 네트워크의 결절 수(더 정확하게는 n-1) 만큼의 간접연결이었으며, 이후 네트워크의 지름(δ)만큼 간접연결을 허용하자는 의견도 제시된 바 있다. 그러나 사람통행에서는 최종 목적지까지 이르는 데 다른 결절을 경유하거나 교통수단을 환승하는 것이 많아야 두세 번일 것이라는 논리에서, 간접연결을 2~3회 이내로만 허용한 연구사례도 다수 있다(〈식 13-3〉을 적용하는 대신 $B=C+C^2$ 또는 $B=C+C^2+C^3$ 등의 식을 적용). 이러한 논쟁에 대해, 원 유동자료가 비율자료로 환산되고 나면 행렬곱셈을 거듭하면서 간접연결의 기여도가 급격히 줄어들게 되므로, 간접연결을 수 회 이내로 제한한 계산 결과와 결절 수(n-1)만큼 간접연결을 허용한 계산 결과의 차이는 그다지 심각한 것이 아닌 데다, 간접연결을 수 회 이내로 제한하는 방법 역시 몇 회로 제한할 것인가에 대해 합당한 근거를 마련하기도 어려우므로 〈식 13-3〉의 간편셈은 아직도 유효한 방법이라고 판단할 수 있겠다.

원 유동행렬 **T**를 비율행렬 **C**로 바꾸는 대신 행렬 **T**를 그대로 쓰되 간접연결의 기여도에 조락성을 두기 위해 1.0보다 작은 가중치 s(scalar)를 적용하는 방법을 사용한 사례도 적지 않다. 예를 들면 직간접류 행렬을 $B=sT+s^2T^2+s^3T^3$과 같이 정의하는 방식이다. 이때 가중치는 0.3 또는 0.5와 같은 값이 적용되어 왔는데, 이런 방식 역시 몇 단계까지 간접류를 허용할 것인가, 가중치로는 과연 어떤 값이 적절한가를 두고 논란이 있을 수 있으므로 적절한 대안은 아닌 듯하다.

간접연결을 아예 고려하지 말고, 원 유동행렬에서 곧바로 1차 최대결절류를 파악하자는 의견도 있다. 결절류 분석법에서 최종적으로 고려하는 요소는 각 출발지의 최대결절류뿐이므로 간접연결을 포함시키기 위해 행렬연산을 거치더라도 최대결절류와 2위 결절류의 순위가 바뀌는 일은 흔하지 않다는 점과, 행렬연산의 부담이 크다는 실무적 고려가 합해진 주장이다. 과거에는 역행렬을 비롯하여 행렬의 곱셈 등은 연구자가 손수 전산 프로그램을 만들어 써야 했으므로 컴퓨터 프로그램 쓰기에 익숙하지 않은 사람에게는 원 유동행렬에서 곧바로 1차 최대결절류를 파악하자는 주장은 나름대로 현실성이 있었다. 그러나 이제는 엑셀과 같은 사무용 프로그램이 어디에나 보급되어 있고, 해당 프로그램 안에 역행렬 계산기능이 내장되어 있으므로 결절류 분석의 계산 과정이 매우 쉬워졌기에, 원 유동행렬에서 곧바로 1차 최대결절류를 파악하자는 주장은 적어도 계산의 부담이라는 측면에서는 그 설득력을 잃게 되었다.

또 다른 쟁점은 지역의 폐쇄성과 개방성에 관한 것이다. 외딴 섬처럼 완전히 고립된 지역이 아니라면 대부분의 지역은 외부와도 교류가 있게 마련이므로, 유동행렬 T에 외부지역을 1개 이상 추가하여 분석해야 한다는 견해도 있다(예를 들면 이종상, 2000). 가령 한국을 연구지역으로 삼았다면 '외국'이라는 행과 열을 더 추가한 유동행렬을 만들고, 우리 사례분석의 경우라면 대전과 충청남도 시, 군 외에 '기타 외부지역' 또는 외부지역을 더 세분하여 '수도권', '충청북도' 등 몇 개의 행과 열을 추가하여 간접연결을 파악하자는 셈이다. 이런 견해는 분석 대상지역 가까이 간접류를 강력하게 유발하는 곳, 예를 들면 대도시가 있을 경우에는 예외적으로 그 타당성이 인정되지만, 이는 연구자가 분석 대상지역과 그 인근의 지리적 특성에 따라 적절히 대응해야 할 사안이지 모든 분석에서 일률적으로 외부지역을 유동행렬에 추가해야 할 필요는 없다고 본다.

결절 간의 지배와 종속 관계 판정에서, 나이스턴과 데이시는 각 결절의 유입량 합계를 해당 결절의 규모로 간주하여 한 출발지의 최대결절류가 자신보다 규모가 더 큰 목적지로 지향한다면 종속, 규모가 작은 목적지로 지향하는 경우에는 지배 관계에 있는 것으로 판정하는 방법을 사용하였다. 그러나 결절의 규모는 인구를 기준으로 결정하는 것도 고려해 볼 수 있으며, 나이스턴과 데이시도 인구지표의 효용성에 대해 언급한 바 있다. 결절의 계층성이란 단순히 흐름의 많고 적음만으로 판단할 사안은 아닐 것이다. 통신망의 핵심 중계거점, 교통로의 중요 길목에 해당하는 결절은 비록 흐름은 많을지라도 실제 '규모'가 크지는 않을 수 있는 것이다. 결절의 규모 판정에 인구와 같은 외부 지표를 더 데려와 활용하는 방식은 유동자료 한 가지만으로 이것저것을 파악하는 것보다 분석과 관찰의 폭과 깊이를 더할 수 있는 장점이 있다고 본다.

사람과 화물의 유동에 비해 통신의 흐름은 간접연결에 더 유연하므로, 결절류 분석법은 사람통행이나 화물유동 자료보다는 통신자료의 분석에 더 적합하다고도 평할 수 있다(허우긍, 2001). 나이스턴과 데이시가 워싱턴주의 시외통화자료를 자신들이 고안한 분석법을 검증하는 데 활용했던 것도 이런 이유로, 그들은 도시 간 계층성을 파악하는 데 기업 간 정보, 우편 및 화물이나 상품의 유동, 사람통행 등의 지표를 활용할 수 있되 전화를 통한 정보유동을 가장 알맞은 지표로 간주하였다(1961: 30).

3. 요인분석법

1) 개요

요인분석법(factor analysis)이란 여러 변수들의 형성에 기여하는 주 요인(要因, factors)들을 추출하고, 변수별로 정리되었던 원자료를 추출한 요인에 따라 변환하는 통계적 기법이다. 많은 수의 변수 대신 훨씬 적은 수의 요인으로 현상을 요약하는 데 도움을 주며, 더 나아가 변수와 요인의 관계에 대한 연구가설을 검증할 수 있게 한다. 요인분석법은 이런 막강한 분석력 때문에 지리학을 포함한 여러 학문 분야에서 널리 활용되어 왔다. 그러나 고급 수준의 분석기법이므로 분석 과정에서 여러 가지 판단과 결정(요인 추출 기준, 요인축 회전방식, 요인점수 계산방식 등의 선택)을 내려야 하고, 이에 관해 충분한 이해가 전제되어야만 한다는 점이 걸림돌이다.

지리학에서 요인분석을 적용하는 자료는 지역별로 여러 변수에 관한 정보를 실은 행렬의 형태가 일반적이다. 행정구역별 인구를 비롯해 여러 변수들의 자료를 담은 표가 그러한 보기이다. 이런 표에서는 n개의 행정구역이 행에 배열되고, m개의 변수들은 열에 배열되는 형식을 취한다. 이처럼 통상적으로 다루게 되는 자료를 정사각 유동자료(n×n)와 구별하기 위해 여기서 임시로 '일반자료(n×m)'라고 부르기로 한다.

'일반자료'의 요인분석 과정은 다음과 같이 간추릴 수 있다.

(1) 입력 단계: 원자료 행렬(n×m, n개의 지역과 m개의 변수)에서,

(2) 분석 단계: m개 변수 간 상관행렬(m×m)을 구한 다음, 통계적으로 최적의 요인 수(k개)를 결정하고,

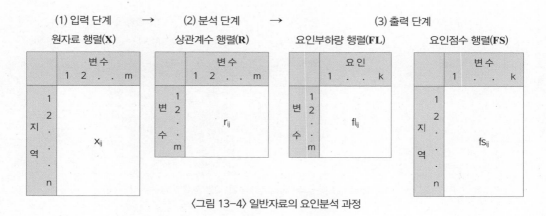

원자료 행렬(**X**)　　　　상관계수 행렬(**R**)　　　요인부하량 행렬(**FL**)　　　요인점수 행렬(**FS**)

〈그림 13-4〉 일반자료의 요인분석 과정

(3) 출력 단계: 이를 바탕으로 요인부하량 행렬(factor loadings, 변수와 요인의 상관계수 행렬, m×k)과 요인점수 행렬(factor scores, 원자료를 새 요인에 맞추어 변환한 값, n×k)을 도출하게 된다.

2) 유동행렬의 요인분석 과정

(1) 입력 단계: R형 분석과 Q형 분석

유동자료의 요인분석은 위에 설명한 일반자료의 요인분석과 두 가지 측면에서 차이가 있다. 첫째, 유동자료는 출발지와 목적지의 수가 같으므로, n×m의 직사각 행렬 대신 n×n 정사각행렬이 분석에 쓰이게 된다. 둘째, 유동자료는 두 가지 접근법, 곧 열의 유사성에 근거하여 요인을 추출하는 'R형 분석(R-mode analysis)'과 행의 유사성에 근거하여 요인을 추출하는 'Q형 분석(Q-mode analysis)'이 가능하다. 일반자료를 다루는 경우에는 R형 분석 한 가지만 가능한데, 이는 요인분석법에서 사례의 수가 변인의 수보다 최소한 같거나 많아야 하기 때문이다. 유동자료에 대한 R형 분석에서는 유동행렬의 행에 출발지, 열에 목적지를 배열하고(행렬 **T**), Q형 분석을 적용하려면 행에 목적지, 열에 출발지를 배열하여 분석하며(전치행렬 **T**^T), 이처럼 행과 열을 엇바꾸는 것을 전치(轉置, transposition)라 한다.

R형 분석과 Q형 분석 가운데 어떤 것을 고를 것인가는 유동행렬에 담긴 정보의 내용과 분석목적에 따라 결정된다. 사람통행 자료의 경우, 통근통행은 출발지의 유출량이 고루 분산되지만 유입통행량은 몇몇 목적지에 집중되는 경향을 띠기 쉬우며, 쇼핑통행이나 여가활동을 위한 통행에서도 다소간의 목적지 집중 경향을 나타낸다. 이런 경우 해당 유동행렬은 대각요소 윗부분과 아랫부분의 비대칭 정도가 심해지므로, R형 분석과 Q형 분석 가운데 어떤 방식을 적용할 것인가에 따라 분석 결과는

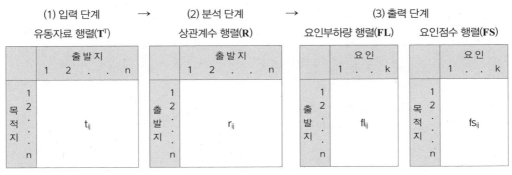

| (1) 입력 단계 | → | (2) 분석 단계 | → | (3) 출력 단계 | |
| 유동자료 행렬($\mathbf{T^T}$) | | 상관계수 행렬($\mathbf{R}$) | | 요인부하량 행렬($\mathbf{FL}$) | 요인점수 행렬($\mathbf{FS}$) |

〈그림 13-5〉 유동자료의 요인분석 과정: Q형 분석의 경우

다를 수밖에 없다. 반면, 모든 종류의 통행을 종합하여 유동행렬에 다 담는 경우라면 유출통행량과 유입통행량이 엇비슷해져 R형 분석이나 Q형 분석의 결과에 큰 차이가 나지 않을 수 있다. 유동행렬의 대칭 여부를 불문하고, 사람통행을 다룬 유동자료의 분석에서는 출발지들이 공통으로 지향하는 목적지가 어디인지를 밝히는 데 (여러 목적지에 공통되는 특정 출발지는 어디인지를 밝히는 것보다) 더 관심이 있으므로 Q형 분석을 하는 것이 논리적이다(Black, 2003; 조대헌, 2011).

화물이동 자료에서도 유동행렬은 비대칭인 경우가 대부분이라고 할 수 있으므로 R형 분석과 Q형 분석 가운데 어떤 방식을 고를 것인가는 매우 중요하다. 가령 어떤 화물의 생산은 일부 지역에 집중된 반면 수요는 전국적으로 분산되어 있는 경우, 택배 소하물의 수집처럼 여러 지구에서 발생한 소하물이 일부 집하장으로 모이는 경우 등이 비대칭 유동행렬의 보기에 해당한다. 국제화물에서도 국내 각지에서 생산된 제품이 항만을 거쳐 수출되는 경우에는 여러 항만 가운데에서도 부산항이나 인천항 등 소수의 수출항에 집중될 것이기 때문에, 목적지인 수출항만의 권역을 파악하는 것이 일차적인 목적일 것이므로 Q형 분석을 적용하게 된다. 반면, 화물이 몇몇 항만을 통해 수입된 다음 전국 소비지로 운송되는 자료라면 출발지 수입항만의 권역을 파악하는 셈이 되므로 R형 분석이 적합하다.

(2) 분석 단계: 유출입 통행량의 상관관계 분석

요인분석은 변수들 사이의 상관계수를 구하는 것에서 시작한다. 그러면 유동자료에서 상관계수를 구한다는 것은 어떤 의미일까? 이에 대한 이해를 돕기 위해 충청남도의 차령산맥 이남에 위치한 부여군과 서천군, 차령산맥 이북의 홍성군과 예산군을 사례로 들어 보기로 한다. 〈표 13-1〉의 유동행렬 자료에서 해당 군의 자료를 발췌하면 〈표 13-4〉와 같으며, 두 군 집단의 목적지별 유출통행량이 어떻게 분포하는가를 나타내 보면 〈그림 13-6〉과 같다.

2개의 꺾은선그래프는 뚜렷이 다른 통행유출 양상을 보여 주고 있다. 차령산맥 이남에 위치한 부여군과 서천군은 대전으로의 통행량이 가장 많고 논산과 같은 목적지로의 통행량 분포도 비슷하며, 차령산맥 이북으로의 통행량이 전반적으로 적다는 점도 공통된다. 반면 차령산맥 이북에 위치한 홍성군과 예산군의 경우에는 천안으로의 통행량이 가장 많고, 서해안의 보령을 제외하고는 차령산맥 이남의 목적지들에 대한 통행량이 적은 것도 흡사하다는 점을 잘 엿볼 수 있다.

유동자료의 상관분석이란 위의 사례처럼 여러 목적지로의 통행량이 지리적으로 얼마나 비슷한가를 살펴보는 것이다. 4개 사례 군의 상관계수(〈표 13-5〉)를 구해 보면 부여군과 서천군은 0.68의 유사성을 보이는 반면, 차령산맥 이북의 홍성군과 예산군과의 유사성은 매우 낮다. 홍성군과 예산군 역시 두 군 사이의 상관 정도는 0.47로 비교적 높지만, 차령산맥 이남의 부여군 및 서천군과의 상관은 매우 낮다. 이를 통해, 만약 우리가 4개군 사례만으로 요인분석을 한다면 대전광역시를 주요 목적

〈표 13-4〉 충청남도 부여, 서천, 홍성, 예산군의 목적지별 통행량, 2009년

		목적지																
		대전 1	공주 2	보령 3	논산 4	계룡 5	부여 6	서천 7	금산 8	연기 9	청양 10	홍성 11	예산 12	태안 13	당진 14	천안 15	아산 16	서산 17
출발지	부여	3,896	1,277	676	2,624	708	0	951	24	101	2,137	428	400	191	77	945	166	330
	서천	1,371	290	259	562	61	888	0	10	22	486	599	257	31	131	158	89	54
	홍성	827	424	2,131	128	23	429	513	6	24	963	0	1,983	1,400	468	2,355	505	1,826
	예산	778	480	1,087	77	11	425	262	14	23	416	2,166	0	727	1,620	4,315	1,232	1,408

주: 설명의 편의를 위해 일부 목적지(천안, 아산, 서산)의 열 위치를 〈표 13-1〉과 달리 뒤로 옮겼다. 목적지 시와 군에 부여된 번호는 〈그림 13-6〉의 가로축 번호를 뜻한다.

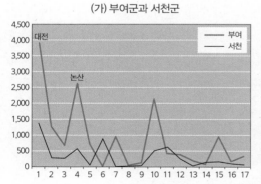

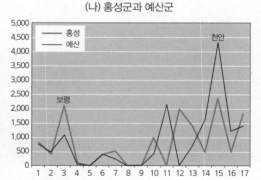

〈그림 13-6〉 부여, 서천, 홍성, 예산군의 목적지별 통행량 분포

주: 가로축의 숫자는 시, 군 번호를 뜻한다.

지로 삼는 부여-서천군 집단과 천안시를 주요 목적지로 삼는 홍성-예천군 집단을 파악하는 결과로 귀착될 것이다.

유동자료에 대한 Q형 요인분석이란 이처럼 유동행렬에 대한 상관분석을 통해 목적지별 통행량의 분포가

〈표 13-5〉 4개 사례군 유출통행량의 상관계수

	부여군	서천군	홍성군	예산군
부여군	1.00			
서천군	0.68	1.00		
홍성군	-0.13	-0.10	1.00	
예산군	-0.08	-0.02	0.47	1.00

얼마나 비슷한가를 파악하여, 닮은꼴의 출발지 집단을 찾아내는 작업이라고도 말할 수 있다. 대부분의 상용 요인분석 프로그램은 자료행렬의 열과 열을 비교하여 상관계수를 도출하도록 되어 있으므로, 〈표 13-4〉와 같은 행렬 형태로는 곧바로 요인분석을 시행할 수 없으며 행과 열을 엇바꾸어야만 한다. Q형 요인분석에서 행렬의 전치가 필요한 것이 바로 이러한 이유에서이다.

(3) 출력 단계: 요인부하량과 요인점수

Q형 분석의 경우, 도출된 요인점수(factor scores)로는 각 요인별 주요 목적지를 파악하고, 요인부하량(factor loadings)으로는 목적지가 같은 출발지들을 확인하면 결과적으로 주요 목적지와 그에 관련된 출발지 집단을 묶어 '유동지역'을 구분하는 것이 가능하다. 또한 각 유동지역의 핵심목적지는 해당 지역의 주요 중심지인 경우가 대부분이므로, 이들 사이의 계층관계를 설정하는 것도 가능하다. 특히 요인점수와 요인부하량 행렬의 분석 결과를 지도화하면 분석 결과의 해석에 큰 도움을 받을 수 있다.

(4) 사교회전 요인분석

요인분석에서 요인들은 서로 독립적이라고 전제하는 것이 일반적이다. 그러나 이런 전제는 유동자료를 통해 지역을 구분하려는 경우에는 논리상 문제가 될 수 있다. 지역들이 독립적이라는 것은 고립된 채 교류가 없다는 것을 시사하는데, 유동지역들(요인분석에 의해 추출된 요인들) 사이에 연계가 전혀 없고 외부와 연락을 끊은 채 고립되어 있다는 것은 상상하기 어려울 뿐 아니라 자료와도 배치되기 때문이다. 이런 논리적 문제를 해소하려면 요인축의 직교회전(直交回轉, orthogonal rotation) 대신에 사교회전(斜交回轉, oblique rotation) 기법이 알맞다. 사교회전이란 요인들 사이에 상관관계를 인정하여 요인을 추출하는 기법이며, 요인부하량과 요인점수 행렬에 덧붙여 요인간 상관계수 행렬도 출력해 준다.* 우리는 이 요인간 상관계수 행렬을 통해 요인들이 서로 얼마나 의존

---

* 사교회전 분석에서는 두 가지의 요인부하량 행렬인 구조부하량 행렬(structure loadings matrix)과 패턴부하량 행렬(pattern loadings matrix)을 출력해 주며, 두 행렬 모두 요인의 해석에 귀중한 정보이지만 대부분의 경우 (직교회전 분석에서의 요인부하

〈그림 13-7〉 사교회전 요인분석에 의해 파악한 서울의 통근지역, 1987년

주: 사교회전으로 말미암아 통근권의 범위가 일부 겹치는 것을 볼 수 있다.

출처: 허우긍, 1993, p.15.

적인지 파악할 수 있다.

또한 사교회전으로 얻어지는 요인간 상관계수 행렬은 고차 요인분석의 입력자료로도 쓰이게 된다 (홍현철, 1999; 김가은 등, 2013). 고차 요인분석이란 1차 요인분석에 의해 얻어진 출력자료를 활용하여 2차 요인분석을 시행하고, 2차 요인분석 결과를 사용하여 3차 요인분석을 시행하는 등 요인분석을 거듭하는 것을 말한다. 이는 여러 계층으로 이루어진 지역구조를 파악하려 할 때 고려해 볼 만하다. 다만 요인분석을 거듭할수록 손실되는 정보량이 급격하게 늘어나며, 사교회전으로 생성되는 요인간 상관계수도 그다지 큰 값이 아닌 경우가 일반적이므로 세심한 주의를 요한다.

3) 요인분석 사례: 대전 및 충청남도의 시, 군 간 통행자료 분석

(1) 자료와 Q형 사교회전 요인분석

유동자료에 대한 요인분석의 이해를 돕기 위해 대전과 충청남도 시, 군의 통행량 자료의 분석 사례를 여기에 소개한다.

작업 과정은, 첫째 시, 군 간 통행량 행렬 $\mathbf{T}$를 전치하여 $\mathbf{T}^T$행렬을 마련하였고, 둘째 이 행렬을 분석

───────

량 행렬과 동일한 의미를 가지는) 구조부하량 행렬만 검토하여도 연구목적을 이루는 데 무리는 없다.

〈표 13-6〉 요인별 아이겐 값과 설명된 분산

요인	아이겐 값	설명된 분산(%)	설명된 분산의 누적 합계(%)
1	6.886	40.50	40.50
2	3.429	20.17	60.67
3	1.725	10.15	70.82
4	1.296	7.62	78.44
5	1.093	6.43	84.87
6	.897	5.28	90.15
7	.643	3.78	93.93
8	.458	2.69	96.62
9	.251	1.48	98.10
10	.183	1.08	99.17
11	.066	.39	99.56
12	.035	.21	99.77
13	.021	.13	99.89
14	.012	.07	99.96
15	.006	.03	99.99
16	.000	.00	100.00
17	.000	.00	100.00

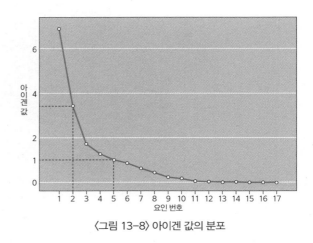

〈그림 13-8〉 아이겐 값의 분포

하여 각 요인의 아이겐 값(Eigen values)과 설명된 분산량을 파악하였다(〈표 13-6〉). 추출할 요인의 수는 요인별 아이겐 값을 살펴 결정하게 되는데, 1) 통계적으로 유의(有意)하다고 간주하는 1.0 이상의 아이겐 값을 대상으로 요인을 추출하는 방법과, 2) 아이겐 값의 전반적인 분포를 고려하여 요인의 수를 결정하는 두 가지 방법을 생각해 볼 수 있다. 이처럼 추출할 요인의 수를 결정할 때에는 아이겐 값의 분포도(scree plot, 〈그림 13-8〉)를 그리면 도움이 된다.

우리의 사례에서는 아이겐 값 1.0 이상이라는 통계적 기준을 적용한다면 5개의 요인을 추출할 수 있고, 아이겐 값의 전반적인 분포로 보았을 때에는 2개의 요인(제1요인: 6.89, 제2요인: 3.43)이 다른 요인들에 비해 아이겐 값이 뛰어나고 나머지 요인들은 아이겐 값의 격차가 미세하므로 추출대상을 2개의 요인으로 정할 수도 있다. 여기서는 통계적 기준보다는 요인의 해석 가능성을 중시하여 두 요인을 추출하고 그 의미를 살펴보기로 한다.*

(2) 추출된 요인의 해석
아이겐 값이 뚜렷이 큰 첫 두 요인을 대상으로 사교회전하여 얻은 요인부하량과 요인점수는 〈표

---

* 실제 다섯 요인을 추출해 보았으나, 제4요인과 제5요인의 성격이 모호하였다.

13-7〉과 같다. 제1요인은 대전시의 요인점수(3.76)가 탁월하게 커서 핵심 목적지임을 분명히 보여 주고, 이 요인에 구조부하량이 큰 곳들은 공주시, 보령시, 논산시, 계룡시, 금산군, 연기군, 부여군, 서천군 등 충청남도의 남반부이다. 따라서 제1요인은 대전을 주요 목적지로 삼는 통행범역인 '대전권역'이라고 이름 지을 수 있겠다.

제2요인은 천안시의 요인점수(2.77)가 가장 크고 서산시의 요인점수(1.38)가 그다음이며 나머지 시와 군의 요인점수는 매우 작고, 충청남도 북반부에 있는 아산시, 홍성군, 예산군, 태안군, 당진군이 큰 구조부하량을 보이고 있다.[*] 이를 종합하면 제2요인은 천안을 수위목적지로, 서산을 그다음 통행목적지로 삼는 '천안권역'으로 볼 수 있겠다. 충청남도 북반부와 남반부의 경계에 위치한 청양군은 그 요인부하량이 0.181(제1요인)과 0.453(제2요인)으로 제2요인에 속하는 것으로 판정할

〈표 13-7〉 사교요인분석으로 추출된 구조부하량과 요인점수

	요인부하량 (구조부하량)		요인점수	
	요인 1	요인 2	요인 1	요인 2
대전시	-.153	-.300	3.76	0.45
천안시	.330	-.006	0.00	2.77
공주시	.978	.142	0.01	-0.65
보령시	.752	.455	-0.37	0.35
아산시	.106	.735	-0.21	-0.23
서산시	-.155	.390	-0.46	1.38
논산시	.950	.041	0.23	-1.03
계룡시	.980	.064	-0.28	-1.14
금산군	.972	.136	-0.52	-1.03
연기군	.904	.351	-0.42	-0.97
부여군	.815	-.023	0.09	-0.22
서천군	.842	.065	-0.37	-0.59
청양군	.181	.453	0.04	-0.42
홍성군	-.035	.799	-0.03	0.50
예산군	.011	.838	-0.32	0.63
태안군	.071	.590	-0.60	0.26
당진군	.199	.823	-0.55	-0.05

수 있으며, 보령시와 연기군은 비록 제1요인의 부하량이 크기는 하지만 제2요인의 요인부하량도 각각 0.455와 0.351이어서 일차적으로는 '대전권역'에 속하지만 '천안권역'에도 약하나마 연계되어 있다고 판단된다.

이러한 분석 결과를 지도에 요약하면 〈그림 13-9〉와 같다. 이 지도는 결절류 분석 결과를 요약한 지도(〈그림 13-3〉)와 비슷하여, 차령산맥 이남과 이북의 지역구분이 뚜렷하게 드러난다. 다만 결절류 분석에서는 서산시가 독자적인 지역을 형성하였던 데 비해 요인분석에서는 천안권역에 포함된 점, 그리고 청양군과 보령시가 결절류 분석에서는 대전에 종속된 것으로 판정된 반면 요인분석에서는 청양군은 천안권역에, 보령시와 연기군은 대전권역과 천안권역에 각각 속하는 것만이 두 분석 결과의 다른 점이다.

---

[*] 제2요인에서 논산시, 계룡시, 금산군의 요인점수가 −1.0 이하이고 연기군도 −0.97이나 되지만, 요인부하량이 음수인 경우가 −0.300(대전시)에 불과하므로, 이들에 대한 해석은 하지 않는다.

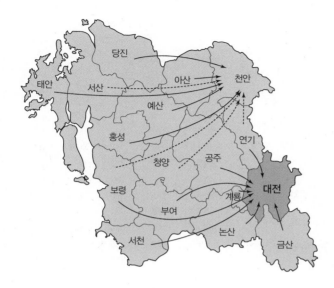

〈그림 13-9〉 사교요인분석으로 추출된
제1요인('대전권')과 제2요인('천안권')

4) 특수 자료에 대한 요인분석

(1) 결절짝 요인분석법

화물의 유동에 대해 요인분석하려 할 때, 화물의 유동 총량을 분석하려면 하나의 유동행렬만 다루면 될 것이다. 그러나 화물의 종류가 여럿인 경우, 화물 종류별 유동행렬에 대해 일일이 요인분석을 시행하는 대신 한 번의 요인분석으로 화물의 이동 양상을 단숨에 비교할 수는 없을까? 이런 분석수요에 부응할 수 있는 것이 결절짝 요인분석법(dyadic factor analysis)이다. 이는 자료 단계에서 여러 유동행렬을 하나의 출발지-목적지짝 행렬(dyadic matrix)로 통합하는 것으로 시작하며, 곡물, 음료, 석유류 등 화물 종류별 유동행렬의 요소들을 그림에서 예시하는 것처럼 출발지와 목적지를 짝지어 한 열에 나열하게 된다.

일단 화물의 종류별 자료를 하나의 행렬로 통합하고 난 다음에는 일반적인 요인분석 절차를 따르면 된다. 이 경우 R형 분석법을 적용하며, 또 분석목표가 지역구분에 있는 것이 아니라 이동 양상이 서로 닮은 화물들을 찾는 데 있으므로 사교회전법보다는 직교회전법을 따르는 것이 논리적이다. 분석 단위구역이 많고 화물의 종류도 다양하다면 출발지-목적지짝 행렬은 매우 방대해지므로, 요인분석 결과의 해석에 부담이 그만큼 늘어난다고 평가할 수 있다. 국내에서는 출발지-목적지짝 행렬에서 한 걸음 나아가 국내 수출입 화물의 유동에 대해 출발지-관문항-목적지의 3짝 행렬을 다룬 사례가 있다(한주성, 2006).

(가) 화물 종류별 유동행렬

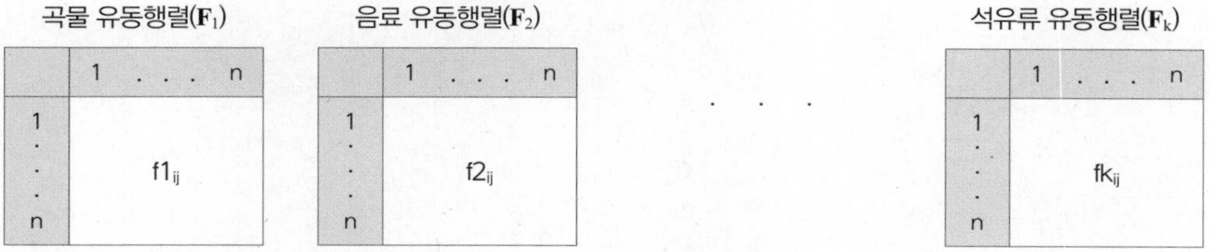

곡물 유동행렬($\mathbf{F_1}$)

	1 . . . n
1 · · · n	$f1_{ij}$

음료 유동행렬($\mathbf{F_2}$)

	1 . . . n
1 · · · n	$f2_{ij}$

· · ·

석유류 유동행렬($\mathbf{F_k}$)

	1 . . . n
1 · · · n	fk_{ij}

(나) 출발지-목적지짝 유동행렬(dyadic matrix)

$O_i \sim D_j$(출발지 i~목적지 j)	곡물(F_1)	음료(F_2)		· · ·	석유류(F_k)
1~2	$f1_{12}$	$f2_{12}$			fk_{12}
1~3	$f1_{13}$	$f2_{13}$			fk_{13}
⋮	⋮	⋮			⋮
1~n	$f1_{1n}$	$f2_{1n}$			fk_{1n}
2~1	$f1_{21}$	$f2_{21}$			fk_{21}
2~3	$f1_{23}$	$f2_{23}$			fk_{23}
⋮	⋮	⋮			⋮
2~n	$f1_{2n}$	$f2_{2n}$			fk_{2n}
·				·	
·				·	fk_{ij}
·				·	
n~1	$f1_{n1}$	$f2_{n1}$			fk_{n1}
n~2	$f1_{n2}$	$f2_{n2}$			fk_{n2}
⋮	⋮	⋮			⋮
n~(n-1)	$f1_{n(n-1)}$	$f2_{n(n-1)}$			$fk_{n(n-1)}$

〈그림 13-10〉 화물 종류별 유동자료를 출발지-목적지짝 행렬로 통합하는 과정
주: 원 화물별 유동행렬의 대각요소는 제외한다.

(2) 교통망의 구조 분석하기: 직접요인분석법

요인분석법은 유동자료뿐 아니라 교통망의 구조를 분석하는 데도 적용할 수 있다. 교통망은 2진수 연결행렬로 나타낼 수 있는데(〈그림 13-11〉), 이런 연결행렬은 각 요소의 값이 1과 0이므로 상관계수 행렬의 극단적인 경우로 간주할 수 있다. 상관계수는 두 변수의 분포가 완벽하게 일치하면 1.0, 전혀 관계가 없으면 0.0의 값을 가진다. 따라서 여러 변수짝 사이의 상관이 전부 이런 완벽한 상관(1.0)과 전혀 무관한 관계(0.0)로만 채워진다면, 그 상관계수 행렬의 모양은 2진수 연결행렬과 흡사하게 될 것이다. 직접요인분석법(direct factor analysis)은 이런 점에 착안하여, 그래프의 연결행렬을 요인분석에서의 상관계수 행렬처럼 간주하여 요인분석을 시행하는 방법이다.

예제에서 직접요인분석을 시행한 결과 아이겐 값 1.0 이상인 요인이 2개 추출되었고, 요인별 부하량은 그림 (다)와 같다. 요인 1의 부하량을 잘 살펴보면 예제 그래프의 꼭짓점 접근도를 나타내고 있

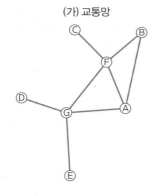

	A	B	C	D	E	F	G
A	0	1	0	0	0	1	1
B	1	0	0	0	0	1	0
C	0	0	0	0	0	1	0
D	0	0	0	0	0	0	1
E	0	0	0	0	0	0	1
F	1	1	1	0	0	0	1
G	1	0	0	1	1	1	0

(가) 교통망　　(나) 연결행렬

(다) 요인부하량

꼭짓점	요인 1	요인 2
A	0.83	0.15
B	0.61	0.40
C	0.32	0.26
D	0.29	−0.49
E	0.29	−0.49
F	0.91	0.27
G	0.82	−0.52
아이겐 값	2.83	1.06

〈그림 13-11〉 직접요인분석의 사례

출처: Johnston, 1978, pp.175-178.

음을 알 수 있다. 그래프의 중앙에 위치하여 접근성이 우수한 꼭짓점 A, F, G의 요인부하량이 0.8~ 0.9 수준으로 다른 꼭짓점들에 비해 월등히 크고, 꼭짓점 B가 다음 서열을 차지하며, 변두리에 위치한 꼭짓점 C, D, E는 가장 작은 요인부하량을 가지는 집단을 이룬다. 요인 2는 요인부하량의 부호로 보아 2개의 지역, 곧 꼭짓점 A, B, C, F로 구성된 북부지방(양수의 요인부하량)과 꼭짓점 D, E, G로 구성된 남부지방(음수의 요인부하량)을 가리키는 것으로 이해된다.

4. 군집분석법

1) 개요

군집분석(cluster analysis)이란 사례들을 변수값으로 비교하여 비슷한 사례끼리 집단을 묶는 통계적 기법이다. 가령 A, B, C, D, E 5개의 사례가 두 가지 변수에 대해 가진 값을 〈그림 13-12 (가)〉처럼 좌표면 위에 나타냈다고 하자. 군집분석은 이 다섯 사례 사이의 거리를 계산한 다음, 가장 거리가 가까운 사례끼리 일정한 원리에 따라 묶어 나간다. 그림의 경우라면, 사례 D와 E가 가장 가까이 있으므로 제일 먼저 한 군집으로 묶이고, 그다음은 A와 B를 또 다른 군집으로 묶으며, 그다음에는 D-E와 C를, 마지막으로 A-B와 D-E-C를 묶어 나가는 과정이 전개될 것이다(그림 (나)의 계통수 참조).

유동자료의 경우, 군집분석법은 흐름의 양상이 비슷한 결절 또는 지역들을 집단으로 구분하려는

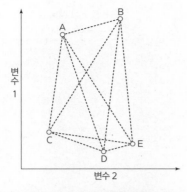
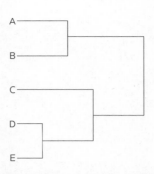

(가) 군집분석이란 거리가 가까운 사례끼리 집단을 구성해 가는 과정이다.

(나) 계통수(系統樹, dendrogram): 가까운 사례끼리 군집되는 과정을 보여 준다.

〈그림 13-12〉 군집분석의 개념

데 사용된다. 유동자료에서는 행(출발지)이 사례, 열(목적지)이 변수에 해당하므로, 유동자료를 군집분석한다는 것은 각 출발지의 주요 목적지들이 얼마나 비슷한지를 비교하는 셈이 된다. 요인분석에 비유하자면 Q형 분석을 적용하는 것과 같되, 행렬을 전치(轉置)하지는 않는다.

2) 군집분석 사례: 대전 및 충청남도의 시, 군 간 통행자료 분석

대전광역시와 충청남도 시, 군의 통행량 자료에 대한 군집분석 결과를 여기에 소개해 본다. 군집분석에 사용된 입력자료는 결절류 분석이나 요인분석에 사용하였던 것과 같은 유동행렬(〈표 13-1〉)이다. 원자료를 표준화하지 않고 분석하였으며, 유동자료가 일반자료와 그 성격이 다르다는 점을 고려하여 평균연결법을 적용하였다. 군집 과정은 〈그림 13-13〉과 같았으며, 군집계수의 증가 추세로 보아 5개의 군집이 가장 적절한 것으로 판단된다.

그림에서 보는 바와 같이 최적 군집수를 5개로 결정하였을 때, 대전시, 천안시, 아산시가 각각 독자적인 군집을 이루고, 충청남도 동남부의 공주시, 계룡시, 논산시, 금산군이 네 번째 집단을, 그리고 나머지 시와 군들이 다섯 번 째 집단을 이루고 있다. 이러한 군집분석 결과는 결절류 분석이나 요인분석의 결과와 매우 다를 뿐 아니라 우리가 알고 있는 지역 사정과도 크게 어긋나는 것으로서, 군집분석이 대전-충청남도의 지역구조를 파악하려는 목적에 과연 잘 부합하는 것인지 의문을 갖게 한다. 물론 우리의 사례분석에서는 원자료를 대상으로 평균연결법을 적용한 결과만 다루었기 때문에 다른 군집방법들을 적용한 결과도 검토하여야만 올바른 최종 판정을 내릴 수 있을 것이다.

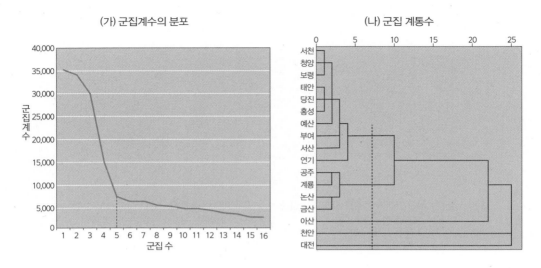

(가) 군집계수의 분포

(나) 군집 계통수

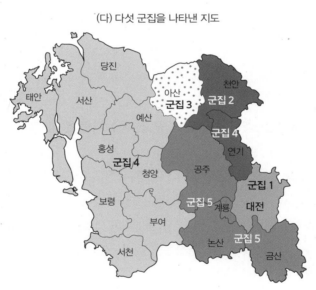

(다) 다섯 군집을 나타낸 지도

〈그림 13-13〉 대전-충청남도 시, 군의 통행량에 대한 군집분석 결과

3) 토론

　요인분석의 경우 요인 수의 결정과 요인축 회전방식의 선정 등 분석 단계마다 연구자의 판단을 요구하듯이, 군집분석도 각 분석 단계에서 연구자가 어떤 결정을 내리느냐에 따라 분석 결과가 상당히 달라질 수 있으므로 주의를 요한다. 우선 분석자료의 표준화 여부가 연구자가 자료 입력 단계에

서 가장 먼저 내려야 하는 결정이다. 일반적인 군집분석에서는 원자료의 측정단위가 사람 수, 화폐단위, 율(%) 등 다양하므로, 단위가 다른 변수에서 바로 차이(거리)를 계산하는 것은 문제가 될 수 있다. 따라서 각 변수의 평균이 0.0, 표준편차가 1.0인 표준점수로 된 자료로 바꾼 다음 분석을 시행하는 것이 일반적이다. 우리의 유동자료는 모든 수치가 단지 하나의 단위인 통행건수 또는 화물량을 가리키므로, 논리적으로는 표준화 과정을 거치지 않아도 무방하다. 대도시와 중소도시의 통행량이 크게 다른 경우에는 표준화하지 않은 채 원자료를 바로 사용하면 일부 대도시의 큰 유동량이 군집분석에 왜곡을 가져올 수도 있으므로 자료의 표준화가 필요하다는 주장도 있지만(이종상, 2000), 유동량의 많고적음 자체가 귀중한 정보이므로 표준화로 자칫 이 귀중한 정보를 희석시킬 수도 있다. 또한 설령 자료의 표준화가 필요하다고 하더라도 표준점수로 표준화할 것인지, 각 목적지의 총 유입통행량에 대해 비례배분하는 방식으로 표준화할 것인지, 아니면 또 다른 표준화방식을 적용할 것인지도 검토가 필요한 대목이다.

둘째는 군집을 형성해 나가는 방식이 계층적 군집법, 단계적 구분법, 밀도 탐색법 등 여러 가지이며, 계층적 군집법 하나만 하더라도 최근린법(single linkage), 최원린법(complete linkage), 평균연결법(average linkage), 워드(Ward)법 등 여러 접근법이 있어 역시 분석 결과가 상당히 달라질 수 있다. 이 점은 군집분석법의 핵심이면서도 판단이 가장 어려운 사안이기도 하다. 사회과학계에서는 계층적 군집법 중에서 워드법을 선호하는 편이지만, 유동자료는 일반자료와는 성격이 다르므로 평균연결법 또는 다른 군집법이 더 알맞을 수도 있다. 우리의 사례분석에서는 워드법을 적용하여 추가 군집분석해 본 결과, 평균연결법과 최종 군집 단계에서는 비슷하였으나 초기에 군집이 형성되어 가는 과정은 상당히 달랐다. 어느 군집방법이 유동자료의 분석에 가장 합당한가에 대해서는 다양한 사례검증이 필요해 보인다.

미세하게는 군집분석이란 사례 간 거리를 유일한 판단기준으로 삼아 시행되는 기법이므로, 거리를 어떻게 정의하느냐에 따라서도 군집 결과는 민감하게 달라질 수 있다. 평균연결법과 워드법 등 군집방법에 따라 각각 유클리드 거리, 유클리드 제곱거리 등 서로 다른 거리지표를 채택하고 있기에 세심한 주의가 필요하다.

5. 유동자료 분석법의 비교

결절류 분석법, 요인분석법, 군집분석법은 유동행렬이 분석자료라는 점, 그리고 모두 출발지-목적지 간 흐름의 지리적 양상을 근거로 지역구조를 파악하려 한다는 점에서 같은 계열의 분석기법이라고 평가할 수 있다.

그러나 분석의 세부적 목표, 이용하기에 수월한 정도 등에서는 적지 않은 차이를 보인다. 우선 사용의 난이도 측면에서 본다면, 요인분석과 군집분석법이 고급 통계학에 속하여 이용자에게 상당한 지식과 분석 경험을 요구하는 기법이라면, 결절류 분석법은 누구나 쉽게 이해할 수 있다는 것이 큰 장점이다. 대전−충청남도 분석 사례에서 보듯이 최적 요인 수와 군집 수를 결정하는 일, 추출된 요인과 군집의 성격을 파악하는 일 모두 그리 간단한 것만은 아니었다. 여건이 허락한다면 고급통계분석법으로 얻은 정보 이외의 다른 정보도 참작해 가면서 최적의 해석을 도출하려는 노력이 필요한 듯하다.

분석기법의 접근성 측면에서 보면, 요인분석과 군집분석법은 웬만한 통계분석 소프트웨어에서는 접근이 가능하지만, 결절류 분석법은 상업용 소프트웨어가 마련되어 있지 못하여 연구자가 엑셀과 같은 스프레드시트(spread sheet)라도 이용하여 손수 정산을 해 나가야 한다. 다만 그 작업절차가 아주 단순하므로 누구나 손쉽게 익혀 다룰 수 있다.

각 분석법이 제공하는 출력 정보로 평가하자면, 결절류 분석법과 요인분석법은 유동지역의 구분과 계층구조의 확인이라는 목표를 다 충족하는 반면, 군집분석은 지역구분의 목표는 충족시키지만 계층구조에 관한 정보는 출력해 내지 못하므로 생산되는 정보량이 가장 뒤떨어지는 분석법이라고 평가할 수 있다. 군집분석이 출력해 주는 계통수는 그 모양이 마치 계층성을 띠는 것처럼 보이지만, 이는 닮은꼴 사례들을 묶어 나가는 과정을 시각적으로 보여 주는 것일 뿐 계층성과는 아무 관련이 없다. 또한 군집분석에서는 대도시일수록 유입 및 유출 통행량이 많은 법이므로 가장 늦게 군집되는 경향을 띠기 쉽지만, 이것이 대도시의 계차(階差)가 높음을 의미하는 것이라고 단언하기는 어렵다. 군집분석은 그 개념과 논리 어디에도 계층구조와 같은 것을 밝혀내는 장치는 없는 것이다.

개별 분석법에 따라 유의할 점도 있다. 결절류 분석법은 한 결절마다 최대결절류라는 하나의 정보만을 파악하므로, 그다음 중요한 흐름들이 있더라도 그 정보가 활용되지 못한 채 사장되어 버리고 만다. 따라서 최대결절류뿐 아니라 차하위 결절류도 살펴본다면 나름 중요한 흐름 양상도 파악할 수 있다고 본다. 요인분석법을 사용할 때에는, 유동지역이란 본래 개방지역이라는 점에서 가급적 사교회전을 사용하여야 한다는 점은 이미 지적한 바 있다. 더 나아가 요인분석법을 신중한 검토 없이 관행적으로 사용하는 것에 대한 비판도 제기된 바 있다(조대헌, 2011). 군집분석은 어떤 군집방법 및 자료의 표준화방법을 적용하느냐에 따라 군집 결과가 크게 달라질 수 있다는 점이 이용자들을 가장 힘들게 만들며, 아직 어떤 방법이 유동자료에 가장 알맞은 것인지에 대해 연구의 축적이 충분하지

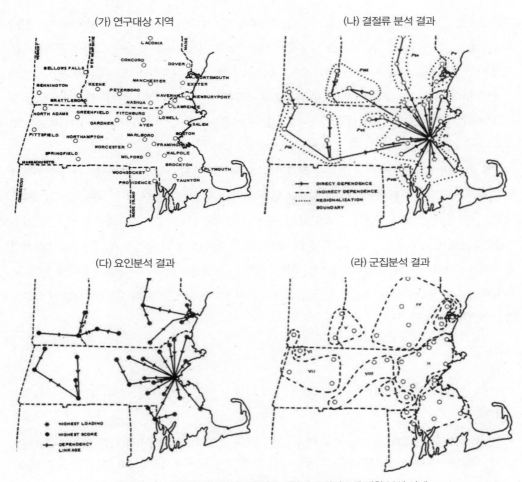

〈그림 13-14〉미국 매사추세츠주 및 인근 지방의 통화자료에 대한 분석 사례
출처: Clayton, 1974, pp.223-226.

않으므로 채택하기가 가장 조심스러운 분석법이라 하겠다.

또한 군집분석은 비교하려는 변수들이 서로 독립적이라는 전제에서부터 시작하게 된다. 변수들이 상호독립적이어야 한다는 전제는 〈그림 13-12〉로 본다면 가로축과 세로축이 직교해야 한다는 것을 의미한다. 이러한 전제조건이 충족되지 않으면 거리 계산에 왜곡이 생겨나는 것이다. 대부분의 군집분석은 이 전제를 충족시키기 위해 상관관계가 적은 변수들을 엄선하거나, 자료에 대해 직교회전 요인분석 과정을 미리 거쳐서 상호독립적인 요인들을 대상으로 군집분석을 시행하는 것이 일반적이었다. 문제는 유동행렬에서 군집분석이 요구하는 독립성이 충족되기는 어렵다는 점이다. 장소

간 흐름이란 본래 상호연관성을 띠게 마련이므로 유동자료의 각 열 또는 각 행 사이에는 어느 정도 상관관계가 존재하고, 이 상관관계를 활용해서 지역구조를 파악하려는 것이다. 그런데 군집분석은 바로 이런 상관성을 부정하는 데서부터 출발하므로, 지역구조의 이해라는 연구목적에 과연 적합한 기법인가 하는 근본적인 의문이 있다. 비록 우리의 사례에서는 군집분석의 절차를 소개하기 위해 충청남도의 유동자료를 군집분석하였으나, 이는 시, 군 간 유동에 독립성이 확인되었음을 의미하는 것은 아니었다.

대전-충청남도의 사례에서는 결절류 분석과 요인분석의 결과는 서로 비슷하였으나 군집분석은 상당히 다른 결과를 출력해 주었다. 미국 보스턴과 그 주변지역에 대한 한 연구사례(Clayton, 1974)에서도 세 분석법을 비교한 결과, 우리의 대전-충청남도의 사례와 비슷한 결과가 확인된 적도 있다.

종합적으로 평가하자면, 유동자료를 통해 지역구조를 살피려 할 때 결절류 분석법과 요인분석법이 군집분석법보다는 더 적절하며, 요인분석법과 결절류 분석법은 서로 보완관계에 있다고 본다. 두 분석의 결과를 종합한다면, 복잡한 유동 양상에서 쓸모 있는 지식을 도출해 내는 데 상당한 도움을 받을 것으로 보인다.

· 참고문헌 ·

김가은, 임태선, 홍현철, 2013, "서울시 쇼핑·위락 목적통행으로 본 지역체계," 대한지리학회지 48(4), 545-556.

남영우, 北田晃司, 손승호, 성은영, 2000, "그래프이론으로 본 서울시의 통행목적별 결절지역구조," 국토계획(대한국토·도시계획학회지) 35(2), 81-91.

서찬기, 1991, "대구시 통행의 지역구조," 지리학(현 대한지리학회지) 42, 113-151.

성준용, 1990, 한국도시시스템, 교학연구사: 서울.

이재길, 1991, "교통유동의 공간모형: Nystuen-Dacey모형의 재검토," 교통정보 1991년 12월호, 94-103. 교통개발연구원(현 한국교통연구원).

이종상, 2000, "통행 O-D표를 이용한 지역 간 상호작용분석," 국토계획(대한국토·도시계획학회지) 35(6), 155-165.

조대헌, 2011, "유동패턴 분석방법으로서의 요인분석에 대한 비판적 검토," 한국지도학회지 11(1), 33-46.

한주성, 2006, "통관거점을 이용한 국제물류의 공간적 분포 패턴," 한국경제지리학회지 9(2), 225-242.

허우긍, 1993, "서울의 통근통행: 지리적 특성과 변화," 대한교통학회지 11(1), 5-21.

허우긍(Huh, W.), 2001, "City networks of Korea: A telephone-call flows interpretation." *Netcom: Studies of Networks and Communication* 15, 101-118.

홍현철, 1999, "대도시지역의 여가활동에 대한 지역구조적 특성," 한국도시지리학회지 2(2), 83-94.

村山祐司, 1990, 交通流動の空間構造, 古今書院: 東京.

Black, W. R., 2003, *Transportation: A Geographical Analysis.* The Guilford Press: New York.

Clayton, C. 1974, "Communication and spatial structure," *Tijdschrift voor economishe en sociale geografie* 65(3), 221-227.

Johnston, R. J., 1978, *Multivariate Statistical Analysis in Geography: A primer on the general linear model.* Longman: London.

Nystuen, J. D. and Dacey, M. F., 1961, "A graph theory interpretation of nodal regions," *Papers and Proceedings of the Regional Science Association* 7, 29-42.

제14장

흐름의 최적화

1. 선형계획법과 수송문제

최단경로, 곧 '가장 빠른 길' 또는 '교통비가 가장 적게 드는 길' 찾기는 일상의 주요 관심사이며, 이 책에서도 중요한 주제의 하나로 다루어 왔다. 이제 문제를 확대하여 여러 개의 출발지에서 여러 개의 목적지까지 물자를 수송하려고 할 때, 어디로 얼마만큼 물자를 실어 보내면 전체적으로 수송비용은 가장 적게 들이면서도 최대량을 수송할 수 있을까?

최소 비용으로 최대 수송이라는 유형의 과제는 선형계획법(線型計劃法, linear programming)과 유동 알고리듬(flow algorithms)의 두 방면에서 접근이 가능하다. 그러나 두 접근법은 별개의 것이 아니라 같은 최적화(最適化, optimization) 기법의 다른 모습이라고 평할 수 있다. 선형계획법이 수리적으로 최적해(最適解, optimal solution)를 찾는 기법이라면, 유동 알고리듬은 그래프이론에 입각해 최적해를 찾아 나가며, 둘은 그 작업 과정이나 논리 면에서 상보적(相補的) 관계에 있다.

최적화 문제는 그 활용범위가 넓다. 학술적으로는 최적해와 현실을 비교하여 차이가 있는지, 있다면 얼마나 왜 그런 차이가 나는지를 밝혀 새로운 이론이나 가설을 찾을 수 있는 단서를 마련한다. 실용적 측면에서 최적해는 각종 개발사업의 타당성을 평가하는 지표로 활용되며, 지역계획이나 도시계획에서 여러 대안들 가운데 하나로 제시되어 최종 의사결정 시 판단근거로 쓰일 수 있다. 위에서는 이동의 '효율성'을 '최적'의 기준으로 언급하였지만, 형평성 등 다른 기준들도 얼마든지 최적의 기준으로 채택될 수 있음은 물론이다.

1) 선형계획법의 개요

선형계획법은 실제 문제를 수식을 통해 최적화하려는 수리계획법의 한 분야이며, 다음 세 조건을 만족시켜야 한다(박순달, 1999: 21).

(1) 문제의 구조가 변수 $x_1, x_2, \cdots, x_n$에 의해 표현될 수 있어야 한다.

(2) 문제에는 구하려는 목표가 있어야 하고, 이 목표가 (1)의 변수에 의해 표현되어야 한다.

$$f_0(x_1, x_2, \cdots, x_n)$$

(3) 또한 문제에는 경계조건(境界條件)이 있고, 다음과 같은 수식으로 표현되어야 한다.

$$f_1(x_1, x_2, \cdots, x_n) \leq 0, \ \text{또는} \geq 0$$
$$\vdots$$
$$f_n(x_1, x_2, \cdots, x_n) \leq 0, \ \text{또는} \geq 0$$

이때 조건 (2)와 (3)의 수식이 일차식의 형태인 선형(線型, linear)이면 선형계획법이라 하고, 정수해(整數解)만 요구하면 정수계획법(integer programming)이라 한다.

선형계획법은 그 문제의 성격에 따라 자원배분 문제, 수송 문제, 투입산출모형 등의 여러 별명으로도 불리고 있다. 이해를 돕기 위해 선형계획법 가운데 가장 널리 활용되고 있는 자원배분 문제를 사례로 삼아 살펴보자.

A 기업은 네 종류의 가축사료를 생산하고 있다. 사료제품별 원료 배합 비율은 〈표 14-1〉과 같으며, 현재 콩 105톤, 어분 15포, 건초 120톤의 재고가 있다. 사료 1은 포대당 4만 원, 사료 2는 5만 원, 사료 3은 8만 원, 사료 4는 11만 원의 이익이 예상된다. 이익을 가능한 한 많이 내려면 사료의 종류 1, 2, 3, 4를 각각 얼마씩 생산해야 하는가?

위의 사례 문제는 한 기업이 원료의 재고를 잘 따져서 이윤을 극대화할 수 있는 제품생산계획을 세우는 과업이다. 이를 선형계획법으로 표현하자면 이윤을 극대화하려는 사료 생산계획은 목적식(objective function)으로, 원료의 배합 방식과 재고 수준은 제약조건(constraints)으로 표현된다. 시장에 출하하려는 네 가지 사료의 생산량을 각각

〈표 14-1〉 자원배분 문제의 사례: 사료제품별 원료 배합 조건, 재고 및 예상 이익

원료	원료의 배합 비율				원료의 재고
	사료 1	사료 2	사료 3	사료 4	
콩(톤)	3	5	10	15	105
어분(포)	1	1	1	1	15
건초(톤)	7	5	3	2	120
사료제품의 예상 이익(만 원)	4	5	8	11	

출처: 박순달, 1999. p.26. 필자 재구성.

x_1, x_2, x_3, x_4라 하면 목적식과 제약조건은 다음과 같이 표현할 수 있다.

$$\text{목적식: Maximize } Z = 40{,}000x_1 + 50{,}000x_2 + 80{,}000x_3 + 110{,}000x_4$$

$$\text{제약조건: } 3x_1 + 5x_2 + 10x_2 + 15x_4 \leq 105$$

$$x_1 + x_2 + x_3 + x_4 \leq 15$$

$$7x_1 + 5x_2 + 3x_3 + 2x_4 \leq 120$$

$$x_j \geq 0, j = 1, 2, 3, 4$$

사례 수식을 일반형으로 바꾸어 표현하면 다음과 같다.

$$\text{목적식: Maximize } Z = c_1x_1 + c_2x_2 + \cdots + c_nx_n \quad \cdots \langle \text{식 } 14-1 \rangle$$

$$\text{제약조건: } a_{11}x_1 + a_{12}x_2 + \cdots + a_{1n}x_n \leq b_1$$

$$a_{21}x_1 + a_{22}x_2 + \cdots + a_{2n}x_n \leq b_2$$

$$\vdots$$

$$a_{m1}x_1 + a_{m2}x_2 + \cdots + a_{mn}x_n \leq b_m$$

$$x_j \geq 0, j = 1, \cdots n$$

선형계획법은 극대화 문제뿐 아니라 최소화 문제도 다루며, 목적식과 제약조건은 다음과 같다.

$$\text{목적식: Minimize } Z = c_1x_1 + c_2x_2 + \cdots + c_nx_n \quad \cdots \langle \text{식 } 14-2 \rangle$$

$$\text{제약조건: } a_{11}x_1 + a_{12}x_2 + \cdots + a_{1n}x_n \geq b_1$$

$$a_{21}x_1 + a_{22}x_2 + \cdots + a_{2n}x_n \geq b_2$$

$$\vdots$$

$$a_{m1}x_1 + a_{m2}x_2 + \cdots + a_{mn}x_n \geq b_m$$

$$x_j \geq 0, j = 1, \cdots n$$

2) 수송문제

선형계획법의 여러 유형 가운데 우리의 관심을 끄는 것은 이른바 '수송문제(transportation problem)'이다. 이는 일찍이 히치콕(Hitchcock), 쿠프먼(Koopman), 단치그(Dantzig) 등에 의해 수리적 기초가 수립되어 '히치콕 문제'라는 별명으로도 불리며, 지리학계에는 '입지-배분 모형(location-allocation model)'이라는 주제 안에서 널리 연구, 활용되어 왔다.

수송문제는 여러 개의 공급지와 여러 개의 수요지 사이에 물자를 수송하려는 상황에서, 공급량과 수요량의 요건을 충족시키면서 총 운송비는 가장 적게 들이는 해법을 찾는 문제이다. 이러한 문제의 성격 때문에 수송문제의 목적식은 총 운송비의 최소화를 지향하며, 제약조건은 공급에 관한 일련의 제약조건과 수요에 관한 일련의 제약조건으로 구성되어 일반 선형계획법보다는 변수의 수 및 제약조건의 수가 훨씬 많은 특징을 띤다. 다시 말해 m개의 공급지와 n개의 수요지가 있다면 구하려는 변수 x_{ij}는 m×n개, 제약조건은 m+n개만큼이나 된다.

사례를 들어 보자(〈그림 14–1〉). 가령 어떤 기업에서 중부지방 세 곳에 생산기지를 가지고 있어 각각 1,500, 1,000, 500개의 제품을 생산하고, 다섯 곳에 물류센터를 운영하여 각각 1,150, 250, 600, 300, 700개의 제품을 취급하며, 각 생산기지에서 물류센터까지의 수송비는 그림에 제시된 표 (나)와 같다고 하자. 제품을 어떻게 수송해야(변수 x_{ij}들을 어떤 값으로 정해야) 생산기지의 제품 공급 능력을 초과하지 않고 물류센터의 수요는 모두 충족시키면서 총 수송비가 가장 적게 들 것인가?*

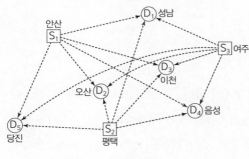

(가) 생산기지(S_i)와 물류센터(D_j)의 분포

〈그림 14–1〉 수송문제의 사례

(나) 생산기지~물류센터의 거리(또는 수송비, c_{ij})

거리		물류센터				
		성남	오산	이천	음성	당진
생	안산	56	40	72	100	58
산	평택	76	22	42	50	52
지	여주	60	74	38	46	120

(다) 생산기지의 공급량(S_i)과 물류센터의 수요량(D_j) 및 수송량(x_{ij})

공급과 수요		물류센터					공급(S_i)
		성남	오산	이천	음성	당진	
생	안산	x_{11}	x_{12}	x_{13}	x_{14}	x_{15}	1,500
산	평택	x_{21}	x_{22}	x_{23}	x_{24}	x_{25}	1,000
지	여주	x_{31}	x_{32}	x_{33}	x_{34}	x_{35}	500
수요(D_j)		1,150	250	600	300	700	3,000

예제는 표 (다)와 같이 정리해 볼 수 있으며, 수송문제란 결국 표 안의 x_{ij} 값들을 찾아내는 일이 된다. 예제의 목적식과 제약조건은 각각 다음과 같이 된다.

목적식: Minimize $Z = 56x_{11}+40x_{12}+72x_{13}+100x_{14}+58x_{15}+76x_{21}+22x_{22}+42x_{23}+$

$50x_{24}+52x_{25}+60x_{31}+74x_{32}+38x_{33}+46x_{34}+120x_{35}$

---

* 이 책에서는 수송량을 T_{ij} 또는 t_{ij}로 적고 있지만, 이 장에서는 선형계획법의 표기 관행에 따라 x_{ij}라 적기로 한다.

$$\text{제약조건}: x_{11}+x_{12}+x_{13}+x_{14}+x_{15} \leq 1,500$$

$$x_{21}+x_{22}+x_{23}+x_{24}+x_{25} \leq 1,000$$

$$x_{31}+x_{32}+x_{33}+x_{34}+x_{35} \leq 500$$

$$x_{11}+x_{21}+x_{31} \geq 1,150$$

$$x_{12}+x_{22}+x_{32} \geq 250$$

$$x_{13}+x_{23}+x_{33} \geq 600$$

$$x_{14}+x_{24}+x_{34} \geq 300$$

$$x_{15}+x_{25}+x_{35} \geq 700$$

$$x_{ij} \geq 0 \ (i=1\sim3; j=1\sim5)$$

수송문제를 일반화하면, m개의 공급지(공급량: S_i, i=1~m)와 n개의 수요지(수요량: D_j, j=1~n) 사이에 최적의 수송량(x_{ij})을 결정하는 문제로서, 목적식과 제약조건은 다음과 같이 표현된다.

$$\text{목적식}: \text{Minimize } Z=\sum_{i=1}^{m}\sum_{j=1}^{n}c_{ij}\cdot x_{ij} \quad \cdots \langle \text{식 14-3} \rangle$$

$$\text{제약조건}: \sum_{j=1}^{n}x_{ij} \leq S_i$$

$$\sum_{i=1}^{m}x_{ij} \geq D_j$$

$$x_{ij} \geq 0, \ i=1\sim m, j=1\sim n$$

수송량(x_{ij})과 공급(S_i) 및 수요(D_j)의 관계를 정한 첫째와 둘째 제약조건을 종합하면 총 공급량이 총 수요량보다 많아도($\sum_i S_i \geq \sum_j D_j$) 수송문제는 성립한다는 것을 시사한다. 이런 경우 최적해(Optimal flows)를 구해 나가는 과정에서 인공변수를 임시 추가하게 된다. 인공변수는 현실세계에 견준다면 화물이 임시 머무는 창고나 야적장 등으로 이해하면 무난할 것이다.

수송문제의 특징은 이론상 구해야 할 변수 x_{ij}의 수는 m×n개이지만, 현재 수립되어 있는 이론으로서는 제약조건의 수보다 하나 작은 수인 m+n-1개만큼의 변수만 결정 가능하다는 점이다. 가령 우리의 예제에서는 변수 x_{ij}의 수는 모두 15개(3개 공급지×5개 수요지)이지만, 제약조건의 수가 8개(3+5)이므로, 결정 가능한 x_{ij}의 수는 7개에 그치게 된다.

수송문제 프로그램을 통해 얻은 최적해는 〈그림 14-2〉에 제시된 것처럼 3개 생산기지의 출하량 3,000개가 전량 5개 물류센터로 배정되었으며, 목적식의 답인 총 운송비는 $Z=c_{11}x_{11}+c_{15}x_{15}+c_{22}x_{22}+c_{23}x_{23}+c_{24}x_{24}+c_{25}x_{25}+c_{33}x_{33}=146,600$으로서 다른 어떤 운송방법보다 적은 값이다.

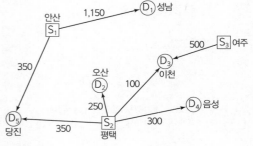

각 생산기지에서 물류센터로 배정된 흐름 x_{ij}

	물류센터					공급(S_i)
	성남	오산	이천	음성	당진	
생 안산	1,150	0	0	0	350	1,500
산 평택	0	250	100	300	350	1,000
지 여주	0	0	500	0	0	500
수요(D_j)	1,150	250	600	300	700	3,000

〈그림 14-2〉 예제의 최적해

3) 수송문제의 변형과 확장

(1) 거리 변수의 변형

수송문제의 틀은 다루는 대상과 목적에 알맞게 변형 또는 확장될 수 있으며, 몇 가지 예를 살펴보기로 한다(Scott, 1971).

목적식에 포함된 거리(c_{ij})의 개념을 더 넓히면 '운송비'라 바꾸어 말할 수 있다. 대부분의 경우 두 장소 사이의 이동비용이 운송비용의 대부분을 차지하겠지만, 사안에 따라서는 이동비용(c_{ij}) 외에 기점비용(t_i, 만약 종점비용이라면 t_j)이 특별히 큰 비중을 차지하는 수도 있을 것이다. 이런 상황을 반영하려 한다면 목적식은 다음과 같이 바뀌게 된다.

$$\text{Minimize } Z = \sum_{i=1}^{m} \sum_{j=1}^{n} (c_{ij} + t_i) \cdot x_{ij} \quad \cdots \langle \text{식 } 14\text{-}4 \rangle$$

(2) 경유지를 포함하기

화물이 실제 이동되는 경로를 보면 출발지와 목적지 사이에 여러 개의 경유지를 거치는 것이 일반적이다. 또 이런 중간 경유지 가운데는 단순히 거쳐 가는 곳도 있지만, 경유지에서 화물이 일부 소비되는 경우도 있을 것이다. 이런 상황을 반영하려면 경유지도 수요지의 하나로 간주하면 된다. 경유지 j에 유입되는 화물 총량($\sum_{i=1}^{m+n} x_{ij}$)은 해당 경유지에서 유출되는 화물량($\sum_{k=1}^{n} x_{jk}$)과 자체 수요(D_j)의 합계와 같다고 보고, 이를 수요지에 관한 제약조건으로 적용하는 것이다.

$$\sum_{i=1}^{m+n} x_{ij} = \sum_{k=1}^{n} x_{jk} + D_j$$

이제 변형된 수송문제의 틀은 다음과 같이 바뀌게 되었다.

목적식: Minimize $Z = \sum\limits_{i=1}^{m+n} \sum\limits_{j=1}^{n} c_{ij} \cdot x_{ij}$ ⋯ 〈식 14-5〉

제약조건: $\sum\limits_{j=1}^{n} x_{ij} \leq S_i$

$\sum\limits_{i=1}^{m+n} x_{ij} - \sum\limits_{k=1}^{n} x_{jk} = D_j$

$x_{ij} \geq 0,\ i=1\sim m,\ j=1\sim n$

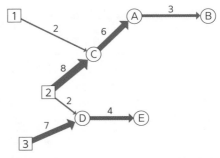

〈그림 14-3〉 중간 경유지(A, C, D)를 고려한 수송문제

(3) 자원의 가공과 환적(換積)

경유지 문제에서 한 걸음 나아가면, 수송되는 자원이 중간지점에서 가공 과정을 거치는 경우도 다루어 볼 수 있다. 자원이 가공된다는 것은 운송비에 변화가 일어난다는 뜻이다. 이를 반영한 목적식과 제약조건은 다음과 같으며, 베크만-마샥(Beckmann-Marschak) 모형이라고도 부른다.

목적식: Minimize $Z = \sum\limits_{i=1}^{m} \sum\limits_{j=1}^{p} (t_i + c_{ij}) \cdot x_{ij} + \sum\limits_{i=1}^{m} \sum\limits_{j=1}^{p} t_j^* \cdot x_{ij} + \sum\limits_{j=1}^{p} \sum\limits_{k=1}^{n} c_{jk}^* \cdot x_{jk}^*$ ⋯ 〈식 14-6〉

제약조건: $\sum\limits_{j=1}^{p} x_{ij} \leq S_i$

$\sum\limits_{j=1}^{p} x_{jk}^* = D_k$

$\alpha_j \sum\limits_{i=1}^{m} x_{ij} - \sum\limits_{k=1}^{n} x_{jk}^* = 0$

$\sum\limits_{i=1}^{m} x_{ij} \leq K_j$

$x_{ij} \geq 0,\ x_{jk} \geq 0,\ i=1\sim m,\ j=1\sim n,\ k=1\sim p$

t_i: 공급지에서 원료의 단위 생산비

t_i^*: 중간지점에서 원료의 단위당 가공비용

p: 경유지의 수

K_j: 가공지 j의 시설 규모

c_{jk}^*: 가공된 제품의 운송비

x_{jk}^*: 가공된 제품의 양

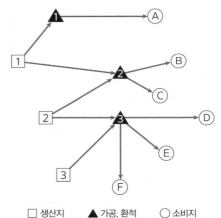

□ 생산지　▲ 가공, 환적　○ 소비지

〈그림 14-4〉 자원의 가공과 제품의 환적을 고려한 수송문제

목적식의 첫째 항 $\sum\limits_{i=1}^{m} \sum\limits_{j=1}^{p} (t_i + c_{ij}) \cdot x_{ij}$는 원료가 공급지에서 중간 경유지까지 수송되는 과정을, 둘째 항 $\sum\limits_{i=1}^{m} \sum\limits_{j=1}^{p} t_j^* \cdot x_{ij}$는 경유지에서 원료의 가공 과정을, 셋째 항 $\sum\limits_{j=1}^{p} \sum\limits_{k=1}^{n} c_{jk}^* \cdot x_{jk}^*$은 가공된 제품이 중간 경유지에서 최종 수요지까지 수송되는 과정을 각각 반영한 것이다. 셋째 제약조건에서 α_j는 제품생산에 관련된 투입-산출 계수이며, 이 제약조건은 중간 가공지로 유입된 양과 유출되는 양이 정확히 일치할 것

을 보장한다.

수송문제에 포함되는 변수와 그 형태, 그리고 제약조건들을 적절히 추가, 변형하게 되면 현실문제에 더 다가갈 수도 있다. 예를 들면, 일반화물과 달리 생산원료나 중간원료의 경우는 수요지까지 수송이 끝나면 대부분 또는 일부 차량은 빈 차로 출발지까지 돌아오게 되는데, 이러한 빈 차량의 회송(回送) 과정도 수송문제에 포함시킬 수 있는 것이다.

국내 지리학계의 수송문제에 관한 연구는 대부분 기본적인 유형을 적용하였고, 환적과 가공의 문제까지 다룬 사례는 찾기 어렵다. 경유지를 포함하는 유형의 모형을 다룬 사례로는 수도권의 출판물류센터의 입지를 검토한 경우(이금숙, 2005)가 있다. 서적은 일반적으로 인쇄소에서 물류센터를 거쳐 서점으로 옮겨지므로 경유지를 포함하는 수송문제 틀에 부합한다. 다만 물류센터 자체로는 서적의 수요 기능이 없으므로 〈식 14-5〉와는 조금 다르게 변형된 목적식과 제약식들이 활용되었다.

4) 수송문제의 활용과 한계

수송문제는 경제활동을 지리적 관점에서 해석하려 할 때, 최적화라는 새 측면을 추가함으로써 입지이론이 발전하는 데 기여하였다고 평가받는다. 선행연구에서 수송문제가 활용된 방향은 대체로 다음 몇 가지로 요약할 수 있다.

우선 수송문제는 모형에 따른 최적해와 현실을 비교하여, 모형이 담아내지 못했던 부분의 이해를 높이는 데 도움을 준다. 모형에 적용한 기준이 현실세계에서는 지리적으로 얼마나 널리 작동되고 있는지 판단할 수 있게 도와주는 것이다. 또한 이러한 비교에서 얻은 결론을 바탕으로 모형을 더 정교하게 개선할 수도 있다.

수송문제는 중심지의 배후지 또는 권역을 설정하는 데 널리 쓰여 왔다. 최소 통행비의 기준에 따라 학교나 병원 등 서비스 시설의 이론적 배후지를 파악하여 활용하는 것이다. 또한 계획 차원에서 중심기능의 배후지를 설정하는 일뿐 아니라, 이미 설정된 배후지 경계와 수송문제에 의한 배후지 경계의 차이를 파악하고, 이미 설정되어 있는 배후 권역의 수정 등을 추구할 수 있다.

수송문제는 이른바 민감도 분석(sensitivity analysis)을 통해 다양한 시나리오를 평가하는 데 활용될 수 있다. 민감도 분석이란 목적식의 비용변수(c_{ij})를 바꾸기, 제약조건의 공급 및 수요량을 바꾸기 등을 통해 결과가 얼마나 달라지는지를 알아보는 방법을 일컫는다. 예를 들면, 차량의 연비(燃比) 개선이나 새로운 교통서비스의 등장과 같은 시대적 변화를 비용변수에 담으면 수송문제 모형은 홀연 새로운 색깔을 띠게 된다. 이 밖에 공급지와 수요지의 여건 변화, 새 공급지와 수요지의 추가 및 기존

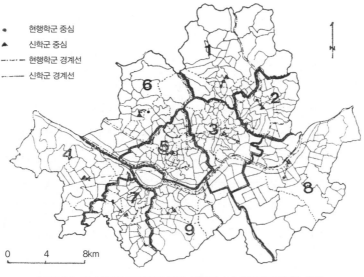

- • 현행학군 중심
- ▲ 신학군 중심
- ---·--- 현행학군 경계선
- ------ 신학군 경계선

〈그림 14-5〉 서울의 고등학교 학구 설정에 수송문제를 적용한 사례

출처: 서태열, 1987, p.16.

공급지의 폐쇄 등 지리적 분포 변화 등을 제약조건에 반영하여도 역시 다양한 시나리오의 비교가 가능해진다.

　수송문제(더 일반화하면 선형계획법)의 취약점으로는 우선 중앙집권적 의사결정을 전제하고 있다는 것을 지적할 수 있다. 물자의 수송체계가 하나의 시스템 속에서 작동한다는 전제는 개별 기업의 경영을 다루는 경우라면 합당하겠지만, 수송문제를 지역이나 도시 단위에 적용하면 무리가 생길 수 있다. 지역 내의 각 개인이나 기업 단위에서는 나름의 최적화 기준에 따라 의사결정을 내린다고 하더라도, 이를 다 합하여 지역 전체로서도 최적의 상태가 유지된다고 확신할 수는 없기 때문이다.

　수송문제에서는 또한 수송되는 화물에 대해 동질성을 전제하고 있어 무리를 빚을 수 있다. 어떤 제품군을 하나의 화물로 묶어 다루었을 경우, 그 제품군에 포함된 하위 제품군이나 개별 화물의 부피와 무게 등 수송조건이 모두 같을 수는 없는 것이다. 또한 모형에서 변수 x_{ij}는 아주 작은 값으로도 쪼개질 수 있다고 전제하고 있는 것도 현실과는 다소 괴리가 있다. 실제 운송 상황에서는 조그만 상자 한두 개만 대형 화물차에 실어 배송하는 경우는 드물며, 일정 단위 이상의 화물이 모여야 이동하는 것이 일반적일 것이다. 물론 이러한 문제는 기술적인 한계들이므로, 최적화 모형의 본질적인 가치를 훼손하는 것은 아니다.

2. 유동 알고리듬으로 수송문제 다루기

1) 유동 알고리듬의 개요

수송문제와 같은 성격의 최적화 문제들은 그래프이론의 유동 알고리듬(flow algorithm)으로도 다룰 수 있다. 유동 알고리듬의 틀은 네트워크의 각 연결선 용량에 제약이 있다는 조건 아래, 기점에서 종점까지 가장 적은 비용을 들여 최대한 많은 물자를 수송하는 해법을 찾으려는 것이다.

먼저 유동 알고리듬의 용어를 최소한으로나마 소개한다. 유동 알고리듬에서 다루는 네트워크는 기점 s(source)에서 중간 꼭짓점들을 거쳐 종점 t(terminal)까지 이어지는 유향그래프(directed graph)를 전제한다. 따라서 연결선은 방향이 정해져 있는 아크(arc)이며, 꼭짓점 x에서 y로 가는 아크는 (x, y), 꼭짓점 x와 y의 거리(cost)는 $c(x, y)$, 흐름(flow)은 $f(x, y)$이라 적는다. 아크의 용량상한(容量上限, upper bound)은 $u(x, y)$, 용량하한(容量下限, lower bound)은 $l(x, y)$라 하며, 용량하한은 보통의 경우 0으로 간주한다. 아크의 용량상한 이상으로는 흐름을 발생시킬 수 없으므로, 모든 개별 아크 위를 지나는 흐름 $f(x, y)$는 다음 조건을 충족시켜야만 한다.

$$0 \leq f(x, y) \leq u(x, y) \quad \cdots \langle \text{식 } 14\text{-}7 \rangle$$

아크 용량에 관한 이런 기본조건 아래, 기점에서 종점까지 가능한 최대 유동량을 가장 적은 이동비용으로 수송하는 해답을 찾는 것이 최소비용 유동 알고리듬(minimum cost flow algorithm)의 틀이다. 유동 알고리듬은 석유류, 천연가스, 전기 등의 배송 부문에서 널리 활용되고 있으며, 1960년대에 포드(Ford)와 풀커슨(Fulkerson)이 'Out-of-Kilter 알고리듬'을 개발한 이래, 일정 기간 동안 여러 차례 나누어 수송하는 동적 알고리듬(dynamic flow algorithm)에 이르기까지 다양한 방면으로 진화를 거듭해 왔다.

〈그림 14-6〉의 그래프를 살펴보자. 이 그래프의 기점 s에서 종점 t까지 가는 경로는 세 가지가 있는데, 경로 s→1→3→t(이하 '경로 A')가 가장 짧으며, 그다음 경로 s→1→2→t('경로 B')이고 경로 s→2→t('경로 C')가 가장 길다. 만약 아크에 용량 제약이 없는 경우라면 가장 짧은 경로 A를 통해 수송하는 것이 최적해가 될 것이며, 이런 해를 찾아 나

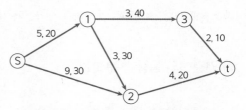

〈그림 14-6〉 유향그래프와 아크의 용량 제약

주: s는 기점, t는 종점, 아크(arc) 위의 첫 숫자는 거리, 두 번째 숫자는 용량 상한을 가리킨다.

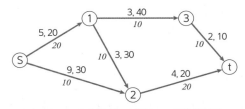

〈그림 14-7〉 유동 알고리듬으로 구한 최적해

주: 아크 위의 첫 숫자는 거리, 두 번째 숫자는 용량 상한, 아크
아래의 숫자는 최적 흐름을 가리킨다.

〈표 14-2〉 유동 알고리듬으로 구한 최적해의
경로와 수송량

경로	거리	수송량	수송비용
경로 A: s→1→3→t	10	10	100
경로 B: s→1→2→t	12	10	120
경로 C: s→2→t	13	10	130

가는 과정은 제11장에서 이미 다루었던 다익스트라 알고리듬과 사실상 같은 것이 될 것이다. 그러나 아크에 용량 상한이 설정되어 있는 경우에는, 알고리듬이 아크를 차례로 점검하여 최단경로 여부를 확인하는 동시에 아크의 용량도 살펴 용량이 넘치는 분량만큼은 차선(次善)의 경로를 찾아 보내게 된다.

그림의 예제에서 경로 A로는 꼭짓점 s→1→3 구간에서는 20단위의 수송이 가능하지만, 아크(3, t)의 용량이 10단위에 불과하므로 경로 A 전체로는 10단위만 흐름이 발생할 수 있다. 알고리듬은 차선, 차차선의 대안을 찾는 작업을 반복하며, 경로 A로 10단위, 경로 B로 10단위, 그리고 경로 C를 거쳐 10단위를 나누어 수송하는 대안을 찾는 데 성공하자 알고리듬은 종료된다. 세 경로를 거친 총 운송비는 350단위로 다른 어떤 수송방식보다 작다(〈표 14-2〉와 〈그림 14-7〉).

위의 매우 간단한 예시에서 보았듯이, 최소비용-최대유동 알고리듬의 작업 과정에는 앞 구간에서 발생된 흐름이 다음 구간에서 용량 상한을 초과하면 그 초과 분량만큼 되돌려 보내는 작업과 다른 경로를 찾아 물꼬를 트는 작업이 개입되어 있어 상당히 복잡한 작업 단계를 거치며, 선형계획법에서 단체법(單體法, simplex method)으로 최적해를 찾아 나가는 과정과 유사하다. 이러한 유동 알고리듬의 과정을 자세히 예시하려면 상당한 지면이 필요하므로 생략하며, 아래에서는 그 의의와 논점만 다루기로 한다. 알고리듬의 구체적 내용은 전문서를 참고할 것을 권한다.

2) 연결선의 용량과 분할선

그래프의 기점 s와 종점 t 사이에 임의로 선을 그었을 때, 기점을 포함하는 부분그래프와 종점을 포함하는 부분그래프로 양분하는 선을 분할선(分割線, cut)이라 하며, 이 분할선이 지나는 아크들의 용량 합계를 분할선 용량(cut capacity)이라 부른다. 그래프에서는 여러 개의 분할선을 그을 수 있으므로, 분할선마다 그 용량은 다를 것이다. 한 가지 분명한 점은, 기점 s에서 종점 t까지 실어 보낼 수 있는 흐름의 최대량은 여러 분할선 용량 가운데 가장 작은 용량을 초과할 수 없다는 것으로서 maximum flow ≤ minimum cut의 원리가 성립하는 것이다.

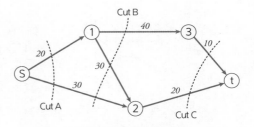

〈그림 14-8〉 분할선의 사례

주: 아크 위의 숫자는 용량 상한을 가리킨다.

〈그림 14-8〉의 유향그래프에서 분할선은 A, B, C를 비롯하여 여러 곳에 그을 수 있다. 이 가운데 용량이 가장 작은 분할선은 아크(3, t)와 아크(2, t)를 지나는 Cut C로서, 이 분할선 C의 작은 용량으로 말미암아 s에서 t까지 실어 보낼 수 있는 최대 수송량은 〈그림 14-7〉의 예제에서 다루었던 바와 같이 30단위를 넘지 못한다. 이처럼 네트워크에서 다른 구간의 시설이 아무리 훌륭하더라도 최소 용량 분할선 구간의 시설이 빈약하다면 네트워크 전체의 수송력이 떨어지게 된다는 점은 네트워크의 개선투자와 관련하여 시사하는 바가 적지 않다.

개별 연결선 수준에서도 유동 알고리듬은 '병목'이 어디인지 분명하게 가리켜 준다. 유동 알고리듬이 갖는 장점 가운데 하나는, 수송문제에서처럼 가장 적은 운송비로 수송수요를 최대한 충족시키는 최적해를 얻을 뿐 아니라, 개별 아크마다 발생한 흐름과 용량 상한의 관계에 대한 정보도 마련해 준다는 점이다. 이 알고리듬은 어떤 구간에서 용량이 포화 상태에 이르는지를 파악할 수 있어서, 네트워크 전체의 수송 능력을 개선하려면 어느 구간에 투자가 집중되어야 할지를 명확하게 드러내 주므로 그 효용이 크다. 유동 알고리듬의 이러한 장점은 네트워크의 상태를 진단할 때뿐 아니라, 여러 구간의 용량을 달리하는 시나리오들에 적용해 보고 어느 시나리오가 네트워크 전체의 수송능력을 가장 현저하게 개선시키는지를 판단하는 등 다양한 방면으로 활용할 수 있다(Gauthier, 1968).

3) 유동 알고리듬의 변형

앞에서 소개한 유동 알고리듬은 하나의 기점에서 하나의 종점까지 흐름을 보내는 사례를 들어 설명하였다. 그러면 여러 개의 기점과 여러 개의 종점 사이의 흐름은 유동 알고리듬에서 어떻게 다루어야 하는가? 이런 문제는 분석하려는 네트워크의 모양만 바꾸어 주는 것으로 손쉽게 해결된다. 〈그림 14-9 (가)〉에서처럼 가상 기점 S를 설정하고, 여기에서 기존 기점들(s_i)까지 가상 아크를 이어주며, 또한 가상 종점 T를 설정하여 기존 종점들(t_j)에서 T까지 가상 아크를 이어 주면, 하나의 기점 S와 하나의 종점 T를 가진 새로운 유향그래프가 만들어지는 것이다. 이때 새로 만들어진 가상 아크들의

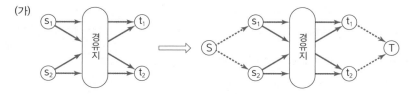

(가)

다수의 기점과 종점이 있는 유향그래프를 가상 기점 S와 가상 종점 T를 이용하여 분석에 편리하도록 바꾼다.

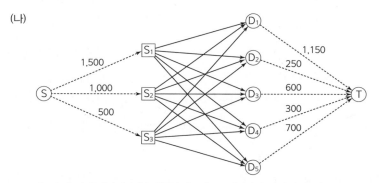

(나)

〈그림 14-1〉에 예시된 수송문제를 유향그래프로 변환하기: 가상 기점 S에 연결된 가상 아크 위의 숫자는
공급량, 가상 종점 T에 연결된 가상 아크 위의 숫자는 수요량을 뜻한다.

〈그림 14-9〉 그래프의 확장

용량에는 상한이 없으며, 다른 아크들에는 기존 용량 상한을 그대로 적용한다.

앞 절에서 다루었던 수송문제도 유동 알고리듬으로 최적해를 구하는 것이 가능하다. 〈그림 14-9
(나)〉에서 예시한 것처럼, 수송문제를 그래프로 바꾼 다음 가상 기점 S와 가상 종점 T를 추가하고, S
와 공급지 그리고 T와 수요지를 잇는 가상 아크를 각각 추가하면 S에서 T까지 이어지는 유향그래프
가 완성되며, 이로써 유동 알고리듬을 적용할 준비를 마친 셈이다. 중요한 점은 유동 알고리듬에서
는 그래프의 어느 아크건 그 용량에 제약을 둘 수 있지만, 수송문제를 다루는 유향그래프에서는 가
상 아크들에만 용량 제약이 가해지고 다른 중간 아크들에는 용량에 제약이 없는 것이 차이점이다.
공급지의 공급량이 바로 가상 기점~공급지의 가상 아크에 가해지는 용량 상한이며, 수요지의 수요
량이 수요지~가상 종점의 가상 아크에 가해지는 용량 상한이 된다.

유동 알고리듬을 확장하는 또 하나의 방법은 아크의 용량 하한 $l(x, y)$을 0이 아닌 값으로 설정하
고, 이를 알고리듬의 제약조건으로 적용하는 것이다.

$$l(x, y) \leq f(x, y) \leq u(x, y) \quad \cdots \text{〈식 14-8〉}$$

현실에서는 교통시설 자체에서 용량의 하한 사례를 찾기는 쉽지 않지만, 교통서비스에서는 용량에 하한을 두는 것의 의의가 적지 않다. 가령 어떤 항공노선에서 여객기가 한 번에 가장 많이 실어 나를 수 있는 승객의 수가 용량 상한이라면, 경영상 적자를 면하기 위한 최소 승객 수는 용량 하한으로 간주할 수 있을 것이다. 비슷한 논거에서, 병원의 규모에 하한을 두었을 때 그 의료권이 어떻게 달리 설정되는가를 분석한 연구사례(Green et al., 1980) 등이 있다. 유동 알고리듬을 적용할 때, 병원이 수용할 환자 수에 하한을 두지 않는다면 극단적으로는 환자가 전혀 배정되지 않는 병원도 생길 수 있다. 따라서 병원이 존립 명분을 갖기 위해 필요한 최소한의 환자 수를 용량 하한으로 설정하는 것은 의료권 설정계획에서 상당한 설득력이 있다.

3. 중심시설의 입지와 배후권역의 설정: 입지-배분 모형

1) 입지-배분 모형의 개요

수송문제는 이미 그 수와 지리적 위치가 정해져 있는 공급지와 수요지 사이의 최적 수송을 다루는 문제였다. 이런 유형의 문제는 최적의 수송량을 공급지에서 수요지로 배정(allocate)한다는 의미에서 '배분 모형(allocation model)'이라고도 부른다. 선형계획법을 자원배분모형이라는 별명으로 부르는 것도 같은 맥락이다.

이제 문제의 수준을 한 단계 더 높여 공급지의 최적 위치(optimal location)도 함께 찾도록 하는 경우를 생각해 보자. 공급지의 최적 위치를 찾는 모형은 입지모형(location model)이라 할 수 있으며, 입지모형의 요소와 배분 모형의 요소가 통합된 경우에는 입지-배분 모형(location-allocation model)이라 부른다.

입지-배분 모형은 각종 중심시설의 입지와 그 서비스 권역을 설정하는 데 알맞다. 여기서 중심시설이란 경찰서의 지구대, 우체국, 소방서, 도서관, 운동장, 공원, 학교, 보건진료소, 병원과 같은 (준)공공시설과 쇼핑센터, 소매 점포, 체력단련장 등 민간 영리시설을 모두 아우른다. 그러나 특히 관심을 많이 끄는 분야는 공공시설에 대한 입지 문제이다. 일반 상업 및 서비스 점포의 입지는 개별 기업이나 자영업주가 내리는 의사결정에 그치지만, (준)공공시설과 서비스는 자치단체와 기관, 주민이 고루 관련되기 때문이다.

생산과 수송 상황은 일반적으로 그 생산지 또는 공급지가 이미 정해져 있기 쉬우므로 '수송문제'로 충분히 다룰 수 있다. 그러나 중심시설은 지역 개발사업과 인구의 증감에 따라 전에 없던 시설을 새로 설립하는 동시에 서비스 권역이나 상권도 재조정해야 하는 경우에 해당하므로, 수송문제라는 틀보다는 입지-배분 모형이라는 분석틀이 더 알맞다. 또한 중심시설의 입지가 이미 결정되어 있어 배분 문제만 다루는 상황이라도, 수송문제에서는 공급량과 수요량, 곧 자원의 양이 주요 변수였다면 중심기능의 권역 배분에서는 그 중심기능의 수요자인 사람이 주요 변수가 된다는 점도 수송문제와 입지-배분 모형의 차이라고 말할 수 있다. 공공서비스 시설의 입지가 공급자의 관점에서만 일방적으로 정해지기보다 수요자들의 이동편의를 고려하여 정해진다면 바람직할 것이라는 사고가 입지-배분 모형의 배경에 흐르고 있다. 우리는 제11장에서 '방문경로 설정 문제'와 같은 네트워크 디자인에 대해 살펴본 바 있다. 이는 교통 공급자의 이동이라는 관점에서 네트워크와 흐름을 다루는 것이라면, 여기서 다루게 될 입지-배분 모형은 수요자의 이동이라는 관점에서 네트워크와 흐름을 다루는 셈이다.

신도시를 개발하여 초등학교를 여러 개 짓고 각 학교의 서비스 범위(學區)를 설정하려는 경우를 가상해 보자. 이때 신도시 개발계획에 따라 예상 초등학생 수와 거주지 분포는 이미 정해져 있고, 신설 예정인 초등학교의 수도 이미 계획되어 있다고 가정하자. 이해의 편의를 위해 신설되는 초등학교의 수를 하나로 정한다면, 입지-배분 모형에서 학교의 최적 위치(*)와 초등학생들의 거주지구 i 사이의 거리 d_i*는 다음과 같이 구해진다.

$$d_i* = \{(U*-u_i)^2 + (V*-v_i)^2\}^{\frac{1}{2}} \quad \cdots \langle 식\ 14-9 \rangle$$

$U*, V*$: 학교의 최적 위치(x 및 y 좌표)
u_i, v_i: 초등학생 거주지구 i의 위치(x 및 y 좌표)

위의 식에서 중심시설들의 최적 위치($U*, V*$)는 단숨에 확정될 수 있는 성질의 것이 아니다. 따라서 처음에 임의로 $U*$와 $V*$ 값을 설정한 다음, 이 값들을 적절히 바꾸어 가며 최적 위치를 찾아 나가는 탐색적 접근법(heuristic algorithm)을 적용한다.

설립될 초등학교의 수가 여러 개라면, 각 학교의 최적 위치(U_j*, V_j*)를 모두 찾아 학생 거주지구 i들 사이의 거리 d_{ij}를 계산해야 한다. 이 거리 정보는 각 거주지구별 초등학생들의 수 정보와 함께 모형에 포함되어 최적해를 구하게 된다(〈식 14-10〉). 중심시설의 이용에서는 인구 규모와 이용자들의 통행거리가 핵심변수이며, 통행거리가 짧을수록 중심시설의 이용은 편리하므로 총 통행거리가 가장 작은 답이 최적해가 된다.

목적식: Minimize $Z = \sum_{i=1}^{n} \sum_{j=1}^{n} p_i \cdot d_{ij} \cdot x_{ij} = \sum_{i=1}^{n} \sum_{j=1}^{n} p_i \cdot \{[(U_j^* - u_i)^2 + (V_j^* - v_i)^2]^{\frac{1}{2}}\} \cdot x_{ij}$ ⋯ 〈식 14−10〉

제약조건: (1) $x_{ij} = 1$, 지구 i가 중심시설 j에 배정되었을 경우

　　　　　 $= 0$, 지구 i가 중심시설 j에 배정되지 않았을 경우

　　(2) $\sum_{j=1}^{n} x_{ij} = 1$, i=1~n

　　(3) $\sum_{j=1}^{n} x_{jj} = m$

　　(4) $x_{ij} - x_{jj} \leq 0$, i=1~n, j=1~n, i≠j

　　p_i: 지구 i의 인구, i=1~n

　　d_{ij}: 지구 i와 중심시설 j의 거리

　　n, m: 각각 거주지구의 수와 중심시설의 수

　입지−배분 모형이 수송모형과 크게 다른 점은 정수(整數, integer) 1 또는 0의 값을 가지는 2진변수(二進變數) x_{ij}가 모형에 포함되었다는 점이다. 제약조건 (1)은 x_{ij}가 0이면 목적식의 $p_i \cdot d_{ij} \cdot x_{ij}$항의 값도 0, x_{ij}가 1인 경우에는 $p_i \cdot d_{ij}$가 되도록 만드는 것을 의미한다. 이에 따라 목적식은 각 거주지구별 인구에 중심시설까지의 거리를 곱한 값의 합계인 총 통행거리를 최소화하는 것을 지향하게 된다. 나머지 제약조건들은 배정에 포괄성과 상호배타성을 확보하려는 것으로, 제약조건 (2)는 i 지구는 반드시 하나의 중심시설에만 배정되어야 함을 규정한 것이고, 제약조건 (3)은 설립되는 중심시설은 사전에 정한 m개를 초과할 수 없도록 규제하며, 제약조건 (4)는 〈그림 14−10 (다)〉에서 예시한 것처럼

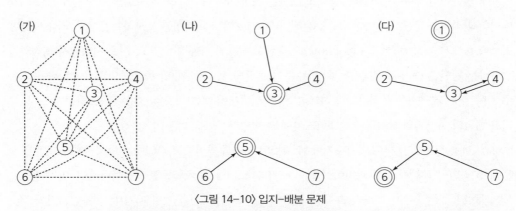

〈그림 14−10〉 입지−배분 문제

(가) 7개의 단위지구로 구성된 예제, (나) 입지−배분 최적해, (다) 입지와 배분이 모형과 어긋나게 이루어진 경우

주: 그림의 원은 단위지구의 대표점, 이중원은 중심지로 지정된 대표점, 점선은 가능한 배분 관계, 화살표 실선은 실제 배분된 경우를 가리킨다.

상호 배정되거나 서로 엇갈려 배정되는 일이 일어나지 않도록 만드는 장치이다.

지금까지 소개한 입지-배분 모형은 'p-median 모형'이라고도 부르는 데, 이는 모형의 목적이 최소 총 통행거리 찾기를 지향한다는 것을 강조하는 표현이다. 어떤 공간에 인구가 불규칙하게 분포할 때, 이를 대변하는 대표점 가운데 총 통행거리 Z가 가장 짧은 대표점을 미디언(median)이라고 부른다. 또한 해당 공간을 p개의 작은 단위공간으로 분할하여 각 단위공간을 대표하는 미디언들을 함께 부를 때에는 p-median, 전체 공간에 하나의 미디언만 있을 경우에는 1-median으로 적는다. 총 통행거리 최소 지점이란 각종 계획의 출발점을 이루므로 미디언 찾기의 중요성은 매우 크다고 평할 수 있다.

2) 입지모형에 대한 논의

같은 종류의 중심시설을 여러 개 입지시키는 것은 아래와 같은 방식으로 나눌 수 있다.

(1) m개의 시설을 한꺼번에 입지시키는 방식

(2) 기존 시설에 k개의 신규 시설을 추가하는 방식

(3) 기존 시설에서 일부를 폐쇄한 다음 k개의 신규 시설을 추가하는 방식

현실적으로 시설의 입지를 결정하는 상황은 신도시의 건설 등 제한적인 경우에서만 (1)의 방식이 가능하고, 대부분은 (2)와 (3)의 방식을 택하게 될 것이다. 첫 번째 방식으로 입지-배분 모형을 적용시키는 것은 정태적(靜態的) 접근, 두 번째와 세 번째 방식으로 적용하는 것을 동태적(動態的) 또는 단계적 접근이라 부를 수 있겠다. 동태적 접근은 각 단계마다 최적화를 도모하는 방안과 최종 시점에서의 최적화를 도모하는 방안으로 구분된다. 각 단계마다 최적화를 도모하는 방안은 최종 단계에 이르렀을 때 준최적(準最適, suboptimum)의 상황에 그칠 가능성이 있고, 최종 시점에서 최적화를 도모하는 방안은 중간 단계에서는 최적 수준이 보장되지는 않겠지만 종국적으로는 최적화를 이룰 수 있다. 어떤 접근법을 선택하느냐 하는 것은 결국 미래에 대한 정보를 얼마나 확보하고 있느냐, 그리고 계획의 시간범위를 어떻게 설정하느냐에 달려 있다.

입지-배분 모형에서 새로 입지시켜야 할 장소의 위치를 찾아내는 작업에는 탐색적 알고리듬을 적용해야 할 만큼 복잡한 계산 과정이 개입되어 있다. 그러나 현실을 찬찬히 들여다보면, 입지 장소를 물색해야만 하는 경우는 그다지 많지 않음을 깨닫게 된다. 우선 산지나 저지대 등 자연환경의 제약과 정치적 여건이나 사회적 이유 등으로 말미암아 입지 후보는 미리 상당히 좁혀지는 경우가 대부분이다. 따라서 탐색적 알고리듬으로 최적 입지 장소를 찾아냈다 하더라도 그 장소가 현실 여건에 알

맞지 않을 가능성도 상당하며, 결국 아주 적은 수의 입지 가능한 후보지를 두고 최종 결정을 내리는 것이 일반적이라고 할 수 있다. 더 나아가 대부분은 주어진 교통망 속에서 입지 문제를 다루게 되므로, 입지 후보지의 위치는 교통망에서 벗어나지 않는 위치로 더욱 압축되게 마련이다.

입지−배분 모형을 적용시키는 공간의 규모 측면에서, 과연 정교하게 최적의 장소를 찾아야만 하는 것인가 하는 근본적인 의문도 품어 볼 수 있다. 입지−배분 모형을 실제로 적용하는 상황에서는 자료의 한계 등으로 말미암아 미시적인 공간단위까지 좁혀 갈 수 없는 경우가 흔한 실정이다. 인구 자료는 활용할 수 있는 가장 작은 공간단위가 도시에서는 동(洞), 촌락에서는 리(里)인 경우가 대부분이며, 단위지구와 중심시설 사이의 거리는 동이나 리의 대표지점의 좌표를 근거로 계산하는 것이 일반적이다. 따라서 입지−배분 모형은 이론적으로는 아주 미세한 공간 구분이 가능한 것을 전제하고 있지만, 실제 적용에서는 그런 정교함은 얻을 수가 없는 실정에 부딪치는 것이다.

결론적으로 면(面)을 점(點)으로 바꾸는 발상법을 동원하여 각 단위지구의 대표점을 미리 정해 둔다면, 탐색적 알고리듬으로 최적 위치를 찾는 수고를 훨씬 덜 수 있게 된다. 단위지구 안에서도 보다 자세히 위치를 구해야 하는 경우에는 해당 단위지구를 더 작은 공간단위들로 쪼개어 하위 대표점을 정해 둔다면 문제를 해결할 수 있다. 이처럼 공간단위를 점으로 바꾸어 최적해를 구하는 입지−배분 모형들을 '점집합의 최적분할 모형(또는 '점 배분 모형', optimal partitioning of a point set)'이라 한다(Revelle and Swain, 1970). 〈그림 14−10〉에서 다룬 예제가 그 보기이다.

3) 효율성과 형평성의 고려

입지−배분 모형에서 적용될 수 있는 준거로는 최소통행거리(시간, 비용)의 원칙, 곧 효율성만이 유일한 것은 아니다. 형평성을 기준으로 삼아 후보지를 정해 볼 수도 있고, 이윤추구를 목적으로 하는 민간시설이라면 수익성을 원칙으로 삼을 수도 있으며, 또 다른 원칙도 활용 가능한 것이다. 입지−배분 모형은 이런 목표에 따라 적절히 변형하는 것이 가능하다.

최소통행비용의 원칙은 효율성을 우선시하는 것으로, 그 목적식은 〈식 14−10〉에서 이미 소개한 것과 같은 형태이며 제약식들 역시 같다. 다만 효율성 우선의 문제임을 강조하기 위해 목적함수 Z에 'median'이라는 표현을 추가하기로 한다.

$$\text{Minimize } Z_{median} = \sum_i p_i \cdot d_{ij} \cdot x_{ij} \quad \cdots \langle \text{식 } 14-11 \rangle$$

형평성은 관점에 따라 다양하게 정의될 수 있지만, 입지−배분 모형에서는 사람과 화물의 이동 형평성으로 국한시키는 것이 일반적이다. 형평성 원칙에 따른다면 〈식 14-12〉를 적용해 볼 수 있다. 이 식에서는 효율성 원칙의 경우와 달리 거리변수(d_{ij})가 없고, 가중치 x_{ij}도 1 또는 0의 값을 가지므로, 조건에 부합되는 후보 지점들의 인구를 단순 합산한 것이 그 해(解)가 되는 특징을 가지고 있다. 다시 말해 인구가 가중치로 쓰이는 것이 아니라 인구 그 자체가 고려해야 할 변수가 되는 것이며, 임계거리 안에 포함되는 인구가 최대인 지점을 찾는 것이 목표이다. 이 식에서는 목적함수 Z에 'center'라는 표현이 추가되었는데, center란 그래프이론과 최적화이론에서 꼭짓점 간 최장거리들 가운데 거리가 가장 짧은 지점을 가리키는 용어이다(Evans and Minieka, 1992: 362-364).

$$\text{Maximize } Z_{\text{center}} = \sum_i p_i \cdot x_{ij} \quad \cdots \langle \text{식 } 14\text{-}12 \rangle$$

$$x_{ij}=1: d_{ij} \leq D^* \text{인 경우-}(D^*: \text{임계거리})$$

$$=0: d_{ij} > D^* \text{인 경우}$$

효율성과 형평성 원칙의 이해를 돕기 위해 단순한 예제를 들어 보기로 한다. 가령 일직선으로 된 어떤 가상지역에 체육관을 하나 세우려 한다고 하자(〈그림 14-11〉). 체육관 입지 후보지는 A~G의 일곱 군데이고, 체육관을 이용할 주민들은 불규칙하게 분포하여 A, B, C, E, G의 다섯 마을에 살며, 각 마을의 인구 규모는 각각 2, 10, 3, 5, 2단위라고 하자.

입지 후보지마다 최소통행비용의 원칙(〈식 14-11〉)을 적용하여 총통행 거리를 구하면 표 (가)와 같이 요약할 수 있고, 마을 B에 체육관을 입지시키는 것이 가장 나음을 알 수 있다. 다시 말해 효율성의 원칙은 대체로 한 지역의 지리적 중앙보다는 서비스 수요자의 분포를 반영하여 수요 밀집지 쪽으로 치우쳐 최적 입지를 낙점하도록 만든다. 이런 성향 때문에 사례의 경우 가장 멀리 떨어진 마을 G의 주민들은 체육관까지 5km나 통행해야 하지만, 다른 마을 주민들의 통행거리는 1~3km에 불과하다.

서비스인구 극대화 원칙(〈식 14-12〉)에서는 임계거리를 얼마로 설정하느냐가 관건이다. 임계거리를 작게 설정하면 체육관의 서비스 권역이 작아지고, 임계거리를 늘리면 서비스 권역은 커지지만 통행의 부담 역시 늘어나게 되는 것이다. 우리의 사례에서 임계거리(D^*)를 3km로 설정한다면, 후보 지점 D가 비록 거주민이 한 사람도 없는 곳이지만 가장 많은 주민을 서비스할 수 있어 최적의 입지 지점이 된다. 효율성의 원칙, 곧 최소통행거리의 원칙과 비교한다면, 마을 A와 B의 주민들은 통행거리가 조금 더 늘어나지만 마을 G의 주민들이 먼 거리를 이동해야 하는 부담은 줄어들었다. 효율성의 원칙에서는 최장 통행거리가 5km나 되었지만, 형평성의 원칙을 적용하면 최장 통행거리는 3km로 줄어드는 것이다.

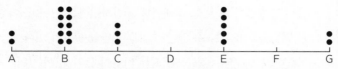

주: A~G 지점 간 거리는 동일하며, 막대 위의 원은 해당 마을의 인구를 가리킨다.

(가) 총 통행거리 최소화 원칙: 효율성

$$\text{Min } Z = \sum_{i=1}^{n} p_i \cdot d_{ij} \cdot x_{ij}$$

입지 후보	마을					총 통행거리
	A	B	C	E	G	
A	0	10	6	20	12	48
B	**2**	**0**	**3**	**15**	**10**	**30**
C	4	10	0	10	8	32
D	6	20	3	5	6	40
E	8	30	6	0	4	48
F	10	40	9	5	2	66
G	12	50	12	10	0	84

(나) 서비스인구 최대화 원칙: 형평성

$$\text{Max } Z = \sum_{i=1}^{n} p_i \cdot x_{ij}$$

입지 후보	마을					서비스 인구 합계
	A	B	C	E	G	
A	2	10	3	0	0	15
B	2	10	3	5	0	20
C	2	10	3	5	0	20
D	**2**	**10**	**3**	**5**	**2**	**22**
E	0	10	3	5	2	20
F	0	0	3	5	2	10
G	0	0	0	5	2	7

〈그림 14-11〉 입지-배분 문제에서 효율성과 형평성의 적용 사례

국내에서 입지-배분 모형을 적용하여 형평성을 살펴본 사례로, 김광식 등(1988)은 서울시 강동구와 송파구의 공공서비스 시설 입지를 효율성과 형평성 측면에서 비교하였고, 전경숙(1992)은 광주시의 유치원 통원구역을 설정하는 데 30분 임계거리를 적용해 보았다. 최근에는 여기서 한 걸음 나아가 효율성과 형평성 모형을 절충한 '센디언(centdian)' 모형을 개발한 사례(이건학, 2010)도 있다. 센디언 모형이란 미디언 모형과 센터 모형의 합으로 정의되며 다음 식과 같다.

$$Z_{\text{centdian}} = wZ_{\text{median}} + (1-w)Z_{\text{center}} \quad \cdots \text{〈식 14-13〉}$$
$$0.0 \leq w \leq 1.0$$

위의 식에 쓰인 가중치 w는 1보다 작은 값으로, 연구자가 이 가중치를 조정하여 효율성과 형평성의 정도를 조절할 수 있게 만든다. 가령 w가 1.0이라면 위의 식은 효율성 추구(median) 문제가 되며, w가 0.0이면 형평성(center)의 문제로 바뀌고, w가 0.5라면 형평성과 효율성을 균등하게 배려하는 모형이 될 것이다.[*]

현실세계의 입지 결정에서는 효율성, 형평성 등의 원칙에 지역의 여건과 자연환경, 정책의 목표, 주민이나 시민단체의 의견 등이 종합되어 입지 결정에 이르게 될 것이다. 위의 사례에서 보았듯이

---

[*] 본문에서 Z_{center}는 최대화(maximize) 문제로 소개되었지만, 제약식을 설정하기에 따라서는 최소화(minimize) 문제로도 바꿀 수 있다. 이 경우 〈식 14-13〉의 목적식 Z_{centdian}은 최소화 문제의 성격을 띠게 된다.

최적화 기법 자체는 효율성과 형평성 그 어느 것에서도 중립적이라는 점이며, 이 기법을 활용하는 사람의 의도에 따라 다른 해답들을 도출할 수 있다는 점을 유념할 필요가 있다. 학계 일부에 입지-배분 모형이란 효율성만을 덕목으로 삼는 접근법이라는 비평이 있지만, 이는 입지-배분 모형의 이해가 부족한 데서 비롯된 것임이 분명하다.

· 참고문헌 ·

김광식, Bach, L., 1988, "도시공공서비스 시설의 입지분석," 국토계획(대한국토·도시계획학회지) 23(3), 81-96.

박순달, 1999, 선형계획법 제4판. 민영사: 서울.

서태열, 1987, "서울시 고등학교의 분포와 학군에 관한 연구," 지리교육논집 18, 1-21.

이건학, 2010, "동 통폐합에 따른 동주민센터의 입지 변화 분석과 최적 입지 모델링: 공간적 효율성 및 형평성 접근," 대한지리학회지 45(4), 521-539.

이금숙, 2005, "출판물류센터 입지 분석," 한국경제지리학회지 8(3), 351-365.

전경숙, 1992, "광주시 유아교육기관의 적정 입지-배분에 관한 연구," 지리학 27(3), 208-231.

Evans, J. R. and Minieka, E., 1992, *Optimization Algorithms for Networks and Graphs, second eidition*. Marcel Dekker: New York.

Gauthier, H., 1968, "Least cost flows in a capacitated network: a Brazilian example," in Frank Horton (ed.), *Geographic Studies of Urban Transportation and Network Analysis,* Northwestern University Studies in Geography No.16, 102-127.

Green, M. B, Cromley, R. G. and Semple, R. K., 1980, "The bounded transportation problem," *Economic Geography 56*, 30-44.

Hodgart, R. L., 1978, "Optimizing access to public services: a review of problems, models and methods of locating central facilities," *Progress in Human Geography* 2, 17-48.

Revelle, C. and Swain, R., 1970, "Central facilities location," *Geographical Analysis* 1(1), 30-42.

Scott, A., 1971, *An Introduction to Spatial Allocation Analysis*. Association of American Geographers Resource Paper No.9.

제4부

미래의 교통

제15장

지속가능한 교통

1. 교통과 환경

1) 교통-환경 관계의 지리적 특징

교통과 환경은 서로 영향을 주고받는다. 자동차, 선박 등 교통수단은 화석연료를 소모하고 가스와 먼지 등을 배출하여 환경을 교란하며, 궂은 날씨와 험준한 지형은 이러한 교통수단의 움직임에 상당한 지장을 주며 때로는 심각한 사고의 배경이 되기도 한다. 이러한 양방향의 관계 가운데 교통이 환경에 미치는 영향은 환경이 교통에 작용하는 것보다는 훨씬 다양하고 그 규모나 정도가 월등하게 크다.

교통과 환경의 관계는 국지적 범위에서 지역, 국가, 대륙 더 나아가 세계적 범위에 이르기까지 모든 지리적 수준에 걸쳐 있다. 기차가 만들어 내는 소음이 철로변에서는 심하지만 거리가 멀어지면서 뚜렷이 줄어드는 국지적 관계의 보기라면, 자동차 등이 만들어 내는 분진(粉塵, 미세먼지)이 행정 경계나 국경을 넘나드는 현상은 지역 수준의 보기이며, 지구온난화 현상처럼 교통 부문의 연료 사용이 미치는 영향은 범세계적 관계의 보기이다. 대부분의 환경영향은 지역적 범위에 걸쳐 일어나는 특징을 띠고 있으며, 국지적 수준에 그치거나 세계적 범위로 널리 확산되는 사례는 그다지 많지 않다. 〈표 15-1〉은 교통이 환경에 미치는 영향을 지리적 범위에 따라 나누어 요약한 것이다.

<표 15-1> 교통영향의 지리적 범위

국지적(local) 범위	지역적(regional) 범위	세계적(global) 범위
소음, 진동	산성비, 산성 강하물	기후변화(이산화탄소, CFCs)
일산화탄소, 악취		오존층이 얇아짐(CFCs)
스모그, 질소산화물, 탄화수소/휘발성 유기화합물, 입자(먼지), 납		화석연료 매장량의 감소
아황산가스, 오존		
방출(사고 또는 의도적)		
낙진		
기반시설의 제빙(除氷), 유출		
선박 배출물(배수, 쓰레기 등), 기름 유출		
기반시설의 건설과 유지		

출처: Rodrigue et al.(2009)의 웹사이트 http://people.hofstra.edu/geotrans.

　　교통과 환경의 관계는 양면성이 있다. 교통은 이용자에게 편익을 가져다주는 한편, 환경에 부정적 흔적을 남긴다. 또한 이러한 교통의 환경영향 가운데 일부는 외부화되어, 편익은 소수에게 돌아가는 반면 치러야 할 대가는 사회 전체가 부담하게 되는 것이 큰 특징이다. 외부효과(externality)란 경제적 개념이자 지리적 개념으로, 한 집단의 활동이 다른 집단에 가져다주는 긍정적이거나 부정적인 결과를 말한다. 외부효과는 의도하지 않았어도 발생할 수 있으며, 그것을 유발시킨 집단에 돌아가는 것이 아니어서 소수가 일으킨 비용을 다수가 감당하는 구조를 강조할 때 이러한 용어를 쓰게 되는 것이다.

　　외부효과는 지리적 측면에서 생각해 볼 수 있다. 교통으로 얻는 혜택은 국지적인 반면, 교통이용으로 발생하는 각종 환경영향은 그 범위가 지역~세계적 범위에 이를 수 있는 것이다. 일반적으로 외부효과의 원인을 밝히는 것은 쉽지만, 피해의 정도와 비용을 측정하는 일은 쉽지 않다. 교통과 환경의 직접적, 간접적, 누적적 관계의 성격과 범위를 드러내는 일이 간단하지 않으며, 범위가 세계적일 경우 더욱 어려워진다. 한 나라 안에서는 각 지방자치단체의 환경정책에 대한 견해와 우선순위, 그리고 국제적 수준에서는 각국 정부의 환경정책에 대한 견해와 우선순위가 반드시 일치하지 않는 것도 이러한 배경과 연관이 있다.

2) 교통의 영향

(1) 교통 부문의 활동

교통은, 첫째 교통기반시설의 건설과 유지 활동, 둘째 차량, 선박, 항공기 등 운송수단과 부품의 제조, 셋째 교통시설의 운용과 정비, 넷째 폐기 및 재활용 활동, 그리고 다섯째 이러한 활동에 필요한 토지사용 등 여러 부문에서 환경에 영향을 끼친다(〈그림 15-1〉).

교통에 관련된 활동들은 가스, 입자, 소음, 진동, 폐기물 등의 형태로 환경영향 물질을 배출하고, 그 배출의 양, 세기, 지속시간, 방향과 지리적 범위를 달리하며 환경에 작용하게 된다. 또한 교통활동에 필요한 토지 사용도 토지 자체의 전용(轉用)뿐 아니라 동식물 삶터에 변화를 주고, 사람들에게도 사회적으로 영향을 끼친다.

이러한 교통활동과 환경영향의 관계를 더 큰 틀에서 조감한다면 경제활동과 토지이용이 그 배경에 있다고 할 수 있다. 경제수준에 따라 개발, 소득, 교통시설과 서비스의 내용과 양이 달라지며, 선진지역은 개발도상지역에 비해 더 많은 교통활동을 만들어 내는 경향이 있다. 토지이용, 곧 교통수요의 공간적 분포도 교통활동의 지리적 특징을 가름하는 배경으로 작용한다.

교통이 환경에 미치는 영향은 직접 영향, 간접 영향, 누적 영향으로 대별해 볼 수 있다. 직접 영향은 차량 운행으로 만들어지는 소음과 일산화탄소 등이 그 보기로, 인과관계가 분명하고 파악하기가 쉽다. 간접 영향이란 미세먼지 등이 그 보기로 직접 영향의 2차, 3차 효과를 가리키며, 관계는 종종

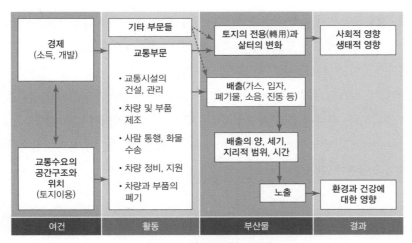

〈그림 15-1〉 교통의 환경영향

출처: Rodrigue et al., 2017, p.290. 필자 재구성.

잘못 파악하게 되거나 관계 파악 자체가 어렵다. 누적 영향이란 직간접 영향이 쌓이고 연계해서 시너지 효과를 낳는 것으로, 기후변화가 대표적인 보기이다.

(2) 교통활동의 결과

교통이 환경에 미치는 여러 영향 가운데 대기오염, 소음과 진동, 수문학적 과정의 교란과 수질오염, 토양오염, 생태적 질 저하, 토지의 사용은 핵심적인 환경영향으로 꼽힌다.

대기의 질에 영향을 미치는 오염물질은 가스와 미세입자의 형태이며, 일산화탄소, 이산화탄소, 질소산화물, 탄화수소와 휘발성 유기화합물, 미세먼지, 냄새, 아황산가스(SO_2), 오존, 염화플루오린화탄소(chlorofluorocarbons, CFCs, 일명 '프레온 가스') 등을 포함한다. 이러한 가스와 입자들은 산성비와 스모그를 일으키며 시정(視程)을 나쁘게 만들어 생활의 질과 건강에 직접 영향을 주고, 장소의 경관과 심미적 가치에도 영향을 준다.

소음은 교통수단이나 여건에 따라 다양하게 발생하는데, 75데시벨 이상의 소리에 장시간 노출되면 청력에 장애를 일으키고 심리적, 신체적 복리에 영향을 주며 토지 가격도 하락한다. 75 데시벨의 소음이란 자동차가 많이 다니는 네거리나 자동차 전용도로 가까이에서 들리는 시끄러움에 해당한다. 소음 발생은 국지적인 성격을 띠어 거리조락성이 뚜렷한 것이 일반적이다.

수문(水文) 분야에서는 수상 운송수단에서 배출하는 물질이 가장 중요한 환경 위험요소이며, 선박에서 버리는 쓰레기와 평형수(平衡水, ballast water), 사고나 의도적으로 유출되는 기름이 특히 중요하다. 이 밖에 토사의 퇴적, 대기오염물질의 낙하, 겨울철에 도로의 미끄러움을 방지하고 얼음과 눈을 녹이기 위해 사용했던 물질의 유입, 기반시설의 건설과 운영에서 발생하는 물질도 환경오염으로 이어진다. 항만과 수로가 정상기능을 발휘하려면 준설(浚渫)이 필수적인데, 이때 바닥에 쌓여 있던 오염물질이 위로 올라오고 탁도(濁度)가 높아져 생태계가 교란되고 준설토의 오염을 제거해야 하는 부담이 생기게 된다. 차량 등에서 버려지는 쓰레기는 그 자체도 문제일 뿐 아니라, 쓰레기 속의 박테리아, 금속 및 플라스틱 물질은 수질오염을 가중시킨다.

토양 부문에서는 토양 침식과 오염이 중요하다. 고속도로의 건설, 항만과 공항의 토목공사는 토양을 교란하는 결과를 낳으며, 유독성 물질 운반으로 인한 토양오염, 연료, 썩는 것을 방지하기 위해 화공품을 바른 철도 침목 등도 토양오염의 원인으로 꼽힌다. 선박이 지나가면 물결을 일으켜 파도의 규모와 폭을 바꾸며, 개방된 바다보다는 하천이나 운하와 같은 내륙 수로의 연안에 더 많은 영향을 끼친다. 토양오염 역시 지리적 속성이 뚜렷하여 철도, 공항, 항만에 인접한 곳에서 그 정도가 심하다.

생물다양성(biodiversity) 부문을 살펴보면, 교통로 건설에는 배수공사가 종종 함께 이루어지는데이는 수중 생물이 사라지는 결과로 이어진다. 도로와 철로를 관리하기 위해 식물의 키를 제한하는 일이 종종 있으며, 가로수 심기 등으로 새로운 수종의 도입이 뒤따를 수 있다. 선박 평형수는 다른 지역의 생물종을 가져오는 결과로 이어지기 쉬우며, 연안 생태계 특히 얕은 호수, 저습지, 내만을 크게 교란시킨다.

항만, 공항, 터미널처럼 대부분의 교통시설은 토지수요가 방대하므로 상당한 환경영향을 수반하게 된다. 현재 어림잡아 지구 육지 표면의 1~2%가 도로와 주차장 등 교통용지로 이용되고 있는 것으로 알려져 있으며, 이는 어마어마한 토지 점유율이라고 평할 수 있다. 토지가 교통용지로 전용(轉用)되는 것 가운데 특히 문제가 되는 것은 교통시설이 중복되어 설치되거나, 필요한 분량을 초과하여 과잉 전용되는 경향이 있다는 점이다. 우리는 가까운 범위 안에 여러 개의 항만과 공항, 터미널을 설치하는 사례를 어렵지 않게 볼 수 있는데, 이는 여러 행정기관이나 관리 주체가 각기 해당 관할구역 안에서 접근성을 높이기 위한다는 명분 아래 교통기반시설 건설사업을 추진하는 데서 연유한다. 또한 교통시설의 효율성을 우선시하여 가급적 단층의 구조물을 수평적으로 넓게 짓는 경향도 토지의 전용을 부추기는 요인이 되고 있다.

3) 환경의 작용

자연은 지진, 사태, 해일, 폭우 등의 방식으로 교통흐름에 지장을 주거나 심하면 교통시설에 손해를 끼친다. 지진은 교통시설을 파괴하며, 눈보라는 교통 정체와 사고를 일으키고, 강수량이 많거나 호우성 강수가 내리는 경우 교통흐름은 심각한 피해를 입게 마련이다. 이러한 자연재해에 가까운 환경영향은 대체로 일시적이며 국지적인 성격을 띤다.

장기적으로 보면, 교통을 포함하여 사람들의 각종 활동이 서로 연계되고 누적되어 일어나는 기후변화는 교통 부문에도 상당한 영향을 끼칠 수 있다. 우리에게 큰 관심사인 지구온난화도 그 가운데 하나로, 여러 경로와 방식으로 교통시설과 통행에 영향을 끼칠 수 있다. 지구온난화로 일어나는 주요 현상 가운데 하나로는 해수면 상승을 꼽을 수 있는데, 특히 세계 인구와 도시의 대부분이 해안 가까이 분포한다는 점에서 해수면 상승의 잠재적 영향력은 막강하다. 일차적으로는 해안 일대의 지하철과 같은 지하 교통시설과 부두시설이 침수될 수 있으며, 장기적으로는 해안에 입지했던 교통시설들이 침수와 염분 피해로 말미암아 못쓰게 되고, 마침내는 침수로부터 안전한 내륙으로 더 깊숙이 옮겨 가야 하는 문제가 발생할 수 있다. 기온이 올라가면 고온으로 비행기가 활주로에서 이륙하기 어려워지고, 도로면이 녹는 피해도 생길 수 있다. 그러나 지구온난화는 교통 부문에 부정적인 결과

〈표 15-2〉 장기적인 기후변화가 교통에 미치는 영향

기후변화	교통시설에 미치는 영향	교통운영에 미치는 영향
혹서	• 열에 의해 교량이 팽창 • 도로포장이 물러짐 • 철로가 휘어짐	• 활주로에서 비행기의 이륙거리에 영향 • 건설 공기(工期)에 제약
극지방의 기온 상승	• 영구동토층이 녹아 시설에 피해 • 얼음도로의 사용기간이 짧아짐	• 선박의 운항 가능 기간이 길어짐 • 부동항이 늘어남 • 북극항로 가능
해수면 상승	• 저지대 교통시설의 침수 피해 증가 • 시설기반의 침하(도로와 다리 밑의 토양 침식 등)와 터널의 침수 증가 • 조수와 해일이 더 높아지는 것에 대비해 항만시설의 개수와 이전	• 폭풍해일로 말미암아 해안 저지대의 도로, 철도, 항공교통의 교란빈도가 늘어남
호우성 강수 증가	• 침수 증가 • 시설기반의 침식	• (특히 도로와 항공 교통 부문에서) 통행 지체 및 중단 증가
태풍의 세기와 빈도 증강	• 기반시설의 손괴 증가	• 비행기 결항과 지연 증가 • 해안지대의 대피 빈도와 범위 증가 • 도로와 철로의 피해로 인한 운행 차질 증가

출처: Banister and Button, 1993, p.229.

만 가지고 오는 것은 아니다. 극지방의 기온이 올라감에 따라 부동항(不凍港)이 늘어나고 과거 항해가 어려웠던 북극항로가 열려, 유럽~아시아~북아메리카 사이의 선박 운항이 더욱 편리해지는 것이 그러한 보기이다.

기후변화로 예상되는 현상으로는 장기간의 혹서(酷暑), 극지방의 기온 상승, 해수면 상승, 호우성 강수 증가, 태풍의 빈도 증가 등을 꼽을 수 있으며, 이것이 교통 운영과 시설에 미칠 것으로 예상되는 영향은 〈표 15-2〉와 같이 요약할 수 있다.

2. 교통과 에너지

1) 교통 부문의 에너지 소비

1950년대 이래 뚜렷한 경향은 교통 부문의 에너지 소비 비중이 늘어나고 있다는 것이며, 현재 전 세계 에너지 수요의 1/4을, 그리고 소비되는 석유의 2/3를 교통 부문에서 사용하고 있다. 한국에서는 교통 부문이 전체 에너지 소비의 1/5 정도를 차지하고 있으며, 1990년 이래 비슷한 수준을 유지

하고 있다(〈그림 15-2〉). 비록 교통 부문에서 소비하는 에너지의 비중에 큰 변동이 없다 하더라도, 한국 전체의 에너지 소비량이 매우 빠르게 증가하는 추세이므로 교통 부문의 소비량 역시 늘어나고 있다는 점을 주목할 필요가 있다.

우리가 에너지 소비에 관심을 기울이는 것은 교통 부문에서 소비하는 에너지의 대부분이 재생 불가능한 화석연료라는 점도 있거니와, 대기환경에 직접 영향을 끼치는 온실가스의 배출과도 관련된다는 점이다. 한국에서 1990년 이래 배출된 온실가스량과 부문별 비중을 살펴보면, 전국의 온실가스 배출량은 에너지 소비량과 엇비슷한 증가 추세를 보이고 있으며, 그 가운데 교통 부문은 12~15% 정도의 비중을 차지하여 에너지산업과 제조업, 건설업 부문 다음으로 배출량이 많다(〈그림 15-3〉).

이처럼 막대한 에너지 소비와 온실가스 배출 추세에 비추어, 교통 부문의 에너지 소비 양상을 조금 더 살펴볼 필요가 있다. 교통의 에너지 소비는 운송수단의 제작에서부터 수송 활동에 이르기까지 여러 분야에서 각각 발생하지만(〈그림 15-1〉 참조), 이 가운데 연료의 소비 비중이 가장 크다. 연료는 현재 전기철도와 전기자동차를 제외하고는 대부분 석유에 의존하며 단지 석유의 유형에 차이가 있을 뿐이어서, 선박은 값싼 벙커유를 쓰는 반면 항공기는 첨가물이 들어간 특수 연료를 사용하는

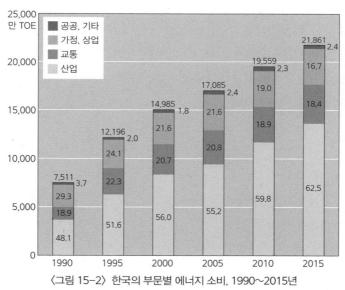

〈그림 15-2〉 한국의 부문별 에너지 소비, 1990~2015년

주: 막대 위의 숫자는 해당연도의 총 에너지 소비량(만 TOE, tonne of oil equivalent)이며, 막대 안의 숫자는 부문별 비중(%)을 가리킨다.
출처: 산업통상자원부, 2016 에너지통계연보, pp.20-21.

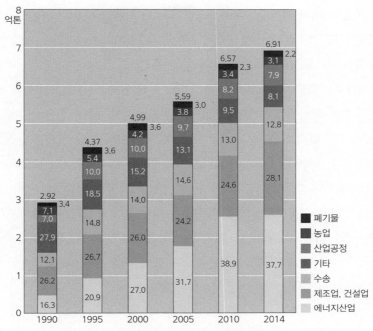

주: 막대 위의 숫자는 해당연도의 총 온실가스 배출량(단위: 억톤 CO_2 eq., 이산화탄소 환산량)이며, 막대 안의 숫자는 부문별 비중(%)을 가리킨다.
출처: 국무조정실 온실가스종합정보센터, 2016 국가온실가스 인벤토리보고서, pp.40~41.

차이 정도이다. 지리적으로는, 에너지 자원의 분포뿐 아니라 소비에서도 선진지역에 편중이 심하다는 것이 큰 특징이다. 또한 에너지의 수요와 소비에서 아시아 시장이 아직 그 절대량은 많지 않지만 성장세가 가파르다는 점이 최근의 두드러지는 추세이다.

에너지 소비는 교통수단에 따라 크게 다르며, 결론적으로 말하면 사람들에게 가장 총애 받는 수단인 자동차의 에너지 효율이 철도와 해운에 비해 낮다는 점이 핵심적 문제이다. 육상교통의 경우, 선진국에서는 자동차가 전 교통 부문 에너지 소비의 85%나 차지한다. 철도의 에너지 소비 비중은 6%에 불과하지만, 그 효율성은 자동차에 비해 승객 수송은 4배, 화물 수송은 2배 더 높다. 수상교통은 국경을 넘나드는 수송의 90%를 차지하지만, 수상교통이 지니는 규모의 경제 속성으로 교통 부문 에너지 소비의 7%에 불과하다. 항공교통의 비중은 8% 정도이다.

전 세계의 에너지 생산, 특히 석유의 생산량과 가격이 앞으로 어떻게 전개될 것인지 내다보는 것은 매우 어려운 일이다. 한때 석유 가격이 앙등할 것으로 전망되기도 하였으나, 셰일오일(shale oil) 등 새로운 석유자원이 개발되고 있고 석유 생산을 둘러싼 정치적 밀고 당기기 때문에, 석유의 가격은 불안정하나마 중~저유가 기조를 유지하고 있다. 그러나 현재 세계적으로 기름 생산이 최고조에 이르렀다는 견해가 많으므로, 석유류 생산이 마침내 줄고 가격이 치솟는다면 각 교통 부문이 어떻게 대응할 것인지 살펴보는 것은 의미가 있다.

도로교통 부문에서는 몇 단계로 대응하게 될 것인데, 우선 재량활동을 위한 통행을 줄인 다음에는 통근에도 변화가 오며, 궁극적으로는 현 도시구조에 압박이 가해져 내부로 집심(集心)할 가능성이 있다. 철도 부문은 석유 가격 상승으로 이용이 가장 많이 증가되며, 핵심 장거리 회랑은 전철화되어 나갈 것으로 예상된다. 항공교통 부문은 연료비가 오르면 요금에 그대로 반영되기 때문에 큰 타격을 받을 것이되, 연료비가 오르면 사람들의 항공여행은 줄어들겠지만 항공화물의 수송은 고가의 화물 위주이므로 영향을 덜 받을 것으로 보인다. 해운 부문은 상대적으로 영향이 덜할 것이며, 선박의 운항속도를 늦추는 것으로 대응하면 항만의 기항 일정이 변화하고, 장거리 화물 이동 수요가 차츰 줄어들 것으로 전망할 수 있다. 또한 제조업 부문의 생산시설은 시장이나 원료생산지에 가까운 곳으로 옮겨 가 세계화 대신에 지역화 추세로 바뀔 가능성도 있다.

2) 신재생에너지와 교통

신재생에너지란 신에너지와 재생에너지를 합한 신조어이며, 교통 분야에서는 대체에너지 또는 대체연료라고 쓰는 경향이 있다. 현재 이미 쓰이고 있거나 개발 중인 신재생에너지로는 메탄올, 에탄올, 천연가스, 액화석유가스, 바이오디젤, 태양광, 수소 등을 꼽을 수 있다. 또한 친환경 자동차와 같은 새로운 차량, 연료전지, 촉매 변환장치도 신재생에너지는 아니지만 그에 준하는 효과를 낼 수 있다. 친환경 자동차란 기존 자동차에 비해 오염물질 배출 등이 적은 자동차를 가리키며, 전기차, 내연기관과 전기모터가 함께 장착된 하이브리드 자동차 등을 포함한다.

현재 다양한 대체연료가 이미 사용 또는 개발되고 있으며, 천연가스, 프로판가스, 메탄올, 바이오 연료(biofuels), 수소, 전기 등이 그 보기이다. 이러한 대체연료들은 기술의 발달과 시장 사정에 따라 변동성이 심하여 장래의 모습을 예단하기는 쉽지 않다. 신재생에너지 또는 대체연료의 개발에서 핵심논제는 대체연료가 비용 면에서 경쟁력을 갖추었는가 하는 공급의 안정성 측면과 보관과 수송 및 사용 면에서 유연성을 갖추어 쓰기에 편리한가 하는 점이다.

천연가스, 프로판가스, 메탄올 계열의 연료는 기존 연료보다 더 복잡한 저장 시스템이 있어야 하므로 물류에 상당한 투자가 필요하다. 또한 가솔린보다 더 많이 사용해야 같은 거리를 움직일 수 있어 에너지 밀도(energy density)가 낮다.

에탄올, 메탄올, 바이오디젤과 같은 바이오 연료는 사탕수수, 옥수수 등 식량작물이나 바이오매스(biomass, 나무와 풀, 동물의 배설물)의 발효로 얻을 수 있다. 그러나 낮은 생산성 때문에 넓은 재배면적이 필요하다는 것이 흠이며, 생산공정에서도 에너지가 많이 소요된다.

수소는 미래의 에너지원으로 유력하게 고려되고 있다. 수소전지는 가솔린보다 효율적이며, 생산되는 오염물질이 거의 없다. 그러나 문제점도 적지 않아서 수소의 생산과 저장 및 수송에 에너지가 많이 들고, 에너지 밀도가 낮으며, 매우 낮은 온도를 요구한다. 이로 말미암아 고압 저장탱크는 차의 무게를 증가시키고 부피도 커지게 만든다. 이는 액화수소연료가 자동차보다는 선박이나 비행기에 더 적합할 수도 있다는 뜻을 함축하고 있다.

전기는 연료전지의 형태로 개발되어 쓰이고 있는데, 현재는 연료전지의 축전 능력 한계 때문에 운전 범위와 속도에 제약이 있지만 기술 개선으로 연료전지의 사용이 점차 증가하는 추세이다. 현재의 충전소 분포를 고려할 때 전기차는 운행거리가 짧은 도시교통에 적합하다. 그러나 충전소가 널리 보급되면 전기차의 이용 양상은 크게 바뀔 것으로 내다보인다.

3. 지속가능한 교통

1) 지속가능성

사람들이 자원의 소비 수준과 방식에 대해 적절한 조치를 취하지 않는 한, 사회 전체가 붕괴되지 않으면서도 성장을 지속할 수는 없을 것이라는 주장이 일찍이 1960년대부터 이어져 왔다. 그 대표적인 것이 로마클럽의 보고서 등이다. 비록 이런 언명들이 정확하거나 정교하지는 못했다는 것이 뒤늦게 밝혀지기는 했지만, 지구가 언젠가 임계점에 맞닥뜨리게 될 것이라는 걱정은 지금도 이어지고 있다.

이러한 배경 속에서 오랜 시간을 거쳐 진화한 개념이 바로 '지속가능한 발전(sustainable development)'이다. 일찍이 유엔(UN)이 발간한 보고서(일명 *Brundtland Report*, 1987, World Commission on Environment and Development)에서 지속가능한 발전을 "미래 세대가 필요한 것을 충족시킬 수 있는 능력을 저해하지 않는 범위 안에서 지금 세대의 필요를 충족시키는 발전"이라고 정의하였고, 이 정의는 지금까지도 종종 그대로 인용되고 있다. 유엔의 보고서 이후 지속가능성의 개념을 더욱 구체화하려는 노력들이 이어졌다. 가령 지속가능성을 자원의 사용과 재생에 초점을 두어 유한자원의 사용이 재생가능 대체자원의 개발속도를 넘지 않고 방출되는 오염이 자연의 정화 능력을 초과하지 않는다면 지속가능하다고 보거나, 비용 측면을 강조하여 수혜자가 사회적 비용(후속세대가 지불해야 할 비용까지 포함)을 전부 감당하는 것으로 보는 입장 등이 그러한 보기이다.

이후 지속가능성의 개념은 점점 더 확대되어, 1990년대 후반에 이르면 환경의 지속가능성뿐 아니라 경제적 측면과 사회적 측면까지 포함하게 되었다(Button and Nijkamp, 1997 등). 이 세 가지 측면은 상호 경쟁적인 동시에 보완적인 성격을 띠고 있다. 환경적 지속가능성이란 우리가 환경에 남기는 '흔적'이 환경이 수용할 수 있는 범위 안에서 이루어져야 한다는 것으로, 환경에 대한 책임 그리고 보전과 재활용이라는 실천적 측면을 강조하고 있다. 경제적 지속가능성이란 경제적 효율성을 뜻하며, 경쟁력과 유연성이 중요하게 고려된다. 사회적 지속가능성이란 사회 구성원의 건강과 안전을 비롯하여 사회활동을 위한 접근성과 형평성이 마련되어야 한다는 것을 의미한다. 사회적 형평성은 가장 정의하기 어려운 요소이지만 재분배를 의의하는 것은 아니며, 사회제도적 실패를 지속불가능성의 잠재적 원인의 하나로 꼽는다는 데 그 의의가 있다(Greene and Wegener, 1997).

지속가능이라는 개념과 관련된 논의에서는 지속 가능성과 불가능성 사이에 어떤 명확한 경계가 있는 것처럼 일컬어지는 경우도 있지만, 실은 연속선상에 있는 개념이라는 점을 유의할 필요가 있다. 다시 말해 지속가능성은 강한 지속가능성에서부터 약한 지속가능성에 이르기까지 연속적인 개념이며, 지속 가능과 불가능으로 양분하거나 몇 단계로 나누는 것은 단지 편의를 위한 것일 뿐이라는 점이다. 결론적으로 지속가능성이란 복잡한 개념이며 수많은 해석이 있어 한마디로 정리하기가 쉽지는 않지만, 우리가 지금보다는 미래에 우선순위를 두어야 한다는 점에서는 모두가 동의하고 있는 것으로 보인다.

2) 지속가능한 교통

(1) 의미와 측정

오늘날 지속가능이란 표현은 크게 유행하여 다른 어휘와 함께 붙여 쓰는 일이 빈번해졌으며, '지속가능한 교통(sustainable transport)' 역시 '지속가능' 뒤에 '교통'이라는 단어를 덧붙인 것이다. 지속가능성이란 개념과 관련하여 교통은 이중적인 성격을 띤다. 교통은 경제성장과 사회 유지에 필수적인 요소이며, 장기적으로는 지역의 성장을 이끌어 가는 긍정적 성격이 있다. 반면, 교통시스템이 작동하기 위해서는 자원의 소비, 소음, 오염물질의 배출 등 여러 부정적 외부효과가 불가피하다. 지속가능성을 위협하는 것은 교통 자체보다는 외부효과(사고, 대기오염, 혼잡, 소음, 파괴 등)이며, 이것이 우리가 교통의 지속가능성에 관심을 보이는 주된 이유이다.

역사적으로 교통이 지속불가능했던 경우를 잠시 살펴보기로 하자. 과거 유럽에서는 지중해 연안을 중심으로 선박을 건조하기 위해 목재를 대거 사용하였다. 18세기 초에 이르러 상선과 군함이 대규모 함대를 이루자 연안의 숲은 빠르게 황폐해졌고, 산업혁명 이후 철선(鐵船)이 등장한 다음에도 나무가 철 제련에 땔감으로 사용되면서 숲이 황폐화되는 속도는 더욱 빨라졌다. 이처럼 나무는 재생가능한 자원이었지만, 나무를 이용하는 교통은 지속가능하지 못하게 되었던 것이다. 목선의 사례처럼 나무와 관련한 지속불가능성 사례는 지금 우리가 사는 현대에서도 볼 수 있다. 가령 철도에는 침목 수요가 적지 않아 인근의 숲을 황폐하게 만들며, 침목이 썩지 않도록 방부제를 사용하는데 이 역시 철로 주변 토양의 오염 원인이 된다.

도시화와 이로 인한 도시교통수단의 발달 역시 지속가능하지 못했던 사례들이 적지 않다. 서구에서는 한때 마차가 도시의 주요 교통수단이었지만, 말의 분뇨는 도시의 도로를 더럽히고 냄새는 시민들에게 고통을 안겨 주었으며 하천과 우물을 오염시켜 결국 지속가능하지 못하게 되었다. 또한 마차가 궤도마차로 진화하여 도시민의 교통수단이 된 적이 있으나, 가축전염병이 돌면 집단 폐사하는 일이 잦아 지속가능하지 못하였고 결국 전차에 그 자리를 내어주고 말았다.

20세기에 들어와 새롭고 더 나은 교통수단들이 등장하였지만, 교통사고, 혼잡, 소음과 배기가스, 지구온난화, 선박의 기름 유출 문제 등도 그에 비례하여 늘어나게 되었다. 현재 교통수단의 연료로는 석유가 대표적이지만 유한하고 재생불가능한 자원인 데다 소비량이 엄청나며, 연료 사용으로 인해 대기의 질은 국지적 범위뿐 아니라 세계적으로도 감당하기 어려운 결과들을 낳고 있다. 결론적으로, 각 교통수단이 처음에는 대처 가능한 수준으로 시작하였지만, 그 사용이 차츰 늘어나면서 환경문제가 심각해진 사례를 우리는 역사에서 많이 찾아볼 수 있게 된 것이다.

앞에서 설명한 바와 같이 지속가능성이란 사람마다 해석이 다를 수 있으므로, 실질적인 입장에서 지속가능성을 정의하고 측정하는 것은 중요한 과제가 되고 있다. 또한 지속 '가능'한 것이 무엇인가를 정확히 짚어 내기가 어렵다면 지속 '불가능'한 것은 어떤 것인지를 파악하여 거꾸로 지속가능성을 정의하려는 시도도 이루어진 바 있다. 예를 들면 블랙(Black, 1998)은 화석연료의 미래, 교통으로 인한 환경의 질 저하, 사고와 사망, 혼잡, 도시의 확장과 지나친 토지사용 등을 지속불가능한 요소로 꼽았다.

리처드슨(Richardson, 2005)은 경제적 지속가능성, 환경적 지속가능성, 사회적 지속가능성을 지속가능한 교통의 세 가지 기본요소로 보아 안전, 혼잡, 연료 소모, 차량 배출가스, 접근성의 다섯 가지 평가지표에 의해 사람통행과 화물 수송을 평가하는 분석틀을 제시하였다. 또한 케네디 등

지속가능한 개발

↕

지속가능한 교통

교통수단 | 기반시설 | 운영

↕

환경	경제	사회(와 개인)
기후변화	성장	안전
대기의 질	일자리	보건, 건강
소음	자원, 에너지	교란
토지이용	경쟁력	접근성
폐기물	가격	평형성

〈그림 15-4〉 지속가능한 교통의 요소
출처: Rodrigue et al., 2017, p.304.

(Kennedy et al., 2005)은 지속가능한 교통의 평가 지표로 접근성, 건강과 안전, 비용 효율성, 경쟁력 및 부의 생산에 대한 기여도, 자원의 소비, 오염물질의 생산 등 여섯 가지를 내세웠다. 국내의 한 사례연구(Medimorec, 2015)에서는 도시구조, 환경, 경제, 사회, 교통의 다섯 측면에서 지속가능한 교통을 측정하는 방안을 구상하고, 종합지표를 광역시급 도시들에 적용하여 평가한 바 있다.* 이러한 선행연구의 입장을 다 열거할 수는 없지만, 지속가능한 교통을 구현 또는 평가하는 요소로는 아래와 같은 내용이 공통적으로 포함되고 있다.

(1) 환경적 지속가능성 측면에서 연료의 소비, 배출물질과 폐기물, 소음, 토지사용
(2) 경제적 지속가능성 측면에서 경제성장, 일자리, 경쟁력, 효율성
(3) 사회적 지속가능성 측면에서 안전, 건강, 접근성, 형평성

(2) 지속가능한 교통의 구현

① 구현 방향과 조직

케네디 등(Kennedy et al., 2005)은 토지이용과 교통 통합계획을 위한 효과적인 기구(들)의 마련(governance), 공정하고 효율적이며 안정적인 재원 조달(financing), 핵심 기반시설에 대한 전략적 투자(infrastructure), 그리고 적절한 근린 디자인을 통해 교통투자를 지원하기(neighbourhoods)를 지속가능한 도시교통을 이루기 위한 네 가지 요소로 제시한 바 있다. 비록 이들의 견해는 대도시권을 전제로 한 것이지만, 지리적 범위의 넓고 좁음에 구애받지 않고 어느 규모의 지역에나 일반화하여도 큰 무리는 없어 보인다.

---

* 메디모렉(Medimorec)이 분석에 쓴 지속가능 교통 지표
  도시구조 부문: 인구, 인구밀도, 도로 길이, 자전거도로 길이
  환경 부문: 대기오염, 온실가스 배출, 소음, 교통 부문의 사용 연료
  경제 부문: GRDP, 교통 부문 투자액, 대중교통 지출
  사회 부문: 교통사고, 대중교통 접근성, 교통약자의 기동력
  교통 부문: 교통수단 분담률, 자동차 보급률, 주행거리, 평균 통근시간, 통행 건수

첫째 요소인 토지이용–교통 통합계획기구는 지속가능한 교통을 추진해 나가는 두뇌라면, 다른 요소들은 두뇌가 구상하는 것을 실현하는 손과 발이라고 평할 수 있을 것이다. 통합계획기구의 핵심기능과 책임으로는 관할지역의 전략적 교통계획을 수립하고, 계획과 디자인을 통제하며, 기금을 조성하고 관리하며 각종 부과금과 요금을 정하는 권한을 지니는 한편, 기반시설의 장기적 관리를 책임지고 정책을 추진하는 의무를 꼽을 수 있다. 다시 말해 통합계획기구란 단순히 교통 부문의 계획기구라기보다는 지역 전체를 관리하는 준행정조직의 성격도 아우르는 것으로, 지속가능성을 구현한다는 것이 얼마나 복잡하고 방대한 성격의 일인가를 드러내는 것이기도 하다.

통합계획기구를 구성하여 지속가능한 교통을 추진해 나가려면 적어도 다음과 같은 몇 가지 핵심 사안에 대해 관련 당사자들과 협의를 거쳐 분명한 기조(基調)가 미리 설정되어야만 한다.

첫째, 통합계획기구의 지리적 범위는 어느 정도여야 하는가의 문제이다. 작게는 하위 지방자치단체 단위로 기구를 구성하는 방안에서부터, 지역 또는 나아가 국가 범위의 큰 지리적 범역까지도 생각해 볼 수 있다. 기성 행정구역에 구애받지 않고 자유로운 선택이 가능하다면, 기능적으로 통합된 범위인 도시권을 가장 유력한 지리적 범역으로 꼽아 볼 수 있을 것이다. 만약 행정구역 단위로 통합계획기구를 구성할 경우, 지방자치단체의 이기심이 지속가능한 성장을 저해할 가능성을 배제할 수 없다. 개발은 인구와 재정수입이 늘어나도록 도와줄 것이라는 기대감으로, 자치단체마다 무책임한 개발사업을 벌일 수도 있기 때문이다. 따라서 중심도시를 핵으로 하는 기능지역 정도의 조직은 필요한 것으로 보인다.

둘째, 이 계획기구의 구조(structure)는 어떠해야 하며, 얼마만큼의 권한과 책임을 주어야 하는가의 문제이다. 계획기구는 계층적이고 수직적인 구조(하향식)와 관련 당사자들의 느슨한 연합체(상향식)를 모두 고려해 볼 수 있다. 하향식 조직은 의사소통 경로와 책임이 분명하여 통제의 강도를 높일 수 있지만, 관할지역 내 여러 기능 집단과의 소통이 비효율적일 수 있다. 상향식 조직에서 이루어지는 여러 비공식 소통과 협상 통로는 의사결정 과정을 개선시킬 수 있지만, 오염과 혼잡이라는 외부효과에 대해 아무도 책임지려 하지 않는다는 결정적인 흠이 있으며, 실제로 우리는 이러한 체제의 실패담도 적지 않게 듣고 있다.

끝으로, 정책의 집행 측면에서 볼 때 중요한 질문은 지속가능성은 규제를 통해 강제되어야 하는가 아니면 시장의 힘에 맡겨야 하는가 하는 점이다. 그 결과에 따라 계획기구는 대규모 공적 조직이거나 작은 규제조직 가운데 하나로 귀결될 것이다. 일반적으로 환경론자들은 규제를 선호한다. 기업은 단기적 목표에 초점을 두는 반면 지속가능성이란 장기적 개념이기 때문에, 민간 부문보다는 정부의 손에 맡기는 것이 더 낫다는 논리에서이다. 그러나 지방정부는 선거에 의해 구성되고 집권기간도 짧아서 환경친화적이기 어려우므로, 정부는 기업보다 유연성이 떨어지며 민간 부문이 오히려 지속가능성을 더 잘 이룰 수 있다는 반론도 가능하다. 아마도 가장 중요한 과제는 경쟁적인 시장경제의 틀 안에서 환경적으로 지속가능한 교통을 만들어 내는 것일 것이다. 투명하고 잘 관리되는 규제라면 시장에서 비효율성이 크지 않을 수 있을 것이다.

② 접근방법

지속가능한 교통을 이루기 위한 해법은 일차적으로 기술적 해법과 정책적 해법으로 나누고, 다시 교통공급과 교통수요 측면의 해법들을 각각 구상해 볼 수 있다.

기술적 해법은 정보통신기술을 활용하여 지능형 교통체계(intelligent transport systems)를 구축하기, 대체연료의 개발, 연료전지, 차량의 에너지 효율성을 높이는 방안 등을 꼽을 수 있다. 차량의 에너지 효율성을 높이는 방안으로는 차량에 더 가벼운 물질을 사용하고, 보다 효율적인 엔진을 개발하며, 대체연료를 사용하는 방안 등이 그것이다. 교통수요 측면에서는 정보통신기술을 적극 활용한 원격근무와 전자상거래의 보급으로 통행발생 빈도를 줄이는 것도 기술적 해법의 하나로 거론되기도 하는데, 이때 유의할 점은 온라인 쇼핑 같은 방식은 사람들의 구매목적 통행은 줄일지 모르지만 구매한 상품의 배송이 뒤따르므로 교통량이 반드시 줄어든다고 단정할 수는 없다는 점이다.

정책적 해법도 다시 교통 수요와 공급 측면으로 나누어진다. 교통공급 측면에서 혼잡 저감/방지책으로는 교통신호의 개선, 도로 확장, 대중교통 이용 유도, 차량사고를 신속히 처리하기, 카풀, 유연근무제, 다인승차량 차선제도, 경전철, 토지이용 정책 등이 있다.

교통수요의 관리는 각종 부과금(賦課金, pricing), 주차 관리와 같이 우회적으로 접근하거나, 통행을 줄이거나 억제하는 직접적 접근방법이 있다. 부과금 정책은 도로통행료, 첨두/비첨두 시간대에 따라 통행료를 차등 징수하는 방법, 에너지 효율이 낮은 차량과 연료에 매기는 부과금, 오염 부담금

〈표 15-3〉 지속가능한 교통 구현하기: 교통 공급과 수요 측면에서 본 기술적, 정책적 해법 예

지속가능한 교통 추구하기	교통공급 측면	교통수요 측면
기술적 해법	• 지능형 교통체계(ITS) • 친환경 차량	• 정보통신기술의 활용 　– 원격근무 　– 전자상거래
정책적 해법	• 대중교통체계의 공급과 개선 • 자전거도로 • 혼잡지역의 설정, 속도 제한	• 교통수요와 혼잡 줄이기 　– 각종 부과금(pricing) 　– 간접적 교통수요 관리 • 시민의 태도 변화 　– 교육

이나 세금, 혼잡세 징수 등이 있다. 주차 규제와 주차비 징수는 이미 대부분의 도시에서 (지속가능성과는 별개로) 과밀지구의 혼잡을 피하기 위해 시행하고 있는 것이다. 통행을 더 적극적으로 억제/금지하는 것은 부과금에 기반한 정책이 효과가 없을 경우에 적용된다. 간접적인 교통수요 관리는 대체로 차량의 교체 및 폐차, 연료 효율이 좋은 차량에 통행료와 주차비 할인 등 차량을 대상으로 한 정책, 차량의 공동 이용, 대중교통 비용 지원 등의 방안이 시도되고 있다.

공급 측면에서는 도보와 자전거 등 비자동차 교통수단의 활용자에게 친절한 곳으로 만드는 것이 현재 많이 논의되고 있다. 또한 대중교통시설을 확충하고 서비스를 향상시키는 방안을 고려해 볼 수 있다. 그러나 지속가능성에 대한 관심이 대중교통의 재활을 돕고 있기는 하지만, 자동차 우위가 굳어진 사회라면 매우 이루기 힘든 목표가 될 수도 있다. 현대사회에서 자동차가 우위를 점하게 된 것은 자동차의 유연성, 편리함, 비교적 싼 비용 등의 결과이므로, 대중교통이 제대로 활용되려면 자동차에 못지않은 장점들을 갖추어야만 한다. 또한 현재 기술 발달의 방향도 대중교통의 확장과는 반대의 방향으로 나아가고 있다. 자율주행차, 정보통신기술을 활용한 자동차 나누어타기 기술 등은 날로 진화하고 있으며, 이는 대중교통 및 비자동차 이동수단이 지속가능한 교통을 이룰 수 있는 유력한 전략이라는 일반의 믿음과는 배치되는 것이다. 게다가 대부분의 대중교통은 재정적으로 지속가능하지 못하며 사회에 짐을 지운다는 점도 약점이다.

지속가능성에 대한 여러 기술적 해법 못지않게 중요한 것은 사람들의 인식을 바꾸는 것이라고 할 수 있다. 이런 측면에서 블랙(Black, 2010)은 사람들에 대한 교육을 지속가능 정책의 유력한 방안 가운데 하나로 꼽았는데, '불필요한 통행을 줄이자'는 목표로 행동과 의식의 변화를 꾀하자는 것이다. 그에 따르면 시민들에 대한 교육은 '공유지의 비극(tragedy of the commons)'을 피하는 유력한 대안이다. 교육의 결과는 아닐지 모르지만 새로운 추세도 발견되고 있다. 최근의 한 연구(Garikapati et al., 2016)에서는 미국민의 시간이용조사 자료를 분석하여, 1980년대와 1990년대에 출생한 '새천년세대(millennials)'가 전 세대보다는 통행빈도가 적고, 자동차를 적게 보유하고 운전면허증 소지율도 낮으며, 자동차 대신 다른 교통수단을 더 많이 이용한다는 세대적 추이를 발표한 바 있다. 이러한 추이가 앞으로도 지속될 것인지, 그리고 미국뿐 아니라 한국을 비롯한 다른 나라들에서도 찾아볼 수 있는 추세인지는 좀 더 지켜보아야겠지만 주목할 만한 현상인 것만은 분명하다.

③ 거시적이고 장기적인 구현방안

더 거시적이고 장기적으로 교통시설과 통행이 이루어지는 배경인 지역과 도시의 토지이용을 바꾸는 방안도 고려해 볼 수 있다. 토지이용의 고밀도화와 집적을 통해 이동거리와 빈도를 줄이고, 알맞은 교통체계를 구축하는 것이 그런 보기이다.

밀도는 교통-토지이용-환경의 관계를 한마디로 요약하는 표현이다. 밀도가 높을수록 1인당 소비에너지는 줄어들고 상대적 환경영향도 작아진다. 교외화와 도시의 확장은 토지이용 밀도를 낮추고, 낮은 밀도는 장거리 통행 등으로 경제적 비용을 증가시키며, 다시 교통수요가 더 늘어나는 악순환으로 이어진다. 따라서 밀도는 교통이 환경에 주는 부담을 최소화하는 정책을 펼 때 중요한 기준이 될 수 있다. 교통과 토지이용을 고도로 통합시키면 접근성은 향상되지만 자동차 통행의 필요성은 반드시 증가하지는 않으므로, 밀도가 높으면 그만큼 환경친화적이라고 말할 수 있다.

최근 중요한 동향 가운데 하나는 도시의 형태와 구조 및 밀도에 개입해서 지속가능성을 높여 보려는 '고밀도의 작은 도시(compact city)' 조성하기 등의 움직임이 있다. 이러한 새로운 도시계획 흐름에서는 도보와 자전거가 유력한 통행수단이 되며, 승용차 위주로 개인의 기동력을 높이기보다는 대중교통에 대한 투자로 주민들의 보편적인 접근성을 높여 보려 노력한다.

한국에서도 지속가능한 교통을 구현하기 위한 방안들이 단기 정책에서부터 중장기 정책에 이르기까지 (특히 국책연구소들을 중심으로) 다수 제안된 바 있으며, 그 가운데 하나를 소개하면 〈표 15-4〉와 같다.

한 가지 우리가 유념해야 할 대목은 교통의 지속가능성을 향상시키려는 조치들은 오랜 시간을 거쳐야 한다는 점이다. 일단 만들어진 건조환경(建造環境, built environment)과 교통시설은 설령 지속가능성에 문제가 있다 하더라도 쉽게 교체할 수는 없는 것이다. 세계 대부분의 지역에서 지금의 도시환경과 교통시설이 자리 잡는 데에는 적어도 반세기 또는 그 이상의 시간이 걸렸으므로, 이러한 건조환경을 바람직한 수준으로 다시 바꾸는 데에도 그만큼 또는 그 이상의 시간이 필요할 것이다. 도시의 토지이용이 바뀌는 속도가 느리므로, 건전한 교통-토지이용 전략이라 하더라도 단기간에 실질적 효과를 내기는 어렵다. 또한 일반적으로 변화는 민간 부문인 시장의 힘도 함께 작용하여 이루어지는 법이므로, 어떤 전략이 토지이용에 가장 뚜렷한 결과를 낳을지 예단하기는 어렵다는 점도 염두에 둘 필요가 있다.

④ 자전거의 활용

다른 교통수단들과 비교했을 때 자전거는 운전자가 직접 동력을 만들어 내야 하므로 육체적으로 부담이 되고, 가림막이 없어 기상 여건과 대기오염에 직접 노출되어 있으며, 사고에 취약하고, 큰 짐을 싣기 어려운 점 등이 대표적인 약점으로 꼽힌다. 또한 그동안 비승용차 부문의 교통수단을 논할 때 대부분 버스와 전철과 같은 대형 대중교통수단을 염두에 두었기에, 자전거는 교통 영역의 변두리

<표 15-4> 한국의 지속가능한 교통 추진 사례: 녹색성장 구현을 위한 국가 교통전략

구분		단기(~2012)	중기(~2020)	장기(~2030)
녹색교통자본 확충	• 철도 중심 교통체계 구축	━		
	• 녹색물류 활성화	━		
	• 자전거 기반시설 구축	━━━━━━━━━━━		
	• 녹색공항	━━━━━━━━━━━		
녹색교통도시 조성	• KTX역 중심 고밀복합도시 개발	━		
	• 대중교통 중심 압축도시 건설		━━━━━━	
	• 녹색 보행공간 구축	━		
교통수요 관리	• 혼잡통행료(Eco-pass) 징수	━		
	• 교통혼잡 관리 의무화	━		
	• 교통 탄소배출 평가 및 배출금제도	━		
녹색 생활지원 체계구축	• 대중교통 이용금액 소득공제	━		
	• 녹색 자동차보험	━		
	• 자전거 이용 활성화 대책 수립	━		
	• 친환경 자동차 보급 지원	━━━━━━━━━━━		
녹색기술 개발 및 활용	• 교통발전소 건설	━━━━━━━━━━━		
	• 교통그리드 구축	━━━━━━━━━━━		
	• 자전거 급행도로	━		
	• 자전거 지능화		━━━━━━	
	• 무선 전력공급 기반 교통체계 구축	━━━━━━━━━━━		
	• U-Transportation	━━━━━━━━━━━		
녹색교통 집행 추진기반 강화	• 지속가능 교통물류발전법 제정	━		
	• 교통투자 평가체계 개선		━━━━━━	
	• 녹색교통 발전 평가체계 구축		━━━━━━	
남북 녹색협력 추진	• 남북 평화물길			━━━━━━

출처: 박진영 등, 2009, p.51.

에 놓여 있었다.

그러나 승용차 이용의 절정기(이른바 'peak car 현상')가 이미 도래하였다는 진단(예를 들면, Fishman, 2016)과 함께, 에너지 소비와 환경에 대한 염려뿐 아니라 사람들의 건강과 비만 관리 측면에서도 자전거에 대한 관심이 크게 늘고, 정치적으로도 자전거의 부활 분위기가 조금씩 살아나고 있는 것이 최근의 추세이다. 이에 따라 자전거의 활용에 대한 각종 진단과 제안이 쏟아지고 있으며, 학술지에서도 이를 대대적으로 다루고 있다(예를 들면, *Journal of Transport Geography* 2013년 특집, *Transport Reviews* 2016년 특집 등). 이러한 선행연구들에서는 논의의 초점이 대체로 비도시지역보다는 도시에서 자전거 이용에 맞추어져 있으며, 자전거 교통은 집단적으로 마련되어 제공될 것이 아니라 개별 맞춤식으로 장려되어야 할 활동이라는 점이 강조되고, 정보통신기술을 활용한 자전거 네트워크 조성하기 및 자전거와 관련한 빅데이터 수집과 연구, 자동차 대체수단으로서 전기자전

<표 15-5> 자전거 이용 활성화를 위한 정책

자전거 정책 방향	구현 방안
공급 측면: 자전거의 기반 확충	• 자전거 네트워크화 및 기준 마련 • 도시개발에서 자전거도로 계획의 연계 • 대중교통수단과의 통합 • 자전거 주차시설의 설치 및 안전성 확보 • 공공자전거 운영 • 자전거 관리 및 정비를 위한 시설의 확보
수요 측면: 자전거 안전 및 이용 활성화	• 자전거 안전교육 및 프로그램 개발 • 이용 활성화를 위한 프로그램 개발 • 관광과 연계한 마케팅 계획
조직과 관리 측면: 지속가능성 확보	• 자전거 정책 추진을 위한 협의기구 운영 • 자전거도로의 질 높은 유지보수 시스템 확보 • 자전거 모니터링 운영을 통한 지속성 확보

출처: 신희철 등, 2010, pp.82-83.

거 등의 대안이 제시되고 있다(Aldred, 2013; Behrendt, 2016 등).

우리나라 도시의 교통수단 가운데 자전거의 교통분담률이 1% 안팎에 그치고 있는 실정은 앞에서 지적한 여러 취약점과 무관하지 않다. 또한 우리나라는 이미 도로가 상당히 혼잡하고, 자동차 위주의 구조로 짜여 있다는 점이 극복해야 할 난관으로 보인다. 최근 국내에서는 자전거의 활용방안에 대한 연구가 활기를 띠어 국책연구기관을 중심으로 여러 정책대안들이 제시된 바 있으며(〈표 15-5〉), 학계에서도 지방도시의 공공자전거 정책(신상범, 2016), 마을버스, 학원버스 및 백화점 버스 등과 연계한 자전거 네트워크(김영호, 2011), 출퇴근용 자전거 전용도로(이진형 등, 2013) 등에 대한 연구가 이루어졌다. 우리나라의 평탄하지 못한 지형이 자전거 이용 확대를 막는 걸림돌로 간주되고 있지만, 전기자전거 등 기술적 진보가 꾸준히 이루어지고 있으므로 미래의 자전거 활용 전망은 밝은 편이라고 진단해도 무방할 것이다. 현재 동호인들의 위락 수준을 벗어나, 실천 가능한 것부터 차례로 추진하는 지혜와 끈기가 필요해 보인다.

⑤ 녹색물류

화물 수송 부문에서도 지속가능성을 추구하는 이른바 녹색물류(green logistics)가 화두이다. 녹색(greenness)이란 학술적인 용어는 아니지만 환경과의 조화를 강조하기 위해 유행처럼 쓰이고 있는 표현으로서, 녹색물류란 환경친화적인 동시에 효율적인 물류체계를 뜻하며 자재 관리, 폐기물 관리, 포장, 수송 부문에 초점을 두는 유행어이다.

그동안 물류는 지속가능성과는 반대의 방향으로 움직여 왔다. 시간은 물류의 핵심적 요소이므로 시간을 줄이기 위해 기차나 선박보다는 자동차와 비행기처럼 오염이 많이 발생되는 교통수단을 이용하게 된다. 문전수송(door-to-door) 서비스, 적기 조달(just-in-time) 전략 등이 대표적 동인(動因)으로, 이러한 서비스와 전략을 추구하면 할수록 환경에 부정적 영향이 늘어나는 악순환이 일어난다. 신뢰성 역시 물류의 중요한 요소 가운데 하나이므로, 정시 배송, 파손 없기, 안전을 중시하여 철도와 선박보다는 트럭과 항공기를 더 선호하게 된다. 정보통신기술을 활용하는 분야에서도 마찬가지여서, 전자상거래는 UPS, FedEx, DHL 등 배송업체들이 많이 출현하도록 도왔는데, 이들은 전적으로 트럭운송과 항공교통에 의존하고 있다.

녹색물류를 구현하는 데에는 여러 가지 이중성과 불일치가 있으므로 적용이 쉽지 않은 것도 사실이다. 그러나 결론적으로 말하자면, 녹색물류가 공급사슬의 수행력을 향상시킨다는 증거들이 늘어나고 있다. 녹색물류는 우선 제품 디자인과 생산계획 부문에서 적용될 수 있다. 공급사슬 전체를 환경친화적으로 재구성하고, 제품도 더 가벼운 자재나 대체재를 사용하도록 새롭게 디자인한다. 수송과 저장 부문에서는 환경인증을 받은 시설과 환경친화적 정책을 적용하고 있는 운송업체와 계약하도록 유도한다. 자재 관리 부문에서는 적재 밀도를 높이고 물자 소비와 낭비를 줄이는 방식으로 포장하며, 최종 제품이 올바로 폐기되거나 재활용 가능하도록 생산하는 방식으로 바꾼다. 역물류 (reverse logistics, 폐기물 및 사용한 물질의 수송) 부문에서도 소비한 제품의 회수, 폐기물의 재활용이나 적절한 방식으로 폐기하는 데 노력하는 것이 필요하다.

녹색물류를 구현하는 데에는 세 가지 시나리오를 구상할 수 있다. 그 하나는 하향식 접근법으로, 규제를 통해 구현하는 방식이다. 부과금 매기기, 위험물질의 이동, 포장 쓰레기 줄이기, 생산된 제품의 수집과 재활용 의무화 등이 그 보기이다. 트럭 안전, 운전자 교육, 운전시간 제한 등도 물류에 영향을 끼칠 잠재적 요소이다. 규제 위주의 하향식 접근법의 가장 큰 문제는 비록 규제가 착한 뜻에서 출발하였다 하더라도 의도되지 않은 결과가 나올 수도 있으며, 다른 정책이나 규제와 충돌할 수도 있다는 점이다.

상향식 접근법은 산업 자체의 노력으로 녹색물류를 구현하는 것으로서, 산업의 이해와 환경보전의 요구사항이 서로 맞을 때 얻을 수 있다. 연료 소비 줄이기, 공 컨테이너 수송이나 재배치에서 정보통신기술 사용하기 등이 그 보기이다. 이러한 접근법은 해당 기업이 대외적으로 환경보호 기준을 따르고 있다고 홍보함으로써 경쟁에서 이점을 챙길 수 있으므로 기업에도 득이 된다.

하향식과 상향식의 절충법도 있다. 정부와 물류업체가 타협을 통해 녹색물류를 구현하는 것으로, 특히 인증제도를 통해 이루어지는 추세이다. 자발적 인증제도로는 ISO 14001(환경관리에 관한 국제인증 ISO 14000 시리즈의 하나)과 환경관리감사제(EMAS, environmental management and audit system 또는 eco-management and audit scheme, 1990년대 초 유럽에서 시작된 자발적 환경관리 제도)가 그 보기이다. 인증 획득은 해당 업체가 환경문제에 관여하고 있다는 증거로 받아들여지고, 홍보, 마케팅, 정부와의 관계 등에서 유리하게 작용하도록 도울 수 있다.

3) 사회적 지속가능성의 구현

사회적 지속가능성을 구현하는 요소들 가운데 안전과 보건 및 건강 문제는 앞에서 부분적으로나마 다루었으므로, 여기에서는 사회적 접근성과 형평성의 주제에 초점을 맞추어 논의하기로 한다.

일, 건강, 구매, 여가, 교육 활동은 의식주와 더불어 사람들이 사회생활을 누리는 데 가장 기본적인 활동들이므로, 이러한 기초수요 활동들에 대한 접근성은 사회적 형평성이라는 목표를 이루는 데 가장 핵심적 사안이라고 말할 수 있다. 기본적 수준의 기동력과 접근성 확보는 사회의 통합이라는 측면에서도 볼 수 있다. 기동력과 접근성이 미흡하여 사회에서 소외(social exclusion)된다면, 그 사회는 지속가능하지 못하게 되는 것이다.

사회적 소외란 빈곤, 실업, 불평등보다 더 포괄적 개념으로, "한 개인이 지리적으로 특정 사회에 거주하면서 그 사회의 구성원으로서 정상적으로 참여하지 못하는 과정"(노시학, 2007), 또는 "고도의 이동성을 전제로 조성된 사회환경에서 불충분한 기동력 때문에 사회경제적 기회, 서비스 및 네트워크의 접근이 제한됨에 따라 지역사회 활동의 참여가 제한되는 현상"(Kenyon et al., 2002)을 말한다. 교통과 관련되어 일어나는 소외 문제는 물리적 장애, 지리적 소외, 중심기능 시설에 대한 접근성, 경제적 제약, 시간적 제약, 교통수단이나 공공장소에 대한 두려움, 보안상의 이유로 인한 접근 제한 등

〈표 15-6〉 교통과 관련된 사회적 소외의 유형

교통으로 인한 소외 유형	내용	주요 대상
물리적 장애	교통시설과 건조환경의 속성에서 비롯되는 장애	어린이, 노약자, 장애인(시각, 청각, 지체 부자유 등), 문맹인
지리적 소외	지리적으로 고립되거나 원격지에 위치한 경우	변두리지역, 비도시지역 및 섬 주민
중심시설에 대한 접근 제약	건강, 교육, 여가, 구매 등 기초수요에 관련한 시설과 중심기능에 대한 접근성의 제약(특히 이런 시설과 기능들이 불균등하게 분포하거나 다른 곳으로 옮겨 간 경우)	자가용 자동차를 이용할 수 없는 사람들
경제적 소외	노동시장 정보에 대한 접근 제약과 이로 인한 실업 및 소득 감소	사회적 네트워크가 취약하거나, 편견을 겪는 사람들
시간의 부족	가족 돌보기 등에 시간을 써, 다른 목적의 통행에 제약을 받는 경우	어린 자녀나 노부모를 돌보아야 하는 가구
무서움과 걱정으로 인한 기피	한적한 장소에 가기, 또는 심야에 교통수단 이용하기 등을 망설이게 되는 심리적 효과	여성, 어린이, 노인
공간적 기피	보안, 공간관리 등의 이유로 감시(폐쇄회로 TV 등)가 강화되었을 때 공공장소나 대중교통수단 이용을 망설이게 되는 경우	청년, 노숙자 등

출처: Church et al., 2000; 노시학, 2007, p.462; 이원호, 2010, p.105. 필자 종합.

여러 모습으로 일어날 수 있다(〈표 15-6〉). 이러한 소외 문제들은 물론 서로 긴밀히 연관, 중첩되어 있는 경우가 많으며, 이런 문제를 겪는 집단도 겹치기 쉽다. 또한 교통의 좋은 점과 나쁜 점들의 분포는 고르지 않아서, 가난한 사람, 어린이와 청년, 노인, 편부모와 그 자녀들, 장애인, 소수 인종 등 이른바 교통약자들은 다른 '보통 사람들'보다 소외를 더 심하게 겪기 쉽다(Lucas and Jones, 2012).

사회적 형평성이란 사뭇 규범적인 개념이므로, 한 지역사회의 형평성 수준에 대한 평가기준을 마련하는 일이 간단하지는 않다. 영국의 한 사례에서는 대중교통시설에 대한 접근성, 도시기능의 분포 등 교통약자에 대한 배려를 도시의 사회적 지속성을 평가하는 핵심지표로 삼은 적이 있다(〈표 15-7〉). 이 지표는 비록 영국이라는 나라의 특정 사례일 뿐이며 발표된 지 시일이 조금 지나기도 했지만, 핵심요소들을 포괄하고 있는 데다 측정 가능한 지표로 구성되어 있다는 점에서 지금까지도 관련 문헌에서 인용되고 있다. 형평성을 어느 수준까지 마련하여야 소외 문제를 해결하고 사회통합을 이룰 수 있느냐에 대해서는 의견이 분분할 수 있는데, 집단 간, 지역 간 격차가 사회적 통념과 가치에 비해 받아들이기 어려울 때를 그 임계수준으로 볼 수 있다는 견해도 있다(Geurs et al., 2009).

사회적 형평성을 이루는 방안으로는 교통비용과 시간을 줄여 물리적 이동성과 접근성을 향상시키는 교통 부문의 방안 이외에도, 1) 정보통신기술을 활용하여 사회적 접촉을 증가시키기, 2) 시설의 신설과 분산을 통해 접근거리를 단축하기, 3) 소득을 증가시켜 교통비 지출이 더 이상 문제가 되지 않도록 하고, 결과적으로 이동성을 향상시키기, 4) 근린친화적 정책을 펴 이웃 간의 접촉을 늘리기 등과 같은 비교통 부문의 정책들도 제안되고 있다(Preston and Raje, 2007).

도시의 형태와 교통정책 역시 형평성과 무관하지 않아서(Power, 2012), 고밀도의 작은 도시 형태와 대중교통, 도보, 자전거를 우선하는 교통체계는 활동의 통합을 이끌며, 자동차 의존적인 저밀도 도시 디자인에서 야기된 사회적 불평등을 완화시킬 수 있다. 정보통신기술도 사회적 불평등을 해소하는 데 도움이 된다. 우어리(Urry, 2012)에 따르면, 네트워크 자본과 교통자원이 적으면 사회적 자

〈표 15-7〉 사회적 지속가능성을 위한 지표: 영국 머지사이드(Merseyside)의 사례

사회적 지속성을 위한 지표
• 버스 정류장에서 400m 이내의 가구율
• 철도역에서 800m 이내의 가구율
• 버스 정류장에서 400m 이내, 또는 철도역에서 800m 이내의 주요 시설과 서비스(대형 병원, 쇼핑몰, 멀티플렉스 영화관, 공원, 리크리에이션 시설, 고용 집적지)
• 휠체어 이용자가 완벽하게 접근할 수 있는 철도역의 비율
• 장애가 다소 있는 사람이 완벽하게 접근할 수 있는 버스 정류장의 비율
• 공적 지원 대상자 중에서 확인증을 발급받아 이용하고 있는 사람들의 비율

출처: Church et al., 2000, p.201; 이원호, 2010, p.106.

본이 줄어들게 되고 사회적 불평등을 심화시킬 수 있다. 반면 개인의 정보 네트워크가 커지면 암묵지(暗默知)를 전파하고 나누어 가지는 기회가 늘어나므로, 정보통신망에 연결될 필요는 절대적이라 할 수 있다. 형평성의 문제는 개인 건강 차원으로도 넓혀 볼 수 있다(Milne, 2012). 종래에는 교통의 영향을 사고와 부상의 관점에서만 보아 왔지만, 이제부터는 건강/비만의 시각도 추가되어야 마땅할 것이다.

· 참고문헌 ·

국무조정실 온실가스종합정보센터, 2016 국가온실가스 인벤토리보고서.

김영호, 2011, "공간네트워크의 이변량 공간상관관계를 이용한 서울시 자전거와 버스 대중교통의 연계 가능성 분석," 한국도시지리학회지 14(3), 55-72.

노시학, 2007, "교통이 사회적 배제에 미치는 영향," 지리학연구 41(4), 457-467.

박진영, 이재훈, 이창운, 2009, 저탄소 녹색성장 구현을 위한 선제적 국가 교통전략 과제, 한국교통연구원 미래사회협동연구총서 09-06-25.

산업통상자원부, 2016 에너지통계연보.

신상범, 2016, "한국 지방도시 공공자전거 정책의 도입과 지속 요인: 창원시 누비자 사례를 중심으로," 대한지리학회지 51(1), 89-108.

신희철, 김동준, 정성엽, 2010, 자전거 중심 녹색도시교통체계 구축방안, 한국교통연구원, 한국교통연구원 녹색성장종합연구총서 10-02-50.

이원호, 2010, "교통서비스와 사회적 배제: 서울시의 사례연구," 국토지리학회지 44(1), 103-112.

이진형, 김성빈, 김영호, 2013, "서울시 생활밀착형 자전거 이용 확대를 위한 출퇴근용 자전거 전용도로의 노선 선정 모델링," 한국도시지리학회지 16(3), 117-127.

Aldred, R., 2013, "Cycling and society," *Journal of Transport Geography* 30, 180-182.

Banister, D. and Button, K. (eds.), 1993, *Transport, the Environment and Sustainable Development*, E&FN Spon: London.

Behrendt, F., 2016, "Why cycling matters for smart cities: Internet of bicycles for intelligent transport," *Journal of Transport Geography* 56, 157-164.

Black, W. R., 1998, "Sustainability of transport," in B. Hoyle and R. Knowles (eds.), *Modern Transport Geography, second, revised edition*, Wiley: Chichester, UK. 337-351.

Black, W. R., 2010, *Sustainable Transportation: Problems and Solutions*, The Guilford Press: New York.

Button, K. and Nijkamp, P. 1997, "Social change and sustainable transport," *Journal of Transport Geography*

5(3), 215-218.

Church, A., Frost, M. and Sullivan, K., 2000, "Transport and social exclusion in London," *Transport Policy* 7(3), 195-205.

Fishman, E., 2016, "Cycling as transport," *Transport Reviews* 36(1), 1-8.

Garikapati, V. M., Pendyala, R. M., Morris, E. A., Moktahrian, P. L., and McDonald, N., 2016, "Activity patterns, time use, and travel of millennials: a generation in transition?," *Transport Reviews* 36(5), 558-584.

Geurs, K. T., Boon, W. and van Wee, B., 2009, "Social impacts of transport: Literature review and the state of the practice of transport appraisal in the Netherlands and the United Kingdom," *Transport Reviews* 29(1), 69-90.

Greene, D. L. and Wegener, M., 1997, "Sustainable transport," *Journal of Transport Geography* 5(3), 177-190.

Kennedy, C., Miller, E., Shalaby, A., MacLean, H. and Coleman, J., 2005, "The four pillars of sustainable urban transportation," *Transport Reviews* 25(4), 393-414.

Kenyon, S., Lyons, G. and Rafferty, J., 2002, "Transport and social exclusion: investigating the possibility of promoting inclusion through virtual mobility," *Journal of Transport Geography* 10, 207-219.

Lucas, K. and Jones, P., 2012, "Social impacts and equity issues in transport: an introduction," *Journal of Transport Geography* 21, 1-3.

Medimorec, N., 2015, *An Indicator Assessment of Sustainable Transportation in Korean Cities*, 서울대학교 지리학과 석사학위논문.

Milne, E. M. G., 2012, "A public health perspective on transport policy priorities," *Journal of Transport Geography* 21, 62-69.

Power, A., 2012, "Social inequality, disadvantaged neighbourhoods and transport deprivation: evidence from a rural area in England," *Journal of Transport Geography* 21, 39-48.

Preston, J. and Raje, F., 2007, "Accessibility, mobility and transport-related social exclusion," *Journal of Transport Geography* 15, 151-160.

Richardson, B. C., 2005, "Sustainable transport: analysis frameworks," *Journal of Transport Geography* 13, 29-39.

Rodrigue, J., Comtois, C. and Slack, B., 2009, *The Geography of Transport Systems, second edition*. Routeledge: London.

Rodrigue, J., Comtois, C. and Slack, B., 2017, *The Geography of Transport Systems, fourth edition*. Routeledge: London.

Urry, L., 2012, "Social networks, mobile lives and social inequalities," *Journal of Transport Geography* 21, 24-30.

제16장

정보통신기술과 교통

1. 정보통신기술과 교통

　정보통신기술은 교통처럼 여러 장소를 연결하고 흐름을 일으키며, 겉으로는 잘 드러나지 않지만 배경에는 방대한 통신시설이 있다. 또한 정보통신은 교통과 마찬가지로 지역을 지탱하는 기둥이자, 지역의 특성이 드러나는 창이다. 따라서 그 시설의 지리적 분포와 흐름의 지리적 특성은 자연스레 지리학도의 관심을 끈다.

　정보통신과 교통은 비슷한 점이 적지 않다. 우선 형태상으로 모두 망(網, 네트워크)의 구조를 갖추고 있다. 역사적으로 보면 교통망과 통신망은 그 지리적 분포가 비슷하였고, 소유제도와 규제도 닮은 점이 많았다. 철로를 따라 전보통신선이 놓인 것 등이 그 보기이다. 기술적으로 보면, 통신과 교통 모두 거리의 마찰을 줄이는 기술로서 생산과정을 서비스하고, 생산의 한 요소가 되기도 하며, 사람들의 생활과 일하는 방식에 변화를 불러온다. 이러한 특성에 따라 교통과 통신은 지리적으로 양방향성을 띠어, 한편으로는 성극화(成極化, polarization)를 이끄는 동시에 다른 한편으로는 분산을 돕는 점도 비슷하다.

　최근 정보통신기술은 놀라울 정도로 빠르게 발달하며 모든 분야에서 융합을 이루어 내고 있다. 바코드, RFID(radio frequency identification, 라디오 전파식별장치) 등 다양한 인식수단으로 사물을 연결(internet of things)하는 동시에 이동성과 유랑성이 강해졌다. 자료는 나날이 엄청난 분량으로 만들어져 이른바 '빅데이터' 시대에 들어섰으며, 소프트웨어는 나날이 더 편만(遍滿)해지고 유혹적이고 감성적으로 진화하고 있다.

정보통신기술의 이러한 진화는 교통에 어떤 의미를 갖는가? 학자들은 초기에는 정보통신이 교통을 대체할 것으로 전망하기도 하였으나 이제는 그 전망이 틀렸다는 것이 속속 밝혀지고 있으며, 많은 미래학자들이 내다보았던 '거리(距離)라는 폭정의 종말'은 오지 않았다. 정보통신은 교통을 대체하기보다는 오히려 두 요소가 융합되어 시너지를 내는 방향으로 진화화고 있으며, 이제는 교통과 정보통신을 구분하려는 것조차 의미가 없어지는 시대가 되었다. 지능형 교통시스템(intelligent transport system, ITS), 자율주행차, 정류장의 교통정보 전광판, 내 휴대전화기로 기차표 예매하기 등이 우리의 일상에서 손쉽게 꼽을 수 있는 교통과 정보통신의 융합 사례들이다.

정보통신기술은 사람들의 물리적 이동에 어떤 영향을 주는가에 대해서는 이미 1980년대부터 논의가 시작되었다(예를 들면, Nijkamp and Salomon, 1989 등). 그러나 정보통신기술과 통행빈도를 '직접' 연계시키는 데 여러 한계가 있어, 선행연구들은 서로 엇갈리는 결과를 도출하거나 부분적으로만 가설을 검증할 수 있었다.

통행행동의 변화에는 정보통신기술 말고도 수많은 다른 요인들이 있으며, 정보통신기술은 통행 변화에 결정적 요인이라기보다는 변화를 가능하게 하는 요인일 수 있다(Hubers et al., 2008). 또한 더 나아가 정보통신기술 효과의 상황성(contextuality), 곧 문화적 요인들이나 개인의 생애 단계(취

〈그림 16-1〉 버스 정류장의 교통정보 전광판
출처: 2017년 10월 23일, 서울 양재동, 필자 촬영.

업, 결혼 등)가 미치는 영향도 결코 작지 않은 듯하다(Aguilera et al., 2012). 이러한 상황성은 정보통신기술의 영향을 희석시키거나 가로막는 제약과 장애로 작동할 수 있으며, 이 때문에 기대와 다른 결과를 보게 되는 일도 적지 않다. 가령 미래학자들은 정보통신기술의 보급으로 원격근무가 널리 확산되어 출퇴근 시간대의 교통혼잡이 사라질 것으로 내다보았지만, 원격근무란 적어도 현재까지는 그 보급률이 그다지 인상적이지는 못하다. 아픈 사람들의 진료 방편으로 원격의료가 유력하게 논의되고는 있지만, 원격의료의 도입으로 인한 환자와 의료진의 공간−시간 경로 변화를 추적한 연구에서 그 변화는 예상에 크게 못 미치는 것으로 밝혀진 바 있다(박수경, Hanashima, 2013). 요컨대 통행 행동이란 정보통신기술뿐 아니라 사회, 문화, 경제 등 여러 요인들에 의해 제약성을 내포한 방식으로 바뀌고 있는 것으로 보인다. 기술적 가능성만 보아서는 실제 우리 시대 우리 사회의 모습을 제대로 이해하기 어려울 수 있는 것이다.

또한 정보통신기술의 잠재력에 대해 논할 때 이를 사회 전반에 일반화하는 데에도 조심해야 할 점이 적지 않다(Schwanen et al., 2008). 정보통신기술의 효과에 대한 논의를 주도하는 사람들은 대체로 교육수준이 높고 정보통신기술을 많이 사용하는 사람들, 그리고 젊은이들일 것이다. 그러나 이러한 사람들에게 당연한 내용이 나이, 살아온 배경, 사회경제적 지위가 다른 사람들에게도 그대로 적용될 것이라고 단정할 수는 없다. 이러한 점들에 유념하면서, 이 장에서는 정보통신이 교통에 대해 갖는 지리적 함의들을 사람통행과 화물 수송이라는 두 주제에 초점을 맞추어 살펴보기로 한다.

2. 모바일 기술과 사람통행

1) 활동과 통행에 대한 제약의 완화

바야흐로 모바일 시대이다. 휴대전화와 같은 개인용 이동통신수단 말고도 태블릿 컴퓨터, 자동차의 길안내(navigation) 등 사람이 가지고 다니거나 이동하면서 사용할 수 있는 정보통신기기의 종류가 많아졌고 그 보급도 빨라졌다. 통신기반시설도 점점 더 확충되어 어디에서나 통신망에 접속할 수 있는 환경을 갖추어 가고 있다. 특히 터미널, 찻집 등 사람이 많이 몰리는 곳에는 와이파이(Wi−Fi)도 마련되어 인터넷에 접속하는 일이 어렵지 않게 되었다. 작업환경도 급변하여 공동사무실(동일 집무공간을 여러 사람이 서로 다른 시간대에 사용하도록 운영, 'hot desking'이라고도 부름)이 보급되는 등 우리가 일하는 시설에도 새 모습이 등장하고 있다.

모바일 기술은 사람들의 활동과 통행에 어떻게 영향을 끼치는가? 모바일 기술은 대체로 사람들의 활동에 대한 제약과 의무를 줄여 주는 방향으로 작용한다고 볼 수 있다. 특히 다른 사람과 정한 시각과 장소에 가 있어야만 하는 동반 제약(coupling constraints)이 완화되어 활동에 참여하기와 시간 지키기가 느슨해진다. 모바일 기기는 모임의 취소와 일정 새로 잡기를 도와주며, 같은 장소에 함께 있어야 하는 수요(co-location)를 줄여 주는 것이다. 모바일 기술은 또한 활동 능력의 제약(capability constraints)을 완화한다. 와이파이와 휴대형 컴퓨터는 사람들로 하여금 카페, 호텔 등에서도 일할 수 있게 만든다. 특히 전문직, 지식산업 종사자 등을 중심으로 일과 생활을 조정하는 방식이 달라지고 있는데, 이는 활동의 원료인 지식과 정보가 디지털화되어 물리적 장소에 매여 있지 않게 되기 때문이기도 하다. 이처럼 여러 제약이 사라지거나 느슨해지면서 사람들은 통행의 의무로부터 해방(freedom from travel), 그리고 원하는 시간과 장소로 통행할 수 있는 자유(freedom to travel)를 얻게 된 것이다.

물론 모바일 기술은 새로운 제약을 만들어 내기도 한다. 휴대전화 전지의 충전, 전원 켜기, 항상 소지하기 등 기술적 유지 작업의 제약들, 그리고 상대방의 전화번호를 입력하고 자료를 계속 업데이트해야 하며, 사회적 네트워크를 유지하기 위해 노력해야만 하는 것이 그 보기이다.

공적 공간의 의미와 기능도 바뀌고 있다. 찻집이나 사무실에서 여러 사람이 같은 장소에 있으면서도 자기 나름의 방식으로 공간을 경험하는 다의적(多義的) 장소성이 강화되는 동시에, 사사화(私事化)되어 지하철 안에서 큰 소리로 전화하는 일을 삼가기처럼 전통적으로 지켜 오던 공간규범이 무너지고 있다(황주성 등, 2006).

2) 활동과 공간-시간의 탈동조화

(1) 활동의 분절과 다중작업

모바일 기술은 사람들로 하여금 시간적으로나 공간적으로 종전보다 더 유연하고 즉시 대응할 수 있도록 만들어, 결국 활동과 장소-시간의 탈동조화(脫同調化, decoupling)로 이끈다. 예를 들면 정보통신기술의 도움으로 말미암아 표준화되었던 활동이 개인화-유연화된 시간 사용으로 대체되고, 종래 시간 제약을 받던 활동들이 새로운 시간틀로 확장되는 결과를 낳는 것이다. 이는 활동 내용으로 보면, 성격이 다른 여러 활동들의 혼합을 의미한다. 과거 명확하게 구분되었던 경제활동, 가사와 가족 돌보기, 여가의 영역 경계가 모호해지고 있는 것이다.

활동과 장소-시간의 탈동조화는 결국 활동(특히 소요시간이 비교적 긴 활동)의 분절(分節, fragmentation)을 증가시켜, 이제 하나의 과업을 여러 장소에서, 다른 시간에, 순서를 바꾸어 수행하는 것이 가능해졌다. 하나의 과업이 한 번에 완수되지 않고 여러 시간대에 걸쳐 나뉘어 수행되는 것은 결국 그 쪼개어진 단위활동들의 수행 장소도 사무실-집-전철-카페 등 여러 곳으로 바뀔 수 있으며, 일의 수행 순서도 바뀔 수 있음을 의미한다(Couclelis, 2003; Lenz and Nobis, 2007; Aguilera et al., 2012).

또한 활동의 분절은, 지리적 측면에서 보았을 때 같은 시간대에 같은 장소에서 몇 가지 다른 일들을 함께 수행하는 다중작업(multi-tasking)이 증가하는 것을 의미한다. 다중작업이라는 개념은 사실 활동 분절의 다른 모습으로서, 분절화는 활동을 과업 내용의 관점에서 다루는 것이라면, 다중작업은 장소와 시간의 관점에서 표현한 것이다.

활동의 분절과 다중작업이 가져오는 통행의 지리적 변화를 생각해 보자. 활동의 분절과 다중작업은 시간과 공간의 사용 및 조직을 다양화시켜서 장거리 통행에 대한 저항을 줄여 주고, 하루 생활의 지리적 범위를 확장시키며, 자가용 자동차보다 대중교통수단을 더 선호하게 만들 수 있다(Schwanen et al., 2008). 활동의 분절로 인해 개인의 이동성은 증가되고, 결과적으로 지역 전체의 교통수요가 증가하며, 특히 비첨두 시간대에 통행량이 늘어나고, 도로 혼잡으로 말미암아 새로운 병목이 생길 수 있다. 반면, 전자상거래나 원격근무의 보급은 종래 이용하던 일부 서비스와 시설에 대한 통행수요 감소로 이어질 가능성이 있다. 또한 사람들은 통행활동을 더욱 최적화하게 될 것이다. 따라서 통행이 종래에는 허브-스포크 형태로 이루어졌다면, 모바일 기술의 활용으로 통행은 최적

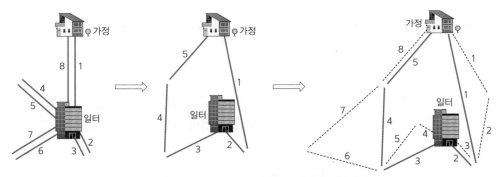

〈그림 16-2〉 모바일 기기의 사용에 따른 통행전략의 변화

종래에는 통행 양상이 허브형이었다가, 모바일 시대에는 순환형으로 통행거리를 최적화하고, 나아가 새로운 통행이 늘어날 수도 있다. 물론 통행의 최적화 방식은 개인에 따라 각기 다를 것이며, 순환형 통행은 그 가운데 하나일 뿐이다.

주: 그림의 점선은 모바일 기기의 활용으로 더 늘어난 통행을 가리킨다.

출처: Fiore et al., 2014, p.104.

화되어 순환형으로 바뀌고, 나아가 절약한 시간과 비용만큼 추가 통행 또는 더 먼 (그러나 더 선호하는) 장소로 통행이 발생할 수 있다(〈그림 16-2〉).

모바일 환경이 활동을 잘게 쪼개고 실시간 대응이 늘어나도록 만든다는 가설은 쉽게 변하지 않는 사회적 규범과 제도적 규범 때문에 전폭적으로 수용되기 어려운 여지도 있다. 활동 일정은 대부분의 경우 시간적으로나 공간적으로 매우 구조화되어 있으며, 회의장 등 일정 장소에서는 통화가 금지되는 것과 같은 사회적 규범과 개인적 한계, 그리고 여건의 불비(몹시 붐비는 지하철 안에서는 휴대전화를 꺼내 보는 것조차 힘들 수 있음) 때문에 분절될 수 있는 활동의 종류가 제한되거나, 분절의 정도가 약화된다. 개인의 저항전략, 예를 들면 발신자표시제 등을 활용하여 전화를 골라 받는 것도 활동의 분절에 영향을 줄 수 있다. 그렇더라도 모바일 환경으로 말미암아 활동의 경직성이 전반적으로 완화되어 나가는 것은 분명한 추세로 보인다.

(2) 활동의 분절과 다중작업의 분석법

후버스 등(Hubers et al., 2008)은 활동의 분절 정도를 계량화하기 위한 방법을 고안하였다. 활동의 분절을 계층적으로 파악하여 하나의 활동(activity)은 여러 개의 '하위 과업(sub-tasks)'들로 나누고, 하위 과업은 다시 더 작은 조각인 '에피소드(activity episodes)'들로 나눈 다음, 에피소드의 수, 에피소드 크기의 분포, 에피소드 사이의 시차(時差)라는 세 가지 계량적 분절지표를 마련하였다. 에피소드의 수와 에피소드 크기의 분포는 활동의 분절 정도를 나타낸다면, 에피소드 사이의 시차는 활동 수행의 내면을 들여다볼 수 있는 단서를 마련한다. 알렉산더 등(Alexander et al., 2010)은 한 걸음 나아가 공간적 분절에 대해서도 공간적 분절 수, 분포, 시차로 나누어 지표를 개발한 바 있다.

일단 분절지표가 마련되면, 분절 양상은 일, 생필품 구매, 비생필품 구매, 여가활동 등 활동의 종류별로 나누어 살펴보고, 사람들의 정보통신기술의 보유 수준과 사용빈도와 같은 기술적 측면, 성, 연령, 교육수준 등 사회경제적 측면, 거주지의 위치 및 상점 등에 대한 접근성과 같은 건조환경 측면, 주중과 주말 등 활동 시기의 측면, 주민들의 태도 측면과 관련지어 분석하는 등 여러 가지 접근이 가능해진다.

다중작업에 대한 연구 역시 방법론에서 진전이 있었다. 활동은 통행을 유발한다. 따라서 활동에 관한 정보는 물론이고 활동과 관련한 상황 정보를 정확하게 수집하는 것은 통행의 이해에 필수적이다. 그런데 정보통신기술의 확산으로 말미암아 활동이 다중화되는 등 복잡하게 바뀌어 감에 따라 연구자의 입장에서 활동 내용을 자세하게 수집하려는 욕구와 응답자의 입장에서 사용하기에 단순하고 설문 응답률과 정확도를 극대화하는 두 과제의 조화는 중요한 문제로 부각되었다. 케년(Kenyon,

2006), 케년과 라이언스(Kenyon and Lyons, 2007)는 이른바 활동일지(accessibility diary)를 개발하여 이러한 요구에 부응하려 하였다(〈그림 8-5〉 참조).

3) 원격근무

(1) 특징과 유형

정보통신기술이 일하는 방식에 가져온 변화 가운데 하나는 원격통근(telecommuting) 또는 원격근무(telework)의 확산이다. 원격통근이라는 말은 1973년 잭 나일스(Jack Niles)가 처음 만들어 낸 이래 킨스먼(F. Kinsman)의 책 *The Telecommuters*(1987)로 유명해졌으며, 요즘은 좀 더 포괄적 의미의 원격근무라는 표현이 널리 쓰이고 있다. 원격근무는 새로운 일하기 방식인 탓에 정의 내리기가 쉽지 않지만, '정보통신기술을 활용'하여 '일상적 근무지가 아닌 곳'에서 일하기가 여러 문헌에서 공통적으로 언급되고 있다. 바꾸어 말하면 일과시간에, 고용주(또는 고객)의 소유지나 건물 밖에서, 상사 또는 고객의 감독 없이 근무가 이루어지며, 통신 및 컴퓨터를 사용하는 것을 원격근무의 핵심요소로 간주하는 것이다.

이러한 원격근무의 구성요소는 얼핏 간명해 보여도, 원격근무를 실무적으로 정의하는 일은 간단하지 않다. 특히 일상적 근무지에서 벗어나 일하는 시간과 빈도에 대한 의견이 분분하다. 일상적 근무지 밖에서 일하는 시간이 전일제(全日制)여야 하는가, 아니면 시간제 근무도 원격근무로 간주할 수 있는가? 한 달에 몇 번 이상 일상적 근무지가 아닌 곳에서 일해야 원격근무로 간주할 수 있는가? 이러한 실무적 질문에 대해 명쾌한 답을 마련하는 것은 쉽지 않다. 나라나 지역마다 여건과 관행, 사회적 분위기 등이 다를 수 있기 때문이다. 선행연구에서 보이는 가장 느슨한 기준으로는, 일상적 근무지 밖에서 일한 시간의 합계가 한 달에 적어도 하루 이상, 3개월 지속되면 원격근무로 간주하고 있다. 원격근무는 이처럼 실무적으로 정의하기가 어려운 점 말고도, 원격근무 당사자를 접촉하여 조사하기가 어려운 점 등이 겹쳐 현황을 드러내는 데 필요한 자료가 매우 부족한 실정이다. 이는 이 분야의 조사와 분석이 새로운 연구지평이 되고 있다는 것을 뜻하는 셈이기도 하다.

원격근무가 모든 업종과 업태에서 가능한 것은 아니다. 주로 전문직과 사무직을 중심으로 원격근무가 쉽게 적용될 수 있는 반면, 생산직처럼 일터에 나가야만 과업을 달성할 수 있는 업종도 적지 않다. 〈그림 16-3〉은 스웨덴 원격근무자들의 종사 분야 사례로서, 원격근무가 가능한 업종이 무엇인지 잘 보여 주고 있다. 남을 가르치는 일(31%)과 사업(23%) 부문의 종사자가 전체의 절반 정도를 차지하고, 정보기술직(10%), 기술직(8%), 연구 및 기타 전문직(합계 8%) 종사자가 뒤를 잇는다. 반면

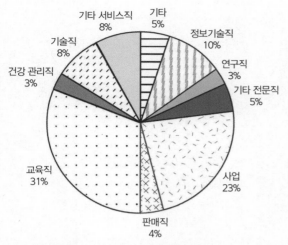

〈그림 16-3〉 스웨덴 원격근무자들의 직업 구성, 2000년

출처: Vilhelmson and Thulin, 2001, p.1022.

판매직은 4%, 생산직은 0%로 일터를 떠나 일하기 어려운 성격의 직종의 비중이 매우 낮다. 한국에 원격근무가 도입되던 초기의 사례(조성혜, 1995)를 보면, 원격근무자는 도서 편집, 번역 등 전문직과 기술직종에 종사하는 사람들이 대부분이었으며, 특히 경력단절 여성들에게 원격근무가 경제활동을 다시 시작하는 통로가 되고 있었다.

지리적 관점에서 원격근무의 유형을 살펴보면, 집에서 업무공간을 마련하고 일하는 재택근무(在宅勤務, home-based telework), 일의 성격상 여러 곳을 돌아다니며 일하는 외근형 원격근무(外勤, mobile work), 거래처나 집이 아닌 차량, 호텔, 공항 등지에서 일하는 유랑형 원격근무(流浪勤務, nomadic work), 기존 사무실 대신 거주지 인근의 텔레센터나 기업의 지점에 마련된 위성사무실에 출근하여 일하는 공유사무실 원격근무(work in telecenters and satellite offices)로 나눌 수 있다. 이 가운데 집에서 일하는 재택근무의 구성비가 가장 높다.

원격근무는 근로자의 입장에서는 출퇴근 부담을 덜어 주며 복장과 행동 등에서 자유로운 이점이 있다. 이러한 장점 때문에 고령자, 장애인, 아기가 있는 여성 등 여러 제약 때문에 경제활동이 어려웠던 사람들의 경제활동 참여를 돕는 등 경제적, 사회적 의미가 적지 않다. 원격근무는 고용주에게도 사무공간과 주차장을 유지하는 부담과 에너지 소비를 줄이는 등 이득이 적지 않으며, 아프거나 재난이 발생하여 출퇴근이 불가능해진 상황에서라도 업무의 연속성을 기할 수 있다는 점도 무시할 수 없는 장점이다. 지역사회 전체로 보아서도 출퇴근 통행이 줄어들면 첨두시간대의 도로혼잡이 완화되고, 따라서 교통투자에 대한 수요가 줄어드는 효과를 기대할 수 있다.

원격근무에도 단점은 있다. 기존 일터에 나가지 않고 홀로 일하는 방식은 전문적, 사회적 상호작용이 부족해지는 문제를 야기할 수 있다. 협동작업, 창조적 집단사고(brain storming), 선의의 경쟁－책임감－생산성을 증가시키는 좋은 의미의 자극의 부재 등이 그 보기이다. 법적으로도 원격근무는 여러 문제를 안고 있다. 근로자의 건강, 원격근무 중 사고가 발생하였을 경우 그에 대한 입증과 책임 소재의 규명, 근로자에 대한 감독, 보안, 업무 통제와 프라이버시의 존중, 단체협약의 적용 등에서 근로자와 사용자 모두 불편함과 어려움을 겪을 수 있다(허우긍, 2012).

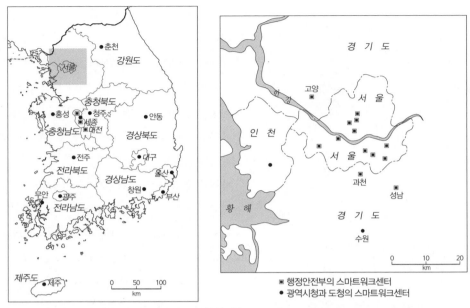

〈그림 16-4〉 한국의 정부 및 공공기관 종사자의 원격근무 사무실인 스마트워크센터의 분포

출처: 행정안전부의 스마트워크센터 홈페이지(https://www.smartwork.go.kr), 2018년 1월 6일 접속, 필자 제도.

(2) 원격근무의 지리적 의미

원격근무라는 새로운 일하기 방식이 도입되던 초기에는 사이버 유토피아의 주요 요소로 간주된 적이 있었다. 대중매체나 연구물에서는 도심에서 멀리 떨어진 비도시지역의 재택근무자 등을 부각하였고, 원격근무자의 수는 과다 추정되는 경향을 띠었다. 심지어 원격근무 덕택에 사람들이 번잡스런 도시를 벗어나 쾌적한 비도시지역으로 거주지를 옮길 것이므로 도시는 소멸하게 될 것이라는 극단적인 전망도 등장하였다. 당시에는 에너지 위기와 환경에 대한 높은 관심에 편승하여, 정부 차원에서도 교통문제 해결방안의 하나로 원격근무를 지원하기 시작하였고 학술적으로도 관심이 고조되었다.

그러나 원격근무는 사람들이 예상했던 것만큼 널리 확산되지는 않았다. 원격근무는 원거리 통근자에게는 훌륭한 대안이 될 수 있을지언정 사회 전반으로 확산되는 큰 흐름이 되기는 어려웠던 것이다. 원격근무가 가능한 일자리는 주로 도시에 있으며, 더 중요한 것은 대부분의 원격근무가 전일제보다는 요일제 및 시간제로만 이루어져, 원격근무하지 않는 요일이나 시간대에는 종래 일터에 계속 출근하게 된다는 사실이다. 이처럼 일자리와 근무방식이 주는 제약은 자녀 교육, 도시가 주는 문화적 혜택 등 거주지 선택에서 고려되는 요소들과 맞물리면서 사람들이 도시를 멀리 벗어나 사는 것을 어렵게 만들고 있는 것으로 보인다. 기업이 업무관리 전략상 직원들을 직장에 붙들어 두려는 경향, 근무자의 입장에서는 종래 사무실에 완전히 나가지 않은 채 다른 장소에서 홀로 일하는 방식은 나중에 정상적 승진이나 업무 복귀를 어렵게 만든다고 생각하는 경향도 원격근무가 널리 확산되지 못하는 배경의 하나이다.

집에서 가까운 공유사무실에 출근하는 원격근무 방식도 전반적으로 인기가 높지 않다. 동료와 실시간 상호작용이 필요한 업무가 많고, 신속한 의사결정을 도와주는 분위기의 형성이 어려우며, 재택근무처럼 편하거나 비용이 싸지도 않다는 부정적인 평가가 주를 이루고 있다. 이처럼 기업과 근로자 모두 원격근무를 그다지 반기지 않는다는 점으로 인해 초기에는 나라마다 중앙정부나 지방자치단체에서 정책적으로 지원했을 때에는 공용사무실 근무자가 생겨났지만, 일정 기간의 지원이 종료되자 도로 정체되는 추세를 띠고 있다.

요컨대 재래식 사무실 근무가 원격근무로 완전 대체되기보다는 기존 근무방식에 일시적인 원격근무가 혼합된 방식이 적어도 지금으로서는 대세로 보인다. 사람은 사회적 동물이라는 평범한 진리를 다시금 깨닫게 하는 대목이다. 이러한 대세의 지리적 의미는, 종전보다 분산이 더 이루어지기는 하겠지만 극단적인 분산은 시나리오로 채택되기 어렵다는 것을 가리킨다. 구체적으로는 극단적인 분산보다는 대도시권 내에서의 분산 형태가 가장 구현 가능해 보이는 시나리오이며, 도시에서 아주 먼 거리보다는 중거리에 있는 지역으로의 인구 유입이 더 많을 것으로 전망된다.

원격근무의 지리적 의미는 도시의 소멸이냐 아니면 중간 정도의 분산이냐 하는 거시적 측면 말고도, 종래 이루어져 오던 활동과 통행에 어떤 변화가 일어나느냐 하는 미시적 측면에서도 매우 중요하다. 우선 원격근무는 통근에 연계된 활동들에 변화가 일어나는 것을 의미한다. 재래식 통근은 집과 직장을 오가는 동안 다른 활동도 겸하는 경우가 많다. 출근길에 어린이집에 들러 자녀를 맡기거나 학원에 들러 외국어 공부를 하고 직장으로 가는 것, 퇴근길에 친구를 만나거나 필요한 물건을 사는 것 등이 그 보기이다. 원격근무는 이러한 부수적 활동과 통행에 변화가 오는 것을 의미한다. 또한 원격근무는 통근과 연계되어 일어났던 활동들뿐 아니라, 하루 공간-시간 경로의 고정못이 사라지거나 바뀌면서 활동 순서와 발생 장소에도 변화를 줄 수 있다. 이는 종래 첨두시간대에 특정 교통회랑에 몰리던 통행이 다른 시간대, 다른 장소들로 분산된다는 것을 의미하는 것이다.

(3) 새로운 추세들

정보통신기술의 발달은 노동시장에도 변화를 가져와서, 한 고용주 밑에서 장기간 일하는 대신 자영업 및 시간제로 일하는 유연 근무자(contingent workers)가 늘어나게 만든다. 이들은 홀로 일한

〈그림 16-5〉 서울의 한 공유사무실 모습: 위워크(wework) 서울 지점

출처: www.wework.com/ko-KR/buildings/euljiro—seoul, 2017년 10월 23일 접속.

다 하여 '외로운 독수리(lone eagles)'라는 별명으로도 불리는 사람들이다. 이에 따라 종전에 없었던 새로운 일터, 이른바 공유사무실이 생겨나고 있으며, 아직 소수이기는 하지만 그 성장 추세는 가파르다.

공유사무실이란 전 세계적으로 급성장하는 부동산 업태의 하나로, 사무공간 소유주가 인터넷과 컴퓨터 주변기기 등을 사무실에 마련하고 기간제 및 시간제로 임대하는 방식을 말한다. 공유사무실은 다시 두 유형으로 나누어 볼 수 있다. 비교적 단순한 형태는 서비스 제공 사무실(serviced office)로서, 임대료만 내면 곧바로 일할 수 있는 공간을 말한다. 여기서 한 걸음 더 나아간 형태는 협업공간(co-working space)으로, 입주자나 입주사끼리 인맥을 쌓고 노하우를 공유할 수 있는 장소를 제공한다는 개념의 공유사무실로서 1인 창업자 등이 활용하고 있다.

공유사무실은 이용자의 입장에서는 필요한 정보통신기술 서비스를 받을 수 있어 이 부문에 대한 투자를 절약할 수 있다. 더욱 중요한 것은 동일한 공간에서 자연스럽게 형성되는 사회적 네트워크로, 다양한 사람을 만나고 사업에 필요한 정보도 얻을 수 있다. 관련이 깊은 분야의 종사자들이 같은 공유사무실을 쓰는 경우에는 적극적인 의미의 협업도 가능하다. 입주자들끼리 경험을 공유할 뿐 아니라, 법, 회계, 마케팅 등 여러 기업 서비스 분야에서 도움을 주고받을 수 있기 때문이다.

공유사무실의 수준에는 이르지 못하지만, 기존 공간의 의미가 바뀌는 경우도 생겨나고 있다. 우리는 이제 패스트푸드점이나 카페에서 사람들이 컴퓨터를 다루면서 일하는 모습에 점차 익숙해지고 있다. 와이파이가 도시 곳곳에 보급되고 휴대하기 간편한 정보통신기기가 늘면서 일어나는 현상이다. 종전에 패스트푸드점이 식사하는 공간이었고 카페가 차를 마시며 환담하는 공간이었다면, 이제는 공적 공간일 뿐 아니라 몇몇 개인이 경제활동을 추구하는 매우 사사로운 공간이 공존하는 장소가 된 것이다.

정보통신기술이 우리 생활의 구석구석에 침투하고 모바일 기술이 편만해지면서, 원격근무는 새로운 국면을 맞이하고 있다. 이제 원격근무보다는 e-working이라는 표현이 더 적절하도록 일하는 방식이 점점 진화하고 있는 것이다.

3. 정보통신기술과 화물 수송

1) 기업의 변혁과 물류산업의 발달

정보통신기술은 기업 부문에도 큰 변혁을 일으키고 있다. 거시적으로 보면, 정보통신기술은 생산의 세계화를 가능하게 만드는 배경이 되어 수많은 생산활동이 외국으로 옮겨 가거나(off-shoring) 다시 본국으로 돌아오는(reshoring) 현상이 생겨나게 되었다. 이러한 세계화 추세는 결국 범세계적인 화물 수송 수요를 크게 늘리게 된다.

미시적으로 개별 기업의 수준에서 보면, 정보통신기술은 기업의 조직과 경영에 변화를 불러온다. 오늘날 기업에게 맞춤식 대량생산(mass customization)을 통해 소비자의 요구에 맞는 제품을 생산하면서도 대량생산에 못지않게 낮은 비용을 유지하는 경영은 필수적이다. 또한 신제품의 출시 속도(time to market, t2m), 곧 제품의 개발에서 시장 출하까지의 시간을 가급적 단축시켜 급변하는 시장에 대응해야 할 필요가 점점 더 커지고 있는 것이다.

이러한 여건 변화에 대해 기업들은 다양한 방식으로 대응하는데, 우선 정보통신기술을 활용한 생산주기관리(product lifecycle management, PLM) 기법을 꼽을 수 있다. 시장 분석, 제품 기획과 디자인, 홍보, 자재의 조달, 생산 엔지니어링, 제조와 품질 관리, 행정 및 법무, 인력 관리, 판매와 판매 분석, 사후 서비스에 이르는 전 과정에 정보통신기술을 적용하면, 자원의 불필요한 소모를 줄이고 신제품 출시 속도를 높이며 구성원 사이에 정보의 신속하고 긴밀한 교환을 돕는다. 이러한 생산주기관리에서는 제조업 경제와 서비스 경제의 구분이 모호해진다. 국내의 한 자동차 제조업체의 경우, 생산한 차량의 판매뿐 아니라 자동차 보험과 긴급수리까지 다 연결되는 체제를 갖춘 것이 그런 경우이다. 더 나아가 기업은 조직 자체를 매트릭스(matrix)형으로 바꾸기도 한다. 매트릭스 조직이란 한 구성원이 본래 종적 소속과 더불어 횡적 또는 프로젝트의 일원으로서도 임무를 수행하는 형태로서, 정보와 지식의 전체적인 공유가 가능해지는 이점이 있다.

지리적으로 가장 큰 변화는 기업이 네트워크형으로 변신하는 것이다. 네트워크형 기업(network-centric firms)이란 지리적으로 흩어져 있는 공급자, 제조업자, 판매자, 서비스 공급자를 하나의 망으로 연결하는 조직으로서, 기업의 핵심기능과 부문은 그대로 간직하되 나머지 기능들은 과감하게 아웃소싱하게 된다. 한국의 한 유명 등산복 기업이 제품의 개발 등 핵심기능은 한국에 두지만, 생산기지는 베트남에 두고 미국을 비롯한 전 세계에 매장을 경영하고 있는 것을 그 보기로 들 수 있다. 네트워크형 기업의 더 극단적인 형태로는 가상기업(virtual enterprise)을 꼽을 수 있는 데, 이는 일시적으로 형성되는 기업 네트워크로서 특정 목표를 위해 개별 기업 간의 협력이나 기업 내 부서 간의 일시적인 결합으로 작동하는 것을 말하며, 빠르게 모이고 빠르게 해체하는 것이 특징으로 쉽게 공급자를 전환함으로써 사업의 기동력과 공간적 유연성을 확대하는 장점이 있다.

하청 단계의 중소기업들의 지리를 살펴보자. 네트워크 조직이 효과적으로 작동하기 위해서는 공급사슬이 안정적으로 운용되어야 하며, 이를 위해 모듈생산 방식이 도입되고 있다. 모듈생산이란 자동차와 컴퓨터의 경우처럼 부품을 표준화하여 대량생산이 가능하도록 만들고, 부품의 조합을 통해 여러 종류의 제품을 생산하는 방식이다. 제품 표준에 맞추어 여러 공급자들이 부품을 생산하므로 아웃소싱이 더 폭넓게 일어나고, 결과적으로 부품이 효과적으로 공급되기 위해서는 물류산업이 활성화된다. 또한 물류도 아웃소싱하면서 3자물류(third-party logistics, 3PL)가 활성화되어 배송에서부터 창고 보관과 재고 관리까지 대행해 주게 된다. 이러한 변화에는 정보통신기술의 활용이 절대적이다. 물류회사도 규모의 경제가 필요하여 세계적 물류회사가 등장하며, FedEx, DHL, UPS 등이 그런

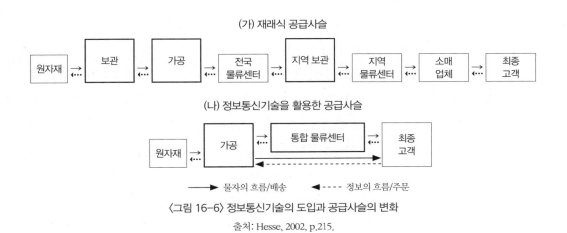

〈그림 16-6〉 정보통신기술의 도입과 공급사슬의 변화

출처: Hesse, 2002, p.215.

보기이다.

　요약하자면 정보통신기술을 활용해서 기업의 정교하고 단축된 제품주기 관리가 가능해졌으며, 조직적 측면에서 보면 가치사슬의 지리적 분리가 가능해져 네트워크 조직이 등장하였고, 네트워크 조직이 효과적으로 운용되기 위한 기반으로서 물류산업이 발달하였다. 그러나 정보통신기술은 공간적 변화와 조직적 변화를 이루는 데 쓰이는 수단이지 그 원인이라 할 수는 없다. 국가들의 시장 신규 진입, 자유무역의 확대, 인재와 임금의 지리적 불균형, 경쟁 심화 등이 변화의 일차적 동인(動因)이며, 정보통신기술은 이러한 변화를 촉진시키는 도구(facilitator)라고 진단할 수 있을 것이다.

2) 전자상거래

　정보통신기술은 새로운 상거래 방식인 전자상거래(electronic commerce, 줄여서 e-commerce)를 가능하게 도왔고, 그 결과 상품의 배송 과정과 방식에 큰 변화를 일으키고 있다. 전자상거래를 폭넓게 정의한다면 '정보통신기술을 활용한 모든 유형의 경제활동'(Wigend, 1997)이라고 말할 수 있지만, 대체로는 유통, 금융, 관광과 여행, 여타 서비스 부문에서 금전적 계약과 거래가 개입되어 있는 경우로 좁혀 말한다.

　부문으로는 기업 간 전자상거래(business-to-business e-commerce, B2B)와 기업-소비자 간 전자상거래(business-to-customer e-commerce, B2C)로 크게 나눌 수 있다. 이 밖에 개인 간 전자상거래(C2C)도 있지만 그 비중은 크지 않다.

(1) 기업 간 전자상거래

　기업 간 전자상거래(B2B)는 부품과 원료 공급자, 생산자, 수요자 사이를 복잡하게 오가던 정보가 정보통신 플랫폼(전자상거래 장터)을 중심으로 통합되는 것이 그 핵심이며, 기업-소비자 간 전자상거래(B2C)보다 거래의 규모가 훨씬 크다.

　기업 간 전자상거래에 대한 거래 정보는 관련 기업들이 영업상 기밀을 내세워 공개를 꺼리는 탓에 부품과 완제품이 실제 어디서 어디로 얼마나 어떻게 수송되는지를 명쾌하게 밝힐 만한 단서가 드물다. 다만 몇몇 선행연구의 결과는 다음과 같이 요약된다. 공급사슬 측면에서, 원자재의 공급과 제품의 배송에 유연성이 늘어나고 지리적 범위도 전 세계로 확대된다. 장거리 수송에서는, 기차와 선박 수송보다 트럭과 비행기를 이용한 수송이 늘어난다. 종래 기차와 선박이 단일 화물의 대량 수송으로 규모의 경제를 꾀할 수 있는 수단이라면, 트럭과 비행기는 적기출하와 소량 다품종 배송에 적합한

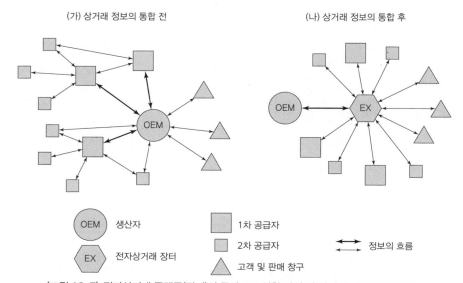

OEM	생산자	1차 공급자		
EX	전자상거래 장터	2차 공급자		정보의 흐름
		고객 및 판매 창구		

〈그림 16-7〉 전자상거래 플랫폼(장터)의 등장으로 인한 기업 간 상거래 정보 흐름의 통합

주: OEM: original equipment manufacturer
출처: Malecki and Moriset, 2008, p.98.

수단으로 간주되어 수송시장이 양분되는 형세였지만, 이제는 장거리 수송에서도 트럭과 비행기의 비중이 늘어나는 놀라운 변화가 일어나고 있는 것이다. 국지적 단거리 배송에서는, 단기 주문이 늘어나서 즉시배송 수요가 증가한 결과 낱개 단위의 배송이 늘어나면서 수송 효율성은 저하되고, 국지적 배송 건수와 수송차량의 총 이동거리는 늘어나게 된다. 보관 측면에서는, 정보통신기술을 수용하려면 기존 시설을 바꾸거나 새로운 배송센터가 필요하게 된다(Hesse, 2002).

(2) 전자소매

기업-고객 간 전자상거래(B2C)란 소매업을 의미하므로 B2C라는 딱딱한 표현보다는 전자소매(e-retailing)이라고 부르는 것이 일반적이다. 전자소매업의 업태는 포털(portals, virtual malls), 순수 온라인 매장(virtual merchants), 온라인 매장과 오프라인 매장을 함께 운영하는 경우(bricks and clicks), 공동 판매/구매 주선업체(aggregations), 경매 브로커(auction brokers)와 역경매 브로커(reverse auction brokers, 고객이 특정 가격을 제시하면 원하는 판매자를 찾아 연결해 주는 업체), 가격 정보나 찾기 어려운 정보를 제공하는 업체(search agent) 등으로 나누어 볼 수 있다(Grewal et al., 2004).

전자소매의 발달이 지리적으로 어떤 의미를 가지는지 살펴보자. 첫째, 소매업에 대한 영향은 주문

<표 16-1> 한국의 전자소매 거래 규모, 2001~2016년

전자소매업체		2001	2006	2011	2016
총 거래액(원)		3조 3471억 원	13조 4596억 원	29조 725억 원	65조 6170억 원
운영 형태(%)	온라인 몰	41.5	61.6	65.3	61.5
	온/오프라인 병행	58.5	38.4	34.7	38.5
상품의 취급 범위(%)	종합몰	67.5	71.1	75.1	78.4
	전문몰	32.5	28.9	24.9	21.6
판매매체(%)	인터넷 쇼핑	자료 없음	자료 없음	(2013년) 83.0	45.8
	모바일 쇼핑			17.0	54.2

출처: 통계청 국가통계포털.

처리 과정의 변화로 말미암아 각 소매업체 배송센터의 중요성이 증가하고, 대금 결제의 중계와 보증(escrow)과 같은 주문처리 전문기업이 등장하게 된다. 또한 재래식 구매통행과 오프라인 매장의 쇠퇴를 예측해 볼 수 있지만, 전자상거래 보급 초기와 달리 지금은 대부분의 소매업체가 재래식 매장과 온라인 매장을 함께 운영하는 업태로 진화하고 있어 소매업체의 지리적 분포가 줄어들고 있다고 단정하기는 어렵다. 다만 여행업처럼 고객과의 대면접촉이 절대적이지 않은 서비스업 부문은 거의 온라인 경영으로 바뀌어, 종전처럼 길거리에 여행사 간판을 보기 어렵게 된 극단적인 경우도 있다.

둘째, 전자소매에서는 고객 정보 수집에 유리하여 지역보다는 개별 소비자를 겨냥한 마케팅 전략을 펴게 되므로, 지방의 전자소매업체가 전국적 전자소매업체에 대해 가지고 있던 국지적 정보의 우위가 사라진다. 따라서 규모의 경제를 구현하기에 유리한 전국적 업체가 점차 우월하게 되어, 종국적으로는 핵심지역과 대도시로의 집중 경향도 가능해진다(Anderson et al., 2003).

셋째, 전자소매가 교통에 미치는 영향은 다양한 가설과 사례연구 결과가 제시되어 있어 한마디로 요약하기가 쉽지 않다. 표본의 다양성, 전자소매의 정의, 교통영향의 정의, 제품군의 분류 방식 등에 따라 상이한 연구 가설과 결과가 만들어질 수 있기 때문이다. 그러나 전반적으로는 전자소매가 사람과 차량의 통행을 대체하거나 흡수하기보다는 통행을 더 많이 유발하는 것으로 진단하고 있으며, 그 이유는 다음과 같다. (1) 오프라인 구매에서는 한 번의 쇼핑통행으로 여러 물건을 구매하는 것이 가능하지만, 온라인 쇼핑에서는 구입하는 상품들이 낱개로 배송되므로 배송차량의 이동이 늘어날 수밖에 없는 속성을 띠고 있다. (2) 편의점이나 지하철역 등 중간 수취점(pickup post)에 상품을 맡기는 방식의 거래에서는 구매자가 이를 찾아가기 위해 통행이 발생하므로, 전체로 보면 통행 횟수와 거리 역시 증가하게 된다. (3) 전자소매라는 방식 자체가 통행을 조장하는 측면도 있다. 상품의 가격이 오프라인 매장보다는 저렴하므로 동일한 구매력으로도 훨씬 많은 상품을 구매할 수 있으며, 광고

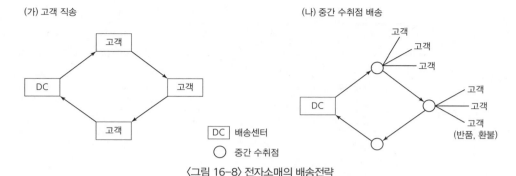

(가) 고객 직송

고객

DC

고객

고객

(나) 중간 수취점 배송

고객

고객

고객

DC

고객

고객

고객
(반품, 환불)

DC 배송센터

○ 중간 수취점

〈그림 16-8〉 전자소매의 배송전략

주: 중간 수취점: 일터, 편의점, 도시철도역의 유인 포스트와 무인 배송함 등
출처: Hesse(2002)와 송예나(2003)의 그림을 종합 구성함.

가 더 쉬우므로 자연히 온라인 매장에서 취급하는 상품의 종류와 수가 증가한다. 또한 옷과 신발 등 일부 품목은 반품률이 높아 이 역시 상품의 이동을 부추기게 된다. 결과적으로 낱개 단위의 소화물 배송이 크게 늘어나 국지적으로는 수송차량의 이동이 늘고, 장거리 교통 부문에서는 항공운송 허브들이 생겨나게 될 것이다. 세계적 전자소매업체인 아마존의 대규모 물류센터 설립 등이 그 대표적인 보기이다.

국내 전자소매의 배송 방식을 보면, 일부 대규모 업체 이외에는 독자 물류센터를 보유한 곳이 없으며, 전자소매업체가 택배사에 물류창고의 기능까지 위탁하여 배송하는 것이 가장 흔한 방식이고, 일부 소량 주문의 경우에만 고객 직송이나 우체국 배송 방식이 적용되고 있다(이윤영, 2004). 서울과 같은 대도시에서는 편의점과 지하철역 등이 배송한 상품을 찾아가거나 반품하는 장소로 활용되며, 일부 중간 수취점은 해당 업체의 직원이 상주하며 고객의 민원을 처리하는 경우도 있다(송예나, 2003). 한국에서 비중이 높은 또 한 가지 상거래 방식으로는 TV 홈쇼핑이 있으며, 이 역시 주문 받은 상품의 배송 방식은 전자소매의 경우와 크게 다르지 않아(이지선, 2000), 전자소매와 함께 제3자 물류업의 성장을 이끈 주역이라고 평가할 수 있다.

4. 교통지리정보시스템(GIS-T)

1) 교통정보의 특성과 교통지리정보시스템

　교통지리정보시스템(GIS-T)은 교통 부문으로 특화된 지리정보시스템(geographic information system, 이하 GIS로 줄여 씀)을 말하며, 영어 표기 GIS-T는 'GIS for Transportation'의 준말이다. GIS를 교통 분야에 적용하려는 시도는 1980년대 후반부터 본격화되었으며, 1990년대에는 GIS-T 라는 표현이 등장하기 시작하였다. GIS-T는 GIS와 교통연구 분야가 각각 영역을 확장하여 겹쳐진 결과물이라고 볼 수 있으며, 특히 도시교통 분야에서 많이 활용되고 있다. 2000년대에는 GIS-T에 관한 전문서(Miller and Shaw, 2001)와 논문 모음집(Thill, 2000)의 출간을 비롯하여 해설, 논평, 연구물의 발표가 이어졌다. 현재까지 개발된 상용(商用) GIS-T 컴퓨터 패키지 가운데에서는 캘리퍼(Caliper)사의 TransCAD가 가장 널리 사용되고 있다.

　GIS의 기능은 지리정보의 구축과 관리, 분석, 분석 결과의 시각화의 세 가지로 크게 나눌 수 있으며, GIS-T도 기본적으로 이와 다르지 않다. 그러나 교통 부문은 우선 자료 측면에서 GIS에서 다루는 일반 현상들보다 자료의 종류가 많고 복잡하다는 점에 큰 차이를 보이며, 이는 후속 기능인 자료의 분석과 시각화에까지 영향을 끼친다(〈표 16-2〉).

　교통자료는 네트워크에만 국한되는 것이 아니며, 항만과 공항, 버스와 트럭 터미널 등 넓은 면적을 차지하는 시설도 있다. 선형의 도로라도 이는 단지 가느다란 선으로만 구성된 것이 아니라 일정한 폭을 가진 면(面)의 현상이며, 한 노선은 다시 상당한 폭을 가진 여러 개의 차로(車路)로 구성되어 있고, 각각 좌회전 차로, 직진 차로, 우회전 차로 등으로 세분될 수도 있다. 교통망은 복잡하여 지

〈표 16-2〉 GIS 자료와 GIS-T 자료의 비교

자료	지리정보시스템(GIS)	교통지리정보시스템(GIS-T)
기본 분석 단위	면(area)	네트워크
선분(lines)의 기능	면(polygon)의 경계를 묘사	네트워크의 핵심요소인 연결선을 묘사
위상(topology)	평면(planar topology)	고가(高架) 및 지하차로 등을 나타내기 위해 비평면 위상(nonplanar topology) 필요
자료의 주안점	점과 선분의 위치 정확도 중요	선분의 연결 여부가 중요
선분에 연계된 정보	기점과 종점, 선분 좌우측의 면(polygons)	기점과 종점, 흐름의 방향
면(area)의 속성	다각형에 연계	면의 대표점(centroid)에 연계

출처: Spear, 2004, p.314.

하차도와 고가철도 등 여러 종류의 교통로가 위아래로 엇갈리는 일이 흔하고, 일방통행로가 있는가 하면 교차로에서는 좌회전이나 우회전이 금지되는 경우도 있다. 따라서 이러한 다양한 상황을 유연하게 다루기 위해서는 알맞은 자료 구조와 분석 기능을 갖추고 있어야만 한다. 교통 부문은 또한 사람과 화물의 이동현상을 많이 다루므로 유동행렬 자료가 많아서 행렬 관리와 연산 능력도 뛰어나야 한다.

또한 교통망에서는 지리적 위치를 나타낼 때 좌표-기반 참조 방식뿐 아니라 선형-기반 참조 (linear referencing) 방식도 종종 쓰이게 된다. 우리는 고속도로의 어떤 지점을 가리킬 때 '부산 기점에서 123km 지점'과 같은 표현을 함께 쓰기도 하는데, 이것이 바로 선형 참조의 보기이다. 선형 참조는 교통로의 표지판이나 휴게소의 위치, 사고 발생 지점, 혼잡구간이나 공사구간 등을 가리킬 때 편리한 장치이다. GIS-T에서는 노선 전체 구간을 일정한 간격으로 나누어 기점으로부터 거리로 그 위치를 나타내는 기초적인 참조체계에서부터 중간 기점이나 주요 결절에서부터 거리로 위치를 나타내는 동적 선형 참조(dynamic linear referencing) 체계까지 다양한 방법들이 고안되어 있다(〈그림 16-9〉).

GIS의 효용은 단지 공간 정보를 분석하는 데 그치지 않으며, 이를 시각화하여 연구자나 정책결정자로 하여금 상황을 파악하고 후속 결정을 내리기 쉽도록 도와주는 데까지 이른다. GIS-T는 이 책에서 다룬 여러 주제들, 예를 들면 교통계획과 교통수요 및 토지이용과 교통의 상호작용 분석(제9장), 교통망의 구조 분석(제10장), 최단경로 찾기를 위시한 네트워크의 디자인(제11장), 상권 분석 등

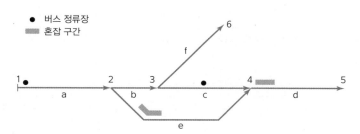

(가) 점 현상				(나) 선 현상			
연결선 (arc)	아크 기점에서 거리	현상의 속성		연결선 (arc)	아크 기점~현상의 시작 지점까지 거리	아크 기점~현상의 마지막 지점까지 거리	현상의 속성
a	0.7	정류장		d	0.5	1.2	매우 혼잡
c	2.2	정류장		e	1.0	2.5	조금 혼잡

〈그림 16-9〉 동적 선형 참조의 개념

주: 그림에서 숫자는 결절의 번호, 영문자는 연결선(arc)을 가리킨다.
출처: Fischer, 2004, p.398.

		시설 분야	차량 운행 분야
교통 계획	시스템	**교통계획** – 지리정보 구축 – 교통분석지구 사이의 교통량 – 교통망에 교통량 나타내기	**물류계획** – 수요 및 자산의 분석 – 노선 디자인, 물류센터의 입지 분석 – 계획도 작성
	교통투자 사업	**환경영향 평가** – 투자사업의 설계 – 환경영향의 분석 – 시각화	**서비스 계획** – 개별 노선, 터미널, 물류센터의 분석 – 서비스 계획의 시각화
운영	배차와 운행	**교통량 및 안전성 분석** – 장소별, 시간대별 자료 집계 – 통계 분석 – 시각화, 애니메이션	**운행계획** – 수정 시간표에 따른 운행상황 분석 – 시각화 및 수정
	실시간 교통 통제와 관리	**지능형 교통체계** – 교통량을 실시간으로 시각화 – 사안별 대응 – 나들목 및 신호등의 관리	**차량의 배차 및 길안내** – 최단경로 – 현장 상황(혼잡, 사고 등)을 감안한 새 경로 마련 운 행경로를 시각화

출처: Dueker and Ton, 2000, p.259.

공간적 상호작용모형의 응용(제12장), 유동자료의 분석(제13장), 입지–배분 문제 등 흐름의 최적화 문제(제14장), 교통안전과 재해 관리 및 환경영향 평가(제15장) 등 여러 측면에서 활용되고 있다. 이 가운데 활용빈도가 높은 교통계획 및 운영 부문에 대해 GIS–T의 용례를 살펴보면 〈표 16–3〉과 같이 요약해 볼 수 있다.

2) 정보통신기술과 교통지리정보시스템

정보통신기술의 혁신은 GIS–T에도 어김없이 파장을 일으키고 있다. 특히 인터넷과 무선통신 기술의 발달은 지능형 교통시스템(intelligent transport system, ITS)과 이동식 교통지리정보시스템(mobile GIS–T)의 출현을 도왔다. 시가지 곳곳에 설치해 둔 교통상황 탐지장비를 유선과 무선으로 연결하여 실시간으로 교통을 관리하고 수요자에게도 교통정보를 제공하는 지능형 교통시스템은 이제 점차 일상이 되어 가고 있다. 이용 방식에서도 GIS–T는 이동성이 강화되어 종래 워크스테이션급 컴퓨터를 이용하던 데에서 작은 휴대용 컴퓨터로, 더 나아가 휴대전화로 옮겨 가는 것도 뚜렷한 추세의 하나로, 작은 기기와 이동환경에서도 거침없이 GIS–T에 접근할 수 있도록 바뀌고 있다. 길안내, 장소의 안내와 정보 제공(예를 들면 맛집 안내) 등 이른바 위치기반 서비스(location-based services)에 대한 수요가 크게 늘고 관련 연구가 폭증하는 것도[예를 들면, Meng 등의 지도기반 모바일 서비스에 관한 논문 모음집(2005, 2008) 등] 이러한 변화를 반영한 사례들이다.

　　정보통신기술은 또한 공공부문에서 GIS-T의 활용을 크게 증가시키고 있는데, 여기서 특별한 점은 시민들은 정부가 제공하는 서비스를 받기만 하는 것이 아니라 지리정보의 구축에 직접 참여하는 일이 늘어나고 있다는 점이다. 시민들이 도로 상황과 사고 등에 대한 정보를 자발적으로 제공하고 지리정보가 붙여진(geo-tagged) 사진 파일 등을 보내면, 관계당국은 이를 종합하여 실시간으로 지도에 반영하는 것이 그 보기이다.

　　이러한 참여형 GIS-T의 발달 뒤에 자리 잡고 있는 것은 결국 필요한 지리정보가 정확하고 효율적으로 구축되어야 한다는 점으로, 자연히 자료 모델이 GIS-T 종사자들의 주요 관심사가 되고 있다. 또한 수집되는 자료의 정확성과 더불어 교통자료의 생산자, 수집가, 이용자 등 여러 관련 당사자 사이의 자료 공유도 중요한 과제로 떠올랐다. 예를 들면 차량 길안내의 주요 사용자는 경찰, 시민, 도로 건설 및 관리 기관, 배송업체 등 다양하며, 화물 수송에서는 복합수송이 늘어나면서, 도로, 철도, 수로 정보를 통합 관리할 수 있는 GIS-T 자료모형이 중요하게 된 것이다(Elwood, 2008).

　　지리정보를 시각화하는 것도 GIS의 주요 기능이다. 따라서 이용자가 교통지리정보를 마음의 눈으로 읽어 탐구하게 도와주고, 나아가 다른 사람에게도 시각적으로 잘 전달하는 것은 GIS-T의 분석 기능에 못지않게 중요하다. 과거 개발된 상용(商用) GIS들은 분석 기능에 치중한 나머지 시각화와 지도화의 중요성을 놓치는 경우가 적지 않았다. 좀 더 세련된 지도 만들기, 탐구활동에 알맞은 지도 만들기 등이 절실한 동시에 이용자들이 GIS를 더욱 쉽게 활용할 수 있도록 개선시키는 것도 주요 과제의 하나이다.

　　요즘은 일부 인터넷 서비스, 예를 들면 구글지도(Google Map) 등 몇몇 지리정보 서비스가 지도 보기와 이용하기를 압도하고 있는 상황이다. 점점 더 보기 좋은 지도, 이용하기 편리한 지도, 사실감을 주는 사진 모양의 지도 등은 바람직한 현상이지만, 이런 서비스를 주도하는 업체들이 사실상 정보의 수문장 구실을 하고 있다는 점을 우려스럽게 바라보는 시각도 있다(Kitchin and Dodge, 2011).

· 참고문헌 ·

박수경(Park, Sookyung), Hanashima, Yuki, 2013, "A geographical study on the behavior changes of telemedicine participants in terms of time and space," 한국경제지리학회지 16(2), 198-217.

송예나, 2003, "인터넷 쇼핑몰의 배송체계와 상품이동의 공간적 특성," 지리학논총 41, 31-56.

이윤영, 2004, "인터넷 쇼핑몰의 유통체계와 상품판매의 공간적 특성: 오프라인을 기반으로 한 업체를 사례로," 한국지역지리학회지 10(1), 158-176.

이지선, 2000, "케이블TV 홈쇼핑에 의한 상품유동의 지리적 특성," 지리학논총 35, 73-93.

조성혜, 1995, 재택근무자(텔레커뮤터)의 시·공간 행태에 관한 연구, 서울대학교 지리학과 박사학위논문.

허우긍, 2012, "교통과 정보통신기술은 도시의 모습을 어떻게 바꾸어 나가는가?," 박삼옥 등, 지식정보사회의 지리학 탐색, 제2개정판, 한울아카데미. 244-268.

황주성, 유지연, 이동후, 2006, "휴대전화의 이용으로 인한 개인의 공간인식과 행태의 변화," 한국언론정보학회보 34, 306-354.

Aguilera, A., Guillot, C. and Rallet, A., 2012, "Mobile ICTs and physical mobility: Review and research agenda," *Transportation Research Part A* 46, 664-672.

Alexander, B., Ettema, D. and Dijst, M., 2010, "Fragmentation of work activity as a multi-dimensional construct and its association with ICT, employment and sociodemographic characteristics," *Journal of Transport Geography* 18, 55-64.

Anderson, W. P., Chatterjee, L. and Lakshmanan, T. R., 2003, "E-commerce, transportation, and economic geography," *Growth and Change* 34(4), 415-432.

Couclelis, H., 2003, "Housing and the new geography of accessibility in the information age," *Open House International* 28(4), 7-13.

Dueker, K. J. and Ton, T., 2000, "Geographical information systems for transport," in Hensher, D. A. and Button, K. J. (eds.), *Handbook of Transport Modelling*, Elsevier Science: Oxford, UK. 253-269.

Elwood, S., 2008, "Volunteered geographic information: key questions, concepts and methods to guide emerging research and practice," *GeoJournal* 72, 133-135.

Fiore, F. D., Mokhtarian, P. L., Salomon, I. and Singer, M. E., 2014, "'Nomads at last?' A set of perspectives on how mobile technology may affect travel," *Journal of Transport Geography* 41, 97-106.

Fischer, M., 2004, "GIS and network analysis," in Hensher, D. A., Button, K. J., Haynes, K. and Stopher, P. (eds.), *Handbook of Transport Geography and Spatial Systems*, Elsevier: Amsterdam, Netherlands. 391-408.

Grewal, D., Iyer, G. R. and Levy, M., 2004, "Internet retailing: enablers, limiters and market consequences," *Journal of Business Research* 57, 703-713.

Hesse, M., 2002, "Shipping news: the implications of electronic commerce for logistics and freight transport," *Resources Conservation and Recycling* 36, 211-240.

Hubers, C., Schwanen, T. and Dijst, M., 2008, "ICT and temporal fragmentation of activities: an analytical framework and initial empirical findings," *Tijdschrift voor Economische en Sociale Geografie* 99(5), 528-546.

Kenyon, S., 2006, "The 'accessibility diary': Discussing a new methodological approach to understand the impact of Internet use upon personal travel and activity participation," *Journal of Transport Geography* 14, 123-134.

Kenyon, S. and Lyons, G., 2007, "Introducing multitasking to the study of travel and ICT: Examining its extent and assessing its potential importance" *Transport Research Part A*, 41(2), 161-175.

Kitchin, R. and Dodge, M., 2011, *Code/Space: Software and Everyday Life*, The MIT Press: Cambridge, Massachusetts.

Lenz, B. and Nobis, C., 2007, "The changing allocation of activities in space and time by the use of ICT-"Fragmentation" as a new concept and empirical results," *Transportation Research Part A* 41, 190-204.

Malecki, E. and Moriset, B., 2008, *The Digital Economy: Business Organization, Production Processes and Regional Developments*. Routledge: London.

Meng, L., Zipf and Reichenbacher, T. (eds.), 2005, *Map-based Mobile Services: Theories, Methods and Implementations*, Springer: Berlin.

Meng, L., Zipf and Winter, S. (eds.), 2008, *Map-based Mobile Services: Design, Interaction and Usabiliity*, Springer: Berlin.

Miller, H. and Shaw, S., 2001, *Geographic Information Systems for Transportation: Principles and Applications*. Oxford University Press: Oxford.

Nijkamp, P. and Salomon, I., 1989, "Future spatial impacts of telecommunications," *Transportation Planning and Technology* 13, 275-287.

Schwanen, T., Dijst, M. and Kwan, M-P., 2008, "ICTs and the decoupling of everyday activities, space and time: Introduction," *Tijdschrift voor Economische en Sociale Geografie* 99(5), 519-527.

Spear, B. D., 2004, "Linking spatial and transportation data," in Hensher, D. A., Button, K. J., Haynes, K. and Stopher, P. (eds.), *Handbook of Transport Geography and Spatial Systems*, Elsevier: Amsterdam, Netherlands. 309-326.

Vilhelmson, B. and Thulin, E., 2001, "Is regular work at fixed places fading away? The development of IT-based and travel-based modes of work in Sweden," *Environment and Planning A* 33, 1015-1029.

Thill, J. (ed.) 2000, *Geographic Information systems in Transportation Research*. Pergamon: Kidlington, Oxford, UK.

Wigend, R., 1997, "Electronic commerce: definition, theory, and context," The Information Society 13(1), 1-16.

제17장

교통지리학의 발달 과정과 전망

1. 교통의 지리에 대한 학술적 접근

1) 지리학의 패러다임들

학문의 내용과 접근하는 방법을 가름하는 틀을 흔히 패러다임이라고 부른다. 자신이 어떤 패러다임을 취하느냐에 따라 관심을 갖는 사물이나 현상에 차이가 생기고 이들을 다루는 방식도 달라지므로 패러다임의 의의는 작지 않다.

학문의 내용과 접근법을 가름하는 패러다임들은 계층적 구조를 띠고 있다고 이해할 수 있을 것이다. 한 학문 분야에 종사하는 사람들이 자신의 학문을 어떻게 정의하느냐 하는 것, 그리고 사물이나 현상을 어떻게 파악하느냐 하는 철학적 인식론이 최상위층의 패러다임들로서, 학문의 정의라는 날줄과 인식론이라는 씨줄에 의해 수많은 하위 패러다임들이 짜이고, 이러한 하위 패러다임들 속에서 더 낮은 수준의 패러다임인 특정 이론이나 방법론이 생겨난다고 볼 수 있다.

지리학자들은 지리학을 환경과 인간의 상호작용을 구명(究明)하는 학문, 지역성을 파악하는 학문, 또는 공간조직을 연구하는 학문으로 조금씩 다르게 정의해 왔으며, 패티슨(Pattison, 1966)은 이를 지리학의 '전통들(traditions)'이라고 불렀다.* 한 지리학자가 어떤 지리학 전통을 취하느냐에 따라 그의 관심사가 달라질 것은 당연한 일이다. 가령 환경−인간의 상호작용이라는 '생태학적 전통'에서는 공항의 소음 등 항공교통의 환경영향이 주요 관심사의 하나가 된다면, 지역성을 추구하는 '지역연구 전통'에서는 여러 나라나 지역 항공망의 특성 비교에, 공간조직에 관심을 두는 '공간과학의 전통'에서는 허브 공항과 그 배후지의 기능적 관계에 관심을 둘 법하다.

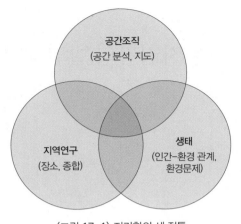

〈그림 17-1〉 지리학의 세 전통
출처: Taaffe and Gauthier, 1994, p.156.

지리학계에서 채택해 온 대표적인 인식론으로는 논리실증주의, 변증법적 유물론, 현상학이나 실재론 등과 같은 인본적-문화적-감성적 접근법 등을 꼽을 수 있으며, 지금도 새로운 철학적 인식체계는 계속 도입, 시험되고 있다. 가령 논리실증주의라는 패러다임을 수용하는 입장은 한국 도시철도의 통행수요에 대한 모형 만들기와 계량적 검증에 관심을 둔다면, 변증법적 유물론에서는 전철역 위치 결정을 둘러싼 정치적 배경이 연구 소재가 될 것이며, 인본적-감성적 인식론에서는 지하철 승객이 차내에서 겪는 공간 경험과 의미를 추구할 수도 있을 것이다. 지리학의 이러한 전통과 인식론들은 서로 어떻게 조합되느냐에 따라 수많은 하위 학문동아리를 낳았으며, 그것이 바로 한국과 세계의 지리학 역사였다고 볼 수 있을 것이다.

그런데 학문의 패러다임, 특히 상층의 패러다임이란 고정불변한 것도 배타적인 것도 아니기에, 현재 지리학계에 여러 관점과 방법론이 공존하는 다양성의 시대를 이루는 배경이 되고 있다고 판단된다. 패러다임이 바뀌는 방식에 대해, 과학사학자 쿤(Kuhn, 1970)은 한 시대를 풍미하던 패러다임은 새로운 경쟁 패러다임에 의해 '혁명적' 변천으로 자리를 내어주고 완전히 사라지는 것으로 보았다. 자연과학에서는 그러한 주장이 타당할지 모르며, 특히 특정 이론 수준의 패러다임에서는 상당 부분 수긍할 점이 없지 않아 보인다. 그러나 인문사회과학에서는 주류 패러다임이 새 경쟁 패러다임에 의해 타도당하는 방식보다는, 경쟁에서 밀려난 패러다임은 마치 동면하듯이 잠복해 있다가 때가 무르익으면 다시 깨어나 (그러나 조금 바뀐 모습으로) 활동하게 된다고 진단할 수도 있을 것이다. 19세기부터 20세기 초에 걸쳐 지리학계를 풍미하던 환경-인간 상호작용의 관점이 결정론적인 속성 때문에 외면받았지만, 20세기 후반에 생태학적 관점이라는 새 옷으로 갈아입고 다시 화려하게 등장한 것이 대표적인 보기이다. 지금 우리는 인간의 교통활동이 자연에 미치는 여러 영향이나 교통시설의 입

---

* 본래 패티슨(Pattison)은 '자연지리학'도 지리학의 전통에 포함시켜 '네 가지 전통'이라 불렀다.

지에 대한 환경요인의 역할을 가능론이나 결정론의 시각에서 보는 것이 아니라, 생태계라는 시스템의 관점에서 살펴보고 있는 것이다. 1970년대에 지리학의 공간과학 전통과 논리실증주의를 통렬하게 비판하던 견해들도 한동안 퇴조하는 듯하더니 정치경제학, 문화적 접근, 모빌리티 연구 등의 모습으로 다시 등장하고 있다. 논리실증주의 역시 초기 빈학파(Wiener Kreis)가 주창했던 엄격함은 사라지고 여러 유연한 모습으로 바뀌어 있지만, 그 일부 요소나 교리는 아직도 사회과학계에 면면히 이어지고 있다. 사회과학자들이 (자신의 인식론적 바탕이 무엇이든지 불문하고) 자신이 추구하는 방법론이 '과학적'이라고 믿는 것도 그러한 증거 가운데 하나이다.

학문의 다양성 배경에는 위에서 설명한 것 말고도, 지리학의 전통 자체가 상호배타적이지 않다는 점과도 관련이 있다. 〈그림 17-1〉은 이러한 점을 잘 묘사하여, 지리학의 지역연구, 공간과학, 생태학적 전통 영역이 본래 일부분씩 겹쳐 있는 것이며 한 지리학자가 이런 세 전통을 넘나들 수도 있음을 설명해 주고 있다. 또한 인식론 수준에서 논리실증주의가 지리학계에 엄격하게 준용된 적이 없었다는 점도 다양성의 배경을 이룬다. 한때 몇몇 지리학자들에 의해 20세기 중엽 이래 지리학의 역사를 조감(예를 들면, Johnston, 1979 등)하는 것이 기폭제가 되어, 지리학계의 패러다임을 둘러싼 논의가 가열된 적이 있었고 논리실증주의에 대한 날선 비판도 있었지만, 대체로 과잉 토론으로 귀착되고 말았다. 20세기 중엽에 '과학적 지리학'을 추구하는 가운데 논리실증주의의 요소를 일부 차용하려던 것은 사실이었지만, 엄격한 실증주의에 매몰된 적이 없었으니 다른 인식론에 대해서도 비교적 유연하였던 것이다.

2) 교통지리학의 영역과 방법

교통지리학이란 학문의 대상으로서 '교통현상'과 접근법으로 '지리학적 관점'이 조합된 표현으로, 여러 교통현상들을 지역성, 공간조직 및 생태적 측면에서 다루는 지리학의 한 분야이다.[*] 여기서 '교통현상'이란 교통체계, 교통체계 위에서 이루어지는 이동과 교류, 그리고 교통의 배경인 지역과 주고받는 영향을 모두 일컫는다. 우선 교통은 인간의 주요 활동이며 지리적 속성을 강하게 지녔으므로, 그 자체로 훌륭한 연구대상이다. 철로와 도로 등 교통시설은 여러 장소에 걸쳐 분포하고 있으며, 공항이나 항만의 사례에서 보듯이 교통시설은 그 입지가 독특하고 규모가 방대하며 토지를 넓게 차지하고 있는 데다 여러 곳에 분산되어 있어 전형적인 지리현상이다. 둘째, 이러한 교통시설을 이용

---

[*] 교통지리학은 영어로 transport geography 또는 transportation geography라고 적으며, 전자의 표기법은 유럽에서, 후자의 표기법은 미국에서 널리 쓰인다.

해 발생하는 흐름과 교류 역시 매우 지리적인 현상이다. 셋째, 교통은 그 배후지역과 공생의 관계에 있다. 교통은 다른 사회활동과 경제활동의 공간적 입지와 분포에 영향을 주는 주요 요인이며, 자연환경에 미치는 영향도 무시할 수 없다. 더 나아가 교통은 지역과 거기서 사는 사람들의 생활을 반영하므로, 지역을 들여다보는 창과 같다. 교통의 이러한 제반 속성들은 자연스레 지리학자들의 관심을 끌어 왔다.

지리학자들이 교통지리학을 어떻게 정의해 왔는지 잠깐 살펴보자. 일찍이 미국의 교통지리학자 휠러(Wheeler, 1971)는 교통망(의 입지, 구조, 전개 과정), 교통망 위에서 전개되는 흐름, 그리고 교통망과 흐름이 만들어 내는 영향을 교통지리학의 3대 핵심영역으로 꼽은 적이 있다. 비슷한 시기에 테이프와 고디에(Taaffe and Gauthier) 역시 같은 견해를 피력하여, 지리학이 다른 사회과학 분야와 구별되는 것은 지리적 측면(geographic aspect)이라는 취지에서 교통지리학자는 교통을 '지표(地表)의 조직(the organization of area)'이라는 측면에서 다룬다고 하였다. 즉 교통지리학은 여러 교통수단에 의해 형성되는 공간의 구조와 전개 과정에 관심을 둔다. 구체적으로 (1) 교통망을 구성하는 결절과 연결선, (2) 교통망 위에서 발생하는 흐름, (3) 교통망의 배후지와 계층적 구조를 다루며, (4) 현대사회가 도시화된 점을 감안하여 도시교통이 또 하나의 연구 핵심이 된다고 하였다. 테이프와 고디에에 따르면, 지리적 측면이란 이러한 연구 영역들을 지리적 분포 특징과 그 형성 과정의 관점에서 다루는 것을 의미한다(Taaffe and Gauthier, 1973: 1~2).

2000년대에 들어와 블랙(Black, 2003)은 "교통지리학자들은 교통체계의 입지와 지리적 분포 패턴, 그리고 교통체계의 구성요소들 사이에 형성되는 이동과 공간적 교류의 규모에 관심을 기울인다."(p.3)라고 하여 공간적 관점을 이어갔다. 고츠 등(Goetz et al., 2003)도 교통지리학은 교통의 공간적 측면을 연구하는 학문이라 정의하고, 네트워크의 입지, 구조, 환경 및 발전, 화물과 사람의 이동과 상호작용, 교통의 역할과 영향을 교통지리학의 주 영역으로 간주하였다.

이러한 '공간적 관점'의 교통지리학은 대서양 건너 유럽의 영어권에서 1990년대나 2000년대에 출판된 문헌에서도 엿볼 수 있다. 영국의 지리학자 호일과 놀스(Hoyle and Knowles, 1998)는 "교통지리학은, 공간적 관점에서 교통망이 발달하고 교통체계가 운영되고 있는 사회 및 경제적 틀과 취락구조를 설명하려는 데 관심을 둔다. 따라서 교통 자체의 내부 그리고 교통과 연관되어 있는 배경과의 역동적인 상호관계들에 연구의 초점이 맞추어진다."(p.2)고 하였으며, 이후 필진이 일부 바뀐 개정판(Knowles et al., 2008)에서는 기본적으로는 공간적 관점을 유지하면서도 최근 등장한 새 연구조류를 그들의 교통지리학 정의에 반영하였다.

"교통지리학은 교통의 공간적 양상을 연구하는 것이 그 핵심이다. 교통과 지리를 연계함에 있어 전통적으로 두 가지 측면에 연구가 집중되었다. 그 하나는 교통체계의 지리다. 교통체계는 상당한 부지를 차지하며, 그 형태, 배열 및 범위는 지형(산지와 하천 등), 경제적 여건, 기술, 사회정치적 상황, 그리고 교통체계가 이어 주고 있는 장소들의 지리적 분포 등 여러 요인에 의해 결정된다. … 교통지리학자들이 그동안 연구해 왔던 두 번째 측면은 교통의 영향이다. 지리학자들의 핵심적 관심사 가운데 하나는 현상들의 입지와 그 변화를 설명하는 데 있으며, 사회활동과 경제활동의 분포를 좌우하거나 영향을 끼치는 가장 강력한 요인 가운데 하나가 바로 교통이다. … 이 두 가지 연구 전통에 덧붙여, 모빌리티 패러다임 등 최근에 등장하고 있는 연구 동향은 교통지리학자들로 하여금 현시대 인문지리학의 다른 주요 관심사에 참여할 기회를 마련하고 있다. 공간과 장소의 성격 및 생산은 현시대 인문지리학의 주요 관심사 가운데 하나로서, 통행공간을 사례로 삼아 이러한 주제들을 탐색하는 연구가 급증하고 있다."(pp.4~6)

　2000년대에 들어오면 교통지리학이 그동안 사람통행에 편중되어 왔던 점을 의식하여 화물 수송의 중요성을 강조하여 확대한 정의도 등장하며, 로드리그 등(Rodrigue et al., 2017)은 "교통지리학은 화물과 사람 및 정보의 이동을 다루는 지리학의 한 분야로서, 이러한 이동의 기점과 종점, 규모, 성격, 목적을 공간적 제약 및 속성과 연계시켜 살펴본다."고 하였다(p.1).
　국내에서는 한주성의 저서(1996)가 교통지리학 개론서로 오랫동안 이용되어 왔다.

　"교통지리학은 공간적 규칙성을 연구하는 계통지리학 중의 하나로, 다양한 교통양식에 의해 형성된 지역구조와 그 특성 및 형성 과정을 연구하는 과학이다. 따라서 교통현상의 공간적 혹은 지역적인 형성과 발전의 측면에서 교통현상을 이해하는 것이다. 교통지리학은 세계 각 지역의 교통의 발달 단계를 규명하고, 경제생활과 사회 및 문화에 대한 교통의 영향을 이해하며, 적절한 교통정책이나 지역계획을 수립하는 것이다."(p.12)

이러한 정의 아래 그는 교통기관의 발달과 공간변화, 교통망의 연결성과 구조 및 입지와 설계, 교통유동과 공간적 상호작용, 교통정책, 환경 및 에너지 등을 주요 주제로 다루었다.
　이상 몇몇 사례에서 내린 교통지리학의 정의들은 대체로 지리학의 전통으로는 공간과학의 관점을, 인식론으로는 논리실증주의에 조금 더 (또는 상당히) 기울어져 있다고 평가할 수 있다. 그러나 교통의 지리란 지리학의 세 전통을 모두 아우르는 것일 수밖에 없다. 교통은 지역성을 밝히는 데에도, 환경과의 교호작용을 이해하는 데에도, 공간구조의 형성을 설명하는 데에도 모두 관련되기 때문이다. 다른 학자들이 내린 정의와 이 책에서 언급한 교통지리학의 정의는 기본적으로 그 궤를 같이하지만, 가급적 지리학의 모든 관점, 곧 세 전통을 모두 수용하려 했다는 점에서 미세하나마 차이를 보인다고 자평할 수 있을 것이다. 교통지리학계의 선행연구들이 대체로 공간과학적 전통에 기울어져 있는 것은 사실이지만, 이는 교통현상의 속성이 공간과학 전통의 관점과 방법론에 더 잘 부합되는 데서 비롯된 것일 뿐, 교통지리학이라는 학문의 영역을 스스로 좁게 정의할 필요는 없을 것이다.

지리학의 여러 계통지리학 분야와 비교해 본다면, 교통지리학은 다면성이 뚜렷하여 지리학 내에서는 응용지리학, 경제지리학, GIS, 지역개발 및 계획, 관광지리학, 공간분석과 모델링, 도시지리학 등과 자연스런 연계를 가지고 있을 뿐 아니라, 지리학 바깥의 학문들과의 연계도 매우 긴밀하다. 특히 교통공학, 수리과학(수학, 통계학, 컴퓨터과학 등), 경제학, 사회학, 인구학, 지역계획학 등과 다루는 관심사가 중첩되어 학제적 성격이 강하며, 지리학 내부의 여러 하위 분야(이하 '계통지리학')에 못지않게 이들 인접 학문과도 가까운 입장에 있다. 교통지리학의 이러한 다면적이고 학제적인 성격은 종종 교통지리학의 지리학 내 정체성에 대한 의문으로 이어지는 빌미를 제공하기도 하였다.

호일과 놀스(Hoyle and Knowles, 1998)는 교통지리학의 다면성 때문에 그 접근법도 다양할 수밖에 없음을 강조하면서, 교통수단별 접근, 요인별 접근, 교통수요 접근, 문제대응식─응용적 접근의 네 가지를 제시하였다(pp.1-12). 교통수단별 접근은 육지의 철도교통과 자동차교통, 수상교통, 항공교통 등의 특성이 다를 수밖에 없는데서 연유한다. 요인별 접근법이란 교통망의 입지와 구조를 설명하는 데 지형 등 자연환경을 비롯하여 역사적, 사회적, 경제적 요인의 측면에서 접근하는 것을 말하며, 교통수요 접근법이란 사람과 차량 통행의 수요를 예측하는 데 쓰이는 여러 접근방법이 대표적으로, 주로 교통 계획과 정책 차원에서 활용되고 있다. 교통지리학은 응용적 측면이 다른 계통지리학들보다 더 강하다. 교통체증, 환경문제, 각종 교통투자 사업의 수립과 평가 등 일상의 문제에 대처해야 할 필요가 항상 생겨나기 때문에 응용적 접근 또는 문제대응식 접근이 필요한 것이다. 한주성(2010)은 이런 점에 주목하여 "교통지리학은 실용적인 학문이고 사회에 직접 봉사하는 학문"이라고 평하기도 하였다(p.16).

2. 교통지리학의 발달 과정

1) 교통지리학계의 패러다임 전환

지리학계에서 교통에 대해 관심을 보인 것은 19세기 유럽의 지리학 연구로 거슬러 올라간다. 그러나 당시에는 지금처럼 여러 계통지리학으로 분화되지 않았고 아직 '교통지리학'이라는 학문의 이름도 붙여지지 않았던 때로서, 교통 대신에 순환(circulation)과 같은 개념들이 사용되었다. 이때부터 20세기 전반까지는 지리학의 본령(本領)을 지역연구로 간주하는 관점이 우세하던 경향을 반영하여, 교통이란 지역성을 만들고 또 표출하는 한 요소로서 보았다. 교통수단, 화물 이동, 교통노선의 분류, 교통시설의 입지에 대한 해설이 이루어졌고, 가시적 교통경관의 특징에도 관심을 두었으며, 20세기 후반의 법칙 추구 및 모형화 경향에 비하면 기술적(記述的)인 성향이 강하였다. 이 시기에는 지리학을 환경—인간의 상호작용 연구로 보는 관점도 뚜렷하여, 자연환경의 제약이라는 측면에서 교통시설의 입지를 설명하는 일이 흔하였다. 그러나 아직 교통이 환경에 미치는 영향에 대해서는 지금처럼 관심이 크지는 않았다.

교통지리학의 역사에서 20세기 중엽은 중요한 분기점을 이룬다. 교통을 학술적 고찰대상으로 삼은 것은 매우 오래전부터이지만, 인문지리학을 포함한 여러 사회과학이 엄격한 이론과 방법론을 추구하는 '과학'으로서 정립된 것이 대체로 이 무렵이기 때문이다.

일찍이 1970년대 말 리머(Rimmer, 1978)는 교통지리학의 발달 과정이 지리학계 전반의 역사와 흡사함에 주목하여 4개의 시기, 곧 20세기 전반의 기술(記述) 시기(description phase), 1950년대와 1960년대의 계량화—예측 시기(quantification-prediction phase), 1970년대의 거부 시기(repudiation phase)와 방향 재정립 시기(redirection phase)로 나누고, 각 시대의 특징과 향후 교통지리학이 나아가야 할 방향에 대해 설파한 적이 있다. 지리학의 전통으로 본다면, 20세기 전반은 지역연구와 환경—인간의 상호작용 전통이 주류였던 시기였고, 제2차 세계대전이 끝난 이후 한동안 공간과학의 관점과 논리실증주의가 지리학계를 풍미하였다가 1960년대 말 이래 이런 흐름에 반발하는 움직임이 일었던 역사를 그의 교통지리학 발달 과정의 이름 짓기에 동원한 것이었다. 리머가 20세기 전반기의 교통지리학 역사를 기술 시기로 부른 것은 이 시기가 기록적 성격을 띠어서였기보다는 두 번째 시기가 법칙 추구의 경향을 강하게 띠었던 것과 대비시키기 위해 선택한 어휘였고, 세 번째 시기를 거부 시기라 부른 것도 지리학계에 널리 받아들여졌던 논리실증주의에 대한 비판과 반발을 반영하여 고른 표현이었다고 평할 수 있다.

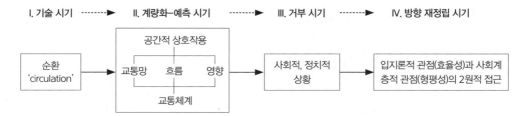

I. 기술 시기 ┈┈┈▶ II. 계량화–예측 시기 ┈┈┈▶ III. 거부 시기 ┈┈┈▶ IV. 방향 재정립 시기

순환
'circulation'

공간적 상호작용

교통망　흐름　영향

교통체계

사회적, 정치적
상황

입지론적 관점(효율성)과 사회계
층적 관점(형평성)의 2원적 접근

〈그림 17–2〉 리머가 제시한 교통지리학의 발달 시기 구분: 19세기~1970년대

주: 상자 안의 설명은 각 시기의 핵심관심사를 가리킨다.

출처: Rimmer, 1978. p.78. 필자 재구성.

국내에서 한주성(2010)은 리머와 대체로 비슷한 관점을 취하였으되 시기를 더 자세히 나누어, 맹아기(萌芽期, 1940년대 이전), 기술 단계(1940년대~), 계량적–예측적 단계(1950년대 말~), 행동론적 접근방법과 사회교통지리학의 대두 단계(1970년대~), 정책론적 시점의 도입 단계(1975년~), 다양화 단계(1980년~)로 나눈 바 있다.

이상과 같은 시기 구분과 이름은 당시 교통지리학의 발달 과정을 묘사하기에 적절한 것이었지만, 선행연구들에서 시기 구분과 평가가 이루어진 지도 이미 상당한 세월이 흘렀으므로 좀 더 장기적인 시간 틀에서 이 학문의 발달 과정을 조감해 볼 필요가 있다. 교통지리학은 1990년대 이래 괄목할 만한 재성장과 학문 영역의 재확장을 경험하였기에, 여기서는 20세기 중엽부터 1980년대까지와 1990년대 이래 현재까지의 두 시기로 크게 나누어 조감하기로 한다.

2) 1950년대~1980년대의 교통지리학

20세기 전반기는 두 차례의 세계대전과 경제공황 등으로 삶이 피폐하여 학문도 꽃피우기 쉽지 않았다. 이런 어려운 시기를 지나, 1940년대 후반과 1950년대에 학문세계는 놀라운 성장과 변화를 겪게 된다. 우선 제2차 세계대전이 끝나 평화와 안정을 되찾으면서 많은 인력이 대학교와 연구소로 돌아와 학문에 정진할 수 있게 되었다. 또한 경제의 성장과 더불어 자동차가 널리 보급되고 항공교통이 성장하면서 교통수요가 전반적으로 늘어났고, 도시화가 진행되어 교통체증이 심화되자 정부와 시민들이 도시의 교통 문제를 인식하게 되었으며, 정부의 연구용역이 발주 되는 등 학문에 대한 수요가 급증하게 되었다. 교통 표본자료가 수집되어 연구를 수행하기 위한 여건도 개선되기 시작하였고, 컴퓨터가 등장하고 통계학을 비롯한 각종 분석기법이 발달하여 연구 도우미들이 늘어난 것도 20세기 중엽에 학문이 융성하는 배경을 이루었다.

현대 학문은 미국의 영향을 많이 받았다고 말할 수 있으며, 지리학도 예외는 아니었다. 미국에서는 제2차 세계대전이 끝난 후 지리학을 재정립하려는 움직임이 활발하였고, 1954년에는 지리학계의 동향을 점검하고 향후 연구의 화두를 논하는 책 『미국 지리학의 현황과 전망』(James, Jones and Wright 편, 1954, *American Geography: Inventory and Prospects*)이 발간되기에 이른다. 이 책에서 언급된 지리학의 일부 하위분야에 대한 명칭은 훗날 해당 분야의 공식적인 명칭으로 굳혀지며, 교통지리학이라는 이름 짓기도 이와 때를 같이하였다. 종전에는 교통의 경제적 측면이 강조되었으며 교통지리학은 심지어 경제지리학의 한 분야로 간주되기도 하였지만, 이제 '교통지리학'이 지리학의 한 독립 분야로서 자리매김하게 된 것이었다.

지리학의 패러다임으로 말한다면, 1950년대는 자연환경–인간의 상호작용 전통과 지역성을 추구하는 전통에서 공간적 질서를 파악하려는 지리학으로 옮겨 가는 전환기였으며, 교통지리학에서도 교통을 지표의 여러 장소 간의 비슷하고 다른 정도를 파악하는 열쇠로 보려는 입장과, 공간의 연결 정도와 상호교류의 패턴을 보여 주는 지표로서 보려는 입장이 섞여 있던 시기였다. 위에 언급한 책 『미국 지리학의 현황과 전망』에 실린 얼먼과 메이어(Ullman and Mayer)의 교통지리학에 관한 글(1954)에서도 한 편으로는 지역연구를, 다른 한편으로는 중력모형 등 공간적 지리학의 추구를 주장하는 동시에, 교통과 환경의 관계에 대한 언급도 포함시키고 있어 전환기인 1950년대의 지리학계 양상을 뚜렷이 드러내고 있다(pp.311–332).*

1950년대 후반과 1960년대는 공간과학으로서의 지리학이 꽃피던 시기였고, 교통지리학은 이러한 패러다임 전환의 선봉장 구실을 하였다. '공간적 관점'이 '지역연구'와 '환경–인간의 상호작용' 관점보다 우세해졌으며, 법칙과 모형에 의한 간결한 설명과 예측을 추구하는 이른바 '계량혁명'의 시대가 되었다. 지표 위에서의 기능적 관계와 그것이 장기간에 걸쳐 고착되어 이루어지는 공간구조를 설

---

* 얼먼과 메이어(Ullman and Mayer)의 글은 발표된 지 이미 반세기도 더 지난 것이지만, 교통지리학 역사의 이정표가 된다는 점에서 그들이 주장한 11개 핵심 연구과제를 여기에 옮겨 본다.
1. 장소 간 관계의 지표로서 교통 연구
2. 항만, 항만의 교통량 및 배후지 연구
3. 교통체계의 비교 연구 및 비교 지표의 개발
4. 교통로의 유형과 입지
5. 유동자료의 구축
6. 교통수요의 예측
7. 교통유동의 분석과 효율성 평가
8. 화물 운임의 분석
9. 교통로와 자연환경 여건의 관계 연구
10. 기술이 교통비와 유동에 미치는 영향 분석
11. 중력모형

명하는 데 교통망과 흐름은 안성맞춤이었기에, 교통지리학은 지리학의 한 분야로서 독립하자마자 단숨에 지리학의 핵심적 위치에 자리하는 일이 벌어지게 된 것이다. 공간적 상호작용에 대한 관심은 나중의 중력모형과 퍼텐셜(potential) 등에 대한 연구로 진전되었으며, 경제활동의 입지와 지역 특화의 설명에 교통자료를 이용하고 도로의 변화가 미치는 영향을 분석하였으며, 그래프이론을 활용한 네트워크 분석, 시스템 분석, 확률이론과 계량기법 등이 대거 도입되었다. 이 시기의 시작을 주도한 학자들로는 미국의 얼먼(Ullman), 개리슨(Garrison), 벙기(Bunge), 그리고 대서양 건너편 영국의 해거트(Haggett), 촐리(Chorley) 등을 꼽을 수 있다.

이 시기의 연구물 가운데 절정을 이룬 것은 해거트와 촐리(Haggett and Chorley)의 네트워크 분석법에 관한 전문서(1969)와 테이프와 고디에(Taaffe and Gauthier)의 개론서(1973)였다. 해거트와 촐리의 저서 *Network Analysis in Geography*는 교통망뿐 아니라 하계망(河系網) 등 지리학자들이 관심을 보인 각종 네트워크를 대상으로 그 분석법을 소개하고 선행연구물을 심도 있게 논평한 획기적인 책으로, 주제의 다양함과 해설의 깊이가 압권이다. 교통지리학을 일반 독자의 눈높이에 맞추어 쉽게 풀어 쓴 개론서도 출판되기 시작하였으며, 이 가운데 테이프와 고디에의 개론서 *Geography of Transportation*은 영어권에서 파급력이 가장 컸던 책으로 꼽을 수 있다.

물론 이러한 획기적인 저서들이 출간될 수 있었던 데에는 수많은 선행연구들이 바탕이 되었다. 그 가운데 가장 이른 것으로는 미국 시카고대학교 지리학과에서 출판된 캔스키(Kansky)의 박사학위논문(1963)을 꼽을 수 있다. 캔스키는 그래프이론에서 개발된 네트워크 지수들을 활용하여 전국 철도망의 구조를 파악한 다음, 이를 국가별 경제, 인구, 자연환경과 연관 짓는 연구를 담고 있다. 이 논문을 통해 소개된 네트워크의 연결성 및 결절 접근성 지수들은 이후 수많은 사람들이 뒤따라 채용하는 등 학계에 큰 반향을 불러일으켰다. 영어권보다는 조금 늦은 1970년대에 우리나라에서도 네트워크 분석법이 개론서(장재훈 등, 1977)에 소개되고, 교통망의 분석을 다룬 석사학위논문(최운식, 1975; 김재한, 1979; 손영신, 1979 등)이 출현하게 된다.

1940년대 중엽에서 1980년대까지 40여 년의 기간 동안 전반기는 교통지리학이 지리학의 중심에 자리 잡아 꽃피우는 개화기였다면, 1970년대 이래 후반기는 전혀 다른 양상이 전개된 때로서 일종의 정체기로 평가할 수 있겠다. 인식론적 측면에서, 논리실증주의에 입각한 이론 추구 성향에 대한 회의와 더 적극적인 거부 움직임, 그리고 지리학의 전통으로 보면 공간적 관점에 경도되었던 데 대한 반성 등이 어우러져 교통지리학계에도 기존 연구 관행에서 벗어난 연구들이 등장하기 시작하였다. 종전처럼 모형 만들기를 통한 예측보다는 현상에 대한 이해를 강조하고, 사회적 형평성과 유관적합성(relevance)에 대한 관심이 늘어났으며, 행동론적 접근과 사회교통지리학이 등장하여 교통행동, 교통약자, 환경에 대한 관심이 고조되었다. 이러한 흐름을 주도한 학자들로는 엘리엇 허스트(Eliot Hurst), 애플야드(Appleyard), 멀러(Muller), 리머(Rimmer) 등을 꼽을 수 있으며, 교통망–흐름–배후지역이라는 전통적 어젠다보다는 사회–경제–정치 구조와 교통의 관계, 법적 제약(제도, 기구, 독점)과 이해집단의 로비 등이 교통수단의 분포에 미치는 영향, 교통 접근성의 형평성 등이 새로운 화두로 등장하였다.

1970년대 전반, 당시 경제지리학 분야의 대표적 학술지의 하나였던 *Economic Geography*가 사회 및 정치적 측면에서 교통 문제를 다루는 특집(1973, 주제: 'Transportation geography: societal and policy perspectives')을 발간한 것은 종래의 교통지리학 접근법과 거리를 두려는 경향을 구체적으로 드러내는 것이었다. 학계의 동향을 논평하는 성격의 학술지 *Progress in Geography*에서도 새로운 연구 동향을 소개하는 가운데, 멀러(Muller, 1976)가 '사회교통지리학(Social transportation geography)'이라는 제목으로 정치 및 경제적 구조와 교통체계 간의 연관성, 통행행태의 사회적 의미, 이동성 및 접근성의 사회계층 간 차등, 차량통행과 지역사회의 물리적 단절과 사회적 단절 등 당시로서는 매우 새로운 주제들을 소개하였고, 사회교통지리학 및 교통약자라는 표현이 널리 확산되는 계기를 만들었다. 비슷한 시기에 엘리엇 허스트(1974)는 교통지리학계의 대표적인 연구물들을 모아 자신의 논평과 함께 한 권의 책으로 묶어 냄으로써, 종래 교통지리학계의 연구성과를 정리하는 동시에 새로운 조류도 소개하였다.

이러한 글들의 출현을 신호탄으로 1970년대 중엽 이후에는 교통지리학자의 일부는 계량적 접근법에서 점차 떠나가는 한편, 일부 학자들은 좀 더 고급 수준의 정교한 이론과 방법론으로 파고드는 두 갈래의 흐름으로 갈라진다. 리머 등이 '거부의 시기'라고 불렀던 이 시기에 제기된 다양한 비판은 사회적 연관성이나 적합성은 도외시한 채 모형 만들기에 기울어졌던 학풍을 반성하여 '보다 인본적(人本的)인 교통지리학'을 지향하는 계기는 마련하였지만, 이러한 비판들이 한데 어우러져 이론체계로 진화하거나 적합한 연구방법론을 개발하는 데 기여하지 못하여 머지않아 퇴조하고 말았다.

1970년대에 이어 1980년대는 다양성의 시기라고 부르기도 하는데, 이는 주제나 방법론에서 구심점이 사라지고 초점이 분산되었다는 것으로도 볼 수 있어 '건강한 다양성'의 시기라고는 말하기 어렵다. 접근성, 이동성, 교통시설의 공간적 차별성과 집단적 차별성에 대한 연구, 규제 완화, 환경과 에너지 문제에 관한 교통정책 연구가 활성화된 점이 이때의 특징이며, 정치경제학적 입장에서 교통의 지리를 다룬 것도 1980년대의 주요 흐름의 하나였다고 평가할 수 있다. 그러나 급진적 지리학은 1991년 말 구소련의 붕괴 이래 새로운 설명틀을 찾아 여러 갈래로 분화되기에 이른다.

1970년대와 1980년대의 교통지리학을 총평하자면, 교통지리학자를 자임(自任)하는 연구자들의 수도 정체되었고, 교통지리학이 1960년대처럼 지리학의 중심에서 선도적 역할을 하지 못하고 변두리로 밀려났다는 자평(自評)도 종종 볼 수 있어 혼돈과 정체의 시기였다고 말할 수 있을 것이다.

1970년대와 1980년대에 한국의 교통지리학은 서구처럼 정체를 겪지는 않았다. 본래 교통지리학 연구자의 수가 많지 않았으므로, 적어도 양적인 면에서는 정체보다는 조금씩이나마 연구자의 수가 늘어 나갔다. 연구의 관심은 통근 양상, 어린이의 통행과 같은 사람통행 및 화물 운송에 맞추어져 있었으며, 교통계획이나 교통정책 등 응용에 관련된 연구물은 드물었다. 이 시기의 한국의 교통지리학 역사는 한주성의 논평(1988)이 잘 정리하고 있으며, 시기적으로 조금 늦기는 하였지만 사회교통지리학의 동향도 노시학(1998), 노시학과 최유선(1999)에 의해 소개되기에 이른다. 특기할 만한 것으로는 고려 및 조선 시대의 교통로와 교통수단, 근대의 개항장과 철도 역전취락, 도시 내에 남아 있는 옛길 등을 역사지리적 관점에서 다룬 연구물이 적지 않으며, 21세기인 지금에도 그 연구 전통이 꾸준히 이어져 내려오고 있다는 점이다. 우리 옛일에 대한 자료가 부족하고 그나마 시간이 흐르면서 산실(散失)되고 있는 점을 감안할 때, 이러한 역사지리학적 연구성과는 현재를 이해하기 위해서도 소중한 것일 수밖에 없다.

3) 1990년대 이후의 교통지리학

1990년대 및 이후 교통지리학계는 전공학자들의 수, 연구활동의 양과 수준, 인접 분야와의 연계 등 여러 면에서 20세기 중엽에 못지않은 획기적 성장과 발전을 이룩하여, 재도약기라고 이름 붙일 만한 시기를 맞이하였다.

(1) 전문학술지의 등장

이 시기에 가장 눈여겨볼 사건으로는 교통지리학 전문학술지인 *Journal of Transport Geography*의 창간(1993)을 꼽을 수 있다. 이 학술지의 창간을 주도적으로 이끈 것은 영국 지리학계(Royal Geographical Society 및 Institute of British Geographers)의 교통지리학연구회(Transport Geography Research Group, 1972년 창립)로서, 대서양 건너편 미국지리학회(American Association of Geographers)의 교통지리학 연구분과회와 협력을 지속한 결과물로 평가할 수 있다. 이 학술지의 출간으로 교통지리학자들은 그들의 연구성과를 발표할 독자적 공간을 확보하였고, 교통지리학계의 폭풍 성장을 이끌어 내었다. *Journal of Transport Geography*는 국제지리학계의 핵심 학술지 가운데 하나로 자리매김하였고, 독자층은 외연으로도 넓게 확장되어 자신을 교통지리학 전공자라고 생

각하지 않는 연구자들도 널리 투고, 구독하기에 이르렀다.[*]

이 밖에 범지리학계의 학술지 *Progress in Human Geography*도 교통지리학계의 연구 동향을 점검하고 나아갈 바를 모색하는 데 기여하였다. 본래 *Progress in Geography*로 출발(1969)한 이 학술지는 독자층이 늘어나면서 자연지리학계를 위한 *Progress in Physical Geography*와 인문지리학계의 *Progress in Human Geography*로 분화(1977년)되었다. 이 학술지는 *Journal of Transport Geography*가 창간될 때까지 20여 년간 'Progress Reports' 등의 특집란을 통해 학문의 근황을 알리고 향후 연구주제를 제안하는 역할을 꾸준히 대신해 왔고, 지금도 이런 특집란은 지속되고 있어 교통지리학계의 또 다른 향도자의 역할을 하고 있는 셈이다. 1990년대는 또한 여러 개론서의 개정판, 곧 테이프 등의 *The Geography of Transportation* 제2판(1996), 핸슨(Hanson)의 *The Geography of Urban Transportation* 제2판(1995), 호일과 놀스의 *Modern Transport Geography* 제2판(1998)이 발행되어, 교통지리학의 교육과 확산에도 널리 기여한 시기이다.

(2) 연구주제들

1990년대 이래 교통지리학계에서는 시대상을 반영하는 연구들이 많이 수행되었다. 전술한 바와 같이 학술지 *Journal of Transport Geography*가 창간될 때 편집장 놀스(Knowles)는 전 세계 학자들을 대상으로 델파이 조사를 시행하여 향후 주요 연구과제에 대한 의견을 수렴하고 그 결과를 창간호의 첫 글(Knowles, 1993)로 실었으며, 이듬해에 다시 몇 가지 연구과제를 추가하였다(Knowles, 1994). 이들을 종합하면 다음과 같은 과제군으로 묶어 볼 수 있다.

(1) 정치와 교통: 국제정세, 개발도상지역의 민주화 등 정치적 변동 및 민영화와 개방정책이 교통에 미치는 영향, 세계적 교통기업과 동맹체의 출현 등

(2) 교통기반시설 투자의 영향: 대규모 투자사업과 불균등 발전, 성장거점으로서의 터미널, 항만의 수변공간 및 철도 유휴부지 등 교통기반시설의 재개발, 질병과 범죄 통로로서의 교통로, 도시 궤도교통수단의 효율성 등

(3) 거리조락성의 완화: 교통혁신과 입지, 교통수단 간 연계와 경제 통합, 물류 혁신 등

---

[*] 다른 범교통학계 학술지들도 대거 출현하여 교통지리학과 인접 분야의 교류를 돕게 되었다. *Journal of Transport Geography*보다 10여년 일찍 창간(1981)된 *Transportation Reviews*는 그 제목이 가리키듯이 교통 분야의 연구 동향을 파악하고 진로를 탐색하는 것이 주요 기능이다. 이 밖에 *Transportation Research, Transportation Research Board Record, Transportation, Transportation Quarterly*(구 *Traffic Quarterly*) 등도 교통연구 전반을 아우르는 학술지이다.
이 가운데 *Transportation Research*는 여러 부문으로 나누어 별개의 학술지처럼 발간되고 있다. Part A: Policy and Practice, Part B: Methodology, Part C: Emerging technologies, Part D: Transport and the Environment, Part E: Logistics and Transportation Review, Part F: Traffic Psychology and Behaviour.

(4) 이동성 및 접근성의 격차

(5) 환경 및 에너지: 영향 평가 및 대책, 지속가능한 교통

(6) 여가활동, 관광, 생활양식(life style)의 변화와 교통: 방대한 구매력, 패키지 관광, 은퇴 후 이주, 이동형 주택 등

(7) 연구 방법론과 자료: 교통과 토지이용의 상호작용 분석 방법, 더 정교한 예측 기법, 알맞은 자료 등

(8) GIS 및 정보통신기술: 교통 운영과 계획을 위한 지리 정보, 교통지리정보시스템(GIS-T), GPS, 길안내 시스템(navigation systems) 등

이렇게 제시되었던 연구과제들은 21세기인 지금까지도 교통지리학계의 주요 연구주제로 구현되고 있으며, 이 시기의 연구 동향은 고츠 등(Goetz et al., 2003), 블랙(Black, 2004), 쇼와 시더웨이(Shaw and Sidaway, 2010), 슈바넌(Schwanen, 2016) 등을 참고할 수 있다.

교통에 변화를 가져다주는 동인과 연계하여, 현시대 교통지리학계에서 눈여겨볼 연구 흐름들을 정리하면 다음과 같다. 첫째, 교통수요 부문에서, 사회 및 인구구조의 변화와 관련한 연구가 이어지고 있다. 한국뿐 아니라 세계 각국에서도 고령화와 저출산 추세로 가구 규모가 축소되고 가구 구성이 바뀌고 있으며, 여성의 역할과 사회참여 양상이 과거와는 크게 달라지고 있다. 이러한 인구 및 사회적 변화가 교통, 특히 통행에 어떤 함의를 가지며, 어떤 교통정책으로 대응해 나가야 하는가는 주요 관심사가 아닐 수 없다.

둘째, 제도와 정치 및 경제 부문에서, 민영화와 규제완화, 민주화, 세계화 추세는 방대한 연구물을 생산하였다. 민영화와 규제완화는 교통지리학계를 지배하였던 주제 가운데 하나로서 제도적 쟁점들이 많이 다루어졌으며, 철도와 항공교통 분야에 연구가 집중되었으되 자동차교통 부문은 관련 기업들이 자료 공개를 꺼린 탓에 연구의 축적이 상대적으로 적었다. 지정학적 관점에서는 한동안 세계화를 다루는 연구가 성행하였다가, 21세기에 들어와 보호무역주의가 다시 등장하는 데 발맞추어 연구의 초점이 바뀌고 있다.

셋째, 기술 부문에서, 정보통신기술의 활용, GIS-T, 효율적 교통망의 디자인 등은 교통지리학계에서 과거부터 꾸준히 이어 오던 연구흐름의 하나로, 지능형 교통체계(ITS)를 비롯하여 새 연구주제가 날로 늘어나고 있다. 교통망의 디자인에서는 종래 전 세계~지역 범위의 거시적인 교통망 디자인이 인기였으나, 자율주행차의 출현 등 기술적 혁신으로 장차 소형 차량이 더욱 많이 쓰일 것을 내다본 하위 교통망의 디자인 연구가 시작되고 있는 것도 흥미로운 추세이다.

넷째, 환경 부문에서, 지속가능한 교통에 대해 연구가 많이 생산되고 있다. 초기에는 지속가능성

이라는 주제를 환경문제로 국한하여 다루는 추세였지만 이제는 환경 정의(사회 및 경제 환경까지 포함)까지 그 범위를 넓혔고, 나아가 사람들의 건강에도 관심을 두어 걷기와 자전거 타기 등 이른바 '활동성 통행'에 대한 연구가 급증하는 추세를 보이고 있다.

이 밖에 관광(유람선 여행 등)과 순례 등 종래 교통지리학의 통행연구 범주에서 다소 비껴나 있던 활동들도 연구대상으로 포함되는 경향이 뚜렷하다.

(3) 1990년대 이래 한국의 교통지리학 동향

1990년대 이래 국외 교통지리학계가 재성장기를 맞이하였듯이, 한국에서도 같은 기간 동안 교통지리학 연구가 크게 활성화되었다. 국내 교통지리학이 1990년대부터 활성화되는 추세는 학술지를 통해 발표된 연구물을 통해 잘 엿볼 수 있다. 한국에서는 외국처럼 교통지리학 전문 학회와 학술지는 아직 없지만, 1990년대부터 국내에서 여러 지리학회가 만들어지고 학술지들이 속속 창간*되면서 연구의 발표와 교류 창구가 넓어진 것이다.**

국내 교통지리학의 동향을 이해하기 위해 지리학계 학술지에 실린 교통 관련 논문을 기간별로 정리해 보면 〈그림 17-3〉과 같다. 국내 지리학계 학술지에 등장한 논문 편수는 1970년대에 5편에 불과하였지만, 1980년대를 지나 1990년대부터 급증하기 시작하였고, 21세기에 들어와 증가 추세가 더욱 가팔라지고 있다.*** 이는 앞에서 밝힌 것처럼 1990년대부터 지리학 학술단체가 늘어나고 학술지가 대거 창간되어 연구성과의 발표 창구가 늘어나고 다양화된 것을 직접적인 원인으로 꼽을 수 있다. 이 밖에 정부기관을 중심으로 연구에 필요한 자료가 많이 구축되고 공개된 점도 연구논문 증가세를 돕는 중요한 요인으로 볼 수 있을 것이다.

---

* 대한지리학회지(1963년 창간), 국토지리학회지(1973년 창간), 문화역사지리(1989년 창간), 한국지리환경학회지(1993년 창간), 사진지리학회지(1993년 창간), 한국지형학회지(1994년 창간), 한국지역지리학회지(1995년 창간), 한국경제지리학회지(1998년 창간), 한국도시지리학회지(1998년 창간), 한국지도학회지(2001년 창간), 한국지리학회지(2012년 창간)

** 지리학계 밖으로도 교통연구는 매우 활발하다. 교통관련 학술단체로는 대한교통학회, 한국철도학회 등 다수의 학회들이 구성되어 각각 학술지를 간행하고 있다. 연구기관으로는 한국교통연구원(koti.re.kr)이 있으며 『교통정책연구』를 비롯한 출판물을 발간하고, 국토교통부의 국가교통데이터베이스(KTDB, www.ktdb.go.kr) 운영도 대행하고 있다. 또한 중앙정부의 출연기관인 국토연구원을 비롯하여 각 지방자치단체가 출연한 연구기관들에서도 교통 관련 연구물과 자료를 생산하고 있다.

*** 물론 국내에서 교통 관련 연구물이 지리학술단체의 정기간행물에만 실렸던 것은 아니다. 20세기 후반기에는 다수의 연구물이 여러 대학교와 지리계 학과의 (준)정기간행물을 통해 발표되기도 하였으며, 미간행 석사 및 박사학위 논문도 다수 있었다. 그러나 지리학술지가 여럿 창간됨에 따라, 20세기 말경부터는 연구물의 발표 창구가 학술지 위주로 바뀌어 가고 있는 추세이다.
한주성(1988)은 지리학술단체의 출판물 이외에 대학교와 지리계 학과의 간행물을 통해 발표된 논문과 미발표 석사 및 박사학위 논문, 그리고 단행본까지 폭넓게 조사한 적이 있다. 이에 따르면 옛 육상교통에 관한 역사지리학적 연구(이성학, 1968)가 국내 최초의 교통 관련 연구물이었으며, 1966~1970년에 1편, 1971~1975년에 8편, 1976~1980년에 18편, 1981~1985년에 39편이 발표되었다. 이는 〈그림 17-3〉에 제시한 통계보다 시기도 더 거슬러 올라가고, 시기별 발표논문 수도 훨씬 많은 것이다.

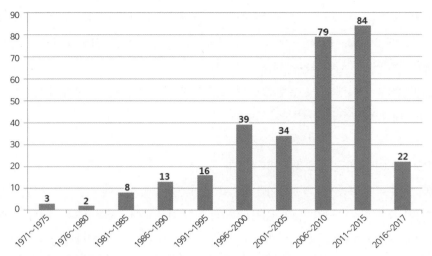

〈그림 17-3〉 국내 지리계 학술단체의 학술지에 게재된 교통의 지리 관련 논문 수, 1971~2017년

　다음에서는 1971년부터 2017년까지 발표된 논문 총 300편의 내용을 살펴보기로 한다. 연구논문의 발표 시기는 1970년대와 1980년대도 포함되지만 이 기간에 발표된 논문은 전체 논문 300여 편의 1/10에도 못 미치므로, 아래 설명은 사실상 1990년대 이래 한국 교통지리학의 연구 동향을 요약하는 것이라고 말해도 큰 무리는 없을 것이다. 〈그림 17-4〉는 논문에서 다룬 주제들을 이 책의 체제(서론, 제1부 지역교통, 제2부 도시교통, 제3부 네트워크와 흐름, 제4부 미래의 교통)에 맞추어 분류해 본 것으로, 특정 주제집단에 집중되지 않고 전 분야에 걸쳐 비교적 고르게 나뉘어 있는 특징을 보이고 있다. 논문들의 저자 역시 인문지리학은 물론 자연지리학과 지도학 및 GIS 전공자에 이르기까지 지리학의 전 분야를 망라하고 있다.

　연구논문들을 지리학의 전통 측면에서 보면, 지역성, 공간조직, 환경–인간의 상호작용 연구라는 지리학의 세 전통을 모두 볼 수 있다. 그러나 지역성과 환경–인간의 상호작용 연구의 전통을 따른 연구물은 적고, 공간연구 전통이 압도적인 비중을 차지한다. 지역연구 전통은 전 기간을 통해 비교적 고르게 이어진 반면, 생태적 관점의 연구는 2000년대와 2010년대에 집중되고 있는데, 최근에 환경문제와 지속가능성이 사회적 관심사가 된 점과 관련이 있을 것이다. 환경 측면에서는 대기오염, 미세먼지, 교통사고 등 다양한 주제가 다루어지는 가운데, 2010년대에 자전거 통행에 대한 연구가 여러 편 등장하여 지속가능한 교통에 대한 연구지평이 더욱 넓어지고 있다.

　하위의 세부 연구주제로 보면, 교통망, 교통흐름, 배후지라는 3대 핵심주제에 관한 연구물이 역시 많고, 이 밖에 사람들 특히 도시민의 통행행동에 대한 연구물도 적지 않다. 교통망에 관한 연구는 도

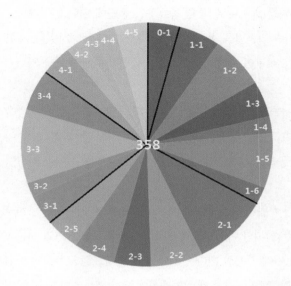

주제별 논문 수(편, %)

0-1: 접근성, 시간거리(15, 4.2%)
1-1: 지역교통, 교통투자(19, 5.3%)
1-2: 수상교통, 항만(25, 7.0%)
1-3: 항공교통, 공항(17, 4.7%)
1-4: 철도교통(8, 2.2%)
1-5: 도로교통(26, 7.3%)
1-6: 물류(8, 2.2%)
2-1: 도시교통(35, 9.8%)
2-2: 통행행동(24, 6.7%)
2-3: 여성, 노인, 어린이의 통행(17, 4.7%)
2-4: 통근, 통근권(19, 5.3%)
2-5: 교통수요 분석, 정책(15, 4.2%)
3-1: 네트워크 분석(15, 4.2%)
3-2: 상호작용모형(7, 2.0%)
3-3: 유동 분석(35, 9.8%)
3-4: 최적화(20, 5.6%)
4-1: 지속가능교통(14, 3.9%)
4-2: 사회적 형평성(8, 2.2%)
4-3: 정보통신기술(6, 1.7%)
4-4: GIS(10, 2.8%)
4-5: 논평, 이론(15, 4.2%)

〈그림 17-4〉 국내 학회지에 게재된 교통의 지리 관련 논문의 주제, 1971~2017년

주: 학회지 게재 논문은 300편이지만, 복수의 주제를 다룬 경우에는 중복 계수하여 358개의 주제를 분류하였다.

로망, 철도망, 항공교통망의 역사적 전개 과정을 추적하는 연구와 네트워크 분석법을 활용하여 교통 망의 구조를 파악하는 연구가 두 개의 큰 흐름을 이루고 있으며, 네트워크 분석법의 연구에서는 21 세기에 들어와 사회망 분석법 이용이 뚜렷이 증가하는 추세를 보이고 있다. 항공교통 분야에서는 세 계 및 지역의 도시체계를 파악하는 지표로서 항공교통자료를 이용한 경우가 적지 않다.

교통흐름에 관한 연구에서는 유동자료 특히 유동행렬의 분석과 최적화 연구가 대종을 이루며, 상 호작용모형(중력모형)을 다룬 연구물은 드물다. 최적화 연구에서는 입지-배분 모형의 적용 사례가 네트워크 알고리듬을 다룬 사례보다는 월등히 많으며, 유동자료의 분석에서는 결절류 분석법과 요 인분석법의 사용이 대부분이다. 유동자료의 분석이 많아진 것은 이 분야가 갑자기 쟁점이 되어서라 기보다는 국가교통DB를 비롯해 사람통행과 화물 유동에 관한 자료가 대폭 늘어나고 접근도 쉬워진 점과 연관이 있어 보인다.

배후지 연구는 '교통과 지역' 및 '교통과 도시'라는 표현으로 바꾸어 볼 수 있다. 교통과 지역이라는 주제는 오래전부터 이어져 온 주제로서, 역사적 접근이 꾸준히 이어지고 있다. 국제물류 및 국내 화 물 수송 부문에서 배후지와 지향지, 접근성에 근거한 도시권, 역세권 설정과 배후지 내의 토지이용 및 지가 분포, 관문으로서의 항만과 항만도시, 공항과 공항도시, 터미널, 도시철도의 역세권 등 교통 결절에 대한 관심의 비중이 컸다.

사람통행은 논문 편수가 많은 주제 가운데 하나로, 통행 종류로는 통근에 대한 연구가 압도적인 비중을 차지하고, 접근법으로는 활동기반 접근법을 채용한 연구가 21세기에 급증하였다. 또한 사회적 형평성이라는 화두와 관련하여 노인, 어린이, 여성, 외국인 등 교통약자에 관한 연구 역시 늘어나는 추세이다.

연구 동향에 대한 논평, 새로운 연구 조류의 소개도 논문 편수는 많지 않지만 상당한 비중을 차지하였다. 1980년대 중엽까지의 교통지리학 연구 동향은 한주성(1988)에 의해 분석되었으며, 이 밖에 국제물류(한주성, 1998), 교통사슬 및 공급사슬(한주성, 2009) 등 특정 주제와 관련된 국내 연구 동향도 꾸준히 소개된 바 있다.

교통자료의 시각화(지도화), GIS의 활용 등에 관한 연구물은 그 편수는 많지 않지만 꾸준히 이어지고 있다. 지금은 정보통신의 시대라고는 하지만 아쉽게도 정보통신기술과 교통을 연관 지은 연구물은 매우 적은데, 모바일 시대의 역사가 아직 일천한 데다 연구에 필요한 자료를 구득하기가 쉽지 않은 점이 가장 큰 걸림돌이었을 것으로 추측된다. 이 밖에 교통계획에 관한 연구물이 한 편도 없어 교통지리학이 본래 응용학문의 성격을 어느 정도 띠고 있는 점으로 보면 이례적이라 할 수 있겠는데, 이는 국내에 교통계획 관련 전문학술지가 여럿 있는 점과 관련이 있을 것이다.

3. 새로운 조류

1) 시간지리학과 네트워크 지리학의 부활

최근 지리학계 전반에서 볼 수 있는 두드러진 경향 가운데에는 과거 1950년대부터 1970년대에 걸쳐 풍미하였던 시간지리학과 네트워크 분석법이 다시 화두로 떠오르고 있다는 점을 꼽을 수 있다. 이런 현상은 이 장의 첫머리에서 언급하였듯이 한 시대를 풍미하였던 패러다임이 '혁명적'으로 타도당해 아예 사라지기보다는 잠시 동면기에 들어갔다가 시대상에 맞추어 새 모습으로 되돌아오는 또 다른 보기가 될 것 같다.

시간지리학은 1960년대와 1970년대에 스웨덴과 미국에서 비롯된 조류로서, 지리학이 장소와 지역 등 공간적 측면에 초점을 맞추어 온 데서 벗어나 시간이라는 차원을 덧붙여 학문의 폭과 깊이를 넓히려 의도하였다. 시간지리학은 특히 공간확산(空間擴散, spatial diffusion)이나 하루의 통행궤적처럼 공간과 시간이라는 2개의 축 위에서 일어나는 현상을 다루기에 알맞은 관점으로서, 한때 지리학계를 풍미한 적이 있었다. 그러나 시간지리학은 시간이라는 차원을 공간과 아울러 다루는 방법론이 성숙하지 못하여서인지 점차 퇴조하였다가, 다양한 분석기법들이 도입되고 GIS의 발달에 힘입어 다시금 지리학자들의 주요 관심사로 떠올랐다. 교통지리학 분야에서 이러한 동향에 발맞추어 등장한 것이 이른바 활동기반 접근법으로서, 시간을 사람에게 주어진 자원이자 제약으로 보고 통행을 분석하려 한다는 점에서 관점과 방법론을 시간지리학과 함께 나누고 있다. 시간지리학과 활동기반 접근법의 동향과 국내 연구성과는 조창현(2013)에 의해 소개된 바 있다.

지리학계 전반에 걸쳐 볼 수 있는 또 다른 동향은 네트워크 분석법의 부활로서, 가히 '네트워크 지리학'이라 부를 수 있을 만큼 뚜렷한 동향을 이루고 있다. 지리학계에서는 그동안 지역(面)과 장소(點)의 이해에 더 치우친 반면, 선(線)과 망(網) 그리고 흐름에 대한 관심은 조금 뒤처졌으며, 네트워크 지리학은 이처럼 소홀했던 부분을 보완하는 의미가 있다고 평가할 수 있다. 20세기 중엽에 공간과학으로서의 지리학이 정립되면서 점(點)으로서의 장소와 면(面)으로서의 지역에 덧붙여 선(線)으로서의 네트워크도 새 지리학의 핵심요소로 부각되었고, 네트워크 분석법에 대한 관심은 폭발적으로 늘어나게 되었다. 그러나 계량적 접근법에 대한 비판과 더불어 네트워크 분석은 지리학자들의 관심에서 한때 멀어졌지만, 1990년대에 들어와 화려하게 부활한 것이다. 한국에서도 지하철 노선망을 다루기 위해 그에 알맞은 네트워크 알고리듬을 개발하는 등의 연구활동을 비롯하여 다방면에서 네트워크 분석법이 쓰이고 있다. 네트워크 접근법에 대한 글의 모음집(허우긍, 박배균, 손정렬 편, 2015)도 최근 발간된 바 있다.

최근의 네트워크 연구는 대체로 세 가지 흐름을 띠고 있다. 우선 분석도구 내지 방법론으로서의 네트워크 연구는 좀 더 정교해져서, 네트워크의 평형 문제, 디자인, 시시각각으로 바뀌는 도시환경에서 교통흐름의 최적화를 추구하는 새로운 알고리듬 개발 등 고급 수준의 연구물들이 꾸준히 이어지고 있다.

둘째, 비단 교통망뿐 아니라 다른 사회기반시설 네트워크에도 관심이 늘어난 것을 꼽을 수 있다. 네트워크는 실물(實物)로 존재하면서도 눈에 잘 뜨이지 않는 경우가 많고, 눈에 잘 뜨이는 시설이라 하더라도 우리가 너무나 당연시하여 오히려 잘 보지 못하는 경우도 있었다. 그러나 자연재해, 테러, 운영의 실수 등으로 말미암아 대규모의 네트워크가 제대로 작동되지 못하는 일이 생기면서 사람들은 네트워크의 존재와 가치를 새삼스레 깨닫게 된 것이다. 사태나 지진 등으로 인한 기반시설의 붕괴, 대규모 정전 사태, 테러로 말미암은 통신망의 붕괴 등이 그 보기로, 시스템의 안전, 네트워크 내부의 취약한 부분의 파악, 우회 네트워크의 마련 등이 화제로 떠오르게 되었다.

셋째, 네트워크 연구 초기에는 교통망이나 하계망 등 가시적이고 구체적인 대상에 치우쳤다가, 최근에는 사람, 조직, 국가 간의 관계 등 비가시적인 현상에까지 연구의 지평이 더욱 확장되는 경향을 띠고 있다. 기업의 네트워크, 도시 네트워크, 사회 네트워크, 지식 네트워크 등에 대한 무수한 담론이 그 보기이다. 정보통신기술이 이루어 놓은 사이버 공간에 대한 분석이 늘어나고 있는 것 역시 같은 맥락이다. 이런 새 경향에서 주목할 점으로는 국내외 학계를 막론하고 사회망 분석법을 사용하는 일이 부쩍 늘었다는 것이다. 사회학에서는 일찍부터 네트워크 구성원 사이의 권력 관계와 영향, 곧 우세성, 계층, 중심성, 관계의 비대칭성 등에 관한 이론과 방법론이 발달되었다. 사회망 분석법이 이처럼 관계 네트워크를 들여다볼 수 있도록 도와준다는 점이 지리학자들의 구미를 당기게 하였을 것이다.

2) 사회과학계의 모빌리티 연구

(1) 연구 영역과 방법

1990년대 이래, 특히 2000년대에 들어와 사회과학계 전반을 풍미하고 있는 또 다른 동향으로는 이른바 '모빌리티(mobilites) 연구'를 들 수 있다.* 일명 '모빌리티 패러다임'이라고도 부르는 새 동향은 사람과 화물의 이동을 다룬다는 점에서 교통지리학 및 범교통연구와 그 대상이 같지만, 이동을 바라보는 시각과 연구방법론에서 큰 차이를 보인다.

새 패러다임을 가리키는 표현으로 모빌리티를 단수(mobility)가 아니라 복수(mobilities)로 표현하는 데에는 그만한 이유가 있다. 모빌리티 연구에서는 모든 이동 수단과 주체 및 유형의 움직임, 그리고 공항, 기차역, 버스 터미널, 화물 터미널 등 사람과 화물 및 정보의 움직임을 돕는 모든 고정 시설물도 관심대상에 포함시킨다. 움직임에는 통근이나 장보기와 같은 일상적인 통행뿐 아니라 관광지로의 여행과 인구의 이동, 더 나아가 실제 이동은 물론 소설 속의 이동도 포함된다. 이동주체로는 사람과 화물 말고도 인터넷에서 흐르는 정보, 은밀하게 이동되는 총기, 마약, 술과 담배, 위조 화폐, 훔친 물건(贓物), 전염병 병원체들도 해당된다. 최근에는 여기서 한 걸음 나아가 이동성뿐 아니라 휴식, 고요함, 체류, 계류(繫留), 정체와 같은 비이동성도 모빌리티 패러다임의 관심사라고 주장하기도 한다(Cresswell, 2012).

모빌리티 패러다임의 등장은 영국의 사회학자인 우어리(Urry)에 의해 주도되었다. 그는 사회과학

---

* mobility는 이동성과 기동력을 뜻하는 단어로서 한글로 적는 것이 불가능한 것은 아니지만, 그 독특한 학술적 색채를 살리기 위해 '모빌리티'라고 적기로 한다.

이 정적(靜的)이라고 비판하면서 움직임에 대한 연구를 주창하여, 영국 랭커스터대학교에 모빌리티 연구센터를 설립하였고, 더 나아가 2006년에는 전문학술지 *Mobilities*를 창간하였다. 이후 이동성에 대한 출판물은 봇물을 이루고, 우어리 자신도 2007년에 단행본 *Mobilities*를 출간하였으며, 2009년에는 첫 개론서(Adey, 2009)가 출판되기에 이른다. 새 패러다임은 이제 영국의 소수 사회학자들을 벗어나 세계 각지의 사회과학계 전반으로 확산되고 있으며, 연구물 가운데 절반 정도는 자신이 모빌리티 연구자라고 생각하지 않는 사람들에 의해 이루어지고 있다. 모빌리티에 관한 연구물이 증가하면서 지리학계에서도 교통, 일상 통행, 관광, 인구 이동, 기타 이동성 및 비이동성에 대한 연구들이 영향을 받고 있다. 지리학계의 모빌리티 연구에 관한 개관과 동향은 학술지 *Progress in Human Geography*의 Progress Reports를 통해 꾸준히 정리–소개되고 있으며, 미국지리학회 학술지에서도 특집으로 자세하게 다룬 바 있다(Kwan and Schwanen, 2016). 국내에서도 모빌리티 연구가 지리학에 기여하는 바가 무엇인지 탐색하고(이용균, 2015), 모빌리티를 구성하는 요소들과 구체적 측정변수들이 제안(윤신희, 노시학, 2015, 2016)되기도 하였다.

지리학계로 보면 mobility라는 어휘는 물론 새로운 것이 아니다. 예전부터 지리학자들은 개인과 가구 단위의 거주지의 이동, 일상생활에서의 통행, 사회 신분의 상승, 가축의 이동 등을 가리키는 데 쓰여 왔다. 다만 2000년 이래 그 의미와 지시 대상(referent)이 달라져 누구의 어떤 이동성인가 하는 질문과 연관되어 쓰이기 시작하였으며, 그 의미가 확대되어 잠재적 이동이나 기동력까지도 가리키게 되었다. 기본적으로 모빌리티는 2개의 영역, 곧 (1) 이동이라는 객관적, 일차적 영역과 (2) 그에 대해 인간이 덧붙인 것들(의미, 느낌, 인식, 기분 등)을 가리키는 질적, 이차적 영역으로 구성된다. 모빌리티 주창자들에게 모빌리티란 일차적 영역을 넘어서는 것으로, 사회가 이동에 부여한 의미와 체화(體化, embodied)된 행위이다(Cresswell, 2011). 따라서 모빌리티를 기능으로 단순화하는 것은 모빌리티를 격하시키는 것이라고 간주한다.

'기존 사회과학은 움직임이 없다'는 비평에서 출발한 모빌리티 연구는 그 방법론도 기성 방법론과는 당연히 다를 수밖에 없다. 셸러와 우어리(Sheller and Urry, 2006)는 모빌리티 연구의 방법론으로 다른 사람들과 같이 걷기 등을 이용한 이동식 참여관찰(mobile ethnography), 공간–시간 일지의 기록(이것은 교통지리학에서 쓰이는 활동일지나 통행일지와 크게 다르지 않다!), 소설의 분석 등을 통한 상상의 여행, 사진, 편지, 영상, 기념품 등을 활용하여 이동에 관한 기억을 활성화시키기, 대합실, 카페, 놀이시설, 공원, 호텔, 공항, 역, 항구와 같은 환승점(transfer points) 연구 등을 제안한 바 있다. 물론 모빌리티 연구의 방법론이 이들에만 국한되는 것은 아니지만, 대체로 정량적 분석보다는 질, 감성, 경험, 정치적 의미 등을 다루는 정성적 방법들이 쓰이고 있다고 총평해도 무방할 것이다.

(2) 교통지리학과 모빌리티 연구

모빌리티 연구자들은 '이동'이라는 동일 대상을 다루는 교통지리학에 대해 쓴소리를 마다하지 않는다. 그들에 의하면, 교통지리학자들은 모빌리티의 풍요로운 의미를 이동(movement)이라는 차가운 사실로 바꿔치기했으며, 일반화와 단순화라는 악성(惡性) 과정을 통해 이질감을 주는 기능으로 변조하였다는 것이다. 모빌리티 패러다임의 모토는 '우리의 관심사는 단순히 한 장소에서 다른 장소로 옮겨 가는 것에 그치지 않는다(it's about more than getting from A to B)'는 것이며, 자신들의 새 패러다임이 교통지리학에 비해 더 너른 시야(holistic view)를 갖추었다고 믿는다.

이러한 평가에 대해 교통지리학자들은 당연히 불편할 수밖에 없다. 모빌리티를 이해하고 분석하기 위해 택한 방법론들은 추상화의 양식이 다른 데서 연유하는 것일 뿐 어느 것이 더 낫다고 단정할 수는 없으며, 모빌리티 연구는 과잉 이론화, 과잉 개념화되었다고 평가절하하기도 한다. 또한 교통지리학자들에게는 정책 참여 전통이 있지만, 정책 토론에 참여하지 않는 모빌리티 연구는 학계 외에는 파급력이 적어 곧 소멸될 것으로 전망하기도 한다(Shaw and Hesse, 2010).

그러면 두 학문 진영 사이에 접점은 있는 것인가? 모빌리티 연구가 지리학계에 가져다주는 이득으로는, 첫째 이 패러다임의 핵심교리인 '이동은 우리 삶, 사회 및 공간 곳곳에서 일어나는 현상이며, 예외적인 현상이 아니다.'라는 점을 지리학자들이 수용하게 되었고, 이에 따라 학술적 관심이 여러 유형의 이동성으로 확장되었으며, 둘째 모빌리티가 공간, 장소, 네트워크, 스케일, 영역과 같은 지리학의 핵심개념의 하나로 격상되었다는 점을 꼽을 수 있을 것이다(Kwan and Schwanen, 2016). 모빌리티 패러다임에서 이동은 단지 장소와 장소 사이를 오가는 행동이나 일터와 사회 편의시설에 접근하는 과정으로만 간주되는 데 그치지 않는다. 이동이란 세상의 존재 방식의 하나이므로, 움직임을 일으키는 기회와 제약들, 이동의 경험과 의의, 이동이 사회, 경제, 정치 전반에 가져오는 영향을 조명할 수 있게 도움으로써 전통적인 교통지리학이 다루지 못했던 부분을 채우는 역할을 한다고 평가할 수도 있다. 그러나 인식론과 그에서 연유한 방법론의 관점에서 보았을 때 교통지리학과 모빌리티 연구의 조화와 협력이란 그럴듯한 수사(修辭)일 뿐 구현되기 어려우므로, 미래의 교통지리학에게는 지리학 안에서 '제자리 찾기'가 더 중요하다는 입장도 있다(Shaw and Hesse, 2010).

3) 성찰과 전망

(1) 이동속도와 통행시간에 대한 성찰

이동속도와 공간의 모습의 관계를 생각해 보자. 사람들은 더 많은 자원에 접근하려는 욕구가 있었고, 네트워크와 기술을 통해 더 나은 교통시설과 더 빠른 교통수단을 만드는 데서 답을 찾았다. 이로써 사람들은 더 많은 기회와 선택에 접근 가능해졌으며, 경제의 성장과 복지의 향상을 꾀할 수 있게 되었고, 이는 다시 개인과 사회로 하여금 거리를 극복하는 능력에 더욱 의존하도록 이끌었다. 아쉬운 점은, 속도에 대한 이러한 집착 때문에 교통은 오랫동안 기술과 기반시설로만 간주되어 기술적 개선과 교통시설 공급에 치중해 왔다는 것이다. 그러나 이처럼 속도에 집착하여 통행시간의 '조그만' 감축에 '큰' 의미를 부여한 결과는 참담하였다. 교통 문제에 대한 해법들은 자동차 의존도를 심화시키고, 자연환경을 훼손하였으며, 지속가능하지 못한 거대도시를 출현시키는 동시에, 공간을 지리적으로 불균등하게 만들고 말았던 것이다.

통행시간에 대해서도 과거와 다르게 넓은 시야로 바라볼 필요가 있다. 고전적인 입지이론을 비롯하여 여러 선행연구에서는 거리를 공간을 극복하는 데 따르는 부담이나 비용으로 간주해 왔다. 물론 원론적으로 이동거리는 짧을수록 좋으며, 특히 화물 수송의 경우 이론의 여지가 적다. 그러나 사람 통행에서는 거리, 곧 통행시간이 한편으로 부담인 것은 사실이지만 긍정적인 측면도 있으며, 통행시간은 단지 목적지로 가는 데 겪어야만 하는 비효용일 뿐 아니라,

  (1) 공간 이동을 겪는 동안 목적지의 환경과 분위기, 사회적 지위와 정체성을 준비하는 '전환 시간(transition time)',

  (2) 자신만의 시간을 가지면서 명상, 휴식, 정화하는 '단절 시간'(time out),

  (3) 책과 신문, 업무 처리, 음악 듣기 등과 같이 다른 도구들을 이용하는 '도구 활용 시간(equipped time)'

이기도 하다(Lyons and Chatterjee, 2008). 결국 통행시간은 짐인 동시에 축복인 셈이며, 이러한 효용은 처음 가는 길, 낯선 길을 갈 때보다는 통근처럼 익숙한 길을 반복적으로 오갈 때 발생하기 쉽다. 특히 대중교통을 이용하는 경우, 통근뿐 아니라 다른 종류의 통행에서도 승객들이 시간을 적극 활용한다는 사례들이 거듭 보고되고 있다. 지하철에서는 몇 정거장을 거치는 정도의 비교적 짧은 이동에서도 승객들은 여러 종류의 활동을 하며 특히 정보통신기술을 사용하는 활동이 많고(Gamberini et al., 2013), 기차로 이동하는 시간은 버리는 시간이 아니라 생산적인 시간이라는 보고(Gripsrud and Hjorthol, 2012) 등이 그 보기이다. 통행시간의 효용은 정보시대에 각별히 큰 의미를 지닌다. 통행 도중에 게임하기, 음악 듣기, 메시지 전송 등 정보통신기술이 통행시간을 더 다채롭게 활용하도록 돕기 때문이다. 물론 통행시간이 주는 이러한 선물은 통행거리, 자가운전 여부, 대중교통 이용의 경우 혼잡 여부, 연령, 건강 상태, 동행인 여부 등에 따라서 달라질 수 있다는 점도 유념해야 한다.

교통이란 이동과 교통수단에 관한 것만은 아니다. 교통은 우리의 생활을 가능하게 하고 제약하는

것이며, 즐거움과 짜증, 권력 행사와 통제 받기의 근원이기도 한 것이다. 새천년에 들어서면서 이동성이 조금 덜한 사회가 더 바람직하다는 생각을 하는 사람들이 차츰 늘어나고 있는 점도 주목할 만한 현상이다. 이른바 '새천년 세대(millenials)'는 자동차의 소유와 운전에 흥미가 덜한 대신, 자동차 나누어 타기, 걷기, 자전거 타기에 눈을 돌리고 있다(Garikapati et al., 2016). 이런 미세하나마 의미 있는 추이와, 통행시간의 효용을 교통지리학에서 어떻게 녹여 내야 하는가는 앞으로의 중요한 과제가 될 것이다.

(2) 21세기의 교통지리학

이제 교통지리학은 어디를 지향하여야 하는가? 우선 교통지리학은 교통의 다양한 의미를 추구하고, 시야와 지평을 더욱 넓혀야 할 필요가 있다는 데 여러 학자들이 공감하고 있다(Hanson, 2000; Keeling, 2007; Shaw and Sidaway, 2010 등). 이는 지난날의 교통지리학을 반성하는 일이기도 하지만, 동시에 새롭게 전개되는 새천년의 상황 변화에 학문이 대응하며 쓸모를 더 키워 가는 일이기도 할 것이다.

교통지리학은 과거 1950년대~1970년대 중엽까지 인문지리학의 중심이었지만, 이제 교통지리학자들은 자신이 추구하는 바가 지리학의 핵심이론과 방법론에서 벗어나 있는 것은 아닌지 불안해하고 있다. 앞으로는 학계 내의 다른 지리학자들과의 소통과 연계를 회복할 필요가 있다. '지리학계 안팎과의 소통, 다시 말해 교통지리학은 인지도를 높이고 지리학의 다른 분야 및 인접 학문들과 더 나은 관계를 수립하며 연구 협력으로 이득을 얻어야 한다.'는 지적(Hall, 2010)은 귀 기울일 만하다.

성찰의 연장선상에서, 교통지리학자들이 소홀했던 주제들에 대한 관심도 필요하다. 화물 수송, 여가활동과 관광 등을 그러한 후보 주제로 꼽을 수 있다. 종래 대부분의 연구는 사람통행 위주로서, 통행의 종류로는 통근에 초점을 맞추고 교통 문제의 해법으로는 대중교통에 집착하였다. 그러나 이러한 사람통행 위주의 연구로는 세계화 시대의 각종 현안에 제대로 대처하기 어려우며, 교통지리학이 기여하는 바도 제한적일 수밖에 없다. 20세기 후반 두드러진 세계화 추세는 수상교통, 철도교통, 항공교통에 크나큰 영향을 끼쳤다. 시야를 적어도 대륙 규모나 그 이상으로 넓힌 이른바 '점보(jumbo) 지리학'을 다시 챙겨 보아야 할 것이며(Keeling, 2009), 반대쪽 스케일로는 도시 내부의 물류와 공급사슬에 대한 미시적 연구도 필요하다.

현시대를 로봇과 인공지능이 중심이 된 이른바 4차 산업혁명의 시대라고도 부른다. 인공지능의 시대에 학자들은 무엇을 어떻게 해야 할 것인가는 모든 학문 종사자들이 갖는 번민일 것이다. 정보통신기술의 발달로 말미암아, 옛날처럼 장소를 알면 그곳에 있던 사람이 무슨 일을 하는가를 짐작할 수 있었던 것이 차츰 어려워지고 있으므로, 여러가지 지리적 시나리오를 구상하고 대비해야 할 때이다. 또한 방법론 측면에서 '지능형 교통지리학(intelligent transport geography)'의 구현도 탐색해야 할 것이다(Pangbourne and Alvanides, 2014). 지능형 교통지리학이란 연구계획과 관리에 첨단기술을 활용하는 것을 가리키는 것으로, 최근 일련의 기술 혁신으로 위치 정보를 포함한 데이터가 방대하게 축적되고 모바일 기기들은 날로 진화하고 있어, 학문 자체가 지능형으로 바뀌는 것은 아니지만 적어도 학문을 수행하는 것이 지금과는 크게 달라질 것이라는 전망은 가능할 것이다.

교통지리학은 지리학계에서 20세기 중엽 이래 가장 큰 발전을 보인 분야라고 말할 수 있다. 종전(終戰) 즈음에 지리학이 여러 계통지리학으로 분화될 때 교통지리학은 출범과 함께 단숨에 현대지리학의 핵심적 위치에 자리 잡았고, 이제는 연구의 지평을 더욱 넓혀 가고 있다. 새천년에도 교통지리학은 발전 잠재력을 십분 가동하여 이론과 방법론, 응용과 정책 측면에서 두루 기여하게 될 것을 기대한다.

· 참고문헌 ·

김인, 박수진 편, 2006, 도시해석. 푸른길: 서울.

김재한, 1979, 그래프이론에 의한 서울시 통행구조 분석, 지리학논총 6, 30-43.

노시학, 1998, "도시의 교통소외계층에 대한 지리학적 연구를 위한 제언," 한국도시지리학회지 1(1), 47-60.

노시학, 최유선, 1999, "사회교통지리학의 발전 과정 및 전망," 한국도시지리학회지 2(2), 73-82.

손영신, 1979, Graph이론에 의한 한국 교통망 분석: 철도, 고속도로. 경북대학교 석사학위논문.

윤신희, 노시학, 2015, "새로운 모빌리티스(New Mobilities) 개념에 관한 이론적 고찰," 국토지리학회지 49(4), 491-503.

윤신희, 노시학, 2016, "모빌리티스(Mobilities) 개념의 주요 구성요소 및 측정변수 분석," 국토지리학회지 50(4), 503-511.

이성학, 1968, "한국 역사지리 연구: 육상교통(주로 역참제를 중심으로)에 관한 연구," 경북대학교 논문집 12, 95-116.

이용균, 2015, "모빌리티의 구성과 실천에 대한 지리학적 탐색," 한국도시지리학회지 18(3), 147-159.

장재훈, 김주환, 허우긍, 1977, 공간구조: 지리학 입문서. 을지출판사: 서울.

조창현, 2013, 도시 일상생활 연구의 시공간적 접근: 활동기반 이론에 의한 통행행태 연구의 확장, 푸른길: 서울.

최운식, 1975, "서울·경기지방의 교통망 연구," 지리학과 지리교육 5, 75-84.

한주성, 1988, "한국의 교통지리학 연구 동향과 과제," 지리학(현 대한지리학회지) 37, 49-68.

한주성, 1996, 교통지리학. 법문사: 서울.

한주성, 1998, "세계화 시대의 국제물류 연구 동향과 과제," 한국경제지리학회지 1(1), 57–74.

한주성, 2009, "상품, 교통, 공급사슬 개념과 관련된 지리학의 연구와 과제," 대한지리학회지 44(6), 723–744.

한주성, 2010, 교통지리학의 이해. 한울: 서울.

허우긍, 손정렬, 박배균 편, 2015, 네트워크의 지리학. 푸른길: 서울.

Adey, P., 2009, *Mobility*, Routledge: Abingdon, UK.

Black, W., 2003, *Transportation: A Geographical Analysis*. The Guilford Press: New York.

Black, W., 2004, "Recent Developments in US Transport Geography," in Hensher, D. A., Button, K. J., Haynes, K. E. and Stopher, P. R., (eds.) 2004, *Handbook of Transport Geography and Spatial systems*, Elsevier: Oxford, UK. 13-26.

Cresswell, T., 2011, "Mobilities I: Catching up," *Progress in Human Geography* 35(4), 550-558.

Cresswell, T. 2012, "Mobilities II: Still," *Progress in Human Geography* 36(5), 645-653.

Curl, A. and Davison, L., 2014, "Transport geography: perspectives upon entering an accomplished research sub-discipline," *Journal of Transport Geography* 38, 100-105.

Eliot Hurst, M. E., (ed.), 1974, *Transportation Geography*. McGraw-Hill: New York.

Gamberini, L., Spagnolli, A., Miotto, A., Ferrari, E., Corradi, N. and Furlan, S., 2013, "Passengers' activities during short trips on the London Underground," *Transportation* 40, 251-268.

Garikapati, V. M., Pendyala, R. M., Morris, E. A., Moktahrian, P. L., and McDonald, N., 2016, "Activity patterns, time use, and travel of millennials: a generation in transition?," *Transport Reviews* 36(5), 558-584.

Goetz, A. R., Ralston, B. A., Stutz, F. P. and Leinbach, T. R., 2003, "Transport geography," in Gaile, G. and Willmott, C. (eds.), *Geography in America at the dawn of the 21st Century,* Oxford University Press: New York. 221-236.

Gripsrud, M. and Hjorthol, R., 2012, "Working on the train: from 'dead time' to productive and vital time," *Transportation* 39, 941-956.

Haggett, P. and Chorley, R., 1969, *Network Analysis in Geography*. Edward Arnold: London.

Hall, D., 2010, "Transport geography and new European realities: a critique," *Journal of Transport Geography* 18, 1-13.

Hanson, S. (ed.) 1995, *The Geography of Urban Transportation, second edition*. The Guilford Press: New York.

Hanson, S., 2000, "Transportation: Hooked on speed, eyeing sustainability," in Sheppard, E. and Barnes, T. J. (eds.), 2000, *A companion to Economic Geography*, Blackwell Publishing: Malden, Maryland, USA. 468-483.

Hoyle and Knowles, 1998, *Modern Transport Geography, second edition*. Wiley: Chichester, UK.

James, P. E., Jones, C. F. and Wright, J. K. (eds.), 1954, *American Geography: Inventory and Prospects*. Syracuse University Press: Syracuse, NY.

Johnston, R. J., 1979, *Geography and Geographers: Anglo-American Human Geography since 1945*, Edward Arnold: London.

Kansky, K., 1963, *Structure of Transportation Networks: Relationships between Network Geometry and Regional Characteristics.* The University of Chicago, Department of Geography Research Paper No.84.

Keeling, D. J., 2007, "Transportation geography: new directions on well-worn trails," *Progress in Human Geography* 31(2), 217-225.

Keeling, D. J., 2009, "Transportation geography: local challenges, global contexts," *Progress in Human Geography* 33(4), 516-526.

Knowles, R. D., 1993, "Research agendas in transport geography for the 1990s," *Journal of Transport Geography* 1, 3-11.

Knowles, R. D., 1994, "New horizons in transport geography," *Journal of Transport Geography* 2(2), 83-86.

Knowles, R. D., Shaw, J. and Docherty, I. (eds.), 2008, *Transport Geographies: Mobilities, Flows and Spaces*, Blackwell Publishing: Malden, Maryland.

Kuhn, T. S., 1970, *The Structure of Scientific Revolution, second edition, enlarged.* The University of Chicago Press, Chicago. Foundations of the Unity of Science, Volume II Number 2.

Kwan, M. and Schwanen, T., 2016, "Introduction: Geographies of Mobility," *Annals of the American Association of Geographers* 106(2), 243-256.

Lyons, G. and Chatterjee, K., 2008, "A human perspective on the daily commute: costs, benefits, and trade-offs," *Transport Reviews* 28(2), 181-198.

Muller, P. O., 1976, "Social transportation geography," *Progress in Geography* 8, 208-231.

Pangbourne, K. and Alvanides, S., 2014, "Towards intelligent transport geography," *Journal of Transport Geography* 34, 231-232.

Pattison. W. D., 1966, "The four traditions of geography," *The Journal of Geography* 63, 211-216.

Rimmer, P. J., 1978, "Redirections in transport geography," *Progress in Human Geography* 2, 76-100.

Rodrigue, J., Comtois, C. and Brian, S., 2017, *The Geography of Transport Systems,* 4th edition. Routledge: London.

Schwanen, T., 2016, "Geographies of transport I: Reinventing a field?," *Progress in Human Geography* 40(1), 126-137.

Shaw, J. and Hesse, M., 2010, Boundary Crossings: "Transport, geography and the 'new' mobilities," *Transactions of the Institute of British Geographers* New Series 35, 305-312.

Shaw, J. and Sidaway, J. D., 2010, "Making links: On (re)engaging with transport and transport geography," *Progress in Human Geography* 35(4), 502-520.

Sheller, M. and Urry, J., 2006, "The new mobilities paradigm," *Environment and Planning A* 38, 207-226.

Taaffe, E. J. and Gauthier, H. L., 1973, *Geography of Transportation.* Prentice Hall: Englewood Cliffs, New Jersey.

Taaffe, E. J., Gauthier, H. L. and O'Kelly, M. E., 1996, *Geography of Transportation, second edition.* Prentice Hall: Upper Saddle River, New Jersey.

Taaffe, E. J., Gauthier, H. L., 1994, "Transportation geography and geographic thoughts in the United States: an overview," *Journal of Transport Geography* 2(3), 155-168.

Ullman, E. L. and Mayer, H. M., 1954, "Transportation geography," in James, P. E., Jones, C. F. and Wright, J. K. (eds.), *American Geography: Inventory and Prospect.* 310-332. Syracuse University Press: Syracuse.

Urry, J., 2007, *Mobilities.* Routledge: London.

Wheeler, J. O., 1971, "An overview of research in transportation geography," *East Lakes Geographer* 7, 3-12.

찾아보기